39,–

Taschenatlas der Biochemie

# Taschenatlas der Biochemie

Jan Koolman
Klaus-Heinrich Röhm

189 Farbtafeln von Jürgen Wirth

1994
Georg Thieme Verlag Stuttgart · New York

Prof. Dr. rer. nat.
Jan Koolman
Philipps-Universität
Institut für Physiologische Chemie
Deutschhausstr. 1–2
35033 Marburg

Prof. Dr. rer. nat.
Klaus-Heinrich Röhm
Philipps-Universität
Institut für Physiologische Chemie
Karl-von-Frisch-Straße
35033 Marburg

Gestaltung der Farbtafeln:
Prof. Jürgen Wirth
Fachbereich Gestaltung
Fachhochschule Darmstadt

*Die Deutsche Bibliothek – CIP-Einheitsaufnahme*

*Koolman, Jan:*
Taschenatlas der Biochemie / Jan Koolman ; Klaus-Heinrich Röhm. Farbtaf. von Jürgen Wirth. – Stuttgart ; New York : Thieme, 1994

NE: Röhm, Klaus-Heinrich:


Rüdigerstraße 14, D-70469 Stuttgart
Printed in Germany
Satz: primustype Hurler GmbH, D-73274 Notzingen,
gesetzt auf Linotronic 300
Druck: Appl, D-86650 Wemding

ISBN 3-13-759401-4 1 2 3 4 5

*Zu den Autoren*

Jan Koolman ist in Lübeck geboren und mit Seewind von der Ostsee aufgewachsen. Der Besuch des humanistischen Gymnasiums der Hansestadt hat in ihm Spuren hinterlassen. Er hat von 1963 bis 1969 an der Eberhard-Karls-Universität in Tübingen Biochemie studiert und sein Diplomstudium mit einer Arbeit in anorganischer Biochemie bei Ulrich Weser abgeschlossen. Für eine Promotion bei dem Biochemiker Peter Karlson kam er nach Marburg. Dort begann er, sich mit der Biochemie der Insekten und anderer Evertebraten zu beschäftigen. Er habilitierte sich 1977 im Fachbereich Humanmedizin und wurde 1984 zum Honorarprofessor ernannt. Sein Arbeitsgebiet ist heute die biochemische Endokrinologie. Weitere Interessen hat er in der Didaktik der Biochemie, so ist er zusammen mit Peter Karlson und Detlef Doenecke Autor eines kurzen Lehrbuchs der Biochemie. Jan Koolman ist mit einer Kunstpädagogin verheiratet.

Klaus-Heinrich Röhm stammt aus dem schwäbischen Stuttgart. Nach dem Abitur am Evangelisch-Theologischen Seminar in Urach, ebenfalls einer humanistischen Bildungsstätte, fand er über einen kurzen Abstecher in die Physik zum Diplomstudium der Biochemie an der Universität Tübingen. Dort begegneten sich die beiden Autoren zum ersten Mal. Seit 1970 ist Klaus-Heinrich Röhm ebenfalls am Fachbereich Humanmedizin in Marburg tätig. Seine Promotion bei Friedhelm Schneider und die Habilitation erfolgten im Fachbereich Chemie, seit 1986 ist er Honorarprofessor. Seine Forschungsgebiete sind die Mechanismen der Enzymkatalyse, die Proteinchemie und Computeranwendungen in der Biochemie. Er ist verheiratet und hat zwei Kinder. Für Hobbys behauptet Klaus-Heinrich Röhm keine Zeit zu haben, aber wer ihn näher kennt, weiß, daß er sich um die Photographie als Ausdrucksmittel bemüht und eine Schwäche für die Astronomie hat.

# Vorwort

Die Biochemie ist ein dynamisches, rasch wachsendes Fach. Der vorliegende Taschenatlas versucht, dies in bildlicher Form zu verdeutlichen.

Die exakte Abgrenzung der Biochemie von ihren Nachbarfächern wie Zellbiologie, Anatomie, Physiologie, Genetik oder Pharmakologie ist schwierig und in vielen Fällen willkürlich. Diese Überlappung der Fächer ist nicht zufällig. Der Gegenstand der Betrachtung ist häufig der gleiche – z. B. eine Nervenzelle oder ein Mitochondrium – und nur der Blickwinkel der einzelnen Fächer ist verschieden. In diesem Sinne steht der Taschenatlas der Biochemie mitten unter den anderen Taschenatlanten.

Die Biochemie war lange Zeit stark von der Chemie geprägt und im wesentlichen darauf konzentriert, Stoffumwandlungen und Energieumsätze zu untersuchen. Im Vordergrund standen die Aufklärung von Struktur und Zusammensetzung biologisch relevanter Moleküle und ihr Stoffwechsel. Zunehmend kommen nun neue Ansätze hinzu, die die Biochemie von ihrer zweiten Mutter, den Biowissenschaften, geerbt hat: die Verknüpfung von chemischer Struktur und biologischer Funktion, die Beschäftigung mit Wegen der Informationsübertragung, die Berücksichtigung der räumlich und zeitlich unterschiedlichen Verteilung von Biomolekülen in Zelle und Organismus, und das Bewußtsein, daß auch biochemische Prozesse einer Evolution unterliegen. Die Bedeutung dieser neuen Erkenntnisse in der Biochemie wird sicherlich noch zunehmen.

Aus Platzgründen steht in diesem Atlas die Biochemie des Menschen und der Säugetiere im Vordergrund, obwohl die Biochemie der anderen Tiere, der Pflanzen und der Mikroorganismen nicht weniger interessant ist. Bei der Auswahl des Stoffes haben wir uns auf die Themen konzentriert, die für die Ausbildung von Studierenden der Humanmedizin relevant sind. Der Taschenatlas soll in erster Linie der Übersicht dienen und schnelle, bildliche Information über zentrale Themen der Biochemie geben. Die bestehenden Lücken lassen sich nur durch zusätzliches Bücherstudium schließen. Leser, die sich zum ersten Mal mit Biochemie beschäftigen, werden viele Tafeln als zu kompakt empfinden. Der Taschenatlas wird deshalb – und darauf möchten wir mit Nachdruck hinweisen – ein gutes Lehrbuch der Biochemie nicht ersetzen können.

Für die hier verwendete diagrammatische Grafik mußten Modelle, Symbole und andere grafische Elemente gefunden werden, die wenig anschauliche Sachverhalte ‚konkret' erscheinen lassen. Dadurch sind zwangsläufig auch sehr subjektiv anmutende Formen entstanden. Die z. T. komplexen Grafiken zwangen häufig zur Reduzierung. Sie wurden mit großer Zurückhaltung gestaltet, wobei wir es vorgezogen haben, auf spektakuläre oder überzogen wirkende illustrative Möglichkeiten zu verzichten. Angestrebt wurde eine einfache, aber einprägsame visuell-ästhetische Umsetzung der wissenschaftlichen Inhalte.

Ein Novum ist die Verwendung eines Grafik-Programms zur Gestaltung der Tafeln. Vor allem für die Durchgängigkeit von Formen, Farben, Dimensionen und Beschriftungen war der Computer sehr hilfreich. Formeln und andere sich wiederholende Strukturen und Elemente konnten durch rechnergestütztes Gestalten mühelos und präzise bearbeitet werden.

Zur Erleichterung des Lesens haben wir farbliche Codierungen eingeführt. Die Regeln für diesen Code finden sich auf zwei Tafeln am Ende des Taschenbuchs (S. 372 f.). So wurde den wichtigsten Atomen eine Farbe zugeordnet: grau für Kohlenstoff, weiß für Wasserstoff, blau für Stickstoff, rot für Sauerstoff usw. Auch die biochemisch wichtigen Stoffklassen werden farblich unterschieden: Proteine sind immer in Brauntönen dargestellt, Kohlenhydrate violett, Lipide gelb, DNA blau und RNA grün. Für die wichtigsten Coenzyme, wie ATP oder $NAD^+$, werden Symbole benutzt. Auch die Reaktionsräume der Zelle werden farblich unterschieden; z. B. ist das Cytoplasma gelb hinterlegt, der Extrazellularbereich bläulich. Reaktionspfeile sind grundsätzlich schwarz, Transportpfeile grau ausgeführt. Trotz aller Anstrengung um eine durchgehende Benutzung der Codes bleibt erkennbar, daß auch dieses System seine Grenzen hat.

Was die Anschaulichkeit der Darstellung betrifft, hat die Biochemie gegenüber der Anatomie und der Physiologie erheblichen Nachholbedarf. Statt herkömmlicher Strukturformeln verwenden wir deshalb häufig vereinfachte Kugel-Stab-Modelle, die wir bei kleinen Molekülen für anschaulicher halten. Außerdem sind zahlreiche Moleküle auch räumlich dargestellt. Dabei haben wir versucht, uns der Realität so weit wie möglich anzunähern. Die gezeigten Modelle kleinerer Moleküle basieren auf Strukturen, die durch ‚Molecular Modelling' am Computer berechnet wurden. Zur Darstellung von Makromolekülen haben wir auf Struktur-Informationen zurückgegriffen, die durch Röntgen-Strukturanalyse gewonnen wurden und in der ‚Protein Data Bank' niedergelegt sind.

Bei der Benennung von Enzymen lehnen wir uns eng an die offizielle Enzym-Nomenklatur an. Zur schnellen Identifizierung sind den Enzym-Namen die jeweiligen EC-Nummern in kursiver Schrift angefügt.

Die Schreibweise biochemischer Begriffe ist Gegenstand vieler Diskussionen. Wir haben uns dafür entschieden, den Trend zur Internationalisierung der wissenschaftlichen Begriffe zu fördern, indem wir viele Bezeichnungen der anglo-amerikanischen Schreibweise angepaßt haben (Cholesterol, Glycogen, Glycerol, Collagen usw.). Humanistisch vorgebildeten Lesern wird es (wie anfangs auch uns) schwerfallen, die Umwandlung des griechischen ‚kappa' bei glykys (= süß) in ein c bei Glu**c**ose und Gly**c**ogen zu akzeptieren. Aber diese Anpassung von Lehnwörtern hat Tradition und dient einem guten Zweck.

Als kleine Hilfe für die Bewertung des Lernstoffes (z. B. bei der Vorbereitung auf die Ärztliche Vorprüfung) finden sich auf den Textseiten hinter den Überschriften Symbole, die andeuten, wie zentral das betreffende Thema ist. Dabei steht ein gefüllter Kreis für ‚biochemisches Grundwissen', ein halbgefüllter Kreis bedeutet ‚biochemisches Standardwissen' und ein leerer Kreis signalisiert ‚biochemisches Spezialwissen'. Diese Klassifizierung spiegelt natürlich nur unsere subjektive Einschätzung wider.

Wir danken Kollegen und Mitarbeitern für Anregungen und kritische Unterstützung, sowie den Testlesern, insbesondere Dr. Mechthild Röhm, für die detaillierte Prüfung der Lesbarkeit dieses Taschenbuchs. Den Mitarbeitern des Thieme-Verlags, insbesondere Frau M. Hieber, danken wir für die gute Zusammenarbeit während der Entstehung des Buches. Über Anregungen und Kritik aus dem Kreis der Leserinnen und Leser freuen wir uns.

Jan Koolman, Klaus-Heinrich Röhm
Marburg im Januar 1994

Jürgen Wirth
Darmstadt

# Inhaltsverzeichnis

## Grundlagen



## Stoffe

## Zellorganellen

## Wachstum und Differenzierung



## Stoffwechselkartei

# Einführung

Der Taschenatlas wendet sich an Studierende der Medizin und Biowissenschaften. Er bietet eine Einführung in die Biochemie, kann aber wegen seines modularen Aufbaus auch zum Nachschlagen und Vertiefen dienen. Auf 187 Farbtafeln wird Wissen aus dem Bereich der Biochemie angeboten und auf der gegenüberliegenden Seite durch eine ausführliche Textinformation ergänzt. Einige allgemeine Regeln zum Aufbau der Abbildungen sind auf zwei *Erklärungstafeln* (S. 372 f.) zusammengestellt. Stichworte, Definitionen, Erläuterungen unbekannter Begriffe und chemische Formeln lassen sich über das *Sachverzeichnis* auffinden.

Das Buch beginnt mit einigen **Grundlagen** der Biochemie (S. 2–29). In knapper Form werden Begriffe aus der *Chemie* erläutert (S. 2–9). Dazu gehören das Periodensystem der Elemente, die chemische Bindung, allgemeine Regeln des Molekülbaus und Strukturen wesentlicher Verbindungsklassen. Auch Grundbegriffe der *Physikalischen Chemie* sind zum Verständnis biochemischer Prozesse notwendig. Auf den S. 10–29 werden deshalb die verschiedenen Energieformen und ihre Umwandlung, Reaktionskinetik und Katalyse, die Eigenschaften des Wassers, Säuren und Basen, sowie Redox-Prozesse besprochen.

Diesen Grundlagen folgt ein Abschnitt, der die Struktur biochemisch wichtiger **Stoffe** zum Inhalt hat (S. 30–85). Er ist nach Stoffklassen gegliedert und behandelt Kohlenhydrate, Lipide, Aminosäuren, Peptide und Proteine, Nucleotide und Nucleinsäuren.

Im Anschluß daran sind Umwandlungsreaktionen dieser Verbindungen dargestellt, also der Teil der Biochemie, den man unter dem Begriff **Stoffwechsel** zusammenfaßt (S. 86–178). Dieser Abschnitt beginnt mit der Besprechung der Enzyme und Coenzyme und behandelt dann Mechanismen der Stoffwechselregulation und den sog. ‚Energie-Stoffwechsel'. Es folgen Darstellungen der zentralen Stoffwechselwege, wiederum geordnet nach Stoffklassen. Auf den S. 136–153 finden sich die abbauenden (*katabolen*) Wege, dann folgen aufbauende (*anabole*) Prozesse.

In der zweiten Hälfte des Buches werden zunächst die funktionellen Räume der Zelle, die **Zellorganellen**, besprochen (S. 180–215). Dem schließt sich auf den S. 216–237 das sehr aktuelle Gebiet der **molekularen Genetik** (*Molekularbiologie*) an. Ein weiterer umfangreicher Abschnitt ist der Biochemie einzelner **Gewebe und Organe** gewidmet (S. 238–319). Hier konnten wir nur auf die wichtigsten Organe und Organsysteme eingehen (Verdauungssystem, Blut, Immunsystem, Leber, Niere, Muskulatur, Binde- und Stützgewebe und Gehirn).

Weitere Themen sind die Biochemie der **Ernährung**, Strukturen und Wirkungsmechanismen wichtiger **Hormone**, sowie **Wachstum und Differenzierung** (S. 320–361).

Den Abschluß des Taschenatlas bildet eine schematische **Stoffwechsel-‚Kartei'** (S. 362–372). Diese Tafeln, zu denen es keine erläuternden Texte gibt, zeigen wichtige Synthese- und Abbauwege in vereinfachter Darstellung. Die an den Reaktionen beteiligten Enzyme sind nur in Form ihrer EC-Nummern wiedergegeben; ihre Namen lassen sich der systematisch geordneten und kommentierten Enzymliste (S. 374–384) entnehmen. Die Kartei dient in erster Linie zum Nachschlagen, sie kann aber auch zur Wiederholung des Stoffes nützlich sein.

# Periodensystem

## A. Biologisch wichtige Elemente ◑

In der Natur gibt es 81 stabile Elemente. Von diesen kommen 15 in allen Lebewesen vor, 8–10 weitere wurden nur in bestimmten Organismen nachgewiesen. Die Tafel zeigt die erste Hälfte des **Periodensystems**, in der alle biologisch wichtigen Elemente enthalten sind. Neben physikalischen und chemischen Daten sind auch Informationen über die Verbreitung der Elemente in der belebten Natur und über ihre Häufigkeit im menschlichen Organismus wiedergegeben. Die dem Periodensystem zugrundeliegenden Gesetzmäßigkeiten des Atombaus werden in Lehrbüchern der Chemie besprochen.

Über 99% aller Atome im tierischen Organismus entfallen auf nur vier Elemente – Wasserstoff (H), Sauerstoff (O), Kohlenstoff (C) und Stickstoff (N). Wasserstoff und Sauerstoff sind die Komponenten des Wassers, das allein 60–70% der Zellmasse ausmacht (s. S. 180). Zusammen mit Kohlenstoff und Stickstoff sind Wasserstoff und Sauerstoff Hauptbestandteile der **organischen Verbindungen**, auf denen die meisten Lebensvorgänge beruhen. Viele Biomoleküle enthalten zudem Schwefel (S) oder Phosphor (P). Die bisher genannten **Makroelemente** sind für alle Organismen unentbehrlich.

Eine zweite biologisch wichtige Gruppe von Elementen, die insgesamt nur etwa 0.5% der Körpermasse ausmacht, liegt im Organismus fast ausschließlich in Form **anorganischer Ionen**. vor. Dazu gehören die Alkalimetalle Natrium (Na) und Kalium (K) sowie die Erdalkalimetalle Magnesium (Mg) und Calcium (Ca). Auch das Halogen Chlor (Cl) ist in der Zelle stets ionisiert. Alle anderen lebenswichtigen Elemente kommen in so kleinen Mengen vor, daß man sie als **Spurenelemente** bezeichnet. Bei diesen Elementen handelt es sich um Nebengruppen-Metalle wie z. B. Eisen (Fe), Zink (Zn), Kupfer (Cu), Kobalt (Co) und Mangan (Mn). Auch einige Nichtmetalle wie Jod (I) und Selen (Se) zählen zu den essentiellen Spurenelementen (s. S. 322).

## B. Elektronen-Konfigurationen ○

Die chemischen Eigenschaften der Atome und die Art der Bindungen, die sie miteinander eingehen können, werden von ihren Elektronenhüllen bestimmt. Deshalb sind in Abb. **A** auch die **Elektronen-Konfigurationen** der Elemente angegeben. Abb. **B** erklärt die dabei verwendete Kurzschreibweise. Ausführliche Darstellungen finden sich in den Lehrbüchern der Chemie.

Die möglichen Zustände der Elektronen eines Atoms nennt man **Orbitale**. Sie werden durch eine Zahl, die sog. Hauptquantenzahl, und einen Buchstaben (z. B. s, p oder d) gekennzeichnet. Mit zunehmender Elektronenzahl werden die Orbitale der Reihe nach besetzt, wobei sich in jedem Orbital maximal zwei Elektronen aufhalten können, die dann unterschiedlich gerichtete ‚Spins' besitzen müssen (↓ bzw. ↑). In Abb. **A** ist für jedes Element die Verteilung der Elektronen auf die verschiedenen Orbitale aufgeführt. Zum Beispiel besetzen die 6 Elektronen des Kohlenstoffs (**1**) das 1s-Orbital, das 2s-Orbital und eines der 2p-Orbitale. Das volle 1s-Orbital entspricht der Konfiguration des Edelgases Helium (He). Dieser Bereich der Elektronenhülle des Kohlenstoffs ist in Abb. **A** mit ‚He' abgekürzt. Darunter ist die Anzahl der Elektronen in den jeweils am rechten Rand angegebenen Orbitalen genannt. Die Elektronenhülle des Chlors (**2**) setzt sich aus der des Neons und aus 7 weiteren Elektronen in 3s- und 3p-Orbitalen zusammen. Im Eisen, einem Übergangsmetall aus der ersten Nebengruppe (**3**), ist das 4s-Orbital schon besetzt, obwohl die 3d-Orbitale noch nicht gefüllt sind. An vielen Reaktionen der Übergangsmetalle, z. B. an der Komplexbildung mit Basen und an den Redox-Reaktionen, sind d-Orbitale beteiligt.

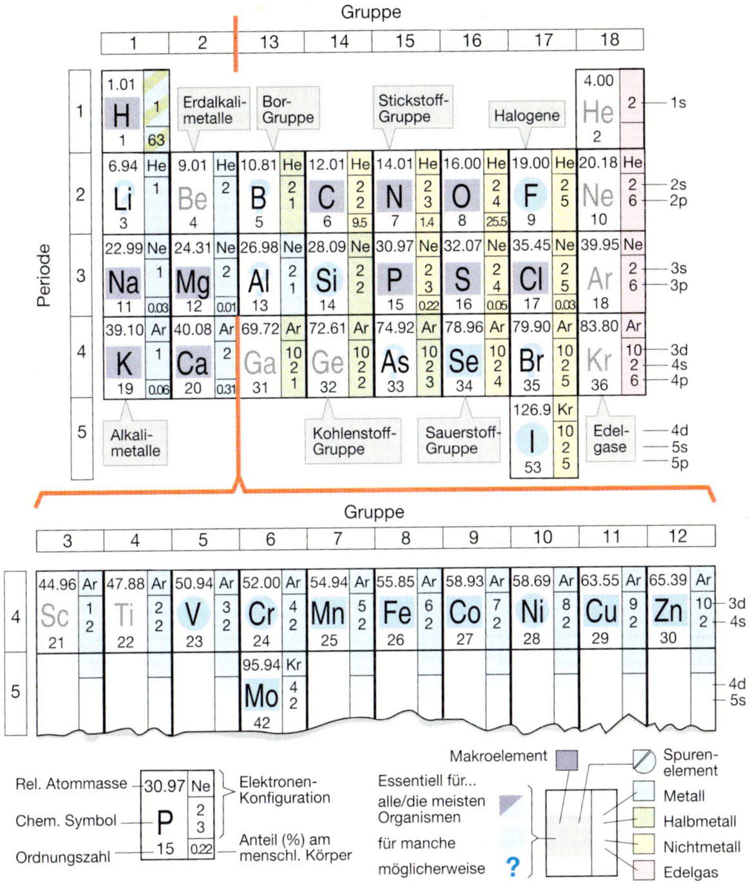


**A. Biologisch wichtige Elemente**

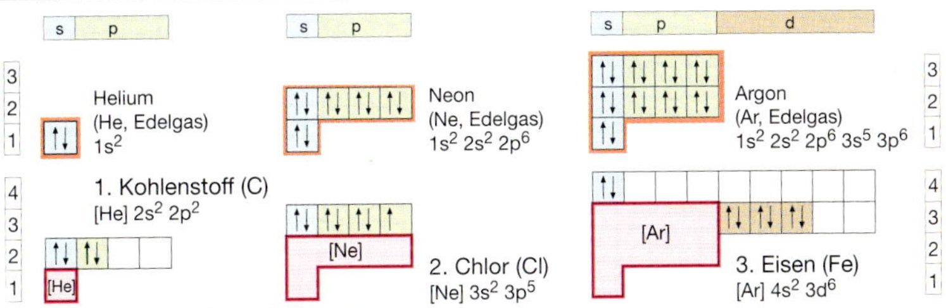


**B. Elektronen-Konfigurationen: Beispiele**

## Bindungen

### A. Orbital-Hybridisierung und chemische Bindung ○

Die meisten Biomoleküle sind Verbindungen des Kohlenstoffs mit Wasserstoff, Sauerstoff, Stickstoff, Schwefel oder Phosphor. Stabile, kovalente Bindungen zwischen diesen Nichtmetall-Atomen kommen dadurch zustande, daß Orbitale (s. S. 2) der beteiligten Atome zu bindenden **Molekülorbitalen** kombinieren, die von je einem Elektron aus beiden Atome besetzt sind. So besetzen die vier Bindungselektronen des Kohlenstoff-Atoms 2s- und 2p-Atom-Orbitale (**1a**): Das 2s-Orbital ist kugelsymmetrisch, während die drei 2p-Orbitale hantelförmig entlang der x, y und z-Achse ausgerichtet sind. Man sollte also erwarten, daß ein C-Atom mindestens zwei verschiedene Arten von Molekül-Orbitalen ausbildet. Daß dies im allgemeinen nicht der Fall ist, beruht auf einem Effekt, den man als **Orbital-Hybridisierung** bezeichnet. Durch Kombination des s-Orbitals und der drei p-Orbitale des C-Atoms entstehen vier äquivalente, tetraedrisch angeordnete **$sp^3$-Atomorbitale**. Überlappen diese mit den 1s-Orbitalen von H-Atomen, bilden sich vier **σ-Molekülorbitale** (**1b**). Deshalb ist Kohlenstoff vierbindig. Das Methan-Molekül ($CH_4$) enthält vier σ- oder **Einfachbindungen**. In ähnlicher Weise entstehen auch Einfachbindungen zwischen anderen Atomen. So haben das Phosphat-Anion und das Ammonium-Kation ebenfalls eine tetraedrische Struktur (**1c**).

Eine zweite häufige Art der Orbital-Hybridisierung schließt bei der Bildung der Hybrid-Orbitale neben dem 2s-Orbital nur *zwei* der drei 2p-Orbitale ein (**2a**). Man nennt sie deshalb **$sp^2$-Hybridisierung.** Es entstehen drei äquivalente $sp^2$-Hybridorbitale, die in einer Ebene liegen und miteinander Winkel von etwa 120° bilden. Das verbleibende $2p_x$-Orbital steht senkrecht auf dieser Ebene. Im Gegensatz zu $sp^3$-hybridisierten Atomen bilden $sp^2$-hybridisierte zwei *verschiedene* Bindungen aus, wenn sie zu Molekülorbitalen kombinieren (**2b**): Die drei $sp^2$-Orbitale gehen σ-Bindungen ein, wie sie oben schon beschrieben wurden. Zusätzlich kombinieren die Elektronen in den beiden $2p_x$-Orbitalen, die **π-Elektronen**, zu einem weiteren, länglichen **π-Molekülorbital**, das über und unter der Ebene der σ-Bindungen liegt. Solche Bindungen nennt man **Doppelbindungen**. Sie bestehen aus einer σ-Bindung und einer π-Bindung und kommen nur zustande, wenn beide beteiligten Atome zur $sp^2$-Hybridisierung in der Lage sind. Doppelbindungen sind im Gegensatz zu Einfachbindungen *nicht frei drehbar*, weil eine Rotation das π-Molekül-Orbital verzerren würde. Alle Atome liegen deshalb in einer Ebene (**2c**), außerdem kommt es zur *cis-trans*-Isomerie (s. S. 44).

### B. Mesomere Systeme ◑

Viele Moleküle mit mehreren Doppelbindungen sind weit weniger reaktionsfähig, als man dies erwarten würde. Der Grund ist, daß die Doppelbindungen in diesen Strukturen nicht eindeutig zu lokalisieren sind. Ihre π-Orbitale erstrecken sich nicht nur auf den Raum zwischen den doppelt gebundenen Atomen, sondern bilden ein gemeinsames, ausgedehntes π-Molekülorbital. Solche Strukturen nennt man **mesomer**, weil man ihre tatsächliche Bindungsstruktur durch herkömmliche Formeln nicht sinnvoll wiedergeben kann.

In diesem Buch verwenden wir häufig gestrichelte Linien, um die Ausdehnung der delokalisierten π-Orbitale anzudeuten. Zu den mesomeren Systemen gehören z. B. die Carboxylat-Gruppen wie im **Formiat**, Kohlenwasserstoffe mit ‚konjugierten' Doppelbindungen wie das **1,3-Butadien**, und mesomere Ringsysteme, die man als **aromatisch** bezeichnet. Bekanntester Aromat ist das **Benzen** (Benzol), in dessen Ring 6 π-Elektronen delokalisiert sind.

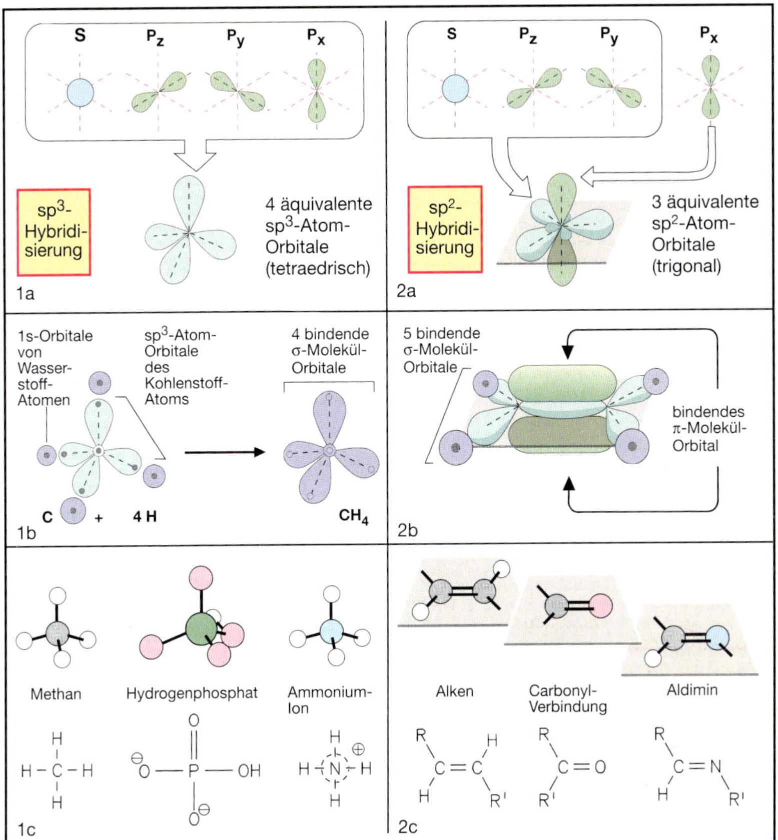


**A. Orbital-Hybridisierung und chemische Bindung**

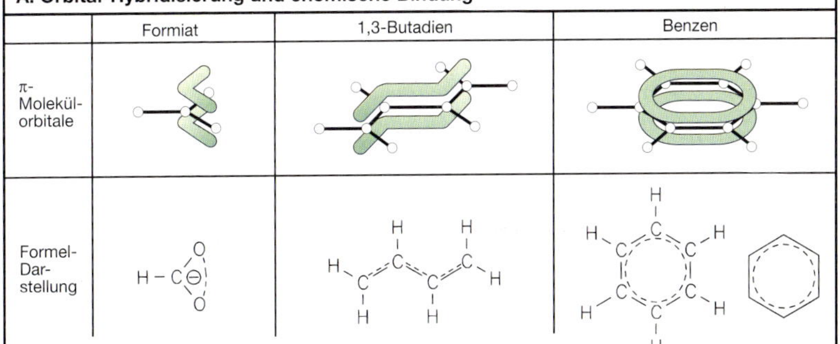


**B. Mesomere Systeme**

## Molekülbau

Das physikalische und chemische Verhalten eines Moleküls ist durch seinen Aufbau (seine **Konstitution**) festgelegt. Viele seiner Eigenschaften kann man deshalb schon aus der Strukturformel ableiten. Zu diesen gehören neben der chemischen Reaktivität auch die Größe und die Form des Moleküls und bis zu einem gewissen Grad auch seine **Konformation**, d. h. die bevorzugte räumliche Anordnungen der Atome in Lösung. Auf dieser Seite sind Daten zusammengestellt, die als Grundlage für solche Überlegungen dienen können. Außerdem werden Moleküldarstellungen erläutert, wie sie in diesem Buch verwendet werden. Als Molekül-Beispiel dient L-Dihydroxyphenylalanin (L-**Dopa**), ein Zwischenprodukt der Catecholamin-Biosynthese (s. S. 316).

### A. Bindungslängen ○

Zur Abschätzung der Abstände zwischen Atomen eines Moleküls sind **Kovalenz-Radien** nützlich. Die Distanz einfach gebundener Atome ist näherungsweise durch die Summe ihrer Kovalenzradien gegeben. Doppelbindungen sind meist um 10–20% kürzer als diese Werte. Heute gibt man Atomradien und -abstände meist in Picometern an (pm, 1 pm = $10^{-12}$ m). Veraltet ist die Einheit Ångstrom (Å, 1 Å = 100 pm).

### B. Bindungs-Polarisation ○

Je nach der Position des betreffenden Elements im Periodensystem (s. S. 2) besitzen Atome unterschiedliche **Elektronegativitäten**, d. h. eine unterschiedliche Tendenz, zusätzliche Elektronen aufzunehmen. Die hier angegebenen Werte liegen innerhalb einer Skala, die von 2 bis 4 reicht. Je höher der Wert ist, desto ausgeprägter elektronegativ verhält sich das Atom. Sind zwei Atome mit stark unterschiedlicher Elektronegativität aneinander gebunden, werden die Bindungselektronen vom elektronegativeren Atom stärker angezogen, die Bindung ist dann **polarisiert**. Als Maß für die Bindungs-Polarisation dient das **Bindungs-Dipolmoment**.

Von den biochemisch wichtigen Elementen ist der Sauerstoff am stärksten elektronegativ. Vor allem C=O- Doppelbindungen sind stark polarisiert. Die dadurch entstehende positive Partialladung am Carbonyl-C-Atom erleichtert die im Stoffwechsel häufige nucleophile Substitution von Carbonyl-Verbindungen (s. S. 18).

### C. Wasserstoff-Brücken ●

Eine besondere, nichtkovalente Bindungsform, die **Wasserstoff-Brückenbindung**, spielt in der Biochemie eine herausragende Rolle. In Wasserstoff-Brücken treten die Wasserstoffatome von OH-, NH- oder SH-Gruppen (sog. H-Brücken-**Donoren**) in Wechselwirkung mit freien Elektronenpaaren von **Akzeptor-Atomen** (z. B. O, N oder S). Die Bindungsenergien von H-Brücken sind mit 10–40 kJ · $mol^{-1}$ weit geringer als die kovalenter Bindungen (> 400 kJ · $mol^{-1}$). Da aber H-Brücken in Makromolekülen in großer Zahl vorkommen können, tragen sie erheblich zur Stabilisierung solcher Moleküle bei (s. S. 66, 80). L-Dopa kann zwei intramolekulare H-Brücken ausbilden. Sie sind im **Kugel-Stab-Modell** des Moleküls als gestrichelte Linien eingezeichnet.

### D. Effektive Atomradien ○

Die Größe eines Atoms oder Ions wird vom Aufbau seiner Elektronenhülle bestimmt. Da diese keine definierte Oberfläche besitzt, legt man die effektive Ausdehnung eines Atoms durch seinen sogenannten **Van der Waals-Radius** fest. Dieser ergibt sich aus dem energetisch günstigsten Abstand zweier *nicht chemisch gebundener* Atome: Er entspricht der Summe der Van der Waals-Radien beider Atome. Die Energiefunktion, die von Anziehungs- und Abstoßungskräften bestimmt wird, hat bei diesem Abstand ein Minimum. Zur Veranschaulichung der tatsächlichen Form und Größe von Molekülen eignen sich **Van der Waals-Modelle**, bei denen jedes Atom durch eine Kugel bzw. Kugelkalotte mit dem entsprechenden Radius dargestellt wird.

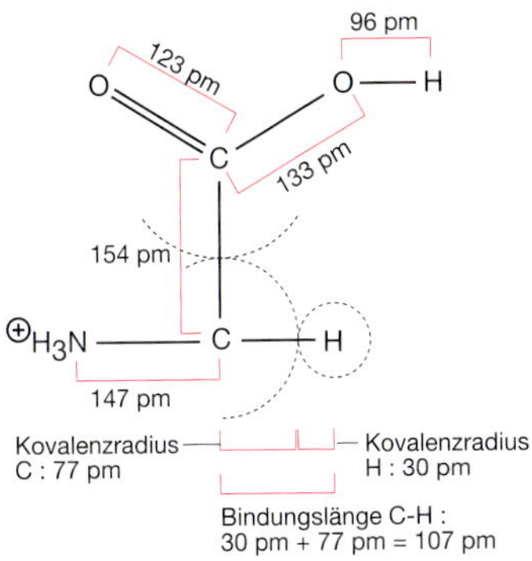


| Kovalenzradien* (pm) | | | | | |
|---|---|---|---|---|---|
| H | C | N | O | S | P |
| 30 | 77 | 70 | 66 | 104 | 110 |

* in Einfachbindungen

**A. Bindungslängen**

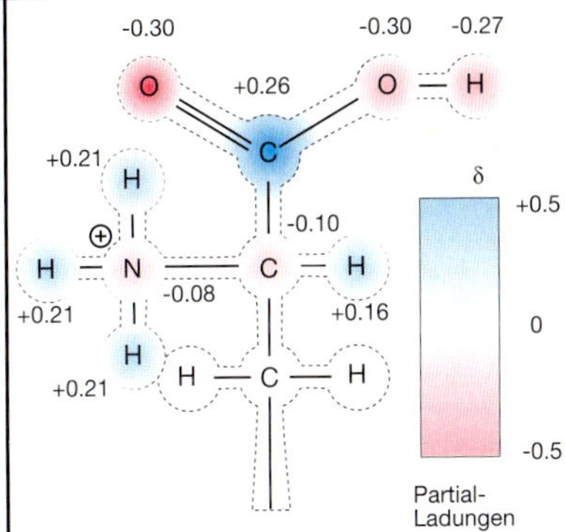


| Elektronegativitäten | | | | | |
|---|---|---|---|---|---|
| H | C | N | O | S | P |
| 2.2 | 2.5 | 3.1 | 3.5 | 2.4 | 2.1 |

| Bindungs-Dipolmomente (C · m) | | | | | |
|---|---|---|---|---|---|
| C-C | C-H | C-O | C=O | C-N | C=N |
| 0 | 1.3 | 2.5 | 7.7 | 0.7 | 3.0 |
| | O-H | | | C≡N | |
| | 5.0 | | | 11.8 | |

**B. Bindungs-Polarisation**

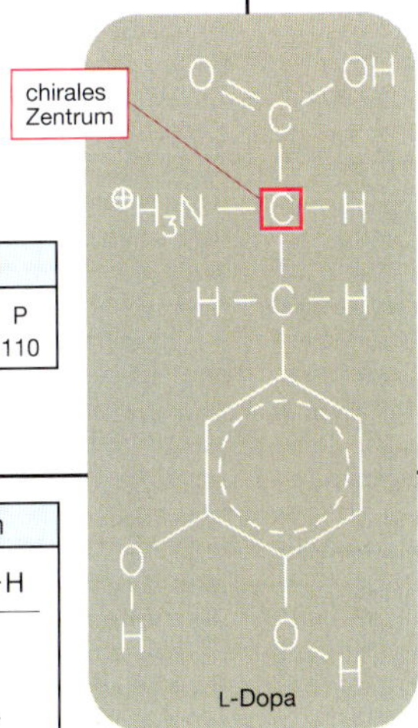


L-Dopa

**Wasserstoff-Brücken**

Donoren: –O–H , >N–H

Akzeptoren: –Ō| , >N̄ (mit H, H)

=Ō , =N̄ , –S̄–

Länge: 260 - 320 pm

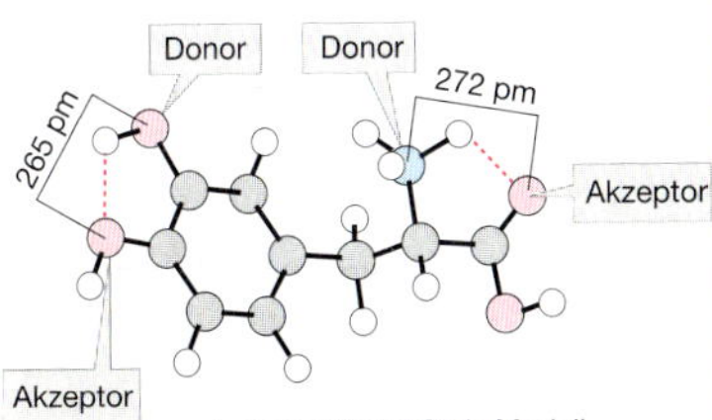


L-Dopa: Kugel-Stab-Modell

**C. Wasserstoff-Brücken**

| Van der Waals-Radien (pm) | | | | | |
|---|---|---|---|---|---|
| H | C | N | O | S | P |
| 100 | 170 | 150 | 140 | 180 | 190 |

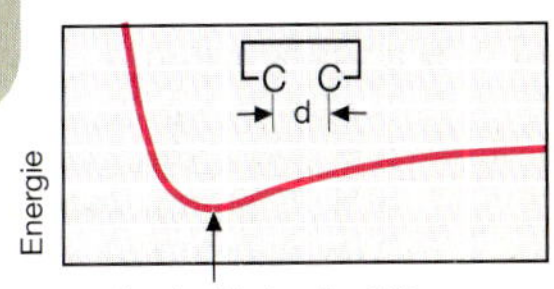


optimaler Abstand = 340 pm
Summe der Van der Waals-Radien

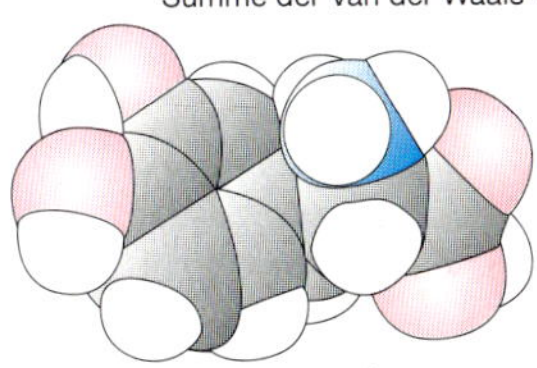

L-Dopa: Van der Waals-Modell

**D. Effektive Atomradien**

## Verbindungsklassen

### A. Wichtige Verbindungsklassen ●

Die meisten Biomoleküle sind Abkömmlinge (**Derivate**) einfacher Verbindungen der Nichtmetalle Sauerstoff O, Stickstoff N, Schwefel S, und Phosphor P. Grundkörper der biochemisch wichtigen Sauerstoff, Stickstoff- und Schwefelverbindungen sind die jeweiligen Wasserstoffverbindungen ($H_2O$, $NH_3$ und $H_2S$). Phosphor kommt in biologischen Systemen fast nur in Form von Derivaten der Phosphorsäure $H_3PO_4$ vor.

Ersetzt man in Nichtmetall-Hydriden formal eines oder mehrere Wasserstoff-Atome durch andere Gruppen R, z. B. durch Alkyl-Reste, erhält man abgeleitete Verbindungen des Typs $R\text{-}XH_{n-1}$, $R\text{-}XH_{n-2}\text{-}R'$ usw. So entstehen z. B. aus Wasser ($H_2O$) Alkohole (R-OH) bzw. Ether (R-O-R′). Aus Ammoniak ($NH_3$) erhält man primäre Amine ($R\text{-}NH_2$), sekundäre Amine (R-NH-R′), bzw. tertiäre Amine (R-N-R′R″), und Schwefelwasserstoff ($H_2S$) ergibt Thiole (R-SH). Gruppen wie -OH oder $\text{-}NH_2$ findet man als Substituenten in vielen organischen Verbindungen. Weil sie weitaus reaktionsfähiger sind, als die Kohlenwasserstoff-Strukturen, an die sie gebunden sind, bezeichnet man sie als **funktionelle Gruppen**.

Durch **Oxidation** der schon genannten Verbindungen können neue funktionelle Gruppen entstehen. So erhält man durch Oxidation eines **Thiols** (R-SH) ein **Disulfid** (R-S-S-R′). Die zweimalige Oxidation eines primären Alkohols ($R\text{-}CH_2\text{-}OH$) ergibt zunächst einen **Aldehyd** (R-C(O)-H), dann eine **Carbonsäure** (R-C(O)-OH). Durch Oxidation eines sekundären Alkoholes ensteht dagegen ein **Keton**. Charakteristisch für Aldehyde und Ketone sowie undissoziierte Carbonsäuren und Carbonsäure-Derivate ist die *Carbonyl-Gruppe* (C=O).

Durch Addition eines Alkohols an die Carbonyl-Gruppe eines Aldehyds erhält man ein **Halbacetal** (R-O-C(H)OH-R′). Zu den Halbacetalen gehören z. B. die Ringformen der Zucker (s. S. 30). Durch Oxidation entstehen daraus Carbonsäure-Ester.

Besonders wichtig sind die **Carbonsäuren** und ihre Derivate, die man formal durch Austausch der OH-Gruppe gegen andere Gruppen erhalten kann (tatsächlich werden solche Derivate durch nucleophile Substitution von ‚aktivierten' Zwischenverbindungen und Wasserabspaltung gebildet). Aus Carbonsäuren und Alkoholen entstehen so **Carbonsäure-Ester** (R-COO-R′). Zu dieser Gruppe gehören z. B. die Fette (s. S. 46). Analog erhält man aus einer Carbonsäure und einem Thiol einen **Thioester** (R-S-CO-R′). Thioester spielen im Stoffwechsel der Carbonsäuren eine wichtige Rolle. Die bekannteste Verbindung dieser Art ist Acetyl-Coenzym A (s. S. 122).

Aus Carbonsäuren und primären Aminen entstehen **Carbonsäureamide** (R-NH-CO-R′). Da die Aminosäure-Bausteine der Peptide und Proteine durch Säureamid-Bindungen verknüpft sind, nennt man diese Bindungsart auch *Peptidbindung* (s. S. 64).

Phosphorsäure $H_3PO_4$ ist ein dreibasige Säure, sie enthält drei Hydroxy-Gruppen, die $H^+$-Ionen abgeben können. Unter physiologischen Bedingungen ist eine dieser drei Gruppen vollständig dissoziiert. Die beiden anderen können mit Alkoholen reagieren. Dabei entstehen Monoester bzw. Diester der Phosphorsäure. **Phosphorsäure-Monoester** finden sich z. B. im Stoffwechsel der Kohlenhydrate, während **Phosphorsäurediester**-Gruppen in den Phospholipiden (s. S. 48) und Nucleinsäuren (s. S. 78) vorkommen.

Verbindungen von Säuren miteinander bezeichnet man als **Säureanhydride**. Zur Knüpfung von Säureanhydrid-Bindungen ist besonders viel Energie erforderlich. Deshalb spielen *Phosphorsäure-anhydrid-Bindungen* eine herausragende Rolle bei der Konservierung und Freisetzung chemischer Energie in der Zelle (s. S. 114). Auch gemischte Anhydride zwischen Carbonsäuren und Phosphorsäure sind als ‚energiereiche' Zwischenprodukte im Zellstoffwechsel von Bedeutung.

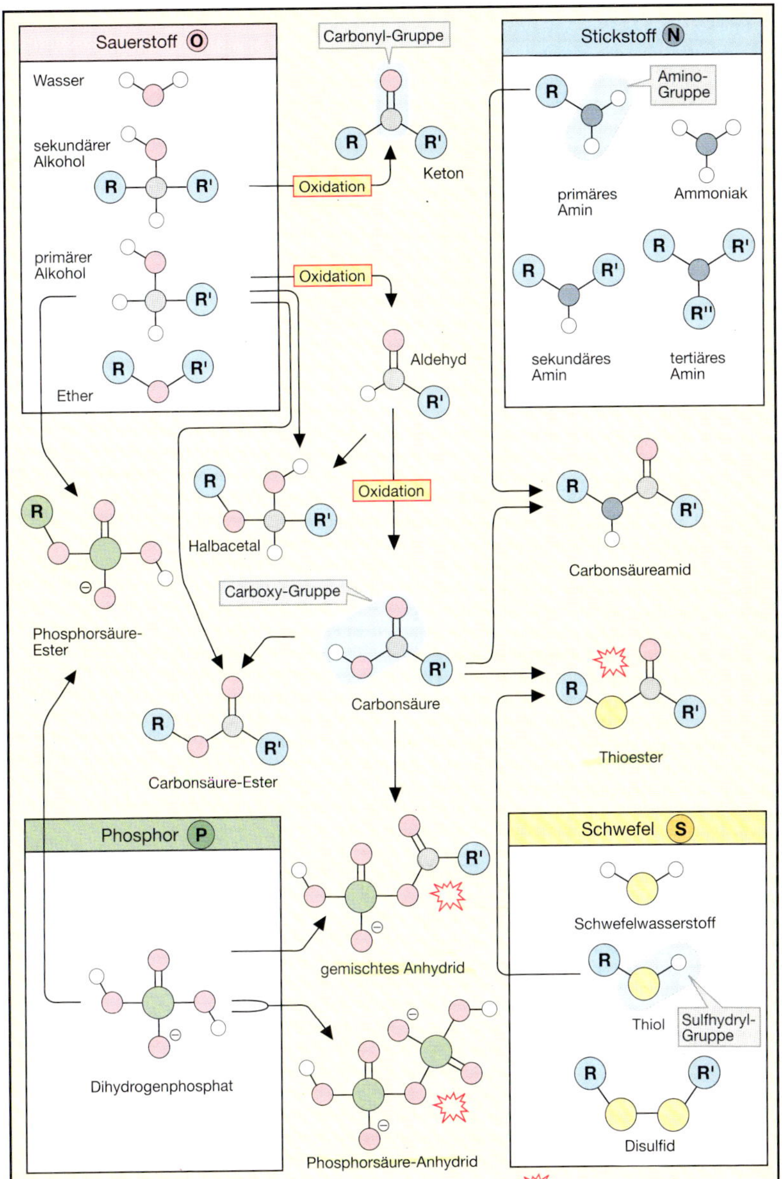


**A. Wichtige Verbindungsklassen**

# Energetik

Zum besseren Verständnis der Vorgänge, die in lebenden Zellen an der Speicherung und Umwandlung von Energie beteiligt sind, ist es sinnvoll, sich zunächst die physikalischen Grundlagen dieser Vorgänge ins Gedächtnis zu rufen.

### A. Formen von Arbeit ●

Zwischen Arbeit und Energie besteht kein grundsätzlicher Unterschied. Beide werden in **Joule** (J = 1 N · m) angegeben. Eine ältere Einheit ist die **Kalorie** (cal, 1 cal = 4.187 J). *Energie ist definiert als die Fähigkeit eines Systems, Arbeit zu leisten.* Man kann eine Reihe verschiedener Energieformen unterscheiden, so mechanische, elektrische, chemische oder Strahlungsenergie.

Ein System ist in der Lage, Arbeit zu leisten, wenn sich Materie in Richtung eines Potentialgradienten bewegt. Diese abstrakte Definition läßt sich am Beispiel der mechanischen Arbeit anschaulich machen (**1**): Die Erdanziehungskraft bewirkt, daß die Lageenergie (die potentielle mechanische Energie) eines Körpers umso höher ist, je weiter er vom Erdmittelpunkt entfernt ist. Zwischen einem höhergelegenen und einem tieferen Ort besteht also eine **Potentialdifferenz ΔP**. Im Wasserfall folgt das Wasser spontan diesem Potentialgradienten und kann dabei Arbeit leisten, z. B. eine Mühle treiben. Arbeit bzw. Energie setzen sich aus zwei Größen zusammen, einem **Intensitätsfaktor**, dem Maß für die Potentialdifferenz und damit für die „Triebkraft" des Vorgangs (hier ist es die Höhendifferenz), und einem **Kapazitätsfaktor**, dem Maß für die transportierte Stoffmenge (hier das Gewicht des Wassers). Im Falle der elektrischen Arbeit (**2**) ist der Intensitätsfaktor die elektrische Spannung, d. h. die Differenz der elektrischen Potentiale zwischen Spannungsquelle und ‚Erde'; Kapazitätsfaktor ist die Menge der fließenden Ladungen.

Chemische Arbeit und chemische Energie sind analog definiert. Bestimmte Verbindungen oder Kombinationen von Verbindungen befinden sich auf hohem chemischem Potential. Reagieren solche Stoffe miteinander, entstehen Produkte niedrigeren Potentials. Die Differenz der chemischen Potentiale (die *‚Triebkraft' der Reaktion*) bezeichnet man als **Änderung der freien Enthalpie ΔG.** Kapazitätsfaktor bei der chemischen Arbeit ist die *Stoffmenge* (in mol).

### B. Energetik und Verlauf von Prozessen ●

Die tägliche Erfahrung lehrt, daß Wasser niemals *spontan* von unten nach oben fließt. Ob ein bestimmter Vorgang freiwillig ablaufen kann, oder nicht, hängt davon ab, ob die Differenz der Potentiale von End- und Ausgangszustand $\Delta P = P_2 - P_1$ positiv oder negativ ist. Ist $P_2$ kleiner als $P_1$, wird ΔP negativ, und der Prozeß verläuft *freiwillig* und leistet Arbeit. Vorgänge dieser Art nennt man **exergon** (**1**). Besteht kein Potentialunterschied, befindet sich das System im **Gleichgewicht** (**2**). Bei **endergonen** Vorgängen ist ΔP positiv (**3**). Ein solcher Prozeß läuft nicht spontan ab.

Will man endergone Vorgänge erzwingen, muß man sich des Prinzips der **energetischen Kopplung** bedienen. Es läßt sich am besten an einer mechanischen Analogie verstehen (**4**): Verbindet man die Massen $M_1$ und $M_2$ durch ein Seil, wird sich $M_1$ nach oben bewegen, obwohl dieser Teilprozeß endergon ist. Bei gekoppelten Vorgängen ist die *Summe* beider Potentialdifferenzen $\Delta P_{eff} = P_1 + P_2$ maßgeblich. Ist sie negativ, läuft der Gesamtprozeß ab.

Durch energetische Kopplung lassen sich auch unterschiedliche Arbeits- bzw. Energieformen verknüpfen. So liefert in einer Taschenlampe eine exergone chemische Reaktion eine elektrische Spannung, die dann zur endergonen Erzeugung von Lichtenergie genutzt wird. In der Muskulatur (s. S. 304) wird chemische Energie in mechanische Arbeit und Wärmeenergie umgesetzt.

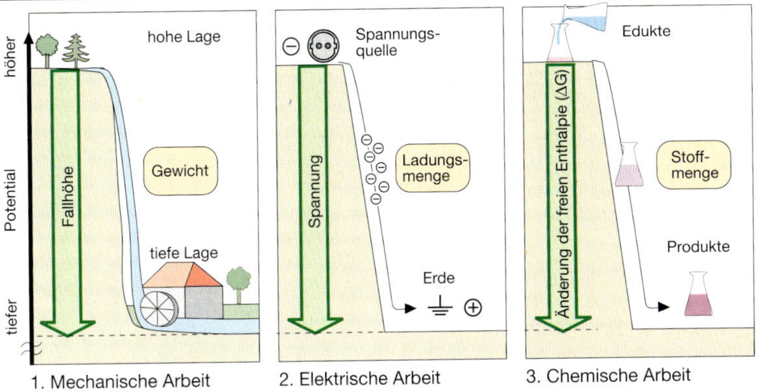


**Energie ist die Fähigkeit eines Systems, Arbeit zu leisten**

J = Joule = N · m, 1 cal = 4.187 J

| Arbeitsform | Intensitätsfaktor | Einheit | Kapazitätsfaktor | Einheit | Arbeit = ⇨ · ▭ | Einheit |
|---|---|---|---|---|---|---|
| Mechanisch | Fallhöhe | m | Gewicht | $J \cdot m^{-1}$ | Fallhöhe · Gewicht | J |
| Elektrisch | Spannung | $V = J \cdot C^{-1}$ | Ladungsmenge | C | Spannung·Ladung | J |
| Chemisch | Änderung der freien Enthalpie ΔG | $J \cdot mol^{-1}$ | Stoffmenge | mol | ΔG · Stoffmenge | J |

**A. Formen von Arbeit**

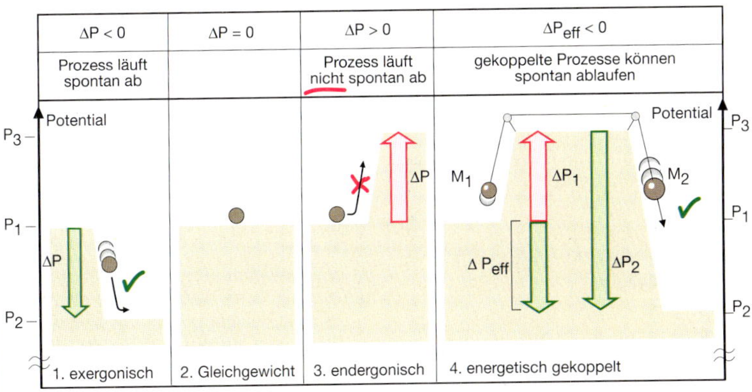


**B. Energetik und Verlauf von Prozessen**

## Freie Enthalpie

Auf der vorhergehenden Seite wird die **Änderung der freien Enthalpie ΔG** als Maß für die ‚Triebkraft' einer chemischen Reaktion definiert. ΔG ist jedoch keine konstante Größe, sondern hängt von der Art der reagierenden Stoffe, von ihren Konzentrationen und von den Reaktionsbedingungen ab (z. B. von der Temperatur). Will man also vorhersagen, ob eine bestimmte Umsetzung überhaupt möglich ist, oder will man abschätzen, wieviel Arbeit sie leisten kann, muß man diese Beziehungen auch quantitativ berücksichtigen.

### A. Standard-Enthalpieänderung ◑

Als Beispiel betrachten wir die Oxidation von Lactat zu Pyruvat, eine Reaktion, bei der das Coenzym $NAD^+$ als Elektronenakzeptor dient. Hier interessiert uns lediglich, unter welchen Bedingungen diese Reaktion spontan ablaufen kann. Hierfür gilt die Regel, daß dies nur möglich ist, wenn ΔG negativ ist (s. S. 10). Die Konzentrationsabhängigkeit von ΔG ergibt sich als Summe von zwei Termen, einer **freien Standardenthalpie-Änderung $\Delta G^o$** und einem **Konzentrationsterm $\Delta G_c$**, in den auch die Reaktionstemperatur T eingeht. $\Delta G^o$ ist diejenige Änderung der freien Enthalpie, die man mißt, wenn alle Reaktanden – auch $H^+$ – in einer Konzentration von 1 mol · $l^{-1}$ vorliegen.
Dann ist $\Delta G_c = 0$ und damit $\Delta G = \Delta G^o$.

Für biochemische Reaktionen wird meist die auf pH 7.0 bezogene freie Standardenthalpie-Änderung $\Delta G^{o\prime}$ angegeben. Bei der Lactat-Oxidation sind sowohl $\Delta G^{o\prime}$ als auch $\Delta G^o$ positiv, d. h. unter Standardbedingungen ist sie nicht möglich.

### B. Konzentrationsabhängigkeit der freien Enthalpie ◑

Auch Reaktionen mit ungünstigen freien Standardenthalpien können ablaufen, wenn man extreme Reaktanden-Konzentrationen wählt. In Abb. **B** ist dies ist für die Lactat-Oxidation bei pH 7 und 37° C gezeigt, wobei die Kugeln die relativen Konzentrationen der Reaktanden darstellen. Man erkennt, daß die *Verhältnisse der Konzentrationen* von Pyruvat und Lactat bzw. $NAD^+$ und NADH maßgeblich sind. Bei hohen Überschüssen von Lactat und $NAD^+$ wird der Wert von $\Delta G_c$ so stark negativ, daß ΔG trotz des positiven Werts von $\Delta G^o$ ebenfalls negativ wird, d. h. die Reaktion kann ablaufen. Bei bestimmten Konzentrationsverhältnissen wird $-\Delta G_c = \Delta G_o$, und damit $\Delta G = 0$. Dies ist der **Gleichgewichtszustand** der Reaktion, bei dem kein Nettoumsatz stattfindet.

Da nicht die Absolutkonzentrationen der Reaktanden, sondern Konzentrations*verhältnisse* für den Reaktionsverlauf bestimmend sind, kann man energetisch ungünstige Reaktionen auch dadurch in Gang halten, daß man Produkte ständig aus dem Reaktionsraum entfernt. Diese Möglichkeit ist im Stoffwechsel häufig verwirklicht, in dem die meisten Reaktionen Glieder von Reaktions*ketten* (Stoffwechselwegen) sind. So wird etwa bei der Gluconeogenese aus Lactat (s. S. 154) das entstehende Pyruvat sofort weiter zu Oxalacetat umgesetzt, während NADH in der Atmungskette wieder zu $NAD^+$ regeneriert wird. Allerdings sind die in Abb. **A** dargestellten Gleichungen auf solche **Fließgleichgewichte** nicht anwendbar.

### C. $\Delta G^o$ und Gleichgewichtslage ◑

Die Änderung der freien Standardenthalpie $\Delta G^o$ gibt auch Auskunft über die **Gleichgewichtslage** einer Reaktion. Dies ist hier am Beispiel einer einfachen reversiblen Umwandlung der Verbindungen A (rote Kugeln) und B (grüne Kugeln) gezeigt. Allgemein gilt: Je *negativer* $\Delta G^o$ ist, desto *höher* ist die **Gleichgewichtskonstante** $K_{eq} = [B]_{eq}/[A]_{eq}$. Zum Beispiel ergibt sich die für die stark exergone Hydrolyse von ATP (s. S. 114) eine Gleichgewichtskonstante $K_{eq} = 5 \cdot 10^6$ mol · $l^{-1}$. Diese Reaktion läuft also fast vollständig ab – das Gleichgewicht liegt hier weit auf der Seite der Produkte ADP und $P_i$.

ΔG : freie Enthalpie-Änderung der Lactat-Oxidation

$$\Delta G = \Delta G^{o} + R \cdot T \cdot \ln \frac{[\text{Pyruvat}]\,[\text{NADH}]\,[\text{H}^{\oplus}]}{[\text{Lactat}]\,[\text{NAD}^{\oplus}]}$$

$+69\ \text{kJ} \cdot \text{mol}^{-1}$

Konzentrationsterm $\Delta G_C$

R : Gaskonstante $8.314\ \text{J} \cdot \text{mol}^{-1} \cdot \text{K}^{-1}$
T : absolute Temperatur (K)

$\Delta G^{o}$, $\Delta G^{o\prime}$: freie Standard-Enthalpie-Änderungen ($\Delta G^{o\prime}$ bei pH7)

$+27\ \text{kJ} \cdot \text{mol}^{-1}$

$$\Delta G = \Delta G^{o\prime} + R \cdot T \cdot \ln \frac{[\text{Pyruvat}]\,[\text{NADH}]}{[\text{Lactat}]\,[\text{NAD}^{\oplus}]}$$

Konzentrationsterm $\Delta G_C$ bei pH 7

**A. Standard-Enthalpie-Änderungen**

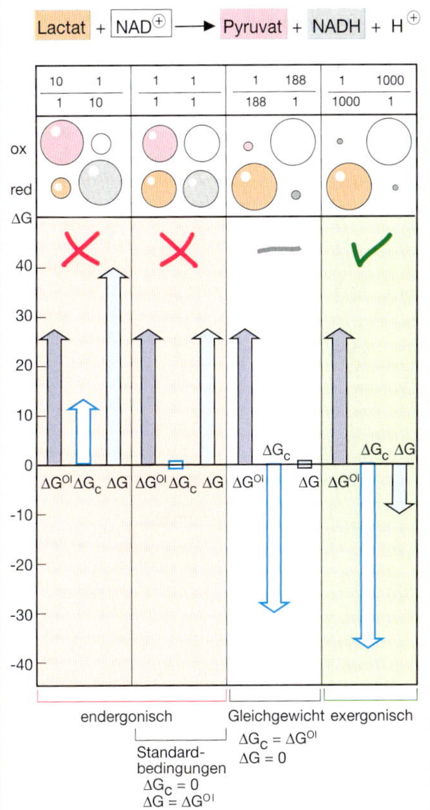


**B. Konzentrationsabhängigkeit von ΔG**

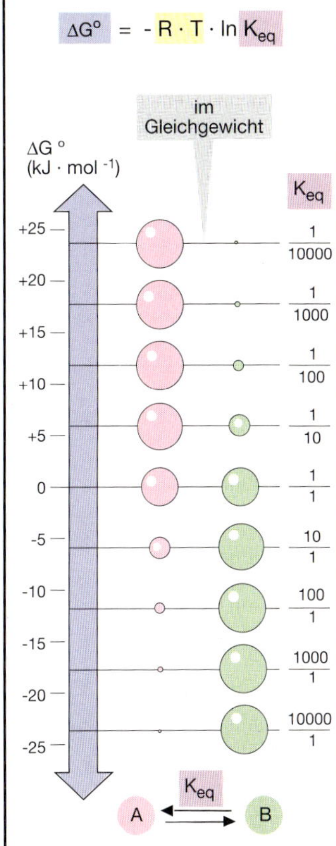


**C. ΔG° und Gleichgewichtslage**

## Enthalpie und Entropie

Die Änderung der freie Enthalpie ΔG hängt von verschiedenen Faktoren ab, z. B. von den Konzentrationen der Reaktanden und von der Temperatur (s. S. 12). Hier besprechen wir zwei weitere Größen, die mit molekularen Veränderungen während der Reaktion zusammenhängen.

### A. Reaktionswärme und Kalorimetrie ◑

Bei allen chemischen Reaktionen wird auch Wärme umgesetzt. Reaktionen, die Wärme freisetzen, nennt man **exotherm**, solche, die Wärme verbrauchen, **endotherm**. Als Maß für den Wärmeumsatz dient die **Enthalpieänderung ΔH** *(Reaktionswärme)*. Sie entspricht dem Wärmeumsatz bei konstantem Druck. Bei exothermen Reaktionen *verliert* das System Wärme, und ΔH ist negativ; bei endothermen Reaktionen *nimmt* das System *Wärme auf*, und ΔH wird positiv.

Bei vielen Reaktionen sind ΔH und ΔG von vergleichbarer Größe (s. z. B. Abb. **B1**). Diese Tatsache wird genutzt, um den *‚Brennwert‘* von Nahrungsmitteln zu bestimmen. Im Organismus werden die Nährstoffe überwiegend durch Sauerstoff zu $CO_2$ und $H_2O$ oxidiert (s. S. 104). Die maximale chemische Arbeit, die ein Nahrungsmittel im Organismus liefern kann, (d. h. ΔG der Oxidation der verwertbaren Inhaltsstoffe) schätzt man ab, indem man eine abgewogene Menge des Nahrungsmittels in einem **Kalorimeter** in einer Sauerstoff-Atmosphäre verbrennt. Die Reaktionswärme erhöht die Temperatur des Wassers im Kalorimeter. Aus der Temperaturdifferenz kann man dann die Reaktionswärme berechnen.

### B. Enthalpie und Entropie ◑

Reaktionswärme ΔH und freie Enthalpieänderung ΔG sind nicht immer von ähnlicher Größe. Es gibt sogar Reaktionen, die freiwillig ablaufen ($\Delta G < 0$), obwohl sie endotherm sind ($\Delta H > 0$). Der Grund ist, daß auch Veränderungen der Ordnung des Systems den Reaktionsverlauf beeinflußen. Als Maß hierfür dient die **Entropieänderung ΔS**.

Die **Entropie** eines Systems ist um so größer, je *geringer* sein Ordnungsgrad ist. Nimmt also bei einem Vorgang die Unordnung zu (die tägliche Erfahrung lehrt, daß dies der Normalfall ist), ist ΔS für diesen Vorgang positiv. Will man den Ordnungsgrad eines Systems erhöhen ($\Delta S < 0$), muß man dafür stets Energie aufwenden. Beide Aussagen ergeben sich aus einem wichtigen Naturgesetz, dem **Zweiten Hauptsatz der Thermodynamik**. Quantitativ wird der Zusammenhang zwischen Enthalpie- und Entropieänderung durch die **Gibbs Helmholtz-Gleichung** ($\Delta G = \Delta H - T \cdot \Delta S$) beschrieben. Wir wollen diese Zusammenhänge an zwei Beispielen erläutern.

In der *‚Knallgas-Reaktion‘* (**1**) reagieren gasförmiger Sauerstoff und gasförmiger Wasserstoff zu flüssigem Wasser. Die Reaktion ist, wie viele Redox-Reaktionen (s. S. 28), stark exotherm ($\Delta H << 0$). Andererseits nimmt während der Reaktion der Ordnungsgrad zu. Die Gesamtzahl der Moleküle sinkt um 1/3, außerdem entsteht aus regellos beweglichen Gasmolekülen eine höher geordnete Flüssigkeit. Wegen der Ordnungszunahme ($\Delta S < 0$) wird der Term $-T \cdot \Delta S$ positiv. Durch die hohe Reaktionswärme wird dies jedoch mehr als ausgeglichen, und die Gesamtreaktion ist noch immer stark exergon ($\Delta G << 0$).

Beim *Auflösen von Kochsalz* in Wasser (**2**) ist ΔH positiv, d. h. das Gefäß und die Flüssigkeit kühlen sich ab. Trotzdem läuft der Vorgang freiwillig ab, weil sich der Ordnungsgrad des Systems erniedrigt. Die $Na^+$ und $Cl^-$-Ionen sind zunächst in einem Kristallgitter fixiert. In gelöster Form dagegen bewegen sie sich einzeln und in zufälliger Richtung durch die Flüssigkeit. Die Abnahme der Ordnung ($\Delta S > 0$) führt zu einem negativen Term $-T \cdot \Delta S$, der das positive ΔH kompensiert und ein insgesamt negatives ΔG ergibt. Prozesse dieser Art nennt man **entropiegetrieben**.

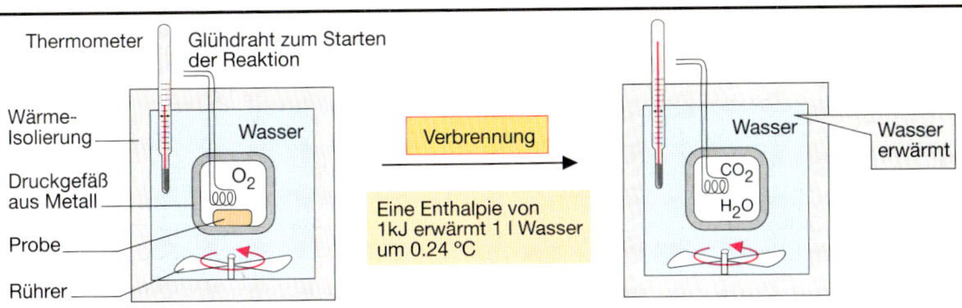


**A. Reaktionswärme und Kalorimetrie**

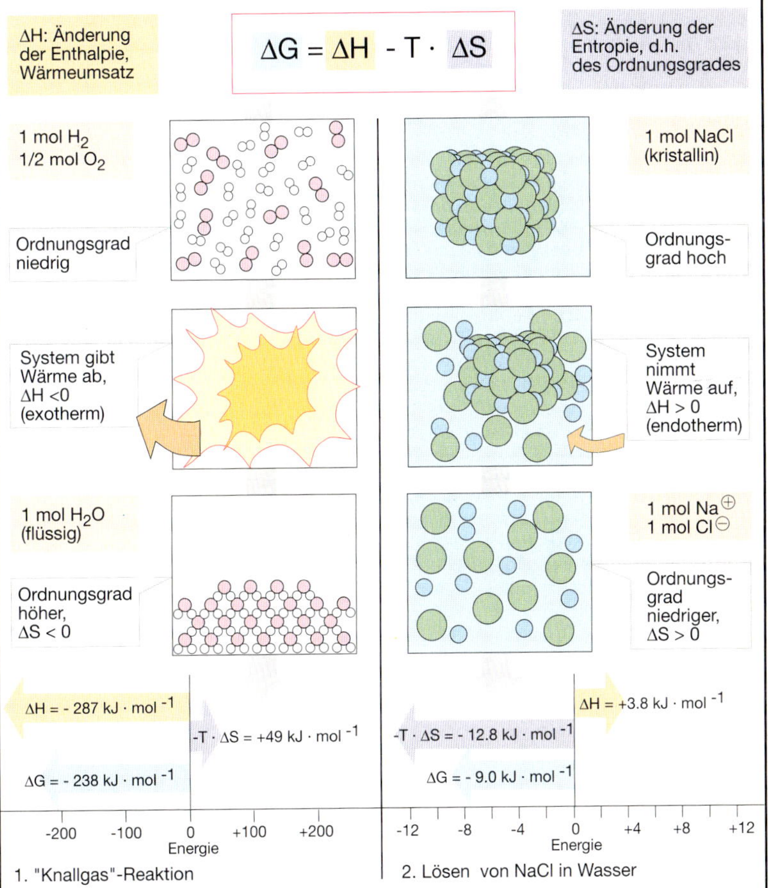


**B. Enthalpie und Entropie**

## Reaktionskinetik

Die Änderung der freien Enthalpie $\Delta G$ gibt Auskunft darüber, ob eine bestimmte Reaktion unter gegebenen Bedingungen stattfinden kann oder nicht, und sagt, wieviel Arbeit sie leistet (s. S. 12). Über die Geschwindigkeit der Reaktion, ihre **Kinetik**, macht $\Delta G$ dagegen keinerlei Aussagen.

### A. Aktivierungsenergie ◑

Die meisten organisch-chemischen Reaktionen (mit Ausnahme von Säure-Basen-Reaktionen, s. S. 24) laufen nur langsam ab – unabhängig davon, welchen Wert $\Delta G$ hat. Der Grund für die geringe Reaktionsgeschwindigkeit ist, daß die reagierenden Moleküle (die sog. *Edukte*) eine bestimmte Mindestenergie besitzen müssen, um überhaupt reagieren zu können. In anschaulicher Weise kann man die Verhältnisse durch ein **Energiediagramm** (**1**) darstellen (es wurde die einfachste Reaktion A → B gewählt). *Edukt* A und *Produkt* B besitzen jeweils ein bestimmtes chemisches Potential ($P_e$ bzw. $P_p$). Die Änderung der freien Enthalpie $\Delta G$ entspricht der Differenz dieser Potentiale. Um in B übergehen zu können, muß A eine Potentialbarriere überwinden, deren Scheitelpunkt $P_a$ weit über $P_e$ liegt. Die Potentialdifferenz $P_a - P_e$ ist die **Aktivierungsenergie $E_a$** der Reaktion.

Daß A überhaupt in B übergehen kann, liegt daran, daß das Potential $P_e$ nur den Mittelwert der Potentiale aller Moleküle darstellt. Einzelne Moleküle erreichen hie und da ein erheblich höheres Potential, z. B. durch Zusammenstöße mit anderen Molekülen. Ist der dabei gewonnene Energiezuwachs größer als $E_a$, können diese Moleküle die Barriere überwinden und in B übergehen. In den Abb. **2** und **3** ist die nach einem einfachen Modell berechnete Energieverteilung für ein solches Molekül-Ensemble wiedergegeben. $\Delta n/n$ ist derjenige Anteil der Moleküle, welche die Energie E (in kJ, bezogen auf 1 mol) erreichen oder überschreiten, z. B. haben bei 27 °C etwa 10% der Moleküle eine Energie $\geq 6$ kJ · $mol^{-1}$. Typische Aktivierungsenergien chemischer Reaktionen liegen weit höher. Der Verlauf der Energiefunktion bei Energien um 50 kJ · $mol^{-1}$ ist in Abb. **3** gezeigt. Bei 27 °C erreichen – statistisch gesehen – nur noch zwei von $10^9$ Molekülen diese Energie, bei 37 °C sind es schon vier. Dies erklärt das empirische ‚$Q_{10}$-Gesetz', eine Faustregel, die besagt, daß sich die Geschwindigkeit biologischer Prozesse verdoppelt, wenn man die Temperatur um 10 °C erhöht.

### B. Reaktionsgeschwindigkeit ◑

Die Geschwindigkeit chemischer Reaktionen wird bestimmt, indem man die zeitliche Änderung der Konzentration eines Edukts oder eines Produkts verfolgt. Im gezeigten Beispiel werden in einem Liter Lösung pro Sekunde 3 mmol Edukt umgesetzt bzw. 3 mmol Produkt gebildet.

Dies entspricht einer Geschwindigkeit von $v = 3\ mM \cdot s^{-1} = 3 \cdot 10^{-3}\ mol \cdot l^{-1} \cdot s^{-1}$.

### C. Reaktionsordnung ○

Reaktionsgeschwindigkeiten werden nicht nur vom Betrag der Aktivierungsenergie und von der Temperatur beeinflußt, sondern auch von den Konzentrationen der Reaktanden. Existiert nur *ein* Edukt A (**1**), ist v proportional zur Konzentration [A] dieses Stoffes; es liegt eine **Reaktion 1. Ordnung** vor. Reagieren zwei Edukte A und B miteinander (**2**), handelt es sich um eine **Reaktion 2. Ordnung**. Hier ist die Geschwindigkeit v proportional zum *Produkt* der Edukt-Konzentrationen. Die Faktoren k bzw. k′ heißen **Geschwindigkeitskonstanten**. Sie hängen von der Art der Reaktion und von den Reaktionsbedingungen ab.

In Abb. **B** wird nur die Kinetik einfacher irreversibler Umsetzungen besprochen. Kompliziertere Fälle, z. B. reversible oder mehrstufe Reaktionen, kann man meist in einfache Teilreaktionen 1. oder 2. Ordnung zerlegen und durch Anwendung der entsprechenden Geschwindigkeitsgesetze beschreiben (siehe die Michaelis-Menten-Reaktion, S. 90).

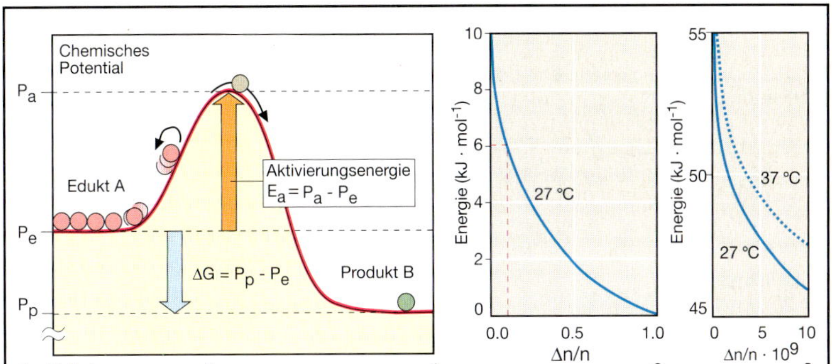


A. Aktivierungsenergie

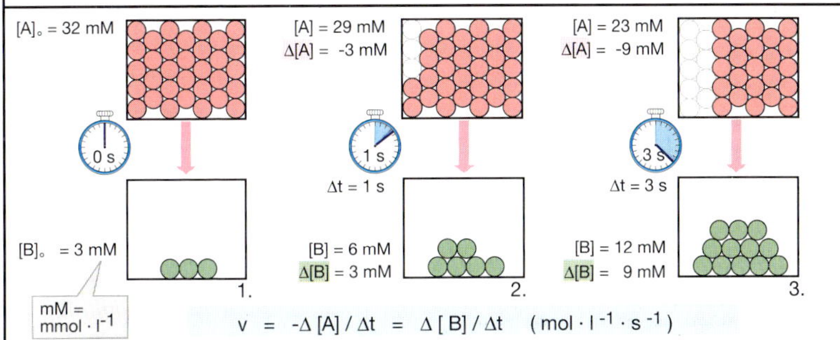


B. Reaktionsgeschwindigkeit

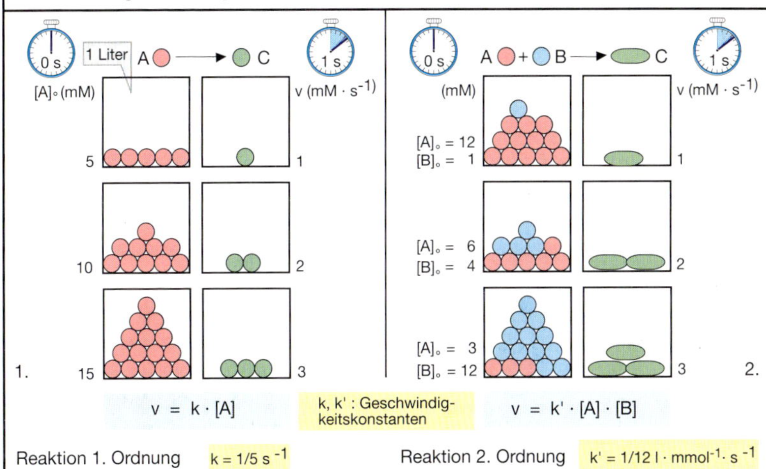


C. Reaktionsordnung

# Katalyse

Katalysatoren sind Stoffe, die chemische Reaktionen beschleunigen, ohne selbst bei der Reaktion verbraucht zu werden. In der lebenden Zelle wirken **Enzyme** (s. S. 86) als Katalysatoren. Bestimmte Umsetzungen werden auch durch RNA-Moleküle (‚*Ribozyme*', s. S. 222) katalysiert.

## A. Prinzip ◑

Die Ursache für die geringe Geschwindigkeit der meisten Reaktionen zwischen organischen Stoffen ist die hohe **Aktivierungsenergie** (s. S. 16), die die reagierenden Moleküle aufbringen müssen, um reagieren zu können. In wässriger Lösung wird ein großer Teil der Aktivierungsenergie zur Entfernung der Hydrathüllen der Edukte aufgewendet. Häufig werden während der Reaktion mesomeriestabilisierte Strukturen vorübergehend aufgehoben. Auch dazu wird Energie benötigt. Der höchste Punkt der Reaktionskoordinate entspricht einem solchen energetisch ungünstigen **Übergangszustand** (**1**). Ein **Katalysator** eröffnet der Reaktion *neue Wege* (**2**). Wenn alle dabei auftretenden Übergangszustände eine geringere Aktivierungsenergie haben, als die unkatalysierte Reaktion, wird der alternative Weg schneller durchlaufen – auch dann, wenn die Zahl der Zwischenprodukte größer ist. Da Ausgangs und Endpunkte beider Wege identisch sind, wird die Enthalpieänderung $\Delta G$ der Reaktion durch den Katalysator nicht beeinflußt. Katalysatoren – auch Enzyme – können die Gleichgewichtslage (s. S. 12) der katalysierten Reaktion grundsätzlich *nicht* verändern.

Die Aussage „Ein Katalysator senkt die Aktivierungsenergie der Reaktion" ist nicht korrekt, da in Gegenwart des Katalysators eine *ganz andere Reaktion* abläuft als im unkatalysierten Fall. Deren Aktivierungsenergie ist allerdings niedriger als die der unkatalysierten Reaktion.

## B. Katalyse der Ester-Hydrolyse durch Imidazol ○

Als einfaches Beispiel betrachten wir die **Hydrolyse** eines Carbonsäure-Esters. Bei der unkatalysierten Reaktion (oben) handelt es sich um eine einfache **nucleophile Substitution**. Als Nucleophil wirkt das Sauerstoffatom eines Wassermoleküls, sein Angriffspunkt ist das Carbonyl-C-Atom des Esters (**1**), das wegen des polarisierenden Effektes des Sauerstoffs (s. S. 6) eine positive Partial-Ladung trägt. Durch Addition von Wasser an die Carbonylgruppe entsteht zunächst ein instabiler tetraedrischer **Übergangszustand** (**2**). Im zweiten Schritt wird ein Alkoholmolekül eliminiert, und es entsteht das Anion der freien Carbonsäure (**3**). Die meisten Substitutionsreaktionen von biochemischem Interesse verlaufen nach ähnlichen Additions-Eliminierungs-Mechanismen.

Obwohl ihr $\Delta G$ negativ ist, ist die Esterhydrolyse in reinem Wasser langsam, weil Wasser nur schwach nucleophile Eigenschaften hat. Im alkalischen pH-Bereich verläuft sie weitaus schneller, weil hier die stark nucleophilen $OH^-$-Ionen das Wasser ersetzen (s. S. 24). Man kann die Reaktion aber auch dadurch beschleunigen, daß man bei neutralem pH-Wert Basen wie **Imidazol** zusetzt. Die Imidazol-katalysierte Reaktion (unten) umfaßt *zwei* Substitutions-Schritte. Im ersten wirkt der Katalysator selbst als Nucleophil, und es bildet sich *N*-**Acyl-Imidazol** (**4**) als relativ stabiles Zwischenprodukt Z. Im zweiten Schritt wird das Zwischenprodukt hydrolytisch gespalten. Dabei entsteht wie im unkatalysierten Fall das Carbonsäure-Anion, gleichzeitig wird der Katalysator in unveränderter Form freigesetzt. Das schematische **Energiediagramm** (**5**) zeigt, daß die Aktivierungsenergien beider Teilreaktionen niedriger sind, als die der unkatalysierten Reaktion. Deshalb wird die Ester-Hydrolyse durch Imidazol beschleunigt. Wie bei Enzymen (s. S. 90) ist die Geschwindigkeit der katalysierten Reaktion auch hier der Konzentration des Katalysators proportional.

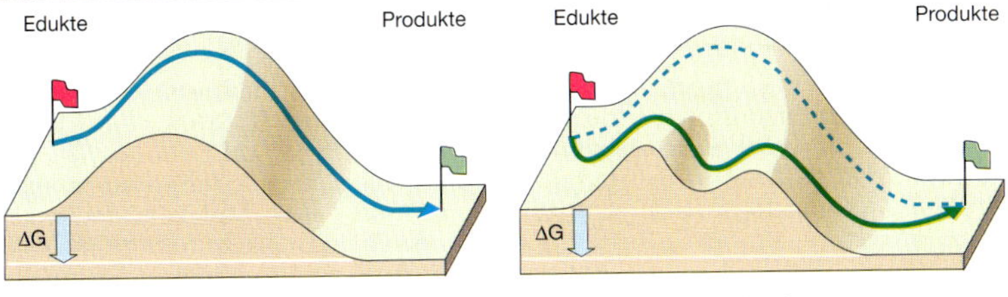


1. Energieprofil ohne Katalysator

2. Energieprofil mit Katalysator

**A. Katalyse: Prinzip**

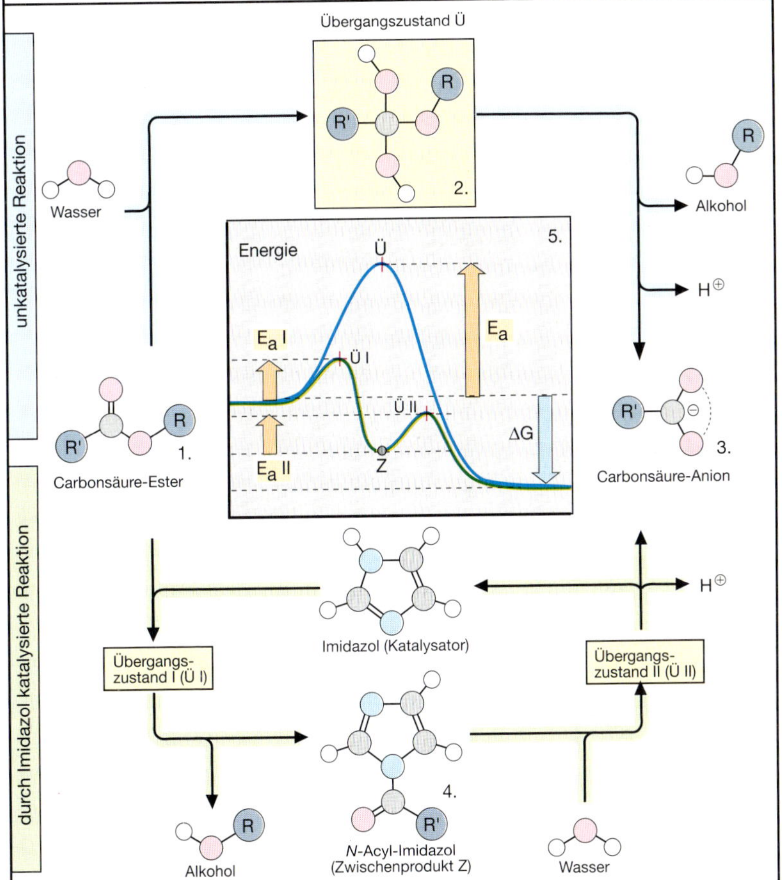


**B. Katalyse der Ester-Hydrolyse durch Imidazol**

# Wasser als Lösungsmittel

Das Leben, wie wir es kennen, hat sich im Wasser entwickelt und ist immer noch an die Gegenwart von Wasser gebunden. Die Eigenschaften des Wassers sind deshalb von fundamentaler Bedeutung für alle Lebewesen.

## A. Wasser und Methan ◑

Der besondere Charakter des Wassers ($H_2O$) wird deutlich, wenn man es mit Methan (‚$H_4C$‘) vergleicht. Beide Moleküle haben ähnliche Masse und Größe. Trotzdem liegt der *Siedepunkt* des Wassers um mehr als 250 °C über dem des Methans: Wasser ist bei den Temperaturen der Erdoberfläche flüssig, Methan dagegen gasförmig. Der hohe Siedepunkt des Wassers ist die Folge seiner hohen *Verdampfungswärme*. Diese wiederum beruht darauf, daß die Elektronendichte im Wassermolekül ungleich verteilt ist: Zwei Ecken des tetraedrisch gebauten Moleküls sind von freien Elektronenpaaren (grün) besetzt, die beiden anderen Ecken durch H-Atome. Die H-O-H-Bindung ist deshalb gewinkelt. Außerdem sind die O-H-Bindungen wegen der hohen Elektronegativität (s. S. 6) des Sauerstoffs *polarisiert*. Die eine Seite des Moleküls trägt eine Partial-Ladung δ von etwa -0.6 Ladungseinheiten, während die andere entsprechend positiv geladen ist. Die räumliche Trennung von positiver und negativer Ladung verleiht dem Molekül die Eigenschaften eines **elektrischen Dipols**. Wassermoleküle ziehen sich wie kleine Magnete an und sind durch Wasserstoff-Brükken miteinander verknüpft. Beim Verdampfen von flüssigem Wasser müssen diese Wechselwirkungen unter hohem Energieaufwand gelöst werden. Methan-Moleküle besitzen keinen Dipol-Charakter und sind nur durch schwache Wechselwirkungen verbunden. Deshalb verdampft flüssiges Methan schon bei sehr niedrigen Temperaturen.

## B. Struktur von Wasser und Eis ◑

Die Dipol-Eigenschaften der Wassermoleküle begünstigen die Ausbildung von **Wasserstoff-Brücken** (s. S. 6). Jedes Molekül kann als H-Brücken-Donor oder als -Akzeptor fungieren, deshalb sind in flüssigem Wasser viele Moleküle untereinander durch H-Brücken verbunden. Diese H-Brücken sind in ständiger Fluktuation begriffen. Häufig treten tetraedrisch angeordnete, vernetzte Gruppen von Molekülen, sogenannte Wasser-‚Cluster‘ auf (**2**). Beim Abkühlen erhöht sich der Anteil dieser Cluster, bis das Wasser zu kristallisieren beginnt. Bei Normaldruck geschieht dies bei 0 °C. Im **Eis** sind die meisten Wassermoleküle in einem **hexagonalen Gitter** fixiert (**3**). Da die Abstände der Einzelmoleküle im festen Zustand im Durchschnitt größer sind als in der Flüssigkeit, ist die Dichte des Eises geringer als die des flüssigen Wassers. Diese Tatsache ist von großer ökologischer Bedeutung, sie bedingt z. B. daß Gewässer im Winter zuerst an der Oberfläche Eis bilden und selten bis zum Grund zufrieren.

## C. Hydratation ◑

Im Gegensatz zu dem meisten anderen Flüssigkeiten hat Wasser ein hohes **Lösungsvermögen für Ionen**. Im elektrischen Feld von Ionen ordnen sich die Wasserdipole entsprechend der Ladung des Ions in regelmäßiger Weise an. Sie bilden eine **Hydrathülle** und schirmen das Zentral-Ion von entgegengesetzt geladenen Ionen ab. Wasser hat die hohe **Dielektrizitätskonstante** von 78, d. h. die elektrostatischen Anziehungskräfte zwischen Ionen werden auf 1/78 reduziert. In der **inneren Hydratationssphäre** von Ionen sind die Wassermoleküle praktisch immobilisiert und folgen dem Zentral-Ion. Neutrale Moleküle, die mehrere Hydroxy-Gruppen enthalten, wie Glycerol (links) oder Zukker, sind ebenfalls sehr gut wasserlöslich, weil sie H-Brücken mit dem Lösungsmittel ausbilden können.

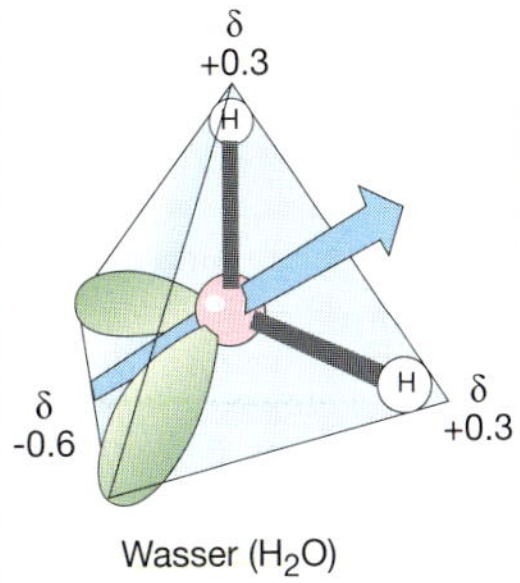


| $H_2O$ | | $CH_4$ |
|---|---|---|
| 18 | Molmasse | 16 |
| +100 °C | Siedepunkt | -162 °C |
| 41 | Verd.-Wärme ($kJ \cdot mol^{-1}$) | 8 |
| 6.2 | Dipolmoment ($10^{-30}$ C · m) | 0 |

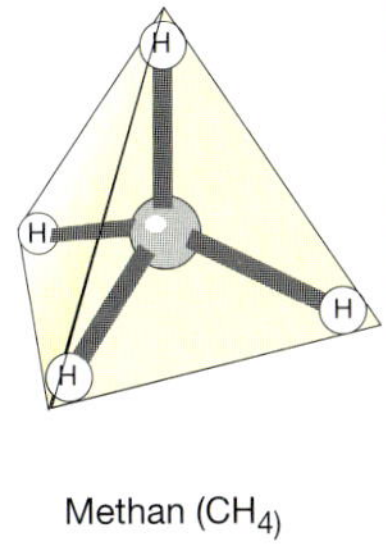


**A. Wasser und Methan**

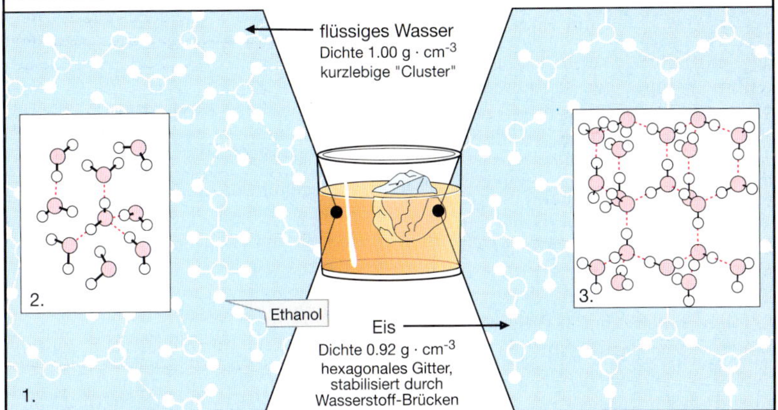


**B. Struktur von Wasser und Eis**

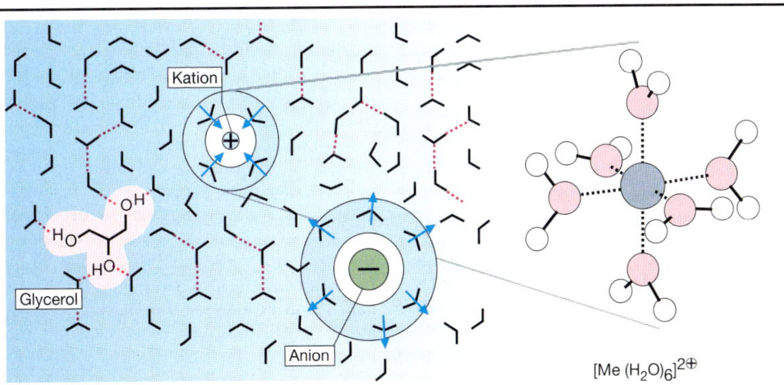


**C. Hydratation**

## Der hydrophobe Effekt

Wasser ist ein ausgezeichnetes Lösungsmittel für Ionen und für Stoffe, die polarisierte Bindungen enthalten (s. S. 20). Solche Stoffe nennt man **polar** oder **hydrophil** (‚wasserliebend'). Dagegen lösen sich Moleküle, die überwiegend aus Kohlenwasserstoff-Strukturen bestehen, nur schlecht in Wasser. Derartige Verbindungen sind **unpolar** oder **lipophil**.

### A. Wasserlöslichkeit von Fettsäuren ○

Das Lösungsverhalten verschiedener Fettsäuren illustriert den Einfluß polarer und unpolarer Gruppen auf die Wasserlöslichkeit organischer Verbindungen. Unter physiologischen Verhältnissen ist die Carboxy-Gruppe der Fettsäuren ionisiert und deshalb gut hydratisiert. Trotzdem nimmt mit zunehmender Länge die Löslichkeit stark ab, weil der unpolare Kohlenwasserstoff-Rest mehr und mehr überwiegt. Fettsäuren mit mehr als 10 C-Atomen sind in Wasser praktisch unlöslich. Im Organismus werden sie an Proteine gebunden transportiert (s. S. 140).

### B. Lösen von Methan in Wasser ○

Um die Ursachen für die schlechte Wasserlöslichkeit von Kohlenwasserstoffen zu verstehen, ist es sinnvoll, zunächst die Energetik (s. S. 10) solcher Vorgänge zu betrachten. In Abb. **1** sind Daten für die einfachste derartige Verbindung, das Methan, dargestellt. Man erkennt, daß die Überführung von gasförmigem Methan in Wasser *exotherm* ist ($\Delta H^\circ < 0$). Trotzdem ist die Änderung der freie Enthalpie $\Delta G^\circ$ positiv, weil der Entropie-Term $-T \cdot \Delta S^\circ$ einen stark positiven Wert hat, die Entropieänderung $\Delta S^\circ$ also negativ ist. Eine Lösung von Methan in Wasser besitzt offenbar einen *höheren* Ordnungsgrad als Wasser und gasförmiges Methan nebeneinander. Dies beruht einmal darauf, daß die Methan-Moleküle in der Wasserumgebung weniger beweglich sind. Viel wichtiger aber ist, daß das Wasser um die unpolaren Moleküle herum käfigartige ‚Clathrat'-Strukturen ausbildet, die – ähnlich wie im Eis – durch H-Brücken stabilisiert sind. Dadurch erhöht sich der Ordnungsgrad des Wassers, und dies umso mehr, je größer die Kontaktfläche zwischen Wasser und der unpolaren Phase ist.

### C. Der ‚Öltropfen-Effekt' ○

Die energetisch ungünstige Ausbildung von Clathrat-Strukturen ist auch die Ursache für die spontane Entmischung von Öl und Wasser. Ein größerer Tropfen hat eine geringere Oberfläche als mehrere kleine Tropfen desselben Volumens. Beim Entmischen verringert sich also die Kontaktfläche zwischen Wasser und Öl und damit das Ausmaß der Clathrat-Bildung. Deshalb ist $\Delta S$ des Vorgangs positiv, und der negative Term $-T \cdot \Delta S$ macht die Entmischung exergon ($\Delta G < 0$), der Vorgang läuft also freiwillig ab.

### D. Anordnungen amphipathischer Stoffe im Wasser ●

Moleküle, die polare *und* unpolare Gruppen enthalten, nennt man **amphipathisch** oder amphiphil. Dazu gehören z. B. die Seifen (s. S. 46), die Phospholipide (s. S. 48) und die Gallensäuren (s. S. 284). In Wasser neigen amphipathische Stoffe aufgrund des ‚Öltropfen-Effekts' zu Anordnungen, bei denen die Kontaktfläche zwischen den unpolaren Molekülteilen und dem Wasser möglichst klein wird. Auf Wasseroberflächen bilden sich meist einschichtige **Filme**, bei denen die polaren ‚Kopfgruppen' dem Wasser zugewandt sind. **Seifenblasen** bestehen aus Doppelfilmen mit einer dünnen eingeschlossenen Wasserschicht. Im Wasser bilden amphipathische Verbindungen **Micellen** mit nach außen gewandten Kopfgruppen oder ausgedehntere, zweischichtige **Doppelmembranen**. Die meisten biologischen Membranen sind nach diesem Prinzip aufgebaut (s. S. 200). Geschlossene, hohlkugelförmige Membranen nennt man **Vesikel**. In der Zelle dienen solche Vesikel dem Stofftransport (s. S. 208).

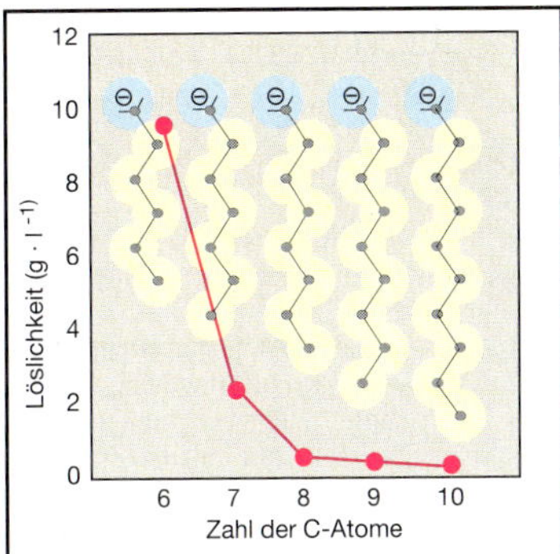


A. Wasserlöslichkeit von Fettsäuren

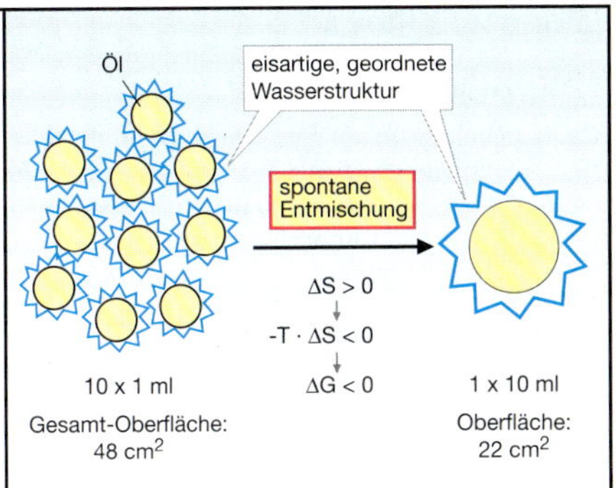


C. Der "Öltropfen-Effekt"

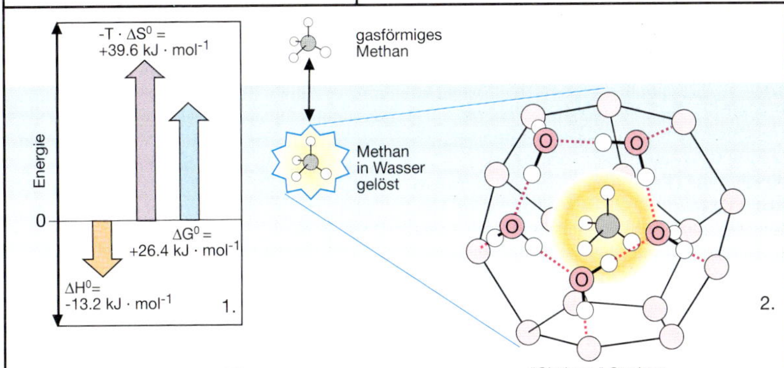


B. Lösen von Methan in Wasser

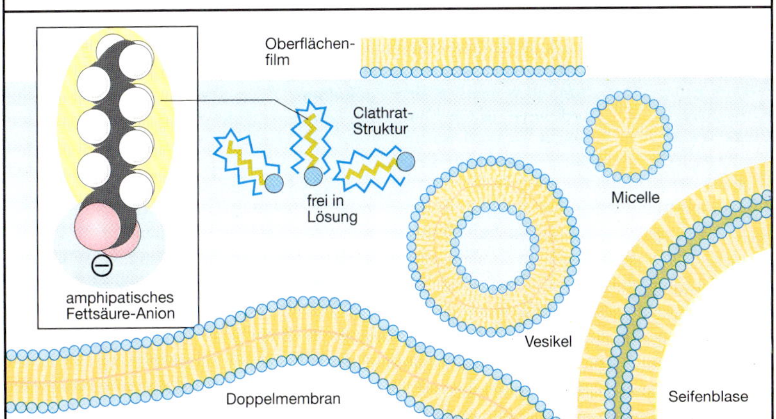


D. Anordnungen amphipatischer Stoffe im Wasser

# Säuren und Basen

## A. Säuren und Basen ●

Für Säuren und Basen gibt es unterschiedliche Definitionen. Im allgemeinen bezeichnet man als **Säuren** Stoffe, die Wasserstoff-Ionen (Protonen) *abgeben*, während **Basen** Verbindungen sind, die Protonen *aufnehmen* können. Wasser verstärkt die sauren oder basischen Eigenschaften gelöster Stoffe, weil es selbst als Base oder als Säure wirken kann. So gibt **Chlorwasserstoff** (HCl) in wäßriger Lösung Protonen an das Lösungsmittel ab (**1**). Dabei entstehen Chlorid-Ionen ($Cl^-$) und protonierte Wassermoleküle (Hydronium-Ionen, $H_3O^+$, meist nur als ‚$H^+$' bezeichnet ). Der Protonen-Austausch zwischen HCl und Wasser ist nahezu quantitativ: HCl wirkt in Wasser als *sehr starke Säure*. In Methanol gibt HCl nur in geringem Umfang Protonen ab, in dieser Umgebung ist es eine weit schwächere Säure.

Basen wie **Ammoniak** ($NH_3$) übernehmen Protonen von Wassermolekülen. Dabei entstehen **Hydroxyl-Ionen** ($OH^-$) und positive geladene **Ammonium-Ionen** ($NH_4^+$, **3**). Hydronium- und Hydroxyl-Ionen liegen im Wasser nicht frei vor; sie sind, wie alle Ionen, hydratisiert (s. S. 20). Unter anderem gibt es Hydrate der Zusammensetzung $[H_5O_2]^+$ bzw. $[H_3O_2]^-$ (**4**, **5**).

An Säure-Basen-Reaktionen sind stets Paare von **Säuren** und zugehörigen **‚konjugierten' Basen** (s. u.) beteiligt. Je stärker eine Säure oder Base ist, desto schwächer ist die konjugierte Base bzw. Säure. So gehört zur sehr starken Säure Chlorwasserstoff die sehr schwache Base Chlorid-Ion (**1**). Die schwache Säure Ammonium-Ion ist mit der mäßig starken Base Ammoniak konjugiert (**3**). Wirkt Wasser als schwache Säure, entsteht das Hydroxyl-Ion als extrem starke konjugierte Base; wirkt es basisch, entsteht das Hydronium Ion als sehr starke konjugierte Säure. Die Gleichgewichtskonstante $K_{eq}$ der Säure-Basen-Reaktion zwischen $H_2O$-Molekülen (**2**) ist sehr klein:

$$K_{eq} = \frac{[H^+] \cdot [OH^-]}{[H_2O]} = 2 \cdot 10^{-16}\ mol \cdot l^{-1}$$

(bei 25 °C)

In reinem Wasser ist $[H_2O]$ deshalb praktisch konstant. Setzt man für $[H_2O]$ 55 $mol \cdot l^{-1}$ in die Gleichung ein, ergibt sich

$$K_w = [H^+] \cdot [OH^-] \approx 1 \cdot 10^{-14}\ mol \cdot l^{-1}$$

Das Produkt $[H^+] \cdot [OH^-]$, das *‚Ionenprodukt des Wassers'*, ist in allen wässrigen Lösungen konstant, auch wenn weitere Säure-Basen-Paare darin enthalten sind. Bei 25 °C enthält reines Wasser $H^+$ und $OH^-$ in Konzentrationen von jeweils $1 \cdot 10^{-7}\ mol \cdot l^{-1}$.

## B. pH und $pK_a$ ●

Die Abgabe von Protonen durch eine Säure (ihre ‚Dissoziation') kann man durch die Gleichung $HB \rightleftarrows H^+ + B^-$ (**1**) beschreiben. Die Gleichgewichtskonstante $K_a$ nennt man auch **Säurekonstante**. Aus der Definition von $K_a$ (**2**) folgt, daß der Quotient $[HB]/[B^-]$ der Konzentration $[H^+]$ proportional ist (**3**). Bei jeder gegebenen $H^+$ – Konzentration stellt sich also ein definiertes Konzentrationsverhältnis von Säure und konjugierter Base ein. Ein Diagramm, das diesen Zusammenhang wiedergibt, bezeichnet man als **Titrationskurve** (**4**).

Zur Kennzeichnung der $H^+$-Konzentration in wäßrigen Lösungen gibt man i.a. nicht diese Konzentration selbst an, sondern ihren negativen Logarithmus, den **pH-Wert**. Zum Beispiel entspricht eine $H^+$-Konzentration von $1 \cdot 10^{-4} mol \cdot l^{-1}$ einem pH-Wert von 4. Reines Wasser von 25 °C hat einen pH-Wert von 7. Den Wert von $K_a$ kann man aus der Titrationskurve ablesen. Nach Formel **3** ist nämlich $[H^+] = K_a$, wenn $[HB] = [B^-]$, also am Wendepunkt der Titrationskurve. Auf der pH-Skala erhält man den negativen Logarithmus von $K_a$, den **$pK_a$-Wert** der Säure. Je stärker eine Säure ist, desto *niedriger* ist ihr $pK_a$-Wert.

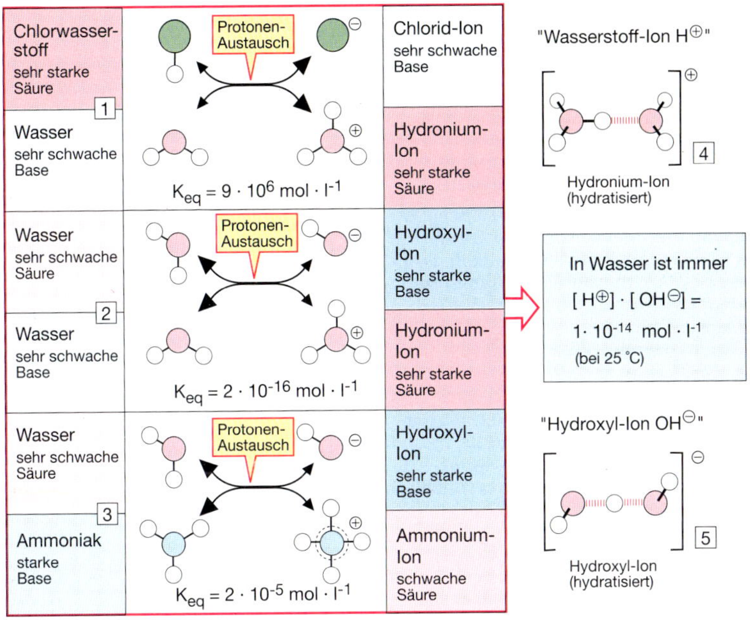


**A. Säuren und Basen**

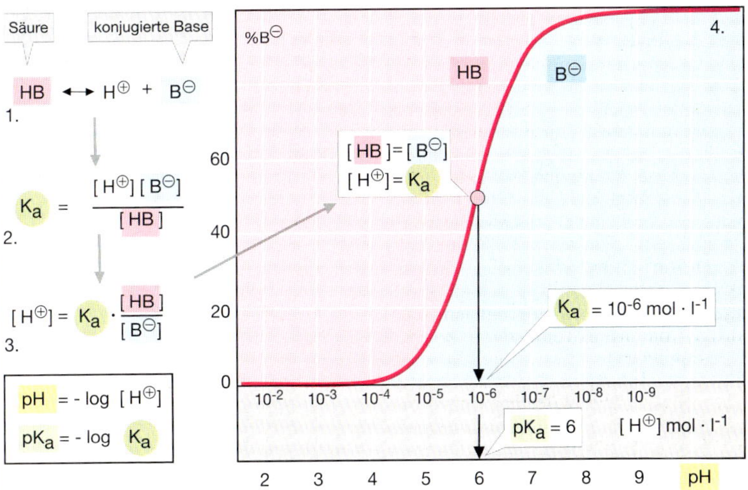


**B. pH und p$K_a$**

# Puffersysteme

## A. pH-Werte im Organismus ●

Die pH-Werte in den Zellen und in der Extrazellulär-Flüssigkeit werden in engen Grenzen konstant gehalten. Im Blut schwankt der pH-Wert normalerweise nur zwischen 7.35 und 7.45 (s. S. 250). Dies entspricht einer maximalen Änderung der $H^+$-Konzentration um etwa 30%. Der pH-Wert des Cytoplasmas ist mit 7.0 bis 7.3 etwas niedriger als im Blut. In Lysosomen (s. S. 210) ist die $H^+$-Konzentration einige hundertmal höher als im Cytoplasma.

Im Lumen des Verdauungstraktes, der für den Organismus einen Teil der Außenwelt darstellt, und in Körperausscheidungen sind die pH-Werte variabler. Extreme Werte finden sich im Magen (um 2) und im Dünndarm (> 8). Da die Nieren Säuren oder Basen ausscheiden können (s. S. 294) schwankt der pH-Wert des Urins besonders stark (4.8–7.5).

## B. Puffer ●

Kurzfristige pH-Wert-Änderungen im Organismus werden durch **Puffersysteme** abgefangen. Puffersysteme sind Mischungen einer schwachen Säure HB mit der konjugierten Base $B^-$ oder einer schwachen Base mit ihrer konjugierten Säure (s. S. 24). Ein solches System kann sowohl Hydronium-Ionen wie Hydroxyl-Ionen unwirksam machen. Im ersten Fall bindet die Base $B^-$ ein Proton, und es ensteht die undissoziierte Säure und Wasser. Hydroxyl-Ionen reagieren mit HB zu $B^-$ und Wasser. In beiden Fällen verschiebt sich in erster Linie das $[HB]/[B^-]$-Verhältnis, der pH-Wert ändert sich nur geringfügig. An der Titrationskurve erkennt man, daß Puffer-Systeme bei pH-Werten am wirksamsten sind, die dem $pK_a$-Wert der Säure entsprechen. Hier ist die Kurve am steilsten, die pH-Änderung ΔpH beim Zusatz einer bestimmten Menge Säure oder Base ist deshalb am geringsten. In anderen Worten: Die **Pufferkapazität** ist am $pK_a$-Wert des Systems am höchsten.

## C. Physiologische Puffersysteme ◑

Zur Pufferkapazität der Körperflüssigkeiten und des Intrazellulärraums tragen zahlreiche Puffersysteme bei. Man kann sie in hoch- und niedermolekulare Systeme einteilen. Das hochmolekulare System wird vor allem von **Protein-Seitenketten** mit saurem oder basischem Charakter gebildet. Die wichtigsten Reste sind in Abb. **1** zusammengestellt. Die $pK_a$-Werte von proteingebundenen Säuren oder Basen sind nicht konstant, sondern hängen von der Umgebung des Restes im Protein ab. Deshalb besitzen Proteine fast im gesamten pH-Bereich Pufferwirkung. Bei physiologischen pH-Werten sind vor allem die Imidazol-Ringe von Histidin-Resten wichtig, aber auch manche Carboxy- und Aminogruppen können zur Pufferung beitragen (vgl. S. 59).

Das wichtigste niedermolekulare Puffersystem des Blutes wird von **Kohlendioxid** ($CO_2$), **Wasser** und **Hydrogencarbonat** ($HCO_3^-$) gebildet. Sein $pK_a$-Wert liegt mit 6.3 nicht in unmittelbarer Nähe des Plasma-pH-Wertes. Da $CO_2$ über die Lungen abgeatmet werden kann, ist das $CO_2/HCO_3^-$-System trotzdem sehr effizient (s. S. 250). Ein weiteres Puffersystem im Blut besteht aus **Dihydrogenphosphat** ($H_2PO_4^-$) und **Hydrogenphosphat** ($HPO_4^{2-}$). Es hat den günstigen $pK_a$-Wert von 7.2. Das wichtigste Puffersystem des Urins setzt sich aus dem **Ammonium-Ion** ($NH_4^+$) und **Ammoniak** ($NH_3$) zusammen. Ammoniak, eine relativ starke Base, kann in der Niere aus Aminosäuren gebildet werden. Auf diese Weise ist der Organismus in der Lage, auch größere Säuremengen zu neutralisieren (s. S. 294).

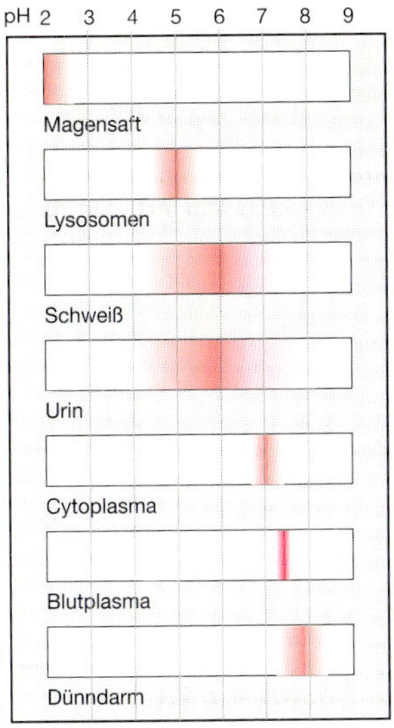


**A. pH-Werte im Organismus**

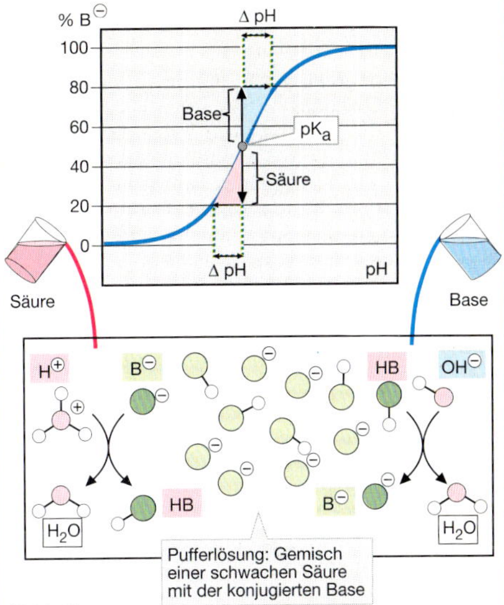


**B. Puffer**

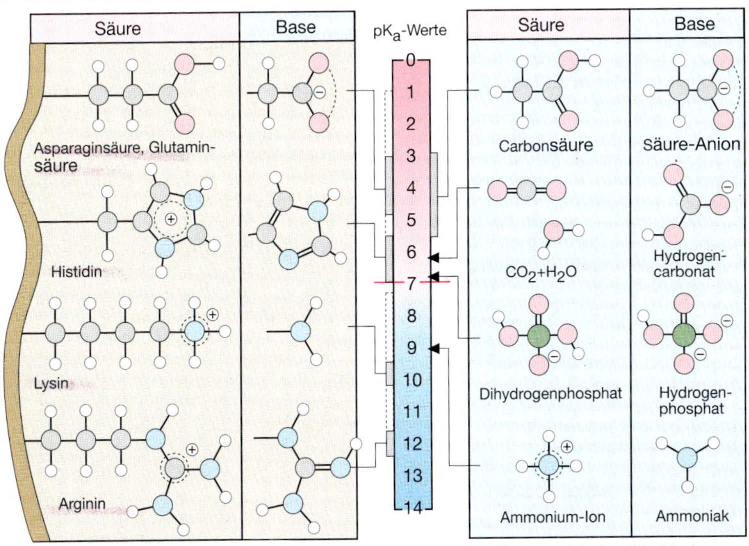


1. Protein- Seitenketten

2. Niedermolekulare Verbindungen

**C. Physiologische Puffersysteme**

## Redoxreaktionen

### A. Redoxreaktionen ●

Redoxreaktionen sind Umsetzungen, bei denen die Reaktionspartner Elektronen austauschen (**1**). Ähnlich wie bei Säure-Base-Reaktionen (s. S. 24), sind an Redoxreaktionen stets Verbindungs-*Paare* beteiligt, die man als **Redoxsysteme** bezeichnet (**2**). Die beiden Komponenten eines Redox-Systems unterscheiden sich im wesentlichen durch die Zahl der Elektronen. Die elektronenreichere Komponente ist die **reduzierte**, die elektronenärmere die **oxidierte Form** der betreffenden Verbindung. Die reduzierte Form des einen Systems (das **Reduktionsmittel**) überträgt Elektronen auf die oxidierte Form des anderen Systems (das **Oxidationsmittel**). Dabei wird das Reduktionsmittel oxidiert, und das Oxidationsmittel reduziert (**3**). Ein gegebenes Reduktionsmittel kann immer nur bestimmte andere Systeme reduzieren. Aufgrund solcher Beobachtungen lassen sich **Redoxreihen** aufstellen (**4**).

### B. Bestimmung von Redoxpotentialen ○

Die Stellung eines Redoxsystems in der Redoxreihe, sein **Redoxpotential**, ermittelt man nach einem elektrochemischen Verfahren, bei dem Lösungen zweier verschiedener Redoxsysteme *räumlich getrennt* angeordnet sind. Elektronen-Übertragungen zwischen beiden Lösungen sind dann nur über metallische Verbindungen möglich. Auf diese Weise wird die chemische Energie der Redoxreaktion in elektrische Energie (einen Elektronen-Fluß) umgewandelt. Technische Anwendungen dieses Prinzips sind Trockenbatterien für elektrische Geräte und Blei-Akkumulatoren für Kraftfahrzeuge.

Schaltet man statt einer Glühbirne oder anderer Stromverbraucher ein hochohmiges Meßinstrument in den Kreis, fließt praktisch kein Strom. Statt dessen mißt man eine elektrische Spannung, die der Differenz $\Delta E$ der elektrischen Potentiale beider Lösungen entspricht. Das **Redoxpotential E** eines Redox-Systems ist diejenige Spannung (in V), die man mißt, wenn man das System $2H^+/H_2$ (eine ‚Wasserstoff-Elektrode') als Bezugssystem wählt. Das Redox-Potential hat ein Vorzeichen, es kann negativer oder positiver sein als das willkürlich gleich Null gesetzte Bezugspotential. Außerdem hängt E von den Konzentrationen der Reaktanden und von den Reaktionsbedingungen ab. Man definiert deshalb ein **Normalpotential $E^o$** für Standardbedingungen und gleiche Konzentrationen aller Reaktanden, sowie eine entsprechende Größe $E^{o\prime}$, für einen konstanten pH-Wert von 7 (s. S. 12). In Redoxreihen (**A4**) sind die Systeme nach zunehmendem Redoxpotential geordnet. *Freiwillige* Elektronenübertragungen sind nur möglich, wenn das Redoxpotential des Donor-Systems *negativer* ist als das des Akzeptors.

### C. Redoxskala und Energetik ◑

Bei Redoxreaktionen besteht zwischen der Spannungsdifferenz $\Delta E$ (der Intensitätsgröße der elektrischen Arbeit, s. S. 10), und der freien Enthalpieänderung $\Delta G$ (der Intensitätsgröße der chemischen Arbeit) eine einfache, lineare Beziehung (**1**). Aus Redoxreihen läßt sich deshalb vorhersagen, ob eine bestimmte Reaktion freiwillig verläuft und wie hoch die nutzbare chemische Arbeit sein wird. Wir betrachten hier zwei Beispiele: Die Elektronenübertragung vom System $NAD^+/NADH$ ($E^{o\prime}$= -0.32 V) auf Sauerstoff ($E^{o\prime}$= +0.82 V, $\Delta E^{o\prime}$= +1.14 V) ist stark exergon. Tatsächlich wird der größte Teil der chemischen Energie der Zelle aus dieser Umsetzung gewonnen (s. S. 104). Dagegen ist die Elektronen-Übertragung von Lactat auf $NAD^+$ unter Standardbedingungen nicht möglich, weil $\Delta E^{o\prime} < 0$.

Wie auf S. 12 besprochen, beeinflußt aber die Konzentrationslage die Reaktionsrichtung (**2**): Mit abnehmendem Verhältnis [Pyr] / [Lac] steigt das Redoxpotential dieses Systems. Liegt gleichzeitig $NAD^+$ in hohem Überschuß gegenüber NADH vor, ist $E'$ für dieses Redoxpaar so niedrig, daß $\Delta E'$ positiv wird. Dann ist $\Delta G'$ negativ, und die Reaktion läuft freiwillig ab.

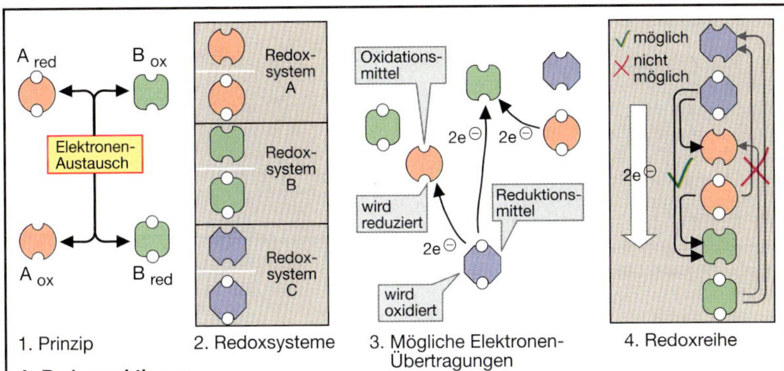


**A. Redoxreaktionen**

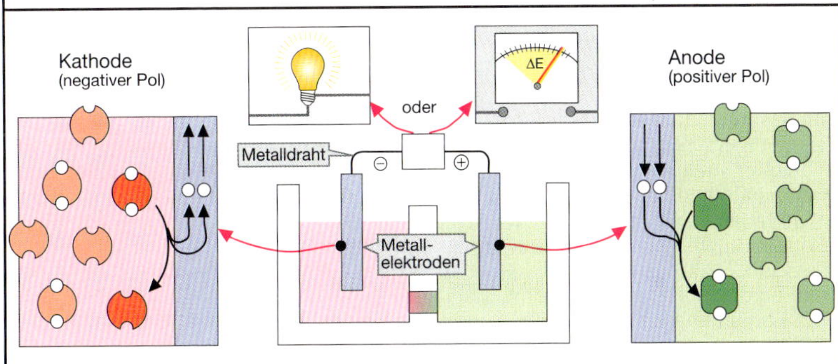


**B. Bestimmung von Redoxpotentialen**

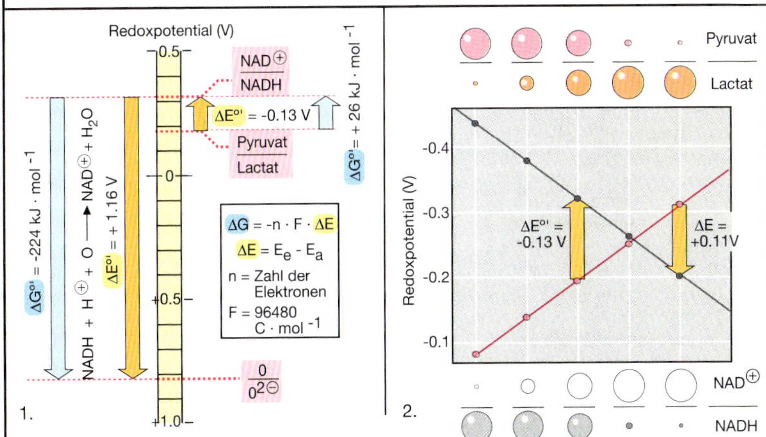


**C. Redoxskala und Energetik**

## Kohlenhydrate: Stereochemie

Die **Kohlenhydrate** sind natürlich vorkommende Carbonyl-Verbindungen mit mehrereren Hydroxy-Gruppen. Zu den Kohlenhydraten gehören die **Zucker (Monosaccharide)** und ihre Polymere, die **Oligosaccharide** und **Polysaccharide**. Bei den Monosacchariden unterscheidet man – je nach Stellung der Carbonyl-Gruppe – zwischen **Aldosen**, bei denen die Carbonyl-Gruppe endständig als Aldehyd-Funktion auftritt, und **Ketosen**, bei denen die Carbonyl-Gruppe innerhalb der Kette lokalisiert ist.

### A. Aldosen der D-Reihe: Stereochemie ◑

Die einfachste **Aldose** ist Glyceral (Glycerinaldehyd, **1**). Glyceral enthält ein *chirales Zentrum* (s. S. 56) an C-2 und kommt deshalb in zwei **enantiomeren Formen** vor (D- und L-Glyceral). Um die Konfiguration des chiralen Zentrums im Formelbild eindeutig wiederzugeben, benützt man meist die nach E. Fischer benannte **Fischer-Projektion**. In Abb. **1a-c** ist am Beispiel des D-Glycerals dargestellt, wie sich die Fischer-Projektion (**1c**) von der Raumstruktur (**1a**) ableitet: Zunächst dreht man den Tetraeder so, daß die am höchsten oxidierte Gruppe (in diesem Fall die CHO-Gruppe) oben liegt. (Hier beginnt auch die Numerierung der C-Atome). Dann dreht man weiter, bis die Verbindungslinie des ersten und dritten C-Atoms (rot) in die Papierebene fällt (**1b**). In dieser Stellung liegt beim D-Glyceral die OH-Gruppe in Blickrichtung *rechts*, beim L-Glyceral links (nicht gezeigt).

Fast alle natürlich vorkommenden Monosaccharide leiten sich von der **Triose** D-Glyceral ab; sie gehören zur **D-Reihe**: Formal erhält man die anderen D-Aldosen, indem man zwischen C-2 und die Aldehyd-Gruppe des D-Glycerals weitere chirale Zentren der Struktur H-C-OH oder HO-C-H einfügt. Dies ergibt zwei verschiedene **D-Tetrosen**, vier **D-Pentosen**, acht **D-Hexosen** usw. Alle diese Aldosen haben am *vorletzten* C-Atom dieselbe Konfiguration wie D-Glyceral (**2**).

### B. Halbacetal-Bildung ◑

In neutraler Lösung enthalten weniger als 0.1% der Zucker-Moleküle freie Aldehyd-Gruppen. Die Ursache dafür ist eine Reaktion, bei der sich eine der OH-Gruppen des Zuckers an die Aldehyd-Gruppe *desselben* Moleküls addiert. Dabei entsteht ein cyclisches **Halbacetal** (s. S. 8) mit einem zusätzlichen chiralen Zentrum an C-1. Bei Aldohexosen reagiert im allgemeinen die Hydroxy-Gruppe an C-5, und es bildet sich ein 6-gliedriger **Pyran-Ring** aus 5 C-Atomen und einem O-Atom. Zukker, die diesen Ring enthalten, nennt man **Pyranosen**. Reagiert die OH-Gruppe an C-4, entsteht der 5-gliedrige **Furan-Ring** (s. S. 34).

### C. α-D-Glucopyranose: Stereochemie, Haworth-Formel ○

Die Halbacetal-Formen der Zucker werden meist durch die sogenannte **Haworth-Formel** dargestellt (**5**). Dabei zeichnet man die Atome C-1 bis C-5 und die O-Brücke perspektivisch in einer Ebene. Die $CH_2OH$-Gruppe ragt nach oben über diese Ebene hinaus, während die OH-Gruppen an chiralen C-Atomen je nach ihrer Konfiguration darüber oder darunter liegen. OH-Gruppen, die in der Fischer-Projektion *rechts* liegen, erscheinen in der Haworth-Formel *unter* der Ringebene, diejenigen *links* der Kette *über* der Ringebene. Die Abb. 1–5 zeigen den Zusammenhang zwischen Fischer-Projektion und Haworth-Darstellung.

### D. Konformation der α-D-Glucopyranose ○

Die Haworth-Formel läßt unberücksichtigt, daß der Pyran-Ring nicht eben ist. In der hier dargestellten stabilsten Konformation der α-D-Glucopyranose liegt der Ring in der *Sesselform* vor (s. S. 52). Die meisten OH-Gruppen sind etwa in der Ringebene angeordnet (**äquatoriale** oder **e**-Stellung). Einzige Ausnahme ist die anomere OH-Gruppe an C-1, die eine **axiale** Position (**a**-Stellung) einnimmt.

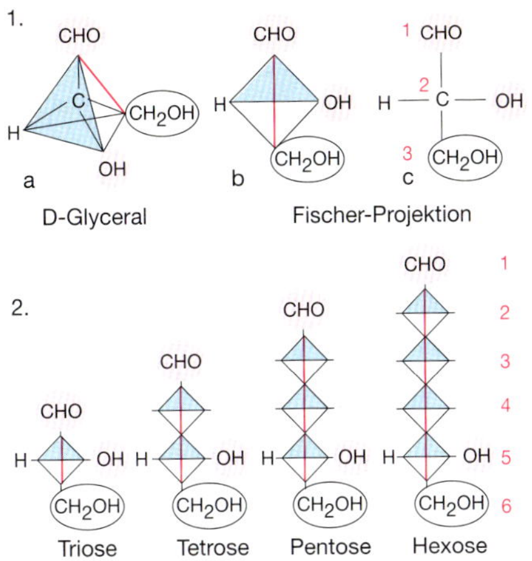


**A. Aldosen der D-Reihe: Stereochemie**

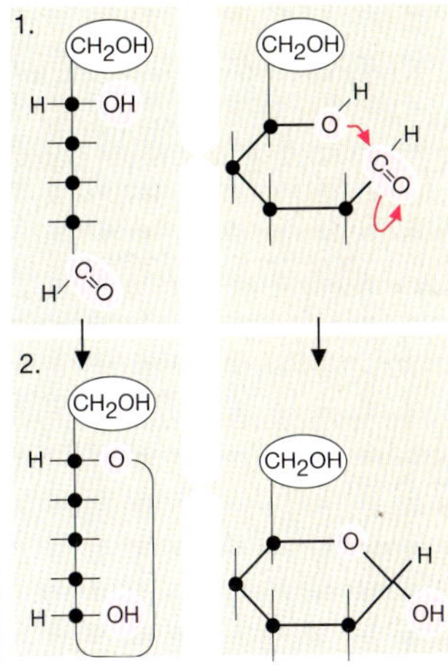


**B. Halbacetal-Bildung**

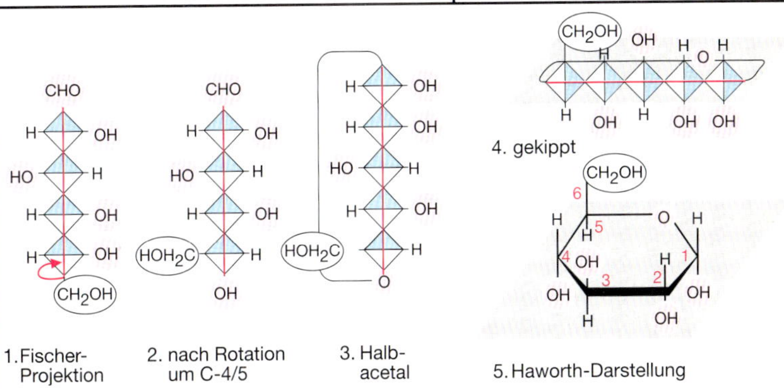


**C. α-D-Glucopyranose: Stereochemie, Haworth-Formel**

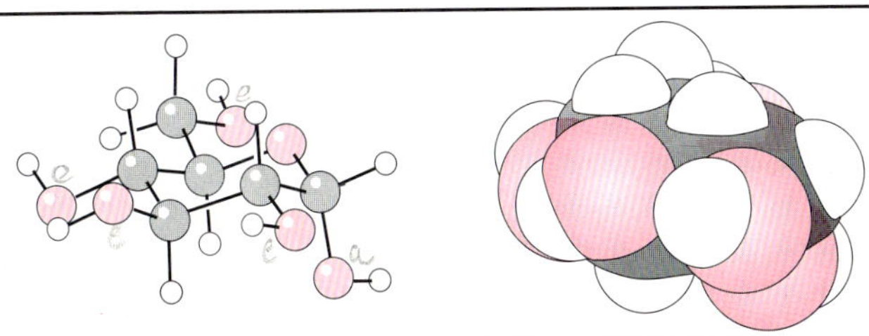


1. Kugel-Stab-Modell
2. Van-der-Waals-Modell

**D. Konformation der α-D-Glucopyranose**

$Cu^{2+} + R\text{-}C(H){=}O + OH^- \rightarrow Cu_2O + R\text{-}C({=}O)O^- + H_2O$

## Reaktionen

### A. Reaktionen der Monosaccharide ◑

Aldosen in der Ringform tragen – im Gegensatz zu den offenkettigen Formen – an C-1 ein chirales Zentrum (s. S. 30). Die entsprechenden enantiomeren Formen bezeichnet man als **Anomere**. In β-Anomeren liegen die OH-Gruppe an C-1 (die **anomere OH-Gruppe**) und die $CH_2OH$-Gruppe (C-6) auf derselben Seite des Rings, im hier dargestellten α-Anomeren auf verschiedenen Seiten. Die Umwandlung der Anomeren ineinander heißt **Mutarotation** (**B**).

Reagiert die anomere OH-Gruppe eines Zuckers mit einem Alkohol, entsteht unter Wasseraustritt ein ***O*-Glycosid** (**1**), hier das α-Methylglucosid. Auch Oligo- und Polysaccharide enthalten *O*-glycosidische Bindungen. Die Reaktion der anomeren OH-Gruppe mit einer $NH_2$-Gruppe ergibt ein ***N*-Glycosid** (nicht gezeigt). *N*-glycosidische Bindungen kommen in Nucleotiden (s. S. 78) und Glycoproteinen (s. S. 40) vor. Glycosidische Bindungen können α- oder β-konfiguriert sein.

Reduktion des anomeren Zentrums der Glucose (**2**) liefert den Zuckeralkohol **Sorbitol** (ein *Glycitol*). Durch Oxidation an C-1 (**3**) erhält man den intramolekularen Ester (Lacton) der **Gluconsäure** (einer *Glyconsäure*). Oxidiert man an C-6 (**5**), entsteht **Glucuronsäure** (eine *Glycuronsäure*). Glucuronsäure spielt bei Biotransformationen in der Leber eine wichtige Rolle (s. S. 286).

In schwach alkalischer Lösung befindet sich die Glucose im Gleichgewicht mit der Ketohexose **D-Fructose** und der Aldohexose **D-Mannose** (**4**). Glucose und Mannose unterscheiden sich nur in der Konfiguration an C-2. Man nennt solche Paare von Zuckern **Epimere**, ihre Umwandlung **Epimerisierung**.

Mit Säuren können die Hydroxy-Gruppen von Monosachariden **Ester** bilden. Im Stoffwechsel sind vor allem Phosphorsäure-Ester wie **Glucose-6-phosphat (6)** wichtig.

Behandelt man Zucker mit starken Säuren oder Basen, entstehen Abbau-Produkte, die zum Nachweis von Kohlenhydraten dienen können. Die sogenannten *Reduktionsproben* beruhen auf den in stark alkalischer Lösung gebildeten **Reduktonen** (**7**). Mit Säuren erhält man Derivate des Furanaldehyds (‚Furfurale'), die sich durch Farbreaktionen nachweisen lassen (**8**).

### B. Polarimetrie, Mutarotation ○

Zur Analyse von Zucker-Lösungen eignet sich die **Polarimetrie**, ein Verfahren, das auf der Wechselwirkung chiraler Zentren mit polarisiertem Licht beruht. Polarisiertes Licht schwingt nur in *einer* Ebene. Man kann es erzeugen, indem man gewöhnliches Licht durch ein spezielles Filter (den **Polarisator**) schickt. Ein dahinter angebrachtes gleichartiges Filter (der **Analysator**) läßt dieses polarisierte Licht nur dann vollständig durchtreten, wenn Polarisator und Analysator die gleiche Stellung einnehmen. Blickt man durch den Analysator, erscheint in diesem Fall das Gesichtsfeld hell (**1**). Lösungen chiraler Stoffe drehen die Schwingungsrichtung des polarisierten Lichtes um den Winkel α nach rechts oder links (s. S. 56). Bringt man eine solche Lösung zwischen Polarisator und Analysator, erscheint das Gesichtsfeld dunkler (**2**). Den Drehwinkel α bestimmt man, indem man den Analysator so lange dreht, bis das Gesichtsfeld wieder hell erscheint (**3**) Die **optische Drehung** einer Lösung hängt von der Art der chiralen Verbindung, ihrer Konzentration und von der Schichtdicke der Lösung ab.

Durch bestimmte Verfahren kann man die **α- und β-Anomeren** der Glucose (**A**) in reiner Form gewinnen. Eine 1-molare Lösung von α-D-Glucose hat zunächst einen Drehwert von +112°, während eine entsprechende Lösung von β-D-Glucose einen Wert von +19° zeigt. Diese Drehungen ändern sich jedoch spontan und erreichen nach einiger Zeit denselben Endwert von +52° (**4**). Die Ursache ist, daß sich in Lösung durch **Mutarotation** (**A**) ein Gleichgewicht zwischen α- und β-Form einstellt, das – unabhängig von den Ausgangsbedingungen – 62% β-Form und 38% α-Form enthält.

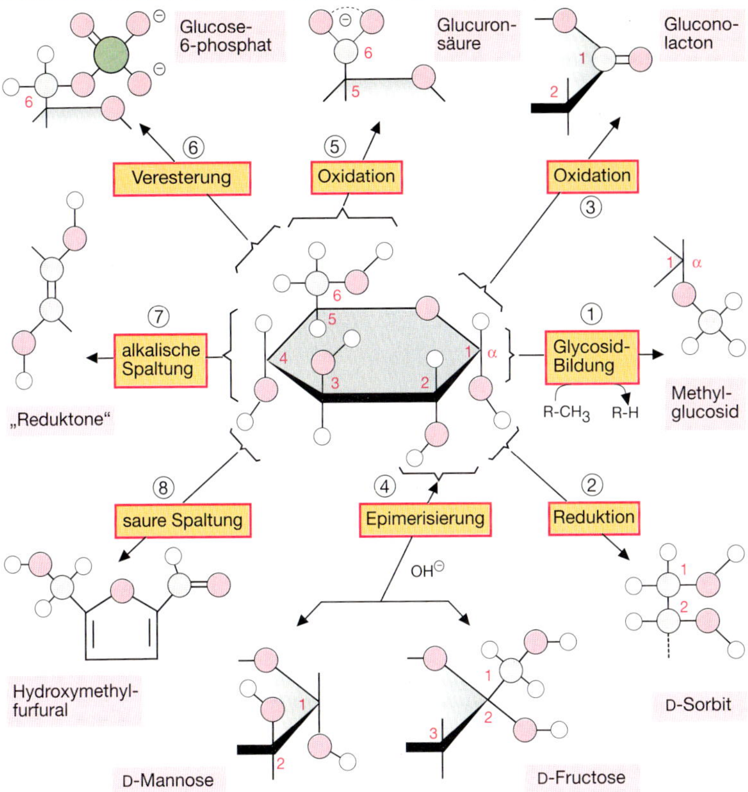


**A. Reaktionen der Monosaccharide**

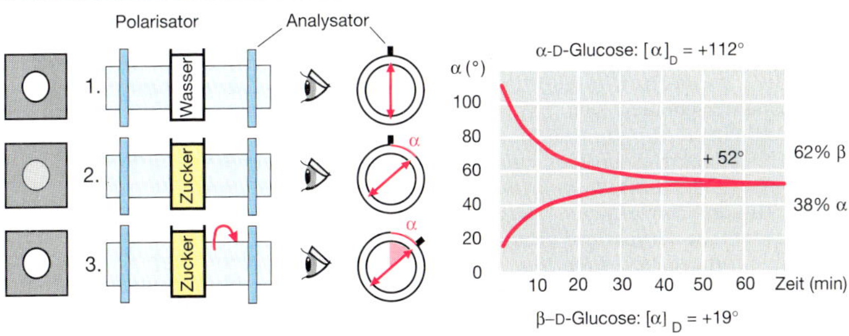


**B. Polarimetrie, Mutarotation**

# Monosaccharide

## A. Nomenklatur, Ringformen ◑

Die Nomenklatur der Kohlenhydrate bezieht nicht nur die Art der Verbindung, sondern auch ihre Stereochemie und die Ringform mit ein. Die Nomenklatur-Regeln für Zucker und Glycoside werden an zwei Beispielen erläutert.

Vor dem Namen des Zuckers muß stets angegeben werden, ob er der *D-Reihe* oder der *L-Reihe* angehört. Durch die Präfixe α oder β wird außerdem die *Konfiguration des anomeren Zentrums* gekennzeichnet. Wegen der Bildung von intramolekularen Halbacetalen liegen Zucker meist als Pyranose- oder Furanose-Ringe vor (s. S. 30). Auch die Art der *Ringform* erscheint im Namen. Freie Monosaccharide werden durch die Endung ‚-ose' gekennzeichnet, während die Bezeichnungen für *Glycoside* mit ‚-osid' enden. Bei Glycosiden wird der Name des mit der anomeren OH-Gruppe verknüpften Substituenten dem Namen des Zuckers vorangestellt.

## B. Wichtige Monosaccharide ◑

Aus der großen Zahl der natürlichen Monosaccharide sind hier nur die wichtigsten Vertreter dargestellt. Neben ihren Namen sind auch ihre Abkürzungen angegeben. Die meisten freien Zucker – auch die Pentosen – liegen in wäßriger Lösung überwiegend in der *Pyranose-Form* vor. Solche Lösungen enthalten stets beide Anomere (α und β) in unterschiedlichen Verhältnissen. Um diese Tatsache anzudeuten, sind die anomeren OH-Gruppen nicht nach oben oder unten geschrieben (dies würde der β- bzw. α-Form entsprechen), sondern quer.

Eine wichtige **Aldopentose (1)** ist die *D-Ribose*, die als Bestandteil von RNA und Nucleotid-Coenzymen weit verbreitet ist. In diesen Verbindungen liegt die Ribose stets in der Furanose-Form vor (s. S. 79). Wie Ribose treten auch *D-Xylose* und *L-Arabinose* selten in freier Form auf. Man findet aber große Mengen beider Zucker als Bausteine von Polysacchariden in pflanzlichen Zellwänden (s. S. 36).

Von den **Aldohexosen (1)** kommt der *D-Glucose* die größte Bedeutung zu. Ein erheblicher Prozentsatz der Biomasse auf der Erde entfällt auf Polymere der Glucose, vor allem auf Cellulose (s. S. 38). Freie D-Glucose findet man in Pflanzensäften (‚Traubenzucker') und als ‚Blutzukker' im Blut der höheren Tiere. *D-Galactose* ist als Komponente des Milchzuckers ein Bestandteil der menschlichen Nahrung. Zusammen mit *D-Mannose* kommt sie auch auch in vielen Glycolipiden und Glycoproteinen vor (s. S. 40).

Phosphorsäure-Ester der **Ketopentose** *D-Ribulose* (**2**) sind Zwischenprodukte des Hexose-monophosphat-Wegs (s. S. 138) und der Photosynthese (s. S. 120). Die wichtigste **Ketohexose (2)** ist die *D-Fructose*. In freier Form ist sie in Fruchtsäften und im Bienenhonig enthalten. Gebundene Fructose findet man in der Saccharose und in pflanzlichen Polysacchariden (Inulin).

In den **Desoxyaldosen (3)** ist eine OH-Gruppe durch ein Wasserstoff-Atom ersetzt. Neben der an C-2 reduzierten *2-Desoxy-D-ribose*, einem Bestandteil der DNA (s. S. 80), ist als zweites Beispiel die *L-Fucose* dargestellt. Die Fucose, ein Zukker aus der L-Reihe, ist an C-6 reduziert.

Die **acetylierten Aminozucker (4)** *N-Acetyl-D-glucosamin* und *N-Acetyl-D-galactosamin* sind als Bestandteile von Glycoproteinen häufig anzutreffen.

Auch *N-Acetylneuraminsäure* (Sialinsäure, **5**) ist eine charakteristische Komponente des Kohlenhydrat-Anteils von Glycoproteinen (s. S. 280). Dagegen sind die **sauren Monosaccharide** *D-Glucuronsäure, D-Galacturonsäure* und *L-Iduronsäure* typische Bausteine der Glycosaminoglycane des Bindegewebes (s. S. 308).

**Zuckeralkohole (6)**, wie *Sorbitol* und *Mannitol* spielen im tierischen Organismus keine wesentliche Rolle.

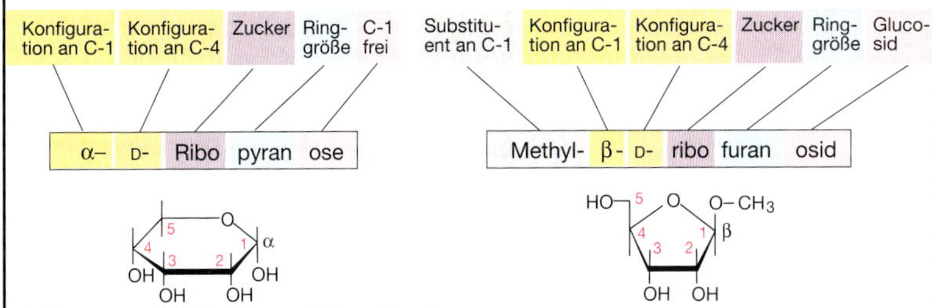


A. Monosaccharide: Nomenklatur, Ringformen

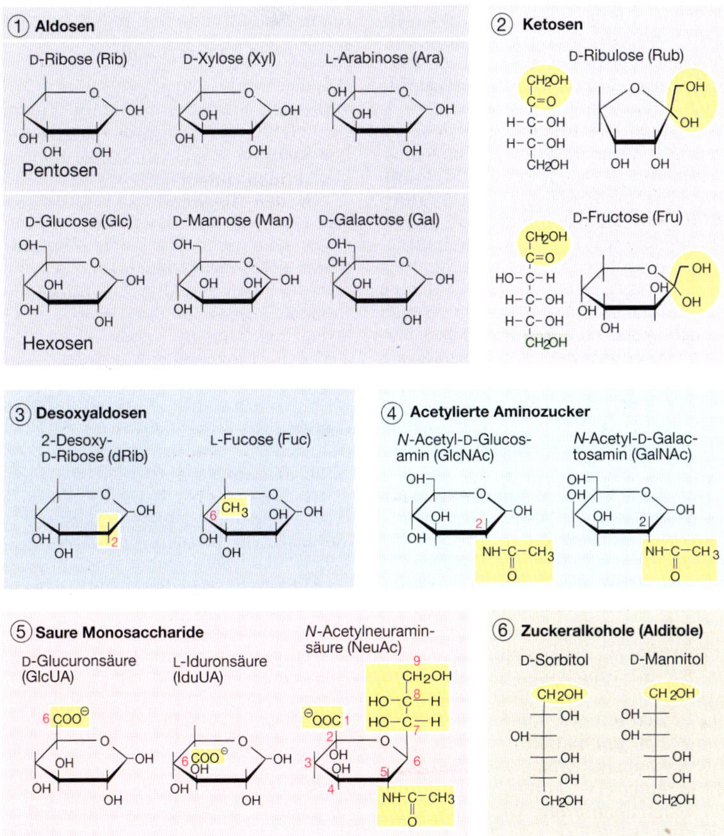


B. Wichtige Monosaccharide

## Disaccharide und Polysaccharide

### A. Disaccharide ◑

Verknüpft man die anomere Hydroxy-Gruppe eines Monosaccharids glycosidisch mit der OH-Gruppen eines weiteren Zuckers (s. S. 32), erhält man ein Disaccharid. Wie bei allen Glycosiden, ist an der glycosidischen Bindung *keine Mutarotation* möglich. Da die glycosidischen Bindungen der natürlichen Disaccharide stereospezifisch durch Enzyme gebildet werden, findet man sie nur in jeweils einer der möglichen Konfigurationen (α oder β). Durch Anfügen weiterer Monosaccharide erhält man **Oligosaccharide** aus 3–20 Resten und schließlich **Polysaccharide** (bis > $10^5$ Reste).

Von den Disacchariden greifen wir zwei für die menschliche Ernährung wichtige Verbindungen heraus: Im Pflanzenreich ist die **Saccharose (1)** die Transportform der Kohlenhydrate und dient als lösliche Kohlenhydrat-Reserve. Vom Menschen wird sie wegen ihres intensiv süßen Geschmacks geschätzt. Als Quelle dienen Pflanzen mit besonders hohem Gehalt wie Zuckerrohr oder Zuckerrüben (*‚Rohrzucker‘*, *‚Rübenzucker‘*). Durch enzymatische Hydrolyse des saccharosehaltigen Blüten-Nektars im Verdauungstrakt der Bienen entsteht der *Honig*, eine etwa äquimolare Mischung von Glucose und Fructose (*‚Invertzucker‘*) .

In der Saccharose sind die anomeren OH-Gruppen von Glucose und Fructose miteinander verknüpft. Dabei befindet sich die glycosidische OH-Gruppe der Glucose in der α-Konfiguration, diejenige der Fructose nimmt die β-Stellung ein, es liegt also eine $\alpha 1 \leftrightarrow 2\beta$-Bindung vor. Diese ungewöhnliche Verknüpfung verleiht dem Molekül eine kompakte, eiförmige Gestalt.

Die **Lactose** (*‚Milchzucker‘*, **2**) ist das wichtigste Kohlenhydrat in der Milch der Säugetiere. In Kuhmilch sind etwa 4.5% Lactose enthalten, Frauenmilch enthält bis zu 7.5%. In der Lactose ist die OH-Gruppe an C-1 der Galactose β-glycosidisch mit C-4 eines Glucose-Restes verknüpft. Das Lactose-Molekül ist deshalb gestreckt und beide Pyranringe liegen in derselben Ebene.

Unklar ist, warum bei den Säugetieren gerade Galactose als Milch-Bestandteil vorkommt. Nach der hydrolytischen Spaltung der Lactose im Darm wird die Galactose in der Leber sofort in die epimere Glucose umgewandelt (s. S. 276). Ist dieser Prozeß gestört, kann es durch die Anhäufung von freier Galactose im Organismus zu schweren Krankheits-Symptomen kommen. Dies geschieht zum Beispiel bei der *Galactosämie*, einer erblichen Stoffwechselerkrankung.

### B. Wichtige Polysaccharide ◑

Polysaccharide sind überall in der Natur verbreitet. Nach ihrer Funktion kann man sie in drei Gruppen einteilen. **Struktur-Polysaccharide** verleihen Zellen, Organen oder Organismen mechanische Stabilität. Zu dieser Gruppe gehören z. B. die *Cellulose* (s. S. 38) und das *Chitin* im Panzer von Insekten und Crustaceen. **Wasserbindende Polysaccharide** sind besonders stark hydratisiert und verhindern das Austrocknen von Zellen oder Geweben. Derartige Kohlenhydrate aus Algen (z. B. *Agarose, Carrageenan*) werden häufig auch technisch zur Herstellung von Gelen genutzt (‚Agar-Agar‘). **Reserve-Polysaccharide** schließlich dienen als Kohlenhydrat-Speicher, aus denen sich bei Bedarf Monosaccharide freisetzen lassen. Aufgrund ihres polymeren Charakters sind Reserve-Kohlenhydrate osmotisch unwirksam und lassen sich deshalb in großen Mengen intrazellulär speichern.

Polysaccharide, die aus nur *einer* Art von Monosaccharid aufgebaut sind, nennt man **Homoglycane**, solche aus verschiedenen Zucker-Bausteinen **Heteroglycane**. Beide Formen können in Form linearer Ketten vorliegen, oder verzweigt sein. Die Tabelle gibt einen Überblick über Zusammensetzung und Verknüpfungsmuster wichtiger Glycane. Einige der aufgeführten Polysaccharide sind an anderer Stelle ausführlicher besprochen (s. z. B. S. 38 und 156).

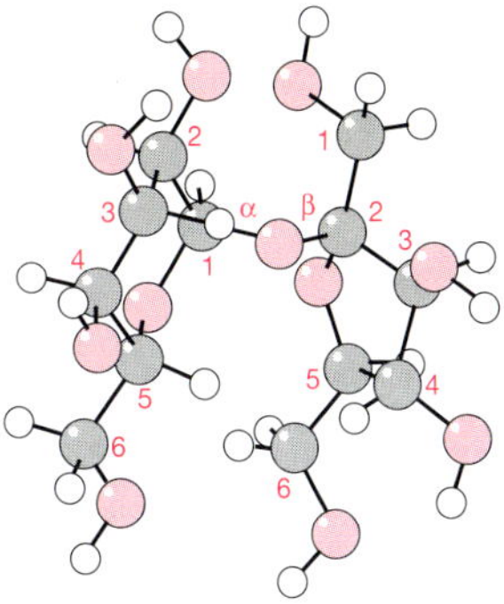

1. Saccharose

α-D-Glucopyranosyl-(1⟷2)-
β-D-Fructofuranosid

2. Lactose

β-D-Galactopyranosyl-(1→4)-
β-D-Glucopyranose

**A. Disaccharide**

| Polysaccharid | Monosaccharid 1 | Monosaccharid 2 | Verknüpfung | Verzweigung | Vorkommen | Funktion |
|---|---|---|---|---|---|---|
| *Bakterien* | | | | | | |
| Murein | D-GlcNAc | D-MurNAc[1] | β1→4 | — | Zellwand | SK |
| Dextran | D-Glc | — | α1→6 | α1→3 | Schleime | WB |
| *Pflanzen* | | | | | | |
| Agarose | D-Gal | L-aGal[2] | β1→4 | β1→3 | Rotalgen (Agar) | WB |
| Carrageenan | D-Gal | — | β1→3 | α1→4 | Rotalgen | WB |
| Cellulose | D-Glc | — | β1→4 | — | Zellwand | SK |
| Xyloglucan | D-Glc | D-Xyl (D-Gal,<br>L-Fuc) | β1→4 | β1→6<br>(β1→2) | Zellwand<br>(Hemicellulose) | SK<br>SK |
| Arabinan | L-Ara | — | α1→5 | α1→3 | Zellwand (Pectin) | |
| Amylose | D-Glc | — | α1→4 | — | Amyloplasten | RK |
| Amylopectin | D-Glc | — | α1→4 | α1→6 | Amyloplasten | RK |
| Inulin | D-Fru | | β2→1 | — | Speicherzellen | RK |
| *Tiere* | | | | | | |
| Chitin | D-GlcNAc | — | β1→4 | — | Insekten, Krebse | SK |
| Glycogen | D-Glc | — | α1→4 | α1→6 | Leber, Muskel | RK |
| Hyaluronsäure | D-GlcUA | D-GlcNAc | β1→4<br>β1→3 | — | Bindegewebe | SK,WB |

SK = Struktur-Kohlenhydrat, RK = Reserve-Kohlenhydrat,
WB = wasserbindendes Kohlenhydrat; [1] *N*-Acetylmuraminsäure, [2] 3,6-anhydro-Galactose

**B. Wichtige Polysaccharide**

## Pflanzliche Polysaccharide

Unter den Polysacchariden sind zwei in Pflanzen vorkommende Polymere der Glucose besonders wichtig, die β1→4-verknüpfte **Cellulose** und die überwiegend α1→4 verknüpfte **Stärke**.

### A. Cellulose ○

Cellulose, ein lineares Homoglycan aus β1→4-verküpften Glucose-Resten, ist die *häufigste organische Substanz in der Natur*. Pflanzliche Zellwände bestehen zu 40–50% aus Cellulose. Der Celluloseanteil von *Baumwollfasern*, einem wichtigem Rohstoff, liegt sogar bei 98%. Cellulose-Moleküle können mehr als $10^4$ Glucose-Reste enthalten (Molmasse $1–2 \cdot 10^6$) und eine Länge von 6–8 μm erreichen.

Natürliche Cellulose ist *mechanisch äußerst stabil* und gegenüber chemischer und enzymatischer Hydrolyse sehr *beständig*. Diese Eigenschaften beruhen auf der Konformation der Moleküle und ihrer supramolekularen Organisation. Die unverzweigte β1→4-Verknüpfung führt zu linearen Ketten, die durch Wasserstoff-Brükken innerhalb der Kette und zwischen benachbarten Ketten stabilisiert werden **(1)**. Schon während der Biosynthese treten jeweils 50–100 Cellulose-Moleküle zu einer **Elementarfibrille** von etwa 4 nm Durchmesser zusammen. Ungefähr 20 solcher Elementarfibrillen bilden dann eine der elektronenoptisch gut erkennbaren **Mikrofibrillen** (**2**).

Cellulose-Mikrofibrillen bilden das Grundgerüst der **Primärwand** junger Pflanzenzellen (**3**). Dort sind sie mit weiteren Polysacchariden zu einem komplexen Geflecht vernetzt. Zu den vernetzenden Polysacchariden gehört die sogenannte **Hemicellulose**, ein Gemisch von vorwiegend neutralen Heteroglycanen (Xylane, Xyloglucane, Arabinogalactane u. a.). Die Hemicellulose tritt durch nebenvalente Bindungen mit den Cellulose-Fibrillen in Kontakt. Verbunden sind diese Komplexe durch neutrale und saure **Pectine**, die als typischen Baustein Galacturonsäure enthalten. Schließlich ist auch ein collagenähnliches Protein, das **Extensin**, am Aufbau der Primärwand beteiligt.

### B. Stärke ◑

Stärke, ein weit verbreitetes pflanzliches **Reserve-Polysaccharid**, ist das *wichtigste Kohlenhydrat der menschlichen Nahrung*. Stärke kommt in den Chloroplasten der Blätter, in Früchten, Samen und Knollen vor. Besonders hoch ist der Stärkegehalt in Getreidekörner (bis 75% der Trockenmasse), in Kartoffelknollen (etwa 65%) und in anderen pflanzlichen Speicherorganen.

In solchen Geweben findet man die Stärke in Form mikroskopisch kleiner Körnchen in besonderen Organellen, den *Amyloplasten*. Stärkekörner sind in kaltem Wasser praktisch unlöslich, quellen aber beim Erhitzen in Wasser stark auf. Etwa 15–25% der Stärke läßt sich durch längeres Kochen kolloidal in Lösung bringen. Diesen Anteil nennt man Amylose (‚lösliche Stärke'). Die restliche Stärke, das Amylopectin, bleibt auch unter diesen Bedingungen unlöslich.

**Amylose** besteht aus *unverzweigten*, α1→4-verknüpften Ketten von 200–300 Glucose-Resten. Aufgrund der α-Konfiguration an C-1 bilden solche Ketten eine *Helix* mit 6–8 Resten pro Windung **(1)**. Die Blaufärbung von Stärkelösungen nach Zugabe von elementarem Iod (‚*Iod-Stärke-Reaktion*') beruht auf dem Vorkommen solcher Helices: Die Iod-Atome lagern sich kettenförmig ins Innere der Helix ein und nehmen in dieser weitgehend nichtwässrigen Umgebung eine tiefblaue Farbe an. Stark verzweigte Polysaccharide färben sich mit Iod lediglich braun oder rotbraun.

Im Gegensatz zur Amylose ist **Amylopectin** *verzweigt*. Im Mittel ist jeder 20. bis 25. Glucoserest über eine 6→α1-Brücke mit einer weiteren Kette verbunden. Dadurch entsteht eine ausgedehnte baumartige Struktur, die – wie die Amylose – nur *eine* freie anomere OH-Gruppe enthält. Amylopectin-Moleküle können Hunderttausende von Glucose-Resten enthalten; ihre Masse kann über $10^8$ Da liegen.

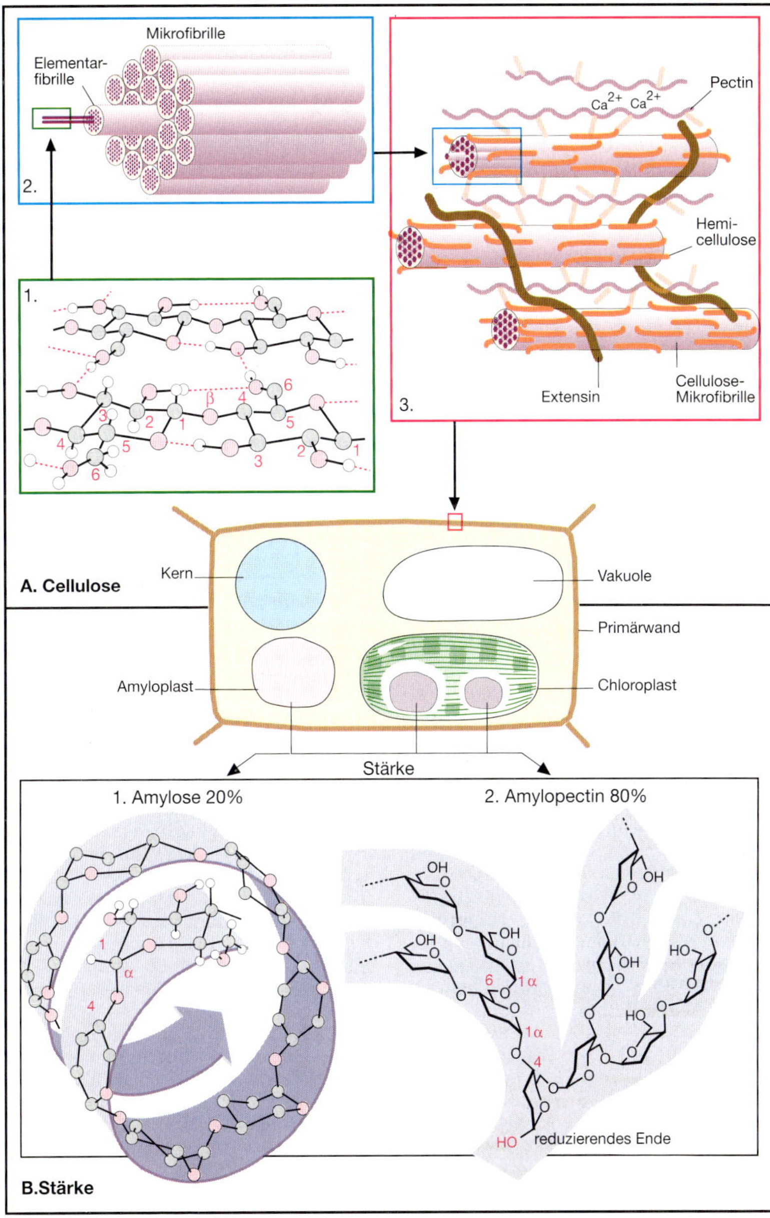
Mikrofibrille
Elementar-fibrille
2.
1.
β
Pectin
Ca2+ Ca2+
Hemi-cellulose
Extensin
Cellulose-Mikrofibrille
3.
A. Cellulose
Kern
Vakuole
Primärwand
Amyloplast
Chloroplast
Stärke
1. Amylose 20%
2. Amylopectin 80%
α
OH
O
1α
HO
reduzierendes Ende
B.Stärke

## Glycoproteine und Glycosaminoglycane

Viele Proteine an der Oberfläche der Plasmamembran und die Mehrzahl der sezernierten Proteine tragen Oligosaccharid-Reste, die im endoplasmatischen Retikulum und im Golgi-Apparat posttranslational angefügt werden (s. S. 208). Cytoplasmatische Proteine sind dagegen selten glycosyliert. **Glycoproteine** können mehr als 50% Kohlenhydrat enthalten, im allgemeinen überwiegt aber der Proteinanteil bei weitem. Die **Glycosaminoglycane**, eine Gruppe saurer Heteropolysaccharide, sind als Hauptbestandteil der Proteoglycane wichtige Strukturkomponenten der Bindegewebs-Matrix (s. S. 308).

### A. Glycoproteine: Oligosaccharid aus dem Immunoglobulin IgG ○

Als Beispiel für die Kohlenhydrat-Komponente eines Glycoproteins ist die Struktur einer der Oligosaccharid-Ketten des Immunglobulins IgG (s. S. 262) dargestellt. Das Oligosaccharid ist *N-glycosidisch* mit der Amid-Gruppe eines Asparagin-Restes im $F_c$-Teil des Proteins verknüpft. In anderen Glycoproteinen findet man auch *O-glycosidische* Bindungen zwischen dem Kohlenhydratanteil und einem Serin- oder Threonin-Resten des Proteins (nicht gezeigt). Diese Verknüpfung ist weniger häufig als die *N*-glycosidische.

Das dargestellte Oligosaccharid enthält eine T-förmige *Kern-Struktur* aus zwei *N-Acetylglucosamin-* und drei *Mannose*-Resten (violett). Solche Kerne finden sich in allen *N*-verknüpften Kohlenhydraten. Hinzu kommen im vorliegenden Fall zwei weitere *N*-Acetylglucosamin-Reste, sowie ein *Fucose-* und ein *Galactose-Rest.* Die Verzweigungsarten sind in Glycoproteinen vielfältig. Wir finden hier neben der $\beta 1 \rightarrow 4$-Verknüpfung auch $\beta 1 \rightarrow 2$ sowie $\alpha 1 \rightarrow 6$- und $\alpha 1 \rightarrow 3$- Brücken.

Bei der Glycosylierung im endoplasmatischen Retikulum werden die Proteine zunächst mit einem Oligosaccharid verknüpft, das zusätzlich zu der erwähnten Kernstruktur sechs weitere Mannose- und terminal drei Glucosereste enthält (s. S. 208). Im weiteren Verlauf werden diese zusätzlichen Reste wieder abgespalten und durch andere Zucker ersetzt. Auf diese Weise erhält man Oligosaccharide wie das hier gezeigte (‚**komplexer Typ**'). Häufig enthalten Glycoproteine dieses Typs am äußeren Ende der Struktur N-Acetylneuraminsäure-Reste, die den Oligosaccharid-Komponenten negative Ladungen verleihen. Eine andere Form von Glycoproteinen (‚**mannosereicher Typ**') entsteht, wenn vom Primärprodukt lediglich einige der zusätzlichen Zucker abgespalten, jedoch keine neuen Reste angefügt werden.

### B. Glycosaminoglycane: Hyaluronsäure ○

Als **Glycosaminoglycane** bezeichnet man eine Gruppe saurer Heteropolysaccharide, die als charakteristische Komponenten *Aminozucker* sowie *Glucuronsäure* oder *Iduronsäure* enthalten. Die meisten Polysaccharide dieser Gruppe sind in unterschiedlichem Maße *mit Schwefelsäure verestert*, was ihren sauren Charakter noch verstärkt. Man findet Glycosaminoglycane in freier Form oder als Bestandteil der Proteoglycane überall im Organismus, besonders in der extrazellulären Matrix (s. S. 308).

Die **Hyaluronsäure**, ein relativ einfach gebautes, unverestertes Glycosaminoglycan, besteht aus Disaccharid-Einheiten, in denen **N-Acetylglucosamin** und **Glucuronsäure** abwechselnd $\beta 1 \rightarrow 4$ und $\beta 1 \rightarrow 3$ – verknüpft sind (**1**). Aufgrund der $\beta 1 \rightarrow 3$ – Vernüpfung sind Hyaluronsäure-Moleküle, die einige tausend Monosaccharid-Reste enthalten können, helixartig gewunden. Die nach außen gerichteten hydrophilen Carboxylat-Gruppen der Glucuronsäure-Reste sind in der Lage, $Ca^{2+}$-Ionen zu binden (**2**). Die starke Hydratisierung dieser Gruppen befähigt Hyaluronsäure und andere Glycosaminoglycane Wasser bis zum 10 000-fachen ihres Eigenvolumens gelartig zu fixieren. Diese Funktion hat Hyaluronsäure zum Beispiel im *Glaskörper* des Auges, der etwa 1% Hyaluronsäure und 98% Wasser enthält.

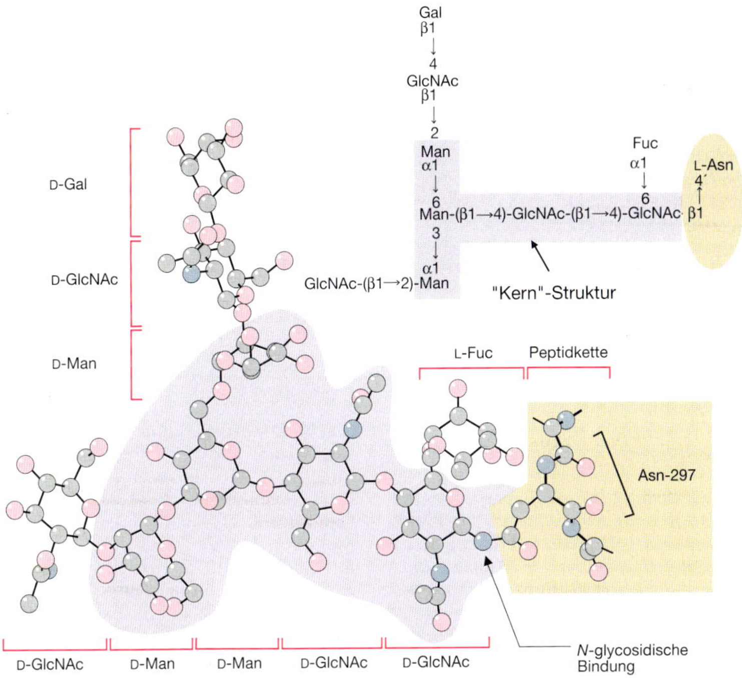


**A. Glycoproteine: Oligosaccharid aus dem Immunoglobulin IgG**

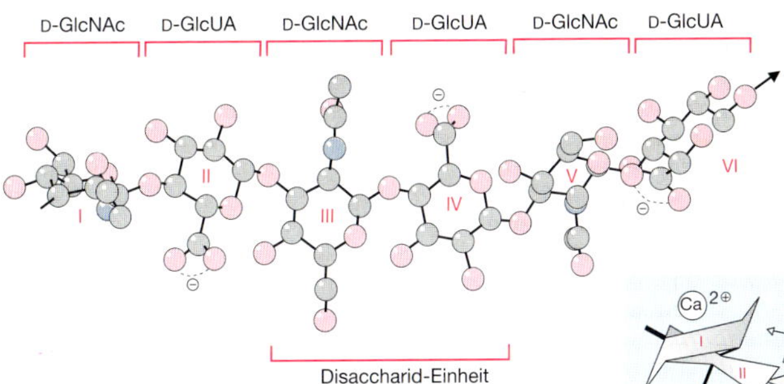


$[\rightarrow 3)\text{-}\beta\text{-D-GlcNAc-}(1 \rightarrow 4)\text{-}\beta\text{-D-GlcUA-}(1 \rightarrow]_n$

1. Seitenansicht

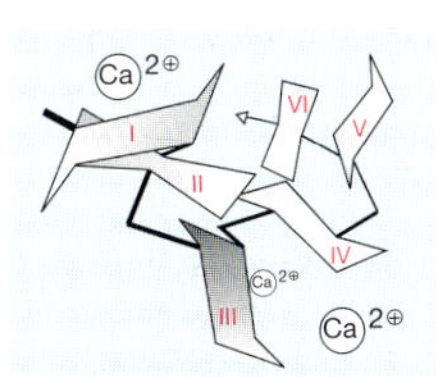


2. Frontalansicht

**B. Glycosaminoglycane: Hyaluronsäure**

# Lipide

## A. Einteilung ◑

Die **Lipide** sind eine große Gruppe von Substanzen biologischen Ursprungs, die sich in organischen Lösungsmitteln wie Methanol, Aceton, Chloroform und Benzen (Benzol) gut lösen (*Definition der Lipide*). Dagegen sind sie in Wasser nicht oder nur schlecht löslich. Die geringe Wasserlöslichkeit geht auf den Mangel an polarisierenden Atomen (O, N, S, P) zurück (s. S. 6).

Lipide lassen sich in *hydrolysierbare*, d. h. unter Wasseraufnahme spaltbare, und *nicht hydrolysierbare Stoffe* einteilen. Aus der Vielzahl der Lipide können nur exemplarische Vertreter genannt werden.

**Hydrolysierbare Lipide** (ihre Bestandteile sind in Klammern angegeben): Zu den *einfachen Estern* gehören die *Fette* (Glycerol + drei Fettsäuren), die *Wachse* (Fettalkohol + Fettsäure) und die *Sterolester* (Sterol + Fettsäure). *Phospholipide* sind komplexer zusammengesetzte Ester. Ihr charakteristischer Bestandteil ist die Phosphorsäure. Zu den Phospholipiden gehören *Phosphatidsäuren* (Glycerol + zwei Fettsäuren + Phosphat), *Phosphatide* (Glycerol + zwei Fettsäuren + Phosphat + Alkohol) und *Sphingolipide* (Sphingosin + Fettsäure + Phosphat + Aminoalkohol). Für *Glycolipide*, die ebenfalls Sphingosin enthalten, ist der Gehalt an *Zuckern* typisch. *Cerebroside* (Fettsäure + Sphingosin + ein Zucker) und *Ganglioside* (Fettsäure + Sphingosin + mehrere Zucker, u. a. Neuraminsäure) sind Vertreter dieser Gruppe. Die Komponenten der hydrolysierbaren Lipide sind durch Esterbindungen miteinander verknüpft. Sie lassen sich enzymatisch oder chemisch spalten (s. S. 46).

**Nicht hydrolysierbare Lipide:** Zu den *Kohlenwasserstoffen* zählen u. a. die *Alkane* und die *Carotinoide*. Auch *Lipid-Alkohole* sind nicht spaltbar. Dazu gehören langkettige *Alkanole* oder cyclische *Sterole* wie das Cholesterol und *Steroide* wie das Estradiol oder Testosteron. Die wichtigsten *Säuren* unter den Lipiden sind die *Fettsäuren*. Auch die *Eicosanoide* gehören in diese Gruppe. Man kann sie als Derivate einer Fettsäure auffassen (s. S. 350).

Die einzelnen Klassen der Lipide werden auf den Folgeseiten näher besprochen.

## B. Biologische Rolle ●

**1.** Lipide sind ein wichtiger *Energie-Träger* der Nahrung und mengenmäßig die wichtigste *Energie-Reserve* der Tiere. Vor allem Fette werden in Lipidtröpfchen innerhalb der Zellen gelagert und dienen den Organismen als **Brennstoff.** Unter Sauerstoff-Verbrauch werden Lipide in den Mitochondrien zu Wasser und Kohlendioxid oxidiert. Dabei wird ATP erzeugt (s. S. 140).
**2.** Lipide werden von den Zellen als **Baustoffe** zum Aufbau von Membranen benutzt (s. S. 200). Typische Membranlipide sind Phospholipide, Glycolipide und das Cholesterol. Dagegen finden sich in den Membranen keine Fette.
**3.** Lipide sind vorzügliche **Isolatoren.** Zur thermischen Isolierung in Säugetieren finden sie sich im subkutanen Gewebe und um verschiedene Organe herum. Als Hauptbestandteile der Zellmembranen dienen sie der Isolierung der Zellen und ermöglichen den Aufbau eines elektrischen Membranpotentials.

Einige Lipide haben besondere Aufgaben im Organismus übernommen; so sind fettlösliche Vitamine (s. S. 324) und essentielle Fettsäuren wichtige Nahrungsbestandteile. Steroide, Eicosanoide und Retinsäure besitzen Signal-Funktion. Sie dienen als Hormone, Mediatoren und Wachstumsfaktoren (s. S. 334).

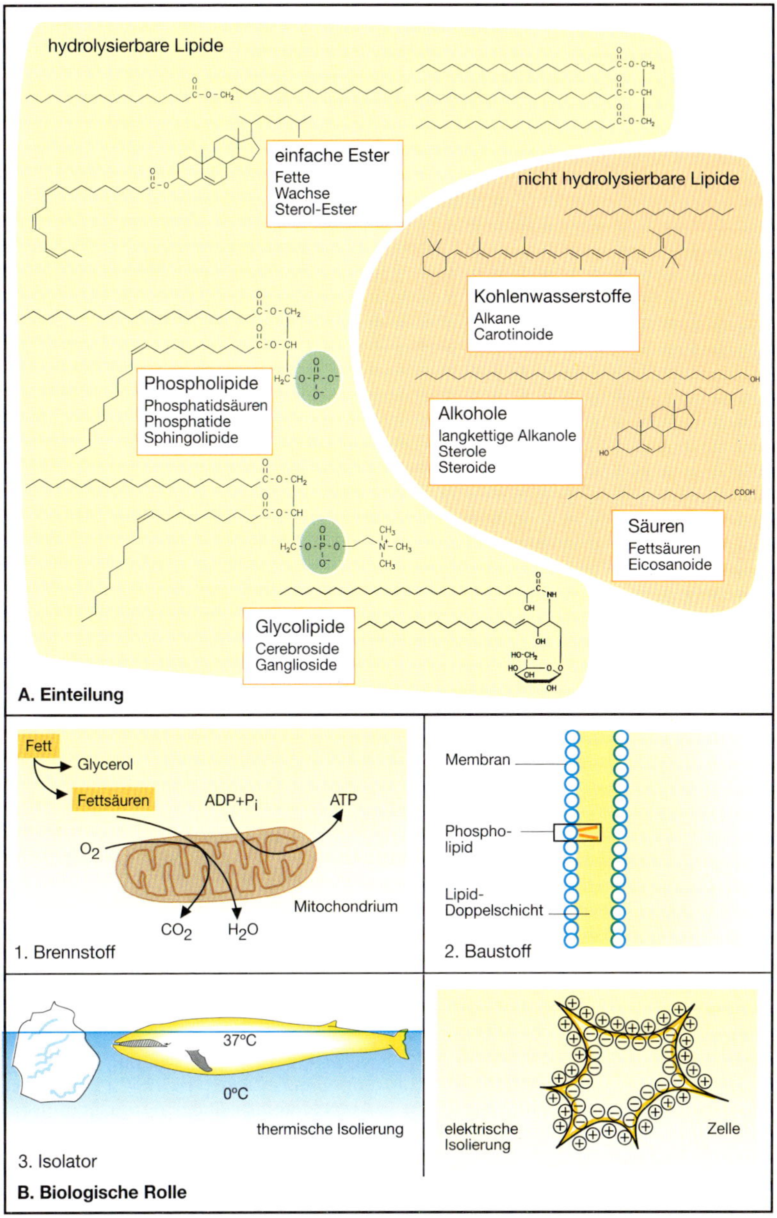


**A. Einteilung**

**B. Biologische Rolle**

# Fettsäuren

## A. Fettsäuren ●

Fettsäuren sind *Carbonsäuren mit langer Kohlenwasserstoff-Kette*. Als Bausteine von Lipiden kommen sie in allen Organismen vor. Die Fettsäuren sind vorwiegend mit Alkoholen verestert, z. B. mit Glycerol, Sphingosin oder Cholesterol. In geringen Mengen findet man Fettsäuren aber auch unverestert, dann werden sie als *freie Fettsäuren* (FFA = ‚free fatty acids') bezeichnet.

Die Tabelle nennt die ganze Reihe der *aliphatischen Carbonsäuren*, die in Pflanzen und Tieren vorkommen.

In höheren Pflanzen und Tieren treten vorwiegend längerkettige, unverzweigte Fettsäuren mit 16 und 18 Kohlenstoff-Atomen auf. Die Zahl der Kohlenstoff-Atome der längeren, natürlichen Fettsäuren ist stets gerade. Das beruht auf ihrer Biosynthese aus $C_2$-Bausteinen (s. S. 162). Manche Fettsäuren tragen *Doppelbindungen*, sie sind *‚ungesättigt'*. Von den beiden möglichen *cis-trans*-Isomeren kommen in natürlichen Lipiden meist nur die *cis*-Isomere vor. Verzweigte Fettsäuren finden sich nur in Bakterien.

Ungesättigte Fettsäuren tragen die erste Doppelbindung meist zwischen C-9 und C-10. In mehrfach ungesättigten Fettsäuren treten die anderen Doppelbindungen dann im Abstand von drei C-Atomen auf, d. h. es sind *‚isolierte'* Doppelbindungen. Fettsäuren mit *‚konjugierten'* Doppelbindungen, die einen Abstand von nur zwei C-Atomen haben, kommen selten vor.

Da die C-C-Einfachbindung frei drehbar ist, sind Fettsäure-Moleküle sehr beweglich, sie nehmen eine weitgehend lineare Konformation ein. Dagegen haben ungesättigte Fettsäuren wegen ihrer Doppelbindungen, die fast immer *cis*-konfiguriert sind, einen Knick in der Kette. Im Lipidverband stellen solche Fettsäuren eine ‚Störung' dar, die sich in größerer Beweglichkeit (z. B. einer erhöhten Fluidität von Membranen) und einem erniedrigten Schmelzpunkt äußert. Daher sind manche Fette wegen der Doppelbindungen ihrer Fettsäuren bei Raumtemperatur flüssig (= Öle). Durch Hydrieren, d. h. Absättigen der Doppelbindungen, werden sie fest (= Härtung).

Die Schmelzpunkte der Fettsäuren steigen mit der Kettenlänge an und fallen mit der Zahl an Doppelbindungen ab.

## B. Strukur der Ölsäure ◑

Die **vollständige Darstellung** einer Fettsäure (**1**) zeigt ein längliches Molekül, das bis auf die Carboxy-Gruppe völlig unpolar ist. Dargestellt ist Ölsäure, die eine Doppelbindung zwischen C-9 und C-10 trägt. Zur **vereinfachten Darstellung** von Fettsäuren (**2**) läßt man meistens die Wasserstoff-Atome weg und zeigt nur das Kohlenstoff-Gerüst.

Die Zahl der Kohlenstoff-Atome, die Zahl der Doppelbindungen und deren Position werden häufig hinter dem Namen der Fettsäure in Klammern angegeben, z. B. **Ölsäure** (18:1;9). Wie üblich, beginnt die Zählung am Kohlenstoff mit der höchsten Oxidationsstufe (Carboxy-Gruppe = C-1). Auch die Verwendung von griechischen Buchstaben ist verbreitet ($\alpha$ = C-2; $\beta$= C-3; $\omega$= letztes C).

## Weitere Informationen ◑

**Essentielle Fettsäuren**. Mehrfach ungesättigte $C_{20}$-Fettsäuren werden vom tierischen Organismus für die Biosynthese von Eicosanoiden (s. S. 350) benötigt, weil Tiere nur eine begrenzte Fähigkeit haben, Doppelbindungen in Fettsäuren einzuführen. Eine Doppelbindung hinter dem C-9 können Säugetiere überhaupt nicht einführen, sie müssen deshalb mehrfach-ungesättigte Fettsäuren mit der Nahrung aufnehmen. Die wichtigste essentielle Fettsäure ist die C-20-Säure **Arachidonsäure** (20:4;5,8,11,14). Die beiden kürzeren $C_{18}$-Säuren, **Linolsäure** (18:2;9,12) und **Linolensäure** (18:3;9,12,15), können Arachidonsäure in der Nahrung ersetzen, da Säugetiere zu einer Kettenverlängerung in der Lage sind.

Aliphatische Carbonsäuren

| Name | Anzahl C-Atome: Anzahl der Doppelbindungen; Position der Doppelbindungen |
|---|---|
| Ameisensäure | 1: 0 |
| Essigsäure | 2: 0 |
| Propionsäure | 3: 0 |
| Buttersäure | 4: 0 |
| Valeriansäure | 5: 0 |
| Capronsäure | 6: 0 |
| Caprylsäure | 8: 0 |
| Caprinsäure | 10: 0 |
| Laurinsäure | 12: 0 |
| Myristinsäure | 14: 0 |
| Palmitinsäure | 16: 0 |
| Stearinsäure | 18: 0 |
| Ölsäure | 18: 1; 9 |
| ✸ Linolsäure | 18: 2; 9,12 |
| ✸ Linolensäure | 18: 3; 9,12,15 |
| Arachinsäure | 20: 0 |
| ✸ Arachidonsäure | 20: 4; 5,8,11,14 |
| Behensäure | 22: 0 |
| Erucasäure | 22: 1; 13 |
| Lignocerinsäure | 24: 0 |
| Nervonsäure | 24: 1; 15 |

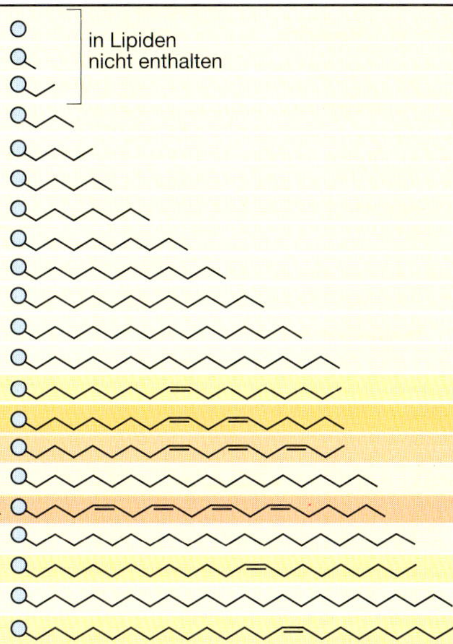


**A. Fettsäuren (langkettige Carbonsäuren)**

✸ Für den Menschen essentielle Fettsäuren

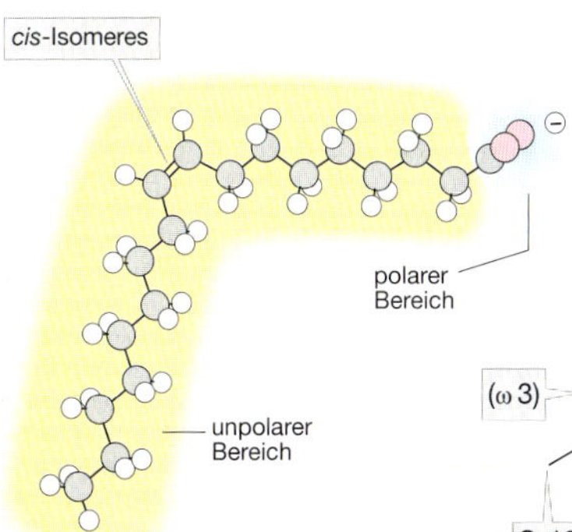


1. Vollständige Darstellung (Kugel-Stab-Modell)

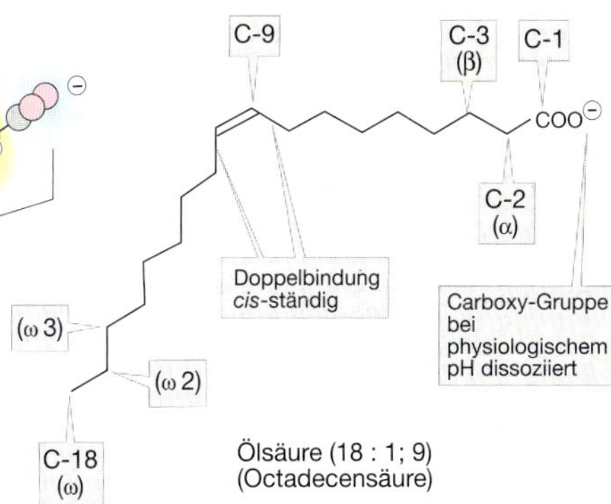


2. Vereinfachte Darstellung

**B. Struktur der Ölsäure**

## Fette

Fette, Phospholipide und Glycolipide haben einen sehr ähnlichen Aufbau.

### A. Aufbau ●

Fette sind Ester von drei **Fettsäuren** mit dem dreiwertigen Alkohol **Glycerol**. Wenn eine einzelne Fettsäure mit Glycerol verestert ist, spricht man von einem **Monoacylglycerol** (Fettsäure-Rest = Acyl-Rest). Rein formal kommt man durch Veresterung mit weiteren Fettsäuren über ein **Diacylglycerol** zum **Triacylglycerol** (Triglycerid), dem eigentlichen Fett. Da Fette keine Ladung tragen, spricht man auch von *Neutralfetten*. Die Kohlenstoff-Atome des Glycerols sind in Fetten nicht äquivalent. Man unterscheidet sie deshalb durch ‚*sn*'-Ziffern (‚stereo-specific numbering').

Die drei Fettsäuren eines Fettmoleküls können sich in Kettenlänge und Zahl der Doppelbindungen unterscheiden. Daraus resultiert eine große Zahl an Kombinationsmöglichkeiten für einzelne Fett-Moleküle. Der gezeigte Fettsäure-Rest, ein *Stearyl-Rest* (18:0), kann auch durch eine der vielen anderen Fettsäuren vertreten werden (s. S. 45). Aus biologischem Material extrahiert, stellen Fette daher immer *Gemische sehr ähnlicher Verbindungen* dar, die sich in den Fettsäure-Resten unterscheiden. Nahrungsfette enthalten besonders häufig Palmitin-, Stearin-, Öl- und Linolsäure. Die einfach ungesättigte Ölsäure ist meist an Position *sn*-C-2 des Glycerols zu finden.

### B. Biologische Aufgaben ●

**Nahrungsfette** sind wichtige *Energieträger*. Bei richtiger Ernährung machen sie etwa 30–35% der Energiezufuhr des Menschen aus. Allerdings ist die Rolle als Energieträger nicht ihre einzige Aufgabe. Sie dienen auch auch als *Vehikel für fettlösliche Vitamine* (s. S. 324) und als *Quelle für essentielle, mehrfach-ungesättigte Fettsäuren*, die Linolsäure, Linolensäure und Arachidonsäure (s. S. 350).

In tierischen Fetten finden sich vorwiegend gesättigte Fettsäuren. Pflanzliche Fette (Ausnahme: Kokosfett) enthalten dagegen einen größeren Anteil ungesättigter Fettsäuren, sie sind häufig *Öle* (= flüssige Fette). Durch chemisches Hydrieren pflanzlicher Fette kann man die Öle zu festen Fetten (Margarine) umwandeln. Man spricht dann von ‚*Fetthärtung*'.

Körperfette bilden das größte **Energie-Reservoir** des tierischen Organismus. Sie werden als Kohlenstoffquelle für körpereigene Synthesen genutzt. In Form kleiner Tropfen finden sich Fette in vielen Zellen. *Adipozyten* (Fettzellen) haben sich auf die Fettspeicherung spezialisiert. Ihre Fette reichen beim Menschen zur Energieversorgung für etwa zwei bis drei Monate. Die Rolle der Lipide als thermische und elektrische **Isolatoren** wurde bereits erwähnt. Sie dienen auch als mechanische **Polster**, z. B. im Unterhautgewebe und um die inneren Organe herum.

### C. Fetthydrolyse ◑

Im Reagenzglas (‚*in vitro*') lassen sich Fette durch alkalische Hydrolyse (‚*Verseifung*') zu Glycerol und den Salzen der Fettsäuren (‚Seifen') zerlegen. Seit Jahrhunderten wird auf diese Weise Seife erzeugt. Die Seifen sind die festen Alkalisalze der Fettsäuren. Wegen ihres amphipathischen Charakters eignen sie sich hervorragend zum Waschen. Sie lösen sich gut in Wasser und vermögen Lipide durch Micellen-Bildung (s. S. 22) in Lösung zu bringen.

Im Organismus (‚*in vivo*') wird die Fettspaltung durch *Lipasen* katalysiert. Der Abbau der Nahrungsfette im Darm-Lumen wird durch eine *Pankreas-Lipase* eingeleitet, die bevorzugt an *sn*-C-1 und *sn*-C-3 spaltet. Gallensäuren und eine *Colipase* fördern diese Reaktion (s. S. 284). Hydrolyse-Produkte sind Monoacylglycerol und zwei Fettsäuren. Diese Stoffe können im Gegensatz zum Neutralfett leicht von den Mucosazellen des Darms resorbiert werden (s. S. 242).

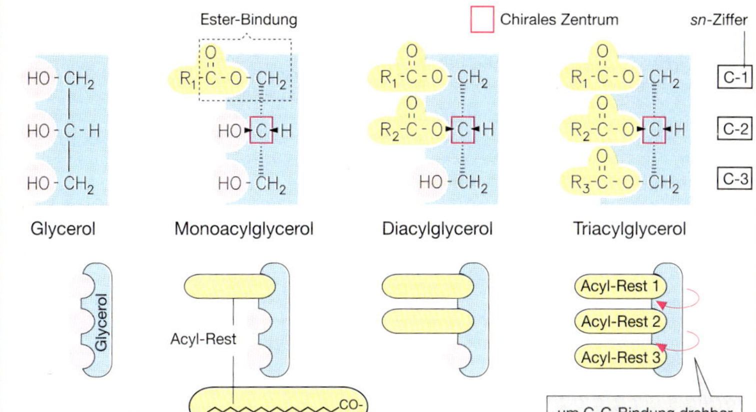


**A. Aufbau der Fette**

**Nahrungsfett:**

* Energieträger
* Vehikel für fettlösliche Vitamine
* Quelle für essentielle Fettsäuren

**Körperfett:**

* Größtes Energie-reservoir
* Kohlenstoff-Quelle (Acetat-Einheiten)
* thermischer und elektrischer Isolator
* Polster

**B. Biologische Aufgaben**

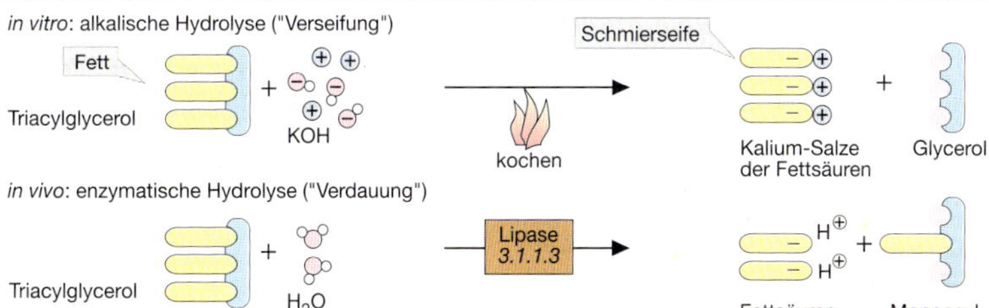


**C. Fetthydrolyse**

## Phospho- und Glycolipide

### A. Struktur der Fette, Phospholipide und Glycolipide ◑

**1. Fette**. Die Neutralfette sind Ester des Glycerols mit drei Fettsäuren (s. S. 46).

**2. Phospholipide** sind die Hauptbestandteile der Membranen (s. S. 200 ff.). Ihr gemeinsames Merkmal ist ein Phosphorsäure-Rest, der mit der Hydroxy-Gruppe an *sn*-C-3 des Glycerols verestert ist. Wegen dieses Phosphorsäure-Restes tragen die Phospholipide mindestens eine negative Ladung.
**Phosphatidsäuren** (Phosphatidate), die einfachste Form der Phospholipide, sind Phosphatester des Diacylglycerols. Sie sind wichtige Zwischenprodukte bei der Biosynthese der Fette und Phospholipide (s. S. 166). Phosphatidsäuren werden aus Phospholipiden durch Phospholipasen freigesetzt, die z. B. in Bienen- und Schlangengift enthalten sind. Von den Phosphatidsäuren (Rest: Phosphatidyl-) lassen sich die anderen Phospholipide ableiten. Die Phosphorsäure kann mit der Hydroxy-Gruppe eines Aminoalkohols (*Cholin*, *Ethanolamin* oder *Serin*) oder eines Zuckeralkohols (*myo-Inositol*) verestert sein. Als Beispiel einer solchen Verbindung ist Phosphatidylcholin gezeigt. Wenn zwei Phosphatidyl-Reste mit einem Glycerol verknüpft werden, kommt man zum **Cardiolipin** (nicht gezeigt), das nur in der inneren Mitochondrienmembran zu finden ist. **Lysophospholipide** haben durch enzymatische Spaltung einen Acyl-Rest verloren.

**Phosphatidyl-Cholin** (Lecithin) ist das häufigste Phospholipid in Membranen. **Phosphatidyl-Ethanolamin** (Cephalin) trägt statt des Cholins einen Ethanolamin-Rest, **Phosphatidyl-Serin** einen Serin-Rest. **Phosphatidyl-Inositol** enthält den Zuckeralkohol *myo*-Inositol. Ein höher phosphoryliertes Derivat dieses Phospholipids, das Phospho-Inositol-4,5-bisphosphat, ist ein besonderer Membran-Bestandteil, der durch enzymatische Spaltung in zwei *Second messenger* zerfallen kann (s. S. 348), das *Diacyl-Glycerol* (DAG) und das *Inositol-1,4,5-trisphosphat* ($InsP_3$).

Außer der negativen Ladung des Phosphat-Restes tragen einige Phospholipide noch weitere Ladungen. Phospatidyl-Cholin und Phosphatidyl-Ethanolamin sind am Stickstoff-Atom des Aminoalkohols positiv geladen. Nach außen erscheinen diese beiden Phosphatide deshalb neutral. Dagegen sind Phosphatidyl-Serin mit einer zusätzlichen positiven und einer negativen Ladung und Phosphatidyl-Inositol (ohne zusätzliche Ladung) wegen des Phosphat-Restes insgesamt negativ geladen.

**Sphingophospholipide,** die in großen Mengen im Gehirn und Nervengewebe gefunden werden, weichen etwas von den übrigen Phospholipiden ab. In ihnen hat das *Sphingosin*, ein Aminoalkohol mit langer Seitenkette, die Aufgabe des Glycerols und eines Acyl-Rests übernommen. Wenn Sphingosin mit einer Fettsäure amidartig verknüpft ist, heißt die Verbindung **Ceramid** (**3**), sie ist der Vorläufer der Sphingolipide. **Sphingomyelin** (**2**), das wichtigste Sphingolipid, trägt am Sphingosin außer der Fettsäure noch einen Phosphat-Rest und ein daran gebundenes Cholin.

**3. Glycolipide.** Diese Stoffklasse kommt in allen Geweben vor und zwar auf der Außenseite der Plasmamembran (s. S. 202). Glycolipide setzen sich aus Sphingosin, einer Fettsäure und einem z.T. sehr großen Oligosaccharid-Rest zusammen; es fehlt also der Phosphat-Rest der Phospholipide. **Galactosyl-Ceramide** und **Glucosyl-Ceramide** sind einfache Vertreter. Wenn sie am Zucker noch mit Schwefelsäure verestert sind, werden sie als **Sulfatide** bezeichnet. **Ganglioside** sind die komplexesten Glycolipide. Sie stellen eine große Familie von Membranlipiden mit Rezeptor-Funktion dar. Charakteristischer Bestandteil der Ganglioside ist die *N*-Acetyl-Neuraminsäure (Sialinsäure).

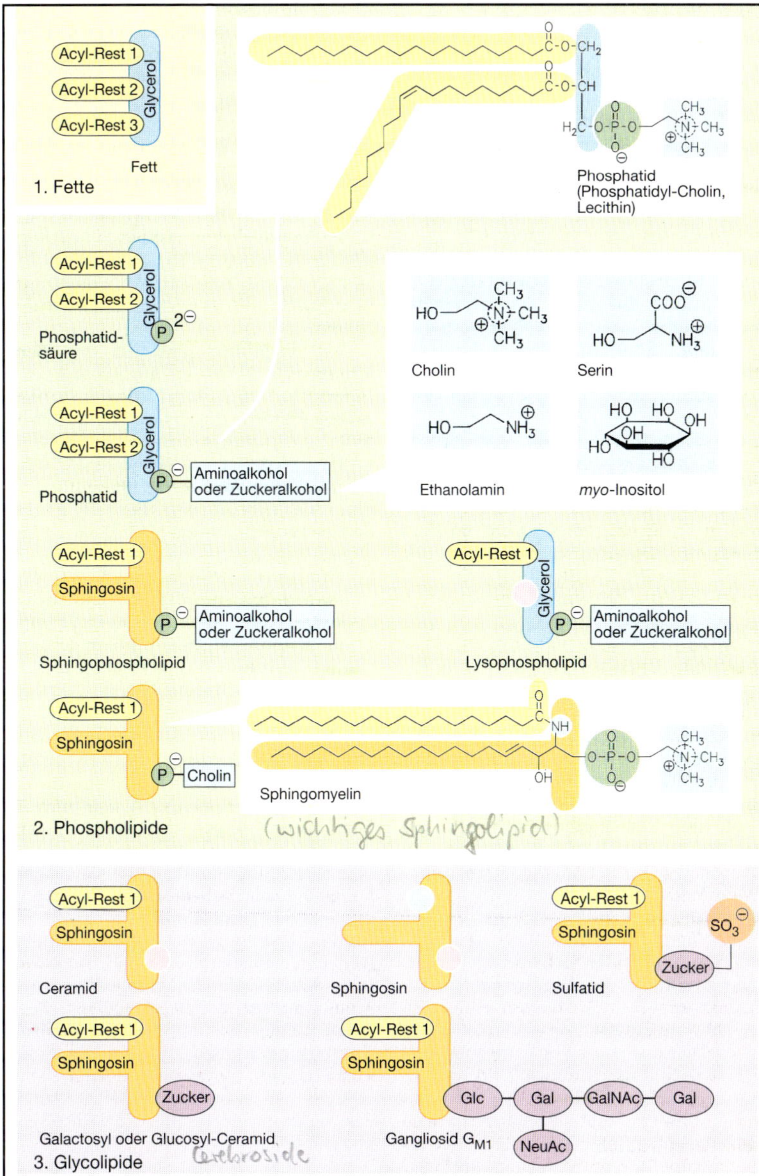


**A. Struktur der Fette, Phospholipide und Glycolipide**

# Isoprenoide

## A. Aktivierte Essigsäure als Grundbaustein der Lipide ●

Obwohl die im pflanzlichen und tierischen Organismus vorkommenden Lipide in vielen verschiedenen Formen auftreten, hängen sie doch biogenetisch zusammen: alle Lipide entstehen aus **Acetyl-CoA,** der *‚aktivierten Essigsäure‘*.

**(1)** Vom Acetyl-CoA führt ein Hauptweg zu den aktivierten Fettsäuren (Details: s. S. 162). Daraus werden dann **Fette, Phospholipide** und **Glycolipide** aufgebaut und besondere Fettsäure-Derivate gebildet. In Tieren und den meisten Pflanzen herrscht dieser Weg mengenmäßig vor.

**(2)** Der zweite Weg führt vom Acetyl-CoA zu Isopentenyl-diphosphat, dem *‚aktiven Isopren‘*, welches der Grundbaustein der **Isoprenoide** ist. Seine Biosynthese wird im Zusammenhang mit der Cholesterol-Biosynthese besprochen (s. S. 168).

## B. Isoprenoide ○

Isoprenoide leiten sich von einem gemeinsamen Baustein ab, dem **Isopren** (2-Methyl-1,3-butadien), einer methylverzweigten Verbindung mit fünf C-Atomen. ‚Aktives Isopren‘, das **Isopentenyl-diphosphat,** wird von Pflanzen und Tieren zur Biosynthese von kettenförmigen und cyclischen Oligo- und Polymeren verwendet. Bei den hier aufgeführten Isoprenoiden, die nur eine kleine Auswahl darstellen, ist jeweils die Zahl der Isopren-Einheiten (I) angegeben.

Vom aktiven Isopren führt der Stoffwechselweg durch Dimerisierung zu aktivem **Geraniol** (I = 2) und weiter zu aktivem **Farnesol** (I = 3). Hier verzweigt sich die Biosynthese der Isoprenoide. Eine weitere Verlängerung des Farnesols führt zu Ketten mit wachsender Zahl an Isopren-Einheiten, zu **Phytol** (I = 4), **Dolichol** (I = 14–24) und schließlich auch zu **Kautschuk** (I = 700–5000). Dagegen leitet eine ‚Kopf-an-Kopf‘-Verknüpfung des Farnesols (s. S. 168) zum **Squalen** (I = 6) über, von diesem zu **Cholesterol** (I = 6) und weiter zu den anderen **Steroiden**.

Die Fähigkeit, bestimmte Isoprenoide zu bilden, ist häufig auf wenige Pflanzen- oder Tierarten beschränkt. So wird Kautschuk nur von manchen Pflanzenarten gebildet, z. B. vom Gummibaum (*Hevea brasiliensis*). Einige Isoprenoide, die der tierische Organismus für den Stoffwechsel benötigt, aber nicht selbst aufbauen kann, sind *Vitamine:* Vitamin A, D, E und K gehören zu dieser Gruppe. Wegen seiner Struktur und Funktion wird Vitamin D heute allerdings meist den Steroidhormonen zugeordnet (s. S. 298).

Der Isopren-Stoffwechsel von Pflanzen ist sehr vielfältig. Sie können viele Duftstoffe und ätherische Öle aus Isopren aufbauen. Als Beispiele sind **Menthol** (I = 2), **Campher** (I = 2) und **Citronellol** (I = 2) gezeigt. Diese $C_{10}$-Verbindungen werden auch *Terpene* genannt. Analog kann man dann Verbindungen aus drei Isopren-Einheiten (I = 3) als *Sesquiterpene* bezeichnen und Steroide (I = 6) als *Triterpene.*

Isoprenoide mit Hormon und Signalfunktion bilden eine wichtige Gruppe: Dazu gehören **Steroidhormone** (I = 6) und **Retinsäure** (I = 3) in Wirbeltieren, sowie die **Juvenilhormone** (I = 3) in Arthropoden. Auch Pflanzenhormone können Isoprenoid-Struktur haben, z. B. die *Cytokinine, Abscisinsäure* und *Brassinosteroide,* um nur einige zu nennen.

Die Isopren-Kette wird manchmal als Lipid-‚Anker‘ benutzt, um Moleküle in einer Membran zu fixieren. Coenzyme mit Isoprenoid-Anker unterschiedlicher Länge sind das **Ubichinon** (Coenzym Q; I = 6–10), **Plastochinon** (I = 9), **Menachinon** (Vitamin K; I = 4–6). Chlorophyll trägt einen **Phytyl**-Rest (I = 4). Auch Proteine können durch Isoprenylierung an Membranen gebunden werden (s. S. 214).

In einigen Fällen wird der Isopren-Baustein als Element benutzt, um Moleküle chemisch abzuwandeln. Als Beispiel sei das *N*[6]-**Isopentenyl-AMP** erwähnt, das als modifizierte Base in tRNA vorkommt.

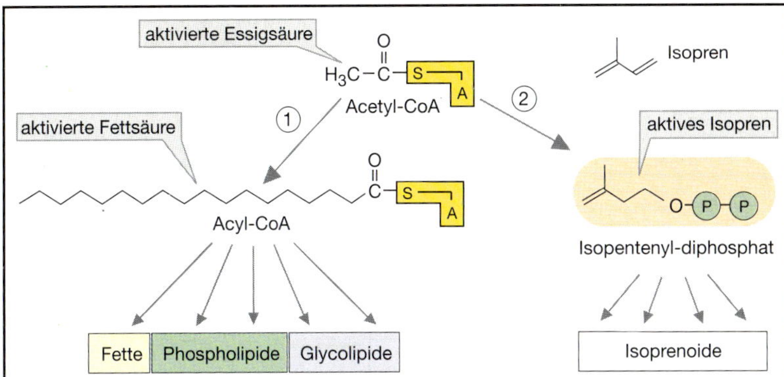


**A. Aktivierte Essigsäure als Grundbaustein der Lipide**

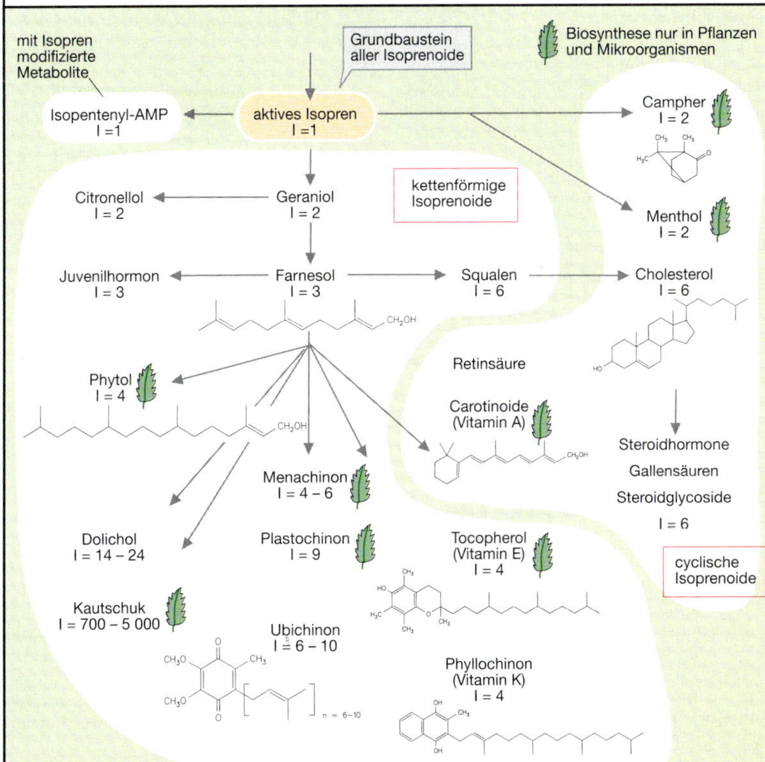


**B. Isoprenoide**

## Steroide: Struktur

### A. Steroid-Grundkörper ◑

Den Steroiden gemeinsam ist ein Steroidkern, der aus vier gesättigten Ringen besteht und **Gonan** heißt. Manche Steroide tragen am Ende des Steroidkerns noch eine Seitenkette, wie wir es beim **Cholestan** sehen, dem Grundkörper der Sterole.

### B. Raumstruktur ○

Die vier Ringe der Steroide unterscheidet man mit den Buchstaben A, B, C und D. Wegen der tetraedrischen Kohlenstoff-Bindungen sind die Ringe nicht flach, sondern gewinkelt. Man kennt verschiedene **Ring-Konformationen**, die mit ‚Sessel' (chair), ‚Boot' (boat) und ‚verdreht' (twisted; nicht gezeigt) bezeichnet werden. Die **Sessel-** und **Boot-Konformation** kommen häufig vor. Fünfringe können eine als **‚Umschlag'** (envelope) bezeichnete Konformation einnehmen. Während einfache Ringe unter Energiezufuhr von einer in die andere Konformation überführt werden können, ist dies bei den Steroiden nicht mehr ohne weiteres möglich.

Substituenten am Steroidkern liegen entweder in der Ringebene (e = **äquatorial**) oder sie stehen etwa senkrecht dazu (a = **axial**). Wenn sie bei räumlicher Darstellung eher auf den Betrachter weisen, deutet man dies mit einem durchgezogenen Bindungsstrich an (**β-ständig**). Hinter die Darstellungsebene weisende Substituenten (**α-ständig**) werden mit einer gestrichelten Bindung gezeichnet. Die sog. ‚angulären' Methyl-Gruppe an C-10 und C-17 der Steroide sind stets β-ständig.

Benachbarte Ringe können in einer Ebene liegen (‚*trans*'; **2**) oder zueinander gewinkelt sein (‚*cis*'; **1**). Dies hängt von der Stellung der Substituenten an den gemeinsamen Ring-C-Atomen ab, die *cis*- oder *trans*-ständig zur angulären Methyl-Gruppe an C-10 angeordnet sein können. Die an den Ringschnittstellen liegenden Substituenten der Steroide sind meist *trans*-ständig. Der Steroidkern (4-Ring-System) ist eben und sieht etwa wie ein flaches Scheibchen aus. Ausnahmen bilden nur die Ecdysteroide und die Gallensäuren (A:B *cis*), sowie Herzglycoside und Krötengifte.

Eine realistischere Vorstellung der räumlichen Struktur der Steroide gibt das Kugel-Stab-Modell des **Cholesterols**. Die vier Ringe bilden ein recht starres Gerüst, an dem die wesentlich beweglichere Seitenkette hängt.

Steroide sind relativ unpolar. Einzelne polare Gruppen, z. B. Hydroxy- oder Oxo-Gruppen, verleihen ihnen einen amphiphilen Charakter. Diese Eigenschaft ist besonders bei den Gallensäuren ausgeprägt (s. S. 284).

### C. Dünnschicht-Chromatographie ◑

Die Dünnschicht-Chromatographie (DC, engl. TLC) ist eine leistungsfähige, vorwiegend analytische Technik, mit der Lipide und andere kleine Moleküle (Aminosäuren, Nucleotide, Vitamine, etc.) schnell getrennt werden können. Die zu untersuchende *Probe* wird auf eine *Platte* aus Glas, Aluminium, oder Plastik aufgetragen, welche mit einer dünnen Schicht aus Kieselgel beschichtet ist **(1)**. Dann wird die Platte in eine Chromatographie-Kammer gestellt, die an ihrem Boden *Laufmittel* enthält. Das Laufmittel wandert angesogen von Kapillarkräften auf der Platte hoch **(2)**. Dabei können die Substanzen der Probe mit dem Laufmittel mitwandern. Ihre Wanderungsgeschwindigkeit wird von der Verteilung zwischen *stationärer Phase*, dem hydrophilen Kieselgel, und *mobiler Phase*, dem hydrophoben Lösungsmittel, bestimmt. Kurz bevor das Laufmittel die Platten-Oberkante erreicht hat, wird die Chromatographie beendet. Nach dem Verdunsten des Laufmittels können dann die Substanzen durch geeignete Färbemethoden oder physikalische Verfahren (z. B. UV-Licht) sichtbar gemacht werden **(3)**. Das Laufverhalten einer Substanz in einem gegebenen DC-System wird als **$R_f$-Wert** ausgedrückt. Durch Vergleich mit Referenzsubstanzen lassen sich unbekannte Verbindungen identifizieren.

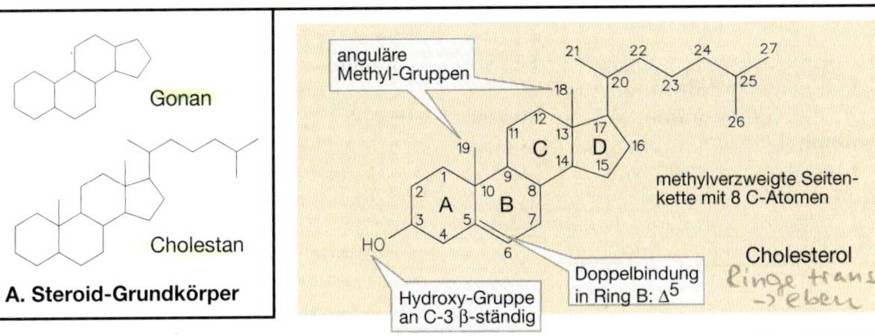


A. Steroid-Grundkörper

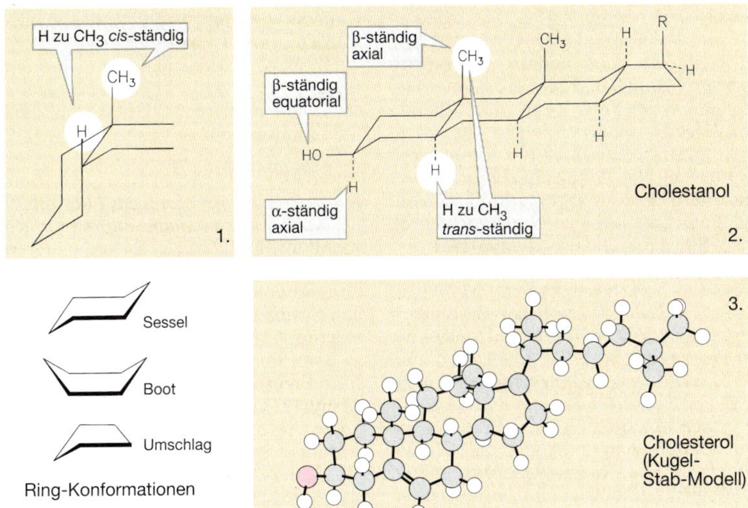


B. Raumstruktur

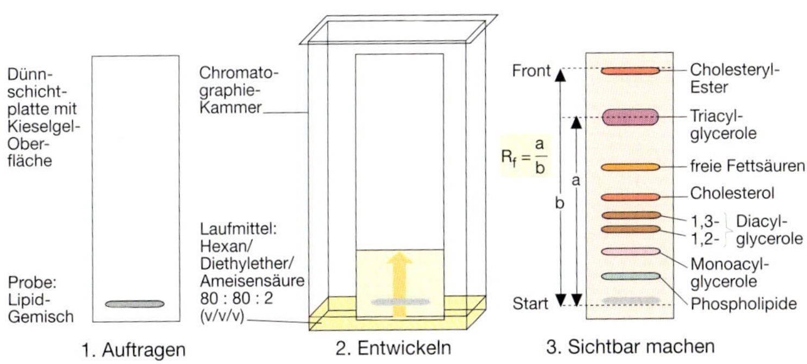


C. Dünnschicht-Chromatographie

## Steroide: Überblick

Die drei wichtigsten Gruppen der Steroide sind die **Sterole** (alter Ausdruck: Sterine), die **Gallensäuren** und die **Steroidhormone**. Daneben finden sich besonders in Pflanzen Verbindungen mit Steroidstruktur, die durch ihre pharmakologische Wirkung auffallen, die Steroidalkaloide, Digitaloide und Saponine.

### A. Sterole ◑

Sterole sind *Steroidalkohole*. Sie tragen an C-3 eine β-ständige Hydroxy-Gruppe und besitzen eine oder mehrere Doppelbindungen in Ring B und der Seitenkette; weitere Sauerstoff-Funktionen wie Carbonyl- und Carboxy-Gruppen fehlen. Das wichtigste tierische Sterol ist das **Cholesterol.** In Pflanzen und Mikroorganismen findet man statt Cholesterol eine größere Vielfalt ähnlicher Sterole, z. B. das **Ergosterol,** das **β-Sitosterol** und das **Stigmasterol**.

**Cholesterol** kommt in allen tierischen Geweben vor, besonders im Nervengewebe. Es ist ein wesentlicher Bestandteil der zellulären *Membranen*, in denen es die Fluidität regelt (s. S. 202). Speicher- und Transportform des Cholesterols sind seine *Ester mit Fettsäuren*. In den Plasma-*Lipoproteinen* kommen Cholesterol und seine Fettsäure-Ester mit anderen Lipiden vergesellschaftet vor. Cholesterol ist Bestandteil der *Galle* und findet sich in vielen *Gallensteinen*. Die Biosynthese, der Stoffwechsel und der Transport des Cholesterols werden an anderer Stelle behandelt (s. S. 168 und 278).

Besondere Bedeutung hat Cholesterol für die Entstehung von *Arteriosklerose*, bei der sich im Zusammmenhang mit einem zu hohen Cholesterol-Plasmaspiegel arterielle Gefäßwände verändern und verkalken. Ernährungsphysiologisch wichtig ist, daß pflanzliche Nahrung Cholesterol-arm ist. Tierische Kost ist dagegen reich an Cholesterol, das sich besonders in Eigelb, Fleisch, Leber und Gehirn findet.

### B. Gallensäuren ◑

Aus Cholesterol werden in der Leber die **Gallensäuren** gebildet (s. S. 284). Man kann sich ihre Struktur vom Cholesterol ableiten. Charakteristisch ist die um drei C-Atome verkürzte Seitenkette, deren letztes Kohlenstoff-Atom zur Carboxy-Gruppe oxidiert ist. Die Doppelbindung in Ring B ist reduziert (Ring A:B *cis*! s. S. 52). Bis zu drei α-ständige Hydroxy-Gruppen finden sich am Steroidkern in den Positionen 3, 7 und 12.

Gallensäuren halten das Cholesterol der Galle in Lösung und fördern die Verdauung von Lipiden (s. S. 242). **Cholsäure** und **Chenodesoxycholsäure** sind *primäre Gallensäuren*, die in der Leber gebildet werden. Ihre Dehydroxylierung an C-7 durch Mikroorganismen der Darmflora führt zu den beiden *sekundären Gallensäuren* **Lithocholsäure** und **Desoxycholsäure**.

### C. Steroidhormone ◑

Mengenmäßig von geringer, aber physiologisch von großer Bedeutung ist die Umwandlung des Cholesterols in die Steroidhormone (s. S. 340). Diese bilden eine Gruppe von lipophilen Signalstoffen, die den Stoffwechsel, das Wachstum und die Reproduktion steuern (s. S. 342).

Die Steroidhormone der Wirbeltiere sind **Progesteron, Cortisol, Aldosteron, Testosteron, Estradiol** und **Calcitriol.** Diese Steroide tragen, wenn man einmal vom Calcitriol absieht, nur noch eine kurze, aus zwei Kohlenstoff-Atomen bestehende Seitenkette oder gar keine. Charakteristisch ist die Oxo-Gruppe an C-3 und die dazu konjugierte Doppelbindung an C-4/C-5 in Ring A. Unterschiede finden sich an den Ringen C und D. Estradiol ist in Ring A aromatisch, seine Hydroxy-Gruppe an C-3 hat deshalb phenolischen Charakter. Calcitriol weicht von den übrigen Wirbeltier-Steroidhormonen ab, es enthält noch das ganze Kohlenstoff-Gerüst des Cholesterols, ist aber durch die lichtabhängige Öffnung des Ringes B zu einem sogenannten ‚Secosteroid' (Steroid mit geöffnetem Ring) geworden.

**Ecdyson** ist das Steroidhormon der Arthropoden. Man kann im Ecdyson eine frühe Form der Steroidhormone sehen. Auch in Pflanzen kommen Steroide mit Signalfunktion vor.

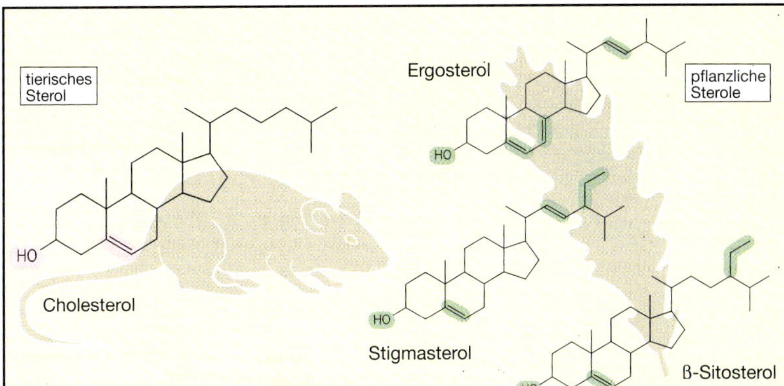


**A. Sterole**

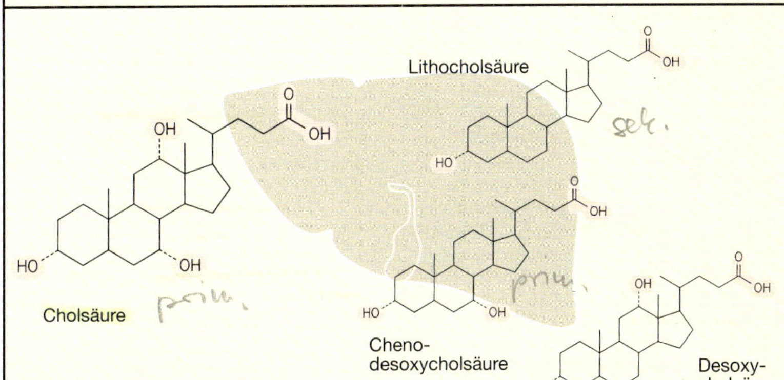


**B. Gallensäuren**

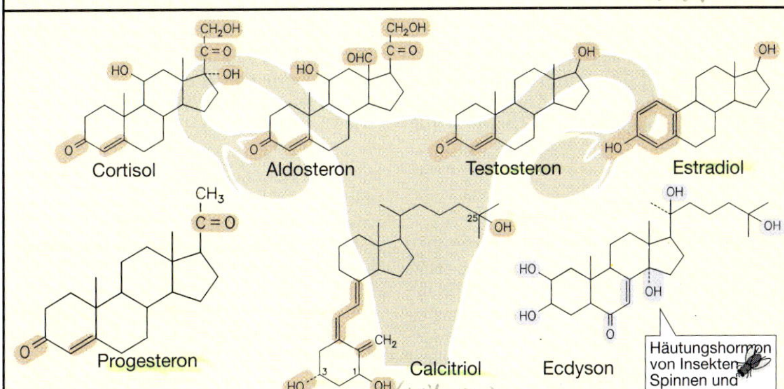


**C. Steroidhormone**

## Aminosäuren: Eigenschaften

Die **Aminosäuren** *(2-Aminocarbonsäuren)* sind die *Bausteine der Peptide und Proteine*. Von den natürlich vorkommenden Aminosäuren sind nur 20 (die **proteinogenen Aminosäuren**) regelmäßig in Proteinen zu finden, weil sie im genetischen Code (s. S. 224) berücksichtigt sind. Viele weitere Aminosäuren entstehen durch enzymatische Umwandlung der proteinogenen Formen oder am Polypeptid durch *posttranslationale Modifizierung* (s. S. 208). Die proteinogenen Aminosäuren sind auf der folgenden Seite in einer Übersicht zusammengestellt.

### A. Stereochemie ◑

In allen Aminosäuren außer Glycin trägt das Kohlenstoff-Atom C-2 (auch die Bezeichnung $C_\alpha$ ist gebräuchlich) vier verschiedene Substituenten: die *Carboxylat-Gruppe*, die *Ammonium-Funktion*, ein *H-Atom* und eine von Aminosäure zu Aminosäure unterschiedliche *Seitenkette R*. An einem solchen **chiralen Zentrum** sind zwei verschiedene Anordnungen (**Konfigurationen**) der Substituenten möglich, die sich zueinander wie Bild und Spiegelbild verhalten. Spiegelbild-Isomere dieser Art (**Enantiomere**) lassen sich nur durch chemische Reaktionen ineinander überführen. In der Natur findet man fast ausschließlich die **L-Enantiomeren** der Aminosäuren (links). In der *Fischer-Projektion* (s. S. 30) steht bei dieser Form die Carboxylat-Gruppe oben, die Ammonium-Funktion links, das H-Atom rechts und die Seitenkette unten. Zwei Aminosäuren, Threonin und Isoleucin, enthalten an C-3 ein zweites chirales Zentrum (s. S. 58).

### B. Optische Aktivität ○

Die chemischen Eigenschaften enantiomerer Verbindungen sind nahezu identisch. Enantiomere unterscheiden sich aber in ihrer *optischen Aktivität*: L- und D-Form drehen die Ebene des polarisierten Lichtes (s. S. 32) um denselben Betrag, jedoch in *entgegengesetzte Richtung* (hier am Beispiel von L- und D-Histidin gezeigt). Bei chemischen Synthesen, die im allgemeinen nicht stereospezifisch verlaufen, fallen Aminosäuren als **Racemformen** an, d. h. als Mischung beider Enantiomeren in gleichen Anteilen. Da sich die Drehungen von L- und D-Form ausgleichen, sind Racemformen *optisch inaktiv*. Nur L-Aminosäuren sind biologisch wirksam. Deshalb stellt man Aminosäuren, die z. B. zur parenteralen Ernährung in der Medizin benötigt werden, biotechnisch mit Hilfe mutierter Mikroorganismen her.

### C. Dissoziationskurve des Histidins ◑

Die Aminosäuren besitzen mindestens zwei ionisierbare Gruppen, ihr Ladungszustand hängt deshalb vom pH-Wert ab. Die COOH-Gruppen an $C_\alpha$ sind mit $pK_a$-Werten (s. S. 24) zwischen 1.8 und 2.8 saurer als die einfacher Monocarbonsäuren. Auch die Basizität der α-Amino-Funktion kann unterschiedlich sein ($pK_a$-Werte zwischen 8.8 und 10.6). Saure und basische Aminosäuren tragen auch in der Seitenkette ionisierbare Gruppen. Ihre $pK_a$-Werte sind auf S. 59 angegeben.

Als Beispiel für die pH-Abhängigkeit des Ladungszustandes betrachten wir die Aminosäure **Histidin**. Außer den Carboxy- und Amino-Gruppen an $C_\alpha$ ($pK_a$-Werte 1.8 und 9.2) finden wir in der Seitenkette einen Imidazol-Rest mit einem $pK_a$ von 6.0. Mit steigendem pH-Wert ändert sich deshalb die Nettoladung (Summe von positiven und negativen Ladungen) von +2 nach -1. Bei pH 7.6 verschwindet die Nettoladung ganz, obwohl das Molekül unter diesen Bedingungen zwei fast vollständig ionisierte Gruppen enthält. Diesen pH-Wert nennt man den **isoelektrischen Punkt**.

Der Ladungszustand des Histidins am isolelektrischen Punkt heißt **zwitterionisch**, weil das Molekül hier anionische *und* kationische Eigenschaften hat. Bei neutralem pH-Wert liegt die Mehrzahl der Aminosäuren zwitterionisch vor. Die Ladung von Peptiden und Proteinen wird fast ausschließlich von den ionogenen Gruppen der Seitenketten bestimmt, weil die meisten α-Carboxy- und α-Amino-Gruppen durch Peptidbindungen verknüpft sind.

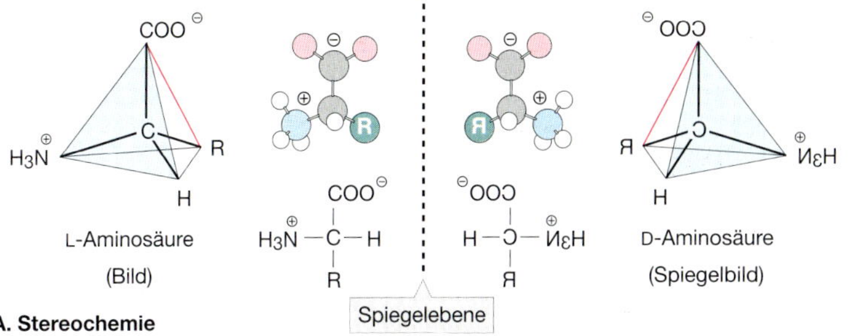


**A. Stereochemie**

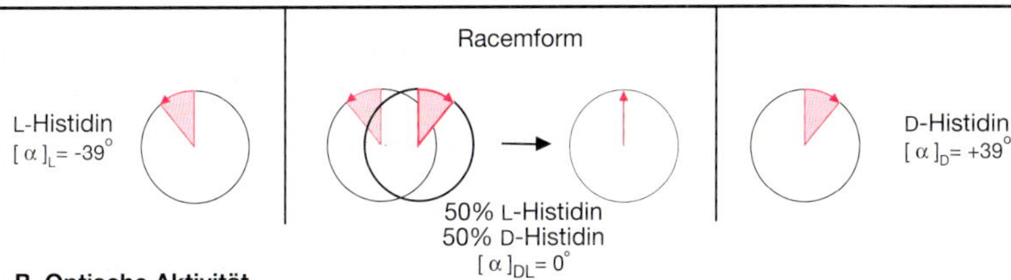


**B. Optische Aktivität**

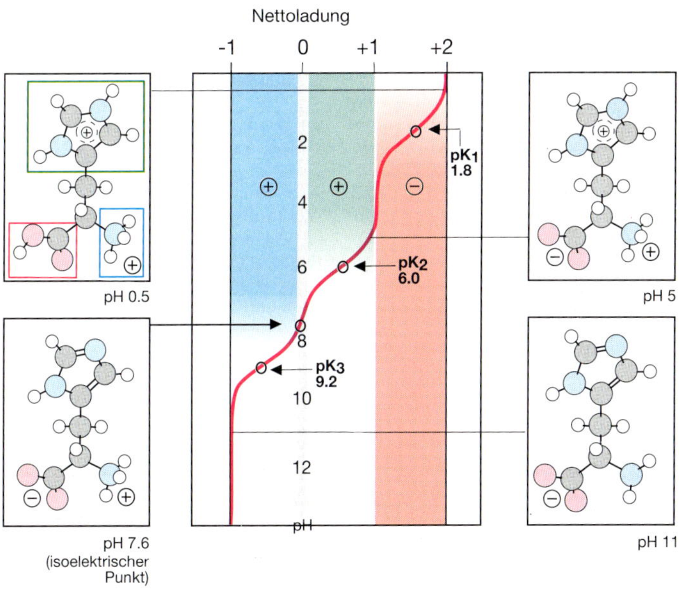


**C. Dissoziationskurve des Histidins**

## Proteinogene Aminosäuren

### A. Die proteinogenen Aminosäuren ◑

Als proteinogen bezeichnet man diejenigen 20 Aminosäuren, die durch *Translation* (s. S. 226–229) in Proteine eingebaut werden können. Ihre Einteilung basiert einerseits auf der chemischen **Struktur** ihrer Seitenketten, andererseits auf ihrer **Polarität** (s. S. 22), die das Verhalten eines Aminosäure-Restes in Proteinen beeinflußt.

Die hier gewählte Anordnung berücksichtigt beide Kriterien. Der innere quadratische Block enthält von außen nach innen a) die übliche, die ersten drei Buchstaben umfassende *Abkürzung* jeder Aminosäure b) das für die elektronische Verarbeitung von Sequenzdaten zur Platzersparnis eingeführte *Ein-Buchstaben-Symbol* c) ein quantitatives *Maß für die Polarität* der Seitenkette (s.u.) und d) die Angabe der *Zugehörigkeit zu den Strukturklassen* I-VII. Die *Polarität* der jeweiligen Seitenketten ist zusätzlich durch die Farbe der Sektoren angedeutet. Sie nimmt von Gelb über Grün nach Blau zu. Außer den *Strukturformeln* der Seitenketten R sind die *Namen* der Aminosäuren und – bei ionogenen Seitenketten – die entsprechenden *$pK_a$-Werte* angegeben.

Als Maß für die Polarität der Seitenketten dient hier die Änderung der freien Enthalpie $\Delta G$ (kJ · $mol^{-1}$, s. S. 12) bei der Überführung der Seitenkette von Ethanol, einem relativ unpolaren Lösungsmittel, in Wasser. Je negativer der Wert von $\Delta G$ ist, desto *polarer* ist die Seitenkette.

Zu den **aliphatischen** Aminosäuren (Klasse I) zählen *Glycin, Alanin, Valin, Leucin und Isoleucin*. Sie tragen in der Seitenkette keine Heteroatome (N, O oder S) und enthalten kein Ringsystem. Ihre Seitenketten sind ausgeprägt unpolar.

Ebenfalls unpolar sind die **schwefelhaltigen** Aminosäuren *Cystein* und *Methionin* (Klasse II). Für Cys gilt dies allerdings nur im undissoziierten Zustand. Das Cystein spielt wegen seiner Fähigkeit zur Ausbildung von Disulfid-Brücken (s. S. 8) eine wichtige Rolle bei der Stabilisierung von Proteinen. Zwei durch eine Disulfid-Brücke verknüpfte Cystein-Reste werden als *Cystin* bezeichnet (nicht gezeigt).

Die **aromatischen** Aminosäuren (Klasse III) enthalten mesomeriestabilisierte Ringsysteme in der Seitenkette. In dieser Gruppe hat nur *Phenylalanin* ausgeprägt unpolare Eigenschaften. *Tyrosin*- und *Tryptophan* verhalten sich mäßig, *Histidin* sogar stark polar. Der Imidazol-Ring des Histidins wird schon bei neutralem oder schwach saurem pH-Wert protoniert (s. S. 56). Histidin kann man deshalb auch den basischen Aminosäuren zuordnen. Tyrosin mit seiner phenolischen Hydroxy-Gruppe und Tryptophan zeigen als einzige Aminosäuren starke Lichtabsorption im UV-Bereich zwischen 250 und 300 nm. Dies wird zur photometrischen Bestimmung von Proteinen genutzt.

Die **neutralen** Aminosäuren (Klasse IV) tragen Hydroxy-Gruppen (*Serin, Threonin*) oder Carbonsäureamid-Gruppen (*Asparagin, Glutamin*). Trotz ihres nicht-ionischen Charakters sind die Amid-Gruppen von Asparagin und Glutamin recht polar.

Die Carboxy-Gruppen in den Seitenketten der **sauren** Aminosäuren *Asparaginsäure* und *Glutaminsäure* (Klasse V) sind bei physiologischen pH-Werten fast vollständig ionisiert. Auch die Seitenketten der **basischen** Aminosäuren *Lysin* und *Arginin* (Klasse VI) sind bei neutralem pH vollständig protoniert. Sehr stark basisch und deshalb besonders polar ist Arginin mit seiner Guanidinium-Gruppe.

Eine Sonderstellung nimmt das *Prolin* (VII) ein. Seine Seitenkette bildet zusammen mit dem α-C-Atom und der α-Amino-Gruppe einen Fünfring. Deshalb ist Prolin eigentlich keine Amino-, sondern eine **Iminosäure**. Das Stickstoff-Atom des Prolins ist nur schwach basisch und wird bei physiologischem pH-Wert nicht protoniert. Aufgrund ihrer Ringstruktur führen Prolin-Reste in Peptiden und Proteinen zum Abknicken der Peptid-Kette.

Proteine: UV 280nm
DNA: UV 260nm



**Strukturklasse:**

| | | | | | |
|---|---|---|---|---|---|
| I | aliphatisch | IV | neutral | VII | Iminosäure |
| II | schwefelhaltig | V | sauer | | |
| III | aromatisch | VI | basisch | ☆ | essentielle Aminosäure |

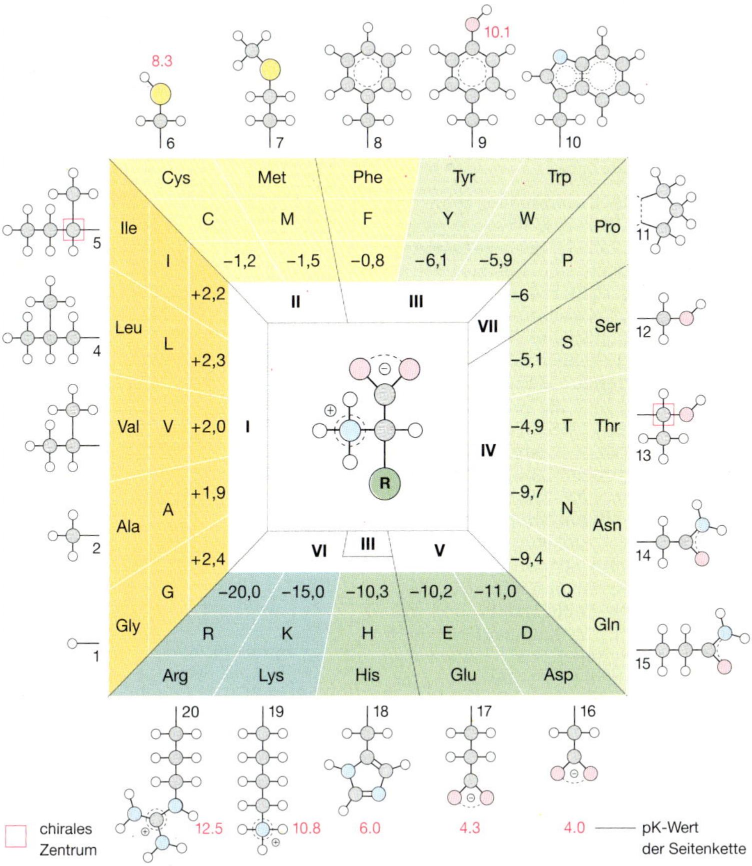


| | | | |
|---|---|---|---|
| 1 Glycin | 6 Cystein | 11 Prolin | 16 Asparaginsäure |
| 2 Alanin | 7 Methionin ☆ | 12 Serin | 17 Glutaminsäure |
| 3 Valin ☆ | 8 Phenylalanin ☆ | 13 Threonin ☆ | 18 Histidin |
| 4 Leucin ☆ | 9 Tyrosin | 14 Asparagin | 19 Lysin ☆ |
| 5 Isoleucin ☆ | 10 Tryptophan ☆ | 15 Glutamin | 20 Arginin |

**A. Die proteinogenen Aminosäuren**

## Aminosäuren: Analyse

Die Trennung und Analyse von Aminosäuren und Aminosäure-Derivaten wird zur Bestimmung der Aminosäure-Zusammensetzung von Proteinen angewandt, sowie bei der Sequenz-Analyse von Peptiden und der Diagnose von Störungen des Aminosäure- und Protein-Stoffwechsels. Zwei der wichtigsten Verfahren zur Aminosäure-Analyse sind hier dargestellt.

### A. Ionenaustausch-Chromatographie von freien Aminosäuren ○

Die Ionenaustausch-Chromatographie basiert auf *elektrostatischen Wechselwirkungen* zwischen Ionen entgegegengesetzter Ladung, von denen eine Ionenart kovalent an ein Trägermaterial gebunden vorliegt. Ein solcher **Ionenaustauscher** bindet entgegengesetzt geladene Ionen. Durch Behandeln mit Lösungen höherer Ionenstärke oder durch Veränderung des pH-Wertes kann man die gebundenen Ionen wieder selektiv ablösen (*eluieren*).

Zur **Aminosäure-Analyse** durch Ionenaustausch-Chromatographie verwendet man als *stationäre Phase* Kunstharz-Partikel, die Sulfonat-Gruppen ($-SO_3^-$) tragen (rot). Diese sind im ganzen pH-Bereich ionisiert, also negativ geladen. Zur Vorbereitung der Analyse wird der Austauscher in eine Säule gefüllt und zunächst mit einem $Na^+$-haltigen Puffer gewaschen. Die Sulfonat-Reste binden dabei $Na^+$-Ionen (blau). Trägt man nun eine Aminosäure-Lösung von pH 2 auf die Säule auf (**1a**), verdrängen die bei diesem pH-Wert positiv geladenen Aminosäuren (grün) die $Na^+$-Ionen vom Austauscher und binden an das Material. Da Aminosäuren an ihrem isoelektrischen Punkt (s. S. 56) ihre Ladung verlieren, kann man sie wieder von der Säule eluieren, indem man die Säule mit einem Puffern höheren pH-Werts behandelt (**1b**). In Abb. **3** ist dieses Verfahren schematisch am Beispiel der Aminosäuren Asparaginsäure, Threonin und Histidin dargestellt. Ihre Dissoziationskurven (**2**) machen verständlich, warum diese Verbindungen in der angegebenen Reihenfolge eluiert werden.

### B. Verteilungs-Chromatographie von PTC-Aminosäuren ○

Die Verteilungs-Chromatographie basiert nicht auf Ladungsunterschieden zwischen den zu trennenden Substanzen , sondern auf ihrer unterschiedlichen *Polarität.* Bringt man eine unpolare *stationäre Phase* in eine Säule und trägt ein Gemisch unpolarer Stoffe auf, binden diese durch hydrophobe Wechselwirkungen (s. S. 22) an das Material. Spült man dann mit einem polareren Lösungsmittel-Gemisch (*mobile Phase*), wandern die aufgetragenen Substanzen je nach ihrer Polarität mit verschiedener Geschwindigkeit durch die Säule. Hydrophile Stoffe, die nur schwache Wechselwirkungen mit der mobilen Phase eingehen, werden zuerst eluiert, hydrophobere später.

Die zuerst entwickelte Form der Verteilungs-Chromatographie beruht auf einer hydrophilen stationären und lipophilen mobilen Phasen. Die hier beschriebene Version nennt man deshalb **Umkehrphasen-Chromatographie.**

Aminosäure-Gemische werden zunächst mit Phenylisothiocyanat umgesetzt (*derivatisiert*, **1**). Die dabei gebildeten *PTC-Aminosäuren* sind nicht nur unpolarer, sie lassen sich auch wegen ihrer UV-Absorption im Eluat photometrisch gut bestimmen. Als stationäre Phase dienen sehr kleine Kieselgel-Partikel (Durchmesser 5 µm), deren Oberfläche mit langen Kohlenwasserstoff-Ketten besetzt ist. Die Feinheit des Materials verbessert die Trennung, erfordert aber einen hohen Druck in der Säule. In der **Hochdruck-Flüssigkeits-Chromatographie (HPLC)** werden daher Kapillaren und Säulen aus Edelstahl und Hochdruck-Pumpen verwendet (**2**). Zur Elution dienen Puffer mit kontinuierlich zunehmendem Anteil an Acetonitril ($CH_3CN$). Mit Hilfe programmierbarer Gradienten-Mischer wird die Zusammensetzung der mobilen Phase und damit das Trennergebnis (**3**) gesteuert.

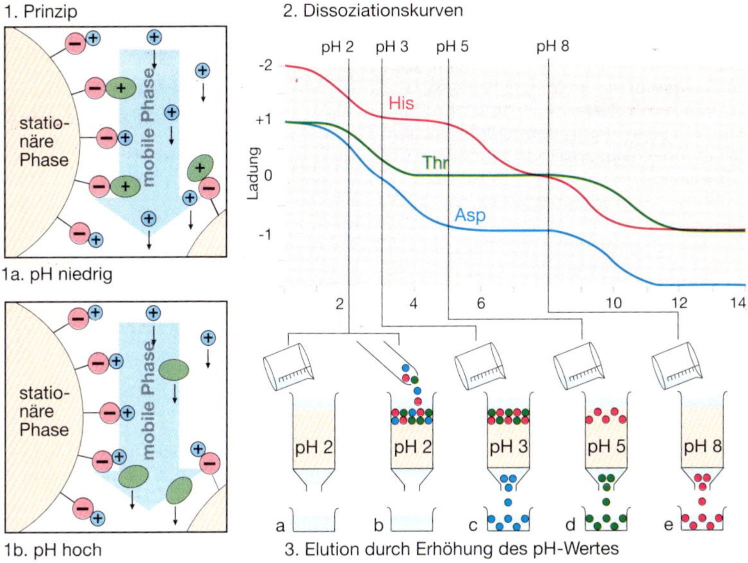


**A. Ionenaustausch-Chromatographie von freien Aminosäuren**

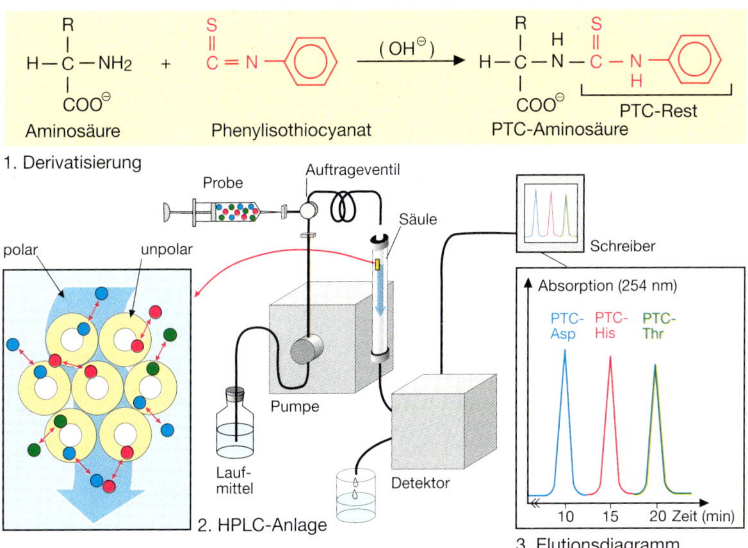


**B. Verteilungs-Chromatographie von PTC-Aminosäuren**

## Funktionen der Proteine

### A. Proteine ◑

Jeder Organismus enthält Tausende verschiedener **Proteine** mit unterschiedlichen Aufgaben. Gezeigt wird halbschematisch in etwa 1.5-millionenfacher Vergrößerung die Struktur einiger intra- und extrazellulärer Proteine, um einen Eindruck von ihrer Vielfalt zu vermitteln. Die meisten der dargestellten Moleküle werden an anderer Stelle ausführlicher besprochen. Die Funktionen der Proteine kann man in folgende Gruppen einteilen:

**Strukturbildung und -Erhaltung**. Die Strukturproteine sind für die *mechanische Stabilität* der Organe und Gewebe verantwortlich. Als Beispiel ist ein Ausschnitt aus einem **Collagen**-Molekül dargestellt (rechts). Das ganze Molekül mit Dimensionen von $1.5 \times 300$ nm wäre im gewählten Maßstab fast 3 Buchseiten lang. Auch die **Histone** (links oben) kann man zu den Strukturproteinen zählen. Als Bestandteile des Chromatins (s. S. 216) organisieren sie die Anordnung der DNA im Zellkern.

**Transport**. Ein bekanntes Transportprotein ist das **Hämoglobin** der Erythrocyten (links unten), das für den Transport von Sauerstoff und Kohlendioxid zwischen der Lunge und den Geweben unentbehrlich ist (s. S. 252). Auch im Blutplasma finden sich zahlreiche Proteine mit Transport-Funktion. So transportiert **Serum-Albumin** (Mitte) freie Fettsäuren und Bilirubin (s. S. 246). **Ionenkanäle** und andere integrale Membran-Proteine (s. S. 206) vermitteln den Transport von Ionen und Metaboliten durch biologische Membranen.

**Schutz und Abwehr**. Das Immunsystem schützt den Organismus vor Krankheits-Erregern und körperfremden Substanzen. Als wichtige Komponente ist das **Immunglobulin G** (s. S. 260) dargestellt (unten). Es bindet hier an einen Erythrocyten durch Komplexbildung mit Oberflächen-Glycolipiden. Das **Fibrinogen** (oben rechts) ist die lösliche Vorstufe des für die Blutgerinnung wichtigen Fibrins (s. S. 256).

**Steuerung und Regelung**. In biochemischen Signalketten wirken Proteine als Signalstoffe (Proteohormone, s. S. 336), aber auch als Hormon-Rezeptoren. Als Beispiel ist der Komplex zwischen dem Hormon **Insulin** und dem **Insulin-Rezeptor** dargestellt (Mitte). An der Regulation des Intermediärstoffwechsels und der Differenzierung von Zellen, Geweben und Organen sind DNA-bindende Proteine maßgeblich beteiligt. Struktur und Funktion des **Katabolit-Aktivator-Proteins** (links oben) und ähnlicher bakterieller Repressor-Proteine sind besonders gut untersucht (s. S. 108).

**Katalyse**. Mit einigen tausend bekannten Vertretern bilden die **Enzyme** (s. S. 86) eine besonders große Protein-Gruppe. Die kleinsten Enzyme haben Molmassen von 10–15 kDa. Mittelgroße Enzyme, wie die **Lactat-Dehydrogenase** (oben), liegen bei 100 kDa, während die größten, wie die aus 12 Untereinheiten bestehende **Glutamin-Synthetase**, Werte von mehr als 500 kDa erreichen.

**Bewegung**. Das Zusammenspiel von Actin und Myosin ist für die Muskelkontraktion und andere Bewegungsvorgänge verantwortlich (s. S. 300). **Myosin** (rechts) gehört mit einer Länge von über 150 nm zu den größten Proteinen überhaupt, während die **Actin**-Filamente durch die Polymerisation relativ kleiner Protein-Untereinheiten entstehen.

**Speicherung**. In Pflanzensamen findet man spezielle **Speicherproteine**, die auch für die menschliche Ernährung wichtig sind (nicht gezeigt). Im tierischen Organismus bilden die *Muskelproteine* eine im Notfall mobilisierbare Nährstoffreserve.

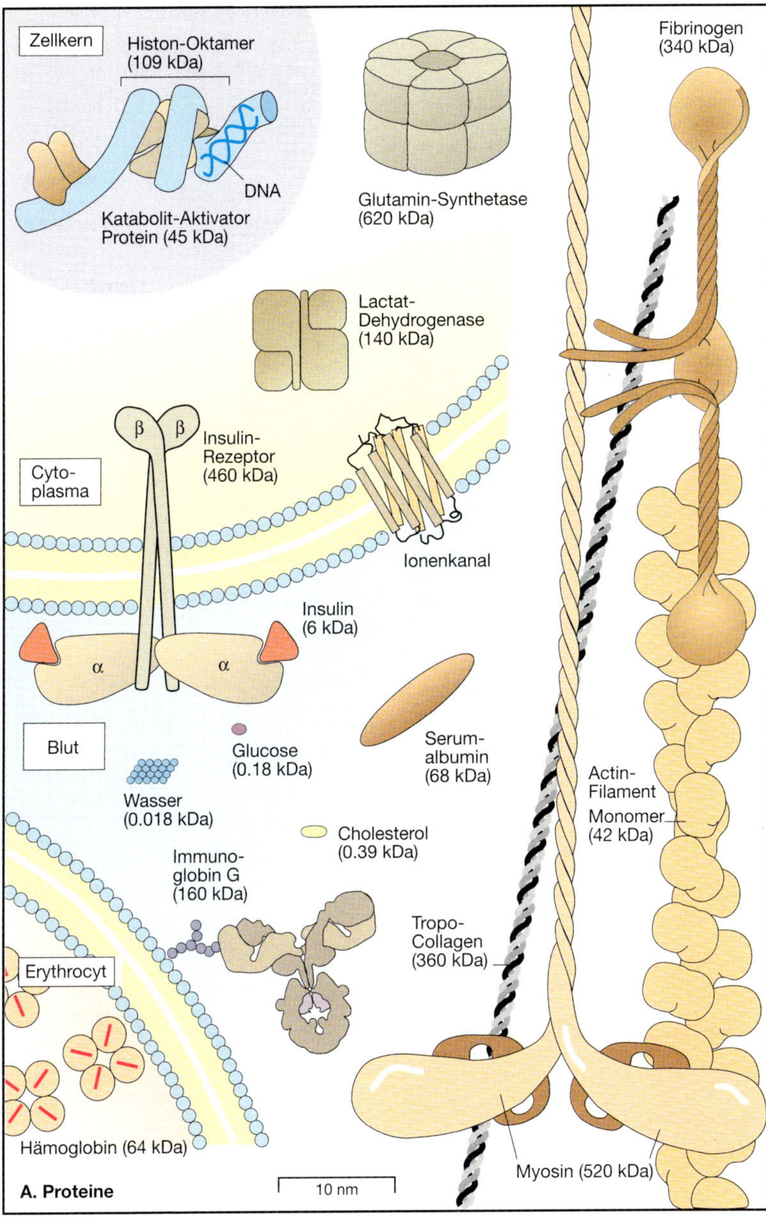

Zellkern
Histon-Oktamer
(109 kDa)
DNA
Katabolit-Aktivator
Protein (45 kDa)
Glutamin-Synthetase
(620 kDa)
Fibrinogen
(340 kDa)
Lactat-
Dehydrogenase
(140 kDa)
Cyto-
plasma
β
β
Insulin-
Rezeptor
(460 kDa)
Ionenkanal
Insulin
(6 kDa)
α
α
Blut
Glucose
(0.18 kDa)
Serum-
albumin
(68 kDa)
Wasser
(0.018 kDa)
Actin-
Filament
Monomer
(42 kDa)
Cholesterol
(0.39 kDa)
Immuno-
globin G
(160 kDa)
Tropo-
Collagen
(360 kDa)
Erythrocyt
Hämoglobin (64 kDa)
Myosin (520 kDa)
10 nm


**A. Proteine**

# Peptidbindung

Die Bausteine der Peptide und Proteine, die Aminosäuren, sind durch *Säureamid-Bindungen* (s. S. 8) zwischen Carboxy- und Amino-Gruppen miteinander verknüpft. Man nennt diese Art der Bindung deshalb auch **Peptidbindung.** Viele Eigenschaften der Peptide und Proteine lassen sich direkt von strukturellen Eigenschaften der Peptidbindung ableiten. Eine genauere Betrachtung ihrer Chemie und Stereochemie ist deshalb zum Verständnis der Proteinstruktur wichtig.

## A. Peptidbindung ◑

Durch Verknüpfung zweier Aminosäuren entsteht ein **Dipeptid** (**1c**). In Dipeptiden enthält einer der beiden Reste (die *N-terminale Aminosäure*) eine freie Ammmonium-Gruppe, der andere (die *C-terminale Aminosäure*) eine freie Carboxylat-Gruppe. Bei der Benennung oder Darstellung von Peptiden beginnt man stets links mit der N-terminalen Aminosäure. Bei der *chemischen* Synthese von Peptiden (**1**) muß man beachten, daß die gewünschte Verknüpfung nur dann vollständig abläuft, wenn man diejenigen Amino und Carboxy-Gruppen, die *nicht* reagieren sollen, durch **Schutzgruppen** (X,Y) blockiert (**1a, b**). Im gezeigten Beispiel würden sonst außer Alanyl-Glycin (Ala-Gly) auch Gly-Ala, Gly-Gly und Ala-Ala entstehen. Zur Erhöhung ihrer Reaktivität wird die Carboxy-Gruppe zuvor mit einer Gruppe (Z) umgesetzt (**1a**), die durch nucleophilen Angriff der Amino-Gruppe leicht verdrängt werden kann. Heute gibt es automatisch arbeitende Geräte, die Aminosäuren in einer definierten Reihenfolge zu Peptiden verknüpfen. Die *Biosynthese* der Peptidbindung wird auf S. 226–229 besprochen.

Wie alle Säureamid-Bindungen ist die Peptidbindung **mesomeriestabilisiert** (**2**) und deshalb *eben*. Eine Rotation um die C-N-Bindung ist nur unter hohem Energieaufwand möglich – die Bindung ist *‚nicht frei drehbar'*. Die Ebene, in der die 6 Atome einer Peptidbindung liegen, ist hier und auf der folgenden Seite hellblau hervorgehoben.

## B. Konformationsraum der Peptidkette ○

Mit Ausnahme der terminalen Reste ist jede Aminosäure eines Peptids an zwei Peptidbindungen (zum vorhergehenden und zum nachfolgenden Rest) beteiligt. Wegen der eingeschränkten Drehbarkeit der C-N-Bindung sind nur Rotationen um die N-$C_\alpha$- und die $C_\alpha$-C-Bindungen möglich. Diese Drehungen werden durch die **Diederwinkel** φ (**phi**) und ψ (**psi**) beschrieben. Der Winkel φ definiert die Rotation um N-$C_\alpha$, also die Lage der vorausgehenden Peptidbindung. ψ beschreibt die Rotation um $C_\alpha$-C, d. h. die Stellung der nachfolgenden Bindung. Von großer Tragweite ist die Tatsache, daß für einen gegebenen Rest aus sterischen Gründen nur bestimmte Kombinationen der Diederwinkel φ und ψ überhaupt möglich sind. Man kann die Verhältnisse in übersichtlicher Weise in einem sogenannten φ/ψ – Diagramm (**1**) darstellen.

Die meisten Kombinationen von φ und ψ sind sterisch ‚verboten' (rote Flächen). So müßte man z. B. bei der Kombination $\varphi = 0°$, $\psi = 180°$ (**4**) die beiden Carbonyl-Sauerstoff-Atome einander auf 115 pm annähern, d. h. auf eine Distanz, die weit unter der Summe ihrer Van der Waals-Radien liegt (s. S. 6). In ähnlicher Weise würden bei $\varphi = 180°$, $\psi = 0°$ (**5**) die beiden NH-Wasserstoff-Atome kollidieren. Sterisch begünstigt sind nur die in den grünen Bezirken liegenden Kombinationen (z. B. **2** und **3**). Hier befinden sich die nachfolgend besprochenen wichtigen *Sekundär-Strukturen*. Die den gelb markierten Bezirken entprechenden Konformationen sind energetisch ungünstiger, aber möglich.

Das φ/ψ-Diagramm wurde durch Modellstudien an kleinen Peptiden entwikkelt. Die Konformationen der meisten Aminosäurereste in Proteinen fallen ebenfalls in diese erlaubten Bereiche. In **1.** sind die entsprechenden Daten für das kleine Protein Insulin (s. S. 70) durch schwarze Punkte dargestellt.

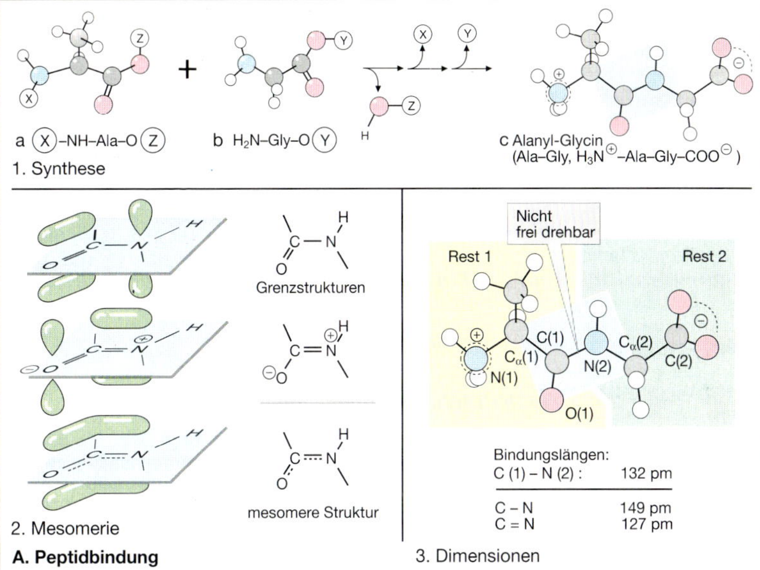


**A. Peptidbindung**

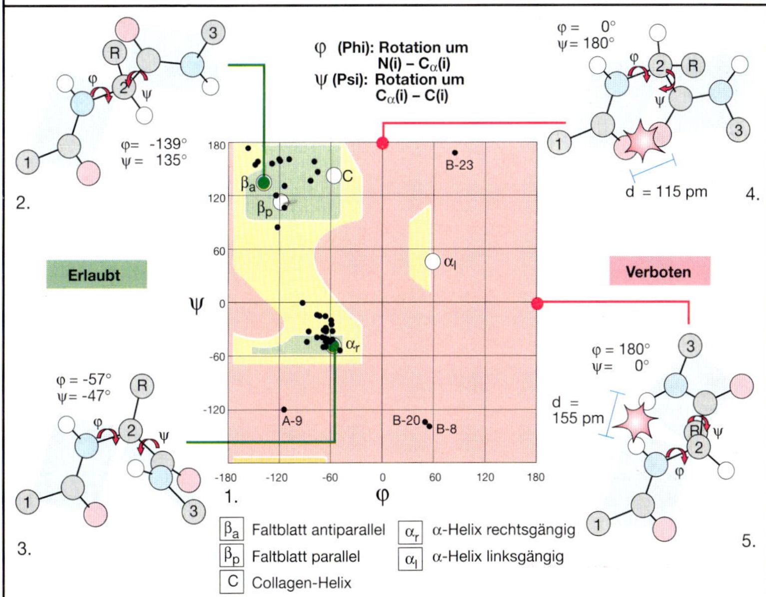


**B. Konformationsraum der Peptidkette**

## Sekundärstrukturen

Bestimmte Kombinationen der Diederwinkel φ und ψ (s. S. 64) treten in natürlichen Proteinen besonders häufig auf. Nehmen nämlich mehrere aufeinanderfolgende Reste solche Konformationen ein, können sich definierte **Sekundärstrukturen** ausbilden, die durch Wasserstoff-Brücken innerhalb der Peptid-Kette oder zwischen benachbarten Ketten stabilisiert werden. Erstreckt sich eine solche Struktur über längere Abschnitte eines Proteins, bildet dieses oft mechanisch stabile Filamente oder Fasern aus. Derartige **Struktur-Proteine** (s. S. 68) fallen meist auch durch eine charakteristische Aminosäure-Zusammensetzung auf.

Hier besprechen wir zunächst die wichtigsten Sekundärstruktur-Elemente. In den Abbildungen ist jeweils nur der Verlauf der Peptidkette dargestellt. Die α-Kohlenstoff-Atome sind numeriert und die Seitenketten weggelassen. Um den Verlauf der Kette zu verdeutlichen, sind die Ebenen der Peptidbindungen als blaue Flächen wiedergegeben. Die Diederwinkel φ und ψ für die hier dargestellten Strukturen sind im Diagramm B1 auf S. 64 eingezeichnet.

### A. α-Helix ◑

Die **rechtsgängige α-Helix** ($\alpha_R$) gehört zu den häufigsten Sekundärstrukturen. Die Peptidkette ist hier schraubenförmig gewunden. Auf jede Umdrehung der Schraube (Schraubenachse orange) entfallen etwa 3.6 Aminosäure-Reste, die **Ganghöhe** der Schraube (d. h. die kleinste Distanz zwischen zwei äquivalenten Punkten) beträgt 0.54 nm. Stabilisiert wird die α-Helix durch *fast lineare Wasserstoff-Brücken* (rot punktiert) zwischen den NH- und CO-Gruppen von Resten, die in der Sequenz jeweils 4 Positionen voneinander entfernt sind. In längeren α-Helices sind also die meisten Aminosäure-Reste an zwei H-Brücken beteiligt. Merkwürdigerweise kommt die zur $\alpha_R$-Helix spiegelsymmetrische **linksgängige α-Helix** ($\alpha_L$) in der Natur kaum vor, obwohl sie energetisch möglich wäre.

### B. Collagen-Helix ◑

Eine andere Helix-Form begegnet uns im Collagen, einer Komponente der Bindegewebs-Matrix (s. S. 306). Die Collagen-Helix ist **linksgängig** und mit einer Ganghöhe von 0.96 nm und 3.3 Resten pro Windung steiler als die α-Helix. Im Gegensatz zur α-Helix sind *innerhalb* der Collagen-Helix keine H-Brücken möglich. Stabilisiert wird die Struktur erst durch die Zusammenlagerung von drei Helices zu einer rechtsgängigen *Collagen-Tripelhelix* (s. S. 68 und 306).

### C. Faltblatt-Strukturen ◑

Zwei weitere, fast gestreckte Konformationen der Peptidkette bezeichnet man als **Faltblatt-Strukturen**, weil die Peptidebenen wie auf einem regelmäßig gefalteten Papierblatt angeordnet sind (s. S. 69). Wieder können sich H-Brücken nur zwischen *benachbarten* Ketten ausbilden. Verlaufen die beiden Pepidketten in entgegengesetzter Richtung (**1**), spricht man von einem **antiparallelen Faltblatt** ($\beta_a$), laufen sie gleichsinnig, liegt ein **paralleles Faltblatt** ($\beta_p$) vor (**2**). In beiden Fällen liegen die α-C-Atome an den höchsten bzw. tiefsten Punkten der Struktur, und die Seitenketten ragen abwechselnd fast senkrecht nach oben oder unten. Energetisch ist die $\beta_a$-Struktur mit ihren fast linearen H-Brücken erheblich günstiger. In ausgedehnten Faltblättern verlaufen die einzelnen Stränge meist nicht parallel, sondern sind gegeneinander verdreht (s. S. 73, B).

### D. β-Schleifen ◑

An Stellen, an denen die Peptidkette ihre Richtung ändert, findet man häufig sogenannte **β-Schleifen**. Hier sind vier Aminosäure-Reste so angeordnet, daß sich der ursprüngliche Verlauf der Kette um etwa 180° in die Gegenrichtung umkehrt. Zwei Anordnungen (*Typ I* und *Typ II*) sind möglich. Beide werden durch eine Wasserstoff-Brücke zwischen den Resten 1 und 4 stabilisiert.

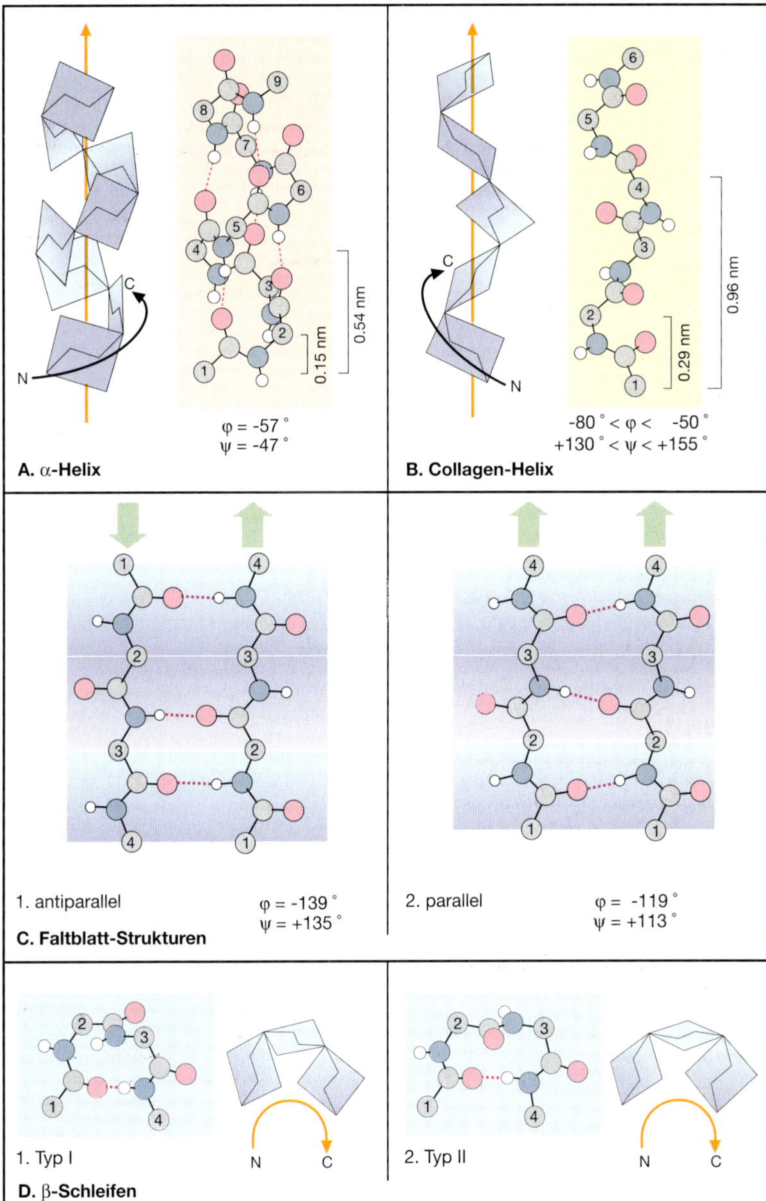
N
C
0.15 nm
0.54 nm
φ = -57 °
ψ = -47 °
A. α-Helix
C
N
0.29 nm
0.96 nm
-80 ° < φ < -50 °
+130 ° < ψ < +155 °
B. Collagen-Helix
1. antiparallel
φ = -139 °
ψ = +135 °
2. parallel
φ = -119 °
ψ = +113 °
C. Faltblatt-Strukturen
1. Typ I
N
C
2. Typ II
N
C
D. β-Schleifen

## Strukturproteine

Die **Strukturproteine** verleihen extrazellulären Strukturen mechanische Festigkeit und sind auch am Aufbau des Cytoskeletts (s. S. 188) beteiligt. In den meisten dieser Proteine findet man hohe Anteile bestimmter Sekundärstruktur-Elemente (s. S. 66). Da manche Aminosäure-Reste in bestimmten Sekundärstrukturen besonders häufig vorkommen, ist auch die Aminosäure-Zusammensetzung der Strukturproteine meist charakteristisch.

### A. α-Keratin ○

Ein Strukturprotein, das überwiegend α-helical aufgebaut ist, ist das α-**Keratin**. Haare (Wolle), Federn, Nägel, Klauen und Hufe der Land-Tiere bestehen überwiegend aus Keratin. In Form sogenannter **Intermediär-Filamente** ist Keratin Bestandteil des Cytoskeletts (s. S. 188).

In den Keratinen bilden vier rechtsgängig α-helical gewundene Peptidketten eine linksgängige **Superhelix**. Jeweils 8 dieser superhelicalen **Proto-Filamente** (**1**) treten dann zu einem Intermediär-Filament von 10 nm Durchmesser (**2**) zusammen. In Haaren findet man ähnliche Filamente. So sind in einer einzelnen Wollfaser mit einem Durchmesser von etwa 20 μm im Inneren abgestorbener Zellen Millionen von Filamenten gebündelt. Die einzelnen Keratin-Helices sind durch zahlreiche Disulfid-Brücken quervernetzt und dadurch zusätzlich stabilisiert. Beim *Legen von Dauerwellen* macht man sich diese Tatsache zunutze: Zunächst werden die Disulfid-Brücken des Haar-Keratins durch Behandeln mit Thiol-Verbindungen (s. S. 8) reduktiv gelöst. Dann bringt man das Haar in die gewünschte neue Form und trocknet heiß. Dabei bilden sich durch Oxidation neue Disulfid-Brükken aus, die die Frisur eine Zeit lang erhalten.

### B. Collagen ◑

In Säugetieren ist das Collagen das quantitativ wichtigste Protein; es macht etwa 25% des Gesamtproteins aus. Collagen kommt in mehreren Arten vor allem im Bindegewebe vor (s. S. 308). Die Aminosäure-Zusammensetzung der Collagene ist ungewöhnlich: Etwa ein Drittel der Aminosäuren entfällt auf *Glycin* (Gly), je etwa 10% auf *Prolin* (Pro) und *Hydroxyprolin* (Hyp), eine Aminosäure, die erst während der Collagen-Biosynthese durch *posttranslationale Modifizierung* gebildet wird (s. S. 306). In der Sequenz der Collagene wiederholt sich ständig das *Triplett Gly-X-Y* (**2**), wobei häufig X = Pro und Y = Hyp. Der Grund dafür ist, daß Collagen weitgehend als **Tripelhelix** aus drei einzelnen Collagen-Helices vorliegt (**1**). In einer solchen Tripelhelix liegt jeder dritte Rest im Inneren (**3**), wo aus sterischen Gründen nur Glycin-Reste Platz finden. Hier ist nur ein kleiner Ausschnitt einer Tripelhelix dargestellt. Das ganze Collagen-Molekül ist etwa 300 nm lang.

### C. Seiden-Fibroin ○

Seide wird aus Spinnfäden von ‚Seiden-Raupen' (Larven des Nacht-Schmetterlings *Bombyx mori* und verwandter Arten) hergestellt. Das Hauptprotein der Seide, das **Fibroin** besteht aus antiparallelen *Faltblatt-Strukturen*, die in zahlreichen Schichten übereinander angeordnet sind (**1**). Da bei Faltblättern die Aminosäure-Seitenketten R senkrecht nach oben und unten ragen, passen nur kompakte Seitenketten zwischen die Blätter. In der Tat besteht Fibroin zu über 80% aus Glycin, Alanin und Serin, den drei Aminosäuren mit den kleinsten Seitenketten. Eine typische repetitive Aminosäure-Sequenz ist *(Gly-Ala-Gly-Ala-Gly-Ser)$_n$*. Man fand, daß im Fibroin die einzelnen Faltblatt-Ebenen abwechselnd in Abständen von 0.35 nm und 0.57 nm aufeinanderfolgen. Im ersten Falle stehen sich ausschließlich Glycin-Reste (R= -H) gegenüber. Die etwas größere Distanz von 0.57 nm kommt durch Abstoßung zwischen den Seitenketten von Alanin- und Serin-Resten zustande (**2**).

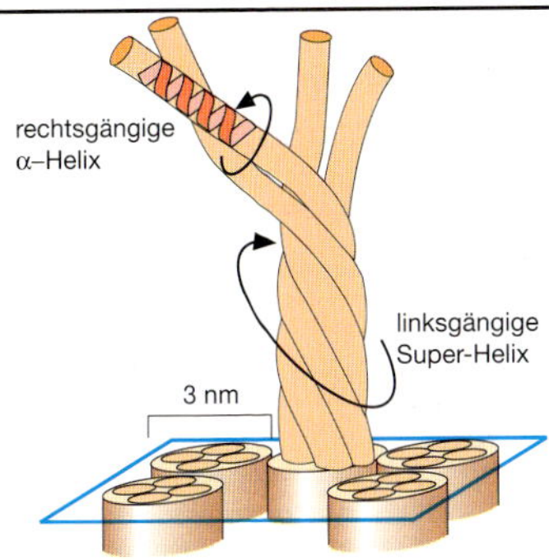


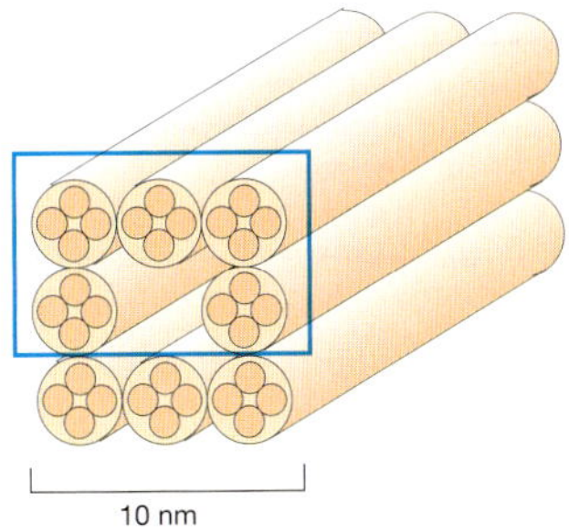


**A.** α–**Keratin** 1. Proto-Filament 2. Intermediär-Filament

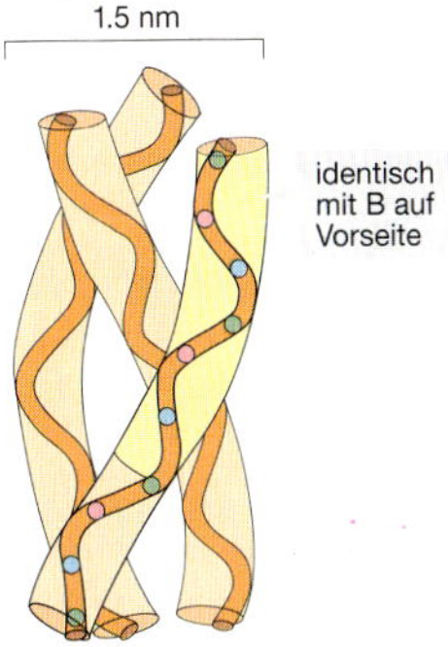


1. Tripelhelix (Ausschnitt)

| | | |
|---|---|---|
| Gly | Arg | Hyp |
| Gly | Gln | Arg |
| Gly | Pro | Hyp |
| Gly | Pro | Gln |
| Gly | Ala | Arg |
| Gly | X | Y |

2. Typische Sequenz

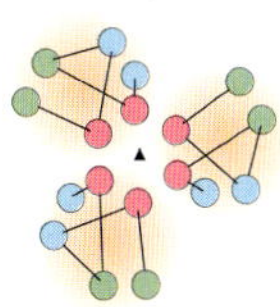

3. Tripelhelix (Aufsicht)

**B. Collagen**

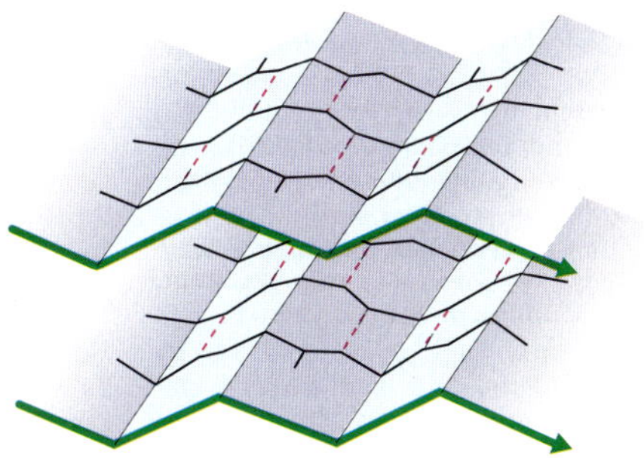

1. Räumliche Darstellung

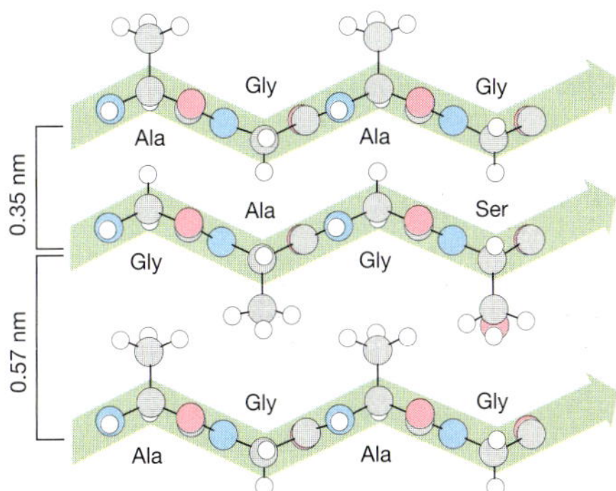


2. Frontalansicht

**C. Seiden-Fibroin**

## Globuläre Proteine

Lösliche Proteine sind im allgemeinen komplexer aufgebaut als die faserförmigen, unlöslichen Strukturproteine. Ihre Gestalt ist mehr oder weniger kugelförmig (globulär). **Globuläre Proteine** besitzen eine *wohldefinierte Raumstruktur* (Konformation), die für ihre biologische Wirkung essentiell ist. Wir besprechen hier ihren Aufbau am Beispiel des kleinen Proteohormons Insulin (s. S. 336).

### A. Insulin: Primärstruktur ○

Unter der Primärstruktur eines Proteins versteht man die **Aminosäure-Sequenz** der Peptidkette. Insulin war das erste Protein, dessen Sequenz vollständig aufgeklärt wurde (*F. Sanger* und Mitarbeiter, 1952). Das biologisch aktive Insulin-Molekül besteht aus zwei Polypeptidketten (**A-Kette** und **B-Kette**), die durch Disulfid-Brücken (gelb) zusammengehalten werden. (In dieser Tafel sind die A-Ketten hellbraun, die B-Ketten dunkelbraun dargestellt). Eine weitere Disulfid-Brücke ist *innerhalb* der A-Kette lokalisiert. Im Pankreas, dem Bildungsort des Insulins, wird zunächst eine Vorstufe, das **Proinsulin**, synthetisiert, in dem die C-terminale Aminosäure der B-Kette und der N-terminale Rest der A-Kette durch eine Kette aus 33 zusätzlichen Aminosäuren verbunden sind. Nach der korrekten Ausbildung der Disulfid-Brücken wird dieses **C-Peptid** (offene Kreise) proteolytisch entfernt (s. S. 160).

### B. Sekundärstruktur ○

Als Sekundärstrukturen bezeichnet man durch H-Brücken stabilisierte *Bereiche der Peptidkette mit definierter Konformation* (s. S. 66). In den meisten globulären Proteinen sind **α-Helices** und **β-Faltblatt-Strukturen** nebeneinander anzutreffen. Zusätzlich gibt es auch **ungeordnete Bereiche** der Kette. Ein weiteres, für globuläre Proteine typisches Strukturelement ist die **β-Schleife** (engl.: turn), ein Abschnitt aus vier Aminosäuren, in dem sich die Richtung der Peptidkette ändert. β-Schleifen schaffen meist Übergänge zwischen anderen Strukturelementen.

### C. Tertiärstruktur ○

Die dreidimensional gefaltete, biologisch aktive Konformation eines Proteins bezeichnet man als Tertiärstruktur. Heute sind die Konformationen von Hunderten von Proteinen bekannt. Fast alle wurden durch **Röntgen-Kristallographie** ermittelt. Dieses aufwendige Verfahren beruht auf der Beugung von Röntgen-Strahlung an geordneten Proteinkristallen. Durch Computer-Analyse der Beugungsmuster kann man die Verteilung der Elektronendichte im Kristall und daraus die Molekül-Struktur berechnen. Die Analyse des Insulins (*D. Hodgkin* und Mitarbeiter, 1971) ergab, daß das Molekül in der A-Kette zwei kurze und in der B-Kette eine längere α-Helix enthält. Der N-Terminus der A-Kette und der C-Terminus der B-Kette liegen nahe beieinander. Die Tertiärstruktur des Proinsulins ist noch nicht bekannt.

### D. Quartärstruktur ○

Häufig lagern sich einzelne Proteinmoleküle durch nichtkovalente Wechselwirkungen zu symmetrischen Komplexen zusammen. Solche Komplexe bezeichnet man als **Oligomere**, die einzelnen Komponenten (meist 2–12) als **Untereinheiten** oder *Monomere*. Auch Insulin bildet Quartärstrukturen aus. Im Blut liegt es teilweise als *Dimer* vor (**1**). Dieser Komplex hat eine zweizählige Symmetrie-Achse. Außerdem gibt es durch $Zn^{2+}$-Ionen stabilisierte *Hexamere* aus 6 Untereinheiten (**2**), die eine Speicherform des Insulins im Pankreas darstellen (s. S. 160). An der Komplexbildung mit $Zn^{2+}$ sind die Histidin-Reste in Position B-10 aller 6 Untereinheiten beteiligt. Jeweils drei Histidin-Reste und drei Wassermoleküle sind *oktaedrisch* mit einem $Zn^{2+}$-Ion koordiniert. Das Insulin-Hexamere enthält zwei identische Komplexe dieser Art (s. S. 76).

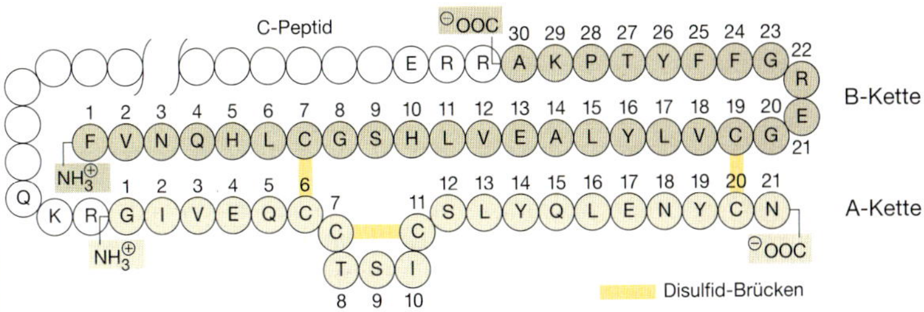


**A. Insulin: Primärstruktur**

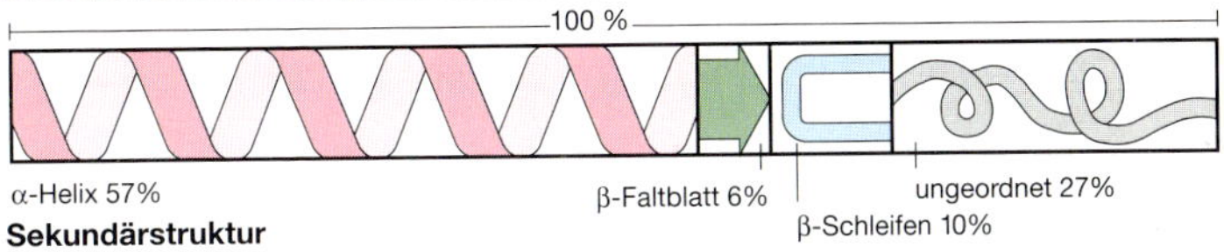


**B. Sekundärstruktur**

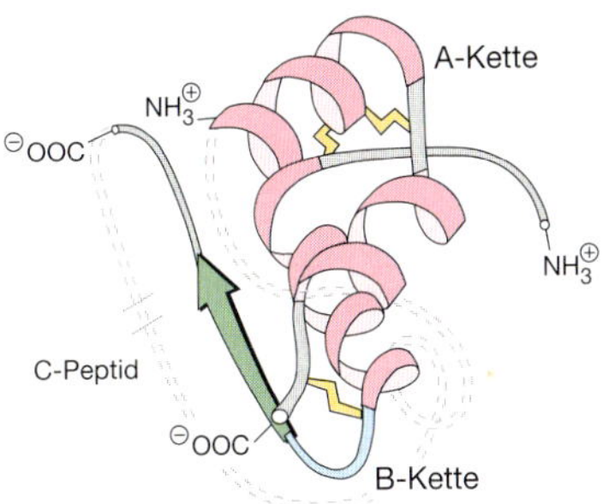


1. Monomer: Faltung

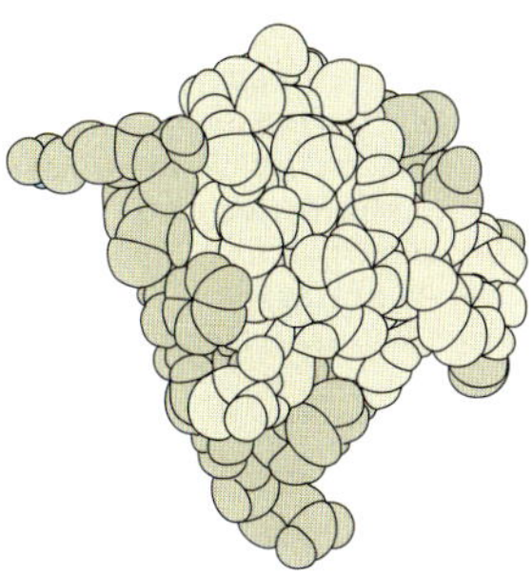

2. Monomer: van der Waals-Darstellung

**C. Tertiärstruktur**

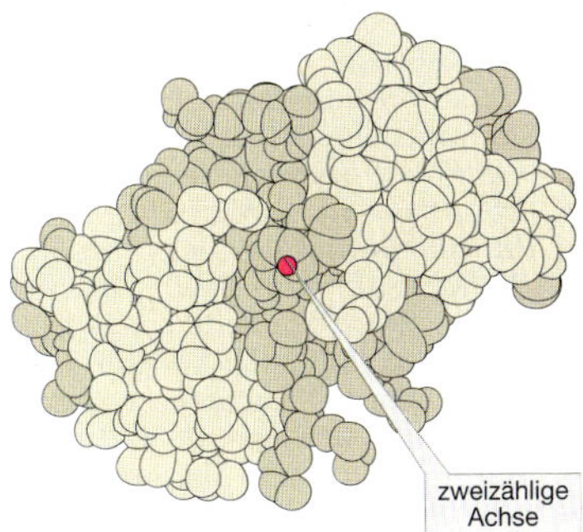


1. Dimer

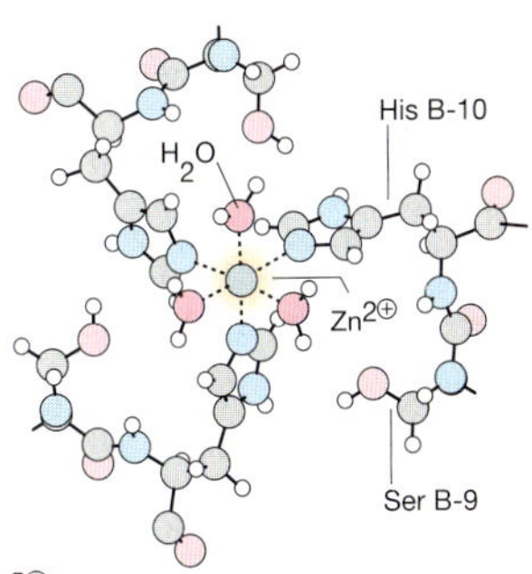


2. $Zn^{2\oplus}$-Komplex in Hexameren

**D. Quartärstruktur**

## Proteinfaltung

Sekundär-, Tertiär- und Quartärstruktur der meisten Proteine bilden sich nach der Synthese spontan aus. Offenbar ist die Information für die biologisch aktive *(‚native‘)* Konformation der Proteine bereits in ihrer Aminosäure-Sequenz kodiert. Ein wichtiges Ziel der Biochemie ist es, die Gesetzmäßigkeiten der Proteinfaltung besser zu verstehen.

### A. Proteinfaltung ◑

Unter physiologischen Bedingungen ist die **Faltung** der Proteine zur nativen Struktur begünstigt. Zum Verlust der nativen Konformation, der **Denaturierung** des Proteins, kommt es bei extremen pH-Werten, bei hohen Temperaturen oder durch Einwirkung von organischen Lösungsmitteln, Detergentien und anderen denaturierenden Substanzen.

Zu den Wechselwirkungen, die Protein-Konformationen stabilisieren, gehören *Wasserstoff-Brücken, Disulfid-Brükken, elektrostatische Wechselwirkungen* und die *Komplexbildung mit Metall-Ionen.* Wechselwirkungen dieser Art werden auf der folgenden Seite am Beispiel des Insulins dargestellt. Ein weiterer, besonders wichtiger Stabilisierungsfaktor ist der *‚hydrophobe Effekt‘*: Wie auf S. 22 besprochen, bildet sich in Mischungen unpolarer Substanzen mit Wasser *spontan* ein Zustand aus, in dem die Kontaktfläche zwischen beiden Phasen möglichst klein wird („Öltropfen-Effekt“). Ganz analog falten sich lösliche Proteine in Wasser im allgemeinen so, daß die Mehrzahl der unpolaren Aminosäure-Seitenketten im Inneren des Moleküls liegt, während die polaren Ketten dem Lösungsmittel zugewandt sind (**1b**). Diese Verhältnisse werden auch an der Konformation des Insulin-Moleküls (s. S. 76) deutlich.

Die **Energetik** der Proteinfaltung (**2**) läßt sich derzeit noch nicht befriedigend beschreiben. Wir besprechen hier ein stark vereinfachtes Modell: Der Faltung *entgegen* wirkt vor allem die starke Zunahme des Ordnungsgrades im Molekül. Die *Konformations-Entropie* $\Delta S_{conf}$ ist deshalb negativ und der Entropieterm $-T \cdot \Delta S_{conf}$ stark positiv (violett). Einen *stabilisierenden* Einfluß haben demgegenüber die bei der Faltung gebildeten, haupt- und nebenvalenten Bindungen im Inneren des Proteins. Deshalb ist die *Enthalpie der Faltung* $\Delta H_{falt}$ negativ (orange). Ein dritter Faktor ist die Entropieänderung des Systems aufgrund des hydrophoben Effekts. Bei der Faltung nimmt der Ordnungsgrad *im Wasser* ab, d. h. $\Delta S_{unp}$ ist positiv und damit $-T \cdot \Delta S_{unp}$ negativ (gelb). Ist die Summe der Beträge von $\Delta H_{falt}$ und $-T \cdot \Delta S_{unp}$ größer als $-T \cdot \Delta S_{conf}$, wird $\Delta G_{falt}$ negativ (blau) und die Faltung des Proteins in eine stabile Konformation verläuft spontan.

### B. Proteinfaltung: Beispiele ○

Durch Röntgen-Kristallographie (s. S. 70) kennt man heute die nativen Konformationen vieler Proteine. Betrachtet man die Faltung größerer globulärer Proteine, findet man bestimmte **Faltungsmuster**, die sich in ähnlicher Weise häufig wiederholen. Einige Beispiele sind hier dargestellt (α-Helices rot, Faltblatt-Stränge grün): Überwiegend helical gefaltete Proteine wie das **Myoglobin** (**1**, Häm gelb) sind selten. Im allgemeinen existieren Faltblatt- und Helix-Elemente nebeneinander, wie beim **Flavodoxin**, einem kleinen Flavoprotein mit Redoxfunktion (**2**, FMN gelb). Hier bildet ein fächerartig angeordnetes Faltblatt aus fünf parallelen Strängen den Kern des Moleküls. Vier α-Helices umgeben ihn auf der Außenseite. Die **Immunglobuline** (s. S. 160) bestehen aus mehreren gleichartigen *Domänen* (unabhängig gefalteten Teilstrukturen), in denen zwei antiparallele Faltblätter eine faßartige Struktur ausbilden. Die hier gezeigte $C_H2$-Domäne (**3**) trägt ein Oligosaccharid (gelb), das auf S. 40 im einzelnen dargestellt ist.

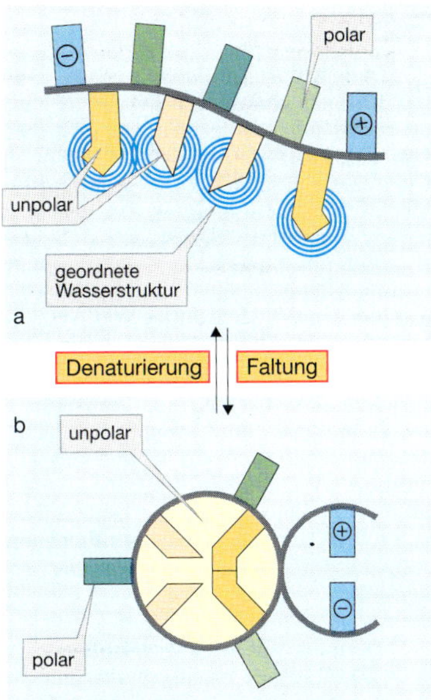


1. Prinzip

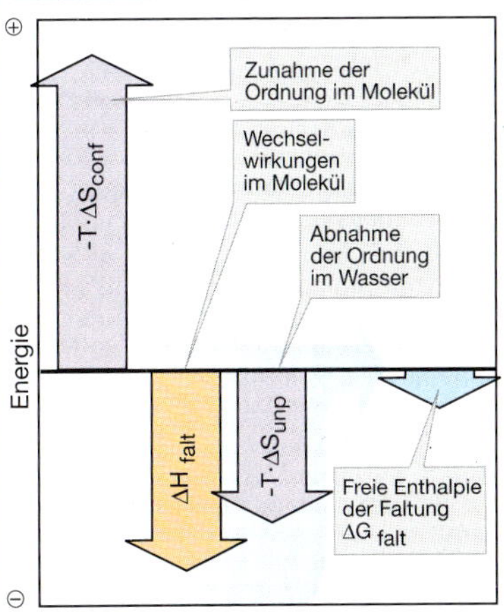


$$\Delta G_{falt} = \Delta H_{falt} - T \cdot \Delta S_{unp} - T \cdot \Delta S_{conf}$$

2. Energetik

**A. Proteinfaltung**

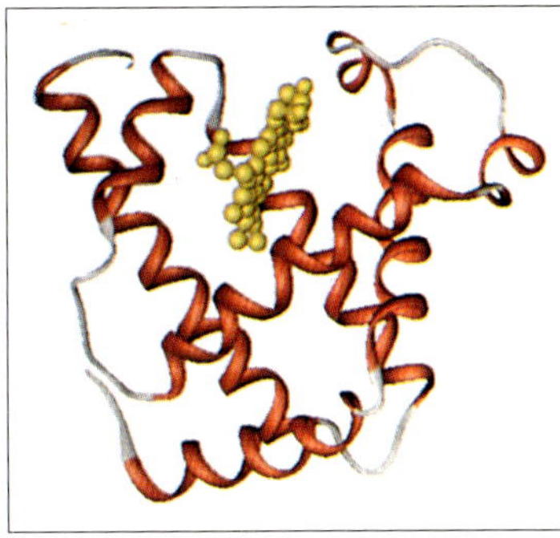

1. Myoglobin

2. Flavodoxin

3. Immunoglobulin IgG: $C_H2$-Domäne

**B. Proteinfaltung: Beispiele**

## Insulin: Struktur

Auf dieser Tafel sind typische Elemente der Protein-Struktur am Beispiel des Insulins (s. S. 70) im Detail dargestellt.

### A. Strukturelemente ○

Die gezeigten Teilstrukturen umfassen zusammengenommen fast die Hälfte des Moleküls. Ihre Lage ist in der Gesamt-Struktur (**1**) farbig hervorgehoben. Wie schon auf den vorhergehenden Seiten, sind die Wasserstoff-Atome, die man durch Röntgen-Kristallographie nicht lokalisieren kann, weggelassen.

Die einzige β-**Faltblatt**-Struktur im Insulin (**2**) ist insofern ungewöhnlich, als sie nur in Dimeren und Hexameren vorkommt. Die beiden antiparallelen Stränge werden von denselben Resten (Phe B-24 bis Tyr B-26) *benachbarter* Untereinheiten gebildet (s. S. 70). Wie stets in β-Faltblättern, ragen die Seitenketten abwechselnd über und unter die Peptidebene hinaus. Neben den vier eingezeichneten H-Brücken tragen auch hydrophobe Wechselwirkungen zwischen den aromatischen Seitenketten zum Zusammenhalt der Monomeren bei.

Die Spitze des keilförmigen Insulin-Moleküls (**3**) ist für die Bindung an den Insulin-Rezeptor wichtig und deshalb besonders wirksam stabilisiert. Hier treffen sich das C-terminale Ende der A-Kette und der Übergang zwischen dem helicalen und dem gestreckten Teil der B-Kette. Die Reste Cys B-19 bis Gly B-23 bilden *zwei* ineinander geschachtelte β-**Schleifen** mit H-Brücken zwischen den Carbonyl-Gruppen von Cys B-19 und Gly B-20 und der NH-Gruppe des jeweils übernächsten Restes. Im φ/ψ-Diagramm auf S. 64 ist zu erkennen, daß die Konformation der Peptidkette in den Glycin-Resten B-20 und B-23 im ‚verbotenen' Bereich liegt. Nur die Verzerrung der Konformationen in diesem Abschnitt ermöglicht die enge Wendung der Kette in die Gegenrichtung. Die dazu notwendige Energie wird durch die günstigere Konformations-Energie des Gesamtmoleküls aufgebracht.

Zwei weitere Bindungen im betrachteten Bereich verknüpfen A und B-Kette. So verbindet eine der drei **Disulfid-Brükken** des Insulins Cys B-19 kovalent mit Cys A-20. Diese Brücken werden im Proinsulin (s. S. 160) gebildet, das sich unabhängig von bereits bestehenden Disulfid-Brücken faltet und so sicherstellt, daß die richtigen Cystein-Reste miteinander reagieren.

Die reduktive Spaltung der Disulfid-Brücken des Insulins führt zum Verlust seiner biologischen Aktivität. Solche Reaktionen sind auch am Abbau des Hormons *in vivo* beteiligt (s. S. 344). Trotz ihrer hohen Stabilität sind Disulfid-Brükken relativ selten und im wesentlichen auf extrazellulär wirksame Proteine beschränkt.

Ebenfalls selten sind **Salzbrücken**, d. h. elektrostatische Wechselwirkungen zwischen entgegengesetzt geladenen Gruppen an der Protein-Oberfläche. Im Insulin besteht eine solche elektrostatische Wechselwirkung zwischen der C-terminalen Carboxylat-Gruppe der A-Kette (A-21) und der positiv geladenen Guanido-Gruppe von Arginin B-22 (**3**).

Die längste α-**Helix** des Insulins reicht von Ser B-9 bis Cys B-19 (**4**). Die Seitenketten der Aminosäure-Reste in α-Helices ragen radial nach außen und sind um etwa 100° gegeneinander versetzt (auf eine Umdrehung der α-Helix, d. h. 360° entfallen 3.6 Reste). Die Verteilung der Seitenketten entlang der Helix folgt einem Muster: Außer Leu B-17 sind alle Aminosäuren auf der einen Seite *polar*, die auf der andern Seite *unpolar*. Noch deutlicher wird dies, wenn man die Verteilung der Reste in Richtung der Helix-Achse betrachtet. Ein solches **‚Rad-Diagramm'** (**5**) läßt den *amphipathischen Charakter* der Helix klar hervortreten: Die zum Kern des Moleküls (also nach innen) gerichteten Reste sind überwiegend unpolar, die nach außen orientierten polar.

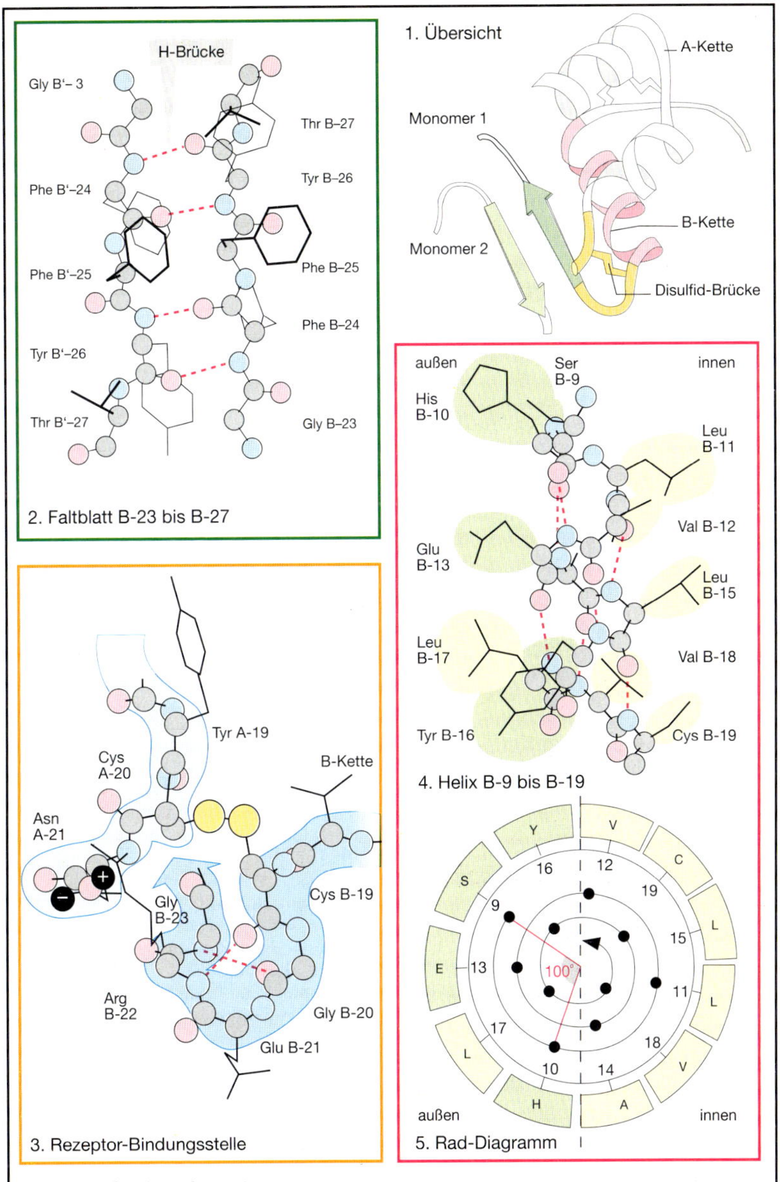


**A. Insulin: Strukturelemente**

## Molekülmodelle: Insulin

Die Tafel zeigt Modelle des Peptid-Hormons **Insulin**. Struktur, Biosynthese und Funktion dieses Moleküls werden an anderer Stelle ausführlich besprochen.

Insulin wird in großem Umfang zur Behandlung des *Diabetes* (s. S. 160) eingesetzt (allein in Deutschland liegt der Jahresbedarf bei etwa 400 kg!). Bisher wird das Hormon überwiegend aus dem Pankreas von Schlachttieren gewonnen – ein aufwendiges und kostspieliges Verfahren. Zudem können tierische Insuline, deren Aminosäure-Sequenzen sich von der des Human-Insulins geringfügig unterscheiden, nach längerer Anwendung die *Bildung von Antikörpern* auslösen. Dann läßt ihre Wirkung nach. Außerdem können schwerwiegende *Überempfindlichkeitsreaktionen* auftreten. Man ist deshalb seit einigen Jahren dazu übergegangen, **Human-Insulin** mit Hilfe gentechnischer Methoden in Bakterien zu erzeugen (s. S. 236).

In der Tafel ist **Schweine-Insulin** dargestellt, das sich vom Human-Insulin in nur einem Aminosäure-Rest unterscheidet (anstelle von Ala B-30 enthält das menschliche Hormon Threonin). In Abb. **A** sind wichtige Struktur-Aspekte des Insulin-Monomeren hervorgehoben, Abb. **B** zeigt die Faltung des *hexameren* Zink-Komplexes in zwei verschiedenen Ansichten.

### A. Insulin: Monomer ○

Obwohl das Insulin-Monomere mit 51 Aminosäuren und einer Molmasse von 5.5 kDa nur etwa halb so groß ist wie die kleinsten Enzyme, zeigt das Molekül typische Eigenschaften eines globulären Proteins. So besitzt es in Lösung eine stabile **Tertiärstruktur**, die für die Funktion des Moleküls als Signalstoff essentiell ist.

Im links abgebildeten *Van der Waals-Modell* sind die Atome der A-Kette hellblau, die der B-Kette dunkelblau gefärbt. Man erkennt, daß das Molekül annähernd kegelförmig ist. Die Spitze des Kegels wird von der B-Kette gebildet, die an dieser Stelle die Richtung wechselt.

Im zweiten Modell (Mitte) sind alle *polaren* Aminosäure-Seitenketten (s. S. 58) *grün*, die meisten *unpolaren gelb* wiedergegeben. Die Struktur verdeutlicht die Rolle des **hydrophoben Effekts** bei der Proteinfaltung (s. S. 72): Fast alle ausgeprägt *unpolaren Reste liegen im Inneren* des Moleküls, während die *hydrophilen Gruppen nach außen* gerichtet sind. Zwei nach außen ragende Phenylalanin-Reste am linken und rechten Rand (dunkelblau bzw. hellblau) widersprechen dieser Regel nicht: Diese Reste sind an hydrophoben Wechselwirkungen beteiligt, die das Insulin-Dimere (s. S. 84) bzw. das Hexamere (**B**) stabilisieren.

Im dritten Modell (rechts) sind diejenigen Reste rot dargestellt, die an der Protein-Oberfläche liegen und gleichzeitig in allen Insulin-Sequenzen **invariant** sind. Man kann davon ausgehen, daß Aminosäure-Reste, die sich im Laufe der Evolution nicht verändern, für die Funktion des Proteins unentbehrlich sind. Beim Insulin liegen die invarianten Reste alle auf einer Seite des Moleküls. Wahrscheinlich sind sie an der Bindung des Hormons an den Rezeptor beteiligt.

### B. Insulin (Hexamer) ○

Vor der Ausschüttung ins Blut wird Insulin in den B-Zellen der Langerhansschen Inseln (s. S. 160) in Form **zinkhaltiger Hexamere** gespeichert. Diese Oligomere aus 6 Untereinheiten sind hier in vereinfachter Band-Darstellung gezeigt. Wie in Abb. **A** sind die A-Ketten hellblau, und die B-Ketten dunkelblau wiedergegeben. Die Hexameren werden durch zwei Zink-Komplexe stabilisiert, an denen die Histidin-Reste B-10 aller 6 Monomeren (orange) beteiligt sind (s. S. 70, **D**, die $Zn^{2+}$-Ionen sind nicht dargestellt). Das Hexamere (Molmasse 33 kDa) hat *dreizählige Symmetrie*, die in der Aufsicht (links) besonders gut zu erkennen ist. An der um 90 °C gedrehten Struktur (rechts) wird deutlich, daß die beiden $Zn^{2+}$-Zentren in einigem Abstand übereinander angeordnet sind.

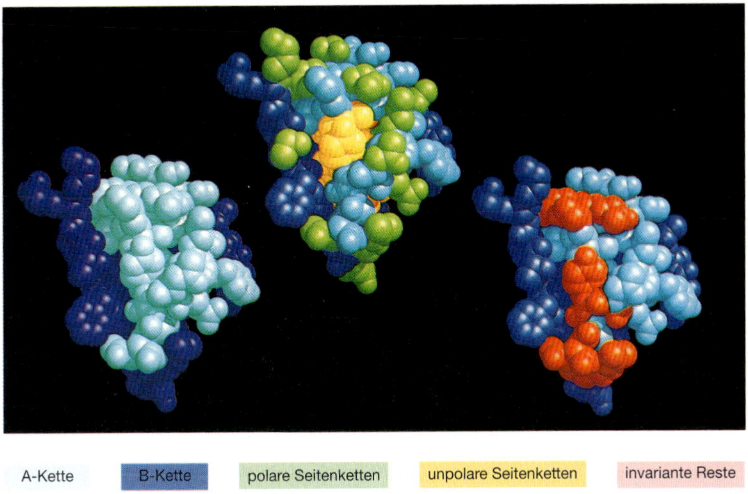


**A. Insulin (Monomer)**

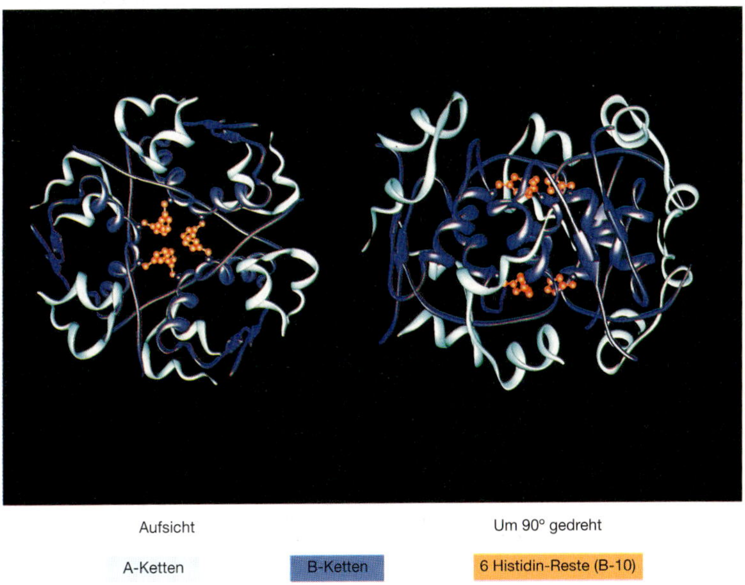


**B. Insulin (Hexamer)**

## Basen, Nucleotide, RNA

Die **Nucleinsäuren** spielen die zentrale Rolle bei der Speicherung und Expression der genetischen Information (s. S. 216). Man unterscheidet zwei Hauptklassen: **Desoxyribonucleinsäure (DNA)** dient ausschließlich der Informations-Speicherung, während **Ribonucleinsäuren (RNAs)** an den meisten Schritten der Genexpression und der Proteinbiosynthese beteiligt sind. Alle Nucleinsäuren sind aus **Nucleotid-Bausteinen** aufgebaut, die wiederum aus einer *Base*, einem *Zukker* und einem *Phosphat-Rest* bestehen. DNA und RNA unterscheiden sich in der Art des Zuckers und in einer der Basen.

### A. Basen ◑

Die Nucleinsäure-Basen sind *aromatische Heterocyclen*, die sich entweder vom **Pyrimidin** oder vom **Purin** ableiten. Fünf dieser Basen sind als Hauptkomponenten der Nucleinsäuren allen Lebewesen gemeinsam. Die Purin-Basen **Adenin** (Ade) und **Guanin** (Gua) sowie die Pyrimidin-Base **Cytosin** (Cyt) kommen in RNA *und* DNA vor. Dagegen findet sich **Uracil** (Ura) nur in RNA. In der DNA nimmt **Thymin** (Thy), das 5-Methyl-Derivat des Uracils, dessen Platz ein. Eine große Zahl weiterer abgewandelter Basen findet man in der tRNA (s. S. 224) und in anderen RNA-Arten.

### B. Nucleoside, Nucleotide ◑

Verknüpft man eine Nucleinsäure-Base mit Ribose oder 2-Desoxyribose (s. S. 34), erhält man ein **Nucleosid**. So entsteht z. B. aus Adenin und Ribose das Nucleosid Aden*osin* (Abkürzung: A). Die entsprechenden Derivate der anderen Basen heißen Guan*osin* (G), Ur*idin* (U), Thym*idin* (T) und Cyt*idin* (C). Ist 2-Desoxyribose die Zuckerkomponente, erhält man ein **Desoxynucleosid**, z. B. 2'-Desoxyadenosin (dA). In der Zelle ist die 5'-OH-Gruppe der Zuckerkomponente der Nucleoside im allgemeinen mit Phosphorsäure verestert. Aus Adenosin entsteht so **Adenosin-5'-monophosphat** (AMP), aus dA entsprechend dAMP. Wird der 5'-Phosphat-Rest über Säureanhydrid-Bindungen mit weiteren Phosphat-Resten verknüpft, erhält man Nucleosid-di- und -triphosphate, z.B ADP und ATP, wichtige Coenzyme des Energiestoffwechsels (s. S. 114). Alle Nucleosid-phosphate faßt man unter dem Begriff *Nucleotide* zusammen.

In Nucleosiden und Nucleotiden liegen die Pentose-Reste in der Furanose-Form (s. S. 35) vor. Zucker und Base sind durch eine *N-glycosidische Bindung* zwischen C-1 des Zuckers und N-9 des Purin-Rings bzw. N-1 des Pyrimidin-Rings verknüpft. Diese Bindung ist stets β-konfiguriert.

### C. Oligonucleotide, Polynucleotide ◑

Phosphat-Reste können miteinander Säureanhydride bilden. Es ist deshalb möglich, Nucleotide über die Phosphat-Reste miteinander zu verknüpfen. Dabei entstehen *Dinucleotide mit Phosphorsäureanhydrid-Struktur* (nicht gezeigt). Zu dieser Gruppe gehören die Coenzyme $NAD^+$, $NADP^+$, FAD (s. S. 100) und Coenzym A (s. S. 102). Reagiert der Phosphat-Rest eines Nucleotids mit der 3'-OH-Gruppe eines zweiten, entsteht ein *Dinucleotid mit Phosphorsäurediester-Struktur*. Solche Dinucleotide tragen am *5'-Ende* einen freien Phosphat-Rest, am *3'-Ende* eine freie OH-Gruppe. Man kann sie daher durch Knüpfung von weiteren Phosphorsäurediester-Bindungen um zusätzliche Mononucleotide verlängern. Auf diese Weise entstehen **Oligonucleotide** und schließlich **Polynucleotide.**

Polynucleotide aus Ribonucleotid-Bausteinen nennnt man **Ribonucleinsäure (RNA)**, solche aus Desoxyribonucleotid-Monomeren **Desoxyribonucleinsäure (DNA,** s. S. 80). Zur Darstellung der Struktur von Oligo- und Polynucleotiden verwendet man die Abkürzungen der Nucleosid-Bausteine, die man in **5' → 3'-Richtung** von links nach rechts schreibt. Manchmal deutet man auch die Position der Phosphat-Reste durch „p" an. So kann man z. B. die Struktur der RNA in **C** mit 5'-pAU…-3' abkürzen.

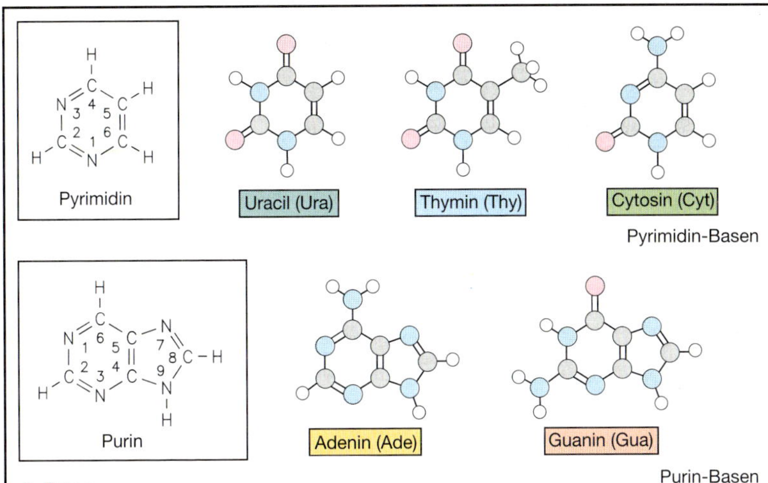


**A. Basen**

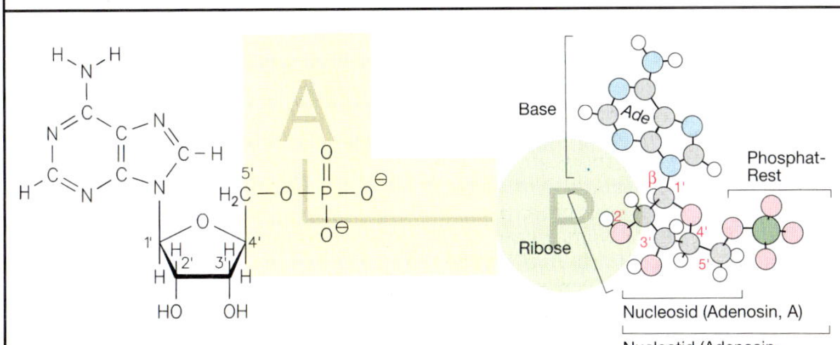


**B. Nucleoside, Nucleotide**

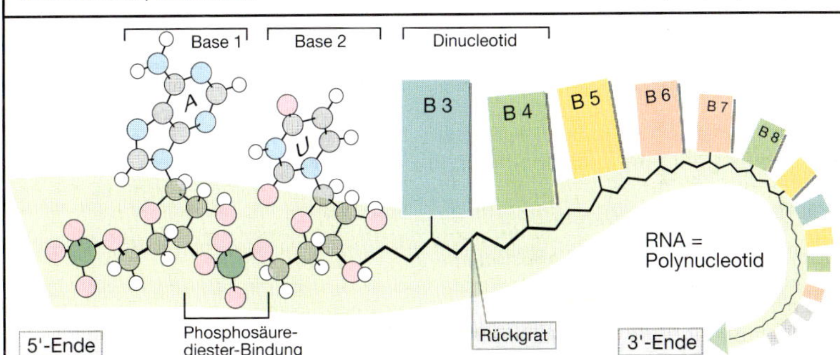


**C. Oligonucleotide, Polynucleotide**

# DNA

Die biologische Funktion der Nucleinsäuren beruht weitgehend auf der Fähigkeit der Nucleinsäure-*Basen*, spezifische Wechselwirkungen miteinander einzugehen.

### A. Basenpaarung in DNA ◑

Erste Hinweise auf die Existenz solcher Wechselwirkungen brachte die Beobachtung, daß in jeder Art von DNA die Gehalte an Adenin und Thymin annähernd gleich sind. Dasselbe gilt für Guanin und Cytosin. Dagegen ist das Verhältnis der *Summe* von Ade und Thy zur *Summe* von Gua und Cyt von Organismus zu Organismus verschieden. Das 1953 von *J. Watson* und *F. Crick* formulierte Modell der DNA-Struktur erklärt diese konstanten Basenverhältnisse: Intakte DNA besteht aus *zwei* Polydesoxynucleotid-Molekülen (‚*Strängen*'). Jede Base im einen Strang ist mit einer *komplementären* Base im anderen Strang durch H-Brücken verknüpft. Dabei ist *Adenin komplementär zu Thymin*, und *Guanin komplementär zu Cytosin*. An jedem **Basenpaar** ist also eine Purin- und eine Pyrimidin-Base beteiligt.

Die Komplementarität von A und T bzw. G und C wird verständlich, wenn man die möglichen Wasserstoff-Brücken zwischen den Basen betrachtet. Als Donoren (s. S. 6) kommen Amino-Gruppen (Ade, Cyt, Gua) und Ring-NH-Gruppen (Gua, Thy) in Betracht. Mögliche Akzeptoren sind Carbonyl-Sauerstoffatome (Thy, Cyt, Gua) und Stickstoff-Atome im Ring. In A-T-Paaren können sich deshalb *zwei*, im G-C-Paaren sogar *drei* lineare und damit besonders stabile H-Brücken ausbilden. Das in RNA an Stelle von Thymin vorkommende Uracil verhält sich bei der Basenpaarung wie Thymin.

### B. DNA (B-Konformation) ◑

Basenpaarungen, wie sie in Abb. **A** beschrieben sind, können sich in DNA über Millionen von Basen erstrecken. Sie sind allerdings nur möglich, wenn die **Polarität** der beiden Stränge unterschiedlich ist, d. h. wenn sie unterschiedliche Richtungen haben. Außerdem müssen die beiden Stränge in Form einer **Doppelhelix** umeinander gewunden sein. RNA kann wegen sterischer Hinderung durch die 2'-OH-Gruppe der Ribose-Reste keine derartige Doppelhelix ausbilden. Deshalb findet man in RNA Basenpaarung nur innerhalb kürzerer Abschnitte ein- und desselben Stranges, und die Gesamtstruktur ist weniger regelmäßig als die von DNA.

Die in der Zelle vorherrschende Konformation der DNA (die sogenannte **B-DNA**) ist in Abb. **1** schematisch und auf s. S. 85 als Van der Waals-Modell dargestellt. Im Schema ist das Desoxyribose-Phosphat-‚Rückgrat' als Band wiedergegeben. Die Basen (hier durch Striche angedeutet) liegen im Inneren der Doppelhelix. Ihre aromatischen Ringe sind in einem Abstand von 0.34 nm annähernd rechtwinklig zur Helixachse gestapelt. Jede Base ist gegenüber der vorhergehenden um einen Winkel von 35° gedreht. Eine volle Windung der Doppelhelix (360°) enthält daher etwa 10 Basenpaare (Abkürzung: bp); die *Ganghöhe der Helix* beträgt 3.4 nm. Das Innere der DNA-Doppelhelix ist unpolar. Die Oberfläche des Moleküls ist dagegen wegen der Zucker- und Phosphat-Reste des Rückgrats polar und negativ geladen. Zwischen den Strängen liegen auf der ganzen Länge der DNA zwei Einsenkungen, die man als ‚*kleine Furche*' und ‚*große Furche*' bezeichnet.

Da die beiden Stränge nur durch nichtkovalente Wechselwirkungen zusammengehalten werden, kann man die DNA-Doppelhelix durch Erhitzen in die Einzelstränge trennen (**Denaturierung 2**). Beim langsamen Abkühlen der weitgehend ungeordneten Einzelstränge bildet sich durch Basenpaarung die ursprüngliche Doppelhelix zurück (**Renaturierung**). De- und Renaturierung von DNA spielen in der Gentechnik eine wichtige Rolle (s. S. 232).

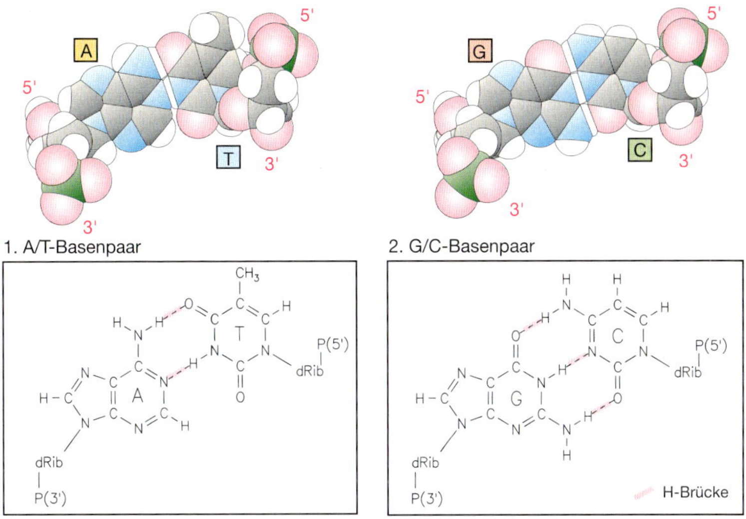


**A. Basenpaarung in DNA**

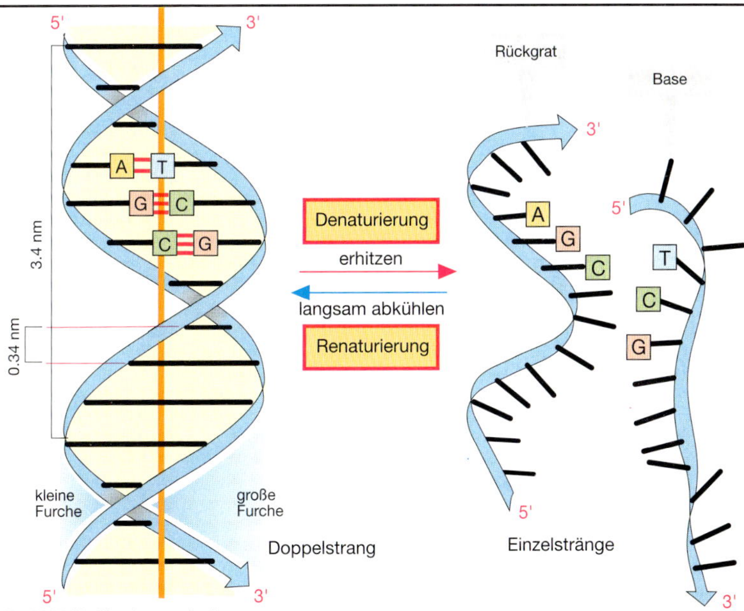


**B. DNA (B-Konformation)**

## Nucleinsäuren: Funktionen

### A. Funktionen ●

Die Nucleinsäuren sind für Speicherung und Verarbeitung der genetischen Information von entscheidender Bedeutung. Dabei spielt ihre Fähigkeit zur spezifischen Basenpaarung (s. S. 80) eine besondere Rolle. Die Vorgänge, die hier in einer Übersicht zusammengestellt sind, werden an anderer Stelle (s. S. 216 ff.) ausführlich besprochen.

Einzelne funktionelle Abschnitte der DNA bezeichnet man als **Gene**. Tausende von Genen eines Organismus codieren für Proteinsequenzen, d. h. sie enthalten die Information für die Reihenfolge der Aminosäure-Reste von Proteinen. Jeder Aminosäure-Rest wird in der entsprechenden DNA-Sequenz durch ein Codewort (**Codon**) aus drei aufeinanderfolgenden Basenpaaren dargestellt. Ein solches Codon für die Aminosäure Phenylalanin (Phe) ist *TTC*.

Zur **Expression** eines Gens, d. h. zur Synthese des entsprechenden Proteins, muß die Sequenzinformation der DNA in eine Proteinsequenz umgesetzt werden. Da die DNA nicht selbst an der Proteinsynthese teilnimmt, wird die Information aus dem Zellkern zum Ort der Proteinsynthese, den Ribosomen, übertragen. Dazu wird zunächst durch **Transkription** (**1**) der relevante Teil des Gens in eine **messenger-RNA (mRNA)** umgeschrieben. Die Sequenz dieser mRNA ist zu der des *codogenen DNA-Strangs* komplementär. Da RNA Uracil statt Thymin enthält, entsteht so z. B. aus dem DNA-Triplett *AAG* das mRNA-Codon *UUC*.

In Eukaryonten wird die so gebildete mRNA zunächst mehrfach modifiziert, bevor sie den Zellkern verlassen kann (**2**). An der *Reifung der mRNA* sind einige kleinere RNA-Moleküle beteiligt, die man als **small nuclear RNA (snRNA)** bezeichnet. Ihre Rolle wird auf S. 222 besprochen. Die reife mRNA gelangt nun ins Cytoplasma und bindet dort an ein **Ribosom**. Die Ribosomen enthalten außer zahlreichen Proteinen auch mehrere RNA-Moleküle unterschiedlicher Länge, die man als **ribosomale RNA (rRNA)** bezeichnet. Die rRNA macht den größten Teil der zellulären RNA aus. Im Gegensatz zur mRNA ist sie relativ langlebig. Die rRNA spielt nicht nur eine Rolle als ribosomales Strukturelement, sie ist auch an der Bindung der mRNA an die Ribosomen beteiligt. Auch dabei ist wieder Basenpaarung zwischen beiden RNAs im Spiel.

Die eigentliche Informationsübertragung basiert auf der Wechselwirkung der mRNA-Codons mit einer weiteren Art von RNA, der **Transfer-RNA (tRNA)**. Die tRNA, von der es zahlreiche Arten gibt, stellt, entsprechend der Sequenzinformation der mRNA, jeweils die richtige Aminosäure am Ribosom bereit. Eine tRNA, die am 3'-Ende mit einem Phenylalanin-Rest beladen ist, wird als *Phe-tRNA$^{Phe}$* bezeichnet. Etwa in der Mitte trägt dieses Molekül das zum mRNA-Codon UUC komplementäre Basen-Triplett *GAA*, das sogenannte **Anticodon**. In der hier und auf den S. 84 und 224 gezeigten tRNA aus Hefe enthält das Anticodon statt Guanosin (G) das 2'-*O*-Methylguanosin (Gm), das sich bei der Basenpaarung aber genauso verhält wie Guanin. Erscheint am Ribosom während der Ablesung auf der mRNA das Codon *UUC*, dann bindet das Anticodon der Phe-t-RNA$^{Phe}$ an die mRNA (**3**) und bringt dadurch den am anderen Ende des Moleküls gebundenen Phenylalanin-Rest in eine Position, in der er die wachsende Polypeptid-Kette von einer benachbarten tRNA übernehmen kann (**4**). Damit ist der Informationsfluß abgeschlossen.

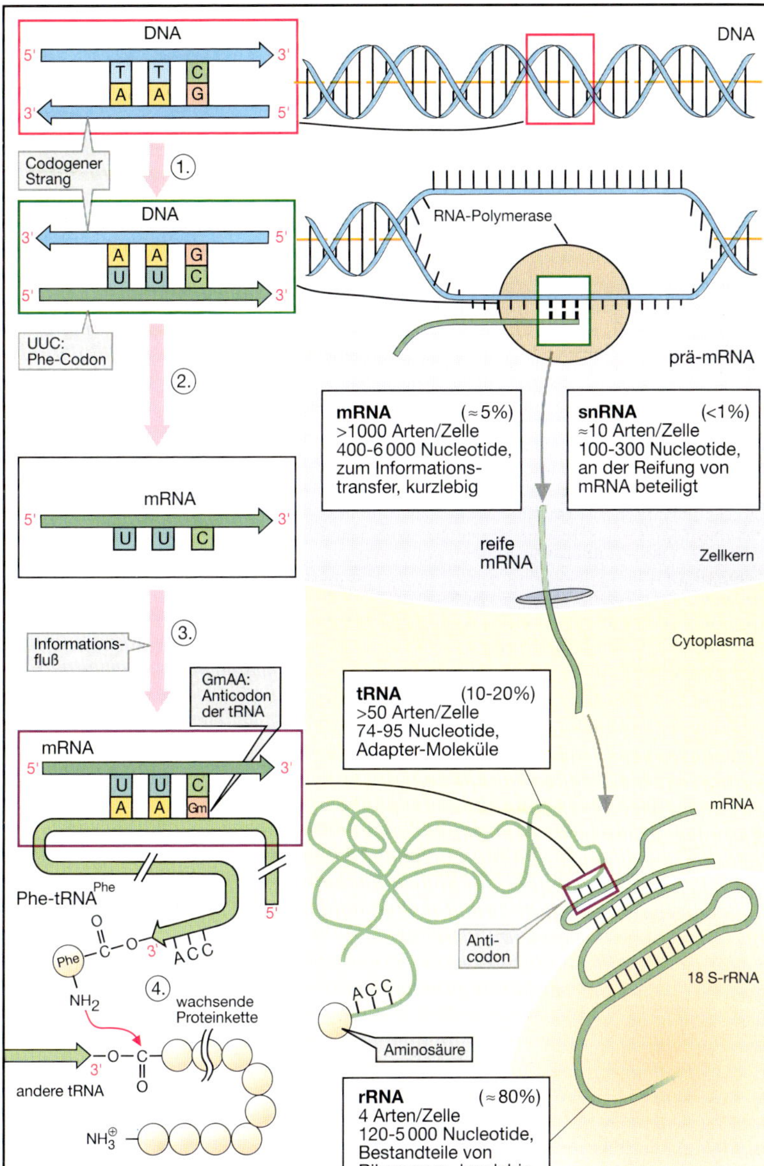


**A. Nucleinsäuren: Funktionen**

## Molekülmodelle: Nucleinsäuren

Gezeigt werden Van der Waals-Modelle (s. S. 6) von zwei kleinen Nucleinsäure-Molekülen. Dargestellt ist in Abb. **A** ein **DNA-Molekül** aus 17 Nucleotid-Paaren, und in Abb.**B** die für Phenylalanin spezifische **tRNA**der Hefe aus 75 Nucleotiden.

### A. B-DNA ○

Durch Untersuchungen an synthetischen DNA-Molekülen fand man, daß DNA verschiedene Konformationen einnehmen kann. Die weitaus häufigste Form ist die hier dargestellte **B-DNA.** Wie auf S. 80 besprochen, besteht sie aus zwei gegenläufigen Polydesoxynucleotid-Strängen, die in Form einer *rechtsgängigen Doppelhelix* umeinander gewunden sind. Das **‚Rückgrat‘** dieser Stränge wird von Desoxyribose- und Phosphat-Resten gebildet, die durch Phosphorsäurediester-Bindungen verknüpft sind. Das Rückgrat des einen Stranges ist hier dunkelblau, das des anderen mittelblau dargestellt. Die **Basen** sind in beiden Strängen hellblau wiedergegeben. Die Ansicht des vollständigen DNA-Doppelstrangs (links) zeigt, daß die Basen im Inneren des Moleküls fast rechtwinklig zur Helixachse angeordnet sind. Zwischen den Rückgraten der beiden Einzelstränge gibt es zwei unterschiedlich breite **Furchen**. Die *große Furche* (engl.: major groove) ist oben und unten sichtbar, die schmalere *kleine Furche* (engl.: minor groove) in der Mitte. DNA-bindende Proteine (s. S. 108) treten meist mit den besser zugänglichen Basen im Bereich der großen Furche in Wechselwirkung. Die räumliche Beziehung zwischen Rückgrat und Basen wird in der Darstellung eines Einzelstrangs (rechts) deutlicher. In allen Strukturen sind ein Adenin (gelb) bzw. das dazu komplementäre Thymin (orange) farblich hervorgehoben. In der Aufsicht (Mitte; Einzelstrang oben, Doppelstrang unten) sind diese Basen besonders gut zu erkennen.

Unter bestimmten Bedingungen kann DNA in die **A-Konformation** übergehen (nicht gezeigt). In dieser Anordnung bleibt die rechtsgängige Doppelhelix erhalten, die Basen sind aber nicht senkrecht zur Helixachse angeordnet, wie in der B-Form, sondern *geneigt.* In der **Z-Konformation** (nicht gezeigt), die in GC-reichen Teilsequenzen innerhalb von B-DNA auftreten kann, ist die Anordnung der Nucleotide völlig verschieden: Die Doppelhelix ist hier *linksgängig*, außerdem hat das Rückgrat der Stränge eine charakteristische *Zickzack-Form* (daher ‚Z-DNA‘).

### B. Phe-tRNA$^{Phe}$ ○

RNA-Moleküle sind nicht in der Lage, Doppelhelices zu bilden, sie sind deshalb weniger hoch geordnet als DNA. Als Beispiel ist hier ein tRNA-Molekül aus Hefe dargestellt. Seine Nucleotid-Sequenz und die allgemeinen Prinzipien des Aufbaus von tRNAs werden auf S. 224 besprochen. Wie in Abb. **A** sind die Basen hellblau, das aus Ribose- und Phosphat-Resten bestehende ‚Rückgrat‘ in dunklerem Blau dargestellt. Die am 3'-Ende des Moleküls gebundene Aminosäure Phenylalanin ist orange wiedergegeben. (Der Aminosäure-Rest war in der experimentell untersuchten Struktur nicht enthalten und wurde nachträglich in das Modell eingefügt).

Im Van der Waals-Modell (links) erkennt man, daß die tRNA zu einer kompakten, keilförmigen Struktur gefaltet ist. Die Faltung des ‚Rückgrats‘ ist im rechten Bildteil durch weiße Hinterlegung hervorgehoben. Wie in der DNA befinden sich die meisten Basen im Inneren des Moleküls, während das polarere Rückgrat auf der Oberfläche liegt. Eine Ausnahme machen die drei Basen des **Anticodons** (gelb), die mit mRNA in Wechselwirkung treten müssen und deshalb an der Oberfläche des Moleküls liegen. Die meisten Basen sind an *intramolekularen* Basenpaarungen beteiligt. Wie auf S. 224 gezeigt, entsprechen einige dieser Paarungen nicht dem üblichen Prinzip (A mit U, G mit C).

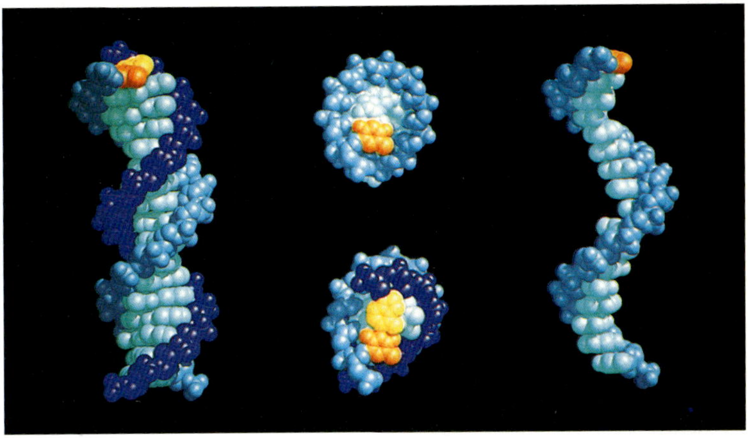

Doppelstrang | Aufsicht: Einzelstrang, Doppelstrang | Einzelstrang

Basen | Rückgrat Strang 1 | Rückgrat Strang 2 | oberstes Basenpaar

**A. B-DNA**

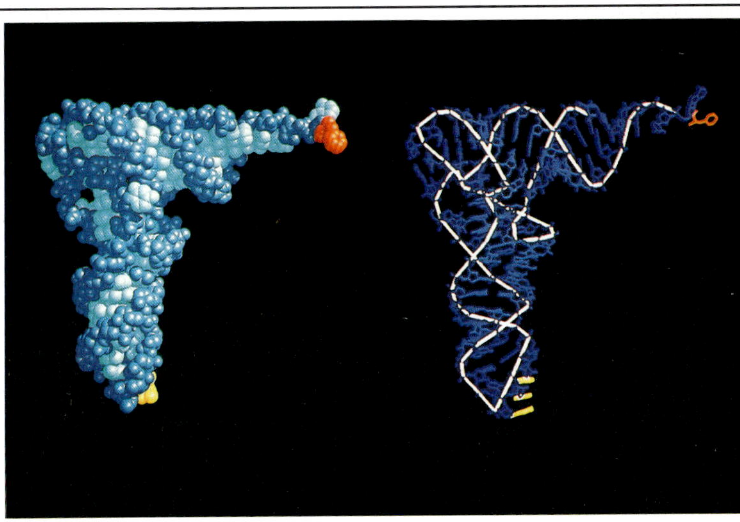

Raumstruktur | Faltung

Basen | Rückgrat | Anticodon | Phenylalanin

**B. Phe-tRNA$^{Phe}$**

## Enzyme: Einteilung

Enzyme sind **Biokatalysatoren**, d. h. Stoffe biologischen Ursprungs, die chemische Umsetzungen beschleunigen. Der organisierte Ablauf von Stoffwechsel-Prozessen ist nur möglich, weil jede Zelle über eine eigene, genetisch festgelegte Enzym-Ausstattung verfügt. Erst dadurch kommt es zu koordinierte Reaktionsfolgen (**Stoffwechsel-Wege**, s. S. 104). Auch an den meisten Regulations-Mechanismen sind Enzyme beteiligt, die auf diese Weise den Stoffwechsel an veränderte Bedingungen anpassen (s. S. 106). Fast alle Enzyme sind **Proteine**. Es gibt aber auch katalytisch aktive Nucleinsäuren, die *‚Ribozyme‘* (s. S. 222).

### A. Enzymatische Aktivität ●

Die katalytische Wirkung eines Enzyms, die **Enzym-Aktivität**, wird gemessen, indem man unter definierten Bedingungen die *Zunahme der Geschwindigkeit der Reaktion* bestimmt, d.h die Differenz des Umsatzes (violett) der katalysierten (orange) und der unkatalysierten Reaktion (gelb) in einem bestimmten Zeitraum. Normalerweise wird die Reaktionsgeschwindigkeit als *Konzentrationsänderung pro Zeiteinheit* ($mol \cdot l^{-1} \cdot s^{-1}$) angegeben (s. S. 16). Da die katalytische Aktivität vom Volumen unabhängig ist, wählt man bei Enzymen die Meßgröße *Umsatz pro Zeiteinheit* mit der Einheit **Katal** (kat, $mol \cdot s^{-1}$). Eine zweite gebräuchliche Einheit ist die **Internationale Einheit (U**, $\mu mol$ Umsatz $\cdot\ min^{-1}$, 1 U = 16.7 nkat).

### B. Wirkungs- und Substratspezifität ●

Die Wirkung der meisten Enzyme ist sehr *spezifisch*. Dies bezieht sich auf den Typ der katalysierten Reaktion (**Wirkungsspezifität**) wie auch auf die Art der Reaktanden (‚Substrate‘), deren Umsetzung sie katalysieren (**Substratspezifität**). Hier ist dies schematisch am Beispiel eines bindungsspaltenden Enzyms dargestellt. Hochspezifische Enzyme (Typ A, oben) katalysieren nur die Spaltung *eines* Bindungstyps, und auch nur dann, wenn das Substrat die korrekte Struktur besitzt. Andere Enzyme (Typ B, Mitte) besitzen eine enge Wirkungsspezifität, akzeptieren aber eine Vielzahl verschiedener Substrate. Enzyme vom Typ C (geringe Wirkungs- *und* geringe Substratspezifität, unten) findet man selten.

### C. Die Enzym-Klassen ◑

Man kennt heute etwa 2000 verschiedene Enzyme. Zu ihrer *Klassifizierung* wurde ein System entwickelt, das *Wirkungs- und Substratspezifität* berücksichtigt. Jedes Enzym wird unter einer vierstelligen **EC-Nummer** im Enzym-Katalog, geführt (s. S. 372 ff.). Die erste Ziffer gibt die Zugehörigkeit zu einer der 6 **Hauptklassen** an, die nächsten beiden definieren Unterklasse und Unter-Unterklasse, die letzte schließlich die laufende Nummer des Enzyms in der Unter-Unterklasse. So trägt die Lactat-Dehydrogenase (s. S. 94) die EC-Nummer *1.1.1.27* (Klasse: 1 – Oxidoreduktasen; Unterklasse: 1.1 CH-OH-Gruppe als Elektronen-*Donor*; Unter-Unterklasse: 1.1.1 - $NAD(P)^+$ als *Akzeptor*).

In den sechs Hauptklassen sind jeweils Enzyme ähnlicher Wirkungsspezifität zusammengefaßt: Die **Oxidoreduktasen** (*Klasse 1*) katalysieren die Übertragung von Reduktions-Äquivalenten zwischen zwei Redox-Systemen. Die **Transferasen** (*Klasse 2*) katalysieren die Übertragung anderer Gruppen von einem Molekül auf ein zweites. Oxidoreduktasen und Transferasen benötigen im allgemeinen Coenzyme (s. S. 100). Auch die **Hydrolasen** (*Klasse 3*) übertragen Gruppen, *Akzeptor* ist dabei aber stets *ein Wassermolekül*. **Lyasen** (*Klasse 4*), manchmal auch als ‚Synthasen‘ bezeichnet, katalysieren die Spaltung oder Bildung chemischer Bindungen, wobei Doppelbindungen entstehen oder verschwinden. Die **Isomerasen** (*Klasse 5*) verschieben Gruppen innerhalb eines Moleküls, ohne daß sich die Bruttoformel des Substrats ändert. Die durch **Ligasen** (‚Synthetasen‘, *Klasse 6*) katalysierten Verknüpfungsreaktionen sind energieabhängig und daher stets an die Hydrolyse von Nucleosid-triphosphaten gekoppelt.

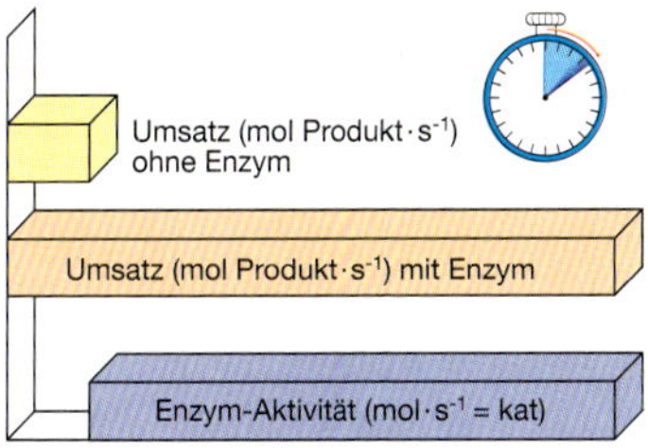


1 Katal (kat): Enzym-Menge, die den Umsatz um 1 mol · $s^{-1}$ erhöht

**A. Enzymatische Aktivität**

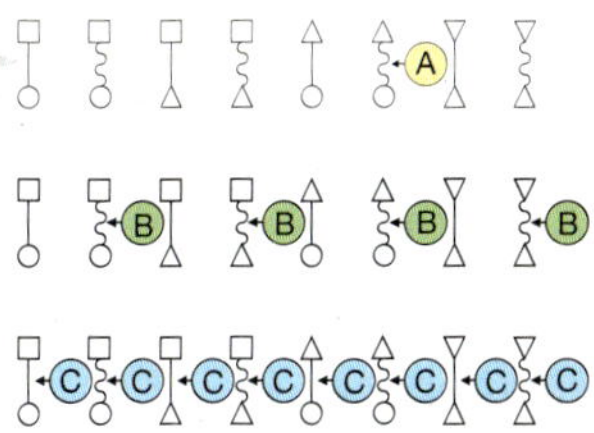


| | Wirkungsspezifität | Substratspezifität |
|---|---|---|
| A | hoch | hoch |
| B | hoch | niedrig |
| C | niedrig | niedrig |

**B. Wirkungs- und Substratspezifität**

| Klasse | Reaktionstyp | wichtige Unterklassen |
|---|---|---|
| **1** Oxidoreduktasen | ○ = Reduktions-Äquivalent 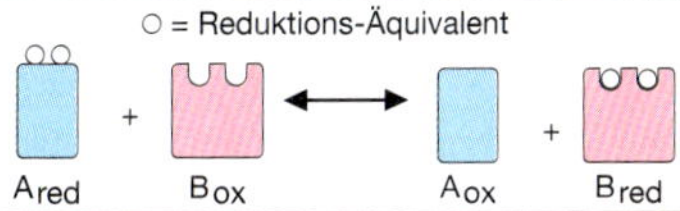 $A_{red}$ + $B_{ox}$ ⟷ $A_{ox}$ + $B_{red}$ | Dehydrogenasen<br>Oxidasen, Peroxidasen<br>Reduktasen<br>Monooxygenasen,<br>Dioxygenasen |
| **2** Transferasen | 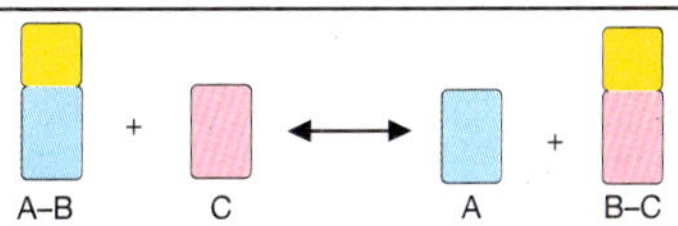 A–B + C ⟷ A + B–C | $C_1$-Transferasen<br>Glycosyl-Transferasen<br>Aminotransferasen<br>Phospho-Transferasen |
| **3** Hydrolasen | 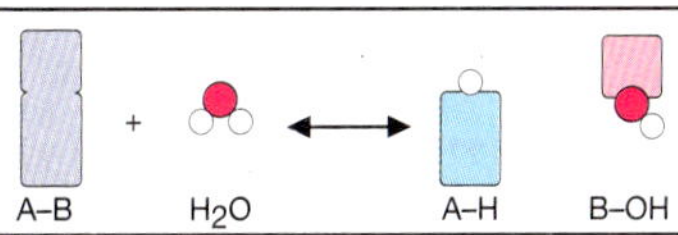 A–B + $H_2O$ ⟷ A–H + B–OH | Esterasen<br>Glycosidasen<br>Peptidasen<br>Amidasen |
| **4** Lyasen ("Synthasen") | 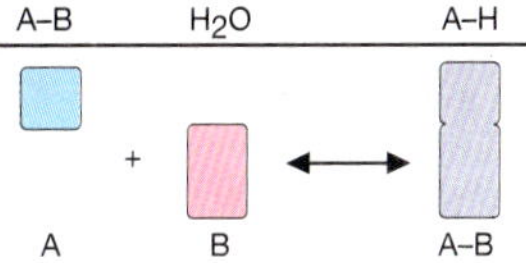 A + B ⟷ A–B | C-C-Lyasen<br>C-O-Lyasen<br>C-N-Lyasen<br>C-S-Lyasen |
| **5** Isomerasen | 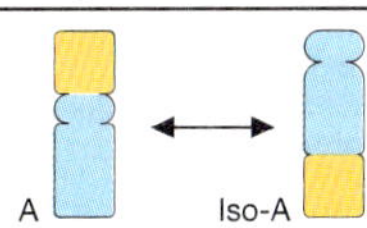 A ⟷ Iso-A | Epimerasen<br>*cis-trans*-Isomerasen<br>Intramolekulare Trans-<br>ferasen |
| **6** Ligasen ("Synthetasen") | 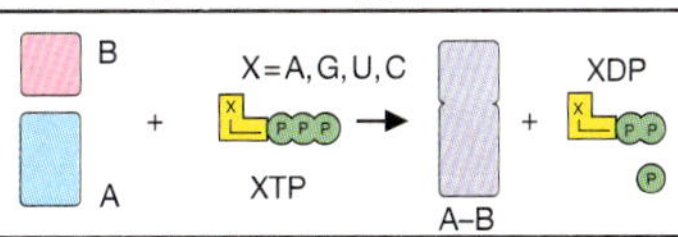 B, A + XTP (X = A, G, U, C) → A–B + XDP + P | C-C-Ligasen<br>C-O-Ligasen<br>C-N-Ligasen<br>C-S-Ligasen |

**C. Die Enzym-Klassen**

## Enzymatische Katalyse

Enzyme sind außerordentlich wirksame **Katalysatoren**. Sie erhöhen die Geschwindigkeit der katalysierten Reaktion oft auf das $10^{12}$-fache oder mehr. Zum Verständnis der Mechanismen der enzymatischen Katalyse ist es sinnvoll, zunächst den Ablauf einer unkatalysierten Reaktion zu betrachten.

### A. Unkatalysierte Reaktion ○

Als Beispiel wählen wir eine Reaktion des Typs $A+B \rightarrow C+D$. Die **Reaktanden** A und B sind in Lösung von einer Hülle aus Wassermolekülen (*Hydrathülle*) umgeben und bewegen sich aufgrund der Wärmebewegung in zufällige Richtungen. Sie können nur dann miteinander reagieren, wenn sie in einer für die Reaktion günstigen Orientierung zusammenstoßen – ein wenig wahrscheinlicher Vorgang, der selten eintritt. Vor der Umwandlung in die Produkte C+D muß der **Stoßkomplex** A-B einen **Übergangszustand** durchlaufen, zu dessen Bildung in der Regel eine beträchtliche **Aktivierungsenergie** $E_a$ (s. S. 16) erforderlich ist. Da nur wenige der A-B-Komplexe diese Energie aufbringen können, wird der Übergangszustand noch weit seltener erreicht als der Stoßkomplex. In Lösung wird ein großer Teil der Aktivierungsenergie zur *Entfernung der Hydrathülle* zwischen A und B verbraucht, aber auch *Ladungsverschiebungen* und andere *chemische Vorgänge* innerhalb der Reaktanden spielen eine Rolle. Aufgrund dieser Einschränkungen kommt es in Abwesenheit eines Katalysators nur gelegentlich zur Umsetzung und die Reaktionsgeschwindigkeit v ist gering, auch dann, wenn die Umsetzung thermodynamisch möglich ist, d. h. wenn $\Delta G^o < 0$.

### B. Enzymkatalysierte Reaktion ○

Enzyme sind in der Lage, die Reaktanden (ihre Substrate) spezifisch im **aktiven Zentrum** zu binden. Dabei werden die Substrate so orientiert, daß sie die für die Bildung des Übergangszustands *optimale Lage* einnehmen (**1**-**3**).

Durch **Annäherung und Orientierung der Reaktanden** wird also die Wahrscheinlichkeit des Zustandekommens *produktiver* A-B-Komplexe stark erhöht. Außerdem werden bei der Substratbindung die Hydrathüllen der Substrate abgestreift. Durch **Ausschluß von Wasser** herrschen deshalb im aktiven Zentrum des Enzyms während der Katalyse ganz andere Bedingungen als in Lösung (**3**-**5**). Ein dritter wichtiger Faktor ist die **Stabilisierung des Übergangszustandes** durch Wechselwirkungen zwischen Aminosäure-Resten des Proteins und den Substraten (**4**). Dies senkt die zur Bildung des Übergangszustandes notwendige Aktivierungsenergie weiter. Außerdem übernehmen viele Enzyme während der Katalyse Gruppen von den Substraten oder geben sie an diese ab. Besonders häufig sind *Protonen-Übertragungen*. Diese **Säure-Basen-Katalyse** durch das Enzym ist viel wirksamer als der Austausch von Protonen mit Säuren und Basen in der Lösung. Häufig werden chemische Gruppierungen auch kovalent an Reste des Enzyms gebunden. Diesen Effekt bezeichnet man als **kovalente Katalyse**.

### C. Prinzipien der Enzymkatalyse ○

Obwohl es schwierig ist, die Beiträge der einzelnen katalytischen Effekte quantitativ abzuschätzen, hält man heute die **Stabilisierung des Übergangszustands** durch das Enzym für entscheidend. Wichtig ist also nicht die feste Bindung der Substrate, sondern die des Übergangszustands. Die extrem hohe Affinität vieler Enzyme gegenüber Analogen des Übergangszustands (s. S. 90) stützt dieses Konzept, das sich durch eine einfache mechanische Analogie verdeutlichen läßt (rechts): Will man Metallkugeln (die Reaktanden) von der Stelle EA (dem Substratzustand) über den energetisch höherliegenden Übergangszustand nach EP (in den Produktzustand) überführen, muß man den Magneten (den Katalysator) so anordnen, daß seine Anziehungskraft nicht auf EA wirkt (oben), sondern auf den Übergangszustand (unten).

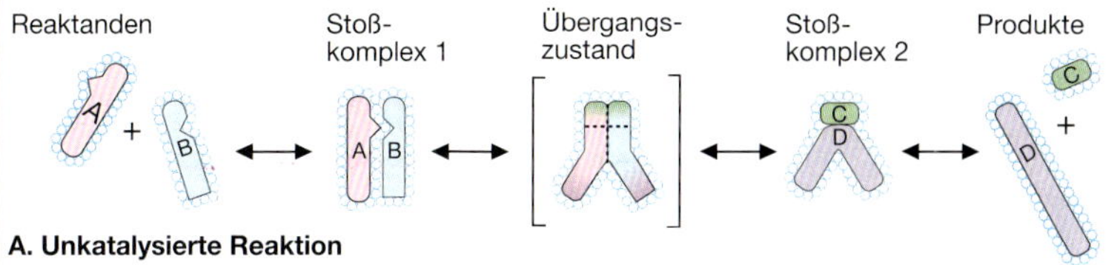


**A. Unkatalysierte Reaktion**

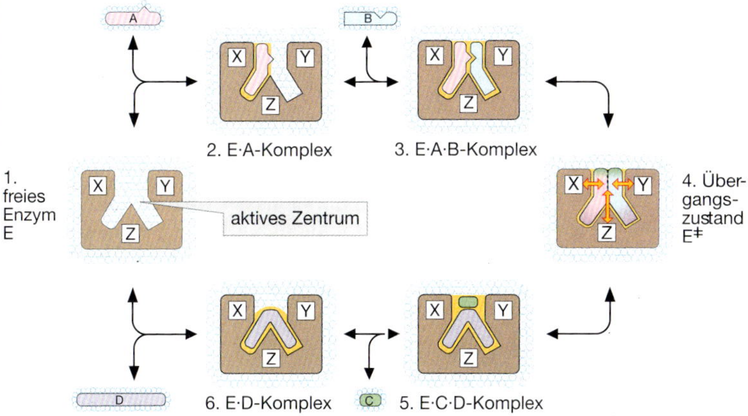


**B. Enzymkatalysierte Reaktion**

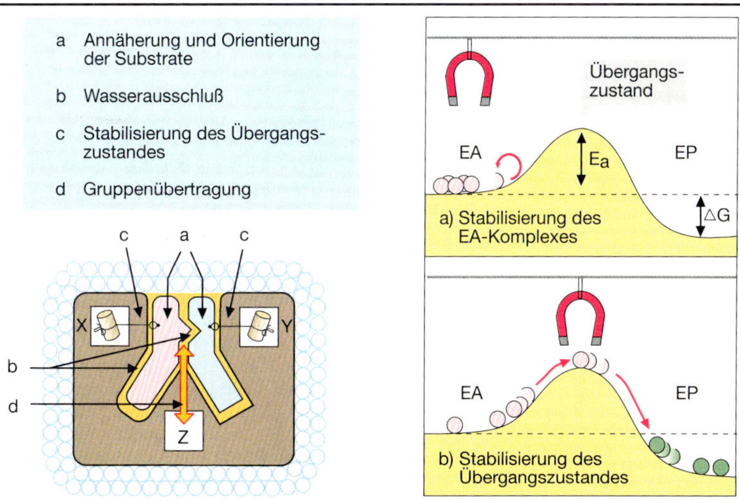


**C. Prinzipien der Enzymkatalyse**

## Enzymkinetik

Die Kinetik enzymkatalysierter Reaktionen (d. h. die Abhängigkeit der Reaktionsgeschwindigkeit von den Reaktionsbedingungen) wird vor allem von den *Eigenschaften des Katalysators* bestimmt. Sie ist deshalb komplexer als die Kinetik unkatalysierter Umsetzungen (s. S. 16).

### A. Das Michaelis-Menten-Modell ◑

Die vollständige mathematische Analyse enzymkatalysierter Reaktionen führt zu komplizierten Gleichungen, die für die praktische Anwendung ungeeignet sind. Meist reicht jedoch ein einfaches Modell aus, das 1913 von *L. Michaelis und M. Menten* entwickelt wurde. Es erklärt die charakteristische hyperbolische Abhängigkeit der Enzymaktivität von der Substratkonzentration (**B1**) und liefert Größen, die die Wirksamkeit des Enzyms quantitativ charakterisieren.

Das *Michaelis-Menten-Modell* geht davon aus, daß das Substrat A vom Enzym E gebunden wird (**3**) und in dieser Umgebung weitaus *schneller* zum Produkt B reagiert, als in Abwesenheit des Enzyms. Die Geschwindigkeitskonstante $k_{cat}$ (**2**) ist also viel größer als k, die entsprechende Konstante für die unkatalysierte Reaktion. $k_{cat}$, die sogenannte **Wechselzahl**, entspricht der von einem Enzym-Molekül pro Sekunde umgesetzten Zahl von Substrat-Molekülen.

Entscheidend für die Aktivität ist nach dem Michaelis-Menten Modell der Anteil des EA-Komplexes an der Gesamtmenge des Enzyms, d. h. das Konzentrationsverhältnis $[EA]/[E]_g$ (**3**). Das Modell setzt hier vereinfachend voraus, daß E, A und EA im chemischen Gleichgewicht stehen (tatsächlich trifft dies nicht streng zu, da EA ständig aus dem Gleichgewicht entfernt wird). Das Massenwirkungsgesetz ergibt dann für die **Dissoziation** des EA-Komplexes $[E][A]/[EA] = K_m$. Mit $[E]_g = [E]+[EA]$ folgt daraus, daß $[EA]/[E]_g = [A]/(K_m + [A])$.

Zusammen mit $v = k_{cat}[A]$ (**2.**) erhält man schließlich die **Michaelis-Menten-Gleichung** (**4**).

Die Gleichung enthält zwei Größen, die nicht von der Substratkonzentration abhängen: Das Produkt $k_{cat}[E]_g$ ist der Grenzwert der Reaktionsgeschwindigkeit bei hohen Substratkonzentrationen, die **Maximalgeschwindigkeit V** (wenn $[A]>K_m$ , ist $v \approx k_{cat}[E]_g$), d. h. $k_{cat} = V/[E]_g$.

Die **Michaelis-Konstante $K_m$** wiederum entspricht derjenigen Substratkonzentration, bei der v die *Hälfte* des Maximalwerts V erreicht (wenn $v = V/2$, ist $[A]/(K_m+[A]=1/2$, d. h. $K_m = [A]$). Eine *hohe Affinität* des Enzyms zum Substrat führt also zu einem *niedrigen $K_m$-Wert* und umgekehrt.

Das Michaelis-Menten-Modell beruht auf einigen recht unrealistischen Annahmen (irrversible Umwandlung von EA in E+B; Gleichgewicht zwischen E, A und EA; keine anderen Enzymformen als E und EA). Nur wenn diese Annahmen wirklich zutreffen, entspricht $K_m$ der Dissoziationskonstante des EA-Komplexes und $k_{cat}$ der Geschwindigkeitskonstanten der Reaktion EA →E + B.

### B. Bestimmung von V und $K_m$ ○

Im Prinzip lassen sich V und $K_m$ aus einer Auftragung von v gegen [A]) graphisch bestimmen. Da v mit steigender Substratkonzentration [A] *asymptotisch* gegen V geht, ist es allerdings schwierig, durch Extrapolation verläßliche Werte für V und damit auch für $K_m$ zu erhalten. Um dieses Problem zu umgehen, kann man die Michaelis-Menten-Gleichung so umformen, daß die Meßpunkte auf einer *Geraden* liegen. Bei einem dieser graphischen Verfahren wird in einem sogenannten **Eadie-Hofstee-Diagramm** v gegen v/[A] aufgetragen. Der Schnittpunkt der Ausgleichsgeraden mit der Ordinaten liefert dann V, die Steigung der Geraden ist $-K_m$. Allerdings sind auch diese graphischen Verfahren zur Bestimmung von V und $K_m$ nicht optimal. Man kann heute enzymkinetische Daten mit Personalcomputern rechnerisch schneller und objektiver auswerten.

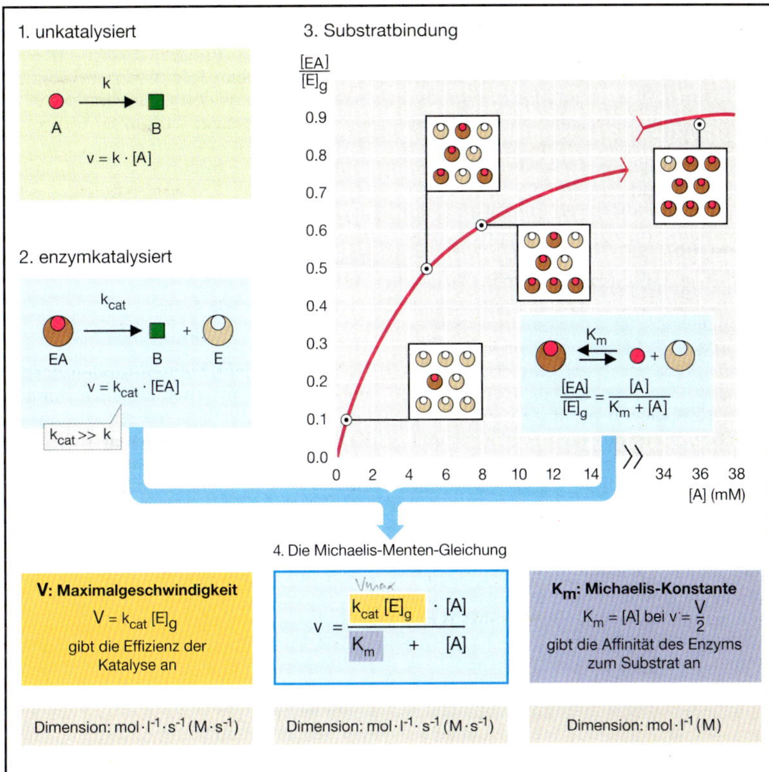


**A. Das Michaelis-Menten-Modell**

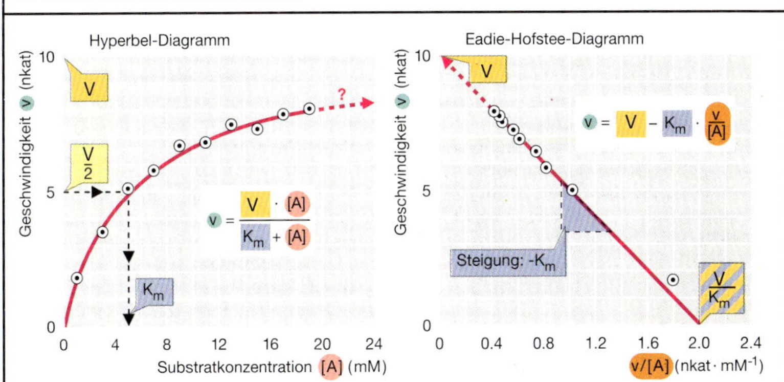


**B. Bestimmung von V und $K_m$**

## Hemmstoffe

Viele Substanzen können in den Ablauf des Stoffwechsels eingreifen, indem sie Enzymaktivitäten beeinflussen. Von besonderer Bedeutung sind dabei **Enzym-Hemmstoffe** (Inhibitoren). Viele *Arzneistoffe* natürlichen oder synthetischen Ursprungs wirken als Enzym-Inhibitoren. Auch *Metabolite* sind als Hemmstoffe an Regulationsvorgängen beteiligt (s. S. 106).

### A. Hemmstoff-Typen ◑

Die meisten Enzym-Hemmstoffe wirken *reversibel*, d. h. sie hinterlassen keine bleibenden Veränderungen am Enzym. Es gibt aber auch *irreversible* Hemmstoffe, die das Zielenzym permanent modifizieren. Die Wirkungsweise eines Hemmstoffs, seinen **Hemmtyp**, bestimmt man, indem man die Kinetik (s. S. 90) der ungehemmten und der gehemmten Reaktion vergleicht. Danach unterscheidet man **kompetitive Hemmstoffe** (links) von **nichtkompetitiven** (rechts). Für die Stoffwechsel-Regulation besonders wichtig ist die **allosterische Hemmung** (unten, s. S. 112). Typische Substratsättigungs-Kurven sind der Mitte der Abbildung wiedergegeben.

**Substratanaloge** (**2**) ähneln in ihren Eigenschaften einem Substrat des Zielenzyms. Sie werden vom Enzym gebunden, können aber nicht weiter umgesetzt werden und blockieren *reversibel* einen Teil der vorhandenen Enzym-Moleküle. Weil Substrat und Inhibitor um die *gleiche* Bindungsstelle am Enzym konkurrieren (engl.: to compete), nennt man den vorliegenden Hemmtyp **kompetitiv**. Auch **Analoge des Übergangszustands** (**3**) wirken meist kompetitiv. Reagiert ein Hemmstoff mit einer für die Enzymaktivität essentiellen Gruppe, ohne die Substratbindung zu beeinträchtigen, ist der Hemmtyp **nicht kompetitiv** (rechts). In diesem Fall bleibt die Michaelis-Konstante unverändert, dagegen nimmt die Konzentration an funktionsfähigem Enzym $[E]_g$ und damit auch die Maximalgeschwindigkeit V ab (s. S. 90). Nichtkompetitive Inhibitoren wirken häufig *irreversibel*, indem sie Gruppen des Zielenzyms modifizieren (**4**).

Bei der Gruppe der **‚Selbstmord-Substrate'** (**5**) handelt es sich um Substratanaloge, die zusätzlich eine reaktive Gruppe enthalten. Sie binden zunächst reversibel, um dann eine kovalente Bindung mit dem aktiven Zentrum des Enzyms einzugehen. Ihre Wirkung ist *nichtkompetitiv*.

**Allosterische Inhibitoren** binden an separate Bindungsstellen außerhalb des aktiven Zentrums (**6**). Dadurch kommt es zu einer *Konformationsänderung* des Enzymproteins, die indirekt die Aktivität vermindert (s. S. 112).

### B. Analoge des Übergangszustands ○

Enzyme stabilisieren den *Übergangszustand* der katalysierten Reaktion besonders effektiv (s. S. 88). Dies erklärt, warum Analoge des Übergangszustands oft weit stärker hemmen, als substratähnliche Verbindungen. Ein solches Analoges ist die hydratisierte Form des Aldehyds **L-Leucinal** der die *Leucin-Aminopeptidase* extrem stark hemmt (Hemmkonstante $K_i$ = 0.0001 mM), während das substratanaloge Produkt L-Leucin nur schwache Hemmwirkung zeigt ($K_i$ = 3 mM).

Die Hemmkonstante $K_i$, ein Maß für die Stärke der Hemmung, ist ähnlich definiert wie die Michaelis-Konstante $K_m$ (s. S. 90). Je fester der Hemmstoff an das Enzym bindet, desto niedriger ist der Wert von $K_i$.

### C. Penicillin als ‚Selbstmord-Substrat' ○

Das **Antibiotikum Penicillin** wirkt auf ein Enzym, das für die Zellwand-Synthese bestimmter Bakterien unentbehrlich ist. Penicillin ähnelt dem Substrat dieses Enzyms (einem Peptid der Struktur R-D-Ala-D-Ala) und wird deshalb im aktiven Zentrum gebunden. Dort reagiert die sehr reaktionsfähige Peptid-Bindung des Penicillins mit einem Serin-Rest zu einem stabilen *Acyl-Enzym*. Der Ausfall des so blokkierten Enzyms führt zur Bildung instabiler Zellwände und schließlich zum Absterben sich teilender Bakterien.

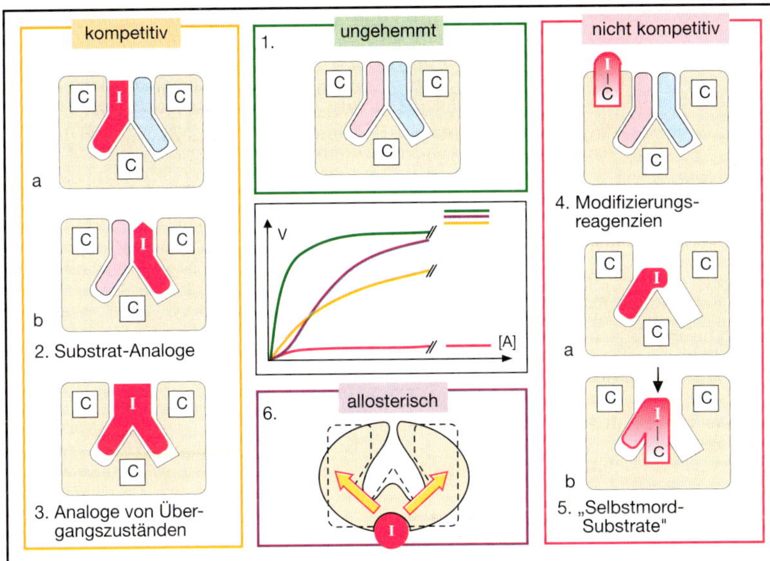


**A. Hemmstoff-Typen**

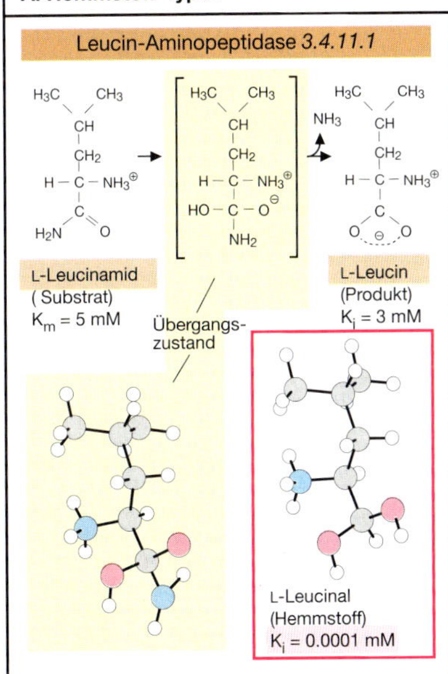


**B. Analoge des Übergangszustands**

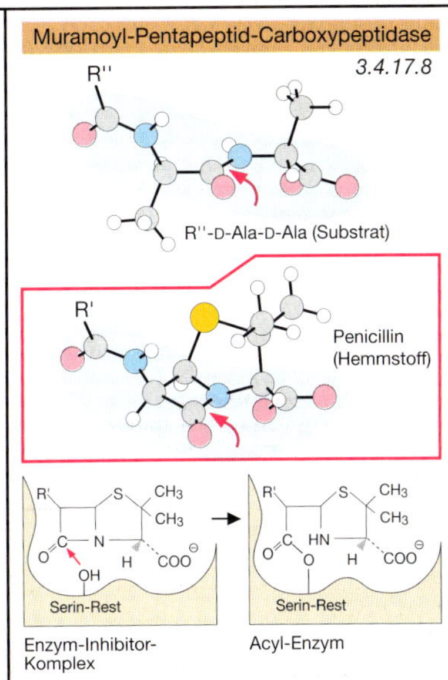


**C. Penicillin als „Selbstmord-Substrat"**

## Lactat-Dehydrogenase

Als Beispiel für die Struktur und Funktion von Enzymen wird im folgenden die **Lactat-Dehydrogenase** (LDH, *EC 1.1.1.27*) eingehender besprochen.

### A. Struktur ○

Die aktive Form der Lactat-Dehydrogenase (144 kDa) ist ein **Tetramer** aus vier Untereinheiten (**1**). Jede Untereinheit wird von einer Peptidkette aus 334 Aminosäuren gebildet (36 kDa). Im Tetramer nehmen die Untereinheiten **äquivalente Positionen** ein (**1**); jedes Monomer trägt ein aktives Zentrum.

Im tierischen Organismus gibt es zwei *verschiedene* LDH-Untereinheiten (H und M) mit etwas unterschiedlicher Sequenz, die in zufälliger Weise zu Tetrameren assoziieren können. Deshalb findet man insgeamt fünf verschiedene **Isoenzyme** der LDH. In der Herz-Muskulatur kommen vorwiegend Tetramere aus H-Untereinheiten vor (daher die Bezeichnung H), in der LDH der Leber und des Skelettmuskels überwiegen M-Monomere nicht gezeigt.

Die *Faltung* einer LDH-Untereinheit ist in Abb. **2** schematisch wiedergegeben. Dabei ist nur das Peptid-‚Rückgrat' gezeigt. Zusätzlich sind die Positionen des Substrats *Lactat* (rot) und des Coenzyms *NAD*$^+$ (gelb) eingezeichnet. Ein *Citrat*-Molekül (grün) besetzt eine weitere Bindungsstelle. In manchen LDHs aggregieren die inaktiven Monomeren nur dann zum aktiven Enzym, wenn *Fructose-1,6-bisphosphat* (FbP), ein Zwischenprodukt der Glycolyse, an diese Stelle bindet. Eine hohe Glycolyse-Aktivität kann so über einen erhöhten FbP-Spiegel die LDH aktivieren.

Hervorgehoben ist außerdem eine *Peptidschleife* (dunkelrot), die von den Aminosäure-Resten 98–111 gebildet wird. In Abwesenheit von Substrat und Coenzym ist diese Teilstruktur aufgeklappt und gibt den Zugang zur Substratbindungsstelle frei (**3**). Im Enzym · Lactat · NAD$^+$-Komplex verschließt sie das aktive Zentrum (**2**, s. S. 96).

### B. NAD$^+$ und NADP$^+$ ◑

Alle Dehydrogenasen benötigen *Coenzyme* zum Transfer der Reduktionsäquivalente. Am weitesten verbreitet sind die Coenzyme vom Dinucleotid-Typ (s. S. 100), bei denen zwei Nucleosid-5'-monophophate über eine *Phosphorsäureanhydrid-Bindung* verknüpft sind. Die LDH benötigt Nicotinamid-Adenin-Dinucleotid, abgekürzt **NAD$^+$**. Die beiden Nucleotid-Bausteine des NAD$^+$ sind 5'-AMP und ein Nucleotid, das als Base *Nicotinsäureamid* enthält (s. S. 327). Ein strukturell sehr ähnliches Coenzym ist **NADP$^+$** (NAD$^+$-Phosphat), in dem die 3'-OH-Gruppe der mit Adenin verknüpften Ribose zusätzlich mit Phosphorsäure verestert ist (**2**). Trotz der nahen Verwandtschaft von NAD$^+$ und NADP$^+$ sind ihre Rollen im Stoffwechsel völlig verschieden (s. S. 104).

An Redox-Reaktionen (**3**) ist nur der *Nicotinamid-Ring* der Pyridinnucleotid-Coenzyme beteiligt. Nicotinamid ist das Säureamid der Pyridin-3-carbonsäure (*Nicotinsäure*). In der oxidierten Form (**a**) ist der Ring *aromatisch* und trägt eine positive Ladung . Deshalb bezeichnet man das oxidierte Coenzym als NAD$^+$. Während der *Oxidation* von Lactat durch LDH werden dem Substrat zwei vollständige Wasserstoff-Atome (d. h. zwei Elektronen und zwei Protonen) entzogen (Mitte). Auf NAD$^+$ wird jedoch nur ein **Hydrid-Ion** (H$^-$, ein Proton mit zwei Elektronen) übertragen. Ziel des Hydrid-Transfer ist das C-Atom in p-Stellung zum Ring-Stickstoff des NAD$^+$. Dort bildet sich eine alizyklische $CH_2$-Gruppe, die Doppelbindungen im Ring verschieben sich, und die positive Ladung verschwindet (**b**).

Da man das beim Hydrid-Transfer auf NAD$^+$ freigesetzte Proton nicht außer acht lassen darf, ist die korrekte Bezeichnung für das reduzierte Coenzym nicht $NADH_2$, sondern **NADH+H$^+$**.

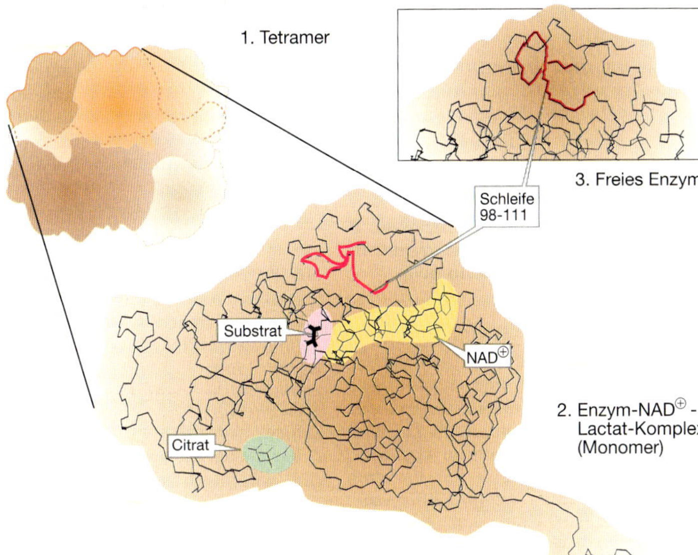


A. Lactat-Dehydrogenase: Struktur

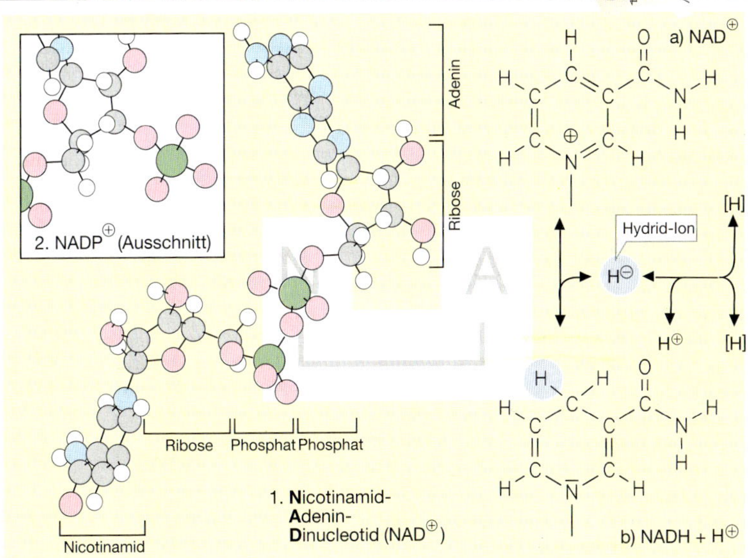


B. NAD⊕ und NADP⊕

## Lactat-Dehydrogenase: Mechanismus

Am Wirkungsmechanismus der Lactat-Dehydrogenase (LDH) lassen sich die auf S. 88 besprochenen Prinzipien der enzymatischen Katalyse beipielhaft darstellen.

### A. Katalytischer Cyclus ○

Die LDH katalysiert die Übertragung von Redox-Äquivalenten von Lactat auf $NAD^+$ oder von NADH auf Pyruvat.

Lactat + $NAD^+$ ↔Pyruvat + NADH + $H^+$

Das Gleichgewicht der Reaktion liegt weit auf Seiten der Lactat-*Bildung*. Bei hohen Konzentrationen von Lactat und $NAD^+$ ist aber auch die Oxidation von Lactat zu Pyruvat möglich (s. S. 12). Die LDH katalysiert die Reaktion in *beiden* Richtungen mit hoher Aktivität, hat aber – wie alle Enzyme – keinen Einfluß auf die Lage des chemischen Gleichgewichts.

Wegen der Reversibilität der Reaktion läßt sich der Katalyseprozeß als geschlossener Kreislauf darstellen. Der **katalytische Cyclus** der LDH ist hier in sechs ‚Momentaufnahmen' dargestellt. Zwischenstufen der Katalyse, wie die gezeigten, sind im allgemeinen äußerst kurzlebig und daher schwer nachweisbar. Ihre Existenz wurde indirekt aus vielen experimentellen Befunden abgeleitet.

Am **aktiven Zentrum** der LDH sind zahlreiche Aminosäure-Reste beteiligt. Sie vermitteln die Bindung von Substraten und Coenzym oder greifen direkt in Teilschritte der Katalyse ein. Wir zeigen hier lediglich drei besonders wichtige Seitenketten: Die positiv geladene Guanidinium-Gruppe von **Arginin-171** bindet die Carboxylat-Gruppe der Substrate durch elektrostatische Wechselwirkung. Die Imidazol-Gruppe von **Histidin-195** dient der Säure-Basen-Katalyse, und die Seitenkette von **Arginin-109** ist zur Stabilisierung des Übergangszustands wichtig. Im Gegensatz zu His-195, das seinen Ladungszustand während der Katalyse ändert, sind die beiden essentiellen Arginin-Reste ständig protoniert. Außer diesen drei Resten ist auch die auf S. 94 bereits erwähnte **Peptidschleife 98–111** schematisch eingezeichnet (rot). Ihre Funktion besteht darin, nach Bindung von Substrat und Coenzym das aktive Zentrum abzudecken und so Wassermoleküle während der Elektronenübertragung weitgehend auszuschließen.

Betrachten wir nun die Teilschritte der LDH-katalysierten Pyruvat-Reduktion: Im freien Enzym (**1**) ist His-195 protoniert. Wir bezeichnen diese Form deshalb als E · $H^+$. Zunächst wird das Coenzym NADH gebunden (**2**), dann Pyruvat (**3**). Wichtig ist, daß im Enzym die Carbonyl-Gruppe des Pyruvats und die aktive Stelle im Nicotinamid-Ring des Coenzyms relativ zueinander optimal positioniert und fixiert werden *(Annäherung und Orientierung der Substrate)*. Nun schließt sich die Schleife 98–110 über dem aktiven Zentrum. Die dadurch stark verminderte Polarität erleichtert die Ausbildung des Übergangszustands (**4**) *(Wasserausschluß)*. Im Übergangszustand wird vom Coenzym ein Hydrid-Ion $H^-$ (s. S. 94) auf den Carbonyl-Kohlenstoff übertragen *(Gruppenübertragung)*. Die dabei vorübergehend auftretende, energetisch ungünstige negative Ladung am Sauerstoff wird durch die elektrostatische Wechselwirkung mit Arg-109 stabilisiert *(Stabilisierung des Übergangszustands)*. Gleichzeitig wird ein Proton von His-195 auf dieses Sauerstoff-Atom übertragen *(Gruppen-Übertragung)*, und es entstehen als enzymgebundene Produkte Lactat und $NAD^+$ (**5**). Nach Öffnung der Schleife 98–110 dissoziiert Lactat ab und die vorübergehend ungeladene Imidazol-Gruppe des His-195 bindet wieder ein Proton aus dem umgebenden Wasser (**6**). Schließlich wird auch das oxidierte Coenzym $NAD^+$ freigegeben und der Ausgangszustand **1** ist wieder erreicht. Bei der Oxidation von Lactat zu Pyruvat laufen dieselben Schritte in umgekehrter Richtung ab.

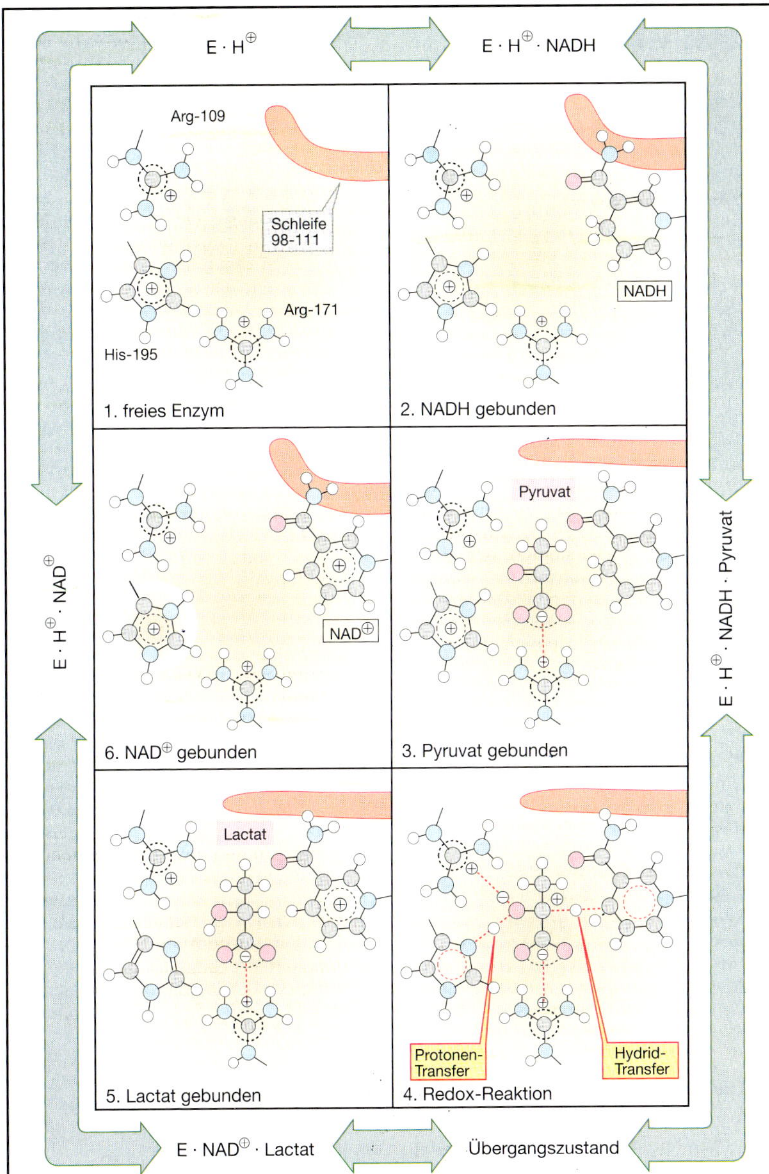


**A. Lactat-Dehydrogenase: Katalytischer Cyclus**

# Enzymatische Analyse-Verfahren

Enzyme spielen in der *biochemischen Analytik* eine wichtige Rolle. In biologischem Material, z. B. in Körperflüssigkeiten, kann man schon kleinste Mengen eines Enzyms durch Messung seiner enzymatischen Aktivität nachweisen. Enzyme werden aber auch als Reagenzien zur Bestimmung von Metabolit-Konzentrationen, z. B. des Blutzuckerspiegels, eingesetzt (**C**). Bei den meisten enzymatischen Analyseverfahren bedient man sich der Absorptionsphotometrie.

### A. Prinzip der Spektral-Photometrie ◑

Viele Stoffe *absorbieren* Licht im sichtbaren oder ultravioletten Spektralbereich. Diese Eigenschaft kann man zur Konzentrationsbestimmung einsetzen. Das Ausmaß der Absorption hängt von der Art und Konzentration des Stoffes, aber auch von der Wellenlänge des verwendeten Lichts ab. Man verwendet daher **monochromatisches Licht**, d. h. Licht definierter Wellenlänge, das man mit Hilfe eines *Monochromators* aus weißem Licht isolieren kann. Monochromatisches Licht der Intensität $I_0$ durchstrahlt ein rechteckiges Gefäß aus Glas oder Quarz (eine *Küvette*), in dem sich eine Lösung des absorbierenden Stoffes befindet. Die Intensität I des austretenden, geschwächten Lichtes wird durch einen *Detektor* gemessen. Die **Absorption A** (oft auch als *Extinktion* bezeichnet) einer Lösung ist definiert als *negativer Logarithmus des Quotienten* $I/I_0$. Das **Lambert-Beer'sche Gesetz** besagt, daß A der Konzentration c des absorbierenden Stoffes und der Schichtdicke d der Lösung proportional ist. Der **Absorptionskoeffizient** ε hängt, wie erwähnt, von der Art der Substanz und von der Wellenlänge ab.

### B. Aktivitäts-Bestimmung der Lacat-Dehydrogenase ◑

Zur Bestimmung der Aktivität der Lactat-Dehydrogenase (LDH) macht man sich die Tatsache zunutze, daß zwar das reduzierte Coenzym $NADH + H^+$, nicht aber $NAD^+$ bei 340 nm Licht absorbiert.

*Absorptionsspektren* (d. h. Auftragungen von A gegen die Wellenlänge) der Substrate und Coenzyme der LDH-Reaktion sind in Abb. **1** wiedergegeben. Das unterschiedliche Absorptionsverhalten von $NAD^+$ und NADH zwischen 300 und 400 nm beruht auf der Veränderung des Nicotinamid-Ringes bei Oxidation oder Reduktion (s. S. 94). Zur Aktivitätsbestimmung gibt man zunächst eine Lösung von Lactat und $NAD^+$ in die Küvette und registriert die Absorption bei einer *konstanten* Wellenlänge von 340 nm. Die unkatalysierte LDH-Reaktion ist extrem langsam. Deshalb werden erst nach Zugabe des Enzyms meßbare Mengen von NADH gebildet, und die Absorption steigt an. Da die Geschwindigkeit der Absorptionszunahme $\Delta A / \Delta t$ nach dem Lambert-Beer'schen Gesetz der Reaktionsgeschwindigkeit $\Delta c / \Delta t$ proportional ist, kann man mit Hilfe des Absorptionskoeffizienten $\varepsilon_{340}$ die LDH-Aktivität berechnen.

### C. Enzymatische Glucose-Bestimmung ○

Die meisten Biomoleküle zeigen keine Absorption im sichtbaren Spektralbereich. Außerdem liegen sie meist als Gemisch mit anderen, ähnlichen Verbindungen vor. Beide Probleme kann man umgehen, wenn man mit Hilfe eines geeigneten Enzyms aus dem zu bestimmenden Metaboliten selektiv einen Farbstoff erzeugt, dessen Absorption man messen kann. Ein zur Blutzuckerkontrolle (s. S. 160) häufig verwendetes Verfahren zur Bestimmung von Glucose (**1**) umfaßt zwei hintereinandergeschaltete Reaktionen: Die für Glucose spezifische *Glucose-Oxidase* erzeugt zunächst Wasserstoffperoxid $H_2O_2$, das im zweiten Schritt, katalysiert durch eine *Peroxidase*, eine farblosen Vorstufe zu einem grünen Farbstoff oxidiert (**2**). Wenn die in der Probe vorhandene Glucose verbraucht ist, ist die Konzentration des Farbstoffs ($[\text{Farbstoff}]_\infty$) gleich groß wie die ursprüngliche Glucosekozentration ($[\text{Glucose}]_0$).

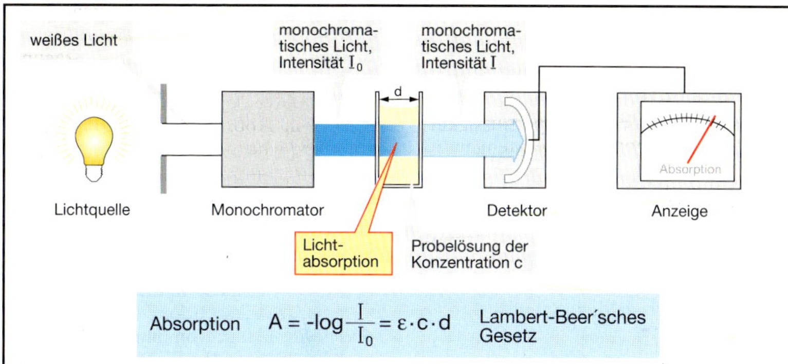


**A. Prinzip der Spektral-Photometrie**

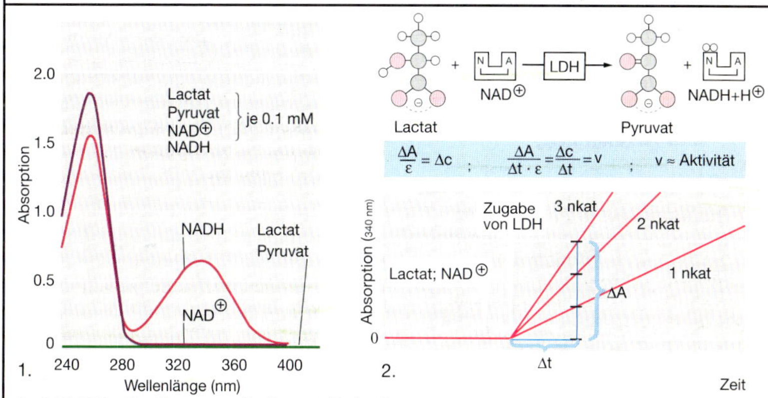


**B. Aktivitäts-Bestimmung der Lactat-Dehydrogenase**

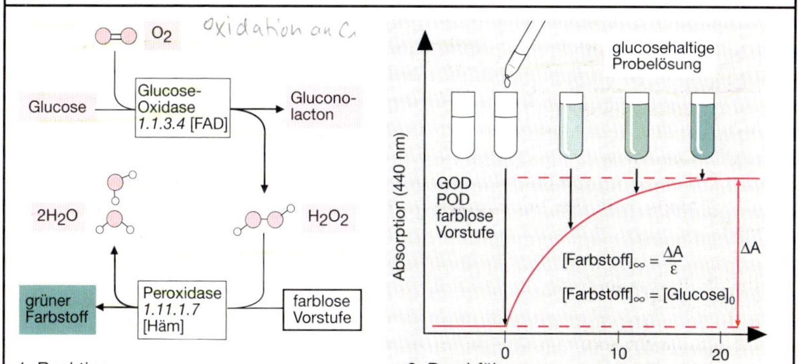


1. Reaktion
2. Durchführung

**C. Enzymatische Glucose-Bestimmung**

# Redox-Coenzyme

## A. Coenzyme: Definitionen ●

Bei vielen enzymkatalysierten Reaktionen werden Elektronen oder Gruppen von Atomen von einem Substrat auf ein anderes übertragen. An solchen Reaktionen sind stets weitere Moleküle beteiligt, die die übertragene Gruppe vorübergehend übernehmen. Hilfsmoleküle dieser Art nennt man **Coenzyme**. Da sie selbst nicht katalytisch aktiv sind, ist die Bezeichnung *'Cosubstrate'* ebenfalls in Gebrauch. Im Gegensatz zu den Substraten, für die ein gegebenes Enzym spezifisch ist (s. S. 86), wirken Coenzyme mit vielen Enzymen unterschiedlicher Substratspezifität zusammen.

Nach der Art ihrer Wechselwirkung mit dem Enzym unterscheidet man lösliche Coenzyme und prosthetische Gruppen. **Lösliche Coenzyme** (**1**) werden während der Reaktion wie Substrate gebunden, chemisch verändert und dann *wieder freigesetzt*. Die ursprüngliche Form des Coenzyms wird durch eine zweite, unabhängige Reaktion regeneriert. Als **prosthetische Gruppen** (**2**) bezeichnet man dagegen Coenzyme, die *fest an ein Enzym gebunden* sind und dieses während der Reaktion nicht verlassen. Die vom Coenzym gebundene Gruppe wird später auf ein weiteres Substrat *desselben* Enzyms übertragen (in Abb. **2** nicht gezeigt).

## B. Redox-Coenzyme ◑

Alle Oxidoreduktasen (s. S. 86) benötigen Coenzyme. Die wichtigsten dieser Redox-Coenzyme sind hier dargestellt. Sie können in löslicher Form (L) oder prosthetisch (P) wirken. Bei Redoxreaktionen werden zusammen mit Elektronen häufig auch ein oder zwei Protonen von einem Molekül auf ein zweites übertragen. Man spricht deshalb allgemein von **'Reduktionsäquivalenten'**, die übertragen werden. Die Normalpotentiale $E^{o}$ prosthetischer Gruppen können sich je nach ihrer Umgebung im Enzym beträchtlich unterscheiden.

Die Pyridin-Nucleotide **NAD⁺** und **NADP⁺** (**1**) sind als Coenzyme von Dehydrogenasen weit verbreitet. Sie transportieren *Hydrid-Ionen* ($2e^-$ und 1 $H^+$, s. S. 94) und wirken immer in löslicher Form. $NAD^+$ transportiert Reduktionsäquivalente von katabolen Stoffwechselwegen zur Atmungskette und dient damit dem Energiestoffwechsel. Dagegen ist reduziertes $NADP^+$ das wichtigste *Reduktionsmittel* bei Biosynthesen (s. S. 104).

Die Flavin-Coenzyme **FMN** und **FAD** (**2**) sind meist fest an Enzyme gebunden. Die redoxaktive Gruppe beider Coenzyme ist das *Flavin* (Isoalloxazin), ein dreikerniges Ringsystem, das bei der Reduktion maximal zwei Elektronen und zwei Protonen aufnehmen kann. FMN trägt am Flavin den phosphorylierten Zuckeralkohol *Ribitol*; FAD entsteht aus FMN durch Verknüpfung mit AMP. Funktionell sind beide Coenzyme vergleichbar. Man findet sie *in Dehydrogenasen, Oxidasen* und *Monooxygenasen*.

In der **Liponsäure** (**3**) wirkt eine intramolekulare *Disulfid-Brücke* als Redox-Zentrum. Die aktive Liponsäure ist kovalent mit einem Lysin-Rest (R') des Enzymes verknüpft. Liponsäure ist vor allem an der oxidativen Decarboxylierung von 2-Oxosäuren beteiligt (s. S. 124). Eine Disulfid-Brücke enthält auch das Peptid-Coenzym **Glutathion** (s. S. 254).

Die Funktion des **Ubichinons** (**4**) als Überträger von Reduktionsäquivalenten in der Atmungskette wird auf S. 130 besprochen. Bei Reduktion geht das *Chinon* in die aromatische *Hydrochinon*-Form über. Ähnliche Chinon/Hydrochinon-Systeme finden sich in der Photosynthese (s. S. 118). Auch die *Vitamine E und K* (s. S. 324) gehören zu dieser Klasse von Redox-Systemen.

**Häm-Gruppen** (**5**) als Redox-Cofaktoren kommen z. B. in der Atmungskette (s. S. 130), in der Photosynthese (s. S. 118), sowie in Monooxygenasen (s. S. 340) und Peroxidasen vor. Im Gegensatz zum Hämoglobin wechselt hier das Eisen-Ion seine Wertigkeit. Gezeigt ist das Häm im Cytochrom c, das kovalent mit zwei Cystein-Resten des Proteins ($R_2$) verknüpft ist.

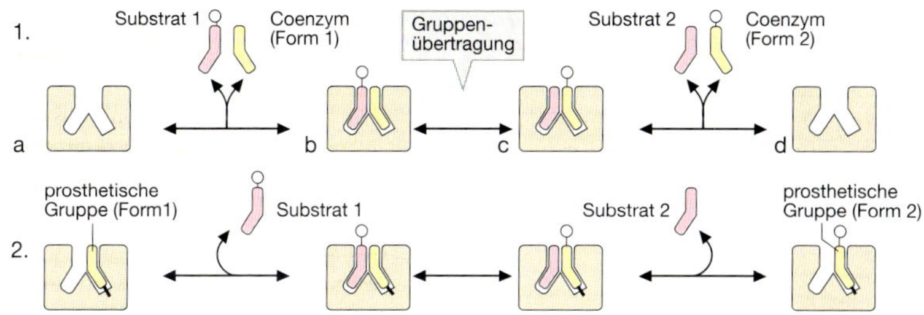


**A. Coenzyme: Definitionen**

| Coenzym | oxidierte Form / reduzierte Form / R | Typ | überträgt | $E^{0\prime}$ (V) |
|---|---|---|---|---|
| 1. $NAD(P)^{\oplus}$ 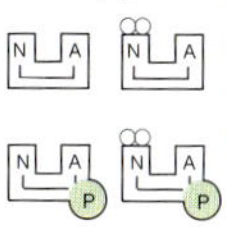 | 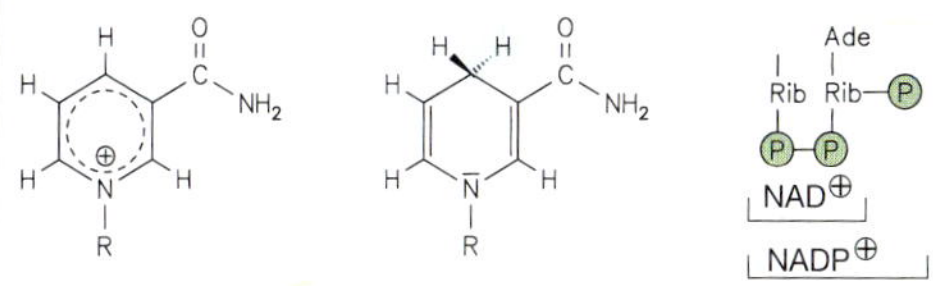 | L | $H^{\ominus}$ ($2e^{\ominus}$ $1H^{\oplus}$) | -0.32 |
| 2. Flavin-Coenzyme 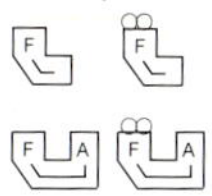 | 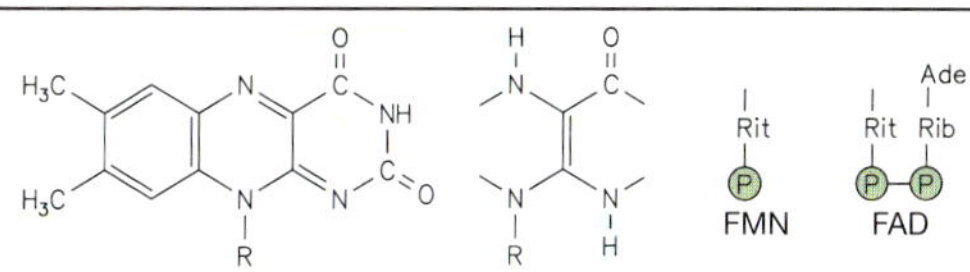 Rit : Ribitol Rib : Ribose | P | 2[H] ($2e^{\ominus}$ $2H^{\oplus}$) | -0.3 bis -0.2 |
| 3. Liponamid  | 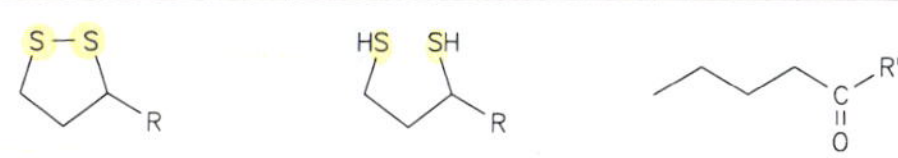 | P | 2[H] ($2e^{\ominus}$ $2H^{\oplus}$) | -0.29 |
| 4. Ubichinon (Coenzym Q) 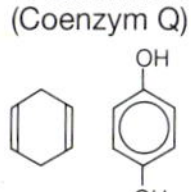 | 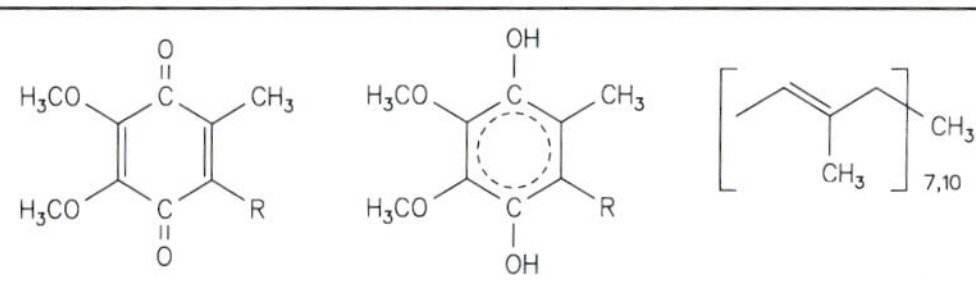 | L | 2[H] ($2e^{\ominus}$ $2H^{\oplus}$) | +0.04 |
| 5. Häm 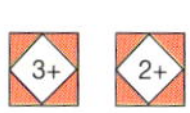 | 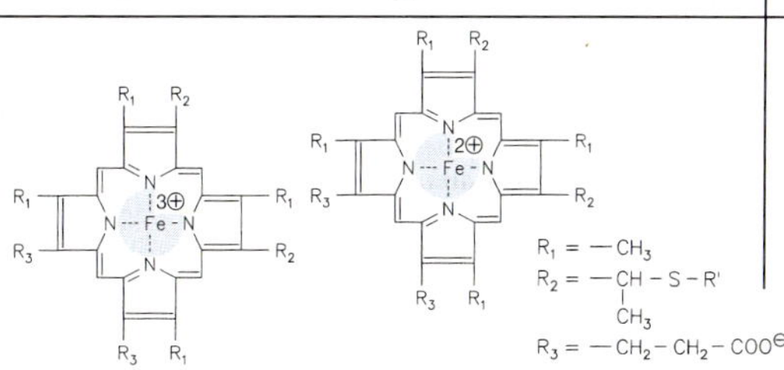 | P | $1e^{\ominus}$ | 0 bis +0.5 |

**B. Redox-Coenzyme**

L: löslich P: prosthetisch

## Gruppenübertragende Coenzyme

Während auf S. 101 Redox-Coenzyme zusammengestellt sind, finden sich hier Coenzyme, die an Gruppenübertragungsreaktionen beteiligt sind. Cobalamin ($B_{12}$-Coenzym) wird auf S. 328 besprochen.

### A. Gruppenübertragende Coenzyme ◑

Die **Nucleosid-phosphate** (**1**) sind nicht nur Vorstufen für die Nucleinsäure-Biosynthese, sie haben auch Coenzym-Funktionen. Sie dienen der *Energie-Konservierung* und ermöglichen durch energetische Kopplung (s. S. 114) den Ablauf endergoner Prozesse. Häufig werden Metabolite durch Übertragung von Phosphat-Resten (*Phosphorylierung*) reaktionsfähiger gemacht (‚aktiviert'). So liefert die Verknüpfung mit Nucleosid-diphosphat-Resten reaktionsfähige Vorstufen für die Synthese von Polysacchariden und Lipiden (s. S. 156 und 166) Auch die durch *Ligasen* katalysierte Knüpfung von Bindungen zwischen Atomen ist von Nucleosid-triphosphaten abhängig.

Acyl-Reste werden meist durch Übertragung auf **Coenzym A** (**2**) aktiviert. Im Coenzym A ist *Pantethein* über eine Phosphorsäureester-Bindung mit 3'-Phospho-ADP verknüpft. Pantethein besteht aus drei amidartig verbundenen Komponenten, der *Pantothensäure*, die für den Menschen Vitamin-Charakter hat, sowie β-*Alanin* und *Cysteamin*, zwei biogenen Aminen, die durch Decarboxylierung von Aspartat bzw. Cystein gebildet werden (s. S. 150). Bei Reaktionen der Thiol-Gruppe des Cysteamin-Restes mit Carbonsäuren entstehen **Thioester**, z. B. Acetyl-CoA. Diese Reaktion ist stark endergon und deshalb an exergone Prozesse gekoppelt. Thioester stellen die aktivierte Form von Carbonsäuren dar, weil sich solche Acyl-Reste leicht auf andere Moleküle übertragen lassen. Davon wird im Stoffwechsel häufig Gebrauch gemacht.

**Thiamin-diphosphat** (**3**) ist in der Lage, Aldehyde oder Ketone in Form von *Hydroxyalkyl-Gruppen* zu aktivieren und sie dann an andere Moleküle weiterzugeben. Diese Art der Gruppenübertragung ist z. B. bei der Transketolase-Reaktion (s. S. 138) von Bedeutung. Auch bei der Decarboxylierung von Oxosäuren fallen Hydroxyalkyl-Reste an. Sie werden entweder als Aldehyde freigesetzt oder, wie im Fall der 2-Oxosäure- Dehydrogenasen (s. S. 124), auf Liponamid übertragen.

**Pyridoxalphosphat** (**4**) ist das wichtigste Coenzym im Stoffwechsel der Aminosäuren. Seine Rolle bei der *Transaminierung* wird auf S. 148 ausführlich besprochen. Auch an anderen Reaktionen von Aminosäuren wie *Decarboxylierungen* und *Dehydratisierungen* ist Pyridoxalphosphat beteiligt. Die hier dargestellte Aldehyd-Form des Pyridoxylphosphats tritt i.a. nicht frei auf. In Abwesenheit von Substraten ist die Aldehyd-Gruppe als *Aldimin* (Schiff-Base) mit der ε-Amino-Gruppe eines Lysin-Restes des Enzyms verknüpft.

Die Carboxylasen enthalten **Biotin** (**5**) als Coenzym. Es ist über die Carboxy-Gruppe der Seitenkette amidartig mit einem Lysin-Rest des Enzyms verbunden. Biotin reagiert unter ATP-Verbrauch mit Hydrogencarbonat ($HCO_3^-$) zu *N-Carboxy-Biotin*. Diese aktivierte Form des Kohlendioxids kann dann auf andere Moleküle übertragen werden. Beispiele für biotinabhängige Reaktionen sind die Synthese von Malonyl-CoA aus Acetyl-CoA (s. S. 162) oder die Bildung von Oxalacetat aus Pyruvat (s. S. 154).

**Tetrahydrofolat** (THF, **6**) ist ein Coenzym, das *$C_1$-Reste* verschiedener Oxidationsstufen übertragen kann. THF entsteht aus dem Vitamin *Folsäure* (s. S. 326) durch zweimalige Hydrierung des Pterin-Rings. Die $C_1$-Einheiten sind an N-5, N-10 oder an beiden der genannten Stickstoff-Atome gebunden. Die wichtigsten Derivate sind a) *$N^{10}$-Formyl-THF*, in der sich der $C_1$-Rest auf der Oxidationsstufe einer Carbonsäure befindet, b) das *$N^5$,$N^{10}$-Methylen-THF* auf der Stufe eines Aldehyds, und c) *$N^5$-Methyl-THF* auf der Oxidationsstufe eines Alkohols. $C_1$-Einheiten, die durch THF übertragen werden, dienen der Synthese von Purin-Nucleotiden (s. S. 172), von dTMP (s. S. 174) und von Methionin (s. S. 372).

| Coenzym (Symbol) | freie Form beladene Form | übertragene Gruppe(n) | wichtige Enzyme |
|---|---|---|---|
| 1. Nucleosid-phosphate   | 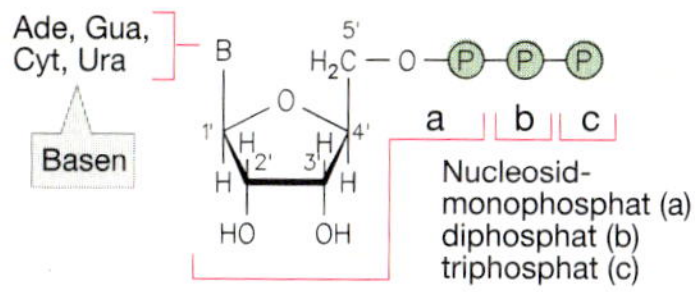  | P<br>B-Rib<br>B-Rib-P<br>B-Rib-P P | Phospho-Transferasen<br>Nucleotidyl-Transferasen<br>(*2.7.n.n*)<br>Ligasen<br>(*6.n.n.n*) |
| 2. Coenzym A   | 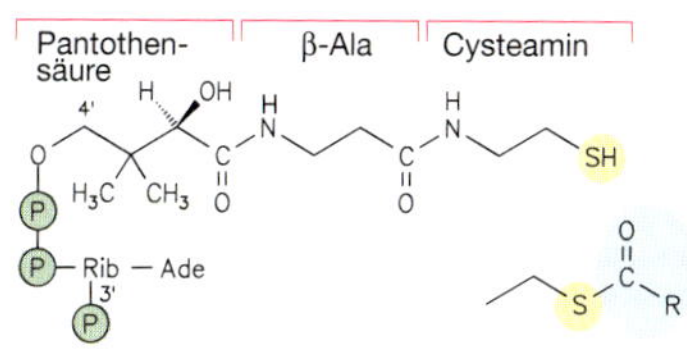  | Acyl-Reste | Acyl-Transferasen<br>(*2.3.n.n*)<br>CoA-Transferasen<br>(*2.8.3.n*) |
| 3. Thiamin-diphosphat   | 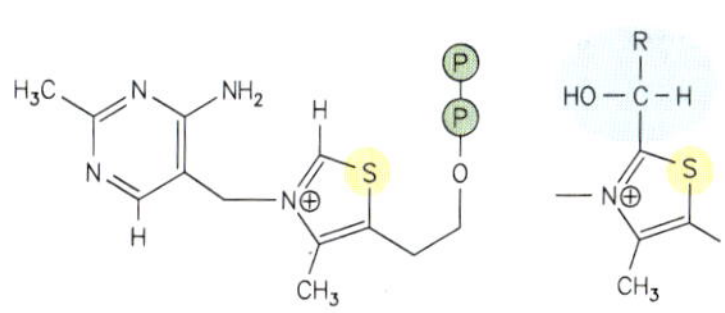 | Hydroxy-alkyl-Reste | Decarboxylasen (*4.1.1.n*)<br>Oxosäure-Dehydrogenasen<br>(*1.2.4. n*)<br>Transketolase<br>(*2.2.1.1*) |
| 4. Pyridoxal-phosphat   | 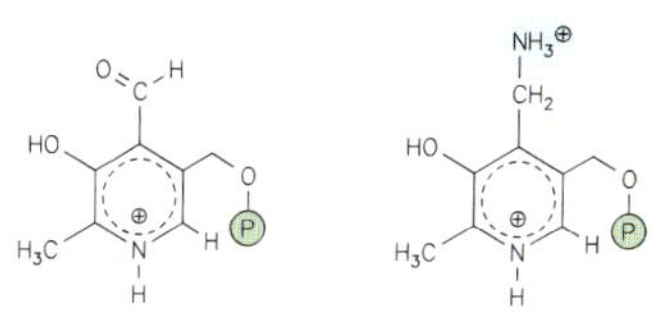 | Amino-Gruppe<br>Amino-säure-Reste | Amino-Transferasen<br>(*2.6.1.n*)<br>viele Lyasen<br>(*4.n.n.n*) |
| 5. Biotin   | 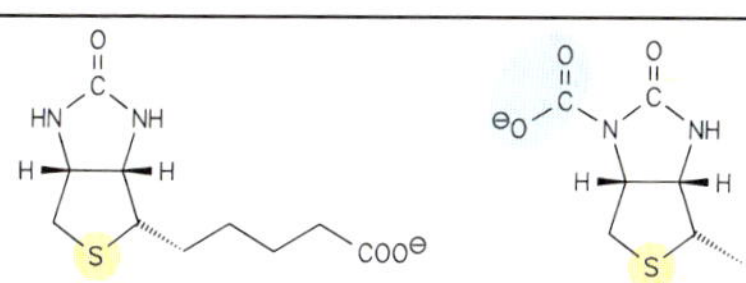 | $[CO_2]$ | Carboxylasen<br>(*6.4.1.n*) |
| 6. Tetra-hydrofolat   | 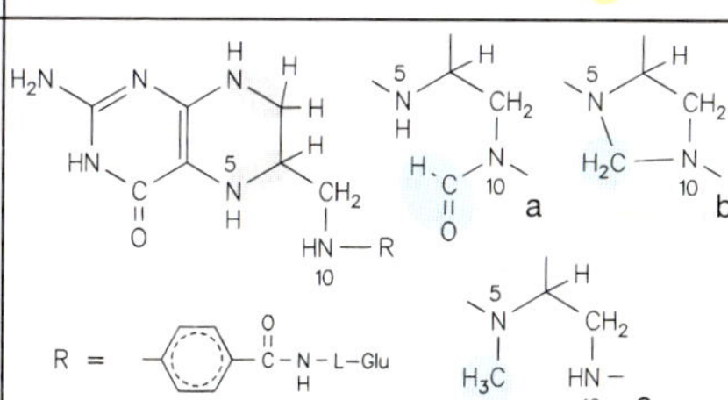  | $C_1$-Gruppen<br>a Formyl-<br>b Methylen-<br>c Methyl- | $C_1$-Transferasen<br>(*2.1.n.n*) |

**A. Gruppenübertragende Coenzyme**

## Stoffwechsel: Überblick

### A. Stoffwechselwege ●

In jeder Zelle laufen hunderte chemischer Reaktionen ab, deren Gesamtheit man als **Stoffwechsel** (Metabolismus) bezeichnet. Die daran beteiligten Verbindungen nennt man **Metabolite**. Fast alle Stoffwechsel-Reaktionen würden außerhalb der Zelle nur sehr langsam und zudem ungerichtet verlaufen (**1**). Geordnete Abfolgen chemischer Reaktionen mit hohem Durchsatz, sogenannte **Stoffwechselwege**, werden erst durch die Existenz von **Enzymen** möglich. Enzyme (s. S. 86) sind *Biokatalysatoren*, die selektiv bestimmte Umsetzungen beschleunigen. Da die katalysierten Reaktionen weitaus schneller ablaufen, als die unkatalysierten, bildet sich durch Enzyme ein gerichteter **Stofffluß** aus (**2**). Im gezeigten Beispiel führt die Anwesenheit der Enzyme $E_1$-$E_5$ zu einem Stoffwechselweg, auf dem A über die Zwischenstufen G, H, O und T in Z umgewandelt werden kann.

### B. Überblick über den Intermediär-Stoffwechsel ●

Eine Reihe zentraler Stoffwechselwege ist den meisten Organismen gemeinsam. Diese Wege, die dem Auf-, Ab- und Umbau der wichtigen Metabolite sowie der Energiekonservierung dienen, bezeichnet man als **Intermediär-Stoffwechsel**. Wir betrachten hier zunächst nur ein stark vereinfachtes Schema:

Um zu leben, benötigen Zellen ständig organische und anorganische *Stoffe* sowie *chemische Energie*, die sie überwiegend durch Spaltung von *ATP* gewinnen (s. S. 114). Nach der Art und Weise, wie diese Bedürfnisse gedeckt werden, unterscheidet man autotrophe und heterotrophe Organismen. Die **Autotrophen**, zu denen die Pflanzen und viele Mikroorganismen gehören, können organische Moleküle aus anorganischen Vorstufen ($CO_2$) aufbauen, während die **Heterotrophen**, z. B. die Tiere, auf Zufuhr organischer Substanz mit der Nahrung angewiesen sind. Eine autotrophe Lebensweise wird z. B. durch die **Photosynthese** (s. S. 118) ermöglicht. Dabei werden dem Wasser Elektronen entnommen und nach *Anregung durch Licht* zur Synthese von NADPH genutzt, außerdem entsteht ATP. Mit NADPH werden dann aus $CO_2$ organische Verbindungen gebildet.

Stoffwechselwege dieser Art, bei denen komplexere Moleküle aus einfacheren Bausteinen aufgebaut werden, bezeichnet man als **anabol**. Heterotrophe Organismen können die mit der Nahrung zugeführten organischen Moleküle i.a. nicht direkt verwerten. Die Nahrungsstoffe werden zunächst durch verschiedene abbauende oder **katabole** Wege in kleinere Bruchstücke zerlegt. Die Metabolite in dem entstehenden *‚Metabolit-Pool‘* werden dann entweder nach weiteren katabolen Umwandlungen zur Energiegewinnung herangezogen oder durch anabole Wege wieder zu komplexeren Molekülen aufgebaut. Die neu synthetisierten Moleküle werden zum Teil in **Speichern** abgelegt und bei Bedarf (z. B. Arbeit, Hunger, Wachstum) wieder in katabole Prozesse eingeschleust. Bei Heterotrophen stammt das für die anabolen Wege unentbehrliche NADPH ausschließlich aus katabolen Prozessen.

Der wichtigste Weg zur ATP-Bildung, der in heterotrophen wie in autotrophen Organismen beschritten wird, ist die **oxidative Phosphorylierung** (s. S. 116). Dabei werden Elektronen vom Coenzym NADH auf Sauerstoff ($O_2$) übertragen. Dieser stark exergone (energieliefernde) Vorgang ist mit der ATP-Bildung **energetisch gekoppelt** (s. S. 130). Die meisten Organismen können unter *anaeroben* Bedingungen, d. h. in Abwesenheit von Sauerstoff, auf ATP zurückgreifen, das bei bestimmten katabolen Prozesse entsteht. Diese weniger effiziente Art der ATP Bildung nennt man **Gärung** (s. S. 134).

Die Energie die bei der Spaltung von ATP in ADP und Phosphat gewonnen wird, ermöglicht – wiederum durch energetische Kopplung – den Ablauf energieabhängiger (endergoner) Prozesse. Energieabhängig sind z. B. die anabolen Stoffwechselwege sowie Bewegungs- und Transportvorgänge.

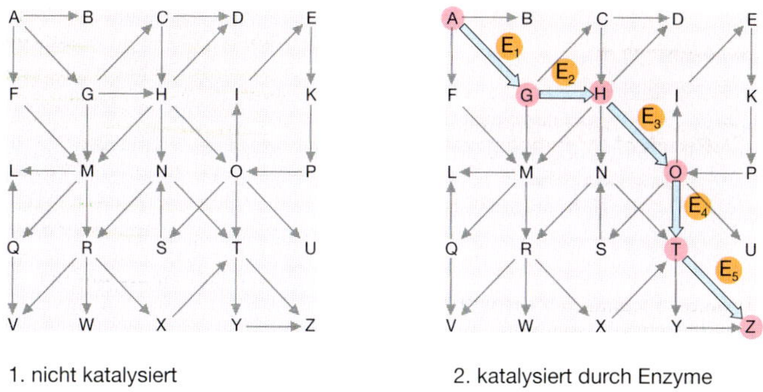


**A. Stoffwechselwege**

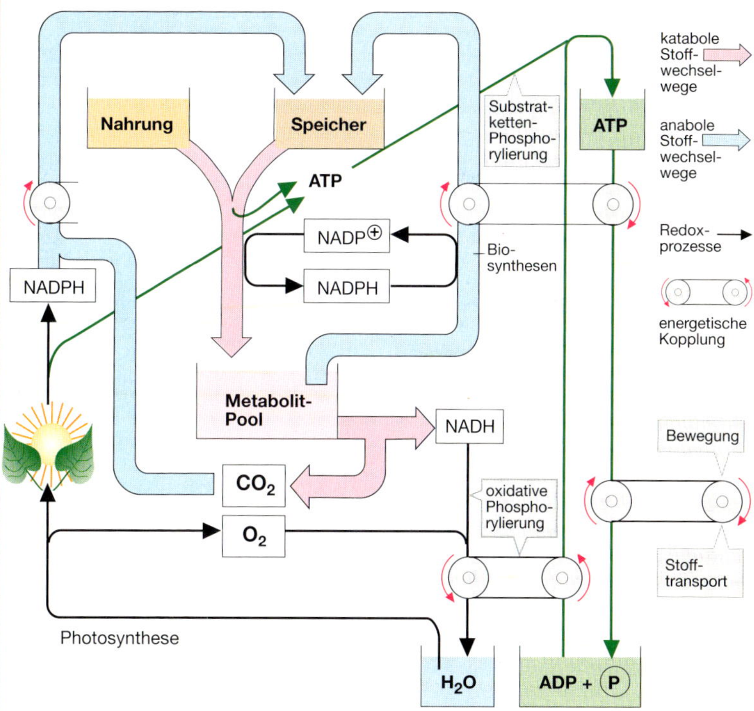


**B. Überblick über den Intermediär-Stoffwechsel**

## Regulationsmechanismen

### A. Grundlegende Mechanismen der Stoffwechsel-Regulation ◑

Die Aktivitäten der Stoffwechselwege (s. S. 104) werden ständig kontrolliert, um Bildung und Abbau der Metabolite den physiologischen Erfordernissen anzupassen. Die daran beteiligten Mechanismen sind hier in einer Übersicht zusammengestellt.

Eine wichtige Größe ist das **Angebot an Vorstufen** (Metabolit A). Das Angebot steigt mit der Aktivität der Stoffwechselwege, die A bilden (**1**), und sinkt mit zunehmender Aktivität anderer Wege, die ebenfalls A verbrauchen (**2**). Auch Transportprozesse können die Verfügbarkeit von A einschränken. Vielfach begrenzt auch das **Angebot an Coenzymen** den Fluß durch einen Weg (**3**). Wird das Coenzym durch einen zweiten, unabhängigen Weg regeneriert, kann die Geschwindigkeit dieses zweiten Weges die des ersten limitieren.

Der Metabolitfluß wird vor allem von den Aktivitäten der beteiligten **Enzyme** bestimmt. Zur Steuerung genügt es, die Aktivität desjenigen Enzyms zu verändern, das den langsamsten Schritt der Reaktionskette katalysiert. In den meisten Stoffwechselwegen gibt es solche **Schlüsselenzyme**, an denen die Steuerungsmechanismen ansetzen.

Die Aktivität von Schlüsselenzymen wird auf drei unabhängigen Ebenen kontrolliert (**4–6**). Auf der ersten Ebene wird die **Biosynthese des Enzymproteins** beeinflußt (**4**). Eingriffe in die Enzymsynthese betreffen in erster Linie die Synthese der entsprechenden mRNA, also die *Transkription* des für das Enzym codierenden Gens. Man spricht deshalb von **Transkriptionskontrolle** (s. S. 108). Vermittelt wird dieser Mechanismus i.a. durch *Regulatorproteine* (RP), die direkt an der DNA angreifen. Die Wirksamkeit dieser Proteine wird wiederum durch Metabolite oder Hormone beeinflußt. Wird die Enzymsynthese durch Transkriptionskontrolle verstärkt, spricht man von **Induktion**, wird sie vermindert oder unterdrückt, von **Repression**. Induktions- und Repressionsvorgänge werden erst nach einiger Zeit wirksam. Schneller wirkt die **Interkonversion** von Enzymen (**5**). Dabei liegt das Enzym bereits am Wirkort vor, ist aber zunächst inaktiv. Bei Bedarf wird es – meist auf ein Hormonsignal hin – durch ein aktivierendes Enzym in die katalytisch aktive Form überführt. Andere Enzyme inaktivieren es dann wieder. Auch die Inaktivierung von Enzymen durch Interkonversion wird beobachtet. Interkonversionen bestehen meist in einer *ATP-abhängigen Phosphorylierung* des Enzym-Proteins bzw. seiner Dephosphorylierung durch Phosphatasen (s. S. 110).

Schließlich kann die Aktivität von Schlüsselenzymen durch **Liganden** auch direkt *moduliert* werden (**6**). Besonders häufig ist die Hemmung von Schlüsselenzymen durch unmittelbare Reaktionsprodukte, durch Endprodukte der betreffenden Reaktionskette (*‚feedback'-Hemmung*) oder durch Metabolite aus ganz anderen Stoffwechselwegen.

### B. Isosterische und allosterische Enzymregulation ◑

Die oben genannten Steuer- und Regelmechanismen beeinflussen die Kinetik der betroffenen Enzyme in unterschiedlicher Weise. Man unterscheidet **isosterische** und **allosterische** Vorgänge. Im ersten Fall (**1**) sind die Substrat-Sättigungskurven (s. S. 90) hyperbolisch. Die Aktivität des Enzyms wird gesteuert durch *Änderungen der Substratkonzentration* (**1a**, Substrat: rote Kreise), durch verstärkte oder verminderte *Enzymsynthese* (**1b**) oder durch **Inhibitoren** (**1c**, Inhibitor: offener Kreis). Allosterische Enzyme (**2**) sind fast immer Oligomere. Man erkennt sie an *sigmoidalen Sättigungskurven* (**2a**). Allosterische Enzyme kommen i.a. in zwei Konformationen vor (s. S. 112), einer weniger aktiven *T-Form* (links) und einer aktiveren *R-Form* (rechts). Allosterische Aktivatoren (offene Kreise) erhöhen durch Bindung den Anteil der R-Form (**2b**), während allosterische Inhibitoren (offene Rechtecke) die T-Form stabilisieren (**2c**).

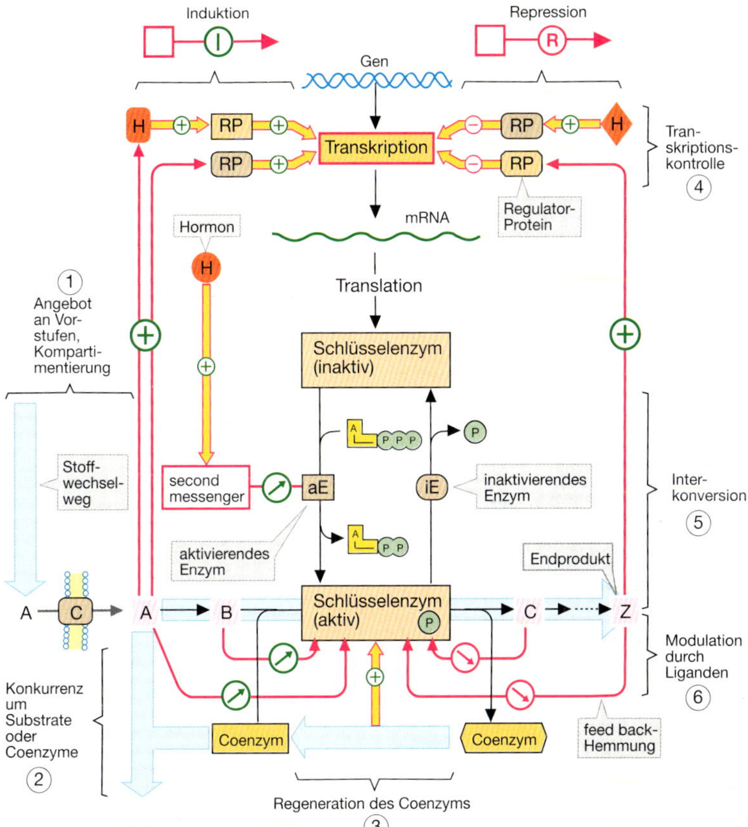


**A. Grundlegende Mechanismen der Stoffwechsel-Regulation**

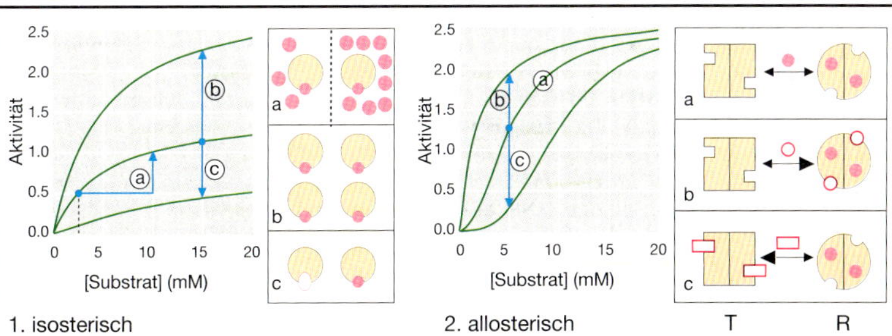


**B. Isosterische und allosterische Enzymregulation**

# Transkriptionskontrolle

## A. Wirkungsweise von Regulator-Proteinen ◑

An der Kontrolle der Gen-Expression sind in allen Zellen *Regulatorproteine* beteiligt, die an bestimmte DNA-Sequenzen binden und so in spezifischer Weise die Transkription von Genen aktivieren oder hemmen (s. S. 222). Meist ist die Wirkung der Regulatorproteine reversibel und *von Liganden abhängig*. Obwohl ständig neue Proteine dieser Art entdeckt werden, kennt man zur Zeit erst einen kleinen Bruchteil. Auch die Nomenklatur ist noch uneinheitlich. Sowohl für die Proteine selbst, als auch für die DNA-Abschnitte, an die sie binden, sind – je nach Wirkungsweise – verschiedene Bezeichnungen in Gebrauch, die nicht immer eindeutig definiert sind. Wir verwenden hier nur einige wenige allgemeine Begriffe: Ein Regulatorprotein, das die Transkription von Genen beeinflußt, bezeichnen wir als **Transkriptionsfaktor**. Blockiert es die Transkription, sprechen wir von einem **Repressor**, sonst von einem **Induktor**. DNA-Sequenzen an welche Regulatorproteine binden, heißen **Kontrollelemente**. Bei Prokaryonten nennt man Kontrollelemente, die der Bindung der RNA-Polymerase dienen, **Promotor**, während für Repressor-bindende Sequenzen die Bezeichnung **Operator** gebräuchlich ist.

Die bekannten Regulatorproteine kann man nach ihrem Wirkungsmechanismus in vier Gruppen einteilen. Die **negative Genregulation**, d. h. das *Abschalten* des betreffenden Gens, wird durch Repressoren bewirkt. Manche Repressoren binden nur in Abwesenheit ihres spezifischen Liganden an die DNA (**1a**). Der Komplex zwischen Repressor und Ligand verliert dagegen die Fähigkeit zur Bindung und gibt die Promotor-Region für die Bindung der RNA-Polymerase frei (**1b**). Vielfach ist es der *freie* Repressor, der nicht bindet, so daß die Transkription nur in Anwesenheit des Liganden blokkiert ist (**2a, 2b**). In ähnlicher Weise kann man bei einer **positiven Genregulation** zwei Fälle unterscheiden. Bindet nur der freie Induktor, wird die Transkription durch den entsprechenden Liganden unterdrückt (**3**). Umgekehrt werden viele Induktoren erst durch Bindung eines Liganden aktiv (**4**). Zu dieser Gruppe gehören z. B. die Rezeptoren der Steroidhormone (s. S. 342).

## B. Lactose-Operon ○

Als Beispiel betrachten wir das **Lactose-Operon** des Bakteriums *E. coli*. Dies ist ein DNA-Abschnitt, der gleichzeitig negativer und positiver Kontrolle unterliegt. Das Operon enthält *Strukturgene* für drei Enzyme, die zur Verwertung von Lactose erforderlich sind sowie *Kontrollelemente*, die der Steuerung des Operons dienen. Da Lactose in der Zelle in Glucose umgewandelt wird, ist die Expression der Gene nicht sinnvoll, wenn Glucose bereits zur Verfügung steht. In der Tat werden die Gene nur transkribiert, wenn *Glucose abwesend* und *Lactose anwesend* ist (**3**). Dies wird durch das Zusammenwirken zweier Regulatorproteine erreicht: Der ***lac*-Repressor** blockiert in Abwesenheit von Lactose die Promotor-Region (**2**). Steht Lactose zur Verfügung, wird daraus die isomere **Allolactose** gebildet, die an den Repressor bindet und ihn so vom Operator ablöst (**3**). Dies genügt jedoch noch nicht zur Transkription der Strukturgene. Zur Bindung der RNA-Polymerase ist ein *Induktor*, das **Katabolit-Aktivator-Protein (CAP)**, erforderlich, das nur an die DNA bindet, wenn es in einem Komplex mit **cAMP** vorliegt. cAMP, in *E. coli* ein Signal für Nährstoffmangel, wird nur in *Abwesenheit* von Glucose gebildet.

Die Wechselwirkung des CAP · cAMP-Komplexes mit der DNA ist in Abb. **5** dargestellt. Jede Untereinheit des dimeren Induktors-Proteins (gelb bzw. orange) bindet ein Molekül cAMP (rot). Der Kontakt mit der DNA (blau) wird durch zwei ‚Erkennungshelices' vermittelt, die in die große Furche der DNA eingreifen.

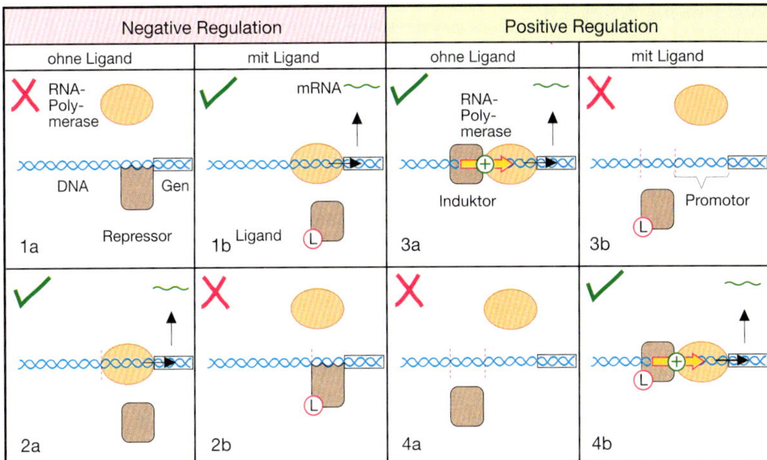


A. Wirkungsweise von Regulator-Proteinen

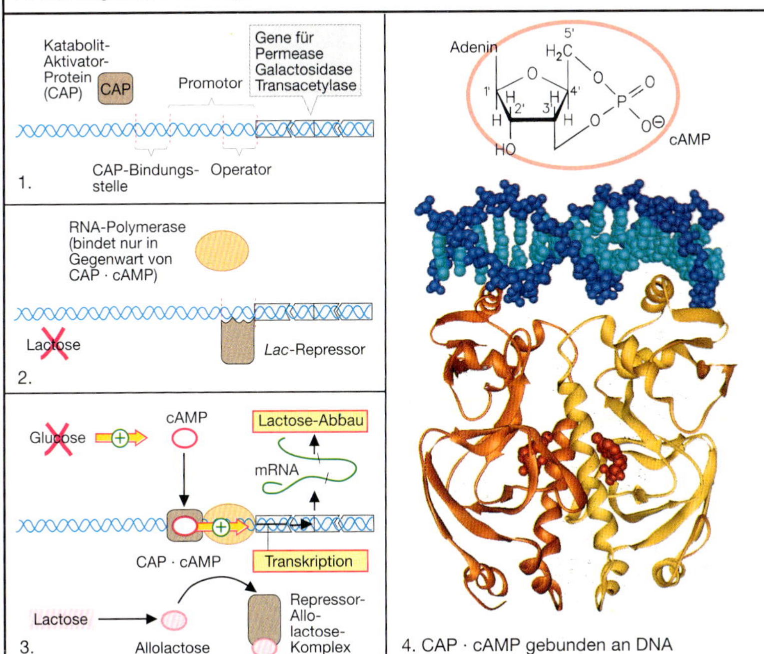


B. Lactose-Operon

## Hormonale Kontrolle

Die enzymkatalysierte Aktivierung bzw. Inaktivierung von Schlüsselenzymen des Intermediär-Stoffwechsels bezeichnet man als **Interkonversion**. Häufig werden solche Prozesse durch Hormone ausgelöst. Hier sind Interkonversionsvorgänge dargestellt, die in der *Leber* an der Steuerung des Glycogen-Stoffwechsels beteiligt sind.

### A. Hormonale Steuerung des Glycogen-Abbaus ◑

Glycogen dient im Organismus als Kohlenhydrat-Speicher, aus dem in Leber und Muskulatur durch Abbau rasch Glucosephosphate mobilisiert werden können (s. S. 156). Die Geschwindigkeit der Glycogen-Synthese wird durch die Aktivität der *Glycogen-Synthase* (unten rechts) bestimmt, während der Abbau durch die *Glycogen-Phosphorylase* (unten links) katalysiert wird. Beide Enzyme wirken an der Oberfläche von unlöslichen Glycogen-Partikeln, wo sie – je nach Stoffwechsellage – aktiv oder inaktiv vorliegen. Im Hunger oder in Stress-Situationen (Kampf, Flucht) benötigt der Organismus vermehrt Glucose. In solchen Situationen werden die Hormone **Adrenalin** und **Glucagon** ausgeschüttet. Sie aktivieren den Glycogen-Abbau und hemmen gleichzeitig die Glycogen-Synthese. Adrenalin wirkt in Muskel und Leber, Glucagon dagegen nur in der Leber.

Beide Hormone binden an ihre **Rezeptoren** in der Plasmamembran (**1**) und aktivieren unter Vermittlung von G-Proteinen eine *Adenylat-Cyclase* (**2**), die aus ATP **cAMP** bildet. Der Spiegel dieses **‚Second messengers'** wird auch durch die cAMP-Phosphodiesterase (**3**) beeinflußt, die cAMP zu AMP hydrolysiert und dadurch unwirksam macht. cAMP bindet nun an ein weiteres Enzym, die *Proteinkinase A*, und aktiviert diese (**4**). Die Proteinkinase A hat zwei verschiedene Angriffspunkte: Zum einen überführt sie durch *Phosphorylierung* mit ATP als Coenzym die aktive Form der *Glycogen-Synthase* in die inaktive D-Form und beendet dadurch den Aufbau von Glycogen (**5**). Zum andern aktiviert sie – ebenfalls durch Phosphorylierung – eine weitere Proteinkinase, die *Phosphorylase-Kinase* (**6**). Die aktive Phosphorylase-Kinase schließlich phosphoryliert die inaktive b-Form der Glycogen-Phosphorylase zur aktiven a-Form (**7**). Diese setzt aus Glycogen Glucose-1-phosphat frei (**8**), das nach Umwandlung in Glucose-6-phosphat in die Glycolyse eingeschleust werden kann (**9**). In der Leber entsteht zusätzlich freie Glucose, die ins Blut gelangt (**10**).

Sinkt der cAMP-Spiegel wieder, werden *Phosphoprotein-Phosphatasen* aktiv (**11**), die die verschiedenen Phosphoproteine der beschriebenen Kaskade dephosphorylieren und damit den Glycogenabbau unterbrechen und die Glycogensynthese wieder in Gang setzen. Diese Vorgänge laufen in wenigen Sekunden ab. Der Glycogen-Stoffwechsel kann sich also rasch auf veränderte Bedingungen einstellen.

### B. Interkonversion der Glycogen-Phosphorylase ○

Die strukturellen Veränderungen, die die Interkonversion der *Glycogen-Phosphorylase* begleiten, wurden durch Röntgen-Kristallographie (s. S. 70) aufgeklärt. Sie sind hier schematisch dargestellt. Das Enzym ist ein *Dimer* mit zweizähliger Symmetrie. Jede Untereinheit trägt ein aktives Zentrum, das im Inneren des Proteins liegt und in der b-Form für Substrate schlecht zugänglich ist. Die Interkonversion beginnt mit der *Phosphorylierung eines Serin-Restes* (Ser-14) in der Nähe des N-Terminus jeder Untereinheit. An die Phosphat-Gruppen binden Arginin-Reste aus gegenüberliegenden Monomeren. Dies löst eine *Konformationsänderung* aus, die die Affinität des Enzyms für den allosterischen Aktivator AMP stark erhöht. Die Wirkung von AMP und der Einfluß der Konformationsänderung auf die aktiven Zentren führen zur höheren Aktivität der a-Form. Nach Abspaltung der Phosphat-Reste kehrt das Enzym spontan in die b-Konformation zurück.

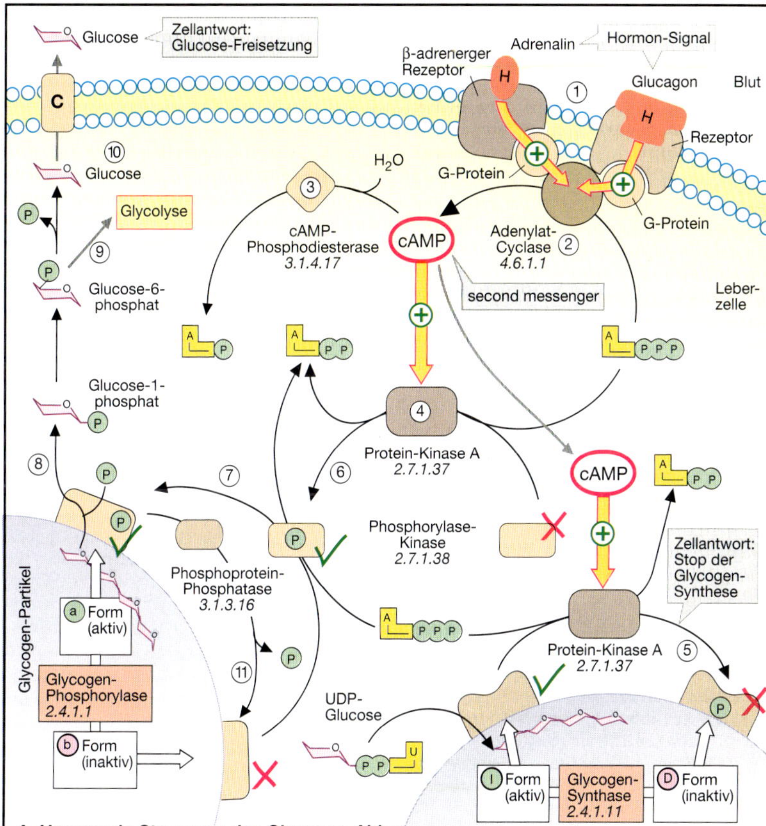


**A. Hormonale Steuerung des Glycogen-Abbaus**

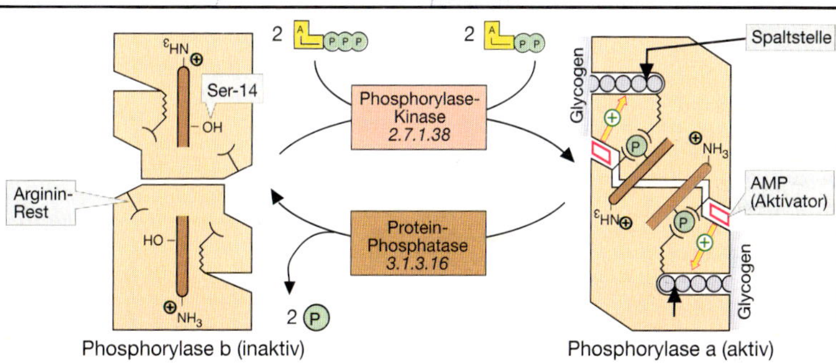


**A. Interkonversion der Glycogen-Phosphorylase**

## Allosterische Regulation

Als Beispiel für die allosterische Enzym-Regulation besprechen wir hier die *Aspartat-Carbamoyltransferase* (**ACTase**, *2.1.3.2*), ein Schlüsselenzym der Pyrimidin-Biosynthese.

### A. Aspartat-Carbamoyl-Transferase: Reaktion ○

Die ACTase katalysiert die Übertragung eines Carbamoyl-Restes von Carbamoylphosphat auf die Amino-Gruppe von L-Aspartat. Das gebildete *N*-Carbamoyl-L-Aspartat enthält bereits alle Atome des späteren Pyrimidin-Rings (s. S. 172). Die ACTase des Bakteriums *E. coli* wird durch Cytidin-triphosphat (CTP), ein Endprodukt des anabolen Pyrimidin-Stoffwechsels, gehemmt, und durch die Vorstufe ATP aktiviert.

### B. Kinetik ○

Im Gegensatz zur Kinetik isosterischer Enzyme (s. S. 90) zeigt die ACTase S-förmige oder **sigmoidale Substratsättigungskurven**. Die Steigung einer solchen Kurve ist ein Maß für die *Affinität* zwischen Enzym und Substrat. Bei allosterischen Enzymen nimmt die Steigung mit steigender Substratkonzentration [A] zunächst zu. Bei höherem [A] nimmt sie wieder ab, weil dann die meisten Substratbindungsstellen besetzt sind. Da die Affinität allosterischer Enzyme mit [A] variiert, kann man sie *nicht* durch eine Konstante, wie die Michaelis-Konstante $K_m$ (s. S. 90), beschreiben. Statt dessen gibt man [A] bei halbmaximaler Geschwindigkeit ($[A]_{0.5}$) an. Der sigmoidale Verlauf der Kurve wird durch den **Hill-Koeffizienten h** beschrieben. Für isosterische Systeme ist h = 1, mit steigender Sigmoidizität nimmt h zu. **Allosterische Effektoren,** wie z. B. CTP und ATP bei der ACTase, verändern sowohl $[A]_{0.5}$ als auch h. Der Inhibitor CTP führt zu einer *Rechtsverschiebung* der Kurve (II), mit einer Zunahme von $[A]_{0.5}$ und h. ATP bewirkt dagegen eine *Linksverschiebung*; es verringert sowohl $[A]_{0.5}$ als auch h (III). Bei einer Aspartat-Konzentration von 5 mM genügen schon 0.5 mM CTP, um die Aktivität der ACTase zu halbieren. Die Aktivierung durch ATP ist bei kleinem [A] am wirksamsten.

### C. R und T-Zustand ○

Allosterische Enzyme sind fast immer *Oligomere* aus mehreren Untereinheiten. Die ACTase besteht aus sechs katalytischen (blau) und sechs regulatorischen Untereinheiten (gelb). Letzere binden die allosterischen Effektoren CTP und ATP. Zwei Konformationen der ACTase kommen nebeneinander vor, ein weniger aktiver **T-Zustand** (engl.: tense) und ein aktiverer **R-Zustand** (engl.: relaxed). Substrate und Effektoren beeinflussen das Gleichgewicht zwischen beiden Zuständen und führen so zu sigmoidalem Sättigungsverhalten: Mit zunehmender Aspartat-Konzentration wird das Gleichgewicht mehr und mehr zur aktiveren R-Form verschoben. Auch ATP stabilisiert durch Bindung an die regulatorischen Untereinheiten die R-Konformation. Bindung von CTP an die gleiche Stelle fördert dagegen den Übergang in den T-Zustand. Die strukturellen Unterschiede zwischen R- und T-Konformation sind im Falle der ACTase besonders dramatisch. Beim T →R-Übergang entfernen sich die katalytischen Untereinheiten um 1.2 nm voneinander, außerdem rotieren die Untereinheiten um die Symmetrieachsen. Die Konformationen der Untereinheiten selbst ändern sich dagegen nur wenig.

### D. Struktur eines Dimeren ○

Beide Untereinheiten der ACTase bestehen aus jeweils zwei *Domänen*, d. h. unabhängig gefalteten Teilstrukturen. Die *N*-terminale Domäne der regulatorischen Untereinheit (rechts) vermittelt die Wechselwirkung mit CTP oder ATP (grün). Eine $Zn^{2+}$-haltige zweite Domäne ($Zn^{2+}$ hellblau) stellt den Kontakt mit der benachbarten katalytischen Untereinheit her. Zwischen den Domänen dieser Untereinheit befindet sich das aktive Zentrum, das hier von zwei Substratanalogen (rot) besetzt ist.

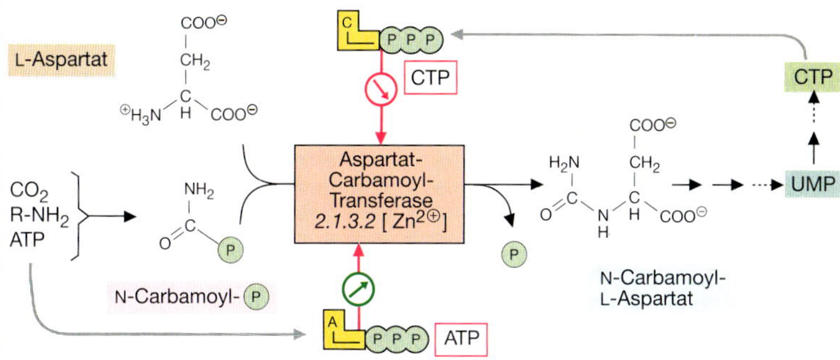


**A. Aspartat-Carbamoyl-Transferase: Reaktion**

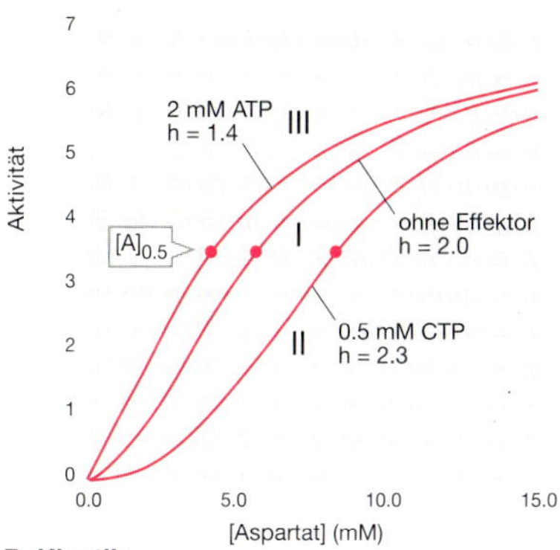


**B. Kinetik**

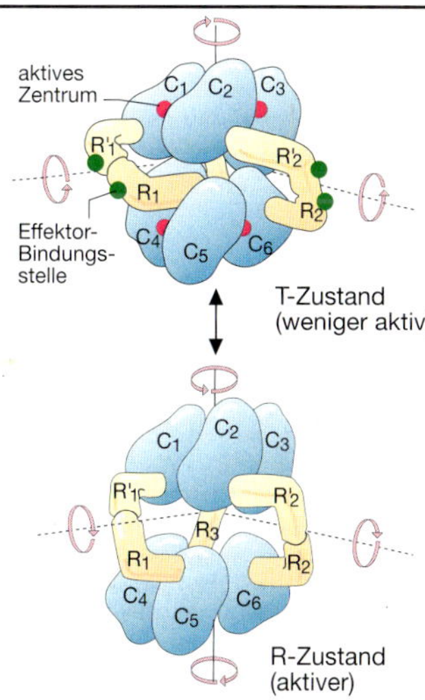


**C. R- und T-Zustand**

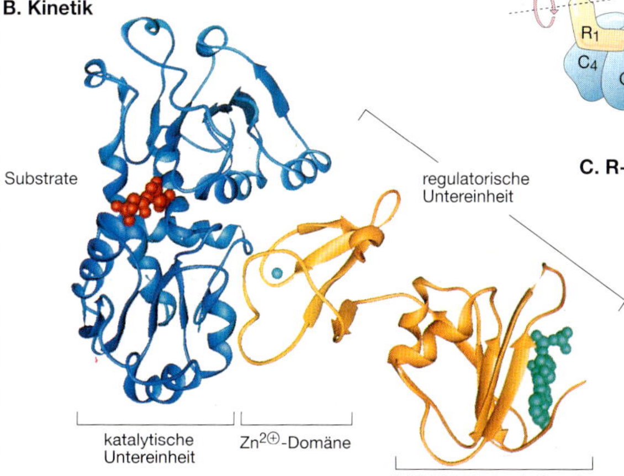


**D. Struktur eines Dimeren**

# ATP

Das Coenzym **Adenosin-triphosphat (ATP)** stellt die wichtigste *Speicherform chemischer Energie* dar. Seine *Spaltung ist stark exergon*. Die dabei gewonnene chemische Energie (ΔG) dient dazu, durch energetische Kopplung (s. S. 10) endergone Vorgänge wie Biosynthesen, Bewegungs- und Transport-Prozesse zu ermöglichen. Die anderen Nucleosid-triphosphat-Coenzyme (GTP, CTP und UTP) haben ähnliche chemische Eigenschaften wie ATP, werden im Stoffwechsel jedoch für andere Aufgaben eingesetzt.

### A. ATP: Struktur ◑

Im ATP ist eine Kette von drei Phosphat-Resten mit der 5′-OH-Gruppe von Adenosin (s. S. 78) verknüpft. Man kennzeichnet die Phosphatreste mit α, β und γ. Die Ribose ist mit dem α-Phosphat durch eine Phosphorsäurediester-Bindung verbunden. Bei den Verknüpfungen zwischen den drei Phosphat-Resten handelt es sich dagegen um erheblich labilere **Phosphorsäureanhydrid-Bindungen**. Bei physiologischen pH-Werten trägt ATP vier negative Ladungen.

### B. Phosphorsäureanhydrid-Bindungen ○

Das in Abb. **A** gezeigte Formelbild der Phosphat-Reste mit Einfach- und Doppelbindungen gibt die tatsächliche Ladungsverteilung nicht richtig wieder: Im ATP sind die Sauerstoff-Atome aller drei Phosphat-Reste etwa gleich stark negativ geladen, während die Phosphor-Atome Zentren positiver Ladung darstellen. Einer der Gründe für die relative Instabilität der Phosphorsäureanhydrid-Bindung ist die *Abstoßung zwischen den negativ geladenen Sauerstoff-Atomen*, die bei der Abspaltung eines Phosphat-Restes teilweise aufgehoben wird. Solche Reaktionen sind deshalb stark exergon (**C**). Bei der Hydrolyse von ATP entsteht zudem ein freies Phosphat-Anion, das besser hydratisiert und wirksamer mesomeriestabilisiert ist als im ATP. Diese Unterschiede tragen ebenfalls zum stark exergonen Charakter der ATP-Hydrolyse bei.

### C. Hydrolyse-Energien ◑

Die Änderung der freien Enthalpie ΔG°′ (s. S. 12) bei der Hydrolyse von Phosphorsäureanhydrid-Bindungen beträgt unter Standardbedingungen -30 bis -35 $kJ \cdot mol^{-1}$. Welche der Bindungen im ATP gespalten wird, hat auf den Wert von ΔG° nur geringen Einfluß. Selbst die Hydrolyse von Diphosphat (**4**) ergibt mehr als -30 $kJ \cdot mol^{-1}$. Dagegen liefert die Spaltung der Esterbindung zwischen Ribose und α-Phosphat nur -9 $kJ \cdot mol^{-1}$.

In der Zelle ist die Änderung der freien Enthalpie ΔG′ der ATP-Hydrolyse noch erheblich größer, weil die Konzentrationen von ATP, ADP und $P_i$ viel niedriger sind als unter Standardbedingungen, und ATP im Überschuß über ADP vorliegt (vgl. S. 12) Auch der pH-Wert und die $Mg^{2+}$-Konzentration beeeinflussen ΔG′. Die *physiologische Energieausbeute* der ATP-Hydrolyse liegt vermutlich bei etwa -50 $kJ \cdot mol^{-1}$.

### D. Energetische Kopplung ◑

Um die chemische Energie der ATP-Hydrolyse für endergone Prozesse nutzbar zu machen, genügt es nicht, die beiden Reaktionen einfach nebeneinander ablaufen zu lassen. In diesem Fall würde die ATP-Hydrolyse lediglich Wärme liefern, ohne den endergonen Vorgang zu beeinflussen. Zur energetischen Kopplung müssen beide Reaktionen so geführt werden, daß ein *gemeinsames Zwischenprodukt* entsteht. Dies ist hier am Beispiel der **Glutamin-Synthetase-Reaktion** dargestellt. Zunächst wird der γ-Phosphat-Rest von *ATP* auf *Glutamat* übertragen. Dabei entsteht ein ‚energiereiches' *gemischtes Säureanhydrid* (**a**). Im zweiten Schritt (**b**) wird der Phosphat-Rest dieser Verbindung durch $NH_3$ verdrängt, und es entstehen *Glutamin* und *freies Phosphat*. Das ΔG°′ der Gesamtreaktion (-16 $kJ \cdot mol^{-1}$) entspricht der Summe der Enthalpieänderungen der beiden Teilreaktionen.

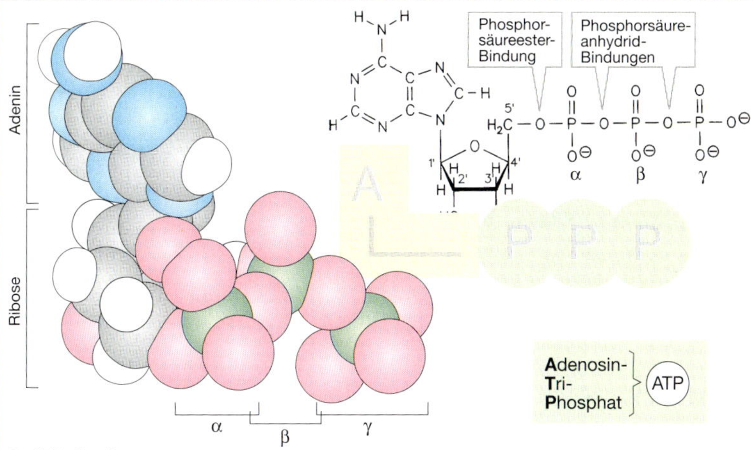


**A. ATP: Struktur**

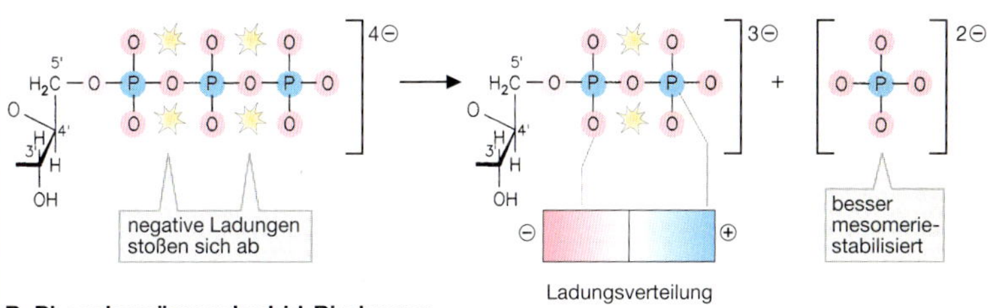


**B. Phosphorsäureanhydrid-Bindungen**

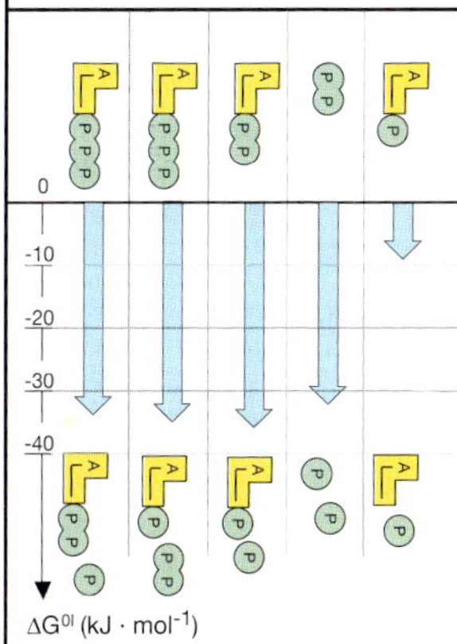


**C. Hydrolyse-Energien**

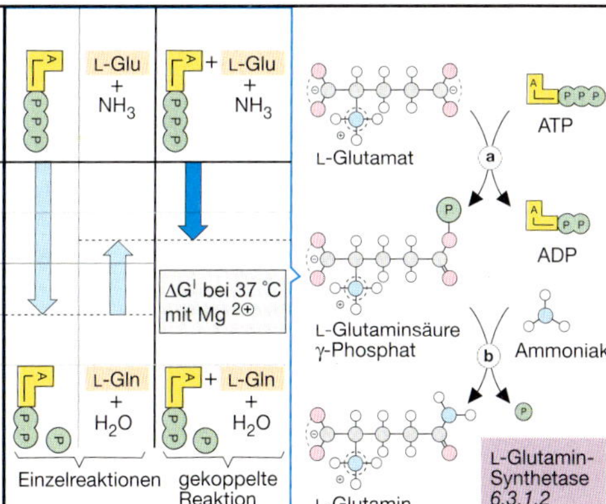


**D. Energetische Kopplung**

# Energiekonservierung an Membranen

Die ATP-Synthese ist stark *endergon*. Um ablaufen zu können, muß sie mit anderen, exergonen Prozesen gekoppelt werden.

## A. Formen der ATP-Bildung ◑

Im Laufe der Evolution haben sich zwei wichtige Formen der ATP-Synthese herausgebildet, die in ähnlicher Weise in allen Zellen stattfinden:

**1.** Die erste, wichtigere Form der ATP-Bildung nutzt die in *elektrochemischen Gradienten* (**B**) gespeicherte Energie zur Bildung von ATP aus ADP und $P_i$. Die Energie zum Aufbau solcher Gradienten wird meist durch Elektronentransport-Ketten, d. h. durch *Redoxprozesse*, aufgebracht. Man spricht deshalb bei dieser Art der ATP-Bildung von **‚oxidativer Phosphorylierung'**. *$H^+$-transportierende ATP-Synthasen* nutzen dann die Energie des Gradienten zur ATP-Bildung. In Eukaryonten ist die oxidative Phosphorylierung nur unter aeroben Bedingungen, d. h. in Gegenwart von Sauerstoff, möglich (s. S. 130).

**2.** Die zweite, entwicklungsgeschichtlich ältere Art der ATP-Bildung findet *auch unter anaeroben Bedingungen* statt. Sie beruht auf der Kopplung der ATP-Bildung an die **Hydrolyse ‚energiereicher' Metabolite**. Als Beispiel ist hier die ATP-Bildung aus *Kreatinphosphat* dargestellt, einer Verbindung, die der Muskulatur als Energiereserve dient (s. S. 304). Formal ist die Phosphat-Übertragung von Kreatinphosphat auf ADP die Summe von Kreatinphosphat-Hydrolyse und ATP-Synthese. Die Enthalpieänderung $\Delta G^{o\prime}$ der Übertragung entspricht also der Summe der Enthalpieänderungen $\Delta G^{o}$, der Teilreaktionen.

Im Stoffwechsel gibt es nur wenige Reaktionen, bei denen anorganisches Phosphat ($P_i$) auf hohes Übertragungspotential gebracht wird. Man bezeichnet solche Vorgänge auch als **‚Substratketten-Phosphorylierung'** (s. S. 136).

## B. Elektrochemischer Gradient ◑

Elektrisch geladene Atome und Moleküle (*Ionen*) können biologische Membranen nur mit Hilfe spezieller Transport-Proteine (Ionenkanäle oder Ionen-‚Pumpen') passieren. Ionen- Pumpen transportieren Ionen *aktiv* (s. S. 206). Sie schaffen damit eine ungleiche Verteilung der Ionen auf beiden Seiten der Membran – ein **elektrochemischer Gradient** baut sich auf, in dem wie in einem Kondensator Energie gespeichert ist.

Wichtig für die zelluläre ATP-Synthese sind **Protonen-Gradienten**. Der Energiegehalt eines solchen Gradienten hängt vom Unterschied der Protonen-Konzentrationen auf beiden Seiten der Membran ab, d. h. von der *pH-Differenz* $\Delta pH$. Die ungleiche Verteilung aller positiven und negativen Ladungen, das *Membranpotential,* leistet ebenfalls einen Beitrag. Aus beiden Größen ergibt sich die **protonenmotorische Kraft $\Delta p$**, ein Maß für die chemische Arbeit $\Delta G$, die der Gradient leistet. So liefert z. B. der Gradient über der inneren Mitochondrienmembran etwa 24 kJ pro mol $H^+$ (s. S. 130).

## C. Energiekonservierung an Membranen ◑

Protonengradienten können auf unterschiedliche Weise aufgebaut werden. Ungewöhnlich ist das **Bakteriorhodopsin** (**1**), eine *lichtgetriebene Protonenpumpe* (s. S. 122). In der Photosynthese (s. S. 118) transportiert *Plastochinon* zusammen mit Elektronen auch Protonen durch die Membran (**2**). Ebenfalls an Redoxprozesse gekoppelt ist der Aufbau des Protonengradienten durch die *Atmungskette* (s. S. 130). Als Beispiel ist die *Cytochrom c-Oxidase* dargestellt (**3**). In allen drei Fällen wird der Gradient von einer *ATP-Synthase* (**4**) verwertet. ATP-Synthasen bestehen aus zwei Komponenten, einem Protonenkanal ($F_o$) und einem Proteinkomplex ($F_1$), der den Protonenfluß auf noch ungeklärte Weise zur ATP-Synthese nutzt.

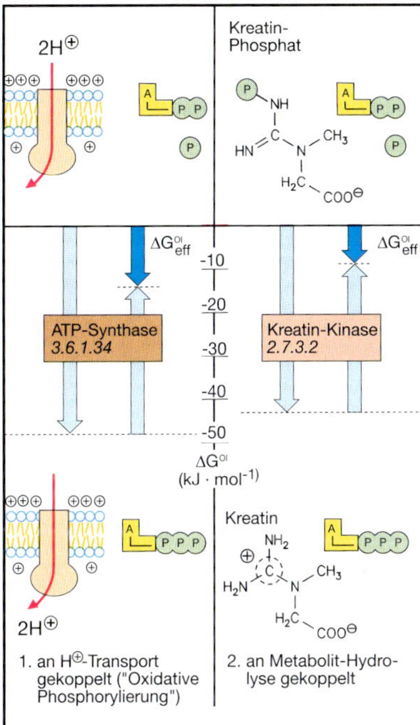


**A. Formen der ATP-Bildung**

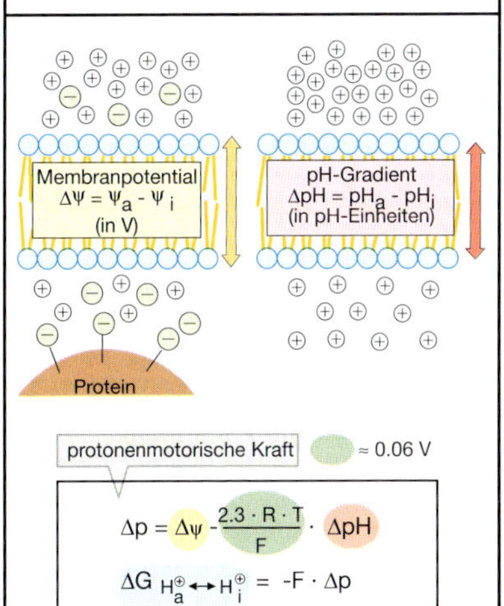


**B. Elektrochemischer Gradient**

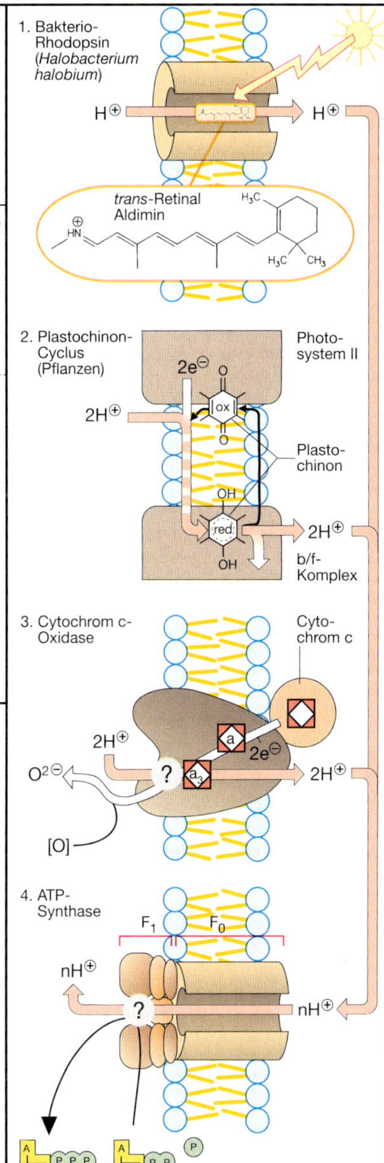


**C. Energiekonservierung an Membranen**

## Photosynthese

Die wichtigste Energiequelle für alle Lebewesen ist das Sonnenlicht. Mit Hilfe der **Photosynthese** wird Lichtenergie genutzt, um aus $CO_2$ und Wasser organische Substanzen aufzubauen. Von dieser Leistung der *photoautotrophen Organismen* ( Pflanzen, Algen, bestimmte Bakterien) profitieren die *heterotrophen* Organismen (z. B. die Tiere), die auf die Zufuhr organischer Substanzen mit der Nahrung angewiesen sind (s. S. 104). Auch der für höhere Organismen lebensnotwendige atmosphärische *Sauerstoff* entstammt der Photosynthese.

### A. Übersicht ◑

Die chemische Bilanz der Photosynthese ist einfach: Aus sechs Molekülen $CO_2$ wird ein Hexosemolekül aufgebaut (rechts). Der für diesen reduktiven Prozeß erforderliche Wasserstoff stammt aus dem Wasser, molekularer Sauerstoff ist dabei lediglich ein Abfallprodukt (links). Lichtenergie wird benötigt, weil Wasser ein sehr schlechtes Reduktionsmittel und deshalb zur Reduktion von $CO_2$ nicht in der Lage ist.

Im lichtabhängigen Teil der Photosynthese, der **‚Lichtreaktion'**, werden $H_2O$-Moleküle in Protonen, Elektronen und Sauerstoff-Atome zerlegt. Die Elektronen werden durch Lichtenergie *‚angeregt'* und auf ein Energieniveau gehoben, das ausreicht, um $NADP^+$ zu reduzieren. Das gebildete NADPH ist im Gegensatz zu $H_2O$ geeignet, $CO_2$ reduktiv zu ‚fixieren', d. h. in organische Bindung zu überführen. Ein weiteres Produkt der Lichtreaktion ist ATP, das ebenfalls für die $CO_2$-Fixierung benötigt wird. Sind NADPH, ATP und die entsprechenden Enzyme verfügbar, kann die $CO_2$-Fixierung auch im Dunkeln ablaufen; sie wird deshalb als **‚Dunkelreaktion'** bezeichnet.

Die Anregung der Elektronen zur NADPH-Bildung ist ein komplizierter photochemischer Prozess, an dem **Chlorophyll** beteiligt ist, ein $Mg^{2+}$-haltiger *Tetrapyrrol*-Farbstoff mit einem zusätzlichen Phytol-Rest.

### B. Lichtreaktion ○

In Grünalgen und höheren Pflanzen findet die Photosynthese in **Chloroplasten** statt. Dies sind Organellen, die – ähnlich den Mitochondrien – von zwei Membranen umgeben sind und eigene DNA enthalten. In ihrem Inneren, dem *Stroma*, befinden sich die *Thylakoide*, abgeflachte Membransäckchen, die vielfach zu *Grana* gestapelt sind. Das Innere der Thylakoide bezeichnet man als *Lumen*. Die Lichtreaktion wird von Enzymen der Thylakoid-Membran katalysiert, die Dunkelreaktion findet im Stroma statt. Ähnlich wie in der Atmungskette (s. S. 130) werden bei der Lichtreaktion Elektronen stufenweise von einem Redoxsystem zum nächsten weitergegeben, es existiert eine **Elektronentransport-Kette**. Im Vergleich zur Atmungskette ist die Transportrichtung allerdings *umgekehrt*: In der Atmungskette fließen Elektronen von NADH auf $O_2$, und es entstehen Wasser und nutzbare Energie. In der Photosynthese werden Elektronen *unter Energieaufwand* dem Wasser entnommen und auf $NADP^+$ übertragen. Der photosynthetische Elektronentransport verläuft also energetisch ‚bergauf'. Um ihn überhaupt zu ermöglichen, wird der Transport an zwei Stellen durch *Absorption von Lichtenergie* angeregt. Dies geschieht in zwei **Photosystemen**, Proteinkomplexen, die zahlreiche Chlorophyll-Moleküle und weitere Pigmente enthalten (s. S. 120). Eine weitere Komponente der Transportkette ist der **Cytochrom b/f-Komplex**, ein Aggregat integraler Membranproteine, das zwei Cytochrome ($b_{563}$ und f) enthält. Als mobile Elektronenüberträger fungieren das dem Ubichinon vergleichbare **Plastochinon** und zwei lösliche Proteine, das kupferhaltige **Plastocyanin** und das **Ferredoxin**. Am Ende der Kette steht ein Enzym, das die Elektronen auf $NADP^+$ überträgt. Da im Lumen Protonen aus $H_2O$-Molekülen freigesetzt werden, und der Cytochrom b/f-Komplex Protonen aus reduziertem Plastochinon ins Lumen abgibt, baut der photosynthetische Elektronentransport einen **elektrochemischen Gradienten** auf, der zur ATP-Bildung genutzt wird.

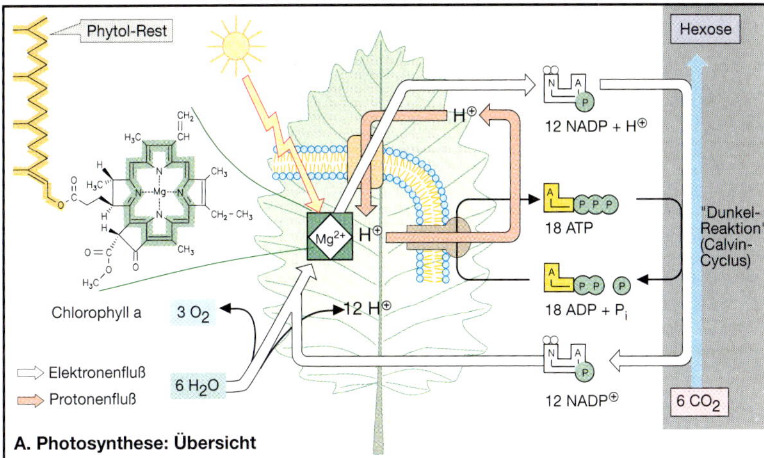


**A. Photosynthese: Übersicht**

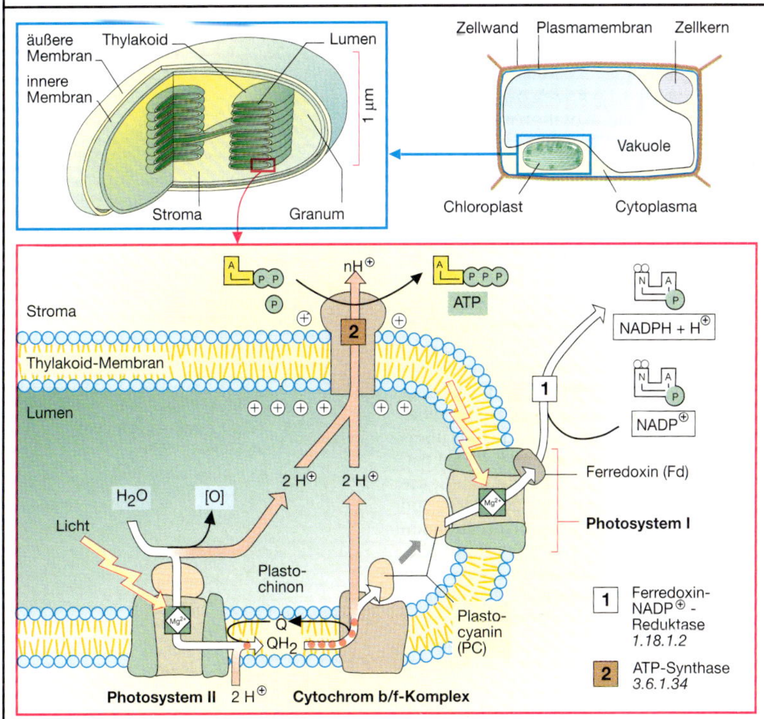


**B. Lichtreaktion**

# Photosynthese: Dunkelreaktion

## A. Photosystem II ○

Die photosynthetische Elektronentransport-Kette der Pflanzen beginnt im **Photosystem II** (PS II, s. S. 118). Das PS II besteht aus mehreren Protein-Untereinheiten (braun) und daran gebundenen **Pigmenten**, d. h. Farbstoff-Molekülen, die an der Absorption und Weitergabe der Lichtenergie beteiligt sind. In der schematischen Übersicht über das PS II (**1**) sind nur die wichtigsten Pigmente eingezeichnet: ein spezielles Chlorophyll-Molekül, das *Reaktionszentrum* $P_{680}$, ein benachbartes $Mg^{2+}$-freies Chlorophyll (*Phäophytin*) und zwei gebundene *Plastochinone* ($Q_A$ und $Q_B$). Ein drittes Chinon ($Q_P$) ist nicht am PSII gebunden; es gehört zum Plastochinon-,*Pool*'. Die weißen Pfeile deuten die Richtung des Elektronen-Flusses vom Wasser auf $Q_P$ an. Nur etwa 1 % der Chlorophyll-Moleküle im PSII sind *direkt* an der photochemischen Elektronenanregung beteiligt. Die meisten befinden sich zusammen mit weiteren Pigmenten in **Lichtsammel-Komplexen** (grün). Die Energie von Lichtquanten, die dort auftreffen, kann zum Reaktionszentrum weitergeleitet und so ebenfalls nutzbar gemacht werden.

In Abb. **2** ist der photosynthetische Elektronentransport im PSII in Teilschritte zerlegt. Die von den Lichtsammel-Komplexen kommende Lichtenergie (**a**) überführt ein Elektron des Chlorophyll-Moleküls im Reaktionszentrum in einen angeregten Zustand. Das angeregte Elektron wird sofort an das benachbarte **Phäophytin** weitergegeben. Dadurch verbleibt im Reaktionszentrum eine ,Elektronenlücke', d. h. ein positiv geladenes $P_{680}$-Radikal (**b**). Diese Lücke wird nun mit einem Elektron aufgefüllt, das vom **wasserspaltenden Enzym** einem $H_2O$-Molekül entnommen wurde (**b**). Das angeregte Elektron gelangt vom Phäophytin über $Q_A$ nach $Q_B$ und überführt dieses in ein *Semichinon-Radikal* (**c**). Durch ein zweites angeregtes Elektron wird $Q_B$ zum *Hydrochinon* reduziert (**d**) und dann gegen ein oxidiertes Chinon ($Q_P$) aus dem Plastochinon-,Pool' ausgetauscht.

## B. Redoxreihen ○

An den *Normalpotentialen* $E^{o\prime}$ (s. S. 28) der wichtigsten Redox-Systeme der Lichtreaktion erkennt man, daß *zwei* Anregungsvorgänge nötig sind, um Elektronen von $H_2O$ auf $NADP^+$ zu übertragen. Steht kein $NADP^+$ zur Verfügung, kann der photosynthetische Elektronentransport immer noch zur ATP-Bildung genutzt werden: Bei der **cyclischen Photophosphorylierung** kehren Elektronen vom Ferredoxin (Fd) über den Plastochinon-,Pool' wieder zum b/f-Komplex zurück. Diese Art des Elektronentransports erzeugt kein NADPH, führt aber zum Aufbau eines $H^+$-Gradienten und damit zur ATP-Synthese.

## C. Calvin-Cyclus ○

Die Synthese von Hexosen aus $CO_2$ ist hier nur schematisch dargestellt; ein vollständiges Reaktionsschema findet sich auf S. 363. Die eigentliche **$CO_2$-Fixierung**, d. h. die Überführung von $CO_2$ in organische Bindung, wird durch die *Ribulose-bisphosphat-Carboxylase/Oxygenase* (kurz: ,Rubisco') katalysiert. Die Rubisco ist vermutlich das häufigste Enzym auf der Erde. Sie wandelt **Ribulose-1,5-bisphosphat**, $CO_2$ und Wasser in zwei Moleküle **3-Phosphoglycerat** um. Dieses wird über **1,3-Bisphosphoglycerat** und 3-Phosphoglycerat in **Glyceral-3-phosphat** überführt. Aus 6 mol $CO_2$ entstehen so 12 mol Glyceral-3-phosphat. 2 mol dieses Zwischenprodukts werden durch Reaktionen der Gluconeogenese zu **Glucose-6-phosphat** aufgebaut (unten rechts). Aus den restlichen 10 mol werden 6 mol Ribulose-1,5-bisphosphat regeneriert, und der Cyclus beginnt von neuem. ATP dient im Calvin-Cyclus zur Phosphorylierung von 3-Phosphoglycerat bzw. Ribulose-5-phosphat. NADPH, das zweite Produkt der Lichtreaktion, wird bei der Reduktion von 1,3-Bisphosphoglycerat zu Glyceral-3-phosphat verbraucht.

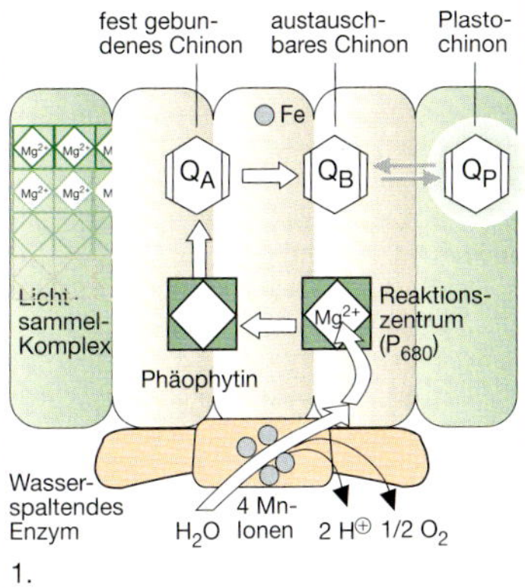

1.

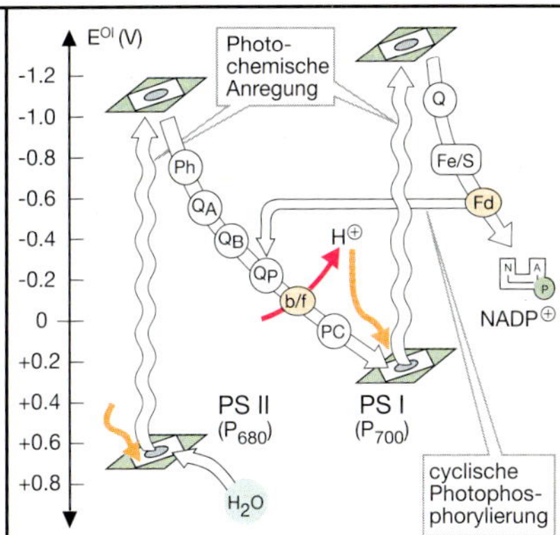

**B. Redoxreihen**

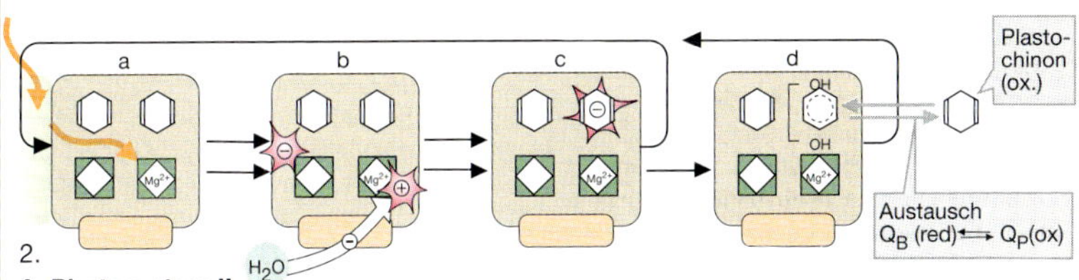

2.

**A. Photosystem II**

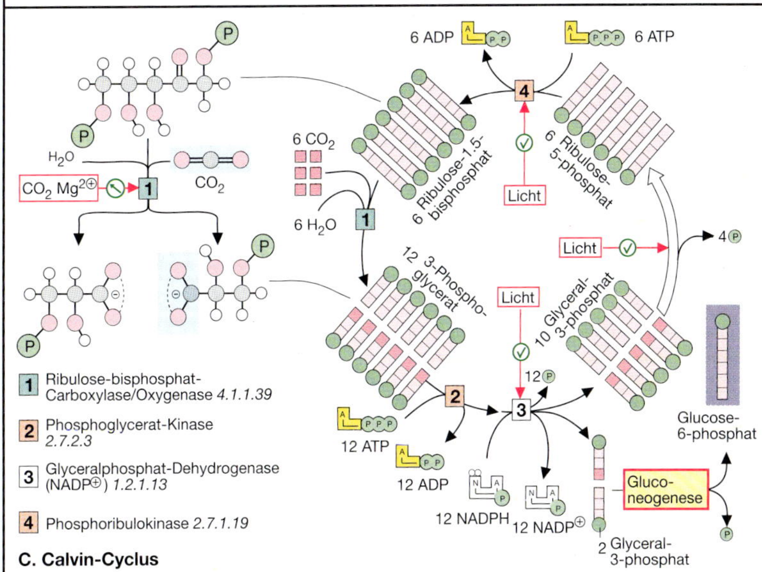


1 Ribulose-bisphosphat-Carboxylase/Oxygenase *4.1.1.39*

2 Phosphoglycerat-Kinase *2.7.2.3*

3 Glyceralphosphat-Dehydrogenase ($NADP^{\oplus}$) *1.2.1.13*

4 Phosphoribulokinase *2.7.1.19*

**C. Calvin-Cyclus**

# Molekülmodelle: Bakteriorhodopsin, Reaktionszentrum

Gezeigt wird das **Bakteriorhodopsin** des Bakteriums *Halobacterium halobium* und das **Photosystem** des Purpurbakteriums *Rhodopseudomonas viridis*. Beide gehören zu den wenigen Transmembran-Proteinen, deren Aufbau man im Einzelnen kennt und stellen zudem Modellsysteme dar, an denen man grundlegende Mechanismen des Energiestoffwechsels erstmals im Detail untersuchen konnte. Die Strukturen sind stark vereinfacht dargestellt.

## A. Bakteriorhodopsin ○

Bakterien der Gattung *Halobium* wachsen noch bei extrem hohen Salzkonzentrationen, z. B. in Salzseen. Ihre Plasmamembran enthält ein Protein, das dem Rhodopsin des Auges (s. S. 318) ähnelt, und deshalb als **Bakteriorhodopsin** bezeichnet wird. Es hat die ungewöhnliche Fähigkeit, Licht direkt zum Aufbau eines elektrochemischen Gradienten nutzen zu können (s. S. 116). Grundlage dieses Vorgangs ist wie beim Sehen eine durch Licht ausgelöste *cis-trans*-Isomerisierung von Retinal.

Fast der gesamte Proteinanteil des Bakteriorhodopsin wird von sieben α-Helices (blau) gebildet, die die Membran durchspannen und einen abgeflachten Hohlzylinder bilden. (Der Rest des Moleküls und die meisten Seitenketten sind nicht dargestellt). Im Inneren des Zylinders ist die Aldehyd-Gruppe des Retinal-Moleküls (orange) mit der Amino-Gruppe eines Lysin-Restes (rot) kovalent verknüpft. Im Dunkeln liegt das Retinal in der all-*trans*-Form vor und die Aldimin-Gruppe ist protoniert (s. S. 116). Durch *Belichtung* lagert sich das Retinal in die 13-*cis*-Form um. Dabei wird das Proton der Aldimin-Gruppe abgespalten und über zwei Aspartat-Reste (hellblau) nach außen ‚gepumpt'. Nach Rückkehr des Retinals in die all-*trans*-Form bindet die Aldimin-Gruppe wieder ein Proton. Es stammt aus dem Zellinneren (in Abb. **2** oben) und gelangt über einen weiteren Aspartat-Rest (grün) zum Retinal.

## B. Reaktionszentrum von *Rhodopseudomonas viridis* ○

Das Photosystem des Purpurbakteriums *Rhodopseudomonas viridis* ist ähnlich aufgebaut wie das Photosystem II der höheren Pflanzen. Die Aufklärung der Struktur des bakteriellen Systems durch *J. Deisenhofer, H. Michel* und *R. Huber* (1985) war deshalb ein entscheidender Schritt zum Verständnis der Lichtreaktion bei der Photosynthese (s. S. 118).

Im Modell ist nur derjenige Teil des Komplexes gezeigt, der die Membran durchspannt. Die ungefähre Ausdehnung der Membran ist durch einige Lipid-Moleküle (links und rechts) angedeutet. Sechs *Transmembran-Helices* aus drei Untereinheiten (in verschiedenen Blautönen wiedergegeben) umhüllen einen Raum im Membraninneren, der mit einer Kette von *Pigment-Molekülen* angefüllt ist (einige Pigmente, die nicht direkt am Elektronentransport teilnehmen, wurden weggelassen). Das Prinzip des photosynthetischen Elektronentransports wird auf S. 120 eingehender besprochen.

Bei *R. viridis* nehmen zwei eng benachbarte Chlorophyll-Moleküle, das *‚spezielle Paar'* (grün, $Mg^{2+}$ rot), die Lichtenergie auf. Das Absorptionsmaximum dieser Moleküle liegt bei 870 nm, das bakterielle Reaktionszentrum wird deshalb auch als $P_{870}$ bezeichnet. Schon wenige Picosekunden (1ps = $10^{-12}$ s) nach der Anregung wird das angeregte Elektron vom Reaktionszentrum auf ein benachbartes, magnesiumfreies *Phäophytin*-Molekül (orange) übertragen. Von dort wird es im Laufe von etwa 200 ps an das fest gebundene *Chinon* $Q_A$ (links oben, gelb) weitergegeben. Im gleichen Zeitraum wird auch die Elektronen-Lücke im ‚speziellen Paar' wieder aufgefüllt. Nach etwa 0.2 ms gelangt das angeregte Elektron zum austauschbaren *Chinon* $Q_B$ (rechts oben, gelb). Mit diesem Molekül verläßt es schließlich das Photosystem.

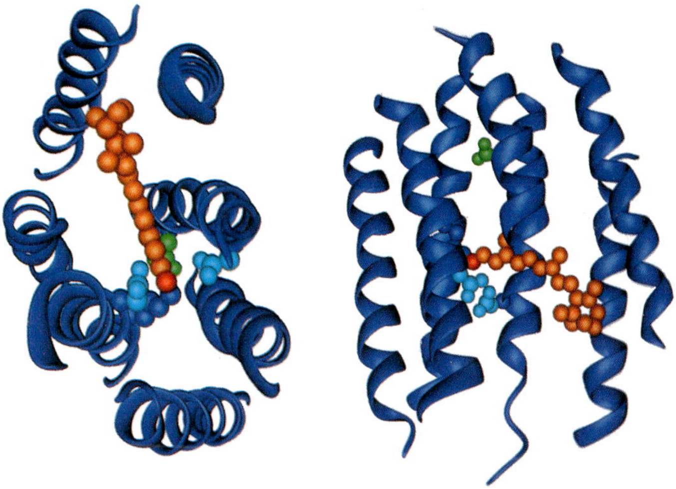

1. Aufsicht Retinal 2. Seitenansicht

**A. Bakteriorhodopsin**

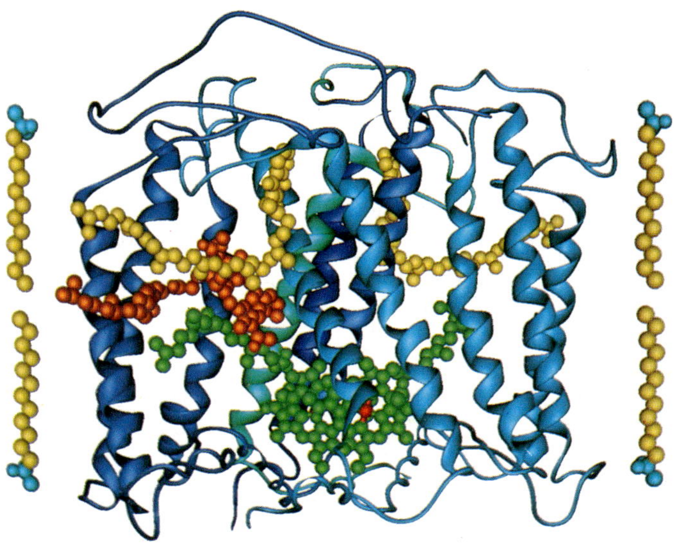

**B. Reaktionszentrum von *Rhodopseudomonas viridis***

## Oxosäure-Dehydrogenasen

Im Intermediär-Stoffwechsel gibt es *Multienzym-Komplexe*, die in einer komplizierten, mehrstufigen Reaktion die oxidative Decarboxylierung von 2-Oxosäuren und die Übertragung des gebildeten Acyl-Restes auf Coenzym A katalysieren. Als Elektronen-Akzeptor fungiert das $NAD^+$. Außerdem sind Thiamin-diphosphat, Liponamid und FAD an der Reaktion beteiligt. Zu diesen Oxosäure-Dehydrogenasen gehören a) der **Pyruvat-Dehydrogenase-Komplex** (PDH, Pyruvat →Acetyl-CoA), b) der **2-Oxoglutarat-Dehydrogenase-Komplex** im Citrat-Cyclus (ODH, 2-Oxoglutarat → Succinyl-CoA) und c) der am Abbau von Valin, Leucin und Isoleucin beteiligte **Verzweigtketten-Dehydrogenase-Komplex** (s. S. 367). Als Beispiel betrachten wir den PDH-Komplex.

### A. Pyruvat-Dehydrogenase: Reaktion ◑

An der Pyruvat-Dehydrogenase-Reaktion sind drei verschiedene Enzyme [1–3] beteiligt. Die *Puruvat-Dehydrogenase* [E1] katalysiert die Decarboxylierung von *Pyruvat*, die Übertragung des gebildeten Hydroxyethyl-Restes auf **Thiamin-diphosphat** (TPP, **1a**) sowie die *Oxidation* der Hydroxyethyl-Gruppe zum Acetyl-Rest. Dieser Rest und die gewonnenen Reduktionsäquivalente werden auf **Liponamid** übertragen (**1b**). Ein weiteres Enzym, die *Dihydroliponamid-Acetyltransferase* [E2] überträgt den Acetyl-Rest von Liponamid auf **Coenzym A** (**2**), wobei reduziertes Dihydroliponamid zurückbleibt. Dieses wird schließlich vom dritten Enzym, der *Dihydroliponamid-Dehydrogenase* [E3] unter Bildung von **NADH+H⁺** wieder zu Liponamid oxidiert (**3**). Die Elektronen werden dabei zunächst von **FAD** und von einer katalytisch wirksamen Disulfid-Brücke der E3-Untereinheit übernommen, bevor sie auf gelöstes $NAD^+$ übertragen werden.

Die fünf beteiligten **Coenzyme** sind mit den Enzymkomponenten in unterschiedlicher Weise assoziiert. Thiamin-diphosphat ist nicht-kovalent an E1 gebunden, das Liponamid ist kovalent mit einem Lysin-Rest von E2 verknüpft, und FAD ist als *prosthetische Gruppe* (s. S. 100) an E3 gebunden. $NAD^+$ und Coenzym A sind als *lösliche Coenzyme* nur vorübergehend mit dem Komplex assoziiert.

### B. Pyruvat-Dehydrogenase-Komplex von *E. coli* ○

Der PDH-Komplex des Bakteriums *Escherichia coli* ist besonders gut untersucht. Er hat eine Molmasse von $5.3 \cdot 10^6$ und ist mit einem Durchmesser von über 30 nm größer als ein Ribosom. Der Komplex besteht aus insgesamt 60 Polypeptiden: 24 Moleküle E2 (8 Trimere) bilden den annähernd würfelförmigen Kern des Komplexes. Auf den sechs Flächen dieses Würfels sitzen jeweils Dimere aus E3-Komponenten auf, während die zwölf Kanten des Würfels mit dimeren E1-Molekülen besetzt sind. Die anderen Oxosäure-Dehydrogenase-Komplexe sind ähnlich aufgebaut, können sich aber in der Zahl der Untereinheiten und in ihren Molmassen unterscheiden.

Die räumlichen Beziehungen zwischen den Bestandteilen des Komplexes sind für die Katalyse besonders wichtig. Das Liponsäure-Coenzym ist wegen seiner Verknüpfung mit einer Lysin-Seitenkette von E2 sehr beweglich. Der etwa 1.4 nm lange *Liponamid-Arm* schwingt während der Katalyse zwischen E1 und E3 hin und her (**3**). Auf diese Weise kann die Liponsäure sowohl mit dem an E1 gebundenen Thiamin-diphosphat als auch mit gelöstem Coenzym A und dem als Elektronen-Akzeptor dienenden FAD in E3 in Wechselwirkung treten. Die Protein-Domäne der Acetyltransferase, an der die Liponsäure gebunden ist, ist sehr flexibel. Dies erhöht die Reichweite des Liponamid-‚Armes' noch mehr.

Die **Regulation** des tierischen PDH-Komplexes wird auf S. 132 behandelt.

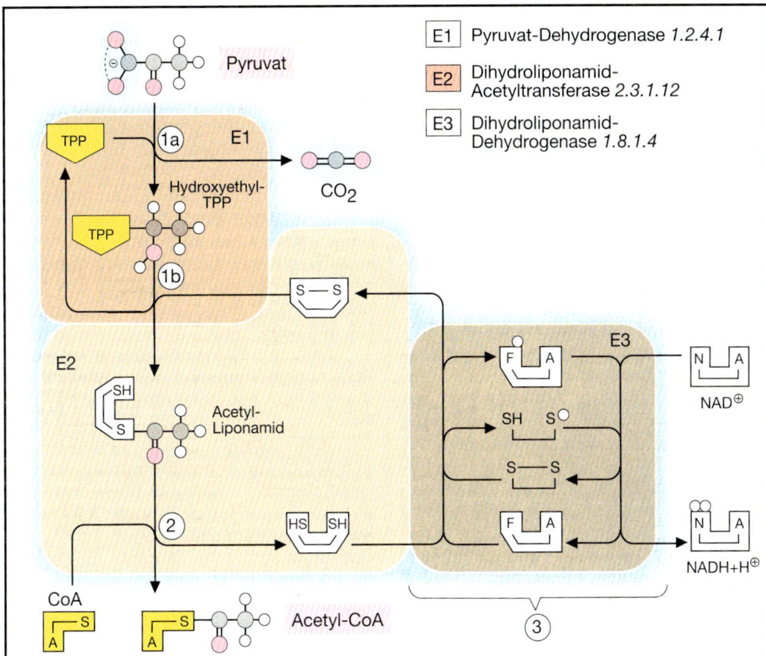


**A. Pyruvat-Dehydrogenase: Reaktion**

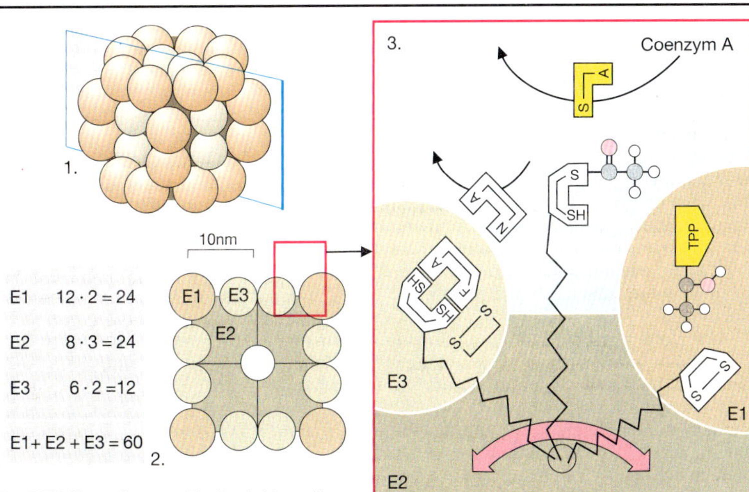


**B. PDH-Komplex von *Escherichia coli***

## Citrat-Cyclus: Reaktionen

Der **Citrat-Cyclus**, ein Stoffwechselweg in der Mitochondrien-Matrix, oxidiert Acetyl-Reste ($CH_3$-CO-) zu Kohlendioxid ($CO_2$). Die gewonnenen Reduktionsäquivalente werden auf $NAD^+$ oder Ubichinon übertragen, und von dort an die Atmungskette (s. S. 130) weitergeben. Weitere Funktionen des Cyclus im Stoffwechsel werden auf S. 128 besprochen.

### A. Reaktionen ◑

Das Acetyl-CoA, das den Cyclus mit Acetyl-Resten speist, stammt vor allem aus der *ß-Oxidation* der Fettsäuren (s. S. 140) und aus der *Pyruvat-Dehydrogenase-Reaktion* (s. S. 124). Beide Prozesse finden ebenfalls in der Mitochondrien-Matrix statt.

Die Oxidation des Acetyl-Restes verläuft über eine Reihe von Zwischenstufen: Zunächst wird der Acetyl-Rest, katalysiert durch die *Citrat-Synthase* [1], auf das Trägermolekül **Oxalacetat** übertragen. Vom Produkt dieser Reaktion, dem **Citrat**, hat der Cyclus seinen Namen. Im nächsten Schritt [2] wird Citrat zu **Isocitrat** isomerisiert. Dabei wird lediglich die Hydroxy-Gruppe innerhalb des Moleküls verschoben. Weil als enzymgebundenes Zwischenprodukt das ungesättigte *Aconitat* auftritt (nicht gezeigt), heißt das katalysierende Enzym [2] *Aconitat-Hydratase* (,Aconitase')

Aufgrund der Eigenschaften der Aconitat-Hydratase verläuft die Isomerisierung absolut *stereospezifisch*: Während Citrat nicht chiral ist, enthält Isocitrat zwei chirale Zentren (s. S. 56), könnte also in *vier* isomeren Formen auftreten. Im Citrat-Cyclus ensteht aber nur eines dieser Stereoisomere, das sogenannte (*2S,3R*)-Isocitrat.

Nun folgt der erste Oxidationsschritt: Die *Isocitrat-Dehydrogenase* [3] oxidiert die Hydroxy-Gruppe des Isocitrats zur Oxo-Gruppe. Gleichzeitig wird eine der Carboxy-Gruppen als $CO_2$ abgespalten, und es entsteht **2-Oxoglutarat**. Auch der nächste Schritt [4] zum **Succinyl-CoA** umfaßt eine Oxidation und eine Decarboxylierung. Er wird durch einen Multienzym-Komplex, die *2-Oxoglutarat-Dehydrogenase* katalysiert (Oxosäure-Dehydrogenase-Komplexe werden auf S. 124 näher besprochen). Die nachfolgende Spaltung von Succinyl-CoA in **Succinat** und Coenzym A durch die *Succinat-CoA-Ligase* (,Thiokinase' [5]) ist stark *exergon* und wird zur Synthese einer Phosphorsäure-Anhydrid-Bindung genutzt. Allerdings entsteht hier nicht wie bei den meisten Reaktionen dieser Art ATP, sondern **Guanosin-triphosphat (GTP)**, das aber leicht in ATP umgewandelt werden kann (nicht gezeigt).

Durch die bisher beschriebenen Reaktionen wird der Acetyl-Rest vollständig zu $CO_2$ oxidiert. Gleichzeitig wird aber auch das Trägermolekül Oxalacetat zu Succinat reduziert. Drei weitere Reaktionen des Cyclus regenerieren nun aus Succinat wieder Oxalacetat: Zunächst wird durch die *Succinat-Dehydrogenase* [6] Succinat zu **Fumarat** oxydiert. Im Gegensatz zu den anderen Enzymen des Cyclus ist die Succinat-Dehydrogenase ein integrales Protein der inneren Mitochondrien-Membran. Sie wird deshalb auch der Atmungskette zugerechnet (s. S. 130). Die Succinat-Dehydrogenase enthält FAD als prosthetische Gruppe, eigentlicher Elektronen-Akzeptor der Reaktion ist aber das **Ubichinon**. An die Doppelbindung des Fumarats wird nun durch die *Fumarat-Hydratase* (,Fumarase', [7]) Wasser addiert und es entsteht das chirale **(2S)-Malat**. Im letzten Schritt des Cyclus wird Malat durch die *Malat-Dehydrogenase* [8] wieder zu Oxalacetat oxidiert, wobei noch einmal $NADH+H^+$ ensteht. Damit ist der Kreis geschlossen, und der Cyclus kann von Neuem beginnen.

In der **Bilanz** entstehen pro mol Acetyl-Rest im Citrat-Cyclus 2 mol $CO_2$, 3 mol $NADH+H^+$ und 1 mol reduziertes Ubichinon. Durch oxidative Phosphorylierung (s. S. 116) gewinnt die Zelle aus diesen reduzierten Coenzymen letztlich 11 mol ATP, zusammen mit dem direkt gebildeten GTP also insgesamt 12 mol.

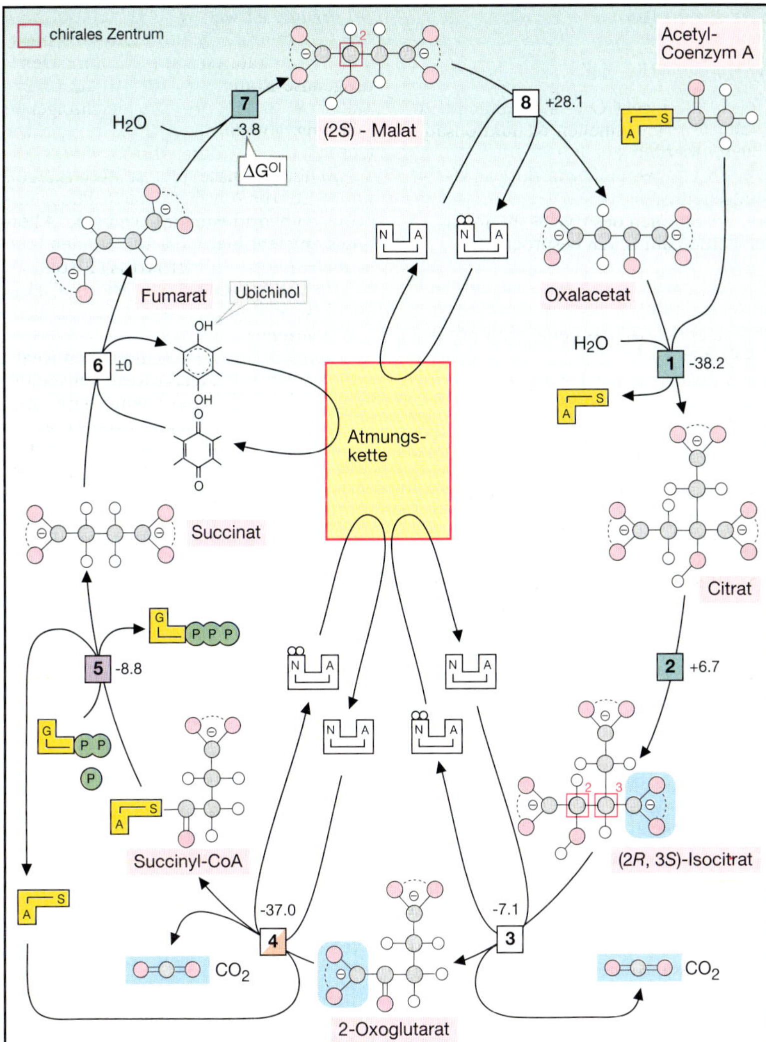


| | | |
|---|---|---|
| **1** Citrat-Synthase *4.1.3.7* | **4** 2-Oxoglutarat-DH-Komplex *1.2.4.2, 1.8.1.4, 2.3.1.61* | **6** Succinat-DH *1.3.5.1* [FAD, $Fe_2S_2$, $Fe_4S_4$] |
| **2** Aconitat-Hydratase *4.2.1.3* [$Fe_4S_4$] | **5** Succinat-CoA-Ligase *6.2.1.4* | **7** Fumarat-Hydratase *4.2.1.2* |
| **3** Isocitrat-DH *1.1.1.41* | DH = Dehydrogenase | **8** Malat-DH *1.1.1.37* |

**A. Citrat-Cyclus**

# Citrat-Cyclus

## A. Metabolische Funktionen ◑

Der Citrat-Cyclus (s. S. 126) wird oft anschaulich als ‚Drehscheibe des Intermediär-Stoffwechsels' bezeichnet. Tatsächlich hat er sowohl katabole als auch anabole Funktionen (s. S. 104), er ist **amphibol**. Viele *katabole* Stoffwechselwege erzeugen Zwischenprodukte des Citrat-Cyclus oder Metabolite wie Pyruvat oder Acetyl-CoA, die in den Cyclus einfließen können. Dort werden sie bei Bedarf zu $CO_2$ oxidiert. Die gewonnenen Reduktionsäquivalente dienen zur *oxidativen Phosphorylierung*, d. h. zur Bildung von ATP.

Der Citrat-Cyclus liefert aber auch wichtige *Vorstufen für anabole Wege*. Vom Citrat-Cyclus gespeist werden z. B. die Biosynthese-Wege der **Glucose** (oben rechts), der **Porphyrine** (unten links) und der meisten **Aminosäuren**.

Auch an der Bereitstellung von **Acetyl-CoA** zur Biosynthese von Fettsäuren und Isoprenoiden im Cytoplasma ist der Citrat-Cyclus beteiligt. Acetyl-CoA selbst kann die innere Mitochondrien-Membran nicht passieren. Es wird durch die mitochondriale Citrat-Synthase mit Oxalacetat zu Citrat kondensiert. Citrat verläßt im Antiport gegen Malat (s. S. 196) die Mitochondrien (Mitte rechts). Im Cytoplasma wird Citrat durch die ATP-abhängige *Citrat-Lyase* wieder in Acetyl-CoA und Oxalacetat gespalten. Das Oxalacetat wird dann durch eine cytoplasmatische *Malat-Dehydrogenase* zu Malat reduziert, das über den schon erwähnten Antiport ins Mitochondrium zurückkehrt.

Die Zwischenprodukte des Citrat-Cyclus liegen in den Mitochondrien nur in sehr geringen Mengen vor. Bei der Oxidation von Acetyl-CoA werden sie immer wieder regeneriert, ihre Konzentrationen bleiben also im zeitlichen Mittel konstant. Im Gegensatz dazu würden *anabole* Stoffwechselwege, die Intermediate des Cyclus benötigen, die geringen in den Mitochondrien vorhandenen Mengen in kurzer Zeit verbrauchen. Der Cyclus würde dadurch lahmgelegt, wenn nicht gleichzeitig an anderen Stellen wieder Metabolite in den Cyclus einfließen und die verbrauchten Metabolite ersetzen würden. Stoffwechsel-Prozesse, die den Citrat-Cyclus auffüllen, bezeichnet man als **anaplerotische Reaktionen** (anaplerotisch = auffüllend).

So hat der Abbau der meisten Aminosäuren anaplerotischen Charakter, weil dabei Intermediate des Cyclus oder Pyruvat entstehen (s. S. 140). Die Neusynthese von Glucose, die *Gluconeogenese* (s. S. 154) wird überwiegend durch Abbau von Aminosäuren unterhalten. Ein wichtiger anaplerotischer Schritt im tierischen Stoffwechsel führt von Pyruvat zum Oxalacetat. Diese ATP-abhängige Reaktion wird durch die *Pyruvat-Carboxylase* katalysiert (s. S. 154). Auf diesem Wege können Pyruvat liefernde Aminosäuren und Lactat zur Gluconeogenese herangezogen werden.

Im Gegensatz zu Pyruvat wirkt Acetyl-CoA im tierischen Stoffwechsel *nicht* anaplerotisch. Sein Kohlenstoff-Gerüst wird im Cyclus vollständig zu $CO_2$ oxidiert und steht deshalb für Biosynthesen nicht zur Verfügung. Weil der Abbau von Fettsäuren ausschließlich Acetyl-CoA liefert, sind Tiere im allgemeinen nicht in der Lage, Fettsäuren in Glucose umzubauen.

## B. Glyoxylat-Cyclus ○

Pflanzliche Samen speichern oft große Mengen von Fett. Im Gegensatz zu den Tieren können sie diese Fettreserven bei der Keimung der Samen zur Synthese von Aminosäuren und Kohlenhydraten nutzen. Dies geschieht mit Hilfe des **Gloxylat-Cyclus**, eines anaplerotischen Stoffwechselwegs, der auch in vielen Mikroorganismen vorkommt. In Pflanzen sind die Enzyme des Glyoxylat-Cyclus in speziellen Organellen, den **Glyoxysomen**, lokalisiert. Der Cyclus kondensiert zwei aus dem Fettsäure-Abbau stammende Acetyl-Reste zu Succinat, das die Glyoxysomen verläßt und in benachbarten Mitochondrien den Citrat-Cyclus auffüllt.

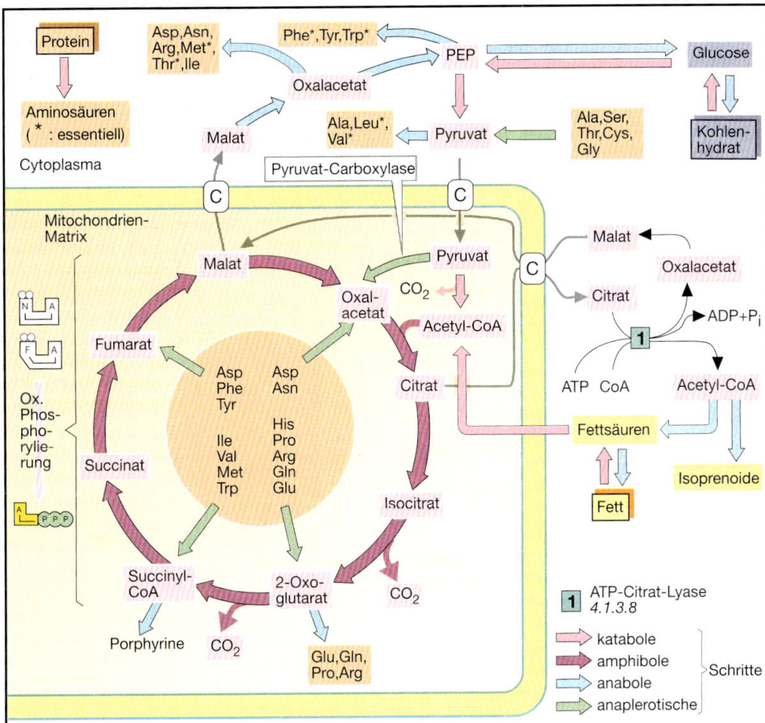


**A. Metabolische Funktionen des Citrat-Cyclus**

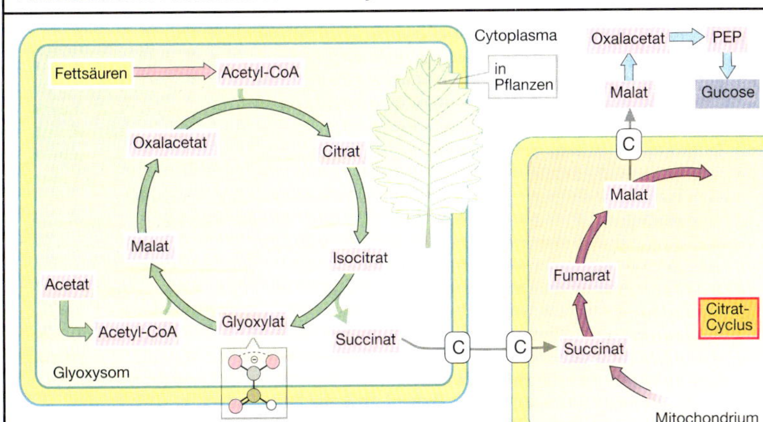


**B. Glyoxylat-Cyclus**

## Atmungskette

Die **Atmungskette**, ein Teilprozeß der oxidativen Phosphorylierung (s. S. 116) katalysiert den *Transport von Elektronen von NADH oder reduziertem Ubichinon auf molekularen Sauerstoff* ($O_2$). Wegen der großen Differenz der Redoxpotentiale von Donor ($NADH+H^+$ oder Ubihydrochinon) und Akzeptor ($O_2$) sind diese Redox-Reaktionen *stark exergon* (s. S. 28). Ein großer Teil der dabei gewonnenen Energie wird zum Aufbau eines elektrochemischen Gradienten (s. S. 116) und dieser schließlich durch ATP-Synthasen zur ATP-Bildung genutzt.

### A. Komponenten der Atmungskette ◑

Die Elektronentransport-Kette umfaßt drei **Proteinkomplexe** (*Komplexe I, III und IV*), die in die innere Mitochondrien-Membran (s. S. 194) integriert sind, und die beweglichen **Überträger-Moleküle** *Ubichinon* (Coenzym Q) und *Cytochrom c*. Auch die eigentlich zum Citrat-Cyclus gehörende *Succinat-Dehydrogenase* ordnet man als Komplex II der Atmungskette zu. Die *ATP-Synthase* (s. S. 116) wird als *Komplex V* bezeichnet, obwohl sie nicht am Elektronentransport teilnimmt.

Alle Komplexe der Atmungskette sind aus zahlreichen Polypeptid-Untereinheiten aufgebaut und enthalten proteingebunden eine Reihe verschiedener **Redox-Coenzyme** (s. S. 100). Dazu gehören *Flavine* (FMN oder FAD, in den Komplexen I und II), *Eisen-Schwefel-Zentren* (Fe/S-Zentren; I, II und III) und *Häm-Gruppen* (II, III und IV). Der Aufbau der meisten Komplexe ist im einzelnen noch ungeklärt.

Elektronen werden auf verschiedenen Wegen in die Kette eingespeist. Bei der Oxidation von NADH durch **Komplex I** gelangen sie über FMN und Fe/S-Zentren zum Ubichinon. Die bei der Oxidation von Succinat, Acyl-CoA, und weiteren Substraten anfallenden Elektronen werden durch **Komplex II** oder andere *mitochondriale Dehydrogenasen* über enzymgebundenes $FADH_2$ ebenfalls auf Ubichinon übertragen.

Ubihydrochinon gibt Elektronen an den **Komplex III** weiter, der sie über zwei Häm-Gruppen des b-Typs, ein Fe/S-Zentrum und Häm $c_1$ (alle im Komplex gebunden) auf das kleine Häm-Protein *Cytochrom c* überträgt. Dieses transportiert Elektronen zum **Komplex IV**, der *Cytochrom-c-Oxidase*. Die Cytochrom-Oxidase enthält als redoxaktive Bestandteile zwei Kupfer-Zentren ($Cu_A$ und $Cu_B$) und die Häme a und $a_3$, über die die Elektronen schließlich zum *Sauerstoff* gelangen. Das bei der $O_2$-Reduktion entstehende, stark basische $O^{2-}$-Anion bindet zwei Protonen und geht dadurch in *Wasser* über. An den Elektronenfluß energetisch gekoppelt ist der **Aufbau eines Protonengradienten** durch die Komplexe I, III und IV.

### B. Anordnung ◑

Der Protonentransport durch die Komplexe I, III und IV verläuft *vektoriell* von der Matrix in den Intramembranraum. Während des Elektronentransports erhöht sich in diesem Raum die $H^+$-Konzentration, d. h. der pH-Wert sinkt dort. In intakten Mitochondrien erlaubt nur die *ATP-Synthase* den Rückfluß von Protonen in die Matrix. Darauf beruht die regulatorisch wichtige **energetische Kopplung** von Elektronentransport und ATP-Bildung (s. S. 132).

Wie erwähnt, sind die Komplexe I bis V alle in die innere Membran des Mitochondriums integriert, stehen jedoch nicht in direktem Kontakt miteinander. Ubichinon kann sich wegen seiner langen, unpolaren Seitenkette in der Membran frei bewegen. Dagegen ist Cytochrom c gut wasserlöslich. Es findet sich an der *Außenseite* der inneren Membran.

Die NADH-Oxidation durch Komplex I findet an der *Innenseite* der Membran statt, also im Matrixraum, wo auch Citrat-Cyclus und β-Oxidation, die wichtigsten NADH-Lieferanten, lokalisiert sind. Auch $O_2$-Reduktion und ATP-Bildung laufen an der Innenseite der Membran ab. Das gebildete ATP wird schließlich im Antiport gegen ADP nach außen transportiert (s. S. 196).

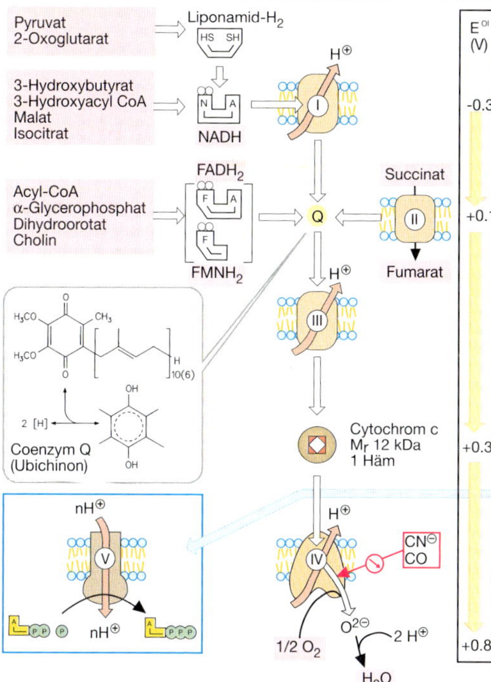


| Komplex I |
|---|
| NADH- Dehydrogenase (Ubichinon) *1.6.5.3* |
| $M_r$ 700 - 800 kDa, 25 - 30 UE<br>1 FMN, 2 $Fe_2S_2$, 4 - 5 $Fe_4S_4$ |
| **Komplex II** |
| Succinat-Dehydrogenase *1.3.5.1* |
| $M_r$ 125 kDa, 4 - 6 Untereinheiten<br>1 FAD, 1 $Fe_2S_2$, 1 $Fe_4S_4$, 1 $Fe_3S_4$<br>2 Ubichinon, 1 Häm b |
| **Komplex III** |
| Ubichinol-Cytochrom c-Reduktase *1.10.2.2* |
| $M_r \approx$ 400 kDa, 11 Untereinheiten<br>2 $Fe_2S_2$, 2 Häm b, 1 Häm $c_1$ |
| **Komplex IV** |
| Cytochrom c-Oxidase *1.9.3.1* |
| $M_r \approx$ 200 kDa, 8 - 13 Untereinheiten<br>2 Cu, 1 Zn, 1 Häm a, 1 Häm $a_3$ |
| **Komplex V** |
| $H^{\oplus}$-transportierende ATP-Synthase *3.6.1.34* |
| $M_r$ > 400 kDa, 8-14 Untereinheiten |

Elektronenfluß
Protonenfluß

**A. Komponenten der Atmungskette**

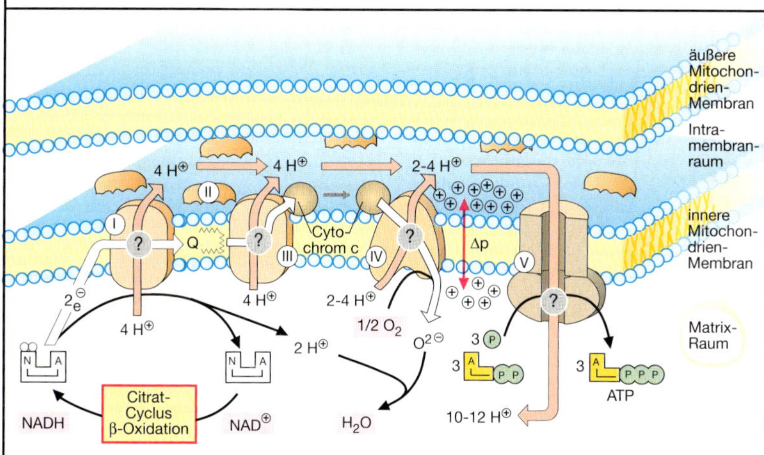


**B. Anordnung**

## Regulation des Energiestoffwechsels

Die ATP-Produktion muß ständig dem wechselnden Energiebedarf der Zelle angepaßt werden. Wir greifen hier nur einige der Mechanismen heraus, die an der Regulation dieser Vorgänge beteiligt sind.

### A. Atmungskontrolle und Entkopplung ◑

Die Notwendigkeit, die Geschwindigkeit der ATP-Produktion der des ATP-Verbrauchs anzupassen, ergibt sich schon aus der Tatsache, daß die Gesamtmengen an Coenzymen im Organismus gering sind. Der menschliche Körper enthält insgesamt *nur 3–4 g an freien Adenin-Nucleotiden* (AMP, ADP und ATP). Um den täglichen Energiebedarf von etwa 8000 kJ zu decken, werden aber mindestens 160 mol ATP benötigt d. h. etwa 80 kg ! Dafür muß jedes ADP-Molekül täglich mehrere tausend Mal zu ATP phosphoryliert und wieder dephosphoryliert werden.

Ein Regulationsmechanimus, der ATP-Verbrauch, ATP-Bildung und Nährstoff-Abbau koordiniert, wird als **Atmungskontrolle** bezeichnet. Er beruht darauf, daß die genannten Prozesse normalerweise über gemeinsame Coenzyme und andere Faktoren *gekoppelt* sind: Verbraucht eine Zelle kein ATP, steht wegen der schon genannten Knappheit an Coenzymen kaum ADP zur Verfügung. Ohne ADP ist aber die ATP-Synthase (s. S. 130) nicht in der Lage, den Protonengradienten über der inneren Mitochondrien-Membran abzubauen. Dies wiederum hemmt den Elektronentransport in der Atmungskette, so daß NADH nicht mehr zu $NAD^+$ reoxidiert werden kann. Das resultierende hohe NADH/$NAD^+$-Verhältnis hemmt schließlich den Citrat-Cyclus (**B**) und verlangsamt damit den Abbau der Substrate ($SH_2$).

Der Zusammenhang zwischen Elektronen-Transport und ATP-Bildung wird an der Wirkung von **Entkopplern** deutlich. Dies sind Stoffe, die den Aufbau des mitochondrialen Protonengradienten verhindern. Als Folge davon wird in den Mitochondrien kein ATP mehr gebildet. Trotzdem laufen Substrat-Oxidation und Elektronentransport mit hoher Geschwindigkeit ab. Statt ATP entsteht dabei allerdings nur Wärme.

### B. Regulation des Citrat-Cyclus ◑

Der wichtigste Faktor bei der Regulation des Citrat-Cyclus ist das **NADH/$NAD^+$-Verhältnis**. Neben den *Oxosäure-Dehydrogenasen* PDH und ODH (s. S. 124) werden die *Citrat-Synthase* und die *Isocitrat-Dehydrogenase* durch NADH gehemmt. Mit Ausnahme der Isocitrat-Dehydrogenase unterliegen die genannten Schlüsselenzyme auch der **Produkthemmung** durch Acetyl- bzw. Succinyl-CoA oder Citrat. **Interkonversionsprozesse** (s. S. 110) spielen ebenfalls eine Rolle. Sie sind hier am Beispiel des Pyruvat-Dehydrogenase-Komplexes dargestellt (oben): Die inaktivierende *Protein-Kinase* [1a] wird durch Pyruvat gehemmt und durch Acetyl-CoA aktiviert. Die *Protein-Phosphatase* [1b] wird, ebenso wie die *Isocitrat-Dehydrogenase* [3] und der *ODH-Komplex* [4], durch $Ca^{2+}$ aktiviert.

### C. Aerobe und anaerobe ATP-Produktion ●

In Gegenwart von Sauerstoff (**aerobe Bedingungen**, **1**) ist die oxidative Phosphorylierung die bei weitem überwiegende Form der ATP-Produktion. Unter diesen Bedingungen können *alle* Arten von Nährstoffen abgebaut werden. Dies ändert sich jedoch in Abwesenheit von Sauerstoff, d. h. unter **anaeroben Bedingungen** (**2**): Da NADH in den Mitochondrien nicht mehr reoxidiert werden kann, kommt außer der ATP-Bildung auch der Citrat-Cyclus und damit der Abbau von Fett- und Aminosäuren zum Erliegen. Als Energiesubstrat bleibt lediglich *Glucose*, deren Abbau durch die Glycolyse zu Pyruvat zwei mol ATP liefert. Soll dieser Prozess kontinuierlich ablaufen, muß das in der Glycolyse gebildete NADH außerhalb der Mitochondrien regeneriert werden. Dazu wird im tierischen Organimus *Pyruvat* zu *Lactat* reduziert und dieses ausgeschieden.

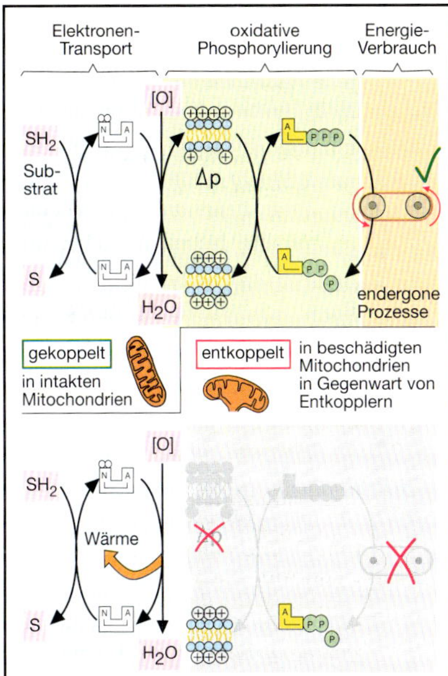


**A. Atmungskontrolle und Entkopplung**

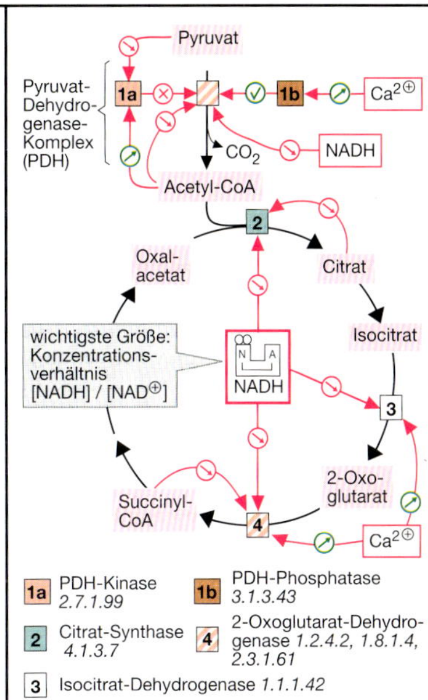


**B. Regulation des Citrat-Cyclus**

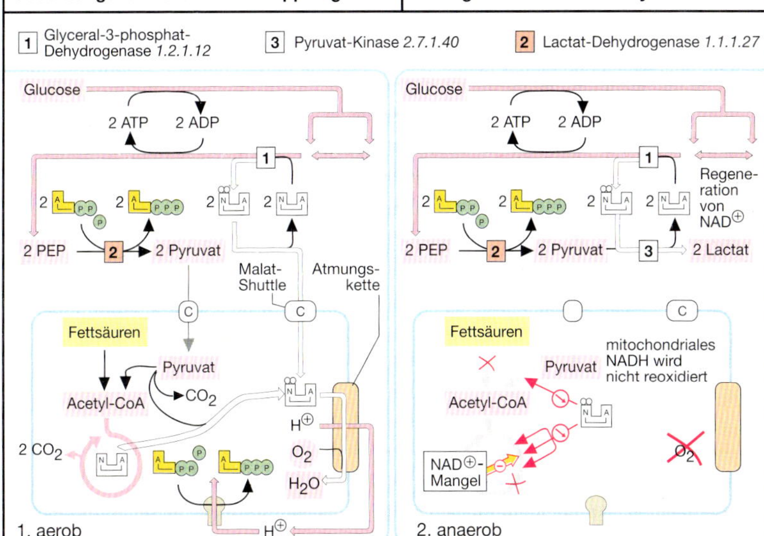


**C. Aerobe und anaerobe ATP-Produktion**

# Gärungen

Wie auf S. 132 besprochen, ist für die meisten Organismen in *Abwesenheit von Sauerstoff* der Abbau von Glucose zu Pyruvat die einzige Möglichkeit zur ATP-Synthese. Das dabei ebenfalls gebildete NADH muß ständig zu $NAD^+$ reoxidiert werden, um die Glycolyse und damit die ATP-Synthese aufrechtzuerhalten. Im tierischen Organismus geschieht dies durch Reduktion von Pyruvat zu Lactat. Bei Mikroorganismen gibt es viele weitere Formen der $NAD^+$-Regeneration. Vorgänge dieser Art bezeichnet man als **Gärungen**. Mikrobielle Gärungsprozesse werden häufig zur Herstellung von Nahrungs- oder Genußmitteln oder zur Konservierung von Lebensmitteln eingesetzt. Allen Gärungen ist gemeinsam, daß sie von Pyruvat ausgehen und nur unter *anaeroben* Bedingungen stattfinden.

### A. Milchsäure- und Propionsäure-Gärung ○

Viele Milchprodukte wie Sauermilch, Yoghurt oder Käse entstehen durch *bakterielle Milchsäure-Gärung* (**1**). Der Reaktionsablauf ist derselbe wie im tierischen Organismus:

Pyruvat, das überwiegend aus dem Abbau des Disaccharids Lactose (s. S. 36) stammt, wird durch die *Lactat-Dehydrogenase* [1] (s. S. 94) zu **Lactat** reduziert. Auch bei der Herstellung von Sauerkraut oder Silage-Futter spielt die Milchsäure-Gärung die wesentliche Rolle. Die Produkte sind i.a. gut haltbar, weil die bei Gärungen eintretende *pH-Erniedrigung* das Wachstum fäulniserregender Bakterien hemmt. An der Herstellung von Milchprodukten sind zunächst Bakterien der Gattungen *Lactobacillus* und *Streptococcus* beteiligt (**3**). Die durch ihre Einwirkung entstandenen Rohprodukte erhalten erst durch weitere Gärungsprozesse ihre endgültigen Eigenschaften. So entwickelt sich z.B der charakteristische Geschmack der Schweizer Hartkäse durch eine nachfolgende Propionsäure-Gärung. Bakterien der Gattung *Propionibacterium* wandeln dabei Pyruvat in einer komplizierten Reaktionsfolge in **Propionat** um (**2**).

### B. Alkoholische Gärung ○

Alkoholische Getränke werden durch Vergärung pflanzlicher Produkte mit hohem Kohlenhydrat-Gehalt hergestellt.

Das aus Glucose gebildete **Pyruvat** wird durch *Pyruvat-Decarboxylase* [2] zunächst zu **Ethanal** (Acetaldehyd) decarboxyliert. Erst dieses wird dann unter NADH-Verbrauch durch die *Alkohol-Dehydrogenase* [3] zu **Ethanol** reduziert. Verantwortlich für diese Gärungsform sind nicht Bakterien, sondern **Hefen**, zu den Eukaryonten zählende einzellige Pilze (**3**). Auch beim Backen werden oft Hefen verwendet. Durch ihre Einwirkung entstehen $CO_2$ und Ethanol, die den Teig auflokkern. Die Bier- bzw. Bäckerhefen (*Saccharomyces cerevisiae*) sind haploid und vermehren sich ungeschlechtlich durch Sprossung (**3**). Sie können sowohl aerob als auch anerob leben. Weine entstehen durch andere Hefearten, die zum Teil schon auf den Trauben leben. Um die Bildung von Ethanol zu fördern, bemüht man sich, bei alkoholischen Gärungen Sauerstoff weitgehend auszuschließen, indem man z. B. den Teig während des ‚Gehens' mit einem Tuch bedeckt oder die Gärung in Fässern unter Luftabschluß ablaufen läßt.

### C. Bierbrauen ○

Bei dem in Deutschland üblichen Brauverfahren geht man von **Gerste** aus. Getreidekörner enthalten zwar Stärke, jedoch kaum *freie* Zucker. Man läßt deshalb die Gerste zunächst keimen, wobei *Amylasen* gebildet werden. Durch vorsichtiges Erhitzen der Keimlinge erhält man das **Malz**. Es wird gemahlen, in Wasser aufgeschwemmt und einige Zeit in der Wärme aufbewahrt. Dabei wird ein großer Teil der Stärke zum Disaccharid **Maltose** abgebaut. Dann kocht man das Produkt (die Würze), setzt **Hefe** und **Hopfen** zu und überläßt die Mischung einige Tage lang der Gärung. Der Hopfenzusatz erhöht die Haltbarkeit des Bieres und verleiht ihm den leicht bitteren Geschmack. Andere Inhaltsstoffe des Hopfens wirken beruhigend und diuretisch (harntreibend).

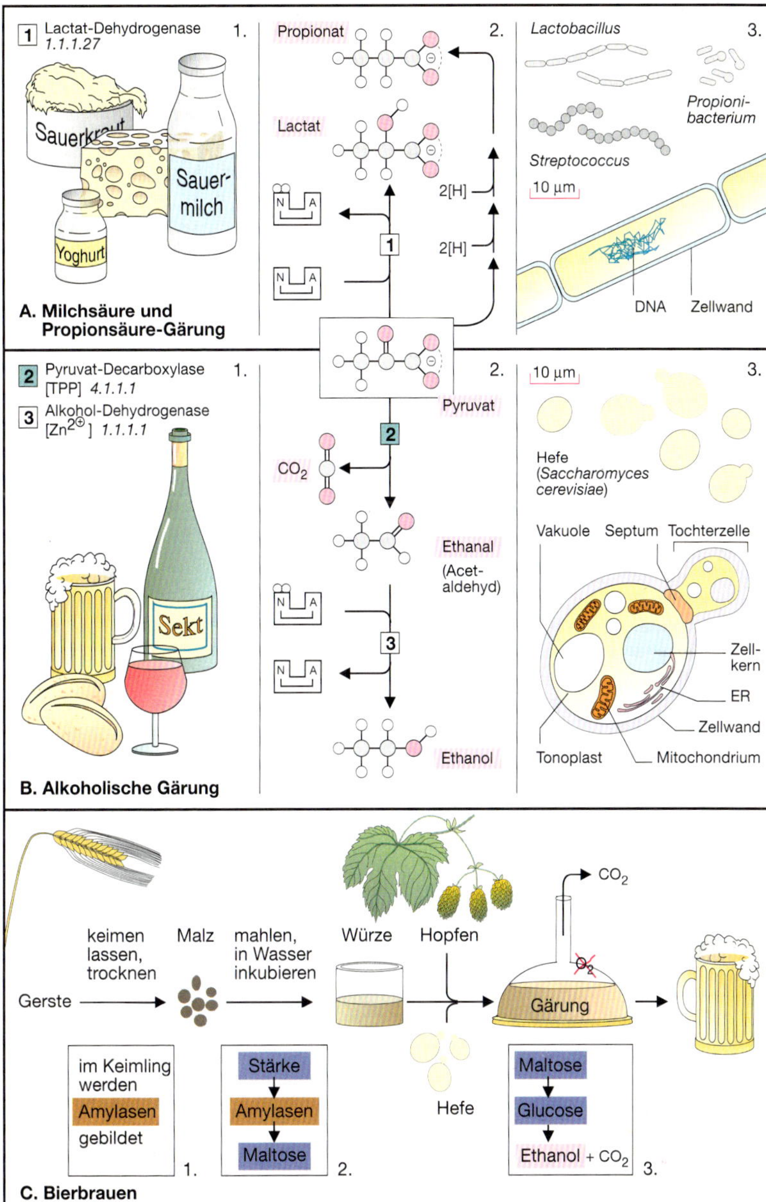
1 Lactat-Dehydrogenase 1.1.1.27
1.
Sauerkraut
Sauermilch
Yoghurt
A. Milchsäure und Propionsäure-Gärung
Propionat
2.
Lactat
2[H]
2[H]
N A
N A
1
Pyruvat
Lactobacillus
3.
Propionibacterium
Streptococcus
10 µm
DNA
Zellwand
2 Pyruvat-Decarboxylase [TPP] 4.1.1.1
3 Alkohol-Dehydrogenase [Zn2⊕] 1.1.1.1
1.
Sekt
B. Alkoholische Gärung
2.
CO2
2
Ethanal (Acetaldehyd)
3
Ethanol
3.
10 µm
Hefe (Saccharomyces cerevisiae)
Vakuole
Septum
Tochterzelle
Zellkern
ER
Zellwand
Tonoplast
Mitochondrium
Gerste
keimen lassen, trocknen
Malz
mahlen, in Wasser inkubieren
Würze
Hopfen
CO2
O2
Gärung
Hefe
im Keimling werden Amylasen gebildet
1.
Stärke
Amylasen
Maltose
2.
Maltose
Glucose
Ethanol + CO2
3.
C. Bierbrauen

# Glycolyse

## A. Bilanz ●

Die Glycolyse ist ein kataboler Stoffwechselweg des Cytoplasmas, der in fast allen Organismen und Zellen vorkommt – unabhängig davon, ob sie aerob oder anaerob leben. Die Bilanz der Glycolyse ist einfach: Ein mol Glucose wird in zwei mol Pyruvat zerlegt. Zusätzlich entstehen je zwei mol ATP und *NADH+H⁺* (**aerobe Glycolyse**). Unter *anaeroben* Bedingungen wird Pyruvat weiter umgesetzt, um $NAD^+$ zu regenerieren (s. S. 134). Dabei entstehen *Gärungsprodukte* wie Lactat oder Ethanol (**anaerobe Glycolyse**). Unter diesen Bedingungen ist die Glycolyse die einzige Möglichkeit zur Synthese von ATP aus ADP und anorganischem Phosphat.

## B. Reaktionen ◑

Zucker werden überwiegend als Phosphorsäure-Ester verstoffwechselt. Auch **Glucose**, die die meisten Gewebe dem Blut entnehmen, wird in der Zelle zunächst phosphoryliert. Mit Hilfe der *Hexokinase* [1] entsteht unter ATP-Verbrauch **Glucose-6-phosphat**. Nach Isomerisierung zu **Fructose-6-phosphat** [2] wird erneut phosphoryliert, und man erhält **Fructose-1,6-bisphosphat**. Die *Phosphofructokinase* [3], die diesen Schritt katalysiert, ist ein wichtiges *Schlüsselenzym* der Glycolyse (s. S. 158). Bis zu diesem Punkt werden pro mol Glucose zwei mol ATP *verbraucht*. Fructose-1,6-bisphosphat wird nun durch die *Aldolase* [4] in zwei phosphorylierte $C_3$-Fragmente gespalten. Die Bruchstücke **Glyceral-3-phosphat** und **Glyceron-3-phosphat** (alte Bezeichnung: Dihydroxyacetonphosphat) werden durch die *Triosephosphat-Isomerase* [5] ineinander überführt. Glyceral-3-phosphat wird nun durch die *Glyceral-3-phosphat-Dehydrogenase* [6] unter Bildung von $NADH+H^+$ oxidiert. Zusätzlich wird *anorganisches* Phosphat in das Molekül aufgenommen (**‚Substratketten-Phosphorylierung'**, s. S. 116), und es entsteht **1,3-Bisphosphoglycerat**. Dieses Intermediat enthält eine *gemischte Säureanhydrid-Bindung*, deren Spaltung stark exergon ist (s. S. 8). Im nächsten Schritt (katalysiert durch die *Phosphoglycerat-Kinase*, [7]) wird die Hydrolyse dieser Bindung mit der Bildung von ATP *energetisch gekoppelt*. Ein weiteres Zwischenprodukt, dessen Hydrolyse sich mit der Synthese von ATP koppeln läßt, entsteht durch Isomerisierung des in Reaktion [7] gebildeten *3-Phosphoglycerats* zu **2-Phosphoglycerat** (Enzym: *Phosphoglycerat-Mutase*, [8]) und Abspaltung von Wasser (Enzym: *Phosphopyruvat-Hydratase, ‚Enolase'*, [9]). Das Produkt ist der Phosphorsäureester der *Enol-Form* des Pyruvats und heißt deshalb **Phosphoenolpyruvat** (PEP). Im letzten Schritt der Kette, der durch die *Pyruvat-Kinase* ([10]) katalysiert wird, entsteht aus PEP *Pyruvat*. Die freie Energie der Hydrolyse von PEP ist so hoch ($\Delta G^{o\prime} = -55$ kJ · $mol^{-1}$), daß die Pyruvat-Kinase-Reaktion trotz der Bildung von ATP immer noch stark exergon und deshalb kaum umkehrbar ist.

In der Glycolyse werden pro mol Glucose 2 mol ATP zur Aktivierung verbraucht. Andererseits werden *pro $C_3$-Fragment* 2 mol ATP gebildet. Insgesamt bleibt also ein Nettogewinn von 2 mol ATP pro mol Glucose.

## C. Energieprofil ○

Die **Energiebilanz** von Stoffwechselwegen hängt nicht nur von den Standardenthalpie-Änderungen $\Delta G^{o\prime}$ ab, sondern auch von den Konzentrationen der Metabolite. Hier sind die tatsächlichen Enthalpieänderungen $\Delta G$ (s. S. 12) für die einzelnen Schritte der Glycolyse in Erythrocyten (s. S. 254) in einem Energiediagramm dargestellt. Man erkennt, daß nur drei Reaktionen (1, 3 und 10) mit hohen Enthalpieänderungen einhergehen. Nur in diesen Fällen liegt das Gleichgewicht weit auf seiten der Produkte. Die anderen Schritte sind frei reversibel. Sie werden – katalysiert durch dieselben Enzyme – auch zur Glucose-Biosynthese (*Gluconeogenese*) genutzt. Die nicht ohne weiteres umkehrbaren Schritte 1, 3 und 10 werden in der Gluconeogenese umgangen (s. S. 154).

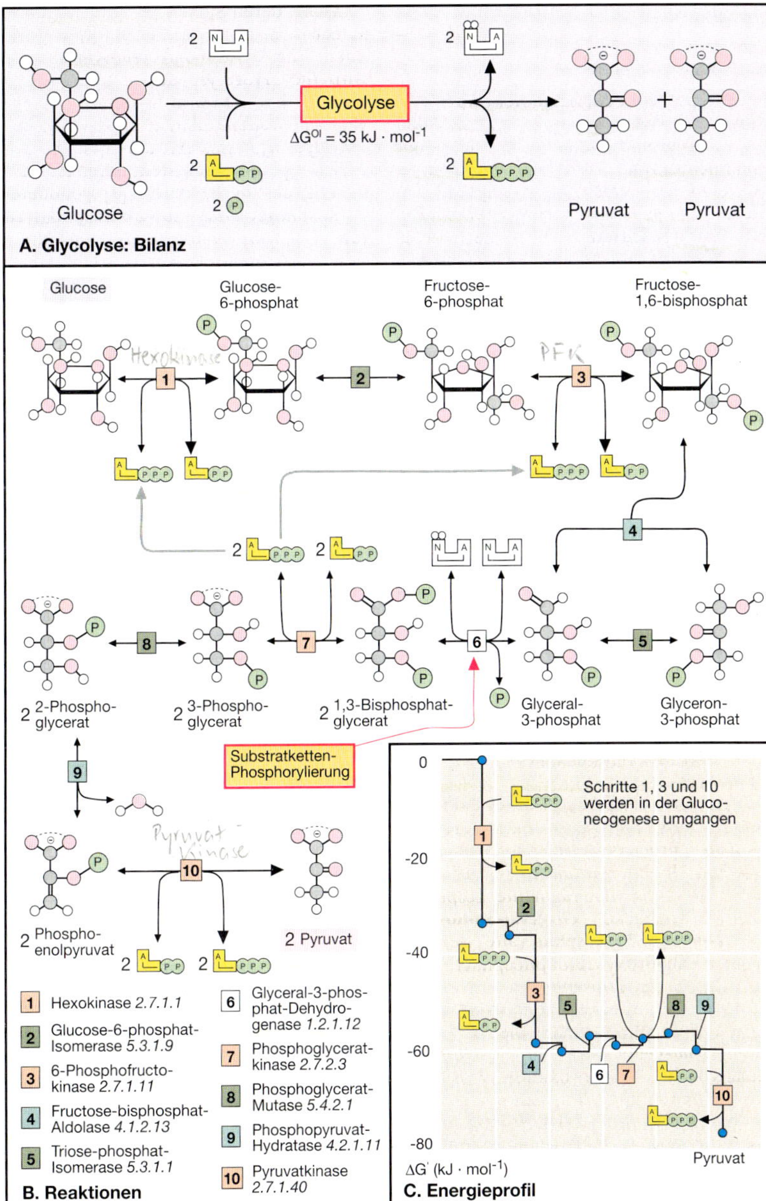
Glucose
2 NAD⁺
2 ADP
2 P
Glycolyse
ΔG°' = 35 kJ · mol⁻¹
2 NADH+H⁺
2 ATP
Pyruvat
Pyruvat
A. Glycolyse: Bilanz
Glucose
Glucose-6-phosphat
Fructose-6-phosphat
Fructose-1,6-bisphosphat
2 2-Phosphoglycerat
2 3-Phosphoglycerat
2 1,3-Bisphosphatglycerat
Glyceral-3-phosphat
Glyceron-3-phosphat
Substratketten-Phosphorylierung
2 Phosphoenolpyruvat
2 Pyruvat
1 Hexokinase 2.7.1.1
2 Glucose-6-phosphat-Isomerase 5.3.1.9
3 6-Phosphofructokinase 2.7.1.11
4 Fructose-bisphosphat-Aldolase 4.1.2.13
5 Triose-phosphat-Isomerase 5.3.1.1
6 Glyceral-3-phosphat-Dehydrogenase 1.2.1.12
7 Phosphoglycerat-kinase 2.7.2.3
8 Phosphoglycerat-Mutase 5.4.2.1
9 Phosphopyruvat-Hydratase 4.2.1.11
10 Pyruvatkinase 2.7.1.40
B. Reaktionen
0
-20
-40
-60
-80
Schritte 1, 3 und 10 werden in der Gluconeogenese umgangen
Pyruvat
ΔG' (kJ · mol⁻¹)
C. Energieprofil

## Hexosemonophosphat-Weg

### A. Oxidativer Teil ●

Der Hexose-monophosphat-Weg (HMW, häufig auch als *Pentosephosphat-Weg* bezeichnet) ist ein oxidativer Stoffwechselweg des Cytoplasmas, der wie die Glycolyse von Glucose-6-phosphat ausgeht. Er liefert zwei wichtige Vorstufen für anabole Wege: **NADPH**, das z. B. für die Biosynthese der Lipide benötigt wird, und **Ribose-5-phosphat**, eine Vorstufe der Nucleotid-Biosynthese. Der **oxidative Teil** des HMW wandelt Glucose-6-phosphat in Ribulose-5-phosphat um. Dabei entstehen 1 $CO_2$ und 2 NADPH. Der erheblich komplexere **regenerative Teil** des Wegs (**B**) wandelt – je nach Stoffwechsellage – einen Teil der gebildeten Pentosephosphate wieder in Hexosephosphat um oder schleust sie zum Abbau in die Glycolyse ein (**C**). In den meisten Zellen werden weniger als 10% des Glucose-6-phosphats über den HMW abgebaut.

### B. Reaktionen ◑

Der oxidative Zweig des HMW beginnt mit der Oxidation von **Glucose-6-phosphat** durch die *Glucose-6-phosphat-Dehydrogenase* [1]. Dabei wird NADPH+$H^+$ gebildet. Das zweite Produkt der Reaktion, **6-Phospho-Gluconolacton**, ist der intramolekulare *Ester* (Lacton) des 6-Phospho-Gluconats. Eine Hydrolase [2] spaltet die Esterbindung und legt so die Carboxy-Gruppe des **6-Phospho-Gluconats** frei. Das letzte Enzym des oxidativen Teils, die *Phosphogluconat-Dehydrogenase* [3], spaltet die Carboxylat-Gruppe des 6-Phospho-Gluconats als $CO_2$ ab und oxidiert gleichzeitig die Hydroxy-Gruppe an C-3 zur Oxo-Gruppe. Neben einem zweiten Molekül NADPH entsteht so die Ketopentose **Ribulose-5-phosphat**. Durch eine Isomerase wird daraus Ribose-5-phosphat, die Ausgangsverbindung der Nucleotid-Synthese.

Der **regenerative Teil** des HMW ist hier nur schematisch wiedergegeben. Ein vollständiges Reaktionsschema mit allen Enzymen findet sich auf Seite 363.

Die **Funktion** des regenerativen Zweigs besteht darin, die Netto-Produktion von NADPH und Pentosephosphaten dem Bedarf anzupassen. So ist normalerweise der Bedarf der Zellen an NADPH weitaus höher als der an Pentosephosphaten. Unter solchen Bedingungen werden durch die dargestellten Schritte aus 6 mol Ribulose-5-phosphat zunächst 5 mol Fructose-6-phosphat und daraus durch Isomerisierung 5 mol Glucose-6-phosphat regeneriert. Diese können im oxidativen Teil des HMW erneut NADPH liefern. Durch Wiederholung dieser Reaktionen wird schließlich 1 mol Glucose-6-phosphat zu 6 mol $CO_2$ oxidiert. Dabei entstehen 12 mol NADPH+$H^+$. In der Bilanz werden keine Pentosephosphate gebildet.

Bei der Neukombination der Zuckerphosphate im regenerativen Teil des HMW sind zwei Enzyme besonders wichtig (vgl. S. 362): Die *Transaldolase* überträgt $C_3$-Einheiten von Sedoheptulose-7-phosphat, einem Ketozucker mit 7 C-Atomen, auf die Aldehyd-Gruppe von Glyceral-3-phosphat. Die *Transketolase* überträgt in ähnlicher Weise $C_2$-Fragmente von einem Zuckerphosphat auf ein anderes. Da die Reaktionen des regenerativen Teils des HMW reversibel sind, ist es auch möglich, durch den regenerativen Teil des HMW Hexosephosphate in Pentosephosphate umzuwandeln. Dies kann bei hohem Bedarf an Pentosephosphaten geschehen, z. B. bei der DNA-Replikation in der S-Phase des Zellcyclus (s. S. 352).

### C. HMW und Glycolyse ◑

Wird neben NADPH auch Energie in Form von ATP benötigt, kann die Zelle die Produkte des regenerativen Teils des HMW (Fructose-6-phosphat und Glyceral-3-phosphat) in die Glycolyse einschleusen und weiter über Citrat-Cyclus und Atmungskette zu $CO_2$ und Wasser abbauen. Insgesamt gewinnt sie auf diese Weise aus 6 mol Glucose-6-phosphat 12 mol NADPH und 196 mol ATP.

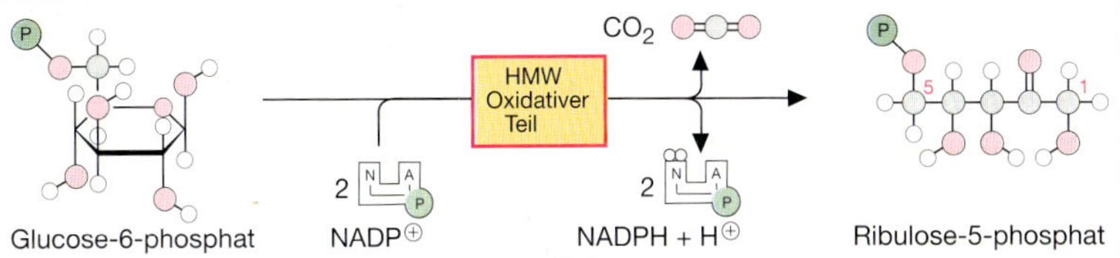


**A. Hexose-monophosphat-Weg: Oxidativer Teil**

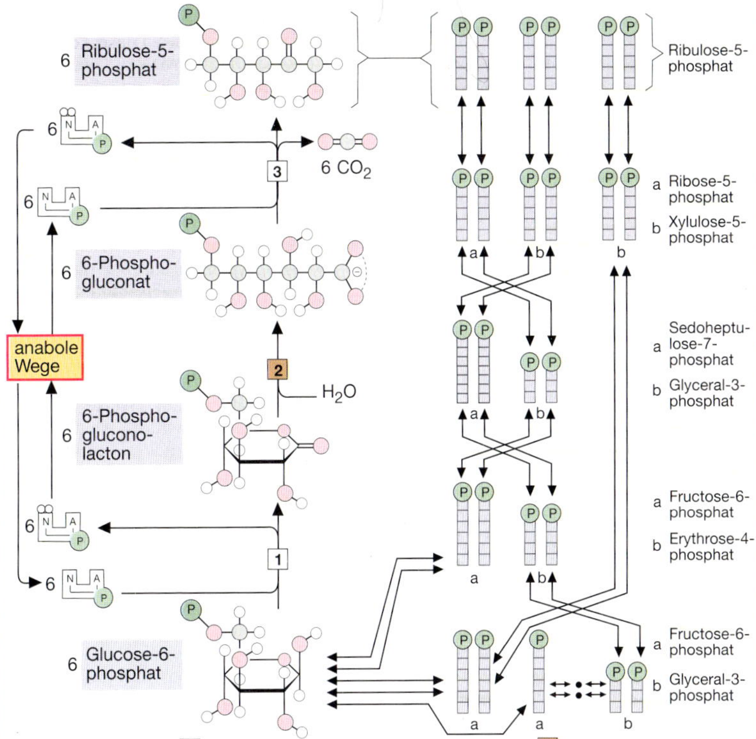


1 Glucose-6-phosphat-Dehydrogenase *1.1.1.49*  2 Gluconolactonase *3.1.1.17*

3 Phosphogluconat-Dehydrogenase (decarboxylierend) *1.1.1.44*

**B. Reaktionen**

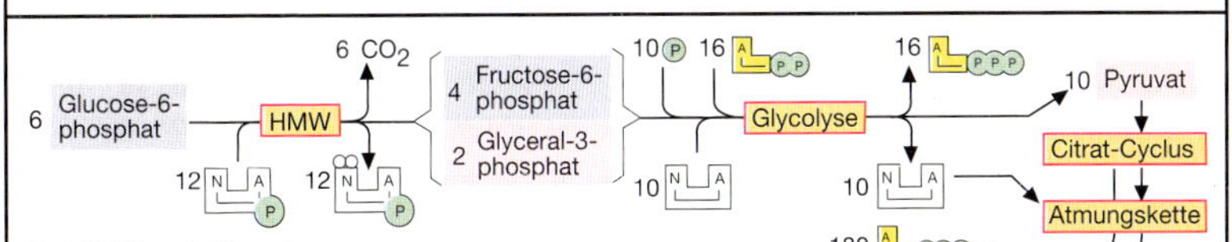


**C. HMW und Glycolyse**

# Abbau von Fettsäuren: β-Oxidation

## A. Fettsäure-Freisetzung und -Transport ◑

Fette (Triacylglycerole) bilden die *wichtigste Energiereserve* des tierischen Organismus. Sie sind vorwiegend im Fettgewebe gespeichert. Dort unterliegen sie einem ständigen Auf- und Abbau. Durch die Spaltung von Fetten (Lipolyse) werden **Glycerol** und **Fettsäuren** freigesetzt.

Die Lipolyse im Fettgewebe wird durch eine *hormon-sensitive Lipase* katalysiert, die einer komplexen hormonalen Kontrolle unterliegt. *Insulin*, daneben auch Prostaglandin $E_1$ und Nicotinsäure, hemmen das Enzym. *Adrenalin, Noradrenalin, Glucagon*, Corticotropin (ACTH), Thyrotropin (TSH), Wachstumshormon (GH) und Vasopressin (AVP) stimulieren die Lipase. Die Menge der vom Fettgewebe freigesetzten Fettsäuren ist von der Aktivität der Lipase abhängig; das Enzym steuert den Plasmaspiegel der Fettsäuren.

Die vom Fettgewebe abgegebenen Fettsäuren werden im Plasma unverestert transportiert (‚free fatty acids' = FFA). Allerdings sind nur kurzkettige Fettsäuren wirklich gelöst, die längeren, weniger wasserlöslichen Fettsäuren werden an **Albumin** gebunden.

Zum Verbrauch werden die Fettsäuren aus dem Plasma in die Zellen aufgenommen, wo sie zunächst ebenfalls proteingebunden vorliegen. Mit Ausnahme des Gehirns und der Erythrocyten sind alle Gewebe in der Lage, Fettsäuren durch β-Oxidation abzubauen (s.u.). Besonders intensiv ist der Stoffwechsel der Fettsäuren in der Leber. Dort werden bei hohem Fettsäure-Plasmaspiegel, wie er während des Hungerns und auch bei *Diabetes mellitus* ausgeprägt ist, vor allem Ketonkörper erzeugt (s. S. 278).

## B. Fettsäure-Abbau: β-Oxidation ◑

Nach der Aufnahme in die Zellen werden die Fettsäuren durch Überführung in ihr CoA-Derivat aktiviert, es entsteht **Acyl-CoA**. Dafür werden zwei energiereiche Phosphat-Bindungen von ATP benötigt (nicht gezeigt). Die Einschleusung in die Mitochondrien ermöglicht *Carnitin*, das als membrangängiger Carrier für die Fettsäuren fungiert (s. S. 196).

Der Abbau der Fettsäuren geschieht in der Mitochondrien-Matrix und zwar durch einen oxidativen Reaktionscyclus, bei dem $C_2$-Einheiten als **Acetyl-CoA** (‚aktivierte Essigsäure') abgespalten werden. Die successive Abspaltung der Acetyl-Gruppen beginnt am Carboxy-Ende der aktivierten Fettsäuren jeweils zwischen C-2 (α-Atom) und C-3 (β-Atom), der cyclische Abbauprozeß wird deshalb **β-Oxidation** genannt. Räumlich und funktional ist er mit dem Citrat-Cyclus (s. S. 126) und der Atmungskette (s. S. 130) eng verknüpft .

Erster Teilschritt der β-Oxidation ist die Dehydrierung der aktivierten Fettsäure (Acyl-CoA) zu einer Fettsäure mit *trans*-ständiger Doppelbindung (Reaktion **[1]**: *Dehydrierung*). Der Wasserstoff wird dabei auf ein FAD-haltiges Protein übertragen, das den Kontakt zur Atmungskette herstellt. Zweiter Teilschritt ist die Addition eines Wasser-Moleküls an die Doppelbindung der ungesättigten Fettsäure (Reaktion **[2]**: *Hydratisierung*). Der dritte Schritt oxidiert die Hydroxy-Gruppe an C-3 zur Carbonyl-Gruppe (Reaktion **[3]**: *Dehydrierung*). Akzeptor für die Reduktionsäquivalente ist $NAD^+$, das sie an die *Atmungskette* weiterreicht. Im vierten Reaktionsschritt wird die aktivierte β-Ketosäure durch eine Acyl-Transferase (β-Ketothiolase) gespalten (Reaktion **[4]**: *thioklastische Spaltung*). Es entstehen dadurch Acetyl-CoA und eine aktivierte Fettsäure, welche gegenüber der ursprünglichen Fettsäure um eine $C_2$-Einheit verkürzt ist (Acyl-CoA mit n-2 C-Atomen).

Zum vollständigen Abbau langkettiger Fettsäuren muß der Cyclus mehrfach durchlaufen werden, für Stearyl-CoA (18:0) z. B. achtmal. Das gebildete Acetyl-CoA wird auf Oxalacetat übertragen. Dadurch entsteht Citrat, das den *Citrat-Cyclus* speist (s. S. 126) oder (in der Leber bei Überangebot von Acetyl-CoA) der Synthese von Ketonkörpern dient.

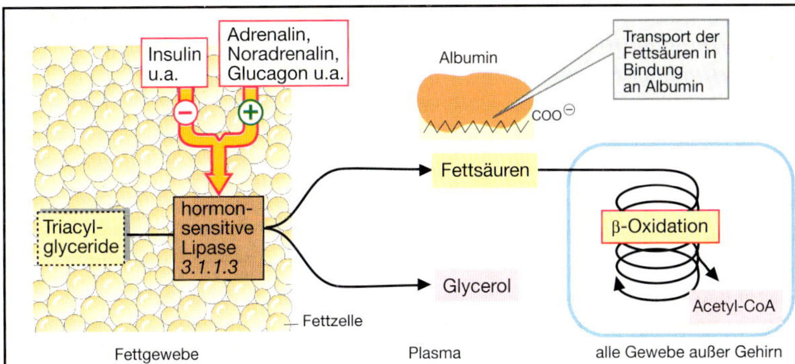


**A. Fettsäure-Freisetzung und -Transport**

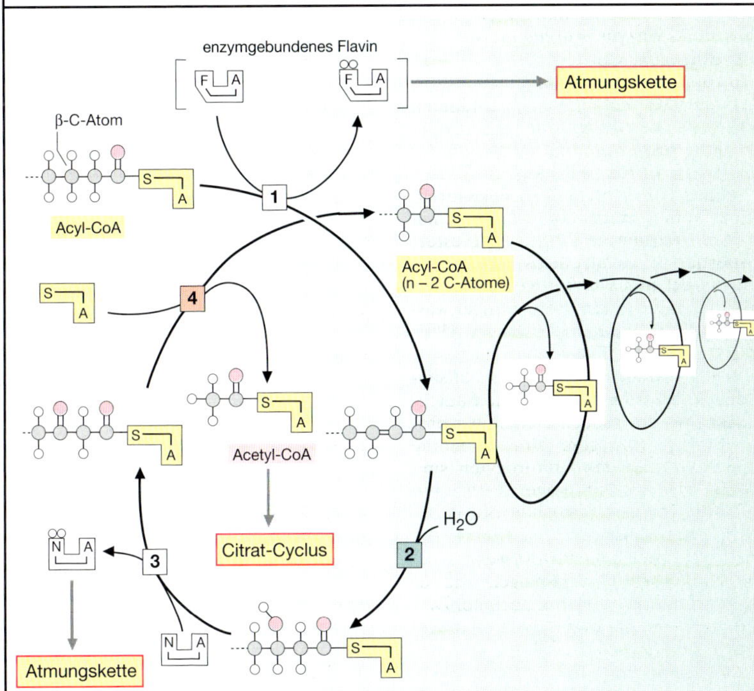


1 Acyl-CoA-Dehydrogenase *1.3.99.3*

2 Enoyl-CoA-Hydratase *4.2.1.17*

3 3-Hydroxyacyl-CoA-Dehydrogenase *1.1.1.35*

4 Acetyl-CoA-Acyltransferase 2.3.1.16

**B. Fettsäure-Abbau: β-Oxidation**

# Steuerung des Fettsäure-Abbaus

### A. Steuerung des Fettsäure-Abbaus ◑

Der Spiegel der **freien Fettsäuren** (FFA) im Blutplasma steht unter der Kontrolle der Hormone, die die Lipolyse im Fettgewebe regeln (s. S. 140). Aus dem Plasma-Pool der FFA versorgen sich die Gewebe mit Fettsäuren (**1**), soweit sie die Fettsäuren nicht selbst durch eigene Synthese (*Lipogenese*, s. S. 162) bilden (**2**). Nach der Aktivierung zu **Acyl-CoA** (**3**) werden die intracellulären FFA entweder gespeichert oder abgebaut.

**Speicherung:** Die Veresterung der aktivierten Fettsäuren (Acyl-CoA) mit Glycerol (**4**) führt zu **Phospholipiden,** die als *Membranbausteine* benötigt werden, und zu **Triacylglycerolen** (Fett), die als *Energiereserve* gespeichert werden (**5**). Die Leber kann diese Produkte auch als **Lipoproteine** (s. S. 248) an das Plasma abgeben (**6**). Diese Wege werden bei reichlichem Angebot an FFA beschritten.

**Abbau:** Der Abbau der Fettsäuren geschieht in den Mitochondrien. Dazu werden die Fettsäuren mit Hilfe des *Carnitin-Shuttles* [**2**] aus dem Cytoplasma in die Mitochondrien transportiert (**7**). Sie werden dort oxidativ durch Zusammenwirken von *β-Oxidation, Citrat-Cyclus* und *Atmungskette* zu $CO_2$ abgebaut (**8 + 9**). Dabei wird in erheblichem Umfang ATP gewonnen (**9**). In den Mitochondrien der Leber können Ketonkörpern gebildet werden (**10**, *Ketogenese*; Reaktionen s. S. 278).

Die Geschwindigkeit des Fettsäure-Abbaus wird vom Transport der Fettsäuren in die Mitochondrien bestimmt (**7**), dessen erster Schritt die Übertragung der Fettsäure von CoA auf Carnitin durch eine *Transferase* [**2**] ist. Dieses in der äußeren Mitochondrien-Membran lokalisierte Enzym ist im *Hungerzustand* besonders aktiv, wenn der Plasmaspiegel von FFA und Glucagon hoch ist. Im *Sättigungszustand* wird die Transferase [**2**] dagegen durch Malonyl-CoA gehemmt (**2**; Reaktionen s. S. 162), welches sich in dieser Stoffwechsellage anhäuft. Durch den verringerten Import von Fettsäuren in die Mitochondrien ist dann die β-Oxidation gedrosselt. Gleichzeitig ist die Lipogenese (**2**) gesteigert, da ihr Schlüsselenzym, die *Acetyl-CoA-Carboxylase* [**1**], stimuliert ist. Wenn sich Acyl-CoA anhäuft, z. B. weil der Verbrauch durch Veresterung mit Glycerol (**4**) nicht schnell genug geschieht, wird dieses Enzym wieder abgeschaltet.

In den Mitochondrien der Leber fällt noch eine Entscheidung zwischen *Ketogenese* (**10**) und vollständiger Oxidation des Acetyl-CoA (**9**) zu $CO_2$ durch *Citratcyclus* und *Atmungskette.* Die Geschwindigkeit dieser beiden Prozesse hängt ausschließlich vom Energiebedarf der Zelle ab, alles überschüssige Acetyl-CoA wandert in die Ketonkörper-Bildung (**10**).

### B. Energiebilanz ◑

Zur Berechnung der Energiebilanz wird als Beispiel ein Molekül **Palmitinsäure** (16:0) vollständig zu 16 Molekülen $CO_2$ oxydiert. In einem ersten Schritt wird die Fettsäure unter Verbrauch von zwei energiereichen Bindungen (~) zu Palmitoyl-CoA aktiviert, das aus acht $C_2$-Einheiten besteht. Seine *β-Oxidation* läuft in sieben Cyclen ab. Dabei werden 7 mol proteingebundenes $FADH_2$ und 7 mol NADH + $H^+$ gebildet. Da ein $FADH_2$ in der Atmungskette zur Bildung von zwei energiereichen Phosphosäureanhydrid-Bindungen (~) führt und NADH + $H^+$ zu drei ~ (s. S. 130), werden durch die β-Oxidation von Palmitoyl-CoA 35 ($7 \times 5$) ~ erzeugt. Die Oxidation eines jeden Acetyl-CoA im *Citrat-Cyclus* bringt 12 ~, so daß noch einmal 96 ($8 \times 12$) ~ addiert werden können. Von den 35 + 96 ~ müssen noch die zwei ~ abgezogen werden, die bei der *Aktivierung* der Palmitinsäure verbraucht wurden (s. o.). Insgesamt werden also 129 energiereiche Bindungen (~) je Molekül erzeugt, was einer Energie von insgesamt 3935 kJ × $mol^{-1}$ entspricht ($129 \times 30.5$ kJ pro mol ~).

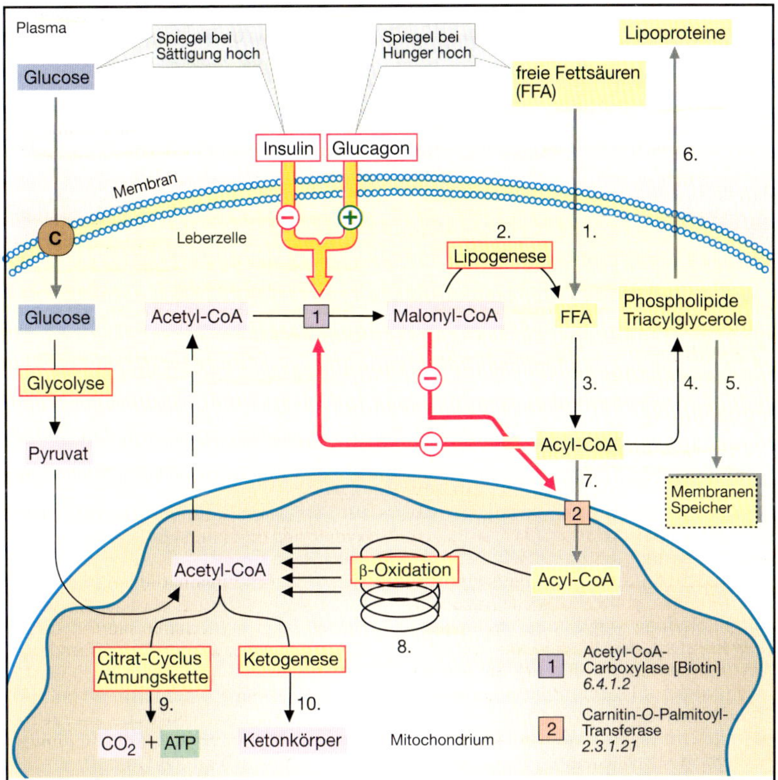


**A. Steuerung des Fettsäure-Abbaus**

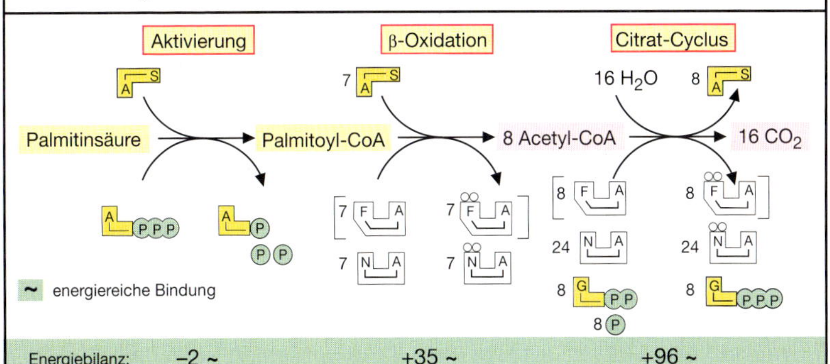


**B. Energiebilanz des Fettsäure-Abbaus**

Summe: 129~

## Nebenwege des Fettsäure-Abbaus

**Wege des Fettsäure-Abbaus**. Der Hauptweg des Fettsäure-Abbaus verläuft über die β-*Oxidation* (s. S. 140). Daneben gibt es aber noch Sonderformen: den Abbau ungesättigter Fettsäuren (**A**), den Abbau von Fettsäuren mit einer ungeraden Zahl an C-Atomen (**B**), die α- und ω-Oxidation von Fettsäuren (**C**), und den Fettsäure-Abbau in Peroxisomen. Auch wenn diese Abbauwege quantitativ weniger wichtig sind, führt ihr Ausfall doch zu schweren Erkrankungen.

### A. Abbau von ungesättigten Fettsäuren ◑

Ungesättigte Fettsäuren tragen meist eine *cis*-Doppelbindung in Position 9 oder 12, z. B. die Linolsäure (18:2; 9,12). Ihr Abbau verläuft wie der einer gesättigten Fettsäure durch β-Oxidation (**1**), bis die *cis*-Doppelbindung an C-9 erreicht ist. Da in der β-Oxidation das ungesättigte Zwischenprodukt immer eine *trans*-ständige Doppelbindung trägt, wird die ungesättigte Fettsäure durch eine Isomerase vom 3,4-*cis*-Isomeren in das 2-*trans*-Isomere umgewandelt (**2**). Dann kann der Abbau durch β-Oxidation (**3**) fortgesetzt werden. In Fällen, in denen eine Umlagerung wie bei Schritt **2** nicht möglich ist, wird die Doppelbindung mit Hilfe von NADPH + $H^+$ reduziert (**4**). Dann kann der Fettsäure-Abbau durch Umlagerung der Doppelbindung (**5**) und β-Oxidation (**6**) weitergehen.

### B. Abbau von ungeradzahligen Fettsäuren ◑

Diese Fettsäuren werden wie die ‚normalen' Fettsäuren mit gerader C-Atom-Zahl behandelt, d. h. sie werden nach Aufnahme in die Zellen unter ATP-Verbrauch zu Acyl-CoA aktiviert, dann mit Hilfe des Carnitin-Shuttles in die Mitochondrien transportiert und dort durch β-Oxidation abgebaut (s. S. 140). Das übrigbleibende **Propionyl-CoA** mit drei C-Atomen wird durch die *Propionyl-CoA-Carboxylase* zu **Methylmalonyl-CoA** carboxyliert [**1**], welches nach einer Isomerisierung in **Succinyl-CoA** umgewandelt wird [**2**].

An diesen Reaktionen sind verschiedene Coenzyme beteiligt: die Carboxylierung [**1**] geschieht mit Hilfe von **Biotin,** die Mutase-Reaktion [2] mit **Coenzym $B_{12}$** (5'-Desoxyadenosyl-Cobalamin (s. S. 328).

Succinyl-CoA ist ein Intermediat des Citrat-Cyclus, steht also zur *Gluconeogenese* zur Verfügung. Aus Propionyl-CoA, dem Abbauprodukt ungeradzahliger Fettsäuren, kann deshalb Glucose aufgebaut werden.

### C. α- und ω-Oxidation ○

Beide Reaktionen sind quantitativ von geringer Bedeutung. Die **α-Oxidation** von Fettsäuren dient dem Abbau von methylverzweigten Fettsäuren. Sie geschieht durch schrittweise Entfernung von $C_1$- Resten, beginnt mit einer Hydroxylierung, erfordert kein Coenzym A und erzeugt auch kein ATP. Die **ω-Oxidation**, d. h. die Oxidation des Fettsäure-Endes, beginnt ebenfalls mit einer Hydroxylierung durch eine *Monooxygenase* (gemischt-funktionelle Oxidase (s. S. 340) und führt durch Oxidation weiter zu Fettsäuren mit zwei Carboxy-Gruppen, welche durch β-Oxidation von beiden Seiten bis zu $C_8$- oder $C_6$-Dicarbonsäuren abgebaut und mit dem Urin ausgeschieden werden können.

### Weitere Informationen

Eine alternative Form der β-Oxidation kommt in den *Leber-Peroxisomen* vor (s. S. 198). Sie sind auf den Abbau von besonders langen Fettsäuren (n>20) spezialisiert. Abbauprodukte sind Acetyl-CoA und $H_2O_2$, ATP wird nicht gebildet.

Ausfälle einzelner Enzymsysteme der Nebenwege des Fettsäure-Abbaus sind bekannt: Beim *Refsum Syndrom* kann die methylverzweigte Phytansäure (aus pflanzlicher Nahrung) nicht durch α-Oxidation abgebaut werden, beim *Zellweger-Syndrom* werden langkettige Fettsäuren wegen eines peroxisomalen Defekts nicht abgebaut.

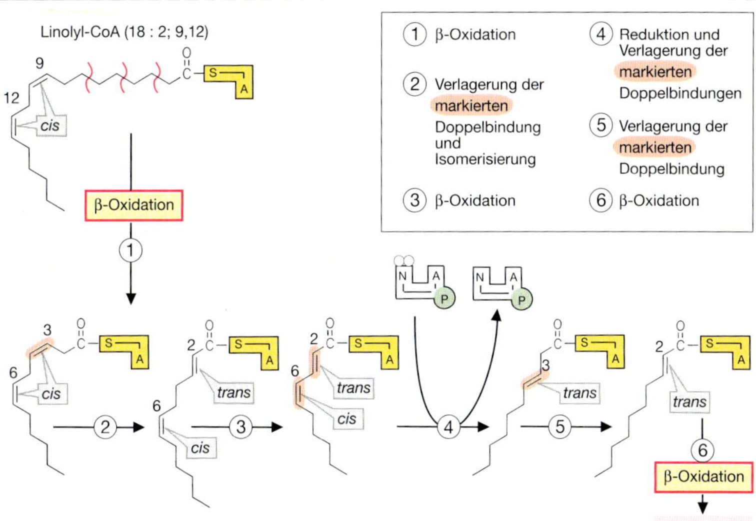


**A. Abbau von ungesättigten Fettsäuren**

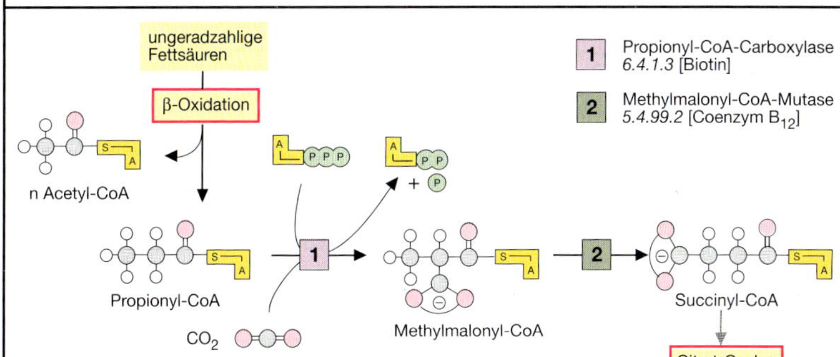


**B. Abbau von ungeradzahligen Fettsäuren**

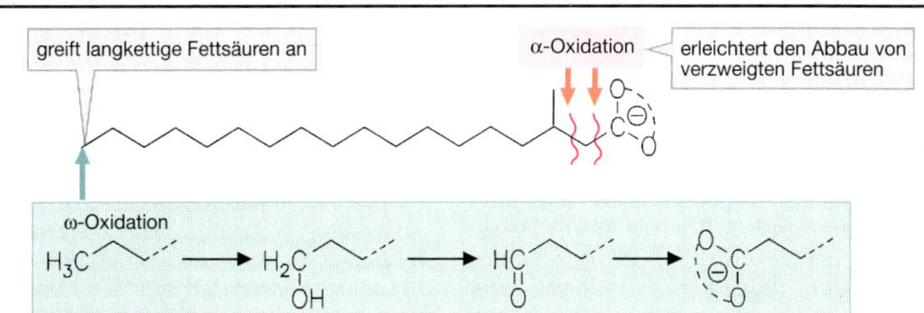


**C. α- und ω-Oxidation**

## Stickstoff-Haushalt, Peptidasen

### A. Protein-Stoffwechsel: Überblick ●

Die Proteine bilden die mengenmäßig wichtigste Gruppe der Biomoleküle (s. S. 186). Ein 70 kg schwerer Mensch enthält etwa 10 kg Protein, den größten Teil davon in der Muskulatur. Demgenüber ist der Anteil der anderen stickstoffhaltigen Verbindungen gering, die **Stickstoff-Bilanz** des Organismus wird daher in erster Linie vom Stoffwechsel der Proteine bestimmt. Mehrere Hormone, vor allem *Testosteron* und *Cortisol*, steuern den Stickstoff-Haushalt.

Die **Stickstoff-Bilanz** des gesunden Erwachsenen ist im allgemeinen ausgeglichen, d. h. die aufgenommenen und ausgeschiedenen Mengen an Protein-Stickstoff sind etwa gleich. Man schätzt, daß täglich 300–400 g Protein zu Aminosäuren abgebaut werden (*Proteolyse*). Andererseits wird etwa die gleiche Menge an Aminosäuren wieder in Proteine eingebaut (*Protein-Biosynthese*). Um Stickstoff-Verluste auszugleichen, müssen täglich mindestens 30 g Protein mit der Nahrung aufgenommen werden. Während dieser Minimalwert in manchen Ländern kaum erreicht wird, ist in den Industriestaaten der Proteingehalt der Nahrung meist weit höher als notwendig. Da Aminosäuren nicht gespeichert werden können, werden unter diesen Bedigungen pro Tag bis zu 100 g überschüssiger Aminosäuren in der Leber zu Biosynthesen verwendet oder abgebaut. Der Protein-Stickstoff wird in Harnstoff umgewandelt (s. S. 148) und in dieser Form im Urin ausgeschieden. Geringe Mengen an Aminosäuren werden auch aus Vorstufen neu synthetisiert.

### B. Lebensdauer von Proteinen im Organismus ◑

Der hohe Proteinumsatz im Organimus rührt daher, daß die meisten Proteine relativ *kurzlebig* sind. Ihre Halbwertszeiten betragen im Mittel 2–8 Tage. Erheblich langlebiger sind Strukturproteine oder das Hämogobin der Erythrocyten. Besonders kurzlebig sind andererseits viele *Schlüsselenzyme* des Intermediär-Stoffwechsels wie die *HMG-CoA-Reduktase* oder die *ALA-Synthase*.

### C. Proteinasen und Peptidasen ◑

Die Proteolyse, d. h. der vollständige Abbau von Proteinen zu freien Aminosäuren, benötigt eine ganze Reihe von Enzymen mit unterschiedlichen Spezifitäten. *Proteinasen* und *Peptidasen* gibt es nicht nur im Magen-Darm-Trakt (s. S. 240), sondern auch innerhalb jeder Zelle. Dort sind sie teilweise in den *Lysosomen* lokalisiert (s. S. 210), aber auch im Cytoplasma findet man proteolytische Aktivitäten.

Nach ihrem Angriffspunkt innerhalb der Substrat-Moleküle unterteilt man die proteolytischen Enzyme in *Endopeptidasen* und *Exopeptidasen*. Die **Endopeptidasen** oder **Proteinasen** (**1**) spalten Peptidbindungen *im Inneren* von Peptidketten. Sie ‚erkennen' und binden kurze Teilsequenzen und hydrolysieren dann relativ spezifisch Bindungen zwischen bestimmten Aminosäure-Resten. Es gibt Gruppen von Proteinasen mit ähnlichen Reaktionsmechanismen. Bei den *Serin-Proteinasen* ist z. B. ein Serin-Rest des Enzyms für die Katalyse wichtig, bei den *Cystein-Proteinasen* ein Cystein-Rest usw. Im Gegensatz zu den Endopeptidasen greifen die **Exopeptidasen** (**2**) Peptide nur vom Ende her an. Meist spalten sie nacheinander einzelne Aminosäure-Reste ab, es gibt aber auch Enzyme die jeweils Dipeptide oder Tripeptide freisetzen. Exopeptidasen, die am Amino-Terminus der Peptidkette angreifen, nennt man *Aminopeptidasen*, solche die den Carboxy-Terminus erkennen, *Carboxypeptidasen*. Die *Dipeptidasen* schließlich hydrolysieren nur Dipeptide. Um Proteine vollständig abzubauen sind Enzyme aus allen genannten Gruppen notwendig.

Die Struktur eines Komplexes der Serin-Proteinase *Trypsin* (s. S. 240) mit einem Substrat-Peptid (blau) ist in Abb. **4** dargestellt. Trypsin spaltet spezifisch Peptidbindungen neben Lysin- oder Arginin-Resten; hier ist es eine Bindung zwischen Lysin und Alanin (Pfeil). Wichtige funktionelle Reste des Trypsins sind rosa hinterlegt.

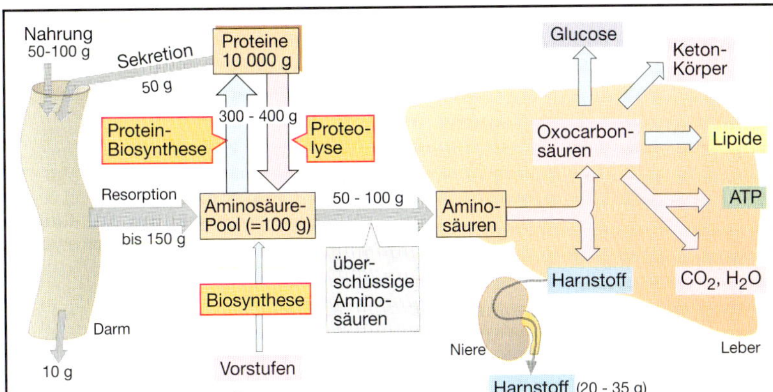


**A. Protein-Stoffwechsel: Überblick**

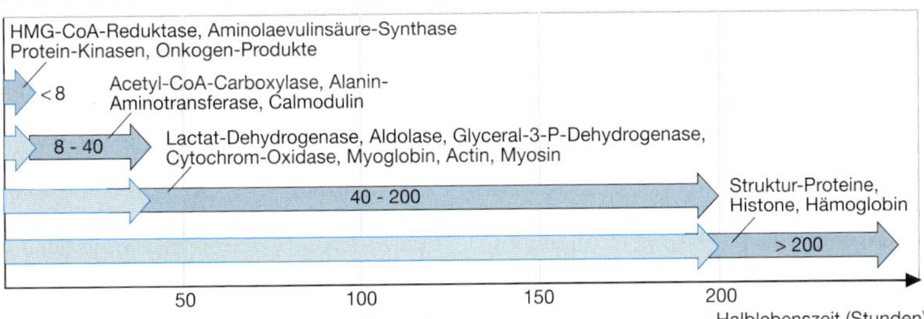


**B. Lebensdauer von Proteinen im Organismus**

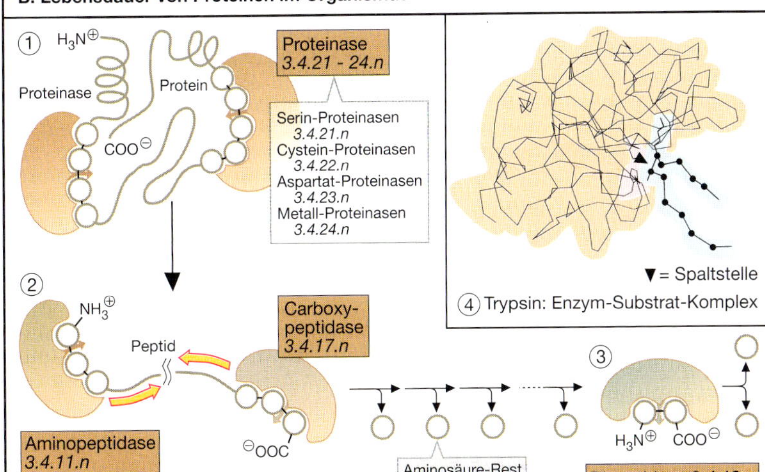


**C. Proteinasen und Peptidasen**

# Transaminierung und Desaminierung

### A. Transaminierung und Desaminierung ◑

Beim Abbau von Proteinen fällt Amino-Stickstoff an, der sich im Gegensatz zu Kohlenstoff nicht zur oxidativen Energiegewinnung eignet. Amino-Gruppen werden deshalb, soweit sie nicht für Biosynthesen wiederverwendet werden können, in Harnstoff eingebaut (s. S. 282) und so ausgeschieden. Zwischenprodukte des $NH_2$-Stoffwechsels sind metabolit- oder coenzymgebundene Amino-Gruppen und freier Ammoniak ($NH_3$).

Unter den $NH_2$-Übertragungsreaktionen sind die **Transaminierungen** (**1**) besonders wichtig. Sie werden von *Transaminasen* katalysiert und kommen im katabolen wie im anabolen Aminosäure-Stoffwechsel vor. Bei Transaminierungen wird die Amino-Gruppe einer Aminosäure (Aminosäure 1) auf eine 2-Oxosäure (Oxosäure 2) übertragen. Aus der Aminosäure entsteht dabei eine 2-Oxosäure (**a**), aus der ursprünglichen Oxo-Säure eine Aminosäure (**b**). Die übertragene $NH_2$-Gruppe wird vorübergehend von enzymgebundenem **Pyridoxalphosphat** (PLP) übernommen (**B**).

Wird die Amino-Gruppe als Ammoniak freigesetzt, spricht man von **Desaminierung** (**2**). Hierfür gibt es verschiedene Mechanismen. Die Abspaltung von $NH_3$ aus einer Säureamid-Gruppe bezeichnet man als **hydrolytische Desaminierung**. Ein Beispiel dafür ist die Glutaminase-Reaktion ([3], s. **B**). In einigen Fällen wird $NH_3$ eliminiert, d. h. eine Doppelbindung bleibt zurück (**eliminierende Desaminierung**, hier nicht gezeigt). Besonders wichtig ist die **oxidative Desaminierung** (**2**). Bei dieser Reaktion wird die Amino-Gruppe zunächst zur Imino-Gruppe dehydriert (**a**); die Reduktionsäquivalente werden auf $NAD^+$ oder $NADP^+$ übertragen. Im zweiten Schritt wird dann die Imino-Gruppe hydrolytisch abgespalten. Dabei entsteht wie bei der Transaminierung eine 2-Oxosäure. Diesen Mechanismus sehen wir bei der *Glutamat-Dehydrogenase*, einem zentralen Enzym im Aminosäure-Stoffwechsel der Leber (**C**).

### B. Mechanismus der Transaminierung ○

In Abwesenheit von Substraten ist die Aldehyd-Gruppe des Pyridoxalphosphats kovalent an einen Lysin-Rest der Amino-Transferase gebunden (**1**). Diese Art von Verbindung bezeichnet man als **Aldimin** oder *‚Schiff-Base‘*; wir finden sie auch in den Rhodopsinen (s. S. 116, 318). Während der Reaktion (**1a**) verdrängt die Aminosäure 1 den Lysin-Rest, und es bildet sich ein neues Aldimin (**2**). Durch Isomerisierung wird dann die C=N-Doppelbindung verschoben. Das **Ketimin** (**3**) wird hydrolysiert, und es entstehen die 2-Oxosäure und **Pyridoxaminphosphat** (**4**). Im zweiten Teil der Reaktion (**1b**) laufen diese Schritte *in umgekehrter Richtung* ab.

### C. $NH_3$-Stoffwechsel der Leber ◑

Nicht nur die Harnstoff-Synthese selbst (s. S. 282), sondern auch die Bildung der Vorstufen $NH_3$ und Aspartat findet vorwiegend in der Leber statt. Der in den Geweben anfallende Amino-Stickstoff wird vom Blut vor allem in Form von **Glutamin** (Gln) und **Alanin** (Ala) zur Leber transportiert. Dort wird Gln durch die *Glutaminase* [3] zu **Glutamat** (Glu) und $NH_3$ desaminiert. Die Amino-Gruppe des Alanins wird durch die *Alanin-Transaminase* [1] auf **2-Oxoglutarat** (2-OG) übertragen. Bei dieser Transaminierung (**A**) entsteht ebenfalls Glutamat. Aus Glutamat wird schließlich durch oxidative Desaminierung (**A**) $NH_3$ freigesetzt. Diese Reaktion wird durch die *Glutamat-Dehydrogenase* [4] katalysiert, ein für die Leber typisches Enzym. Auch **Aspartat** (Asp), der zweite Aminogruppen-Donator im Harnstoff-Cyclus, entsteht aus Glutamat. Die dafür verantwortliche *Aspartat-Transaminase* [2] kommt – ebenso wie die Alanin-Transaminase [1] – in hoher Aktivität in der Leber vor. Beide Enzyme findet man aber auch in anderen Zellen.

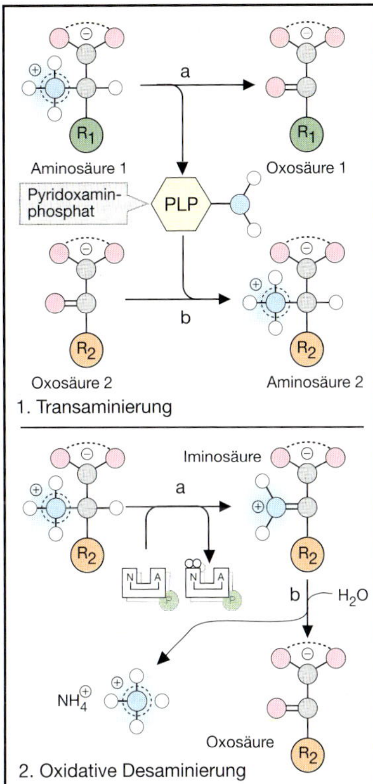


**A. Transaminierung und Desaminierung**

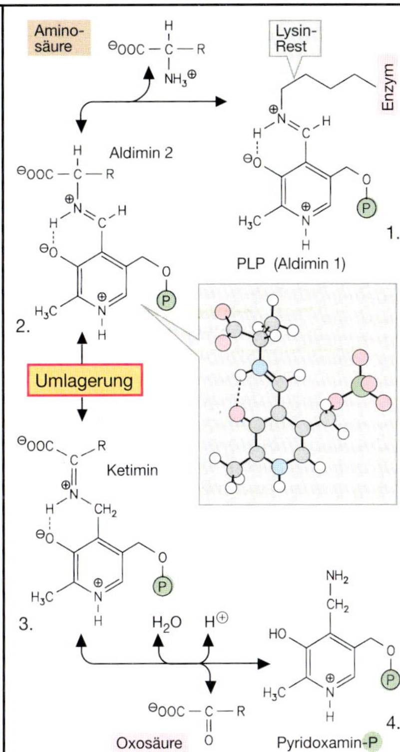


**B. Mechanismus der Transaminierung**

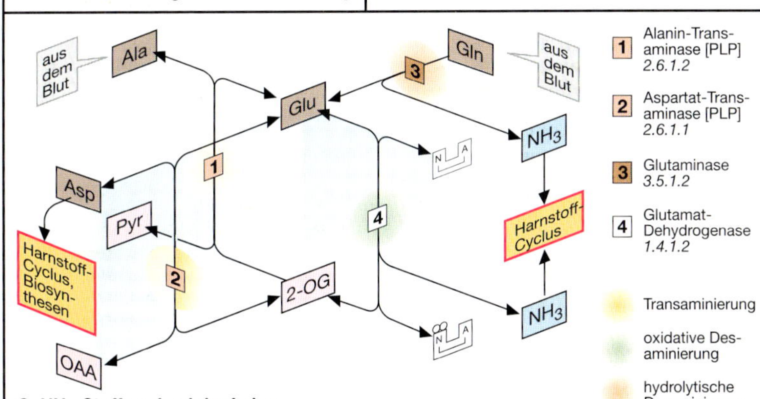


**C. $NH_3$-Stoffwechsel der Leber**

## Aminosäure-Abbau

### A. Überblick ◑

Der Abbau von Aminosäuren umfaßt zahlreiche Stoffwechsel-Wege, die hier in einer Übersicht dargestellt sind. Weitere Einzelheiten finden sich auf den Seiten 366 und 367.

Die Kohlenstoff-Skelette der 20 proteinogen Aminosäuren (s. S. 59) ergeben nur 7 verschiedene **Abbauprodukte** (rosa und hellblau hinterlegt). Fünf dieser Metabolite (2-Oxoglutarat, Succinyl-CoA, Fumarat, Oxalacetat und Pyruvat) sind *Vorstufen der Gluconeogenese* (s. S. 154). Die ersten vier Stoffe sind bereits Intermediate des Citrat-Cyclus; Pyruvat läßt sich durch die *Pyruvat-Carboxylase* in Oxalacetat überführen (grüner Pfeil) und so der Gluconeogenese zugänglich machen. Aminosäuren, deren Abbau einen dieser fünf Metabolite liefert, bezeichnet man als **glucogene Aminosäuren**. Mit zwei Ausnahmen (Lysin und Leucin, s. unten) sind alle proteinogenen Aminosäuren glucogen.

Zwei andere Abbauprodukte (Acetacetat und Acetyl-CoA) lassen sich im tierischen Stoffwechsel nicht in die Gluconeogenese einschleusen, weil es keine Möglichkeit gibt, sie in Gluconeogenese-Vorstufen umzuwandeln. Sie können aber zur Synthese von Ketonkörpern, Fettsäuren und Isoprenoiden herangezogen werden. Aminosäuren, die zu Acetyl-CoA oder Acetacetat abgebaut werden, heißen deshalb **ketogene Aminosäuren**. Nur Leucin und Lysin sind rein ketogen. Einige Aminosäuren liefern glucogene *und* ketogene Abbauprodukte. Zu dieser Gruppe gehören Phenylalanin, Tyrosin, Tryptophan, Threonin und Isoleucin.

Zur Abspaltung der Amino-Gruppe (Desaminierung) während des Aminosäure-Abbaus gibt es verschiedene Möglichkeiten. Häufig wird die Aminogruppe durch *Transaminierung* (s. S. 148) auf 2-Oxoglutarat übertragen. Das gebildete Glutamat wird dann in einem weiteren Schritt durch die Glutamat-Dehydrogenase *oxidativ desaminiert* (grün). Bei dieser Reaktion wird 2-Oxoglutarat regeneriert, außerdem entsteht freier Ammoniak ($NH_3$), der im tierischen Stoffwechsel in Harnstoff umgewandelt und ausgeschieden wird (s. S. 282). Auch bei der Hydrolyse der Säureamid-Gruppen von Asparagin und Glutamin wird Ammoniak freigesetzt (*hydrolytische Desaminierung*, orange). Eine weitere Umwandlung, bei der $NH_3$ gebildet wird, ist die *eliminierende Desaminierung* (blau) von Serin zu Pyruvat.

### B. Biogene Amine ◑

Kleine Mengen bestimmter Aminosäuren werden auch durch *Decarboxylierung* abgebaut. Dabei enstehen im allgemeinen Monoamine, die sogenannten **biogenen Amine**. Einige Verbindungen dieser Art sind Bestandteile von Biomolekülen. So findet sich in Phospholipiden (s. S. 48) außer der Aminosäure Serin auch das entsprechende biogene Amin **Ethanolamin**. **Cysteamin** und **β-Alanin** sind Bestandteile von Coenzym A (s. S. 102) und von Panthetein (s. S. 164). Das aus Threonin gebildete Aminopropanol ist Baustein von Vitamin $B_{12}$ (s. S. 328)

Andere biogene Amine wirken als Signalstoffe. Ein wichtiger *Neurotransmitter* ist das vom Glutamat abgleitete **γ-Aminobutyrat** (GABA, s. S. 310). Andere Neurotransmitter werden durch Decarboxylierung nicht-proteinogener Aminosäuren gebildet. So entsteht aus 3,4-Dihydroxyphenylalanin (Dopa) der Transmitter **Dopamin**. Dopamin ist gleichzeitig die Vorstufe der Catecholamine Adrenalin und Noradrenalin (s. S. 316). Störungen des Dopamin-Stoffwechsels sind an der Entstehung der *Parkinsonschen Krankheit* beteiligt. Aus Tryptophan wird über die Zwischenstufe 5-Hydroxytryptophan das **Serotonin**, gebildet, eine Substanz mit zahlreichen Wirkorten.

Viele Monoamine sowie die Catecholamine werden durch die *Amin-Oxidase* (‚MAO') unter Desaminierung und gleichzeitiger Oxidation zu Aldehyden inaktiviert. Hemmstoffe der Amin-Oxidase spielen deshalb eine wichtige Rolle bei der pharmakologischen Beeinflussung des Neurotransmitter-Stoffwechsels.

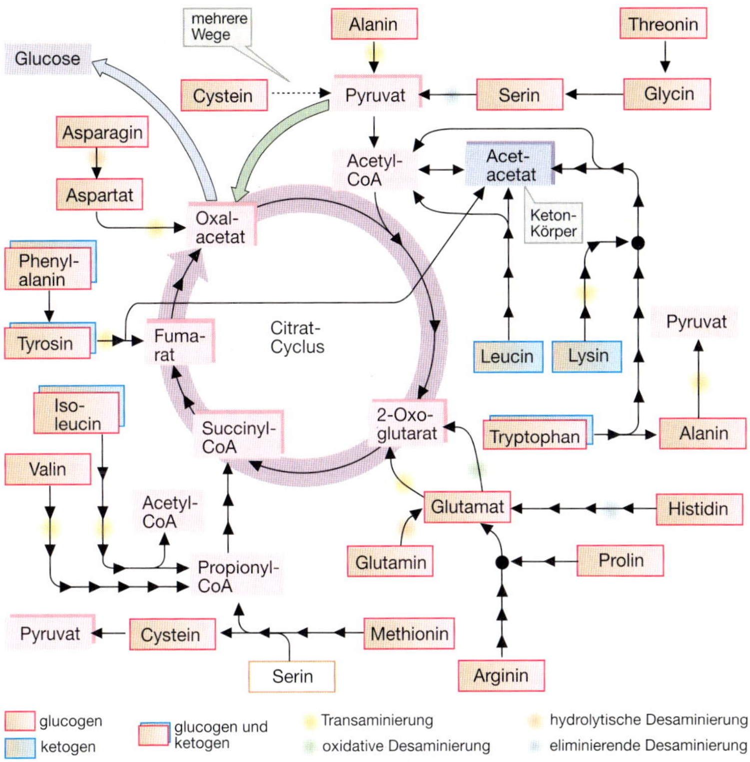


**A. Aminosäure-Abbau: Überblick**

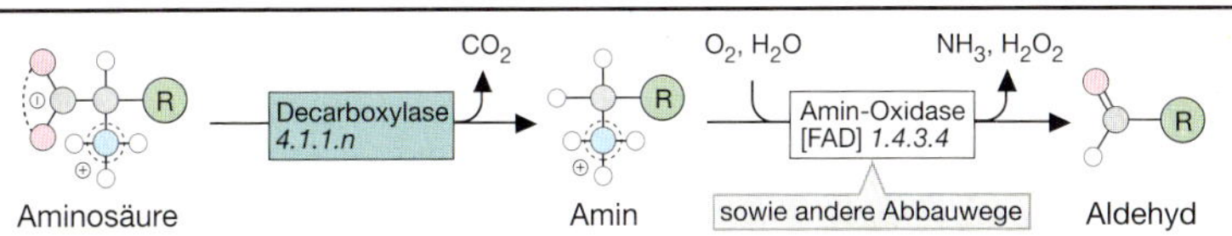


| Aminosäure | Amin | Funktion | Aminosäure | Amin | Funktion |
|---|---|---|---|---|---|
| Serin | Ethanol-amin | Bestandteil von Phospholipiden | Glutamat | γ-Amino-butyrat | Neurotransmitter (GABA) |
| Cystein | Cysteamin | Bestandteil von Coenzym A | Histidin | Histamin | Mediator, u.a. im Immunsystem |
| Threonin | Amino-propanol | Bestandteil von Vitamin $B_{12}$ | Dopa | Dopamin | Neurotransmitter |
| Aspartat | β-Alanin | Bestandteil von Coenzym A | 5-Hydroxy-tryptophan | Serotonin | Mediator, Neuro-transmitter |

**B. Biogene Amine**

# Nucleotid-Abbau

## A. Abbau von Nucleotiden ◑

Die Nucleotide gehören zu den komplexesten Metaboliten. Ihre Biosynthese ist langwierig und mit hohem Energieaufwand verbunden (s. S. 172). Es ist deshalb verständlich, daß Nucleotid-Bausteine nicht vollständig abgebaut, sondern zum großen Teil *wiederverwertet* werden. Dies gilt vor allem für die Purinbasen Adenin und Guanin. Im tierischen Organismus werden sie zu etwa 90% durch Verknüpfung mit Phosphoribosyl-diphosphat (PRPP) wieder zu Nucleosid-monophosphaten aufgebaut (Enzym [1] und [2]). Der Anteil der wiederverwerteten Pyrimidinbasen ist sehr viel geringer.

Der Abbau von Purin (**1**) – und Pyrimidin-Nucleotiden (**2**) verläuft unterschiedlich. Die **Purine** werden im menschlichen Organismus zu Harnsäure abgebaut und in dieser Form ausgeschieden. Der Purinring bleibt dabei intakt. Im Gegensatz dazu wird der **Pyrimidin-**Ring von Uracil, Thymin und Cytosin in kleine *Fragmente* zerlegt, die wieder in den Stoffwechsel eingeschleust, oder ohne Schwierigkeiten ausgeschieden werden können.

Guanosin-monophosphat (GMP, **1**) wird in zwei Stufen zu *Guanosin* und dann zu *Guanin* (Gua) abgebaut. Guanin wird durch Desaminierung in eine weitere Purinbase, das *Xanthin*, umgewandelt. Im wichtigsten Abbauweg des Adenosin-monophosphats (AMP) wird bereits das Nucleotid desaminiert, und es ensteht *Inosinmonophosphat* (IMP). Aus IMP wird auf ähnliche Weise wie beim GMP, die Purinbase *Hypoxanthin* freigesetzt. Ein- und dasselbe Enzym, die *Xanthin-Oxidase* [3] überführt dann Hypoxanthin in Xanthin, und dieses in **Harnsäure**. Bei jedem dieser Reaktionsschritte wird eine Oxogruppe in das Substrat eingeführt. Sie stammt aus molekularem Sauerstoff, als weiteres Reaktionsprodukt entsteht das toxische Wasserstoffperoxid, das durch Peroxidasen entfernt werden muß.

Fast alle Säugetiere bauen Harnsäure mit Hilfe der *Uricase* unter Ringöffnung weiter zu **Allantoin** ab und scheiden dieses aus. Die Primaten, darunter der Mensch, sind zur Bildung von Allantoin nicht in der Lage. Bei ihnen ist deshalb Harnsäure die Ausscheidungsform der Purine. Dasselbe gilt auch für die Vögel. Die meisten anderen Tiere führen den Purinabbau weiter zu Allantoinsäure oder zu Harnstoff und Glyoxylat.

Beim Abbau der **Pyrimidin-Nucleotide** (**2**) sind die Basen *Uracil* (Ura) und *Thymin* (Thy, 5-Methyluracil) wichtige Zwischenprodukte. Beide werden auf vergleichbare Weise weiter abgebaut: Der Pyrimidin-Ring wird reduziert und dann hydrolytisch gespalten. Im nächsten Schritt entsteht unter Abspaltung von $CO_2$ und $NH_3$ das **ß-Alanin** als Abbauprodukt von Uracil. Beim weiteren Abbau wird es in Acetyl-CoA, $CO_2$ und $NH_3$ gespalten (nicht gezeigt). Analog entstehen aus **ß-Aminoisobutyrat**, dem Abbauprodukt von Thymin, Propionyl-CoA, $CO_2$ und $NH_3$ (nicht gezeigt).

## B. Hyperuricämie (Gicht) ○

Die Tatsache, daß beim Menschen der Purin-Abbau schon auf der Stufe der Harnsäure endet, kann zu Problemen führen. Harnsäure ist nämlich im Gegensatz zu Allantoin sehr *schlecht wasserlöslich*. Bei hohem Harnsäure-Angebot oder gestörter Harnsäure-Verwertung kann es deshalb zu übermäßigen Harnsäure-Konzentrationen im Blut (*Hyperuricämie*) und als Folge davon zur Ablagerung von Harnsäure-Kristallen im Körper kommen. Die Ablagerung in Gelenken ist Ursache der sehr schmerzhaften **Gicht**-Anfälle.

Hyperuricämien gehen meist auf eine Störung der Harnsäure-Ausscheidung in der Niere zurück (**1**). Stark purinhaltige Nahrung (z. B. Fleisch) wirkt sich ebenfalls ungünstig aus (**2**). Dem seltenen, erblichen **Lesch-Nyhan-Syndrom** liegt ein Defekt der *Hypoxanthin-Phosphoribosyltransferase* (siehe Abb. **A**, Enzym [1]) zugrunde. Die gestörte Wiederverwertung der Purinbasen führt zu einer Hyperuricämie und schweren neurologischen Störungen. Zur Behandlung von Hyperuricämien eignet sich **Allopurinol**, ein Hemmstoff der Xanthin-Oxidase.

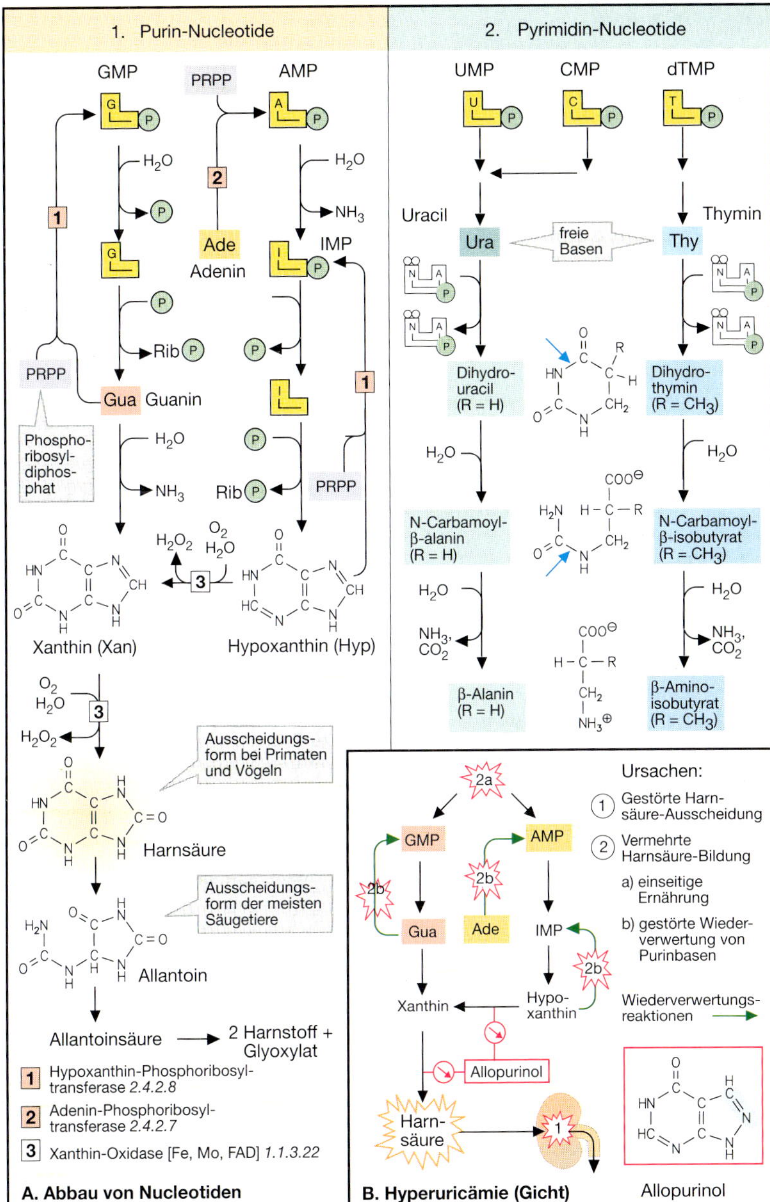


**A. Abbau von Nucleotiden**

**B. Hyperuricämie (Gicht)**

# Gluconeogenese

### A. Kohlenhydrat-Stoffwechsel im Hunger ◑

Einige Gewebe wie *Gehirn* oder *Erythrocyten* sind ständig auf die Zufuhr von Glucose angewiesen. Reichen die mit der Nahrung zugeführten Mengen an Kohlenhydraten nicht aus, kann die Konzentration der Glucose im Blut (der ‚Blutzuckerspiegel') für kurze Zeit durch *Abbau von Leber-Glycogen* aufrechterhalten werden. In Abb. **A** sind entsprechende Daten für hungernde Ratten wiedergegeben. Schon nach einem Tag sind die Glycogen-Vorräte erschöpft, und der Blutzuckerspiegel beginnt abzufallen. Wenig später erreicht er aber wieder den ursprünglichen Wert, und auch die Vorräte an Leber-Glycogen erholen sich. Ursache beider Effekte ist das Einsetzen der Neusynthese von Glucose (**Gluconeogenese**).

### B. Überblick ●

Die Neusynthese von Glucose findet überwiegend in der **Leber** statt. Auch Tubulus-Zellen der **Niere** besitzen hohe Gluconeogenese-Aktivität (s. S. 296). Wegen der weit geringeren Masse dieser Zellen macht die Glucose-Neubildung in der Niere jedoch nur etwa 10% der Gesamtsynthese aus. Vorstufen für die Gluconeogenese sind vor allem **Aminosäuren** aus der Muskulatur. Bei längerem Fasten kommt es daher zu einem massiven Abbau von Muskel-Protein. Eine weitere wichtige Vorstufe ist **Lactat**, das in den Erythrocyten und unter $O_2$-Mangel im Muskel gebildet wird. **Glycerol** aus dem Abbau von Fett kann ebenfalls der Gluconeogenese dienen. Dagegen ist der Umbau von Fettsäuren zu Glucose im tierischen Stoffwechsel *nicht* möglich, weil der Fettsäureabbau nicht anaplerotisch verläuft (s. S. 128). Der menschliche Organismus kann durch Gluconeogenese täglich mehrere hundert Gramm Glucose bilden. *Cortisol*, *Glucagon* und *Adrenalin* fördern die Gluconeogenese, während *Insulin* sie hemmt (s. S. 158).

### C. Reaktionen ◑

Viele Teilreaktionen der Gluconeogenese werden durch Enzyme katalysiert, die auch in der Glycolyse vorkommen (s. S. 136). Andere Enzyme sind dagegen *spezifisch* für die Gluconeogenese und werden erst bei Bedarf synthetisiert. Nur solche Enzyme sind in der Tafel erwähnt. Während die Glycolyse im Cytoplasma abläuft, sind an der Gluconeogenese auch die *Mitochondrien* und das *endoplasmatischen Retikulum* beteiligt.

Die ersten Schritte der Reaktionskette finden in *Mitochondrien* statt. Ursache für diesen ‚Umweg' ist die Gleichgewichtslage der Pyruvat-Kinase-Reaktion (s. S. 136). Selbst eine Kopplung an die Hydrolyse von ATP würde nicht ausreichen, um Pyruvat *direkt* in Phosphoenolpyruvat (PEP) zu überführen. **Pyruvat** wird daher zunächst in einer biotinabhängigen Reaktion durch die *Pyruvat-Carboxylase* [2] zu **Oxalacetat** carboxyliert. Da Oxalacetat auch im Citrat-Cyclus vorkommt, können alle Aminosäuren, deren Abbau in den Cyclus mündet oder Pyruvat liefert, der Synthese von Glucose dienen (*glucogene Aminosäuren*, s. S. 150). Das gebildete Oxalacetat wird im Mitochondrium zu **Malat** reduziert oder zu **Aspartat** transaminiert. Beide Metabolite können über Transportsysteme der inneren Membran die Mitochondrien verlassen (s. S. 196). Im Cytoplasma wird Oxalacetat rückgebildet und dann durch die GTP-abhängige *PEP-Carboxykinase* [3] in **Phosphoenolpyruvat** umgewandelt. Die weiteren Schritte bis zum **Fructose-1,6-bisphosphat** sind mit denen in der Glycolyse identisch. Zwei Gluconeogenese-spezifische *Phosphatasen* spalten dann nacheinander die Phosphat-Reste des Fructose-1,6-bisphosphats ab. Zwischengeschaltet ist die Isomerisierung von **Fructose-6-phosphat** zu **Glucose-6-phosphat** – ebenfalls eine Glycolyse-Reaktion. Die *Glucose-6-phosphatase* der Leber [5] ist im endoplasmatischen Retikulum lokalisiert. Von dort wird die Glucose schließlich ins Blut freigesetzt. Freies **Glycerol** gelangt nicht über Pyruvat, sondern über **Glyceron-3-phosphat** in die Gluconeogenese.

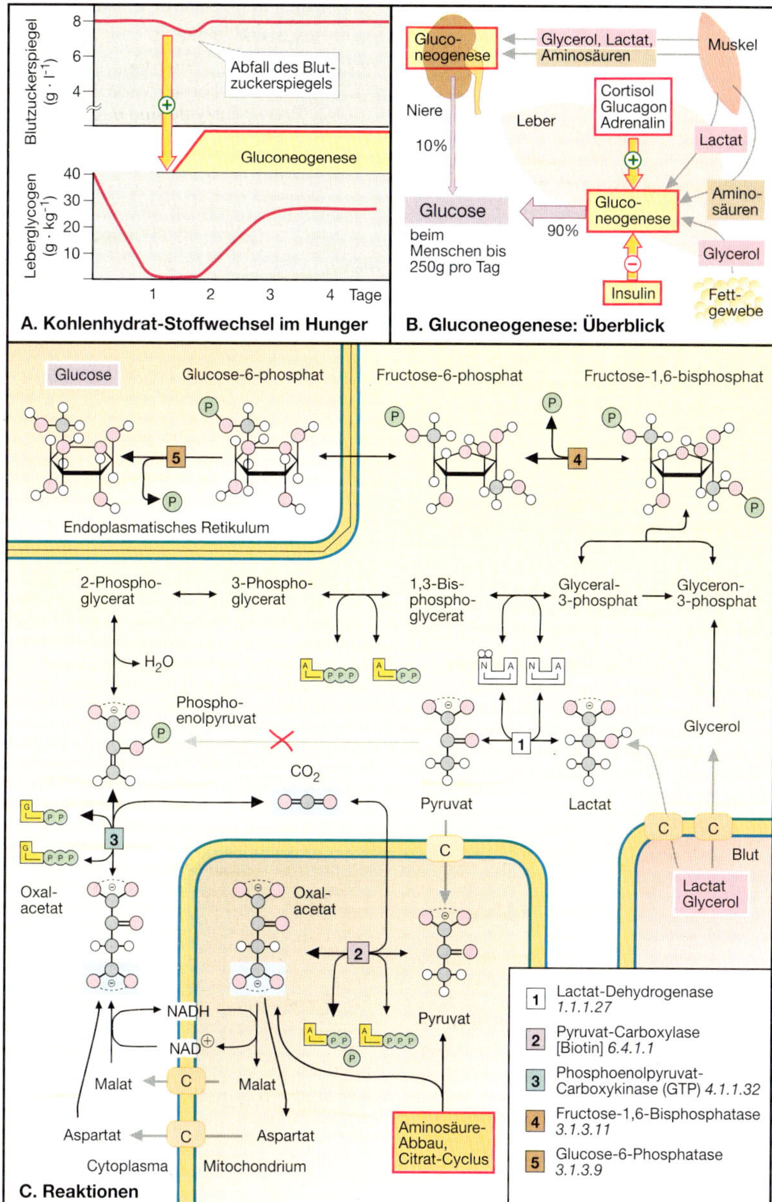
Blutzuckerspiegel (g · l⁻¹)
8
6
4
Abfall des Blutzuckerspiegels
Gluconeogenese
Leberglycogen (g · kg⁻¹)
40
30
20
10
1
2
3
4
Tage
A. Kohlenhydrat-Stoffwechsel im Hunger
Gluco-neogenese
Glycerol, Lactat, Aminosäuren
Muskel
Niere
10%
Leber
Cortisol
Glucagon
Adrenalin
Lactat
Glucose
beim Menschen bis 250g pro Tag
90%
Gluco-neogenese
Amino-säuren
Glycerol
Insulin
Fett-gewebe
B. Gluconeogenese: Überblick
Glucose
Glucose-6-phosphat
Fructose-6-phosphat
Fructose-1,6-bisphosphat
Endoplasmatisches Retikulum
2-Phospho-glycerat
3-Phospho-glycerat
1,3-Bis-phospho-glycerat
Glyceral-3-phosphat
Glyceron-3-phosphat
H2O
Phospho-enolpyruvat
Glycerol
CO2
Pyruvat
Lactat
Blut
Lactat
Glycerol
Oxal-acetat
Oxal-acetat
Pyruvat
NADH
NAD+
Malat
Malat
Aspartat
Aspartat
Cytoplasma
Mitochondrium
Aminosäure-Abbau, Citrat-Cyclus
1 Lactat-Dehydrogenase 1.1.1.27
2 Pyruvat-Carboxylase [Biotin] 6.4.1.1
3 Phosphoenolpyruvat-Carboxykinase (GTP) 4.1.1.32
4 Fructose-1,6-Bisphosphatase 3.1.3.11
5 Glucose-6-Phosphatase 3.1.3.9
C. Reaktionen

# Glycogen-Stoffwechsel

## A. Glycogen-Haushalt ●

Glycogen (s. S. 36) dient im tierischen Organismus als **Kohlenhydrat-Reserve**, aus der bei Bedarf Glucose-phosphate oder Glucose freigesetzt werden können.

Die Speicherung von Glucose selbst wäre nicht sinnvoll, weil hohe Glucose-Konzentrationen das Zellinnere stark hypertonisch machen und zu einem Einstrom von Wasser führen würden. Da die osmotische Aktivität gelöster Stoffe nicht von der Masse, sondern nur von der *Zahl* der Moleküle abhängt, sind Polysaccharide osmotisch fast inaktiv.

Der menschliche Organismus kann bis zu 450 g Glycogen speichern, ein Drittel davon in der **Leber**, fast den ganzen Rest in der **Muskulatur**. Der Glycogen-Gehalt der anderen Organe ist gering. Das Leber-Glycogen dient vor allem der *Aufrechterhaltung des Blutzucker-Spiegels* in der postresorptiven Phase (s. S. 274). Der Glycogengehalt der Leber ist deshalb sehr variabel. Bei mehrtägigem Hunger fällt er fast auf Null ab. Danach übernimmt die Gluconeogenese (s. S. 154) die Versorgung des Organismus mit Glucose. Das Muskel-Glycogen dient als *Energiereserve* und ist nicht direkt an der Blutzucker-Regulation beteiligt. Die Muskulatur besitzt nämlich keine Glucose-6-phosphatase und kann Glucose nicht ins Blut freisetzen. Ihr Glycogen-Gehalt schwankt deshalb weniger stark als der der Leber.

## B. Glycogen-Stoffwechsel ◑

Das tierische Glycogen ist – ähnlich wie das pflanzliche Amylopectin (s. S. 38) – ein *verzweigtes Homopolymer der Glucose*. Die Glucose-Reste sind $\alpha 1 \rightarrow 4$-glycosidisch verknüpft. Im Mittel jeder 12. Rest ist zusätzlich über eine $6 \leftarrow 1\alpha$-Bindung mit einem weiteren Rest verbunden. Diese Verzweigungen werden durch weitere $\alpha 1 \rightarrow 4$-verknüpfte Reste verlängert. So entstehen baumartige Strukturen aus bis zu 50000 Glucose-Resten ($M > 1 \cdot 10^7$ Da).

Glycogen wird nicht vollständig abgebaut. Im allgemeinen werden lediglich die nichtreduzierenden Enden des ‚Bäumchens' verkürzt oder – bei reichlichem Glucoseangebot – verlängert. Die Verlängerung der Kette wird durch die *Glycogen-Synthase* [2] katalysiert. Da die Knüpfung glycosidischer Bindungen zwischen Zuckern *endergon* ist, wird zunächst durch Umsetzung von Glucose-1-phosphat mit UTP eine ‚aktivierte' Form, die **UDP-Glucose,** gebildet [1]. Die Übertragung eines Glucose-Restes von diesem Intermediat auf Glycogen ist dann leicht möglich ($\Delta G < 0$). Hat die wachsende Kette eine bestimmte Länge erreicht (> 11 Reste) wird an ihrem Ende durch das *verzweigende Enzym* [3] ein Oligosaccharid aus 6–7 Resten abgespalten und im Inneren derselben oder einer benachbarten Kette in $6 \leftarrow 1\alpha$-Bindung wieder angefügt. Diese Verzweigungen werden dann durch die Glycogen-Synthase weiter ausgebaut.

Die verzweigte Struktur des Glycogens ermöglicht die rasche Freisetzung von Zucker-Resten. Das wichtigste abbauende Enyzm, die *Glycogen-Phosphorylase* [4], spaltet vom nichtreduzierenden Ende her nacheinander Reste als **Glucose-1-phosphat** ab. Je größer die Zahl dieser Enden ist, desto mehr Phosphorylase-Moleküle können gleichzeitig angreifen. Die Bildung von Glucose-1-phosphat statt Glucose hat den Vorteil, daß *kein ATP aufgewendet* werden muß, um die freigesetzten Reste in Glycolyse oder HMW einzuschleusen. Bedingt durch die Struktur der Glycogen-Phosphorylase (s. S. 110), kommt der Abbau allerdings 4 Reste vor Verzweigungen zum Stillstand. Zwei weitere Enzyme, [5] und [6], beseitigen diese Haltepunkte. Zunächst wird ein Trisaccharid von der Seitenkette ans Ende der Hauptkette verlagert. Eine *1,6-Glucosidase* spaltet dann den verbleibenden, einzelnen Rest als freie Glucose ab und hinterläßt eine unverzweigte Kette, die der Phosphorylase wieder zugänglich ist.

Die **Regulation des Glycogen-Stoffwechsels** durch Interkonversion und die Rolle von Hormonen bei diesen Prozessen wird auf den Seiten 110 und 158 besprochen.

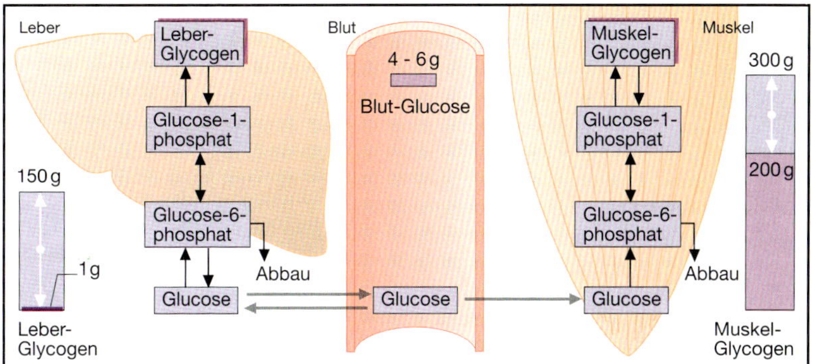


**A. Glycogen-Haushalt**

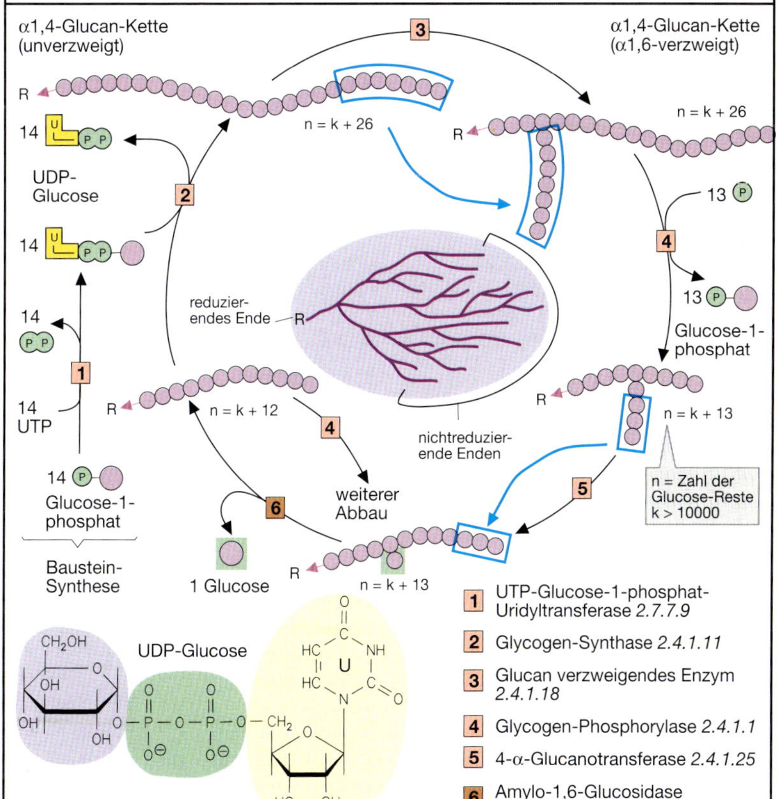


**B. Glycogen-Stoffwechsel**

## Regulation des Kohlenhydrat-Stoffwechsels

### A. Steuerung des Kohlenhydrat-Stoffwechsels ◑

In höheren Organismen unterliegt der Kohlenhydrat-Stoffwechsel komplexen Regulationsmechanismen, an denen *Hormone, Metabolite* und *Coenzyme* beteiligt sind. Das hier dargestellte Schema gilt für die Leber, die im Kohlenhydrat-Stoffwechsel zentrale Funktionen übernimmt (s. S. 276). Einige der gezeigten Steuerungsmechanismen sind deshalb in anderen Geweben nicht wirksam.

Zu den wichtigsten Leistungen der Leberzelle gehört es, überschüssige Glucose in Form von Glycogen zu speichern und daraus bei Bedarf wieder Glucose freizusetzen (*Pufferfunktion*). Sind die Glycogen-Vorräte erschöpft, kann die Leber Glucose durch Neusynthese bereitstellen (*Gluconeogenese*, s. S. 154). Außerdem baut sie, wie alle Gewebe, Glucose über die Glycolyse ab. Diese Funktionen müssen aufeinander abgestimmt sein: So ist es z. B. nicht sinnvoll, daß Glycolyse und Gluconeogenese *gleichzeitig* ablaufen, und auch Glycogen-Synthese und Glycogen-Abbau dürfen nicht zur selben Zeit stattfinden. Dies wird dadurch sichergestellt, daß für wichtige Schritte beider Wege zwei *verschiedene* Enzyme existieren, die jeweils nur die anabole bzw. die katabole Reaktion katalysieren und unterschiedlich gesteuert werden. Nur diese **Schlüsselenzyme** sind hier gezeigt.

Zu den Hormonen, die in den Kohlenhydrat-Stoffwechsel eingreifen, gehören die Peptide **Insulin** und **Glucagon**, das Glucocorticoid **Cortisol** und das Catecholamin **Adrenalin**. Insulin fördert durch *Induktion* die Neusynthese der Glycogen-Synthase [1] sowie die mehrerer Enzyme der Glycolyse [3], [5] und [7]. Gleichzeitig unterdrückt Insulin die Synthese von Schlüsselenzymen der Gluconeogenese (*Repression*, [4], [6], [8] und [9]). **Glucagon**, der Gegenspieler (Antagonist) des Insulins, hat die entgegengesetzte Wirkung: Es induziert Enzyme der Gluconeogenese [4], [6], [8] und [9] und reprimiert die *Pyruvat-Kinase* [7], ein Schlüsselenzym der Glycolyse. Weitere Wirkungen des Glucagons beruhen auf der **Interkonversion** von Enzymen. Sie werden durch den ‚Second messenger' cAMP vermittelt. Auf diese Weise wird z. B. die Synthese von Glycogen gehemmt [1], der Glycogen-Abbau dagegen aktiviert [2]. Ganz ähnlich wirkt auch das Adrenalin. Die Hemmung der Pyruvat-Kinase [7] durch Glucagon beruht ebenfalls auf Interkonversion.

**Cortisol** ist, wie Glucagon, ein wichtiger Induktor von Schlüsselenzymen der Gluconeogenese [4], [6], [8] und [9]. Durch Induktion von Enzymen des Aminosäure-Abbaus trägt es außerdem zur Bereitstellung von Vorstufen der Gluconeogenese bei.

Hohe Konzentrationen der Metabolite ATP und Citrat hemmen die Glycolyse durch Bindung an die *Phosphofructokinase*. ATP hemmt außerdem die Pyruvat-Kinase. Alle diese Metabolite enstehen durch Glucose-Abbau **(Endprodukt-Hemmung)**. Ähnlich wirkt Acetyl-CoA, ein Hemmstoff der Pyruvat-Kinase. AMP, ein *Signal für ATP-Mangel*, aktiviert dagegen den Glycogen-Abbau und hemmt die Gluconeogenese.

### B. Fructose-2,6-bisphosphat ○

Eine wichtige Rolle im Leber-Stoffwechsel spielt das **Fructose-2,6-bisphosphat**. Dieser Metabolit wird, ähnlich wie Fructose-1,6-bisphosphat, aus Fructose-6-phosphat gebildet, hat aber rein *regulatorische Funktion*: Er stimuliert die Glycolyse durch Aktivierung der Phosphofructokinase und unterdrückt die Gluconeogenese durch Hemmung der *Fructose-1,6-bisphosphatase*. Bildung und Abbau von Fructose-2,6-bisphosphat werden durch ein-und dasselbe Protein katalysiert [10a,b]. Liegt es unphosphoryliert vor, katalysiert es die *Bildung* von Fructose-2,6-bisphosphat [10a]. Nach Phosphorylierung durch eine cAMP-abhängige Protein-Kinase wirkt es als *Phosphatase* [10b] und katalysiert den *Abbau* von Fructose-2,6-bisphosphat zu Fructose-6-phosphat und damit seine Inaktivierung.

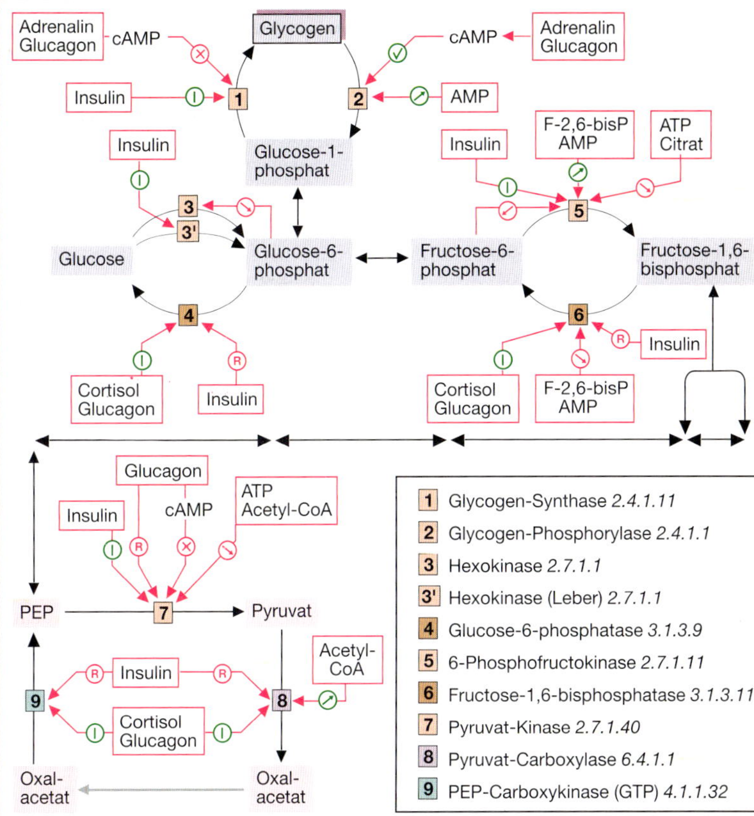


**A. Steuerung des Kohlenhydrat-Stoffwechsels**

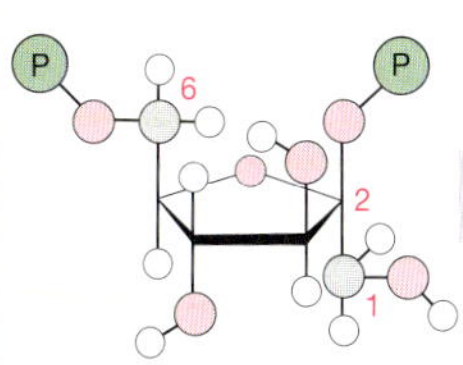


Fructose-2,6-bisphosphat

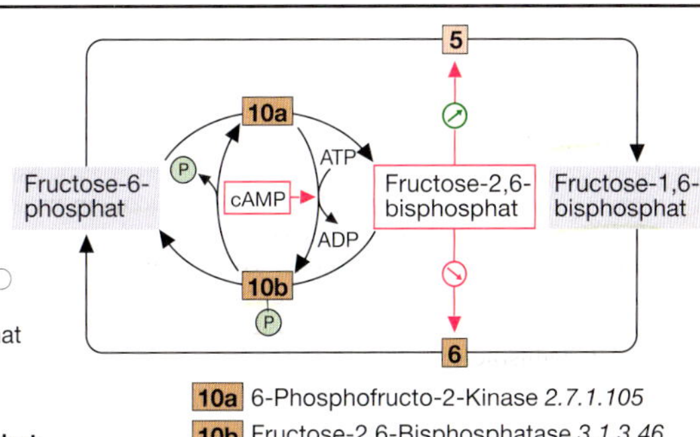


**B. Fructose-2,6-bisphosphat**

## Diabetes

Der *Diabetes mellitus* (‚Zuckerkrankheit') ist eine weit verbreitete Stoffwechselkrankheit, die auf einen absoluten oder relativen **Mangel an Insulin** zurückgeht. Das Fehlen dieses Peptidhormons (s. S. 336) wirkt sich vor allem auf den Stoffwechsel der Kohlenhydrate und Lipide aus.

Der *Diabetes mellitus* tritt in zwei Formen auf. Beim Diabetes vom **Typ I** (insulinabhängiger *Diabetes mellitus*, IDDM) werden die insulinbildenden Zellen schon in frühem Alter durch eine Autoimmun-Reaktion zerstört. Der mildere Diabetes vom **Typ II** (nicht insulinabhängige Form, NIDDM) setzt meist erst in höherem Alter ein. Er beruht auf verminderter Insulin-Sekretion oder Störungen der Rezeptor-Funktion.

### A. Insulin-Biosynthese ○

Insulin wird von den B-Zellen der *Langerhansschen Inseln* des Pankreas produziert. Wie bei Sekretproteinen üblich, trägt die Vorstufe des Hormons (*Präproinsulin*) ein Signalpeptid, das die Peptidkette ins Innere des endoplasmatischen Retikulums lenkt (s. S. 208). Dort entsteht durch Abspaltung des Signalpeptids und Ausbildung der Disulfid-Brücken (s. S. 58) das *Proinsulin*. Es gelangt in den Golgi-Apparat und wird dort in Vesikel, die β-*Granula*, verpackt. In diesen Granula wird schließlich durch Abspaltung des *C-Peptids* das *reife Insulin* gebildet und in Form von zinkhaltigen Hexameren bis zur Ausschüttung gespeichert.

### B. Auswirkungen eines Insulin-Mangels ◑

Die Wirkungen des Insulins auf den **Kohlenhydrat-Stoffwechsel** werden auf S. 158 besprochen. Vereinfachend kann man sie als Förderung der Glucoseverwertung und Hemmung der Glucose-Neubildung beschreiben. Hinzu kommt, daß der Transport von Glucose vom Blut in die meisten Gewebe insulinabhängig ist (Ausnahmen sind z. B. Leber und Erythrocyten).

Auch der **Lipid-Stoffwechsel** des Fettgewebes wird durch das Hormon beeinflußt. Hier fördert Insulin die Synthese von Fettsäuren aus Glucose (u. a. durch Aktivierung der Acetyl-CoA-Carboxylase und durch vermehrte Bereitstellung von NADPH+H$^+$) und hemmt den Fettabbau. Der Abbau von Poteinen der Muskulatur wird durch Insulin ebenfalls gehemmt. Bei Insulin-Mangel sind diese Wirkungen beeinträchtigt, und es kommt zu massiven Störungen, zum *Diabetes mellitus*.

Ein charakteristisches Symptom ist die Erhöhung der Glucose-Konzentration im *Blut* von 5 mM auf 9 mM und darüber (**Hyperglycämie**, erhöhter ‚Blutzuckerspiegel'). In Muskel- und Fettgewebe, den beiden wichtigsten Glucose-Verbrauchern, sind sowohl Glucose-Aufnahme als auch Verwertung beeinträchtigt. Auch in der Leber ist die Glucose-Verwertung gestört. Gleichzeitig ist die Gluconeogenese gesteigert, unter anderem durch die vermehrte Proteolyse in der Muskulatur. Dies erhöht den Blutzuckerspiegel weiter. Wird die Kapazität der Niere zur Rückresorption von Glucose überschritten (bei Serumwerten von 9 mM und darüber) kommt es zur Ausscheidung von Glucose mit dem Urin (**Glucosurie**)

Der unter Insulin-Mangel gesteigerte Fettabbau hat ebenfalls schwerwiegende Folgen. Die in großen Mengen anfallenden Fettsäuren werden in der Leber teilweise zur Lipoprotein-Synthese verwendet (**Hyperlipidämie**) und teilweise zu Acetyl-CoA abgebaut. Da der Citrat-Cyclus nicht das ganze Acetyl-CoA aufnehmen kann, wird der Rest in *Ketonkörper* (s. S. 278) umgewandelt und in dieser Form ins Blut abgegeben. Obwohl ein Teil der Ketonkörper mit dem Urin ausgeschieden wird, kann es bei Diabetikern aufgrund der hohen Ketonkörper-Konzentrationen im Blut zu schweren **metabolischen Acidosen** kommen (s. S. 250).

Ein ungenügend behandelter *Diabetes mellitus* kann langfristig zu Folgeschäden führen. Dazu gehören Veränderungen der Blutgefäß-Wände (diabetische Angiopathien) und Schädigungen der Nieren (Nephropathien), sowie des Nervensystems und der Augen, z. B. Linsentrübung (Katarakt).

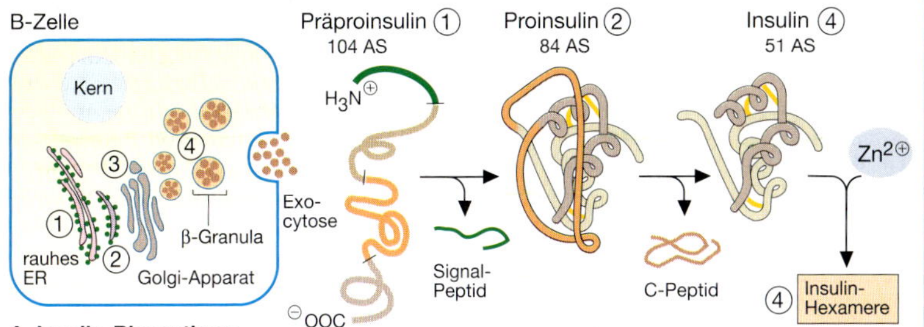


**A. Insulin-Biosynthese**

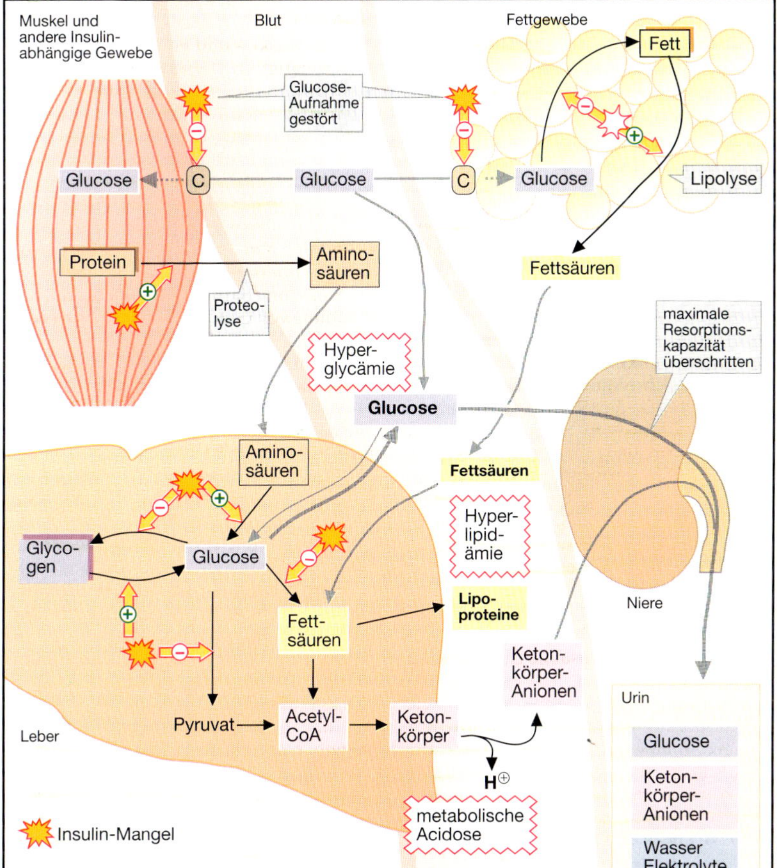


**B. Auswirkungen eines Insulin-Mangels**

## Biosynthese von Fettsäuren

### A. Schema der Fettsäure-Biosynthese ◑

Die Biosynthese der Fettsäuren (*Lipogenese*) findet im Cytoplasma vieler Gewebe statt, insbesondere in Leber, Fettgewebe, Niere, Lunge und Milchdrüse. Wichtigstes Substrat und Lieferant der Kohlenstoffatome ist **Glucose.** Über die *Glycolyse* (s. S. 136) und die *oxidative Decarboxylierung* des Pyruvats (s. S. 124) stellt sie **Acetyl-CoA** zur Verfügung, aus dem die Fettsäuren aufgebaut werden.

Der erste Schritt der Lipogenese ist die Carboxylierung von Acetyl-CoA zu **Malonyl-CoA**. Diese Reaktion wird durch *Acetyl-CoA-Carboxylase* [1] katalysiert (s.u.). Die Polymerisation zu Fettsäuren geschieht im Cytoplasma an einem *Fettsäure-Synthase-Komplex* [2]. Dieser Multienzym-Komplex (siehe Folgeseite) beginnt mit Acetyl-CoA und verlängert dieses unter Verwendung von Malonyl-Gruppen in mehreren Reaktionscyclen zu **Palmitat.** Bei jedem Cyclus wird von Malonyl-CoA $CO_2$ abgespalten, d. h. die Fettsäure wächst dabei um jeweils zwei Kohlenstoff-Einheiten. Triebkraft der Lipogenese ist die freie Energie der Decarboxylierung von Malonyl-CoA.

Als Reduktionsmittel der Lipogenese dient **NADPH + H⁺**. Dieses Coenzym kann mehreren Quellen entstammen: es entsteht im *Hexose-monophosphat-Weg* durch die Reaktionen von *Glucose-6-Phosphat-Dehydrogenase* [4] und *6-Phospho-Gluconat-Dehydrogenase* [5], es wird von einer NADP⁺-abhängigen *Isocitrat-Dehydrogenase* [6] gebildet, und es entsteht durch das *Malat-Enzym* [7], das Malat zu Pyruvat und $CO_2$ umwandelt. Diese Enzyme sind alle im Cytoplasma lokalisiert.

Die Verlängerung der Fettsäure an der Fettsäure-Synthase hört bei einer Kettenlänge von 16 C-Atomen auf, und **Palmitat** (16:0) wird freigesetzt. Zur weiteren Verwendung muß dieses mit ATP zu Palmitoyl-CoA aktiviert werden [3], das dann für die Fett- und Phospholipid-Synthese zur Verfügung steht. Durch einen besonderen Prozeß, der im *endoplasmatischen Retikulum* abläuft, werden die **längeren Fettsäuren** ($C_{18}$, $C_{20}$, ...) gebildet. Diese Kettenverlängerung ist auch mit Fettsäuren aus der Nahrung möglich. **Ungesättigte Fettsäuren** können von Tieren nur im begrenzten Umfang gebildet werden (s. S. 320).

### B. Acetyl-CoA-Carboxylase ◑

Der geschwindigkeitsbestimmende Schritt der Fettsäure-Biosynthese ist die Bildung von Malonyl-CoA aus Acetyl-CoA durch eine Carboxylierung. Die *Acetyl-CoA-Carboxylase* [**1**] enthält als prosthetische Gruppe **Biotin** (s. S. 102). Im ersten Schritt wird unter ATP-Spaltung mit Hydrogencarbonat ein Carboxy-Biotin erzeugt, das die Carboxy-Gruppe dann weiter auf Acetyl-CoA überträgt. Damit ist Malonyl-CoA, das reaktionsfähige Substrat der Fettsäure-Synthase, gebildet.

Das Acetyl-CoA entstammt in erster Linie der *Glycolyse*, daneben aber auch aus dem *Aminosäure-Stoffwechsel* und dem *Alkohol-Abbau*.

Die Acetyl-CoA-Carboxylase [1] ist ein *allosterisches Enzym*. Sie wird von **Citrat** stimuliert und von aktivierten Fettsäuren (**Acyl-CoA**) gehemmt. Die Konzentration von Citrat, das aus den Mitochondrien stammt, ist im Cytoplasma hoch, wenn die Versorgung mit Substraten gut ist. Dann bildet die Zelle Energievorräte in Form von Fetten. Steigt der Spiegel an Acyl-CoA im Cytoplasma, z. B. weil die anschließende Esterbildung der Fettsynthese nicht schnell genug abläuft oder weil Fettsäuren mit der Nahrung zugeführt wurden, wird die Acetyl-CoA-Carboxylase-Reaktion gehemmt. Durch die Unterbrechung der Malonyl-CoA-Synthese ist damit auch die Fettsäure-Synthese blokkiert (*Endprodukt-Hemmung*, s. S. 106).

Hormone steuern die *Acetyl-CoA-Carboxylase* durch *Interkonversion*. **Insulin** aktiviert das Enzym über eine Protein-Phosphatase, **Glucagon** und **Adrenalin** inaktivieren es über eine Protein-Kinase. Außerdem wirken Insulin und Glucagon auch langfristig durch *Enzym-Induktion* und *-Repression* (s. S. 108).

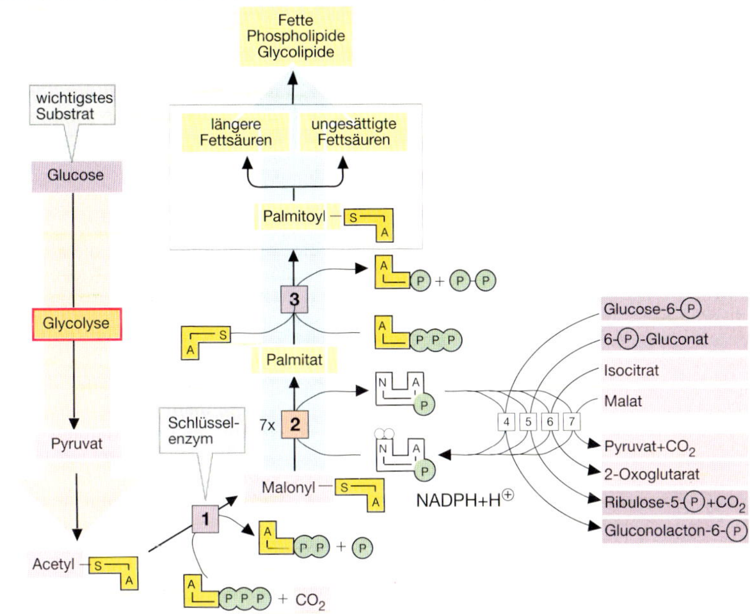


| | |
|---|---|
| **1** | Acetyl-CoA-Carboxylase [Biotin] *6.4.1.2* |
| **2** | Fettsäure-Synthase *2.3.1.85* |
| **3** | Fettsäure-CoA-Ligase *6.2.1.3* |
| **4** | Glucose-6-phosphat-Dehydrogenase *1.1.1.49* |
| **5** | 6-Phosphogluconat-Dehydrogenase (decarboxylierend) *1.1.1.44* |
| **6** | Isocitrat-Dehydrogenase ($NADP^+$) *1.1.1.42* |
| **7** | Malat-Dehydrogenase (Oxalacetat decarboxylierend) ($NADP^{\oplus}$) *1.1.1.40* |

**A. Schema der Fettsäure-Biosynthese**

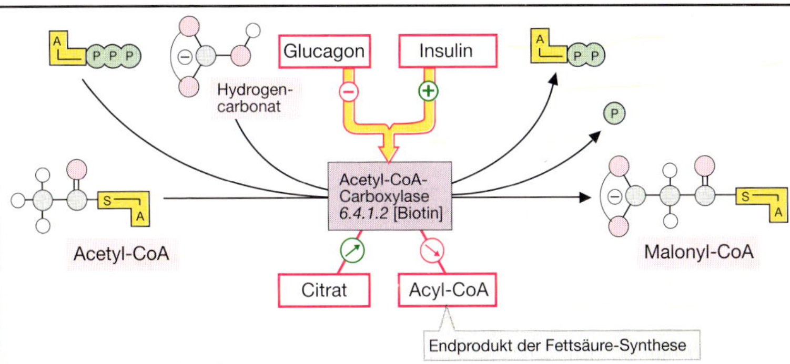


**B. Acetyl-CoA-Carboxylase**

## Fettsäure-Synthase-Komplex

Die Biosynthese der Fettsäuren wird von einem **Fettsäure-Synthase-Komplex** im Cytoplasma katalysiert, der **Acetyl-CoA** als Startmolekül benötigt. In einer cyclischen Reaktion wird 7 mal um jeweils eine $C_2$-Einheit verlängert, so daß als Endprodukt der Reaktion eine $C_{16}$-Säure entsteht, das **Palmitat**. **Malonyl-CoA**, das Substrat der Verlängerungsreaktionen, gibt bei der Kondensationsreaktion seine Carboxy-Gruppe als $\mathbf{CO_2}$ ab. Reduktionsmittel der Fettsäure-Synthese ist **NADPH + H⁺**. Insgesamt werden 1 Acetyl-CoA, 7 Malonyl-CoA, 14 NADPH + $H^+$ umgewandelt in 1 Palmitat, 7 $CO_2$, 6 $H_2O$, 8 CoA und 14 $NADP^+$.

### A. Fettsäure-Synthase-Komplex ◑

Die Fettsäure-Synthase der Wirbeltiere besteht aus zwei identischen Peptidketten, ist also ein *Homodimer*. Jede der beiden Peptidketten, die hier als Halbkugeln dargestellt sind, kann 7 verschiedene Teilreaktionen katalysieren, die zur Palmitat-Synthese notwendig sind (Reaktionen [1]-[7]). Die räumliche Zusammenfassung mehrerer, hintereinandergeschalteter Reaktionen in einem Multienzym-Komplex hat grundsätzliche Vorteile gegenüber getrennten Enzymen: Konkurrenz-Reaktionen werden verhindert, die Reaktion verläuft koordiniert wie an einem Fließband, und sie ist wegen der hohen Substratkonzentration (geringe Diffusionsverluste) auch besonders effizient.

Jede Fettsäure-Synthase-Hälfte kann Substrat (Acyl- oder Acetyl-Rest) an zwei besonderen SH-Gruppen als Thioester binden: an einem **Cystein**-Rest (Cys-SH) und an einer **4′-Phosphopantethein-Gruppe** (Pan.-SH). Pan.-SH, das dem Coenzym A (s. S. 102) sehr ähnelt, ist an einem Proteinabschnitt der Synthase gebunden, den man **ACP** (**Acyl-Carrier-Protein**) bezeichnet. Dieser Teil des Enzyms funktioniert wie ein langer Arm, der das Substrat fixiert und es von Reaktionszentrum zu Reaktionszentrum weiterreicht. Interessanterweise kooperieren die beiden Hälften der Fettsäure-Synthase dabei. Der Enzymkomplex ist daher nur als Dimer funktionsfähig.

Räumlich sind die Enzymaktivitäten in drei verschiedene Domänen gegliedert. Die **1. Domäne** katalysiert den Eintritt der Substrate Acetyl-CoA (bzw. Acyl-) und Malonyl-CoA durch [ACP]-*S*-Acetyl- und [ACP]-*S*-Malonyl-Transferase [1, 2], und anschließend die Kondensation der beiden Partner durch die 3-Oxoacyl-[ACP]-Synthase [3]. Die **2. Domäne** reduziert die wachsende Fettsäure-Kette mit Hilfe der 3-Oxoacyl-[ACP]-Reduktase [4], der 3-Hydroxyacyl-ACP-Dehydratase [5] und der Enoyl-[ACP]-Reduktase [6]. Die **3. Domäne** dient schließlich der Freisetzung des fertigen Produktes nach 7 Kettenverlängerungsschritten durch die Acyl-[ACP]-Hydrolase [7].

### B. Reaktionen der Fettsäure-Synthase ◑

Die Biosynthese des Palmitats beginnt (unten) mit der Übertragung eines **Acetyl-Restes** auf den oben erwähnte Cystein-Rest [1] und eines **Malonyl-Restes** auf das 4-Phosphopanthetein am ACP [2]. Die Kettenverlängerung findet durch Übertragung der Acetyl-Gruppe auf C-2 des Malonyl-Restes statt (blauer Pfeil), wobei die freie Carboxy-Gruppe als $CO_2$ abgespalten wird [3]. Die folgenden drei Reaktionsschritte, die Reduktion der 3-Oxogruppe [4], die Wasserabspaltung [5] und erneute Reduktion [6], führen zu einer Fettsäure mit 4 C-Atomen. Durch die Acyl-Transferase [1] wird dieses Zwischenprodukt vom ACP auf den Cystein-Rest rückübertragen, so daß der Cyclus durch eine erneute Beladung des ACP mit Malonyl-CoA wieder beginnen kann. Nach 7 Cyclen ‚erkennt‘ die Acyl-[ACP]-Hydrolase [7], daß das Produkt die richtige Länge hat und setzt das **Palmitat** frei.

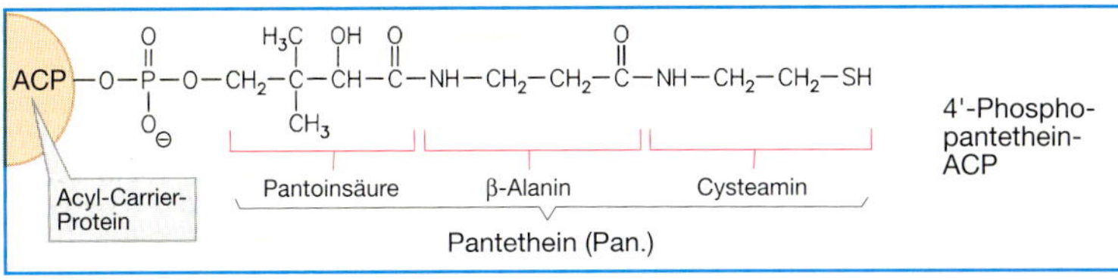


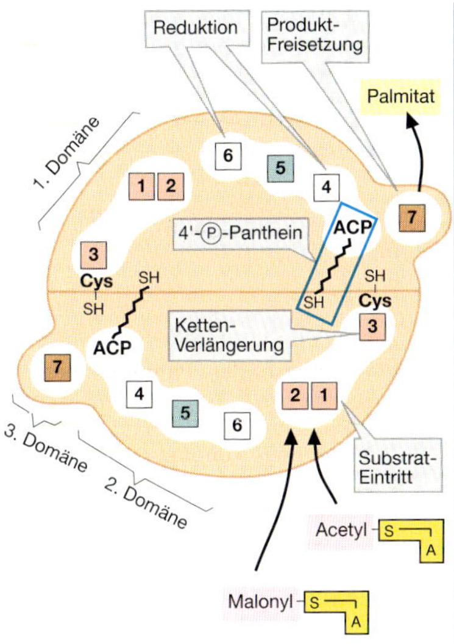


**A. Fettsäure-Synthase-Komplex *2.3.1.85***

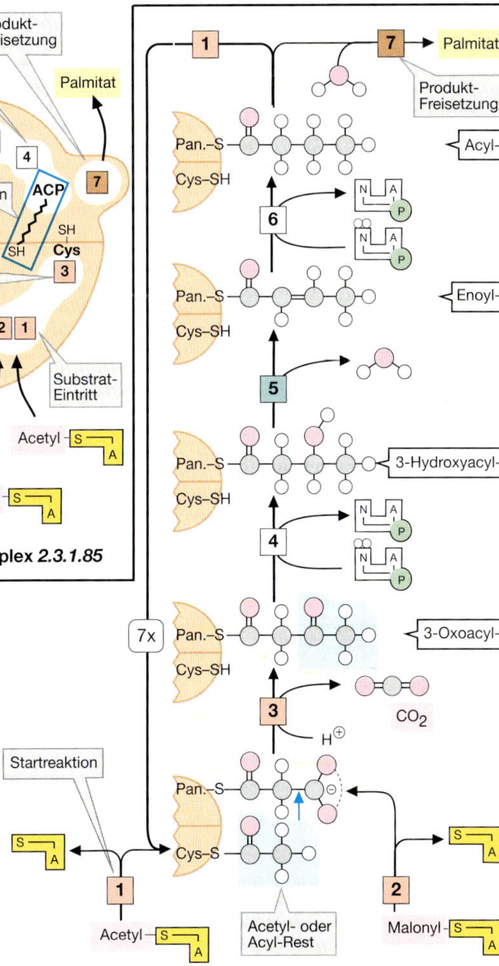


1. [ACP]-*S*-Acetyl-Transferase *2.3.1.38*
2. [ACP]-*S*-Malonyl-Transferase *2.3.1.39*
3. 3-Oxoacyl-[ACP]-Synthase *2.3.1.41*
4. 3-Oxoacyl-[ACP]-Reduktase *1.1.1.100*
5. 3-Hydroxypalmitoyl-[ACP]-Dehydratase *4.2.1.61*
6. Enoyl-[ACP]-Reduktase (NADPH) *1.3.1.10*
7. Acyl-[ACP]-Hydrolase *3.1.2.14*

**B. Reaktionen der Fettsäure-Synthase**

# Biosynthese zusammengesetzter Lipide

## A. Biosynthese von Fetten und Phospholipiden ◑

Zusammengesetzte Lipide, wie die Neutralfette (Triacylglycerole), Phospho- und Glycolipide, werden über gemeinsame Reaktionswege aufgebaut. Ihre Synthese beginnt (auf dem Bild unten) mit ***sn*-Glycerol-3-phosphat** („*sn*' steht dabei für stereospezifische Numerierung, weil das symmetrische Glycerol durch den Substituenten Phosphat zu einer chiralen Verbindung geworden ist). *sn*-Glycerol-3-Phosphat kann entweder aus dem Glycolyse-Zwischenprodukt **Glyceron-3-phosphat** durch Reduktion gebildet werden [1], oder es entsteht durch Phosphorylierung von **Glycerol** [2]. Aus *sn*-Glycerol-3-Phosphat wird durch Veresterung an C-1 mit einer langkettigen Fettsäure ein **Lysophosphatidat** [3], welches durch weitere Veresterung bevorzugt mit einer ungesättigten Fettsäure in **Phosphatidat** übergeht [4]. Phosphatidate sind die Schlüsselmoleküle der Biosynthese von Fetten, Phospho- und Glycolipiden.

Nach hydrolytischer Abspaltung von Phosphat [5] kann durch Übertragung einer weiteren Fettsäure [6] ein **Triacylglycerol** gebildet werden. Damit ist die Biosynthese der Neutralfette abgeschlossen, sie werden in Fetttröpfchen gespeichert.

Alternativ kann aus dem Phosphatidat durch Übertragung von Phosphocholin das **Phosphatidyl-Cholin** (Lecithin) entstehen [7]. Die Phosphocholin-Gruppe wird von CDP-Cholin, einem durch Cytidin-diphosphat aktiviertem Cholin, geliefert.

In entsprechender Reaktion wird mit Hilfe von CDP-Ethanolamin *Phosphatidyl-Ethanolamin* gebildet. *Phosphatidyl-Serin* geht aus Phosphatidyl-Ethanolamin durch Austausch des Aminoalkohols hervor. Weitere Reaktionen (nicht gezeigt) dienen dazu, Phospholipide ineinander umzuwandeln, z. B. Phosphatidyl-Serin durch Decarboxylierung in Phosphatidyl-Ethanolamin und dieses durch Methylierung mit S-Adenosyl-Methionin in *Phosphatidyl-Cholin*.

Auch Nahrungslipide können zur Biosynthese von Neutralfetten, Phospho- und Glycolipiden herangezogen werden. Die Nahrungslipide werden im Verdauungstrakt von pankreatischen Lipasen in Fettsäuren und 2-Monoacylglycerol gespalten (s. S. 242). Die Darmmucosa resorbiert diese Metabolite und synthetisiert aus ihnen wieder Lipide. Dies geschieht durch Katalyse von zwei Acyltransferasen [8, 6] in der Reihenfolge 2-Monoacylglycerol → Diacylglycerol → Triacylglycerol (Neutralfett).

Die Biosynthese von **Phosphatidyl-Inositol** beginnt ebenfalls bei Phosphatidaten. Durch Übertragung von CMP entsteht **CDP-Diacylglycerol** [9], das mit Inositol weiter zu **Phosphatidyl-Inositol** reagiert [10]. Dieses Phospholipid kommt in Plasmamembranen vor und kann dort mit ATP weiter phosphoryliert werden zu Phosphatidylinositol-4-phosphat (PInsP) und Phosphatidylinositol-4,5-diphosphat ($PInsP_2$). $PInsP_2$ ist das Substrat der Phospholipase C, die durch die Spaltung die *Second messenger 2,3-Diacylglycerol* (DAG) und *Inositol-1,4,5-trisphosphat* ($InsP_3$) erzeugt (s. S. 366).

An der Biosynthese der Lipide sind u. a. folgende Enzyme beteiligt:

[ 1] Glycerol-3-phosphat-Dehydrogenase ($NAD^+$) *1.1.1.8*
[ 2] Glycerol-Kinase *2.7.1.30*
[ 3] Glycerol-3-phosphat-Acyltransferase *2.3.1.15*
[ 4] 1-Acylglycerol-3-phosphat-Acyltransferase *2.3.1.51*
[ 5] Phosphatidat-Phosphatase *3.1.3.4*
[ 6] Diacylglycerol-Acyltransferase *2.3.1.20*
[ 7] 1-Alkyl-2-Acetylglycerol-Cholin-phosphotransferase *2.7.8.16*
[ 8] Acylglycerol-Palmitoyltransferase *2.3.1.22*
[ 9] Phosphatidat-Cytidyltransferase *2.7.7.41*
[10] CDP-Diacylglycerol-Inositol-3-Phosphatidyltransferase *2.7.8.11*
[11] Phosphatidyl-Inositol-Kinase *2.7.1.67*
[12] Phosphatidyl-Inositol-4-phosphat-Kinase *2.7.1.68*

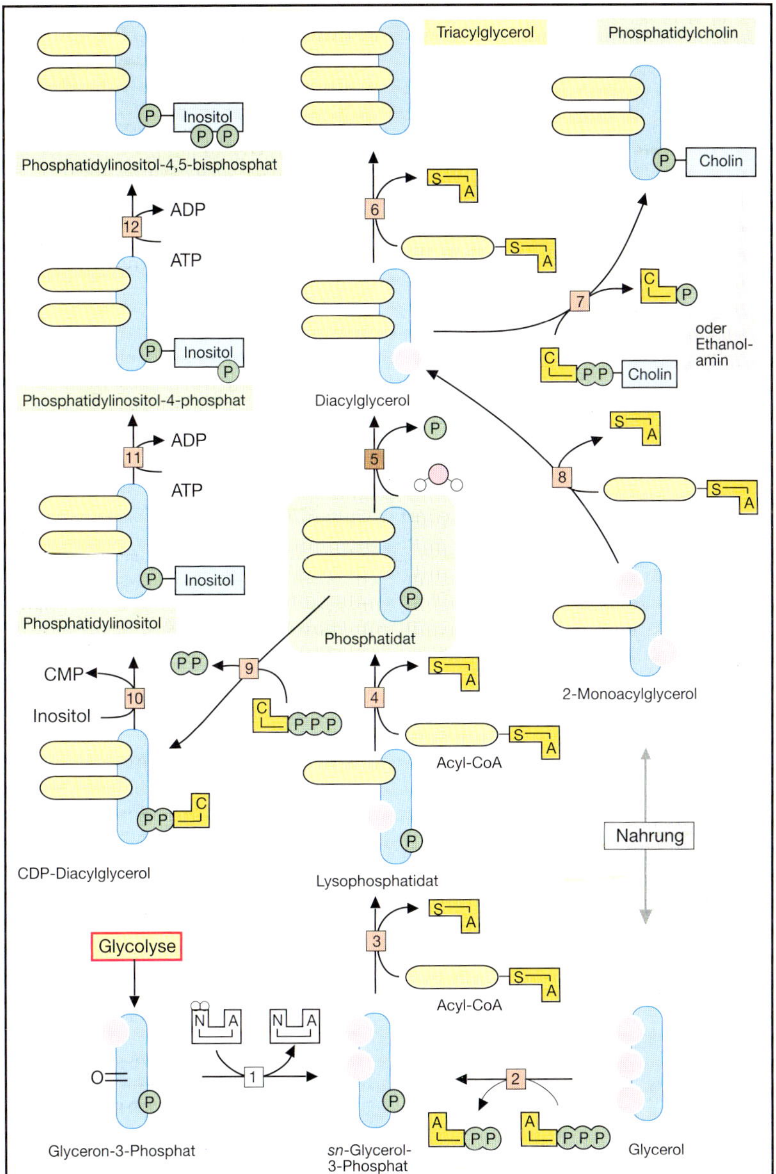


**A. Biosynthese von Fetten und Phospholipiden**

Cholesterin

# Biosynthese von Cholesterol

## A. Stoffwechsel des Cholesterols ◑

Cholesterol ist ein wesentlicher Bestandteil der *Zellmembranen* tierischer Zellen (s. S. 202). Der Tagesbedarf (1 g) kann im Prinzip vom Körper vollständig durch Eigensynthese gedeckt werden. Bei gemischter Kost entstammen etwa die Hälfte des Cholesterols der *körpereigenen Biosynthese,* die im Darm, in der Haut, vor allem jedoch in der Leber (etwa 50%) stattfindet, der Rest wird aus der *Nahrung* aufgenommen. Ein erheblicher Teil des Cholesterols wird in die Lipidschicht der Plasmamembranen eingebaut. Seine Umwandlung in **Gallensäuren** verbraucht ebenfalls beträchtliche Mengen (s. S. 278 und 284), daneben wird Cholesterol auch unverändert mit der *Galle* abgegeben. Ein sehr kleiner Teil des Cholesterols dient zur Biosynthese der **Steroidhormone** (s. S. 338). Insgesamt werden täglich etwa 1 g Cholesterol verbraucht oder eliminiert.

## B. Biosynthese ○

Cholesterol gehört zu den Isoprenoiden, deren Synthese mit **Acetyl-CoA** beginnt (s. S. 50). In einer langen und komplizierten Reaktionskette wird aus $C_2$-Bausteinen das $C_{27}$-Sterol aufgebaut. Man kann die Biosynthese des Cholesterols in vier Abschnitte einteilen. Im ersten Abschnitt (**1**) entsteht aus drei Molekülen Acetyl-CoA **Mevalonat,** eine $C_6$-Verbindung. Im zweiten Abschnitt (**2**) wird Mevalonat in **Isopentenyl-diphosphat,** das ‚aktive Isopren', umgewandelt. Im dritten Abschnitt (**3**) polymerisieren sechs dieser $C_5$-Moleküle zu **Squalen,** einer $C_{30}$-Verbindung. Schließlich wird Squalen cyclisiert und unter Abspaltung von drei C-Atomen zu Cholesterol umgewandelt (**4**). Dargestellt sind nur die wichtigsten Zwischenprodukte der Biosynthese.

**(1) Bildung von Mevalonat** – Die Umsetzung von Acetyl-CoA zu Acetacetyl-CoA und dann zu **3-Hydroxy-3-methylglutaryl-CoA** (3-HMG-CoA) entspricht dem Biosyntheseweg der *Ketonkörper* (Details s. S. 278), findet aber nicht in den Mitochondrien, sondern am ER statt. 3-HMG-CoA wird unter Abspaltung von CoA zu Mevalonat reduziert. Die *3-HMG-CoA-Reduktase* ist das *Schlüsselenzym* der Cholesterol-Biosynthese (s.u.). Es wird durch *Repression* der Enzymsynthese (Effektoren: Oxysterole) sowie durch *Enzym-Interkonversion* (Effektoren: Hormone) gesteuert. Die phosphorylierte Reduktase ist inaktiv. Insulin und Thyroxin stimulieren das Enzym, Glucagon hemmt es. Auch bei Zufuhr von Nahrungs-Cholesterol wird die 3-HMG-CoA-Reduktase gehemmt.

**(2) Bildung von Isopentenyl-diphosphat** – Mevalonat wird unter ATP-Verbrauch zu *Isopentenyl-diphosphat* decarboxyliert. Damit ist der Baustein gebildet, aus dem alle Isoprenoide aufgebaut werden (s. S. 50).

**(3) Bildung von Squalen** – Aus Isopentenyl-diphosphat entsteht durch Isomerisierung Dimethylallyl-diphosphat. Die beiden $C_5$-Moleküle kondensieren zu Geranyl-diphosphat und durch Addition eines weiteren Isopentenyl-diphosphats zu Farnesyl-diphosphat. Dieses kann durch *Kopf-an-Kopf-Reaktion* zu Squalen dimerisieren. Farnesyl-diphosphat ist auch Ausgangspunkt für andere Polyisoprenoide wie Dolichol und Ubichinon (s. S. 50).

**(4) Bildung von Cholesterol** – Squalen, ein lineares Isoprenoid, kann cyclisieren. Unter Sauerstoff-Verbrauch wird es zu Lanosterol, einem $C_{30}$-Sterol, aus dem dann in weiteren Reaktionsschritten, von *Cytochrom P-450-Enzymen* katalysiert, drei Methyl-Gruppen oxidativ abgespalten werden, wodurch das Endprodukt Cholesterol entsteht.

Der geschilderte Biosyntheseweg ist *im ER* lokalisiert. Angetrieben wird er durch die Spaltung der *CoA-Verbindungen* und die Hydrolyse von *energiereichen Phosphaten.* Reduktionsmittel bei der Bildung von Mevalonat und Squalen, sowie bei den letzten Schritten der Cholesterol-Biosynthese ist NADPH + $H^+$. Auffällig ist eine Gliederung der Zwischenprodukte des Reaktionsweges in CoA-Verbindungen, Diphosphate und sehr lipophile Verbindungen (Squalen bis Cholesterol), die von *Sterol-Carriern* gebunden werden.

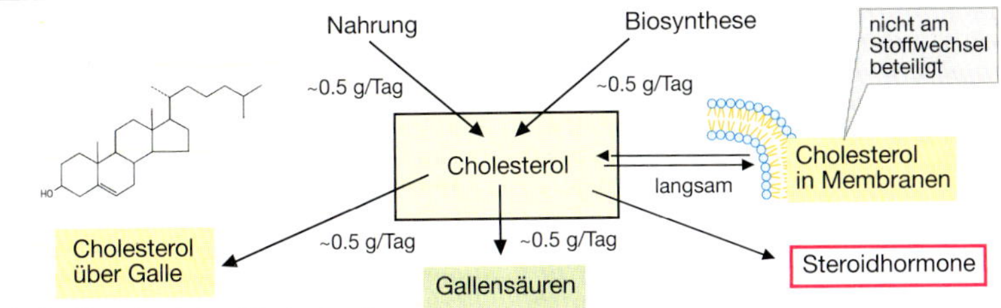


**A. Stoffwechsel des Cholesterols**

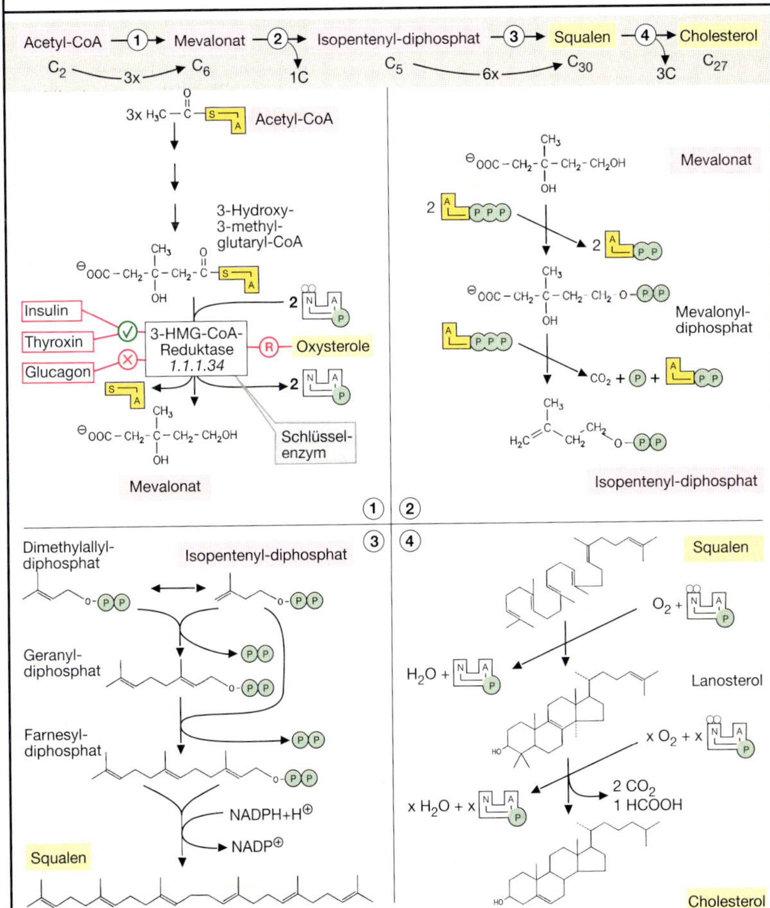


**B. Biosynthese des Cholesterols**

# Aminosäure-Biosynthesen

## A. Symbiotische Stickstoff-Fixierung ○

In der Atmosphäre kommt elementarer Stickstoff ($N_2$) in praktisch unbegrenzten Mengen vor. Bevor er in den Stickstoff-Kreislauf der Natur eingehen kann, muß er allerdings zu $NH_3$ reduziert und in Aminosäuren eingebaut (‚fixiert') werden. Zur **Fixierung** von Luft-Stickstoff sind nur wenige Bakterien und Blaualgen in der Lage. Sie leben frei im Boden oder in **Symbiose** mit Pflanzen. Von besonderer wirtschaftlicher Bedeutung ist die Symbiose zwischen Bakterien der Gattung *Rhizobium* und Hülsenfrüchtlern (*Fabales*) wie Klee, Bohnen oder Erbsen. Diese Pflanzen sind wegen ihres hohen Protein-Gehaltes ernährungsphysiologisch wertvoll.

In der Symbiose mit *Fabales* leben die Bakterien als sogenannte *Bakteroide* in **Wurzelknöllchen** innerhalb pflanzlicher Zellen. Die Pflanze versorgt die Bakteroide mit Nährstoffen, andererseits profitiert sie vom fixierten Stickstoff, den die Symbionten bereitstellen. Das $N_2$-fixierende Enzym der Bakterien ist die *Nitrogenase*. Sie besteht aus zwei Komponenten: Ein *Fe-Protein*, das als Redox-System einen $[Fe_4S_4]$-Cluster enthält, übernimmt Elektronen vom *Ferredoxin* und gibt sie an die zweite Komponente, das *FeMo-Protein*, weiter. Dieses Molybdän-haltige Protein überträgt die Elektronen auf $N_2$ und erzeugt so über verschiedene Zwischenstufen **Ammoniak ($NH_3$)**. Ein Teil der Reduktionsäquivalente wird in einer Nebenreaktion auf $H^+$ übertragen. Deshalb entsteht neben $NH_3$ auch Wasserstoff. Die Stickstoff-Fixierung verbraucht pro mol $N_2$ 16 mol ATP. Die freie Energie der ATP-Hydrolyse wird vom Fe-Protein genutzt, um das Redox-Potential (s. S. 28) der Elektronen soweit zu senken, daß es für die $N_2$-Reduktion ausreicht. Da die Nitrogenase extrem sauerstoffempfindlich ist, bildet die Pflanze ein $O_2$-bindendes Häm-Protein, das *Leghämoglobin*, das den $O_2$-Partialdruck im Knöllchen niedrig hält.

## B. Überblick ◑

Die proteinogenen Aminosäuren (s. S. 58) lassen sich hinsichtlich ihrer Biosynthese in *fünf Familien* einteilen. Die Mitglieder jeder Familie leiten sich von gemeinsamen Vorstufen ab, die alle dem Citrat-Cyclus oder dem katabolen Kohlenhydrat-Stoffwechsel entstammen. Die Biosynthesewege sind hier nur in einer Übersicht wiedergegeben, weitere Einzelheiten finden sich auf den S. 368 und 369.

Während Pflanzen und Mikroorganismen alle Aminosäuren von Grund auf aufbauen können, haben die Säugetiere im Verlauf der Evolution die Fähigkeit zur Biosynthese von etwa der Hälfte der 20 proteinogenen Aminosäuren verloren. Diese **essentiellen Aminosäuren** müssen deshalb mit der Nahrung aufgenommen werden. So ist der tierische Stoffwechsel nicht mehr in der Lage, *aromatische Aminosäuren* neu zu synthetisieren (Tyrosin ist nur deshalb nicht essentiell, weil es bei ausreichendem Angebot von Phenylalanin aus diesem gebildet werden kann). Auch die *verzweigtkettigen Aminosäuren* (Valin, Leucin, Isoleucin und Threonin) sowie *Methionin* und *Lysin* gehören zu den essentiellen Aminosäuren. *Histidin* und *Arginin* sind für die Ratte essentiell, ob dies auch für den Menschen zutrifft, ist umstritten. Zumindest während des Wachstums scheint eine Zufuhr mit der Nahrung von Bedeutung zu sein.

**Nicht essentiell** sind Aminosäuren, die durch Transaminierung aus Oxosäuren entstehen (*Alanin, Aspartat* und *Glutamat*) und die von ihnen abgeleiteten Amide (*Asparagin* und *Glutamin*). *Prolin* kann aus Glutamat in ausreichenden Mengen gebildet werden, und auch die Mitglieder der Serin-Familie (*Serin, Glycin* und *Cystein*) werden vom tierischen Stoffwechsel selbst synthetisiert. Die ernährungsphysiologische Wertigkeit von Proteinen hängt entscheidend von ihrem Gehalt an essentiellen Aminosäuren ab. Viele pflanzliche Proteine sind arm an Lysin oder Methionin, während in tierischem Protein alle Aminosäuren in ausgewogenem Verhältnis vorkommen.

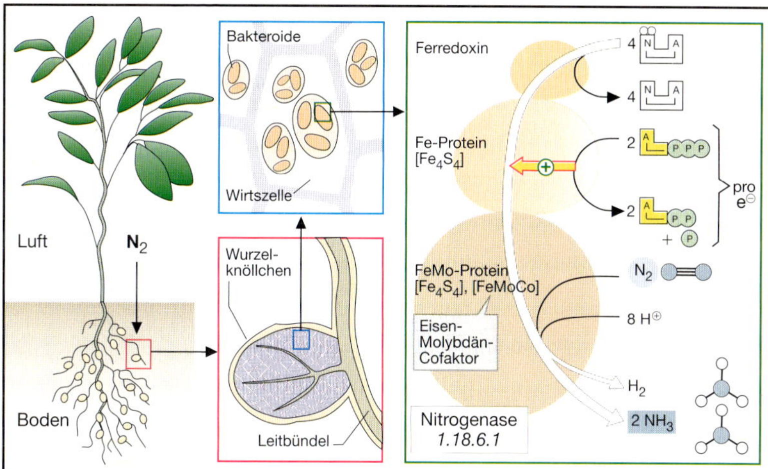


**A. Symbiotische Stickstoff-Fixierung**

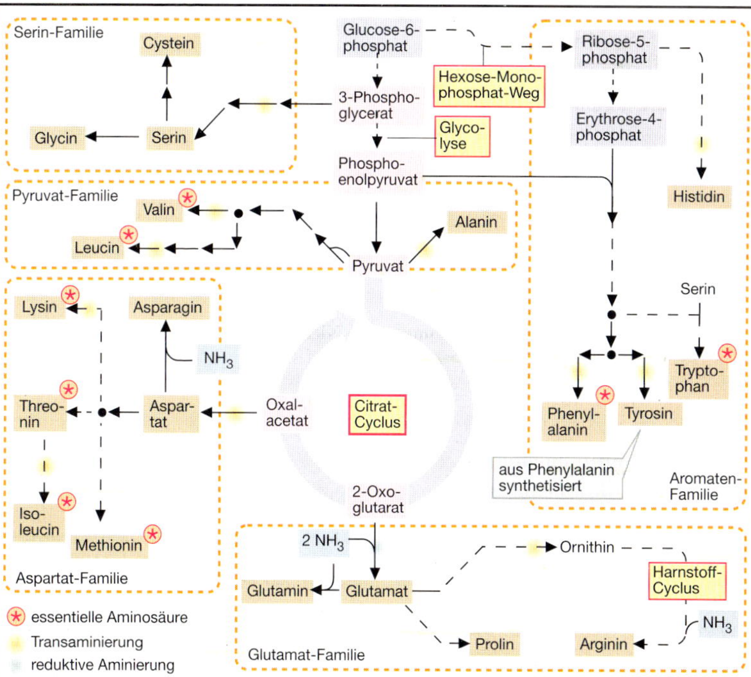


**B. Aminosäure-Biosynthese: Überblick**

## Purin- und Pyrimidin-Synthese

Die in den Nucleinsäuren vorkommenden Basen sind Derivate der Heterocyclen Purin und Pyrimidin (s. S. 78). Die Biosynthesen dieser Moleküle sind kompliziert, haben aber für alle Zellen eine entscheidende Bedeutung. Hier sind die einleitenden Schritte der Synthese-Wege von Pyrimidin- und Purin-Nucleotiden schematisch dargestellt. Vollständige Reaktions-Schemata finden sich auf S. 370 und 371.

### A. Aufbau von Pyrimidin- und Purin-Ringen ○

Der Pyrimidin-Ring wird aus 3 Komponenten aufgebaut: Das Stickstoffatom N-1 und die Kohlenstoff-Atome C-4 bis C-6 sind vom *Aspartat* abgeleitet, C-2 stammt aus $HCO_3^-$, und das zweite Stickstoff-Aom (N-3) geht aus der Amidgruppe des *Glutamins* hervor.

Die Synthese des Purin-Rings ist komplexer: Der einzige größere Baustein ist das *Glycin*, aus dem C-4 und C-5 sowie N-7 hervorgehen. Alle anderen Atome des Rings werden einzeln aufgebaut. C-6 ist von $HCO_3^-$ abgeleitet. Die Amidgruppe des *Glutamins* liefert die Stickstoff-Atome N-3 und N-9. Als Amino-Gruppen-Donor für den Einbau von N-1 fungiert *Aspartat*, das dabei –ähnlich wie im Harnstoff-Cyclus (s. S. 282) – in Fumarat übergeht. Die Kohlenstoff-Atome C-2 und C-8 schließlich gehen auf die Formyl-Gruppe des *$N^{10}$-Formyl-Tetrahydrofolats* zurück (s. S. 371).

### B. Pyrimidin- und Purin-Synthese ○

Wichtige Zwischenprodukte bei der Synthese der Nucleinsäure-Bausteine sind **Uridin-monophosphat (UMP)** in der Pyrimidin-Reihe und **Inosin-monophosphat (IMP**, Base: Hypoxanthin) bei den Purinen. Der Ablauf der Synthesen ist für Pyrimidine und Purine grundlegend verschieden: Im ersten Fall wird zunächst der Pyrimidin-Ring aufgebaut und dann mit Ribose-5′-phosphat zu einem Nucleotid verknüpft. Dagegen geht die Synthese der Purin-Nucleotide von einem Ribosephosphat aus. An diesem Trägermolekül wird dann der Purin-Ring Schritt für Schritt zusammengebaut.

Die unmittelbaren Bausteine für die Synthese des Pyrimidin-Rings (**1**) sind Carbamoyl-phosphat (s. S. 282) und die Aminosäure Aspartat. Beide Komponenten werden durch die *Aspartat-Carbamoyltransferase* zu **N-Carbamoyl-Aspartat** verknüpft (**1b**). Dieses Enzym, das einer komplexen allosterischen Kontrolle unterliegt, wird auf S. 112 ausführlich besprochen. Durch Ringschluß entsteht im nächsten Schritt **Dihydroorotat** (*1c*) und daraus durch Reduktion die Pyrimidinbase **Orotat**. Orotat reagiert dann mit **5′-Phosphoribosyl-1′-diphosphat (PRPP)** zum Nucleotid Orotat-5′-monophosphat (OMP). Durch Decarboxylierung von OMP entsteht schließlich UMP.

Die Purin-Synthese (**2**) geht, wie bereits erwähnt, von PRPP aus. Der Aufbau des Rings beginnt mit der Übertragung einer Aminogruppe, aus der später N-9 hervorgeht (**2a**). Glycin und eine Formylgruppe aus $N^{10}$-Formyl-THF liefern dann die restlichen Atome des Fünfrings (**2b, 2c**). Bevor er geschlossen wird (**2f**), werden zunächst die Atome N-3 und N-6 des Sechsrings angefügt (**2d, 2e**). Der Aufbau des Sechsrings setzt sich fort mit N-1 und C-2. Im letzten Schritt wird auch der Sechsring cyclisiert und es entsteht Inosin-5′-monophosphat. IMP sammelt sich allerdings nicht an, sondern wird rasch zu AMP und GMP umgesetzt. Diese Reaktionen werden auf der Folgeseite besprochen.

### Weitere Informationen

Die Steuerung der Pyrimidin-Biosynthese durch allosterische Regulation der Aspartat-Carbamoyltransferase ist auf S. 112 dargestellt. Auch die Synthese von IMP wird durch feed-back-Hemmung gesteuert: ADP und GDP hemmen die Bildung von PRPP aus Ribose-5′-phosphat. In ähnlicher Weise wird die Bildung von 5′-Phosphoribosylamin (Schritt **2a**) durch die Endprodukte AMP und GMP gehemmt.

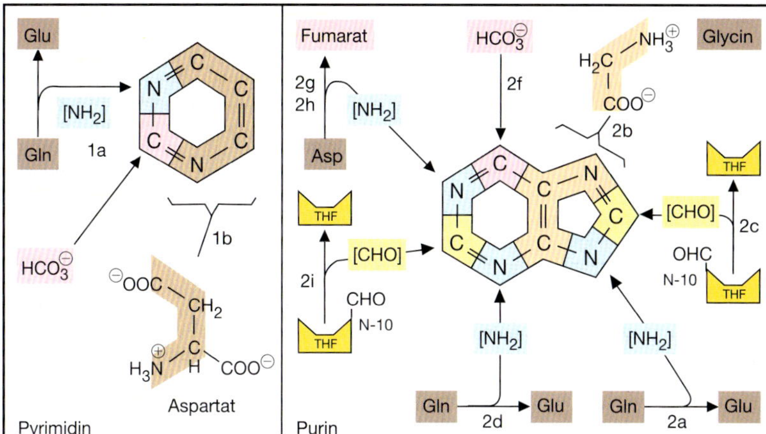


**A. Aufbau von Pyrimidin- und Purin-Ringen**

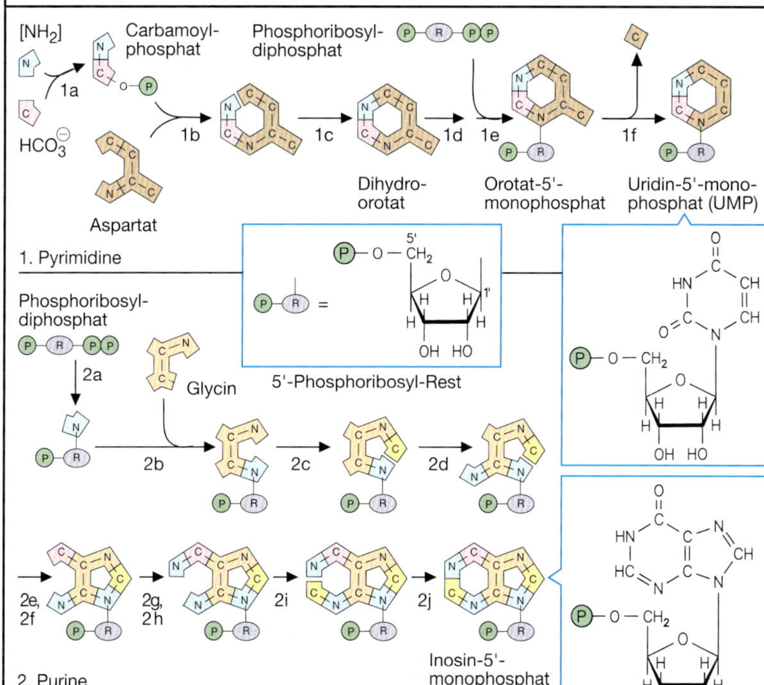


**B. Pyrimidin- und Purin-Synthese**

# Nucleotid-Biosynthese

### A. Überblick ◑

Wie auf der S. 172 besprochen, liefert die Neusynthese von Purinen und Pyrimidinen die Monophosphate IMP bzw. UMP. Alle anderen Nucleotide und Desoxynucleotide werden aus diesen beiden Vorstufen synthetisiert. Diese Wege sind hier in einer Übersicht dargestellt. Weitere Einzelheiten finden sich auf den S. 370 und 371. Die Nucleotid-Synthese durch Wiederverwertung von Basen wird auf S. 152 beschrieben.

Die Synthese der **Purin-Nucleotide** (**1**) geht von **IMP** aus. Die darin enthaltene Base Hypoxanthin wird in jeweils zwei Schritten in Adenin oder in Guanin umgewandelt. **AMP** bzw. **GMP** werden dann durch Phosphotransferasen zu den *Diphosphaten* **ADP** und **GDP** und schließlich zu den *Triphosphaten* **ATP** und **GTP** phosphoryliert. Die Nucleosid-triphosphate dienen als RNA-Bausteine (s. S. 216) oder haben Coenzym-Funktion (s. S. 102). Die Umwandlung der Ribonucleotide in Desoxyribonucleotide geschieht auf der Stufe der Diphosphate. Die dafür verantwortliche *Nucleosid-diphosphat-Reduktase* wird in Abschnitt **B** besprochen.

Die Biosynthese-Wege der **Pyrimidin-Nucleotide** (**2**) sind weniger übersichtlich. Das erste Produkt **UMP** wird zunächst zum Di- und dann zum Triphosphat **UTP** phosphoryliert. Erst UTP wird durch die *CTP-Synthase* in **CTP** umgewandelt. Da auch die Pyrimidin-Nucleotide auf der Diphosphat-Stufe zu Desoxynucleotiden reduziert werden, muß CTP zunächst durch eine *Phosphatase* zu **CDP** hydrolysiert werden, bevor **dCDP** und **dCTP** entstehen können. Der DNA-Baustein Desoxythymidin-triphosphat **(dTTP)** wird in mehreren Schritten aus UDP synthetisiert. Die Base Thymin wird dabei auf der Monophosphat-Stufe durch Methylierung von **dUMP** gebildet. Die *Thymidylat-Synthase* und ihr Hilfs-Enzym *Dihydrofolat-Reduktase* sind Zielenzyme von Cytostatika (**C**).

### B. Synthese von Desoxyribonucleotiden ◑

Die Reduktion von Ribonucleotiden ist ein komplexer Vorgang, an dem mehrere Proteine beteiligt sind. Die benötigten Reduktionsäquivalente stammen aus **NADPH + H⁺**. Sie gelangen jedoch nicht direkt zum Substrat, sondern durchlaufen zunächst eine mehrstufige *Redox-Reihe* (**1**). Im ersten Schritt werden sie durch die *Thioredoxin-Reduktase* über enzymgebundenes FAD auf ein kleines Redox-Protein, das **Thioredoxin,** übertragen, wo sie reduktiv eine Disulfid-Brücke spalten. Das Thioredoxin reduziert eine katalytisch aktive Disulfid-Brücke in der *Nucleosid-diphosphat-Reduktase* (‚Ribonucleotid-Reduktase'). Diese SH-Gruppen sind die eigentlichen Elektronen-Donoren bei der Reduktion der Ribonucleotid-diphosphate. An der Reaktion ist außerdem ein **Tyrosin-Radikal** im Enzym beteiligt (**2**). Es erzeugt zunächst ein Substrat-Radikal (a). Dieses spaltet Wasser ab und geht dadurch in ein Radikal-Kation über (b). Durch Reduktion entsteht schließlich der Desoxyribose-Rest (c).

### C. Cytostatika ○

Arzneistoffe, die das Zellwachstum hemmen (**Cytostatika**) werden zur Chemotherapie von Tumoren eingesetzt. Viele dieser Substanzen greifen in die Biosynthese von Desoxyribonucleotiden ein und beeinträchtigen so die DNA-Replikation in der S-Phase des Zellcyclus (s. S. 352). **6-Mercaptopurin** (**1**), ein Adenin-Analoges, hemmt nach Umwandlung in das 6-Mercaptopurin-mononucleotid die Synthese von AMP und GMP aus IMP. **Hydroxyharnstoff** hemmt die *Nucleosid-diphosphat-Reduktase* [1], indem er das Tyrosin-Radikal (s.o.) abfängt. Das aus dem Cytostaticum **5-Fluoruracil** (2) gebildete 5-Fluor-dUMP ist ein kompetitiver Hemmstoff (s. S. 92) der *Thymidylat-Synthase* [3]. Es wird wie dUMP gebunden, kann aber nicht umgesetzt werden, weil sich das Fluor-Atom nicht abspalten läßt. Das Folsäure-Analoge **Methotrexat** hemmt die *Dihydrofolat-Reduktase* [4].

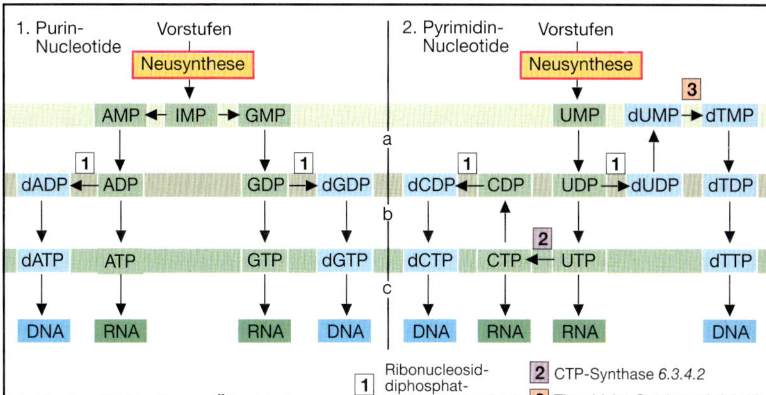


**A. Nucleotid-Synthese: Überblick**

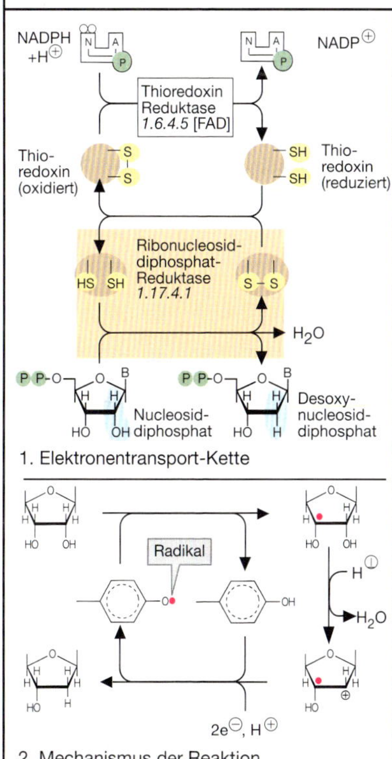


**B. Synthese von Desoxyribonucleotiden**

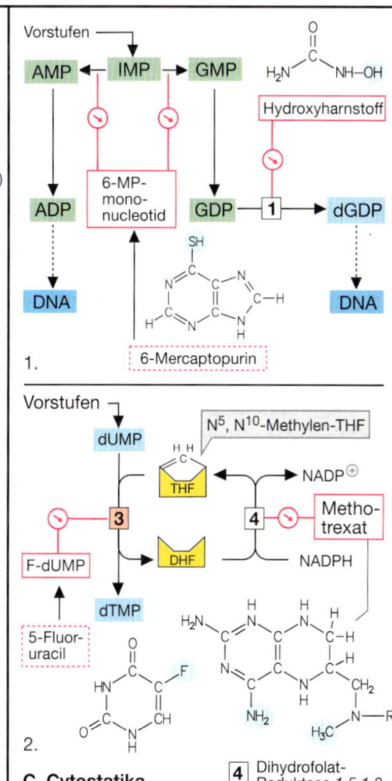


**C. Cytostatika**

# Häm-Synthese

Die Biosynthese des Häms läuft zu etwa 85% im Knochenmark ab, ein geringerer Teil ensteht in der Leber. Am Biosyntheseweg sind Mitochondrien und Cytoplasma beteiligt.

## A. Biosynthese des Häms ○

Ausgangspunkt der Häm-Synthese ist das Mitochondrium. Aus **Succinyl-CoA** (oben links), einem Zwischenprodukt des Citrat-Cyclus, entsteht durch Kondensation mit **Glycin** und anschließende Decarboxylierung **5-Aminolaevulinat** (ALA). Die für diesen Schritt verantwortliche *ALA-Synthase* [1] ist das Schlüsselenzym (s. S. 106) des ganzen Weges. Die ALA-Synthase wird durch das Endprodukt Häm *reprimiert*, vorhandenes Enzym wird gehemmt. Wir haben hier also einen typischen Fall von Endprodukt- oder ‚feedback'-Hemmung vor uns.

5-Aminolaevulinat verlässt nun die Mitochondrien. Im Cytoplasma kondensieren zwei Moleküle zu **Porphobilinogen**, einer Zwischenstufe, die bereits den **Pyrrol-Ring** enthält. Die *Porphobilinogen-Synthase* [2] wird durch Blei-Ionen gehemmt. Bei akuten Blei-Vergiftungen findet man daher erhöhte Konzentrationen von ALA in Blut und Urin.

In den nächsten Schritten des Syntheseweges entsteht die für die Porphyrine charakteristische **Tetrapyrrol-Struktur**. Dabei werden, katalysiert durch die *Hydroxymethylbilan-Synthase* [3], vier Moleküle Porphobilinogen unter Abspaltung der $NH_2$-Gruppen zu **Uroporphyrinogen III** verknüpft. Zur Bildung dieser Zwischenstufe ist ein zweites Enzym, die *Uroporphyrinogen III-Synthase* [4], erforderlich. Fehlt die Synthase, wird ein ‚falsches' Isomeres, das Uroporphyrinogen I, gebildet.

Das Tetrapyrrol-System des Uroporphyrinogens III ist von dem des Häms deutlich verschieden. So fehlt noch das zentrale Eisen-Atom, und der Ring enthält erst 8 der 11 Doppelbindungen des Häms. Außerdem trägt das Ringsystem ausschließlich geladene Seitenketten R (4 Acetat und 4 Propionat-Reste). Da Häm-Gruppen im unpolaren Inneren von Proteinen wirken, müssen die polaren Seitenketten zum größten Teil in weniger polare Gruppen umgewandelt werden. Zunächst werden die vier Acetat-Reste ($R_1$) zu Methyl-Gruppen decarboxyliert. Das so gebildete **Koproporphyrinogen III** gelangt wieder in die Mitochondrien. Die weiteren Schritte werden durch Enzyme katalysiert, die an oder in der inneren Mitochondrien-Membran lokalisiert sind.

Zuerst werden durch eine *Oxidase* zwei der Propionat-Gruppen ($R_2$) in Vinyl-Reste umgewandelt. Mit der Bildung von **Protoporphyrinogen IX** ist die Modifizierung der Seitenketten abgeschlossen. Im nächsten Schritt wird durch erneute Oxidation das konjugierte π-Elektronen-System ausgebildet, das dem Häm seine charakteristische rote Farbe verleiht. Dabei werden 6 Reduktionsäquivalente abgespalten. Zum Schluß wird zweiwertiges Eisen in den Ring eingebaut. Auch hierfür gibt es ein spezielles Enzym, die *Ferrochelatase*. Das auf diese Weise gebildete **Häm** oder *Fe-Protoporphyrin IX* findet sich z. B. in Hämoglobin und Myoglobin (s. S. 252), wo es nicht-kovalent gebunden ist, und im Cytochrom c, mit dem es kovalent verknüpft ist (s. S. 100).

### Weitere Informationen

Man kennt eine ganze Reihe erblicher oder erworbener Störungen der Porphyrin-Synthese, sogenannte **Porphyrien**, die zum Teil schwere Krankheitsbilder hervorrufen. Viele dieser Erkrankungen führen zur Ausscheidung von Häm-Vorstufen im Stuhl oder im Urin, der dadurch tiefrot gefärbt sein kann. Auch die Ablagerung von Porphyrinen in der Haut wird beobachtet. Durch Lichteinwirkung kommt es dann zur Bildung entstellender, schlecht heilender Blasen. Auch neurologische Störungen sind bei Porphyrien nicht selten. Es ist möglich, daß die mittelalterlichen Legenden über menschliche Vampire (‚Dracula') auf Porphyrie-Patienten zurückgehen (Lichtscheu, bizarres Äußeres, Trinken von Blut zum Ausgleich des Häm-Mangels).

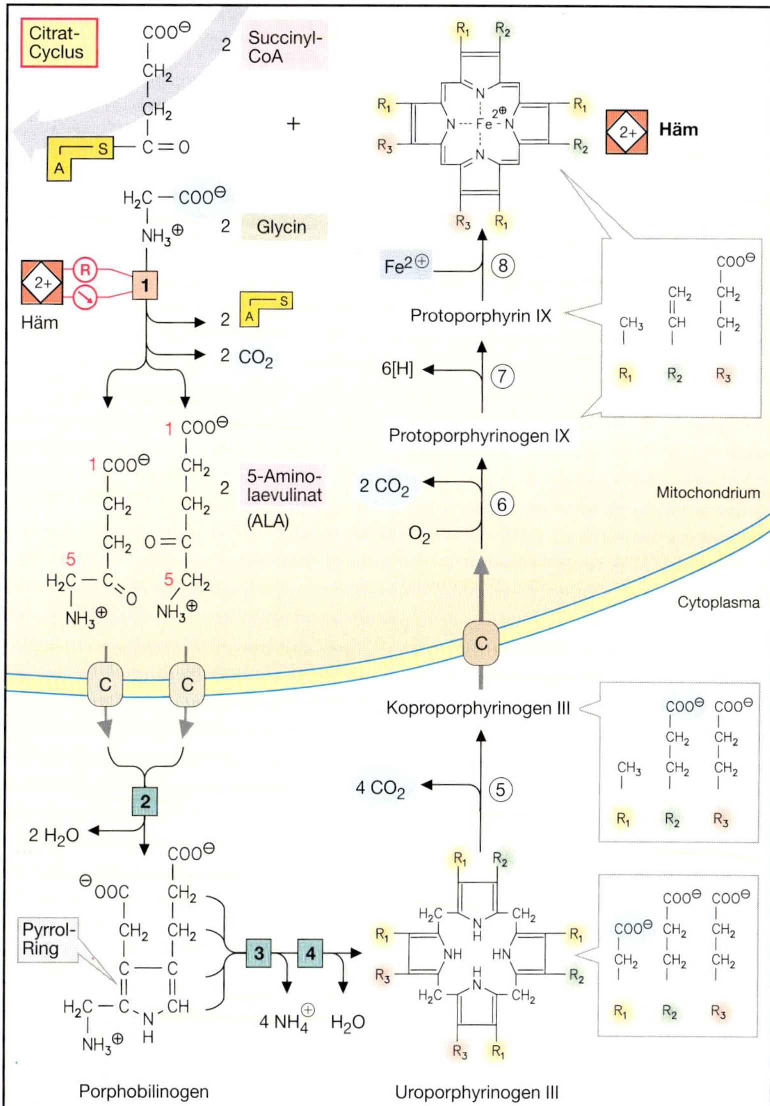


| | |
|---|---|
| 1 | 5-Aminolaevulinat-Synthase [PLP] *2.3.1.37* |
| 2 | Porphobilinogen-Synthase *4.2.1.24* |
| 3 | Hydroxymethylbilan-Synthase *4.3.1.8* |
| 4 | Uroporphyrinogen III-Synthase *4.2.1.75* |

**A. Biosynthese des Häms**

## Porphyrin-Abbau

### A. Abbau von Hämoglobin ◑

Pro Stunde werden etwa 100–200 Millionen Erythrocyten abgebaut. Ihr Abbau beginnt in der mikrosomalen Zellfraktion der retikuloendothelialen Zellen von Leber, Milz und Knochenmark (RES = retikuloendotheliales System). Nach der Abtrennung des Proteinanteils (Globin) wird das rote **Häm** von einer *Häm-Oxygenase* mit Hilfe von Sauerstoff und NADPH zu $Fe^{2+}$, CO (Kohlenmonoxid!) und grünem **Biliverdin** gespalten. Das Eisen steht für eine Wiederverwendung zur Verfügung.

Das Biliverdin wird von der *Biliverdin-Reduktase* weiter zu orangefarbenem **Bilirubin** reduziert. Diesen Farbwechsel kann man leicht *in vivo* an einem Bluterguß (Hämatom) beobachten. Die Farbe des Häms und der anderen *Porphyrin-Systeme* (s. S. 176) kommt durch die zahlreichen konjugierten Doppelbindungen zustande, die ein *mesomeres System* bilden (Hinterlegung).

Zum weiteren Abbau wird das Bilirubin mit dem Blut in die Leber transportiert. Da es im Plasma schlecht löslich ist, geschieht der Transport in Bindung an **Albumin**. An dieselbe Bindungsstelle des Albumins werden auch Pharmaka gebunden. Die Zellen des Leberparenchyms nehmen das Bilirubin aus dem Blut auf.

Zur Erhöhung der Wasserlöslichkeit wird das Bilirubin in der Leber mit aktiver Glucuronsäure (UDP-GlcUA; s. S. 286) zweifach konjugiert. Diese Konjugatbildung wird durch die *UDP-Glucuronyl-Transferase* katalysiert, ein Enzym, das im ER der Leber, in geringen Aktivitäten auch in Niere und Darmmucosa, vorkommt. Die Glucuronsäure wird auf die Propionat-Reste des Bilirubins übertragen, dabei entstehen Ester-Bindungen. Das Diglucuronid wird nun durch einen aktiven Transportprozeß gegen einen Konzentrationsgradienten in die Galle abgegeben. Dies ist der geschwindigkeitsbestimmende Schritt des hepatischen Bilirubin-Stoffwechsels. Durch Pharmaka wie z. B. *Phenobarbital* können sowohl die Konjugat-Bildung als auch der Transportprozeß induziert werden.

Im Darm werden die **Bilirubin-Konjugate** teilweise wieder durch bakterielle *β-Glucuronidasen* gespalten. Das freigesetzte Bilirubin wird dort schrittweise zu farblosem **Urobilinogen** und **Stercobilinogen** reduziert und bei Zutritt von Sauerstoff noch weiter oxidiert. Die Endprodukte des Gallenfarbstoff-Stoffwechsels im Darm sind orange bis gelb gefärbt. Sie werden größtenteils mit dem Kot ausgeschieden, zum kleineren Teil auch wieder resorbiert (*enterohepatischer Kreislauf*, s. S. 284). Bei starkem Häm-Abbau taucht Urobilinogen im Urin auf, wo es durch Oxidationsprozesse zu **Urobilin** nachdunkelt.

Neben Hämoglobin liefern auch andere *Hämoproteine* (Myoglobin, Cytochrome, Katalase, Peroxidase) Häm-Gruppen, die auf dem gleichen Wege abgebaut werden. Sie tragen aber zur täglichen Gallenfarbstoff-Bildung (250 mg) nur etwa 10–15% bei.

### Weitere Informationen

**Hyperbilirubinämien.** Ein erhöhter Bilirubinspiegel (>10 mg·l$^{-1}$) wird als *Hyperbilirubinämie* bezeichnet. Das Bilirubin diffundiert aus dem Blut in die Gewebe der Peripherie und färbt sie gelb. Dies läßt sich besonders leicht an der weißen Bindehaut des Auges feststellen. Man spricht dann von *Gelbsucht* oder *Ikterus.* Ursache dafür können sein: Eine erhöhte Bildung von Bilirubin aus Erythrozyten (‚*hämolytischer Ikterus*' durch erbliche Enzymdefekte oder Vergiftung), ein verringerter Abfluß durch Störungen in Leber (‚*hepatocellulärer Ikterus*' durch erbliche Enzymdefekte, Vergiftung) oder Galle (‚*Verschluß-Ikterus*' durch Gallensteine). Unkonjugiertes Bilirubin kann die Blut-Hirnschranke passieren und zu Gehirnschäden führen *(Kernikterus)*. Für die genaue Diagnose der Ursache der Hyperbilirubinämie ist die Analyse des Bilirubins im Plasma wichtig. Mit einer Farbreaktion können konjugiertes *(‚direktes')* Bilirubin und unkonjugiertes *(‚indirektes')* Bilirubin unterschieden werden.

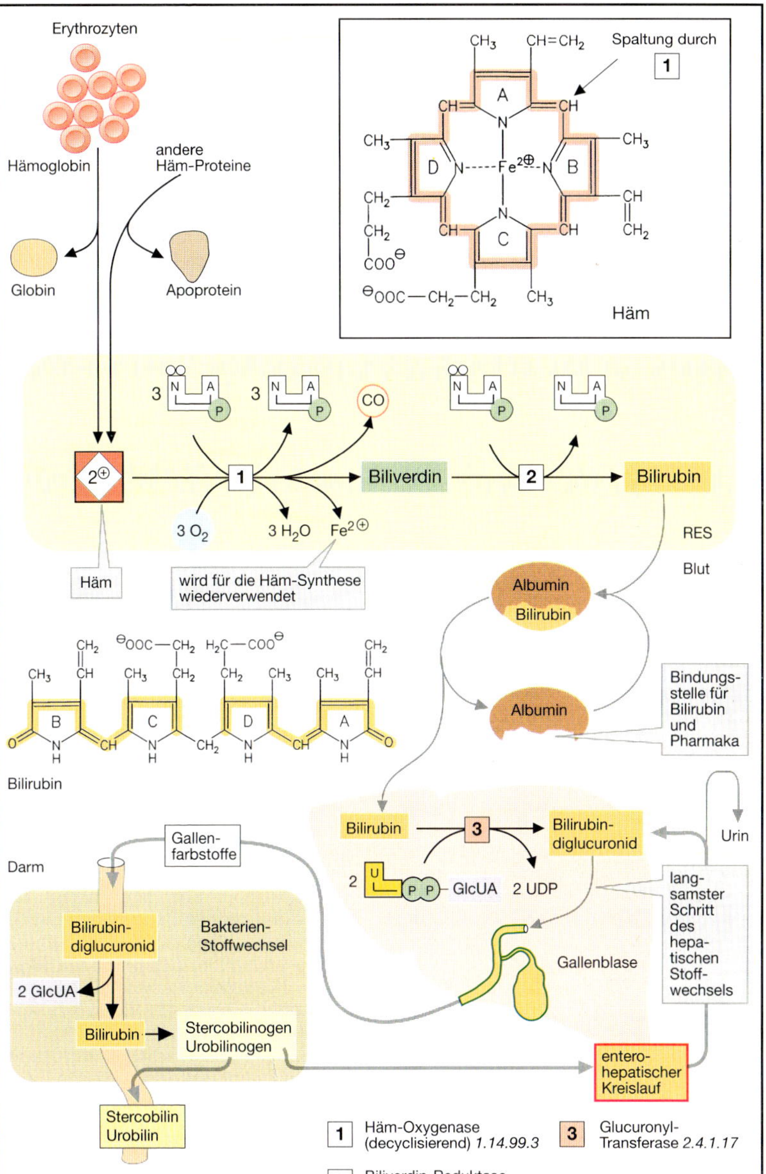


1 Häm-Oxygenase (decyclisierend) *1.14.99.3*

2 Biliverdin-Reduktase *1.3.1.24*

3 Glucuronyl-Transferase *2.4.1.17*

**A. Abbau von Hämoglobin**

## Aufbau der Zelle

### A. Vergleich von Prokaryonten und Eukaryonten ●

Die gegenwärtig lebenden Organismen lassen sich in zwei große Gruppen einteilen, die *Prokaryonten* und die *Eukaryonten*. Vertreter der **Prokaryonten** sind die Bakterien (*Eubakterien* und *Archaebakterien*). Sie leben alle als kleine Einzeller. Zu den **Eukaryonten** zählen die *Pilze*, *Pflanzen* und *Tiere*. Unter ihnen findet man sowohl Einzeller als auch als Mehrzeller. Vielzellige Eukaryonten bestehen aus verschiedenen Zelltypen, die auf unterschiedliche Aufgaben spezialisiert sind. Eukaryotische Zellen sind erheblich größer als prokaryotische Zellen (Volumenverhältnis etwa 2000:1). Das wichtigste Unterscheidungsmerkmal gegenüber den Prokaryonten ist der Besitz eines **Zellkerns** (griech.: karyon, daher die Bezeichnung) und weiterer Organellen.

Eukaryonten zeigen gegenüber den Prokaryonten eine größere Spezialierung und Komplexität von Strukturen und Funktionen. Ihre DNA besteht aus sehr langen, linearen Molekülen ($10^7$ bis über $10^{10}$ Basenpaare) mit nichtcodierenden Bereichen (*Introns*). Die DNA der Eukaryonten ist im Zellkern lokalisiert. Dagegen enthält prokaryotische DNA keine Introns, ist kürzer (bis $5 \times 10^6$ Basenpaare), zirkulär und findet sich im Cytoplasma. Eukaryotische Zellen sind durch *Kompartimente* strukturiert (s. u.). In ihnen laufen die Synthese und Reifung von RNA und Proteinen in verschiedenen Reaktionsräumen ab und werden getrennt gesteuert. In Prokaryonten sind diese Prozesse weniger kompliziert und verlaufen in enger räumlicher Nachbarschaft.

### B. Aufbau einer tierischen Zelle ●

Im Gegensatz zu prokaryotischen Zellen zeigen die eukaryotischen eine große Vielfalt in Größe und Struktur. Allein im Menschen gibt es mindestens 200 verschiedene Zellarten. Das Schema zeigt deshalb nur die Grundstrukturen einer tierischen Zelle.

Die eukaryotische Zelle ist durch ein System von Membranen gegliedert. Nach außen wird sie durch eine **Plasmamembran** abgegrenzt. Innerhalb der Zelle findet sich ein großer Raum mit vielen gelösten Bestandteilen, der als **Cytoplasma** bezeichnet wird. Membranen gliedern ihn in *Kompartimente* (geschlossene Reaktionsräume). Gut untersuchte Kompartimente sind die von intrazellulären Mebranen umgebenen **Zellorganellen**.

Die größte Organelle ist der **Zellkern** (s. S. 192). Er ist mit dem Lichtmikroskop noch gut sichtbar. Mit der äußeren Membran des Zellkerns ist das **endoplasmatische Retikulum** (ER) verbunden, ein in sich geschlossenes System aus flachen Höhlen und Röhren. Eine weitere von Membranen gebildete Organelle, die wie ein Päckchen geschichteter Scheiben aussieht, ist der **Golgi-Apparat. Endosomen** und **Exosomen** sind bläschenartige Kompartimente (*Vesikel*), die am Stoffaustausch der Zelle mit ihrer Umgebung beteiligt sind. Für den Stoffwechsel der Zelle besonders wichtige Organellen sind die **Mitochondrien,** die etwa Bakteriengröße haben. **Lysosomen** und **Peroxisomen** sind kleinere, kugelförmige Organellen mit Spezialaufgaben. Die ganze Zelle ist durchzogen von einem Gerüstsystem aus Proteinen, das als **Cytoskelett** bezeichnet wird.

Pflanzenzellen (s. S. 129) besitzen zusätzlich **Chloroplasten,** in denen die Photosynthese abläuft, **Vakuolen** als Struktur- und Speicherelemente, sowie eine feste **Zellwand** aus Cellulose und anderen Polysacchariden (s. S. 38).

Die Angaben über den prozentualen Anteil der Kompartimente am Zellvolumen (gelb hinterlegt) und ihre Häufigkeit (blau hinterlegt) beziehen sich auf *Hepatozyten* (Leberzellen) von Säugetieren. Die Zahlen können von Zelltyp zu Zelltyp stark schwanken.

Auf den folgenden Seiten werden die oben genannten Zellorganellen und Zellelemente detaillierter vorgestellt.

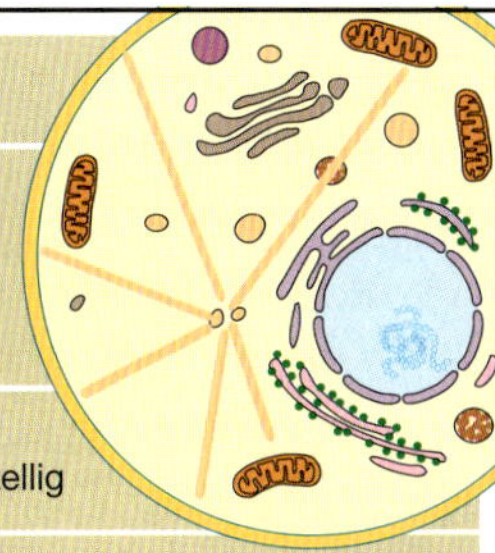


| | **Prokaryonten** | **Eukaryonten** |
|---|---|---|
| **Organismen** | Eubakterien<br>Archaebakterien | Pilze<br>Pflanzen<br>Tiere |
| **Organisationsform** | einzellig | ein- oder mehrzellig |
| **Organellen, Cytoskelett, Zellteilungsapparat** | nicht vorhanden | vorhanden, kompliziert, spezialisiert |
| **DNA** | klein, circulär, keine Introns | groß, im Zellkern, viele Introns |
| **RNA: Synthese und Reifung** | einfach, im Cytoplasma | kompliziert, im Zellkern |
| **Protein: Synthese und Reifung** | einfach, mit RNA-Synthese gekoppelt | kompliziert, im Cytoplasma und rauhen Endoplasmat. Retikulum |
| **Stoffwechsel** | anaerob oder aerob<br>sehr anpassungsfähig | meist aerob |
| **Endo- und Exocytose** | nein | ja |

**A. Vergleich von Prokaryonten und Eukaryonten**

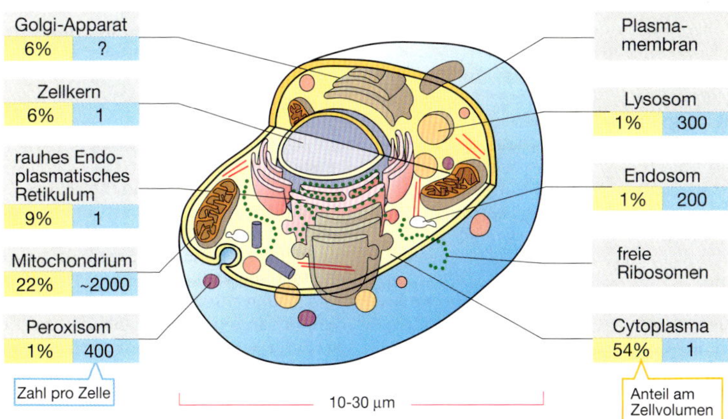


**B. Aufbau einer tierischen Zelle**

## Zellfraktionierung

### A. Isolierung von Zellorganellen ◑

Zur Untersuchung der einzelnen Kompartimente der Zellen sind verschiedene Isolierungsverfahren entwickelt worden. Die Isolierung der Zellbestandteile beginnt mit dem **Zerkleinern** des zu untersuchenden Gewebes und dem anschließenden **Homogenisieren** (Aufschließen der Zellen) in einem Puffer. Für tierische Gewebe ist das Homogenisieren mit Hilfe eines ‚Potters' (Potter-Elvehjem Homogenisator) – das ist ein rotierender Teflon-Stempel in einem Glaszylinder – weit verbreitet. Diese Methode ist besonders schonend und wird deshalb zur Isolierung empfindlicher Strukturen und Moleküle angewandt. Andere Zell-Aufschlußverfahren sind die enzymatische Lyse mit Hilfe zellwandabbauender Enzyme oder die mechanische Lyse durch Mahlen des (gefrorenen) Gewebes, durch Zerschneiden oder Zerschlagen mit rotierenden Messern, durch große Drucksprünge, osmotischen Schock, oder durch wiederholtes Einfrieren und Auftauen.

Für die Gewinnung von intakten Zellorganellen ist wichtig, daß die Homogenisierungslösung *isoton* ist, d. h. daß der osmotische Wert des Puffers dem des Zellinneren entspricht. In hypotonen Lösungen würden die Organellen durch Wasseraufnahme platzen, in hypertonen Lösungen dagegen schrumpfen.

Der Homogenisierung folgt eine grobe **Filtration** durch Gaze zur Entfernung von ganzen Zellen und Bindegewebsstücken. Die eigentliche Fraktionierung der Zellkomponenten wird dann durch **Zentrifugationsschritte** erreicht, bei denen die Schwerebeschleunigung (angegeben als Vielfaches der Erdbeschleunigung $g = 9.81\ m \cdot s^{-2}$) in Stufen gesteigert wird (*‚differentielle Zentrifugation'* s. S. 184). Dadurch werden die Organellen wegen ihrer unterschiedlichen Gestalt und Dichte nacheinander aus der Suspension sedimentiert.

**Zellkerne** sedimentieren bereits bei kleinen Beschleunigungen, die mit Tischzentrifugen erreicht werden. Durch Abgießen des Überstandes (‚Supernatant') und vorsichtiges Suspendieren des Niederschlages (‚Sediment' oder ‚Pellet') in isotonem Medium läßt sich eine Fraktion gewinnen, die mit Zellkernen angereichert ist. Diese Fraktion kann aber auch noch andere Zellkomponenten als Verunreinigungen enthalten, z. B. die Trümmer des Cytoskeletts.

Teilchen mit geringerer Größe und Dichte als die Zellkerne lassen sich aus dem Überstand der ersten Zentrifugation durch stufenweise Vergrößerung der Schwerebeschleunigung gewinnen. Dafür sind aber besonders leistungsfähige Zentrifugen (Hochgeschwindigkeits- und Ultra-Zentrifugen) notwendig. Man erhält nacheinander Fraktionen von **Mitochondrien, Membran-Vesikeln** und **Ribosomen.** Der Überstand der letzten Zentrifugation enthält schließlich neben dem Puffer das **Cytosol** mit den löslichen Komponenten der Zelle.

Grundsätzlich werden die Isolierungsschritte bei niedrigen Temperaturen – meist bei 0–5 °C – durchgeführt, um Abbaureaktionen durch freigesetzte Enzyme zu verlangsamen. Ein Zusatz von Thiolen und Komplexbildnern dient dem Schutz funktioneller SH-Gruppen.

### B. Leitmoleküle ○

Schließlich ist die Analyse des Reinheitsgrades der gewonnenen Fraktionen von großer Bedeutung. Ob die gewünschten Zellorganellen in einer Fraktion enthalten sind oder nicht, und ob diese Fraktion frei von anderen Bestandteilen ist, läßt sich durch Analyse charakteristischer **Leitmoleküle** bestimmen. Dies sind Moleküle, die in spezifischer Verteilung ausschließlich oder vorwiegend in einer Organellenart vorkommen. Häufig bestimmt man die Aktivitäten organellenspezifischer Enzyme (‚**Leitenzyme**'). Die Verteilung der Leitenzyme in der Zelle spiegelt die Kompartimentierung der von ihnen katalysierten Prozesse wider. Diese Reaktionen werden bei den einzelnen Organellen detaillierter besprochen.

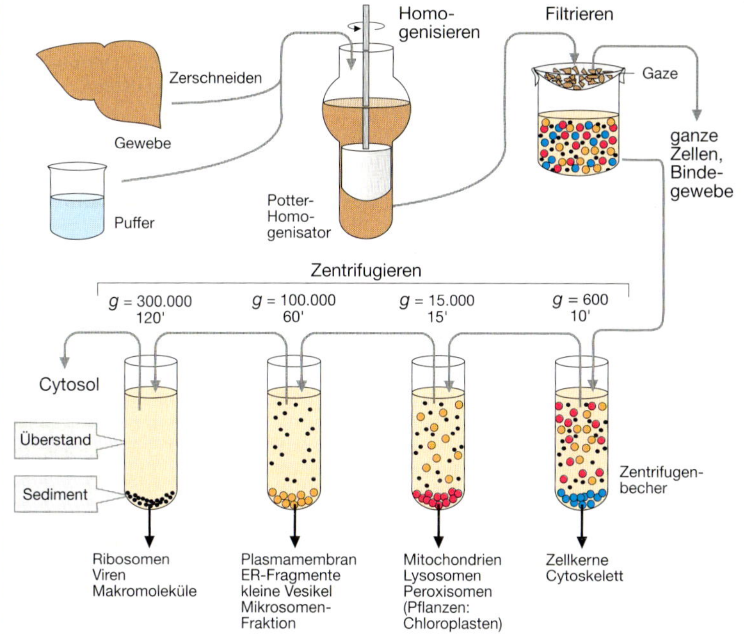


**A. Isolierung von Zellorganellen**

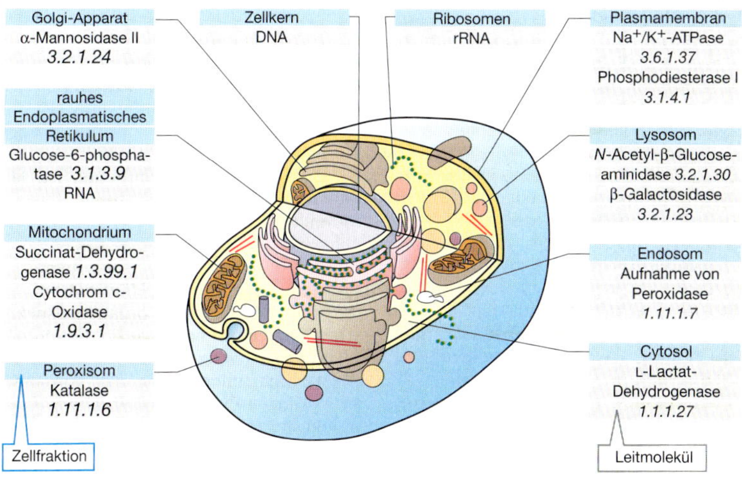


**B. Leitmoleküle**

## Zentrifugation

### A. Prinzip ◑

In einer Lösung sinken (*‚sedimentieren‘*) Teilchen, wenn ihre Dichte größer ist als die ihrer Umgebung; sie schwimmen auf (*‚flotieren‘*), wenn ihre Dichte geringer ist. Je größer der Dichteunterschied ist, desto schneller wandern sie. Gibt es keinen Dichteunterschied (isopyknische Bedingung), *schweben* die Teilchen. Um auch geringe Dichteunterschiede für eine Trennung verschiedener Teilchen in einer Lösung auszunutzen, kann man die Kraft der Erdanziehung mit Hilfe einer Zentrifuge durch die vielfach größere ‚Zentrifugalkraft‘ ersetzen.

**Rotoren:** Die durch Zentrifugation erreichte Beschleunigung wird als Vielfaches der Beschleunigung durch Erdanziehung ($g = 9.81\ m \cdot s^{-2}$) ausgedrückt. Mit Hilfe von Tischzentrifugen erreicht man Beschleunigungswerte bis etwa 10000 **g**, mit hochtourigen Kühlzentrifugen bis 50000 **g** und mit Ultrazentrifugen, die unter Kühlung und Vakuum arbeiten, bis 500000 **g**. Für die leistungsfähigen Zentrifugen stehen zwei Arten von Rotoren zur Verfügung: *Festwinkel-Rotoren* und *Ausschwing-Rotoren.*

Die Geschwindigkeit (v) der Sedimentation von Teilchen während einer Zentrifugation hängt ab von der Winkelgeschwindigkeit (ω) des Rotors, seinem effektiven Radius ($r_{eff}$, Abstand zum Drehpunkt) und den Teilcheneigenschaften. Die Sedimentations-Eigenschaften eines Teilchens werden meist als **Sedimentationskoeffizient** s in ‚Svedberg‘ ($10^{-13}$ s) ausgedrückt. In dem Diagramm, welches den Zusammenhang von Teilchendichte und Sedimentationskoeffizient in Cäsiumchlorid (CsCl) darstellt, ist der weite Bereich der s-Werte ablesbar, den Teilchen aufweisen können. Um s-Werte vergleichen zu können, die in unterschiedlichen Medien bestimmt wurden, werden die s-Werte auf die Dichte und Viskosität von Wasser bei 20 °C korrigiert (‚$s_{20,w}$‘).

Die s-Werte werden von verschiedenen Teilcheneigenschaften bestimmt, der relativen Masse ($M_r$) der Partikel, ihrer Form (ausgedrückt als Reibungskoeffizient f) und ihrem spezifischen Volumen ($\bar{v}$). Wie aus dem Diagramm hervorgeht, zeigen Proteine, RNA und DNA sehr unterschiedliche, typische Dichten.

### B. Dichtegradienten-Zentrifugation ○

Um Makromoleküle voneinander zu trennen, die sich in Größe oder Dichte geringfügig unterscheiden, wird die Dichtegradienten-Ultrazentrifugation eingesetzt.

In der **Zonen-Zentrifugation** wird die zu trennende Probe (z. B. Proteine oder Zellen) als schmale Bande oben auf die Zentrifugations-Lösung geschichtet. Während der Zentrifugation wandern die Teilchen dann durch die Lösung hindurch, da sie eine größere Dichte als die Lösung haben. Die Wanderungsgeschwindigkeit richtet sich im wesentlichen nach ihrer Molmasse (s. **A**, Formeln). Die Zentrifugation wird beendet, bevor die Teilchen den Boden des Röhrchens erreicht haben. Durch Anbohren und Austropfen des Zentrifugenröhrchens können die verschiedenen Teilchen in getrennten Fraktionen aufgefangen werden. Während der Zentrifugation wird die Lösung im Zentrifugenröhrchen durch einen **Dichtegradienten** stabilisiert. Das sind Lösungen von Kohlenhydraten oder kolloidalem Kieselgel, deren Konzentration von der Oberfläche bis zum Boden des Röhrchens zunimmt. Dichtegradienten verhindern Konvektionsströmungen, die die Trennung der Teilchen beeinträchtigen würden.

In der **isopyknischen Zentrifugation**, die wesentlich längert dauert, beginnt man mit einer Salzlösung (meist Cäsiumchlorid), in der das Probenmaterial (z. B. DNA, RNA oder Viren) homogen verteilt ist. Erst *während* der Zentrifugation bildet sich durch Sedimentations- und Diffusionsvorgänge ein Dichtegradient aus. Die Teilchen wandern jeweils in den Bereich, der ihrer *‚Schwebedichte‘* entspricht. Wenn ein Gleichgewicht erreicht ist, wird die Zentrifugation beendet. Die Proben werden durch Fraktionierung gewonnen, und ihre Konzentration durch geeignete Meßverfahren bestimmt.

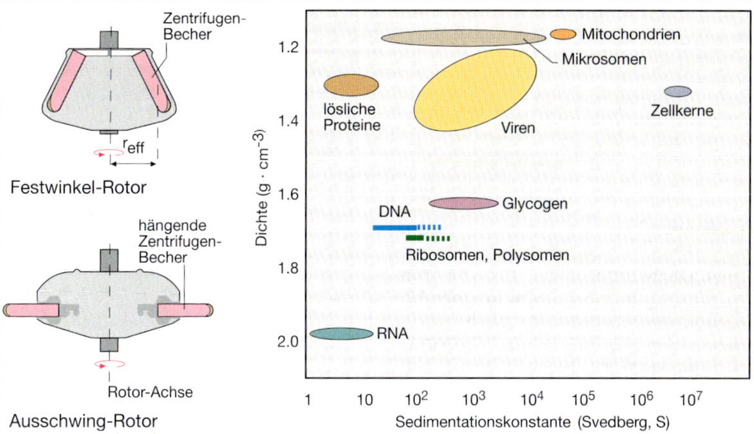


v: Sedimentationsgeschwindigkeit ($cm \cdot s^{-1}$)
ω: Winkelgeschwindigkeit ($rad \cdot s^{-1}$)
$r_{eff}$: effektiver Radius (cm)
s: Sedimentationskoeffizient ($S = 10^{-13}$ s)

$$v = \omega^2 \cdot r_{eff} \cdot s$$

$$s = \frac{M_r \cdot (1 - \bar{v} \cdot \rho)}{f}$$

$M_r$: rel. Molmasse
$\bar{v}$ : partielles spezifisches Teilchen-Volumen ($cm^3 \cdot g^{-1}$)
ρ : Dichte der Lösung ($g \cdot cm^{-3}$)
f : Reibungskoeffizient

**A. Prinzip der Zentrifugation**

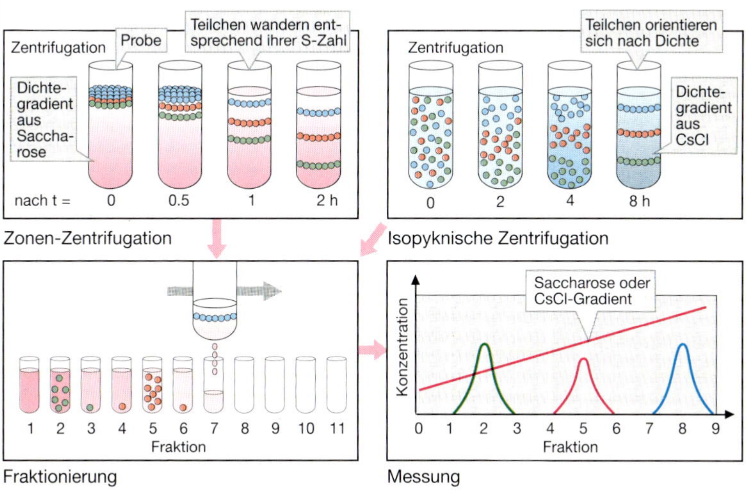


**B. Dichtegradienten-Zentrifugation**

## Zellbestandteile und Cytoplasma

Das Bakterium *Escherichia coli* (*E. coli*) ist ein darmbewohnender Symbiont der Säugetiere. Über seinen Aufbau und seine Zusammensetzung sind wir recht gut informiert.

### A. Bestandteile einer Bakterienzelle ◑

Hauptbestandteil der Zelle ist **Wasser** (70%). Die übrigen Komponenten sind **Makromoleküle** (Proteine, Nucleinsäuren, Polysaccharide), **kleine organische Moleküle** und **anorganische Ionen**. Unter den Makromolekülen haben die Proteine den größten Anteil, sie machen ca. 55% der Trockenmasse der Zelle aus.

Eine einzelne *E. coli*-Zelle hat ein Volumen von ca. 0.88 $\mu m^3$. Davon entfällt jeweils 1/6 auf Membranen und die DNA (‚Nucleoid'). Den übrigen Innenraum der Zelle bezeichnet man als **Cytoplasma** (nicht ‚Cytosol'). Macht man eine Reihe von Annahmen über die Verteilung und Größe der Proteine (Durchschnitt 40 kDa), läßt sich abschätzen, daß im Cytoplasma von *E. coli* etwa 250000 Protein-Moleküle enthalten sind. In der etwa tausendfach größeren eukaryontischen Zelle schätzt man die Zahl der Proteinmoleküle auf mehrere Milliarden.

### B. Blick in eine Bakterienzelle ◑

Die Abbildung zeigt einen schematischen Blick in das **Cytoplasma** von *E. coli*. Die Vergrößerung beträgt etwa 1 Million.

Ein einzelnes C-Atom hätte bei dieser Vergrößerung etwa die Dimension eines Salzkorns; ATP wäre so groß wie ein Reiskorn. Der gezeigte Ausschnitt besitzt eine Kantenlänge von 100 nm. Er entspricht etwa 1/600 des Zellvolumens von *E. coli*. Um die Makromoleküle besser erkennbar zu machen, wurden in der Darstellung alle kleinen Moleküle wie Wasser, Cofaktoren und Stoffwechsel-Produkte weggelassen. In dem gezeigten Ausschnitt des Cytoplasmas sind enthalten:

- mehrere hundert **Makromoleküle**, die für die Synthese von Proteinen notwendig sind, nämlich 30 Ribosomen, mehr als 100 Proteinfaktoren, 30 Aminoacyl-tRNA-Synthetasen, 340 tRNA-Moleküle, 2–3 mRNAs, die eine Länge von etwa 10 Kantenlängen haben, und 6 Moleküle RNA-Polymerase.
- etwa 330 weitere Enzym-Moleküle, darunter 130 Glycolyse-Enzyme und 100 Enzyme des Citrat-Cyclus.
- 30000 **kleine organische Moleküle** mit einer Masse von 100 bis 1000 Da, wie z. B. Metabolite des Intermediär-Stoffwechsels und Coenzyme. Sie sind in 10-facher Vergrößerung im Ausschnitt rechts unten gezeigt.
- und schließlich 50000 **anorganische Ionen**. Der Rest ist Wasser.

Das Bild zeigt, daß das Cytoplasma ein mit Makromolekülen und kleineren organischen Molekülen dicht angefülltes Kompartiment ist. Die Abstände zwischen organischen Molekülen sind gering. Sie sind nur wenige Wassermoleküle getrennt.

Alle Moleküle befinden sich in Bewegung. Wegen ständiger Zusammenstöße kommen sie aber nur ungerichtet voran und nehmen einen Zick-Zack-förmigen Weg. Proteine sind wegen ihrer großen Masse besonders langsam. Immerhin legen sie aber in 2 ms eine Strecke von durchschnittlich 10 nm zurück, was etwa ihrer eigenen Länge entspricht. Statistisch gesehen erreicht ein Protein in weniger als einer Sekunde jeden Ort der Bakterienzelle.

### C. Biochemische Leistungen des Cytoplasmas ●

In Eukaryonten stellt das Cytoplasma mit etwas mehr als 50% des Zellvolumens das wichtigste zelluläre Kompartiment dar. Es ist der *zentrale Reaktionsraum der Zelle*. In ihm laufen die meisten Stoffwechselwege des Abbaus der Nahrungsstoffe und des Aufbaus zelleigener Bausteine ab, also fast der gesamte *Intermediär-Stoffwechsel*: die Glycolyse, der Hexose-monophosphat-Weg, die Gluconeogenese, der Aufbau von Fettsäuren, die Biosynthese von Proteinen und andere mehr.

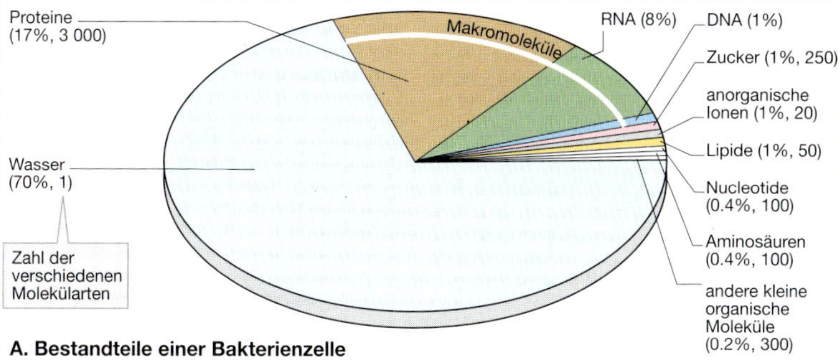


**A. Bestandteile einer Bakterienzelle**

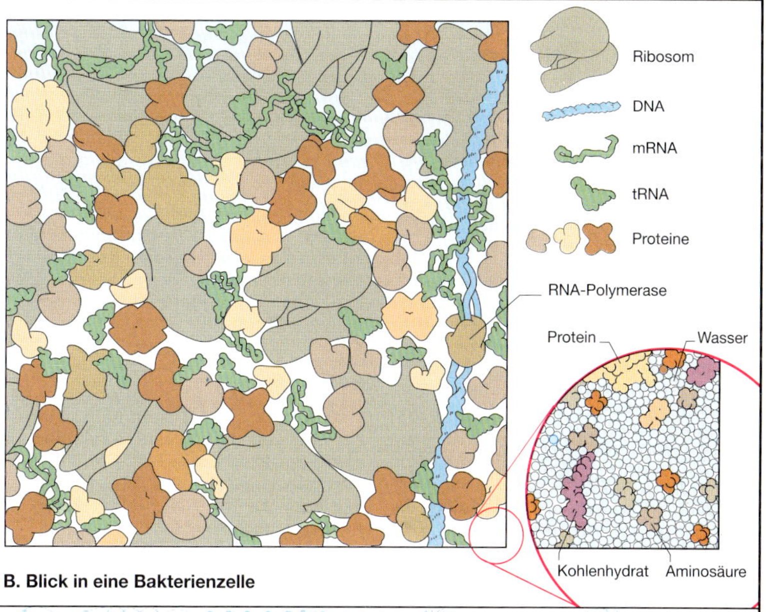


**B. Blick in eine Bakterienzelle**

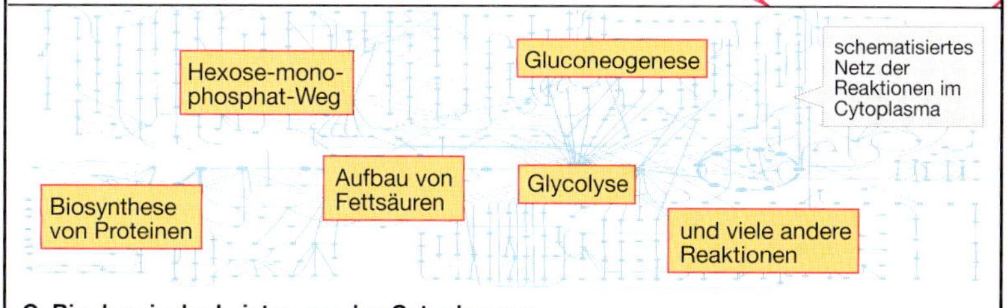


**C. Biochemische Leistungen des Cytoplasmas**

## Cytoskelett: Bausteine

Im Cytoplasma eukaryotischer Zellen befindet sich ein dreidimensionales Gerüst von Filamenten (langen Fasern), das man als **Cytoskelett** bezeichnet. Die Filamente werden *nach ihrem Durchmesser* in drei Gruppen eingeteilt: **Mikrofilamente** (ca. 8 nm), **Intermediärfilamente** (ca. 10 nm) und **Mikrotubuli** (ca. 25 nm). Alle Filamente sind Polymere aus charakteristischen Proteinbausteinen.

### A. Actin ◑

Actin, das häufigste Protein eukaryotischer Zellen, ist der Baustein der **Mikrofilamente** (Actinfilamente). Actin kommt sowohl in einer monomeren Form als **G-Actin** (‚globuläres Actin') als auch in einer polymeren Form als **F-Actin** (‚filamentöses Actin') vor. G-Actin ist ein unsymmetrisches, globuläres Protein (42 kDa), das aus zwei Domänen besteht. Bei steigender Ionenstärke kann es reversibel zu helicalem F-Actin aggregieren.

Da sich einzelne G-Actin-Moleküle immer mit derselben Richtung aneinanderlagern, zeigt F-Actin *Polarität.* Das Filament hat zwei unterschiedliche Enden, an denen die Polymerisation unterschiedlich schnell abläuft. Sind die Enden nicht durch besondere Proteine stabilisiert (wie in Muskelzellen), wird das (+)-Ende des F-Actins bei einer kritischen Konzentration des G-Actins ständig wachsen, während das (-)-Ende gleichzeitig zerfällt. Die Actin-Monomeren wandern dadurch langsam durch das Polymer (*‚Tretmühlen-Effekt'*). Mit Pilzgiften kann man diese Teilprozesse experimentell blockieren. *Phalloidin* unterbricht durch feste Bindung an das (-)-Ende die Oligomerisierung, dagegen blockieren *Cytochalasine* durch Bindung an das (+)-Ende die Polymerisation.

**Actin-assoziierte Proteine**: Im Cytoplasma findet man mehr als 50 verschiedene Proteinarten, die spezifisch an G- oder F-Actin binden. Ihre Anlagerung an Actin erfüllt verschiedene Aufgaben: Die Bindung kann der Kontrolle des Pools von G-Actin dienen (Beispiel: *Profilin*), die Polymerisationsgeschwindigkeit des G-Actins beeinflussen (*Villin*), die Kettenenden von F-Actin stabilisieren (*Fragin, β-Actinin*), Filamente untereinander oder mit anderen Zellkomponenten verbinden (*Villin, α-Actinin, Spectrin, MARCKS*) oder die Doppelhelix-Struktur von F-Actin zerstören (*Gelsolin*). Die Aktivität dieser Proteine wird durch $Ca^{2+}$ und Proteinkinasen gesteuert.

### B. Intermediär-Filament-Proteine ◑

Die Bausteine der **Intermediär-Filamente** (IF) sind Mitglieder von fünf Proteinfamilien, die miteinander verwandt sind. IF-Proteine zeigen große Zelltyp-Spezifität. Typische Vertreter sind die *Cytokeratine*, das *Desmin, Vimentin, saures fibrilläres Gliaprotein,* und *Neurofilament.* Die Proteine haben alle im Mittelteil eine stabähnliche Grundstruktur, die als α-helikale Superhelix (‚coiled-coil') bezeichnet wird (Keratin, s. S. 68). Die Dimeren lagern sich antiparallel zu Tetrameren zusammen. Durch eine gestaffelte Kopf-an-Kopf-Anordnung werden daraus stabile **Protofilamente**, die keine Polarität besitzen. Acht Protofilamente bilden zusammen jeweils ein IF.

### C. Tubuline ◑

Grundbausteine der röhrenförmigen Microtubuli sind das α- und **β-Tubulin**, zwei globuläre Proteine (53 und 55 kDa). Sie können sich zu einem α,β-Heterodimeren zusammenlagern. Dreizehn dieser α, β-Heterodimere bilden einen Ring, der durch weitere Polymerisation zu einer langen Röhre wächst. Wie Mikrofilamente so sind auch Mikrotubuli polare, dynamische Strukturen mit einem (+)- und einem (-)-Ende. Das (-)-Ende ist durch Kappen-Proteine stabilisiert. Das (+)-Ende der Microtubuli zeigt eine *dynamische Instabilität.* Es kann entweder langsam wachsen oder schnell kürzer werden. Tubuline binden GTP, welches in den Mikrotubuli langsam zu GDP hydrolysiert wird. Auch mit den Microtubuli können weitere Proteine assoziiert sein.

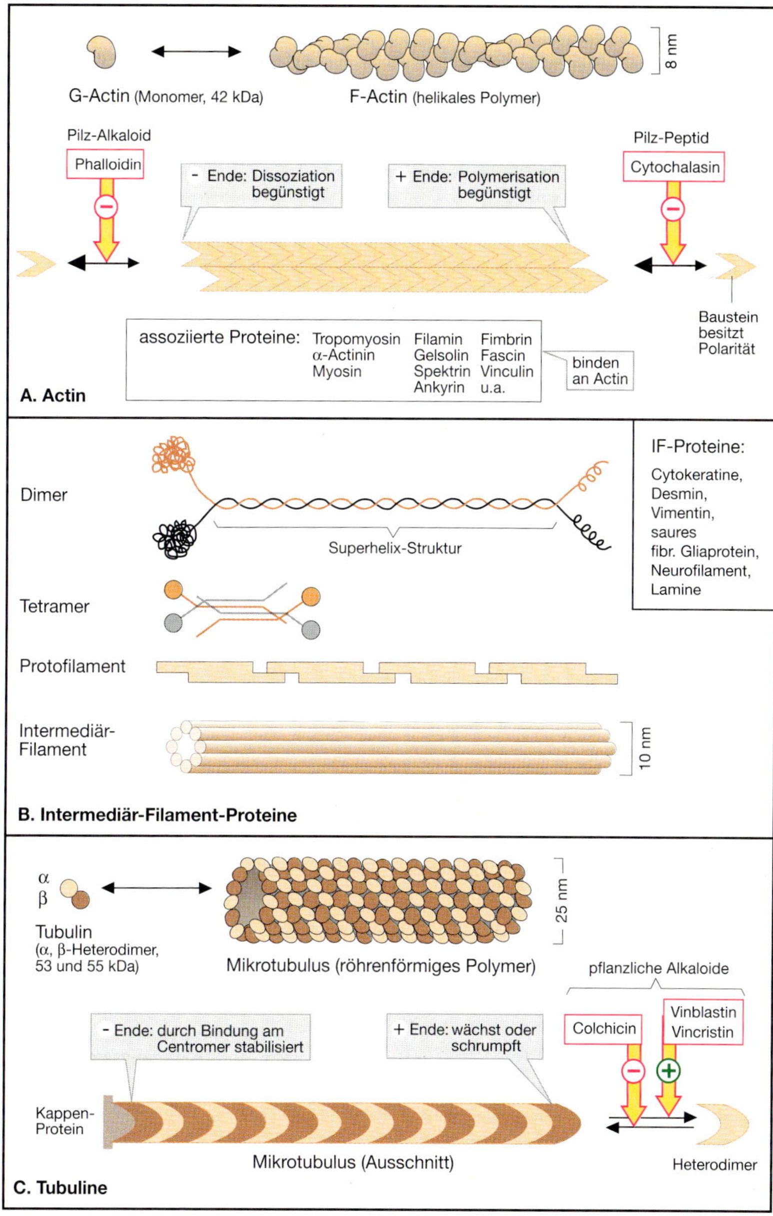
G-Actin (Monomer, 42 kDa)
F-Actin (helikales Polymer)
8 nm
Pilz-Alkaloid
Phalloidin
- Ende: Dissoziation begünstigt
+ Ende: Polymerisation begünstigt
Pilz-Peptid
Cytochalasin
Baustein besitzt Polarität
assoziierte Proteine: Tropomyosin α-Actinin Myosin Filamin Gelsolin Spektrin Ankyrin Fimbrin Fascin Vinculin u.a.
binden an Actin
A. Actin
Dimer
Superhelix-Struktur
IF-Proteine:
Cytokeratine, Desmin, Vimentin, saures fibr. Gliaprotein, Neurofilament, Lamine
Tetramer
Protofilament
Intermediär-Filament
10 nm
B. Intermediär-Filament-Proteine
α
β
Tubulin (α, β-Heterodimer, 53 und 55 kDa)
Mikrotubulus (röhrenförmiges Polymer)
25 nm
pflanzliche Alkaloide
Colchicin
Vinblastin Vincristin
- Ende: durch Bindung am Centromer stabilisiert
+ Ende: wächst oder schrumpft
Kappen-Protein
Mikrotubulus (Ausschnitt)
Heterodimer
C. Tubuline

## Cytoskelett: Struktur und Funktion

### A. Aufgaben ●

Das Cytoskelett der eukaryotischen Zellen erfüllt drei wesentliche Aufgaben:

1. Es stellt das **mechanische Gerüst** der tierischen Zelle dar, das ihr die typische Gestalt verleiht und Membranen und Organellen miteinander verbindet. Das Gerüst hat dynamische Eigenschaften; es wird ständig auf- und abgebaut, um den veränderlichen Lebensbedingungen der Zelle zu genügen.

2. Es ist der **Motor für die Bewegung** tierischer Zellen. Nicht nur Muskelzellen (s. S. 300), sondern auch Zellen nicht-kontraktiler Gewebe enthalten viele verschiedene *Motorproteine*, mit deren Hilfe sie sich koordiniert und gerichtet bewegen können. Organellen-Transport, Zellwanderung, Formänderungen beim Wachsen, Strömen und die Zellteilung werden von Komponenten des Cytoskeletts ermöglicht.

3. Es dient als **Schiene für den Transport** innerhalb der Zelle. Organellen und andere große Komplexe können an ihnen entlangwandern.

### B. Mikrofilamente und Intermediär-Filamente ◑

Als Beispiel für die Struktur und Funktion der Komponenten des Cytoskelettes ist ein Ausschnitt einer intestinalen Epithelzelle mit ihren **Mikrovilli** gezeigt (s. **D1**).

**Mikrofilamente** aus *F-Actin* durchziehen in geordneten Bündeln die Mikrovilli. Die Mikrofilamente sind untereinander durch Actin-assoziierte Proteine verknüpft, insbesondere durch *Fimbrin* und *Villin*. *Calmodulin* und eine Myosin-ähnliche *ATPase* verbinden die Microfilamente seitlich mit der Plasmamembran. *Fodrin*, ein weiteres assoziiertes Protein, verankert die Actinfasern an der Basis untereinander, sowie mit der Cytoplasmamembran und einem Netz aus **Intermediär-Filamenten**.

In anderen Fällen ist Actin beteiligt an dynamischen Prozessen wie der Muskel-Kontraktion (s. S. 300), der Zellwanderung, der Phagocytose, der Bildung von Mikrospikes und Lamellipodien (Zellausläufer), sowie am acrosomalen Prozeß bei der Verschmelzung des Spermiums mit der Eizelle.

### C. Mikrotubuli ◑

Gezeigt werden nur die **Mikrotubuli** der Zelle. Sie weisen von einem zellkernnahen Zentrum, dem **Centrosom**, aus in alle Richtungen. Ständig werden die röhrenförmigen Mikrotubuli an ihrem **(+)**-Ende auf und abgebaut. Das **(-)**-Ende im Centrosom ist durch assoziierte Proteine blokkiert. Auch das **(+)**-Ende kann von assoziierten Proteinen stabilisiert werden, z. B. wenn die Mikrotubuli die Cytoplasmamembran erreicht haben.

Die Mikrotubuli sind an der Ausbildung der Zellgestalt beteiligt und dienen als Leitschienen für den Transport von Organellen. Im Zusammenwirken mit assoziierten Proteinen (*Dynein, Kinesin*) können Mikrotubuli mechanische Arbeit leisten, z. B. beim Transport der Mitochondrien, beim Bewegen von Cilien (haarähnliche Zellausstülpungen im Lungen-, Darmepithel und Oviduct) und von Flagellen der Spermien. Eine besondere Rolle spielen die Mikrotubuli bei der Zellteilung.

### D. Architektur ○

Die komplexe Struktur und netzartige Dichte des Cytoskeletts sollen an drei Beispielen verdeutlicht werden:

1. Der Rand einer intestinalen Epithelzelle ist sichtbar (s. B). **Mikrofilamente** (**a**) verlaufen aus dem Zellinneren in die Mikrovilli. Die Filamente sind durch *Spektrin* (**b**), ein assoziiertes Protein, fest miteinander verbunden und an **Intermediär-Filamenten** (**c**) verankert.

2. In dieser Fibroblastenzelle sind nur **Mikrotubuli** zu sehen. Sie gehen von einem Mikrotubulus-Organisationszentrum (Centrosom) strahlenförmig aus und reichen bis zur Plasma-Membran.

3. In einer Epithelzelle sind *Keratin-Filamente* sichtbar gemacht, die zur Gruppe der **Intermediär-Filamente** (s. S. 68 und 188) zählen. (**d** = Zellkern)

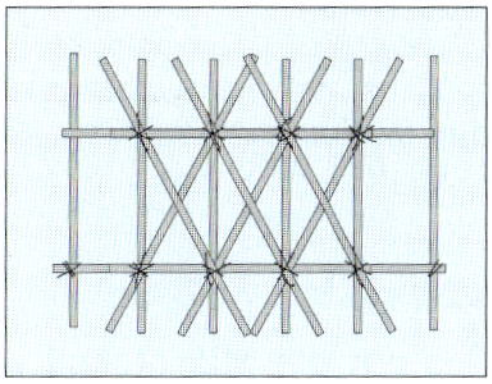

1. Mechanisches Gerüst

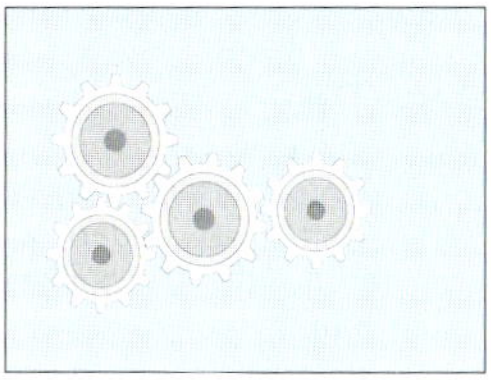

2. Motor für Bewegung

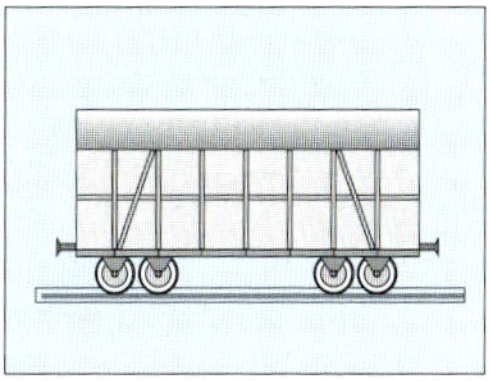

3. Schiene für Transport

**A. Aufgaben des Cytoskeletts**

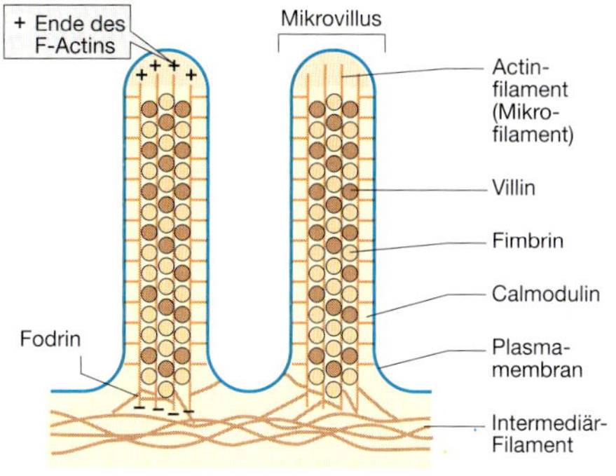


**B. Mikrofilamente und Intermediär-Filamente**

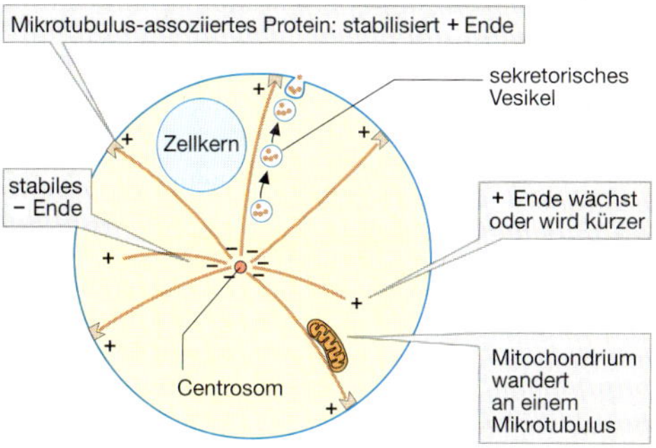


**C. Mikrotubuli**

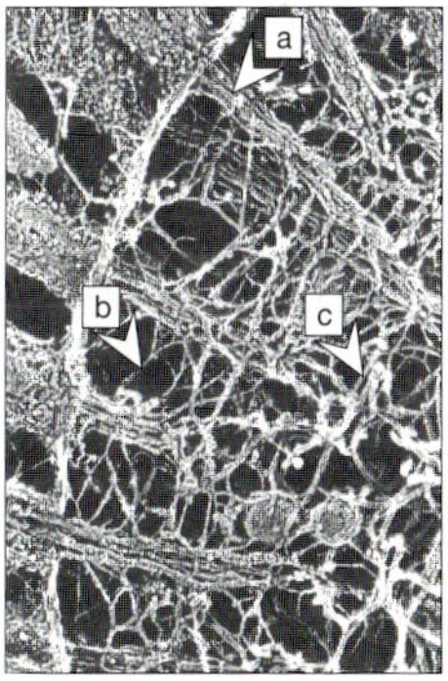


1. Mikrofilamente

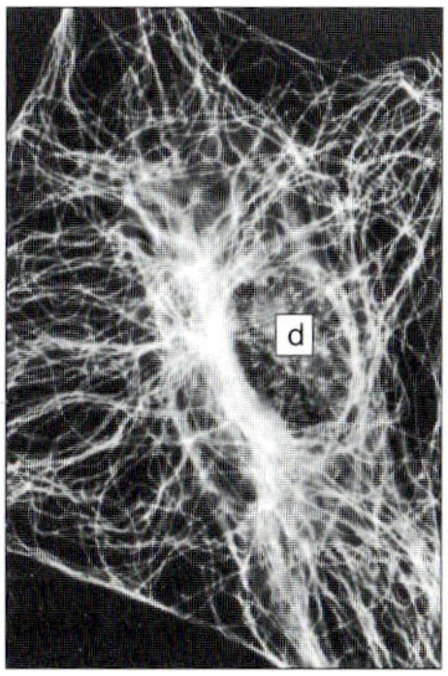


2. Mikrotubuli

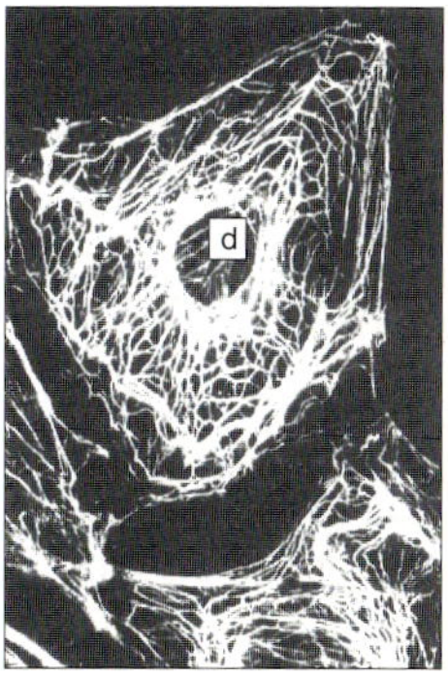


3. Intermediär-Filamente

**D. Architektur**

## Zellkern

### A. Zellkern ●

Der Zellkern stellt die größte, lichtmikroskopisch sichtbare Organelle der eukaryotischen Zelle dar. Er hat einen Durchmesser von etwa 10 µm. Gegen den übrigen Raum der Zelle ist der Zellkern durch eine Hülle abgegrenzt, die aus einer **äußeren** und einer **inneren Kernmembran** besteht.

Die beiden Kernmembranen sind durch einen *perinukleären Spalt* voneinander getrennt. Die äußere Kernmembran ist häufig mit Ribosomen besetzt und geht in das rauhe endoplasmatische Retikulum über. Die innere ist mit besonderen Proteinen (*Kernlamina*) beschichtet, an denen die Kernstrukturen verankert sind.

Der Zellkern enthält fast die gesamte **DNA** der Zelle. Er ist der wichtigste Ort für die *Speicherung, Replikation* und *Expression genetischer Information.* In der Phase zwischen den Zellteilungen, der *Interphase,* ist die DNA in vielen Bereichen des Zellkerns dicht gepackt und liegt mit RNA und Proteinen vergesellschaftet als **Heterochromatin** vor. Locker gepackte DNA-Bereiche, die man als **Euchromatin** bezeichnet, sind der Ort der *Transkription* von DNA in RNA. Innerhalb des Kerns findet sich häufig ein **Nucleolus,** manchmal sogar mehrere Nucleoli. Während der Zellteilung lösen sich die nucleären Strukturen auf. Gleichzeitig ordnet sich dann das Chromatin zu *Chromosomen,* die im Lichtmikroskop sichtbar sind.

### B. Import großer Kernproteine ◑

Der Stoffaustausch zwischen Kern und Cytoplasma geschieht durch **Kernporen** (Öffnung ca. 7 nm), die von einem Porenkomplex aus Proteinen gebildet werden. Sie kontrollieren den Transport durch die Kernmembran. Peptide und kleine Proteine, z. B. manche Histone, können leicht in den Zellkern gelangen. Dagegen können größere Proteine (über 40 kDa) die Kernporen nur passieren, wenn sie spezifische Signalsequenzen tragen. Solche **Kern-Lokalisierungsequenzen** bestehen aus vier basischen Aminosäuren, die innerhalb der Peptidkette der Kernproteine liegen. Im Gegensatz zu anderen Signalsequenzen werden sie nach dem Proteinimport nicht abgespalten (s. S. 214).

### C. Beziehungen zwischen Zellkern und Cytoplasma ◑

Fast die gesamte RNA der Zelle wird im Zellkern synthetisiert. Für diesen als **Transkription** bezeichneten Prozess wird die Information der DNA genutzt (s. S. 220). *Ribosomale RNA* (rRNA) entsteht im Nucleolus, *messenger-* und *Transfer-RNA* (mRNA, tRNA) werden im Bereich des Euchromatins gebildet. Auch die enzymatische Verdopplung der DNA, die **Replikation,** geschieht im Zellkern (s. S. 218).

Die Nucleotid-Bausteine für Transkription und Replikation müssen aus dem Cytoplasma in den Zellkern importiert werden. Ihr Einbau in RNA führt zu Primärprodukten, die durch Spaltung, Herausschneiden von Molekülabschnitten sowie durch Anlagerung zusätzlicher Nucleotide verändert werden **(Reifung).** Schließlich werden die im Kern gebildeten mRNA- und tRNA-Moleküle zur Proteinsynthese **(Translation)** ins Cytoplasma exportiert (s. S. 216).

Im Zellkern können keine Proteine synthetisiert werden. Deshalb müssen alle Kernproteine importiert werden: die *Histone* und *Nichthiston-Proteine,* mit denen die DNA im Chromatin vergesellschaftet ist, auch die Polymerasen, die Hormonrezeptoren und viele andere Transkriptionsfaktoren, sowie die ribosomalen Proteine. Schon im Nucleolus lagern sich die ribosomalen Proteine mit rRNA zu Untereinheiten der Ribosomen zusammen.

Eine besondere Leistung des Zellkerns ist die **Biosynthese von NAD⁺**. Die Vorstufe dieses Coenzyms, *Nicotinat-mononucleotid* (NMN), entsteht im Cytoplasma, wird in den Nucleolus transportiert und dort in das Dinucleotid $NAD^+$ umgewandelt. $NAD^+$ wird dann in das Cytoplasma zurückgebracht.

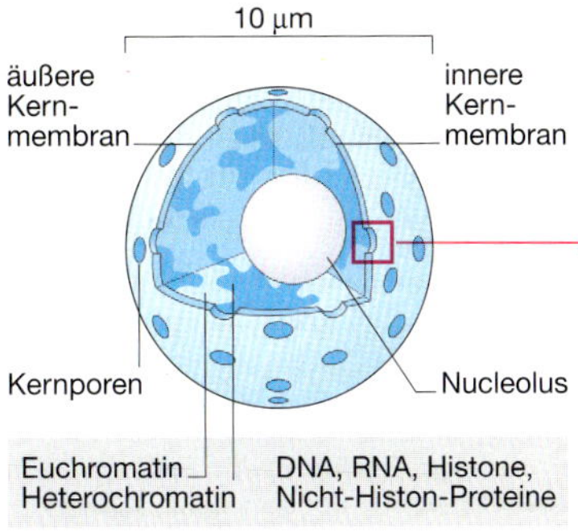


**A. Zellkern**

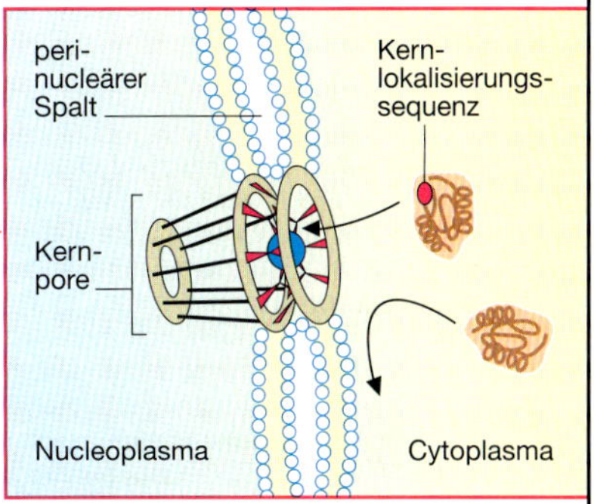


**B. Import großer Kernproteine**

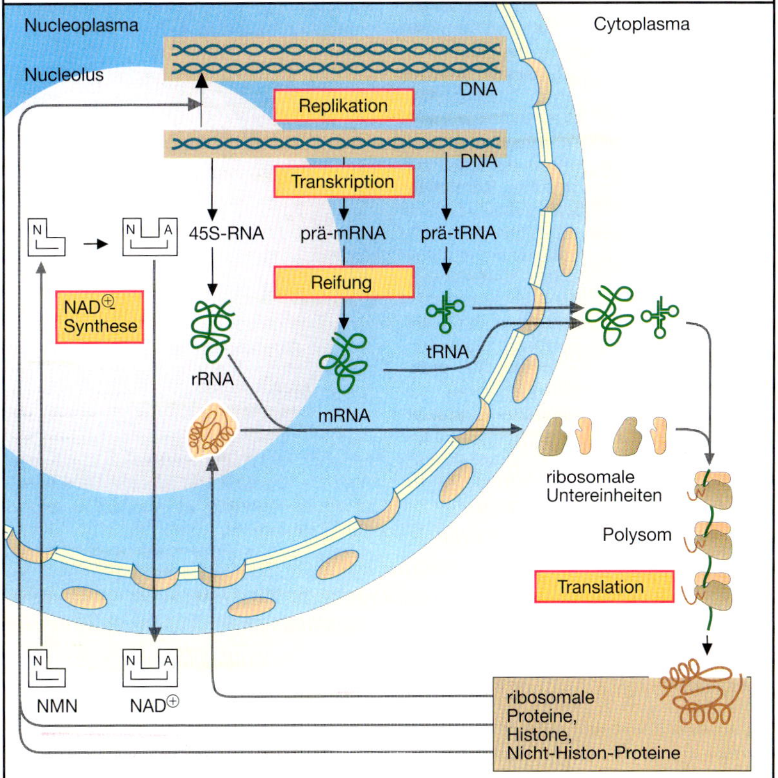


**C. Beziehungen zwischen Zellkern und Cytoplasma**

# Mitochondrien: Aufbau und Leistungen

## A. Aufbau ◑

Mitochondrien sind bakteriengroße Organellen (Größe etwa 1 × 2 μm), die in fast allen eukaryotischen Zellen in großer Zahl vorkommen. Typisch sind etwa 2000 pro Zelle. Zusammen nehmen sie bis zu 25% des Zellvolumens ein. Mitochondrien sind von zwei Membranen umschlossen, einer glatten **äußeren** und einer gefalteten **inneren Mitochondrienmembran**, die eine sehr große Oberfläche hat und den **Matrix-Raum** umschließt. Die Falten der inneren Membran heißen **Cristae**. Der Zwischenraum zwischen innerer und äußerer Membran wird meist als **Intramembran-Raum** bezeichnet.

Anzahl und Gestalt der Mitochondrien sowie die Zahl ihrer Cristae kann von Zelltyp zu Zelltyp sehr unterschiedlich sein. Gewebe mit intensivem oxidativen Stoffwechsel, wie z. B. Herzmuskel, besitzen Mitochondrien mit besonders vielen Cristae. Innerhalb eines Gewebes variiert die Gestalt der Mitochondrien mit ihrem Funktionszustand, sie sind mobile, plastische Organellen.

Die Membranen der Mitochondrien enthalten integrale Proteine. In der äußeren Membran sitzen **Porin**-Moleküle, Porenbildner, die die Membran für Moleküle kleiner als 10 kDa durchlässig machen. Die innere Mitochondrien-Membran ist dagegen für fast alle Moleküle undurchlässig (zu den Ausnahmen zählen $O_2$, $CO_2$ und $H_2O$). Sie enthält mit *Cardiolipin* ein besonderes Phospholipid (s. S. 48). Der Proteingehalt der inneren Mitochondrien-Membran ist mit etwa 75% ungewöhnlich hoch. Zu den Proteinen der inneren Mitochondrienmembran gehören **spezifische Carrier** für den kontrollierten Stofftransport (s. S. 196), **Enzyme** und andere **Komponenten der Atmungskette** und die **ATP-Synthase**. Auch der Matrix-Raum ist reich an Proteinen, besonders an Enzymen des Citrat-Cyclus.

## B. Stoffwechsel-Leistungen ●

Mitochondrien werden als *‚biochemische Kraftwerke der Zelle‘* bezeichnet, weil sie im Rahmen des oxidativen Abbaus von Nahrungsstoffen den größten Teil des ATPs erzeugen, das die Zelle benötigt. In den Mitochondrien laufen die folgenden Prozesse ab: Umwandlung von Pyruvat zu Acetyl-CoA, **Citrat-Cyclus**, **Atmungskette** gekoppelt mit der **Synthese von ATP** (zusammen als *‚oxidative Phosphorylierung‘* bezeichnet), Abbau der Fettsäuren durch **β-Oxidation** und Teile des **Harnstoff-Cyclus**. Mitochondrien stellen der Zelle Zwischenprodukte ihres Stoffwechsels zur Verfügung und sind ein **Calcium-Speicher**, der die cytoplasmatische Konzentration konstant niedrig hält (etwa 1 μM).

Die wesentliche Aufgabe der Mitochondrien ist die *Aufnahme von Substraten* des Energie-Stoffwechsels (Fettsäuren, Pyruvat, Kohlenstoff-Gerüste der Aminosäuren) aus dem Cytoplasma und der *oxidative Abbau* dieser Stoffe zu $CO_2$ und $H_2O$ unter Gewinn von ATP. Die Reaktionen des **Citratcyclus** liefern vollständig oxidierten Kohlenstoff ($CO_2$) und Reduktionsäquivalente, die vorübergehend an Coenzyme gebunden sind. Diese Prozesse laufen weitgehend im Matrix-Raum ab. Die **Atmungskette**, die die Coenzyme reoxidiert, ist dagegen in der inneren Mitochondrien-Membran lokalisiert. Sie benutzt NADH und enzymgebundenes $FADH_2$ als Reduktionsmittel (Elektronenlieferanten) zur Reduktion von Sauerstoff und Bildung von Wasser. Diese stark exergone Reaktion ist mit dem Transport von Protonen ($H^+$) durch die innere Mitochondrien-Membran aus dem Matrix-Raum in den Intramembran-Raum gekoppelt (s. S. 130). Dabei wird ein **elektrochemischer Gradient** über die innere Membran aufgebaut (s. S. 116). Die Mitochondrien nutzen diesen Gradienten zur Synthese von ATP aus ADP und $P_i$ mit Hilfe der ATP-Synthase; außerdem werden bestimmte Carrier-Systeme angetrieben (s. S. 196).

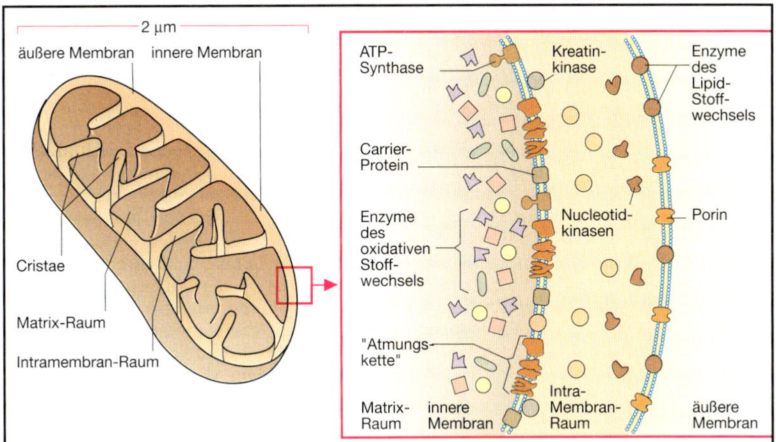


**A. Aufbau der Mitochondrien**

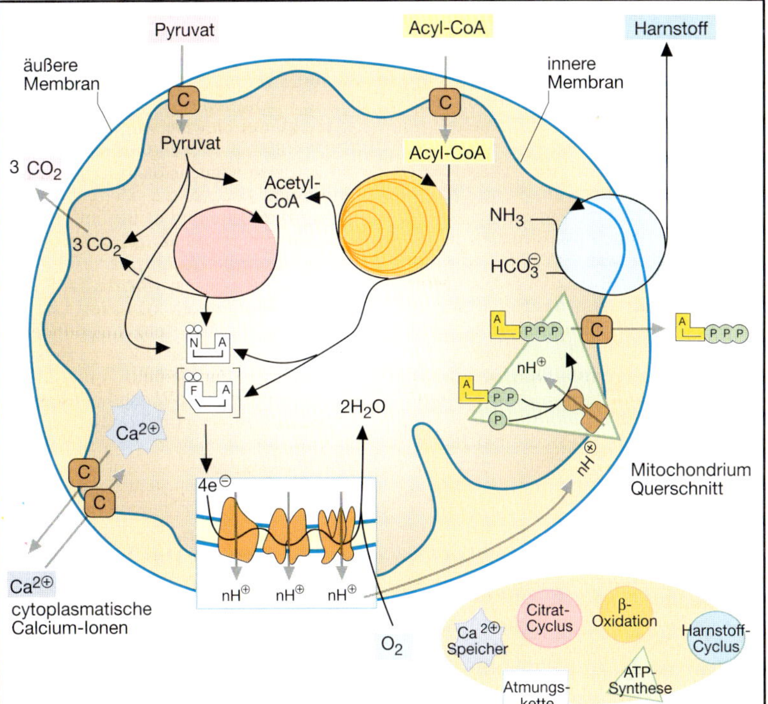


**B. Stoffwechsel-Leistungen**

## Mitochondrien: Transportsysteme

Die Mitochondrien sind von einer inneren und einer äußeren Membran umgeben (s. S. 194). Die innere Mitochondrien-Membran ist für die allermeisten kleinen Moleküle undurchlässig. Das gilt für die Metabolite des Stoffwechsels ebenso wie für kleine Ionen, z. B. $H^+$ und $Na^+$. Für diese Ionen und Metabolite bestehen *getrennte Pools* in Cytoplasma und Mitochondrien. Dagegen stellt die äußere Mitochondrien-Membran keine Barriere für diese Moleküle dar, weil sie Poren besitzt.

### A. Transport-Systeme der inneren Mitochondrien-Membran ◑

Zum Stoffaustausch mit dem Cytoplasma-Raum sind in der inneren Mitochondrien-Membran verschiedene Transportsysteme lokalisiert, die durch Symport (**S**) oder Antiport (**A**) Stoffe transportieren können: u. a. Pyruvat, Phosphat, $ATP^{4-}$, $ADP^{3-}$, Glutamat, Aspartat, Malat, 2-Oxoglutarat, Citrat und Fettsäuren. Auch für Calcium gibt es Carrier-Systeme, die den Influx und Efflux steuern und damit die cytoplasmatische Calcium-Konzentration kontrollieren.

Das von den Mitochondrien im Matrix-Raum produzierte $ATP^{-4}$ wird im Eintausch gegen $ADP^{-3}$ mit Hilfe eines *ADP/ATP-Translokators* in das Cytoplasma exportiert, wo es in großen Mengen gebraucht wird. Unabhängig vom ADP/ATP-Transport wird Phosphat zusammen mit einem Proton in die Mitochondrien importiert.

Pyruvat wird mit Hilfe eines Pyruvat-spezifischen Carriers durch die innere Membran geschleust.

### B. Fettsäure-Transport ◑

Für Fettsäuren gibt es ein gruppenspezifisches Transport-System. Die aktivierten Fettsäuren (Acyl-CoA) müssen im Cytoplasma erst auf Carnitin übertragen werden, bevor sie von einem **Carnitin-Carrier** als **Acyl-Carnitin** im Tausch gegen freies Carnitin in den Matrix-Raum eingeschleust werden. Dort findet dann die Rückübertragung der Fettsäuren auf CoA statt.

### C. Malat-Shuttle ◑

Für den Import von Reduktionsäquivalenten (Coenzym-gebundener Wasserstoff), die im Cytoplasma durch die Glycolyse als NADH + $H^+$ anfallen, gibt es mehrere ‚Shuttle'-Systeme. In Säugetieren transportiert ein **Malat-Shuttle** die Reduktionsäquivalente in die Mitochondrien. Obwohl der Shuttle kompliziert aussieht, besteht er im Grunde nur aus dem Transport der Reduktionsäquivalente in Bindung an Malat. Nach Abgabe der Reduktionsäquivalente im Matrixraum kehrt das entstandene Oxalacetat allerdings nicht direkt in das Cytoplasma zurück, sondern erst nach seiner Transaminierung zu Aspartat. Damit dieses in ausreichender Menge in den Mitochondrien gebildet werden kann, nehmen Glutamat und 2-Oxoglutarat an dem Transport- und Reaktions-Cyclus teil.

Triebkraft für die Transportprozesse an der inneren Mitochondrien-Membran sind entweder *Konzentrationsunterschiede* von Metaboliten oder das *elektrochemische Potential* über der inneren Mitochondrienmembran (s. S. 130). Die Carrier-Systeme für den Fettsäure-Transport durch die Membran nutzen z. B. die höhere Konzentration von Acyl-CoA im Cytoplasma. Der Phosphat- und Pyruvat-Import werden von dem **Protonengradienten** angetrieben und der $ATP^{4-}$/$ADP^{3-}$-Austausch und der $Ca^{2+}$-Influx sind vom **Membranpotential** der inneren Mitochondrienmembran abhängig.

### Weitere Informationen

Mitochondrien sind der Hauptverbraucher von Sauerstoff. Ein Sauerstoff-Mangel (Hypoxie) wegen zu geringer Blutversorgung (Ischämie) wie er bei einer *Arteriosklerose* oder einem *Herzinfarkt* auftritt, wirkt sich besonders auf die Mitochondrien des betroffenen Gewebes aus.

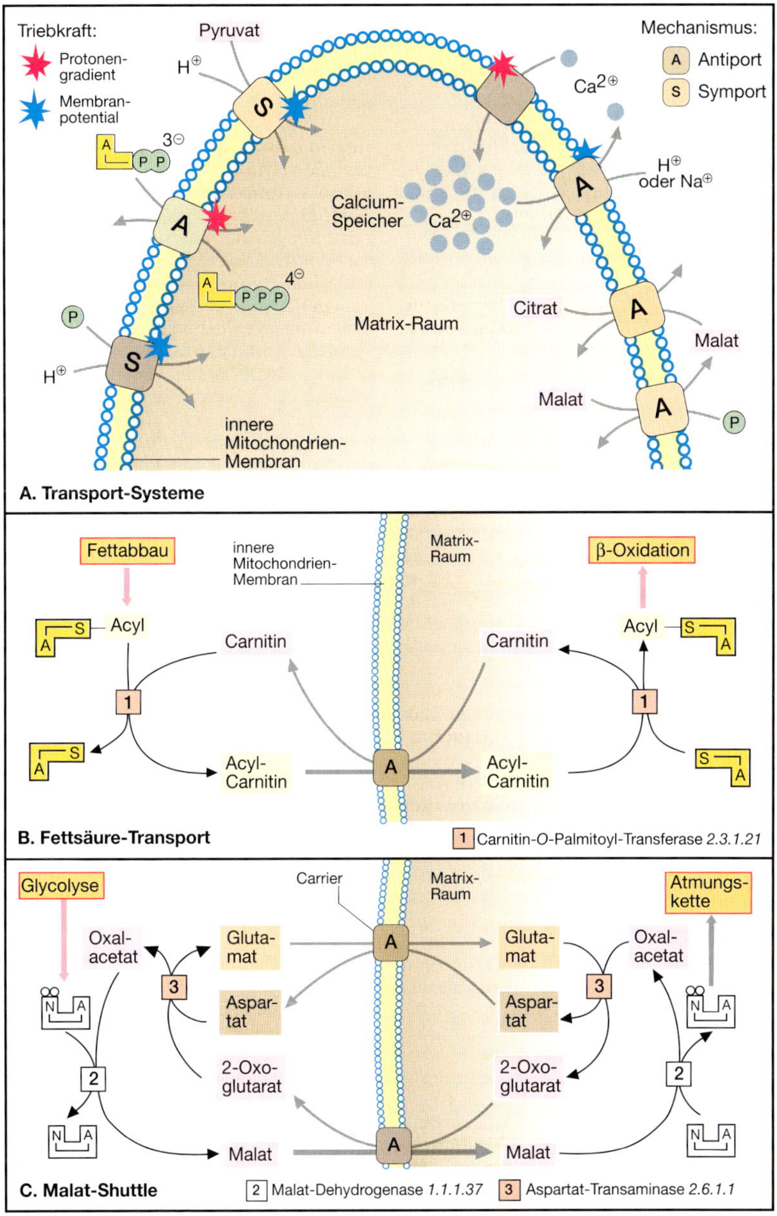
Triebkraft:
Protonen-gradient
Membran-potential
Pyruvat
H⊕
3⊖
Mechanismus:
A Antiport
S Symport
Ca2⊕
H⊕ oder Na⊕
Calcium-Speicher
Ca2⊕
4⊖
Matrix-Raum
Citrat
Malat
Malat
P
P
H⊕
innere Mitochondrien-Membran
A. Transport-Systeme
Fettabbau
innere Mitochondrien-Membran
Matrix-Raum
β-Oxidation
Acyl
Carnitin
Carnitin
Acyl
Acyl-Carnitin
Acyl-Carnitin
B. Fettsäure-Transport
1 Carnitin-O-Palmitoyl-Transferase 2.3.1.21
Glycolyse
Carrier
Matrix-Raum
Atmungs-kette
Oxal-acetat
Gluta-mat
Gluta-mat
Oxal-acetat
Aspar-tat
Aspar-tat
2-Oxo-glutarat
2-Oxo-glutarat
Malat
Malat
C. Malat-Shuttle
2 Malat-Dehydrogenase 1.1.1.37
3 Aspartat-Transaminase 2.6.1.1

## Mitochondriale DNA, Peroxisomen

### A. Mitochondriale DNA ◑

Mitochondrien sind wahrscheinlich aus aeroben prokaryotischen Bakterien hervorgegangen, die in Symbiose mit anaeroben eukaryotischen Wirtszellen lebten (*Endosymbionten-Hypothese*).

Mit Hilfe einer eigenen DNA *(mtDNA)* sind Mitochondrien in der Lage, einige ihrer Proteine selbst zu synthetisieren; der größte Teil der mitochondrialen Proteine wird aber im Zellkern kodiert, dann an freien Ribosomen im Cytoplasma synthetisiert und in die Mitochondrien importiert (s. S. 214). Für den Proteinimport gibt es in den Mitochondrien-Membranen spezialiserte Carrier.

Die **menschliche mtDNA**, deren Sequenz bekannt ist, enthält 16569 Basenpaare. Sie ist circulär und nicht mit Histonen assoziiert. Auf beiden Strängen der mtDNA, dem G-reichen H-Strang und dem C-reichen L-Strang, findet sich Information. Die mtDNA kodiert für 2 *rRNAs* (grün), für *tRNAs* von 22 Aminosäuren (blau-grün) und für 13 verschiedene *Polypeptide* (braun).

Der genetische Code (s. S. 224) der Mitochondrien ist gegenüber dem des Zellkerns etwas abgewandelt und zeigt artspezifische Varianten. Anders ausgedrückt: Mitochondrien ‚sprechen einen Dialekt'. Die Enzymsysteme der Mitochondrien für Transkription und Translation ähneln eher denen der Prokaryonten als denen der Eukaryonten. Dies zeigt sich in der Größe der Systeme, ihrer Funktion und Hemmbarkeit durch Antibiotika.

Mitochondrien vermehren sich durch Wachstum und Teilung. Bei sexueller Vermehrung vieler höherer Organismen (u. a. auch des Menschen) werden sie meist nur vom mütterlichen Organismus an die Nachkommen vererbt.

### B. Peroxisomen ◑

Diese Organellen kommen in allen tierischen und pflanzlichen Zellen vor. Sie ähneln in Größe und Häufigkeit den Lysosomen. Leberzellen enthalten etwa 400 Peroxisomen. Sie machen rund 1% des Zellvolumens aus. Peroxisomen sind von einer einfachen Membran umgeben und enthalten weder DNA noch Ribosomen.

Peroxisomen enthalten oxidierende Enzyme, die mit Sauerstoff Wasserstoffperoxid ($H_2O_2$) erzeugen, andere nutzen $H_2O_2$ als Oxidationsmittel, wieder andere zerstören es. Einige besonders häufige Enzyme der Peroxisomen sind die **Katalase**, die *Urat-Oxidase* und die *D-Aminosäure-Oxidase*.

$H_2O_2$, das von vielen Peroxisomen-Enzymen erzeugt wird, ist giftig. Durch Radikalbildung kann es Membranlipide zerstören und Proteine und Nucleinsäuren angreifen. Die Katalase ist in der Lage, das $H_2O_2$ wieder zu inaktivieren. Für die Entgiftungsfunktion von Leber und Niere ist die Katalase der Peroxisomen besonders wichtig. Katalase kann Substrate mit $H_2O_2$ oxidieren (**1**: Typ *Peroxidase-Reaktion*), z. B. Ethanol, Phenole, Ameisensäure oder Formaldehyd. Ein erheblicher Anteil der Ethanol-Oxidation zu Acetaldehyd in der Leber verläuft über diesen Weg (s. S. 288). Katalase kann $H_2O_2$ nicht nur reduzieren, sondern gleichzeitig auch als Oxidationsmittel nutzen (**2**: Typ *Katalase-Reaktion*). Im Endeffekt entstehen dann durch Disproportionierung des Sauerstoffs $O_2$ und $H_2O$ ($2\ O^{-1} \rightarrow 1\ O^0 + 1\ O^{-2}$). Dieser Reaktionstyp der Katalase scheint die geringere physiologische Bedeutung zu besitzen.

Peroxisomen sind auch am Abbau von sehr langen Fettsäuren ($C_{n>18}$) beteiligt. Der Abbau geschieht durch β-Oxidation (s. S. 144) und erzeugt Acetyl-CoA und $H_2O_2$, das aus dem Flavoin-abhängigen Dehydrogenase-Schritt stammt. Der Fettsäure-Abbau endet allerdings bei $C_8$-Säuren, die dann weiter in den Mitochondrien verstoffwechselt werden.

Peroxisomen vermehren sich durch Wachstum und Teilung. Ihre Proteine sind im Kern codiert und werden im Cytoplasma synthesiert. Sie enthalten ein Peroxisomen-spezifisches Signal (s. S. 214). Wegen der hohen Proteinkonzentration enthalten die Peroxisomen häufig kristallartige Proteinaggregate.

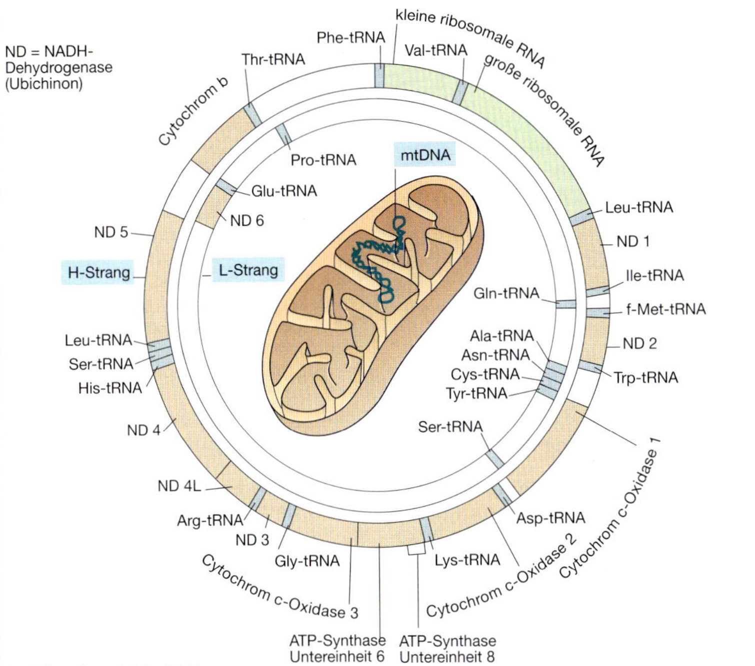


**A. Mitochondriale DNA**

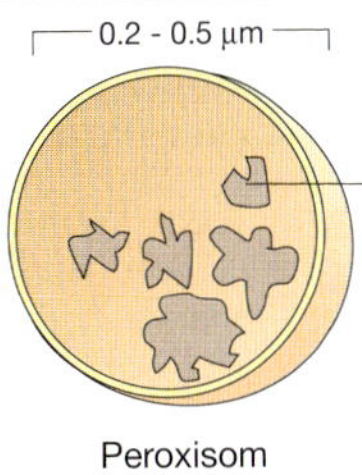


Reaktionen
- Bildung von $H_2O_2$: Oxidasen
- Verbrauch von $H_2O_2$: Katalase
- Abbau von best. Fettsäuren
- Abbau von Aminosäuren

Substrate:
Ethanol
Phenole
Ameisensäure
Formaldehyd

1. Peroxidase-Reaktion:

$$H_2O_2 + H_2A \xrightarrow{\text{Katalase } 1.11.1.6} 2\,H_2O + A$$

2. Katalase-Reaktion:

$$H_2O_2 + H_2O_2 \xrightarrow{\text{Katalase } 1.11.1.6} 2\,H_2O + O_2$$

**B. Peroxisom**

# Membranen: Aufbau und Komponenten

## A. Struktur einer Plasmamembran ●

Membranen zeigen einen einheitlichen Aufbau. Sie bestehen aus einer kontinuierlichen, etwa 5 nm dicken *Doppelschicht* von **Lipidmolekülen**, in die **Proteine** eingebettet sind. Einige Membranen enthalten noch zusätzlich **Kohlenhydrate**, die an Lipide und Proteine gebunden sind. Der jeweilige Anteil von Lipid, Protein und Kohlenhydrat ist charakteristisch und kann je nach Zell- und Membrantyp sehr unterschiedlich sein (s. S. 202).

## B. Lipide ●

Drei Klassen von Lipiden finden sich in den Membranen: **Phospholipide, Cholesterol** und **Glycolipide**. Zu den Phospholipiden (Struktur s. S. 48) zählen Phosphatidyl-Cholin (Lecithin), Phosphatidyl-Ethanolamin, Phosphatidyl-Serin, Phosphatidyl-Inositol und Sphingomyelin. Glycolipide tragen am Lipidteil noch zusätzlich Kohlenhydrat-Gruppen.

Die Membranlipide sind *amphipatische* Moleküle mit einem polaren, hydrophilen *Kopfteil* (blau) und einem unpolaren, hydrophoben *Schwanzteil* (gelb), wie am Beispiel des Phosphatidyl-Cholins gezeigt wird.

## C. Proteine ●

Transmembran-Proteine (**integrale Membranproteine**) durchspannen die Lipid-Doppelschicht ein- oder mehrfach. Membranproteine können aber auch auf der Membran ‚schwimmen' – manchmal mit einem Lipidanker versehen – oder können lose mit einer Membrankomponente assoziiert sein (**periphere Membranproteine**). Der Bereich der Peptidkette, mit dem die Transmembran-Proteine die Lipid-Doppelschicht durchdringen, besteht aus ca. 21 bis 25 vorwiegend hydrophoben Aminosäuren, die eine rechtsgängige α-Helix mit 6 bis 7 Windungen bilden (s. S. 123).

## D. Kohlenhydrate ◑

Die Proteine der Zelloberfläche und einige Lipid-Moleküle tragen auf der Außenseite der Membran kovalent gebundene Kohlenhydrat-Gruppen. Diese **Glycoproteine** und **Glycolipide** bilden zusammen mit weiteren, angelagerten Glycoproteinen und Polysacchariden die Zellhülle (*Glycocalix*).

Die Oligosaccharide sind mit den Proteinen über die Hydroxy-Gruppe eines Serins (*O-verknüpfte Glycoproteine*) oder über die Amidogruppe eines Asparagins (*N-verknüpfte Glycoproteine*) verbunden. Unter den N-verknüpften Glycoproteinen unterscheidet man den *Mannose-reichen* und den *komplexen Oligosaccharid-Typ*.

## E. Membranfluidität ◑

Die Doppelschicht biologischer Membranen ist *flüssig*. Ihre Lipidmoleküle zeigen eine große Beweglichkeit; sie können in der Membranebene hin- und her diffundieren (laterale Verschiebung), um ihre eigene Achse rotieren und im Bereich der Fettsäureketten schwingen. Diese *Membranfluidität* hängt von der Zusammensetzung der Lipide und der Temperatur ab. Mit steigendem Anteil an ungesättigten Fettsäuren wächst die Fluidität der Membran, da die *cis*-Doppelbindungen eine Störung der semikristallinen Membranstruktur verursachen (**B**). Auch die Membranproteine sind beweglich. Wenn sie nicht durch besondere Mechanismen festgehalten werden, schwimmen sie in der Lipidschicht wie in einer zweidimensionalen Flüssigkeit; man spricht deshalb von einem ‚*flüssigen Mosaik*'.

Während Molekülverschiebungen in der Membranebene leicht stattfinden, ist ein Wechsel zwischen den beiden Membranseiten (‚*Flip/Flop*') für Proteine nicht und für Lipide nur sehr selten möglich. Für den Seitenwechsel benötigen Phospholipide deshalb besondere Proteine (Translokatoren). Nur Cholesterol kann die Seiten leicht wechseln.

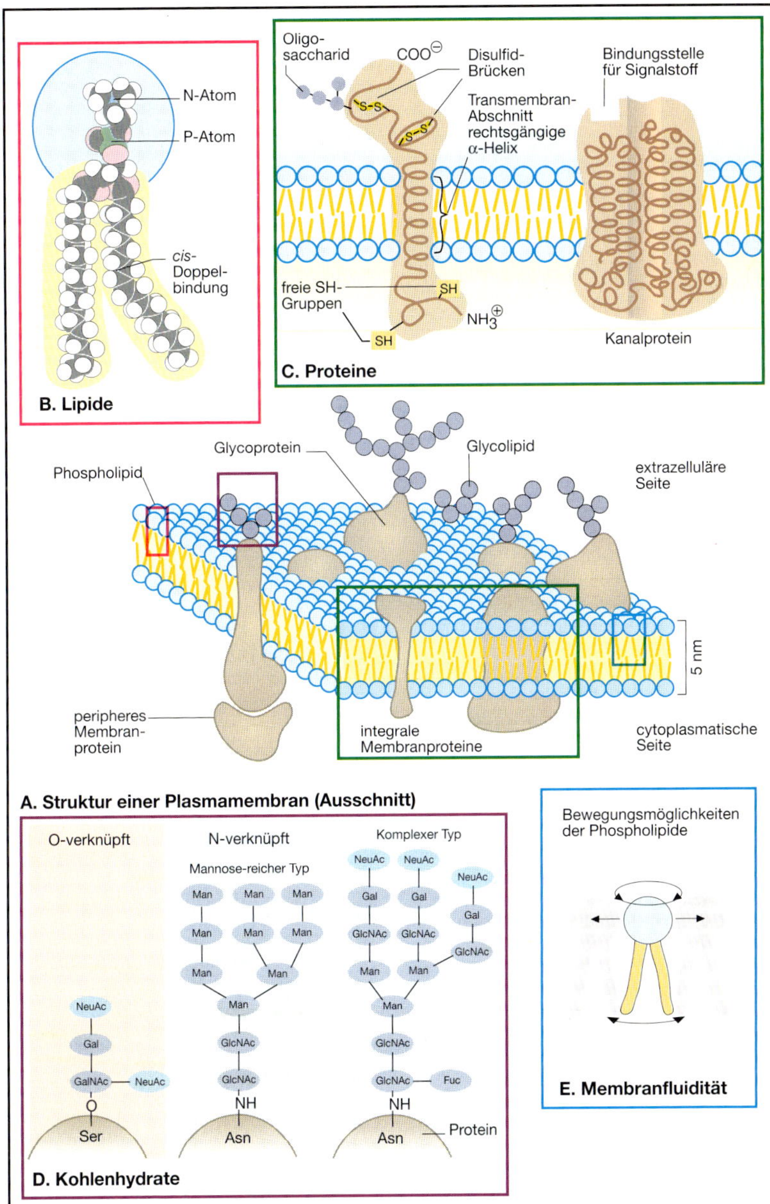
N-Atom
P-Atom
cis-Doppelbindung
B. Lipide
Oligosaccharid
COO⊖
Disulfid-Brücken
Transmembran-Abschnitt rechtsgängige α-Helix
Bindungsstelle für Signalstoff
S–S
S–S
freie SH-Gruppen
SH
SH
NH3⊕
Kanalprotein
C. Proteine
Glycoprotein
Glycolipid
Phospholipid
extrazelluläre Seite
5 nm
peripheres Membranprotein
integrale Membranproteine
cytoplasmatische Seite
A. Struktur einer Plasmamembran (Ausschnitt)
O-verknüpft
N-verknüpft
Mannose-reicher Typ
Komplexer Typ
NeuAc
Gal
GalNAc
NeuAc
O
Ser
Man
Man
Man
Man
Man
Man
Man
Man
Man
GlcNAc
GlcNAc
NH
Asn
NeuAc
NeuAc
NeuAc
Gal
Gal
Gal
GlcNAc
GlcNAc
GlcNAc
Man
Man
Man
GlcNAc
GlcNAc
Fuc
NH
Asn
Protein
D. Kohlenhydrate
Bewegungsmöglichkeiten der Phospholipide
E. Membranfluidität

## Membranen: Vielfalt

Membranen zeigen eine sehr unterschiedliche, jedoch für ihre Herkunft charakteristische Zusammensetzung.

### A. Zusammensetzung ◑

Alle Membranen bestehen aus **Lipiden**, **Proteinen** und **Kohlenhydraten**. Diese Bestandteile kommen in ganz unterschiedlichen Verhältnissen vor. Meist stellen die Proteine mit etwa der Hälfte den größten Anteil. Kohlenhydrate machen dagegen nur wenige Prozente aus. Eine extreme Zusammensetzung zeigt das *Myelin*, das Isoliermaterial von Nervenzellen im Gehirn. Es besteht zu etwa drei Vierteln aus Lipid. Dagegen ist die innere *Mitochondrien-Membran* durch einen geringen Lipidanteil und einen besonders hohen Proteinanteil gekennzeichnet.

Betrachtet man die einzelnen Fraktionen der **Lipide** in Membranen näher (rechts), so findet man ebenfalls eine zell- und gewebstypische Zusammensetzung. Die Abbildung zeigt die Vielfalt der Membranlipide und deren ungefähre quantitative Zusammensetzung. Unter den Membranlipiden stehen die *Phospholipide* (mit rotem Sternchen markiert) mengenmäßig gegenüber den *Glycolipiden* und dem *Cholesterol* im Vordergrund, *Triacylglycerole* (neutrale Fette) kommen in Membranen nicht vor. Eine Besonderheit ist, daß *Cholesterol* fast ausschließlich in eukaryontischen Zellen auftritt. Tierische Membranen enthalten erheblich mehr Cholesterol als die der Pflanzen, in denen Cholesterol häufig durch andere Sterole ersetzt ist. In Prokaryonten findet sich (mit wenigen Ausnahmen) gar kein Cholesterol. Auch die innere Mitochondrien-Membran der Eukaryonten ist fast frei von Cholesterol (*Endosymbiontenhypothese* (s. S. 198).

### B. Vielfalt der Phospholipide ◑

Die Phospholipide sind eine Gruppe ähnlich aufgebauter Substanzen. Sie bestehen aus mehreren Komponenten: Fettsäuren, Glycerol, Phosphorsäure und einer Hydroxy-Verbindung. Glycerol ist an zwei seiner drei OH-Gruppen mit Fettsäuren verestert (zusammen = *Diacylglycerol*), an der dritten mit Phosphorsäure (= *Phosphatidat*). Die Phosphorsäure trägt auf der entgegengesetzten Seite in Esterbindung einen weiteren Alkohol (= *Phosphatid* bzw. *Phospholipid*). Dieser Alkohol ist charakteristisch für die einzelnen Phosphatide; er kann Cholin, Ethanolamin, Serin oder Inositol sein (s. S. 48). Außerdem können die beiden Fettsäuren in Länge und Zahl der Doppelbindungen variieren. Die aus Membranen extrahierten Phospholipide stellen deshalb immer ein komplexes Gemisch sehr ähnlicher Verbindungen dar.

### C. Polarität von Membranen ◑

Auf den ersten Blick erscheinen Membranen sehr gleichmäßig aufgebaut zu sein. Sie bestehen aus einer *Doppelschicht von Lipidmolekülen*, deren polare Kopfgruppen voneinander wegweisen. Der zweite Blick zeigt aber, daß die Lipide *unsymmetrisch verteilt* sind. So enthält die Plasmamembran der Erythrozyten auf ihrer Außenseite andere Lipide als auf der dem Cytoplasma zugewandten Seite. Es finden sich Phospholipide, die eine Nettoladung tragen (Phosphatidyl-Serin und Phosphatidyl-Inositol) nur auf der Innenseite der Plasmamembran. Cholesterol ist gleich verteilt, da es die Seiten leicht wechseln kann. Eine solche **Polarität** zeigen auch andere Membranen (s. S. 204)

Nicht nur die Lipide, auch die *Membran-Proteine* sind ungleich verteilt, sie können auf der Innenseite der Membran sitzen oder auf der Außenseite oder sie ragen durch die Membran hindurch (s. S. 200). Stets haben sie jedoch eine definierte Orientierung.

Die *Kohlenhydrat-Anteile* der Glycoproteine findet man nur auf der *vom Cytoplasma abgewandten Seite* der Membranen, d. h. auf der Außenseite der Plasma-Membran und den entsprechenden Membran-Seiten von ER und Golgi-Apparat (s. S. 204). Die gleiche polare Verteilung zeigen auch die Zucker der Glycolipide.

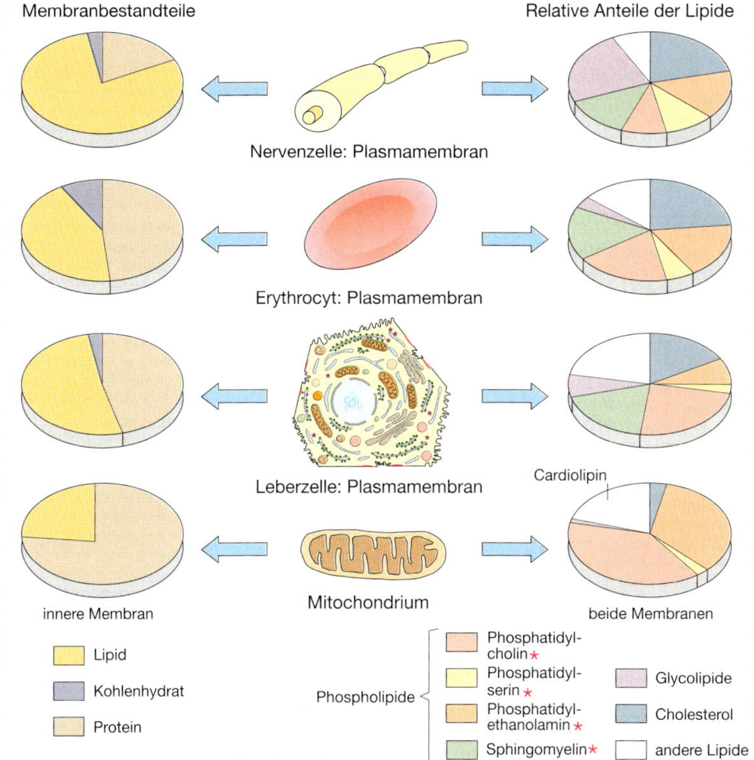


**A. Zusammensetzung von Membranen**

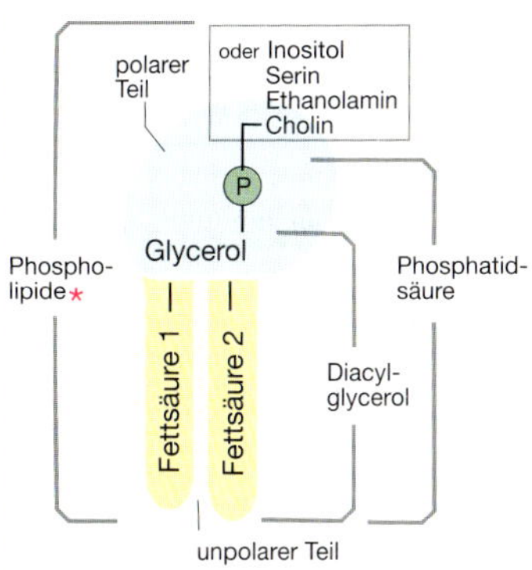


**B. Vielfalt der Phospholipide**

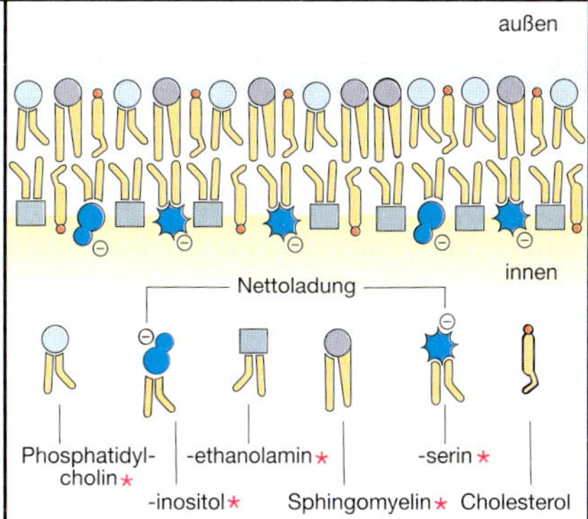


**C. Polarität von Membranen**

## Membranen: Biosynthese und Aufgaben

### A. Membranen tierischer Zellen ●

Die wichtigsten Membranen der tierischen Zelle sind die *Plasmamembran,* die innere und äußere *Kernmembran,* die Membranen von *endoplasmatischem Retikulum* (ER) und *Golgi-Apparat* sowie die innere und äußere *Mitochondrien-Membran.* Auch *Lysosomen,* Peroxysomen und die verschiedenen Vesikel sind gegen das Cytoplasma durch Membranen abgegrenzt. In Pflanzen gibt es zusätzlich die Membranen der Chloroplasten, der Leukoplasten und der Vakuolen. Alle diese Membranen zeigen eine *Polarität,* d. h. eine unterschiedliche Zusammensetzung ihrer inneren, dem Cytoplasma zugewandten (rot) und der äußeren, vom Cytoplasma abgewandten Seite (blau) (s. S. 202).

### B. Funktionen ●

Membranen haben folgende Aufgaben:

1. *Abgrenzung* und *Isolierung* von Zellen und Organellen.

2. *Kontrollierten Stofftransport,* der das *interne Milieu* bestimmt und Voraussetzung für die *Homöostase* (Konstanthaltung von Stoffkonzentrationen und pysiologischen Parametern) ist (s. S. 206).

3. *Aufnahme* von extrazellulären *Signalen* und ihre Weiterleitung an das Zellinnere (s. S. 346 und 348), ebenso die Abgabe von Signalen.

4. *Enzymatische Katalyse* von Reaktionen an Lipid / Wasser-Grenzflächen.

5. Verknüpfung mit der extracellulären Matrix sowie die *Interaktion mit anderen Zellen* zur Gewebebildung und Fusion.

6. *Verankerung des Cytoskeletts* (s. S. 190) zum Erhalt der Zell- bzw. Organellen-Gestalt und zum Ermöglichen von Bewegungsvorgängen.

Die *Abgrenzung* pro- und eukaryotischer Zellen durch eine Cytoplasmamembran bietet mechanischen und chemischen Schutz gegen die Umgebung. Die Abgrenzung der Zellen und Organellen durch Membranen macht einen *kontrollierten, selektiven Stofftransport* durch Poren, Carrier und energieabhängige Transportsysteme notwendig (s. S. 206).

An Membranen, also im Grenzbereich zwischen Lipid- und Wasserphase, sind wichtige **Enzyme** lokalisiert. Dort finden Reaktionen mit unpolaren Substraten oder Reaktionspartnern statt. Beispiele sind die *Biosynthese von Lipiden* (Cholesterol, Phospho- und Glycolipide) und der *Stoffwechsel von unpolaren Xenobiotika* (s. S. 286). Auch die wichtigsten Reaktionen zur Energie-Umwandlung, die *oxydative Phosphorylierung* (Atmungskette; (s. S. 130) und die *Photosynthese* (s. S. 118) finden in Membranen statt.

### C. Biosynthese von Phospholipiden ◑

Membranen wachsen nur durch Vergrößerung bereits existierender Membranen. Die einzelnen Bausteine für Lipide, Proteine und Kohlenhydrate werden getrennt gebildet und erst später, meist im Bereich von ER und Golgi-Apparat, zusammengesetzt.

Zur Biosynthese der Phospholipide gibt es verschiedene Wege. Ein wichtiger Weg beginnt mit der Bildung von **Phosphatidsäure** (Phosphatidat, Diacylglycerol-3-phosphat) aus aktivierten Fettsäuren (Acyl-CoA; s. S. 140) und **Glycerol-3-phosphat**. Nach Abspaltung des Phosphats kann mit Hilfe von **CDP-Ethanolamin** das Phospholipid **Phosphatidyl-Ethanolamin** entstehen. Durch Übertragung anderer Alkohole (Serin, Cholin, Inositol) werden auf ähnliche Weise auch die übrigen *Phosphatide* gebildet. Die Biosynthese von *Cholesterol* verläuft allerdings auf völlig anderem Wege (s. S. 168).

Ort der Biosynthese aller Lipide ist die *Membran des glatten ER*, in die die unpolaren Fettsäure-Ketten eintauchen. Der Transport zu den anderen Membranen geschieht durch Abschnüren von Membranvesikeln. Auch gibt es *Transportproteine für Lipide*, die den spezifischen Lipidtransfer durch das wässrige Cytoplasma ermöglichen.

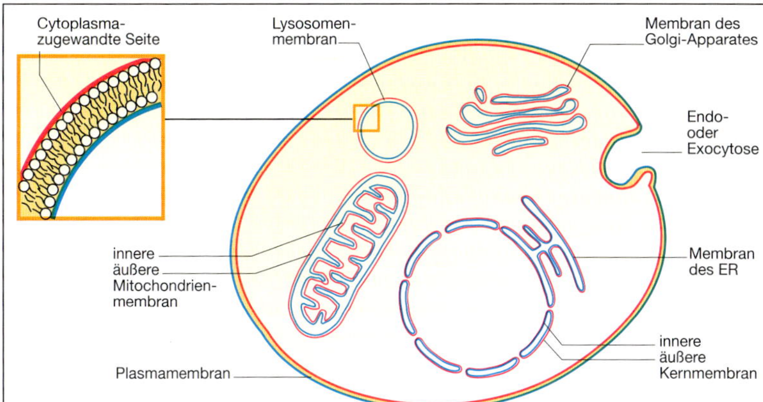


**A. Membranen tierischer Zellen**

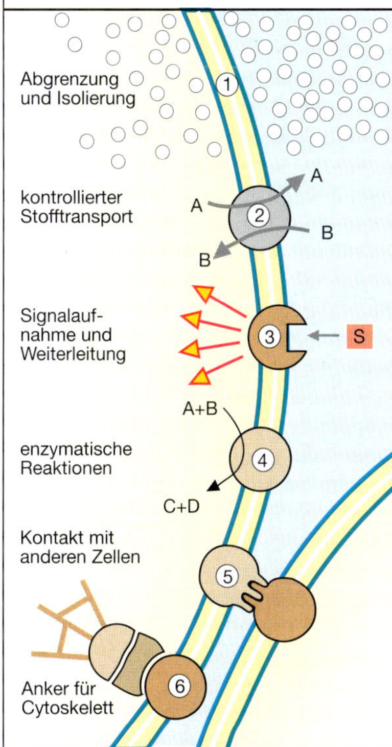


**B. Funktionen der Membranen**

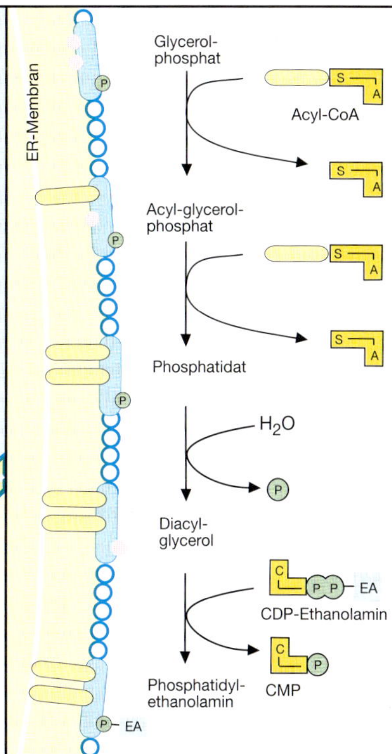


**C. Biosynthese von Phospholipiden**

# Membranen: Transport

## A. Durchlässigkeit der Membranen ●

Gase und andere kleine Moleküle wie Wasser, Harnstoff und Ammoniak können Membranen durch *Diffusion* passieren. Von einer bestimmten *Größe* ab werden Moleküle dann allerdings nicht mehr durchgelassen. So sind Membranen z. B. für Glucose und andere Zucker bereits völlig undurchlässig. Auch die *Polarität* der Moleküle hat einen Einfluß auf die Durchlässigkeit der Membran. Völlig unpolare Substanzen können Membranen leicht durchdringen. Für polare, insbesondere für elektrisch geladene Verbindungen (Ionen) aller Größen sind Membranen dagegen unpassierbar.

Um auch Moleküle aufnehmen zu können, die die Membranen nicht selbst passieren können, besitzt die Zelle spezialisierte *Transportproteine* (s. u.).

## B. Passiver und aktiver Transport ◑

Die spontane **Diffusion** ist die einfachste Form des Transports durch eine Membran. Sie kann von einem *Kanalprotein* oder einem *Carrier* erleichtert werden (**erleichterte Diffusion**). Die Kanalproteine (s. S. 346) fördern den Durchtritt, weil sie eine membrandurchspannende *Pore* besitzen. Carrier können durch Konformationsänderungen gebundenen Molekülen zum Membran-Durchtritt verhelfen. Treibende Kraft dieser Prozesse, die als **passiver Transport** eingestuft werden, ist ein *Konzentrationsgradient* oder ein *Ladungsgradient;* man spricht übergreifend von einem ‚**elektrochemischen Gradienten**'. Der passive Transport kann nur dem jeweiligen Gradienten folgen, d. h. ein Nettotransport findet nur in Richtung auf die Seite niedriger Konzentration der Substanz statt.

Im Gegensatz dazu kann ein **aktiver Transport** auch gegen einen Gradienten stattfinden und erfordert deshalb zusätzliche Energie. Meistens wird diese Energie durch Kopplung an die Hydrolyse von ATP bereitgestellt oder von Licht geliefert. Außerdem ist ein unfreiwillig verlaufender Transportprozeß auch durch Kopplung an einen anderen, freiwillig verlaufenden Transportprozeß möglich (sog. ‚*sekundär-aktiver*' *Transport*).

*Transportproteine* und *Carrier* (‚Permeasen') sind Enzymen vergleichbar, allerdings mit dem Unterschied daß sie statt einer enzymatischen Reaktion einen vektoriellen Transport ‚katalysieren'. Sie transportieren *spezifisch* ein bestimmtes Molekül oder eine Gruppe ähnlicher Moleküle und zeigen diesen Stoffen gegenüber eine bestimmte *Affinität* ($K_d$) und eine *maximale Transportkapazität* (V).

Mit Hilfe der Transport-Systeme regulieren die Zellen ihr Volumen, den internen pH-Wert und ihre ionale Zusammensetzung. Sie konzentrieren Metabolite für den Energie- und Bau-Stoffwechsel und schließen toxische Substanzen aus. Auch *Ionengradienten,* die Voraussetzung für die oxidative Phosphorylierung und die Erregbarkeit von Muskel- und Nervenzellen sind (s. S. 312), werden durch Transportsysteme erzeugt.

## C. Transportproteine ◑

Der Transport kann als **Uniport** verlaufen, bei dem *einzelne* Moleküle mit Hilfe eines Kanal- oder Carrier-Proteins die Membran durchdringen. Eine Kopplung des Transportes von zwei verschiedenen Stoffen kann als **Symport** oder als **Antiport** ausgelegt sein.

## D. Transport-ATPase ◑

Vertreter dieser Gruppe von Enzymen transportieren aktiv Ionen ($H^+$, $Na^+$, $K^+$, $Ca^{2+}$) durch Membranen und erzeugen dadurch **elektrochemische Gradienten** (s. S. 116). Der energieabhängige Transport ist an die Spaltung von ATP gekoppelt. Die Abbildung zeigt die ***$Na^+/K^+$-ATPase***, welche in der Plasmamembran aller Zellen zu finden ist. Dieses Enzym ist ein Glycoprotein aus vier Untereinheiten ($\alpha_2\beta_2$). Es wird während des Transportcyclus phosphoryliert und gehört deshalb zur ‚*Klasse P*' der ionentransportierenden ATPasen. ‚*Klasse V*'-ATPasen (nicht gezeigt) finden sich in den Membranen von Vakuolen und anderen Organellen; ‚*Klasse F*'-ATPasen (nicht gezeigt) sind an der ATP-Erzeugung in Mitochondrien beteiligt.

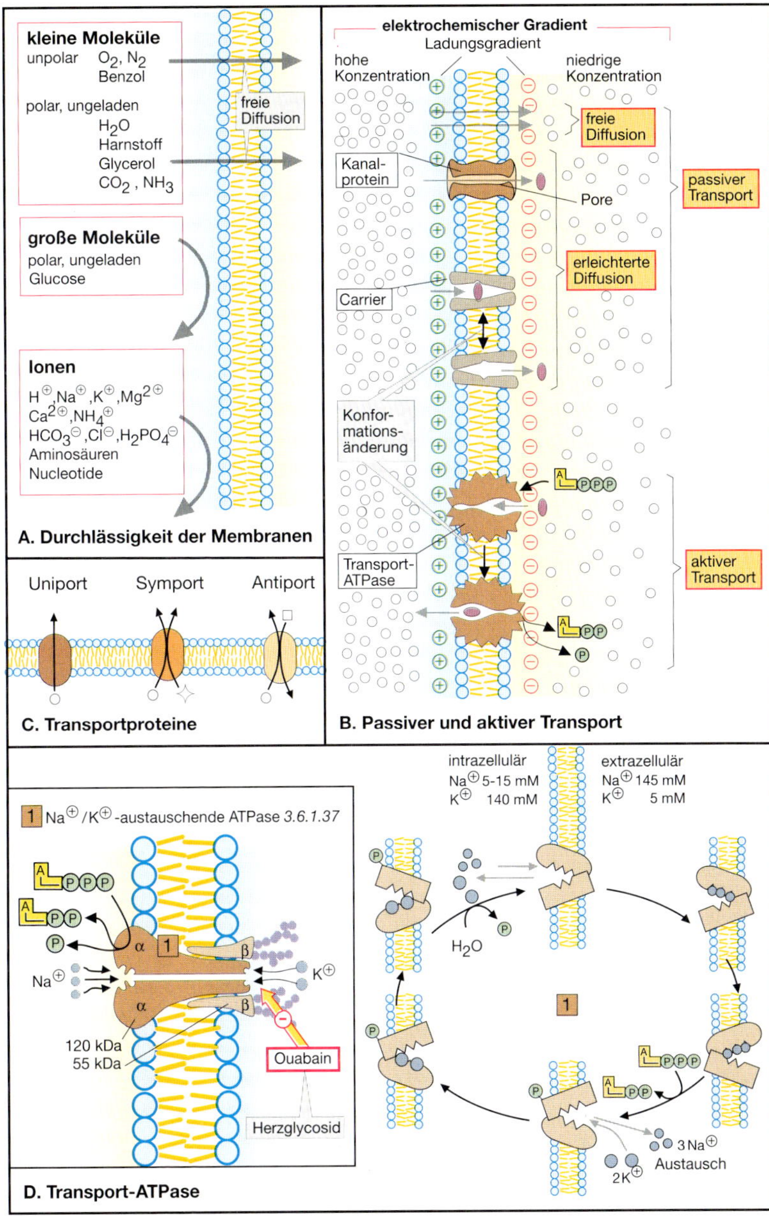


**A. Durchlässigkeit der Membranen**

**B. Passiver und aktiver Transport**

**C. Transportproteine**

**D. Transport-ATPase**

## Endoplasmatisches Retikulum und Golgi-Apparat

Das endoplasmatische Retikulum (ER) ist ein ausgedehntes, geschlossenes Membransystem aus röhren- oder sackförmigen Strukturen. Im Bereich des Zellkerns geht es in die äußere Kernmembran über. Morphologisch werden das **rauhe ER** (rER) und das **glatte ER** (gER) unterschieden. Auf den Membranen des rER finden sich in großer Zahl Ribosomen, auf dem gER fehlen sie dagegen.

### A. Rauhes endoplasmatisches Retikulum und Golgi-Apparat ◑

Das rER (**1**) ist Ort aktiver *Proteinbiosynthese.* Dort werden diejenigen Proteine gebildet, die für Membranen, Lysosomen oder den Export aus der Zelle bestimmt sind. Alle übrigen Proteine der Zelle entstehen im Cytoplasma an Ribosomen, die nicht an Membranen des ER gebunden sind.

Die am **rER** (**1**) gebildeten Proteine werden in seinem Inneren gefaltet und modifiziert (s.u.). Sie verbleiben entweder als Membranproteine im rER oder gelangen mit Hilfe von **Transport-Vesikeln** (**2**) zum Golgi-Apparat (**3**). Transport-Vesikel entstehen durch Abschnürung von Membranen und verschwinden durch Fusion mit diesen wieder (s. S. 212).

Der **Golgi-Apparat** (**3**) ist ein komplexes, ebenfalls geschlossenes System aus scheibchenförmigen Strukturen. Dort reifen die Proteine und werden sortiert. Man unterscheidet den ***cis-***, den **medialen** und den ***trans***-Golgi-Bereich sowie das **trans-Golgi-Netzwerk** (tGN). In den einzelnen Abschnitten des Golgi-A. wird die *posttranslationale Protein-Modifizierung* fortgesetzt.

Schließlich werden die Proteine von Vesikeln zu verschiedenen Zielen der Zelle transportiert: den Lysosomen (**4**), Abschnitten der Cytoplasma-Membran (**6**) und sekretorischen Vesikeln (**5**), die ihren Inhalt durch Verschmelzen mit der Plasmamembran in den Extrazellularbereich ausschütten können (**Exocytose**). Diese Transportprozesse von Proteinen können ständig ablaufen – dann sind sie *konstitutiv* – oder sie werden von chemischen Signalen *reguliert.*

### B. Proteinsynthese am rER ○

Welche Proteine am rER synthesiert werden, wird durch eine Sequenz aus 15 – 60 Aminosäuren bestimmt. Dieser als **Signalpeptid** bezeichnete N-terminale Anfangsbereich der Proteine dient sozusagen als ‚Adresse' für das ER (s. S. 214).

Die Translation der mRNA beginnt stets im Cytoplasma. Wenn das am Ribosom entstehende Protein mit einem Signalpeptid beginnt, dann bindet ein **Signal-Erkennungs-Partikel** daran und unterbricht die Translation. Über einen Rezeptor, der in der Membran des rER verankert ist, lagert sich das Ribosom an das rER an. Das Signalpeptid taucht dann als Schleife durch die Membran ins Lumen des rER, und die Proteinsynthese kann fortgesetzt werden. Noch während der Biosynthese am rER (**1**) beginnt die Modifizierung der Proteine: Eine *Signalpeptidase* spaltet das Signalpeptid ab (s. S. 214).

### C. Proteinmodifizierung: *N*-Glycosylierung ◑

Die *en-bloc*-Übertragung eines Oligosaccharides von dem langkettigen Isoprenoid **Dolichol** auf bestimmte Asparaginsäure-Reste der Proteine führt zur ***N*-Glycosylierung**.

Im Golgi-Apparat (**3**) können weitere Modifizierungsschritte folgen: Phosphorylierungen sowie eine Abspaltung und Anlagerung von Zucker-Resten durch Glycosidasen und Glycosyltransferasen (sog. *‚Trimming')*. In den sekretorischen Vesikeln (**5**) können schließlich weitere Peptide abgespalten werden, bevor der Inhalt durch Exocytose ausgeschüttet wird. Häufig dient ein solcher, von sequenzspezifischen Proteasen katalysierter Spaltungsprozeß der Aktivierung (s. z. B. S. 160).

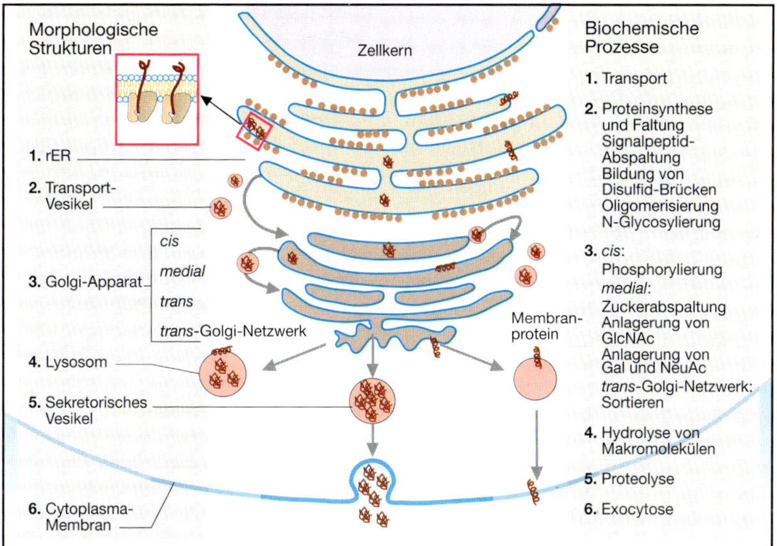


**A. Rauhes Endoplasmatisches Retikulum und Golgi-Apparat**

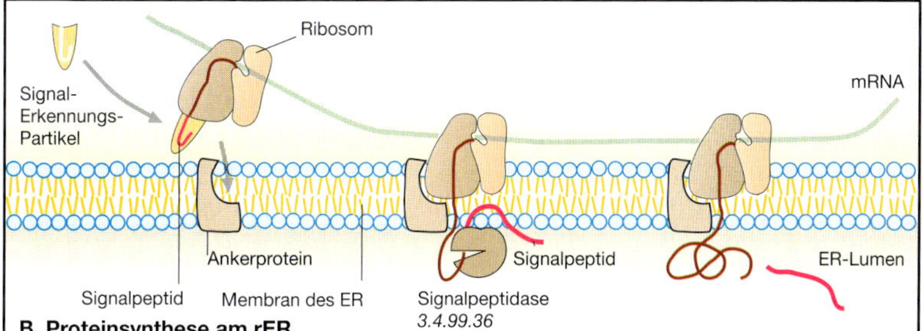


**B. Proteinsynthese am rER**

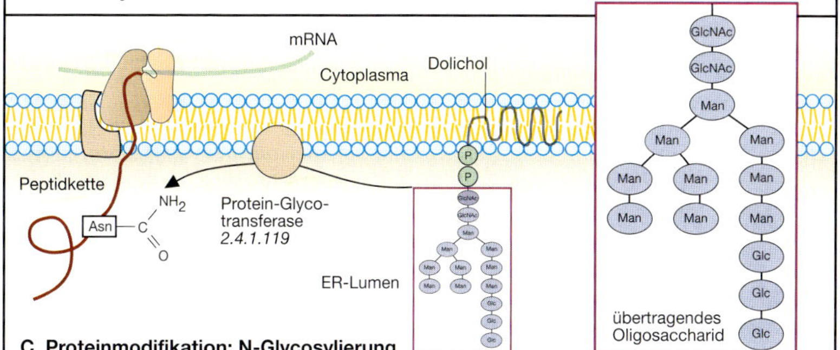


**C. Proteinmodifikation: N-Glycosylierung**

# Lysosomen

### A. Aufbau und Inhalt ◑

Lysosomen sind 0.2 bis 2.0 µm große Organellen, die von einer einfachen Membran umgeben sind. Ihre Form kann sehr unterschiedlich sein. Pro Zelle findet man meist einige hundert Lysosomen. Sie sind der ‚Magen' der Zelle und dienen dem Abbau von Zell-Bestandteilen. Dazu sind die Lysosomen mit etwa 40 verschiedenen Arten von abbauenden Enzymen gefüllt. Alle Enzyme sind *Hydrolasen* mit saurem pH-Optimum. Leitenzym der Lysosomen ist die *saure Phosphatase.*

Der Inhalt der Lysosomen ist stark sauer; sein pH-Wert liegt bei 4.5–5.0. Die Anreicherung der Protonen gegenüber dem Cytoplasma (pH 7.0–7.3) wird durch eine ATP-getriebene Protonen-Pumpe der *Klasse V* erreicht (s. S. 206). Das pH-Optimum der lysosomalen Enzyme ist dem sauren pH-Wert angepaßt und liegt ebenfalls im Bereich von pH 5. Bei neutralem pH, wie er im Cytoplasma herrscht, sind die lysosomalen Enzyme nur wenig aktiv. Dies scheint ein Schutzmechanismus gegen ungewollten Selbstverdau der Zelle zu sein.

### B. Aufgaben ◑

Lysomen dienen dem enzymatischen Abbau zellulärer Bestandteile, z. B. von gealterten Mitochondrien. Dazu schließen sie die Organellen und Makromoleküle ein (**1**). Die **primären Lysosomen** wandeln sich dabei zu **sekundären Lysosomen** um, in denen die Verdauung stattfindet (**2**). **Residualkörper** enthalten schließlich die unverdaulichen Reste des lysosomalen Abbauprozesses.

Auch für den Abbau der Makromoleküle und Partikel, die durch *Endocytose* und *Phagocytose* von Zellen aufgenommen werden, z. B. Lipoproteine, Proteohormone und Bakterien, sind die Lysosomen verantwortlich. Sie verschmelzen mit **Endosomen** (**3**), in denen die endocytierten Stoffe angeliefert werden.

### C. Bildung und Transport lysosomaler Proteine ◑

Die **primären Lysosomen** entstehen im Bereich des Golgi-Apparates.

**Lysosomale Proteine** werden am rER gebildet und dort durch Übertragung eines Zucker-‚Bäumchens' glycosyliert (**1**; s. S. 208). Der folgende Schritt ist spezifisch für die lysosomalen Proteine (rechter Bildteil). Endständige Mannose-Reste (Man) werden in einer Zweischritt-Reaktion an C-6 der Mannose phosphoryliert. Dazu wird zunächst GlcNAc-phosphat auf das Glycoprotein übertragen und dann GlcNAc wieder abgespalten. Lysosomale Proteine tragen aus diesem Grund während des Sortierungsprozesses endständig **Mannose-6-phosphat** (Man-6-P; **2**).

In der Membran des Golgi-Apparates gibt es **Rezeptor**-Moleküle, die für Man-6-P spezifisch sind. Sie erkennen die lysosomalen Proteine an diesem Rest und binden sie selektiv (**3**). Die Rezeptoren werden mit Hilfe von *Clathrin* lokal konzentriert. Das erlaubt ein Abschnüren des betreffenden Membranabschnittes und den Transport mit Hilfe von Transport-Vesikeln zu **Endo-Lysosomen** (**4**), aus denen durch Reifung **primäre Lysosomen** entstehen (**5**). Schließlich werden die Phosphat-Gruppen von Man-6-P wieder abgespalten (**6**).

Die *Man-6-P-Rezeptoren* werden wiederverwendet. Durch Absinken des pH-Wertes in den Endo-Lysosomen werden die Rezeptoren von den gebundenen Proteinen befreit (**7**) und dann mit Hilfe von Transportvesikeln wieder zurück zum Golgi-Apparat transportiert (**8**).

Einige erbliche Krankheiten beruhen auf genetischen Defekten lysosomaler Enzyme. Da diese in den Abbau vieler Makromoleküle eingreifen, sind besonders der Stoffwechsel von Glycogen (→ *Glycogenosen*), Lipiden (→ *Lipidosen*) und Proteoglycanen (→ *Mucopolysaccharidosen*) betroffen. Die von den defekten oder fehlenden Enzymen nicht umgesetzten Abbauprodukte häufen sich in *Residualkörpern* an und führen zu irreversiblen Zell-Schädigungen. Dies hat den Ausfall der betroffenen Organe zur Folge.

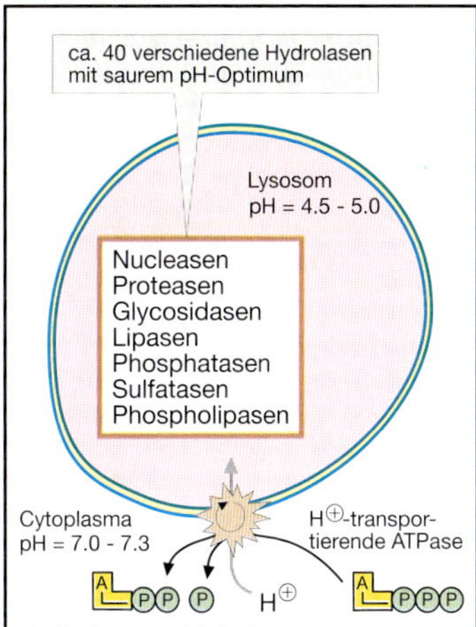


**A. Aufbau und Inhalt**

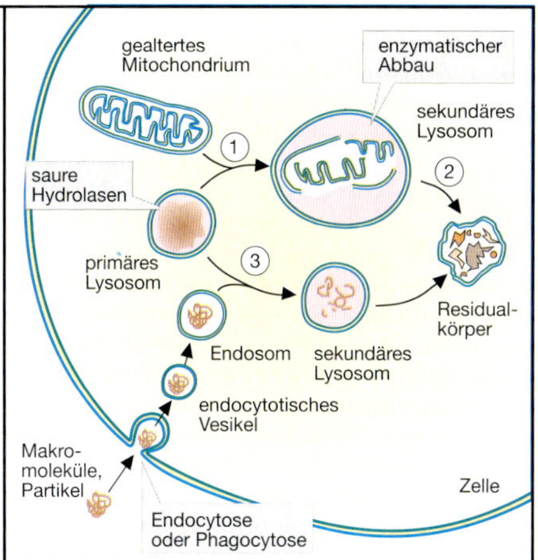


**B. Aufgaben**

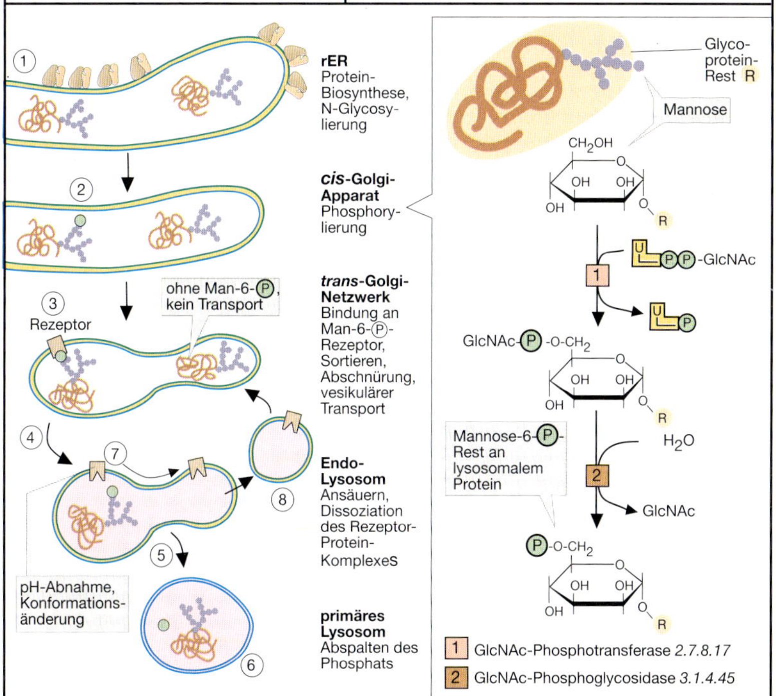


**C. Bildung und Transport lysosomaler Proteine**

# Protein-Transport

Die Lokalisation der Proteine in oder außerhalb der Zelle ist, genauso wie ihre Struktur und Funktion, genetisch festgelegt. Die Proteine tragen die ‚Adresse' für ihr definitives Ziel als **strukturelles Signal**. Eine Folge von signalabhängigen Entscheidungen während und nach der Translation bestimmt, wohin die Proteine nach der Synthese gelangen. Sie erreichen ihr Ziel mit Hilfe von zellulären Leitsystemen. Auf dieser und der Folgeseite sind die Mechanismen und Signale des Protein-Transports beschrieben.

### A. Membran-Durchtritt ◑

Proteine, die durch Membranen transportiert werden müssen, tragen an ihrem N-Terminus ein **Signalpeptid** (s. S. 214), das von einem membranständigen **Protein-Translokator** erkannt wird. Für den Membran-Durchtritt müssen die Proteine entfaltet sein. Da dies zu Beginn der Poteinbiosynthese stets der Fall ist, können wachsende Proteine die ER-Membran durchdringen, wenn sie ein Signalpeptid enthalten (s. S. 208). Dagegen müssen fertig gefaltete Proteine erst wieder entfaltet werden. An diesem ATP-abhängigen Entfaltungsvorgang sind verschiedene, als *‚Chaperone'* bezeichnete Proteine beteiligt, darunter auch sogenannte Hitzeschock-Proteine (**hsp**). Auch der eigentliche Transport durch die Membran ist energieabhängig und wird von ATP, vom Protonen-Gradienten oder vom Membran-Potential angetrieben. Auch an der korrekten Rückfaltung der Proteine können Chaperone beteiligt sein. Falsch gefaltete Proteine werden erkannt und durch Proteolyse abgebaut.

### B. Vesikulärer Transport ◑

Durch Knospenbildung können sich **Vesikel** aus Membran-Systemen abschnüren. Solche Vesikel transportieren Proteine entweder in ihrem **Lumen** oder gebunden an **Membran-Rezeptoren**. Nach der Fusion des Vesikels mit einem anderen Kompartiment geben die Rezeptoren ihre Liganden wieder frei und werden vom Vesikel zurück zur Ausgangs-Membran transportiert. Die Lockerung der Rezeptor-Ligand-Bindung wird durch ein Absinken des pH-Wertes ermöglicht. An dem Sortier- und Transportprozeß sind verschiedene Proteine beteiligt, darunter das *Clathrin* und kleine *G-Proteine* mit GTPase-Aktivität (s. S. 356).

### C. Verankerung in Membranen ○

Proteine, die am rER synthesisiert werden und ein ‚Stop-Transfer-Signal' (s. S. 214) tragen, bleiben in der ER-Membran stecken und werden dort durch hydrophobe Wechselwirkungen fixiert (*‚integrale Membranproteine'*). Alternativ kann ein Fixieren von Proteinen an Membranen auch durch Anheftung eines **lipophilen Ankers** erreicht werden. Solche *‚peripheren Membranproteine'* werden während oder nach der Translation enzymatisch mit Lipiden verknüpft. Das Signal dazu ist meist im Protein in Form einer Peptidsequenz enthalten.

Als Membran-Anker dienen Fettsäuren oder Isoprenoide. Eine *‚Acylierung'* kann mit **Palmitinsäure** ($C_{16}$) oder **Myristinsäure** ($C_{14}$) geschehen, eine *‚Prenylierung'* mit **Farnesol** ($C_{15}$) oder **Geranyl-Geranol** ($C_{20}$).

Lipidanker finden sich an vielen viralen Proteinen, membranständigen Hormonrezeptoren (z. B. den Rezeptoren für Insulin und Acetylcholin), den Produkten von cellulären Oncogenen (z. B. einige *ras*-Proteine) und bei membranassoziierten Strukturproteinen (z. B. Ankyrin, Vinkulin, Glycophorin, Lamine).

Auch eine Kopplung von Protein an **glycosyliertes Phosphatidyl-Inositol** ist möglich. Dieser ‚GPI-Anker' ist an die C-terminale Aminosäure gebunden. Einen GPI-Anker tragen manche Adhäsionsmoleküle (z. B. N-CAM, Heparansulfat-Proteoglycan) und Membranenzyme wie die alkalische Phosphatase, die Acetylcholin-Esterase und verschiedene Proteinasen.

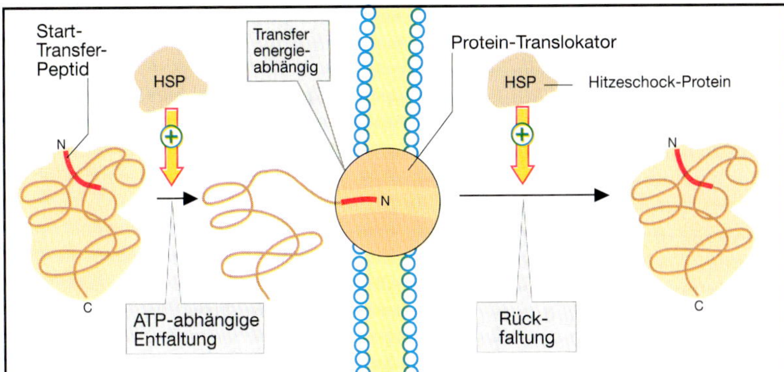


**A. Membran-Durchtritt**

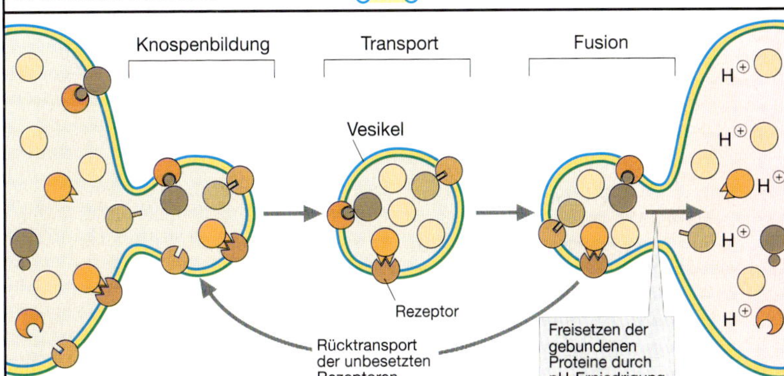


**B. Vesikulärer Transport**

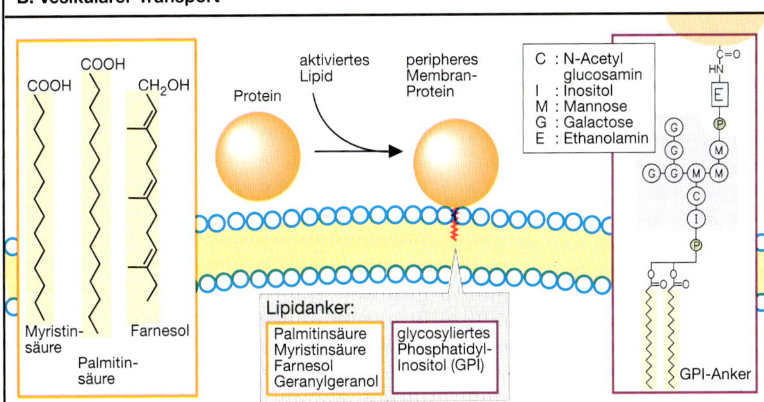


**C. Verankerung in Membranen**

## Protein-Sortieren

### A. Transportwege für Proteine ◑

Die Biosynthese von Proteinen beginnt an freien Ribosomen (Mitte oben). Proteine, die an ihrem N-Terminus, ein Signalpeptid für das ER (**1**) tragen, nehmen den *sekretorischen Weg* (rechter Bildteil). Alle anderen Proteine, die dieses Signal nicht besitzen, gehen den *cytoplasmatischen Weg* (linker Bildteil).

**Sekretorischer Weg**: Unter Vermittlung des *Signalpeptids* für den sekretorischen Weg lagern sich die wachsenden Proteine mit ihrem Ribosom an das rauhe ER. Ihre Peptidkette wird durch die Membran hindurch in das Lumen des rER transferiert (s. S. 208). Das Fehlen zusätzlicher Signalsequenzen (angedeutet durch *) oder die Anwesenheit weiterer **Signalpeptide** oder **Signalregionen** entscheiden über den weiteren Transportweg.

Proteine, die eine besondere **‚Stop-Transfer-Sequenz'** (**4**) in der wachsenden Peptidkette aufweisen, bleiben bereits in der Membran des ER stecken; dadurch werden sie zu *integralen Membran-Proteinen.* Von der Membran des ER aus können sie über einen vesikulären Membrantransport zu anderen Membranen gelangen (s. S. 212).

Für Proteine im Lumen des rER führt der normale Weg zum Golgi-Apparat. Proteine, die im rER verbleiben sollen, z. B. Enzyme zur Protein-Modifizierung, finden mit Hilfe eines besonderen Signals (**2**) aus dem Golgi-Apparat zurück zum ER. Die anderen Proteine nehmen vom Golgi-Apparat aus den Weg zu den Lysosomen (**3**), zur Zell-Membran (*; integrale Membran-Proteine oder konstitutive Exocytose) oder werden von sekretorischen Vesikeln (**8**) in den Extrazellular-Raum transportiert (**9**; gesteuerte Exocytose).

**Cytoplasmatischer Weg**: Proteine ohne Signalpeptid für das ER werden an freien Ribosomen im Cytoplasma synthetisiert und verbleiben in diesem Kompartiment. Besondere Signale werden für den Weitertransport in die Mitochondrien (**5**), den Zellkern (**6**) oder die Peroxisomen (**7**) benötigt.

### B. Signale des Protein-Sortierens ○

**Signalsequenzen** sind kurze Abschnitte, die am N-Terminus, am C-Terminus, aber auch innerhalb der Peptidkette auftreten können. Wichtiger als die exakte Aminosäure-Sequenz solcher Peptidabschnitte sind ihre physikalischen Eigenschaften, z. B. ihre Lipophilie oder ihre Ladung.

**Signalregionen** sind dreidimensionale Bereiche (‚Domänen') auf der Proteinoberfläche, die von mehreren Abschnitten einer Peptidkette oder von verschiedenen Ketten gebildet werden können.

Die Abbildung zeigt eine unvollständige Liste der heute bekannten Signalsequenzen und -Regionen. Die Aminosäuresequenzen sind im Einbuchstaben-Code (s. S. 58) angegeben. So entspricht z. B. die Sequenz -KDEL-COO$^-$ (**2**) der C-terminalen Aminosäuresequenz -Lys-Asp-Glu-Leu. Sie steuert das Protein in das ER.

Strukturelle Signale können auf zwei verschiedene Weisen gelesen werden. Meist werden sie von *Rezeptoren* (**A: R**) erkannt und gebunden, die auf den Membranen von Organellen sitzen. Die Rezeptoren schleusen die gebundenen Proteine – häufig unter Energieverbrauch – in die Organellen ein und sorgen so für einen selektiven Proteinimport. Signalsequenzen können aber auch als *Erkennungsmerkmal für Enzyme* dienen, welche die Proteine modifizieren und dadurch ihre Eigenschaften und ihr Schicksal entscheidend ändern (s. S. 208).

Manche Signalsequenzen werden nach ihrer Funktion durch sequenzspezifische Hydrolasen abgespalten. Diese Signale sind hier mit einer Schere gekennzeichnet. Bei Proteinen mit multiplen Signalsequenzen werden dadurch nachfolgende Signale freigelegt. Andere Sequenzen, die mehrfach gelesen werden sollen, z. B. für den Zellkern, werden dagegen nicht abgespalten.

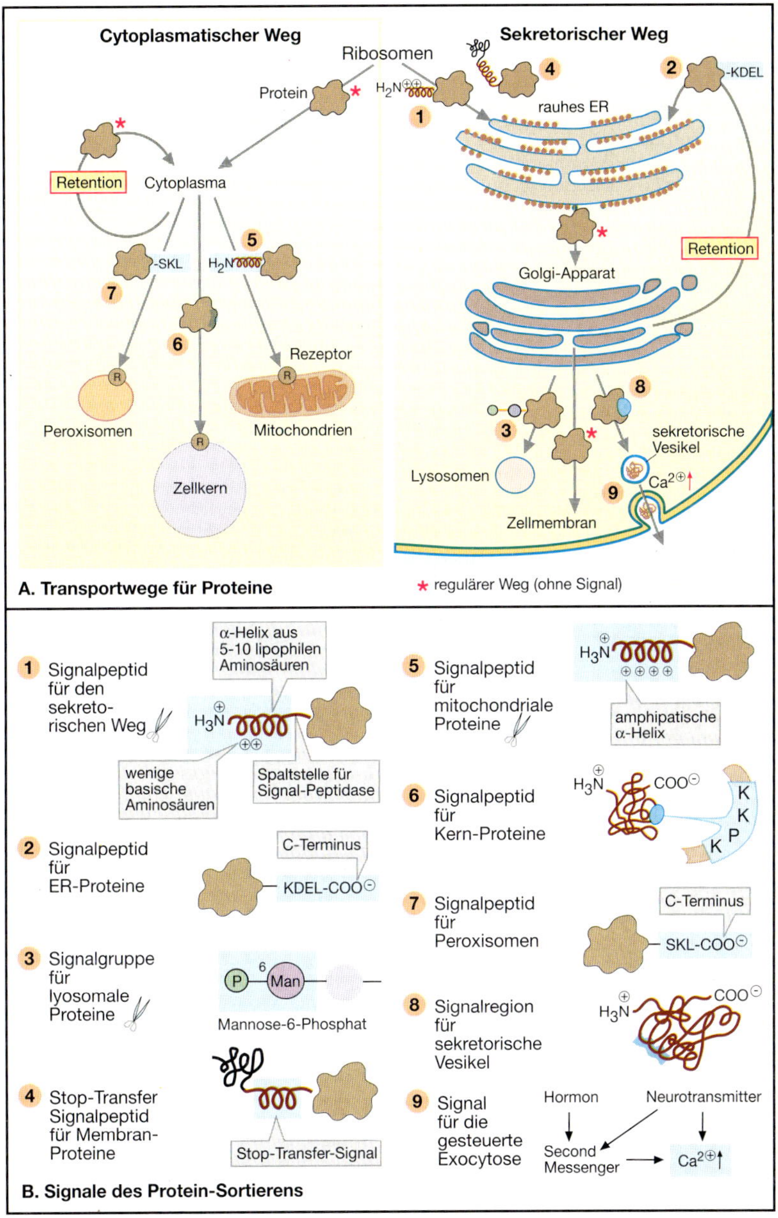


**A. Transportwege für Proteine**

**B. Signale des Protein-Sortierens**

# Überblick, Struktur des Genoms

Auf den folgenden Seiten werden Prozesse besprochen, die für die Weitergabe der genetischen Information (**Replikation**) und ihrer Umsetzung in funktionelle Biomoleküle (**Expression**) verantwortlich sind. Zunächst betrachten wir diese Vorgänge in einer Übersicht.

### A. Weitergabe und Expression der genetischen Information ●

Die Erbinformation ist in der Basensequenz von DNA-Molekülen niedergelegt (s. S. 82). DNA-Abschnitte, deren Information in funktionelle Moleküle umgesetzt wird, bezeichnet man als **Gene**. Die Sequenz eines der beiden Stränge der DNA wird durch **Transkription** (s. S. 220) in eine komplementäre RNA-Sequenz übersetzt. Die gebildeten RNA-Moleküle übernehmen selbst Funktionen (z. B. als **rRNA, tRNA oder snRNA**) oder dienen als Matrize für die Synthese von Proteinen (**mRNA**). Bei Eukaryonten codieren nur bestimmte Gen-Abschnitte, die sogenannten **Exons**, für Proteinsequenzen. Die zwischen diesen Abschnitten liegenden nichtkodierenden **Introns** werden nach der Transkription aus der zunächst gebildeten **hnRNA** entfernt. Dies geschieht während der **RNA-Reifung** (s. S. 222), bei der zusätzlich beide Enden der RNA modifiziert werden. Reife mRNAs verlassen den Zellkern und binden im Cytoplasma an **Ribosomen**. Dort wird ihre Sequenz durch **Translation** (s. S. 226–229) in eine entsprechende Protein-Sequenz übersetzt. An diesem Prozeß sind tRNAs beteiligt, die bestimmte RNA-Sequenzen erkennen. Sie werden vorher durch **Aminosäure-Aktivierung** mit den entsprechenden Aminosäuren beladen.

Bei der Zellteilung muß die genetische Information an die Tochterzellen weitergegeben werden. Dazu wird die gesamte DNA durch **Replikation** (s. S. 218) kopiert. Die Tochterzellen erhalten so identische Sätze von DNA-Molekülen.

### B. Chromatin ◑

Im Zellkern von Eukaryonten ist die DNA mit Proteinen und RNA-Molekülen vergesellschaftet (s. S. 192). Diese Nucleoprotein-Komplexe bezeichnet man als **Chromatin**. Nur während der Mitose (s. S. 352) ist das Chromatin zu lichtmikroskopisch sichtbaren **Chromosomen** kondensiert. Während der Interphase ist es weitgehend aufgelockert. Morphologisch kann man dann dicht gepacktes **Euchromatin** und weniger dichtes **Heterochromatin** unterscheiden. Das Heterochromatin ist der Ort besonders aktiver Transkription.

Die Proteine des Chromatins teilt man in *Histone* und *Nicht-Histon-Proteine* ein. Die **Histone** sind eine Gruppe kleiner, stark basischer Proteine, deren Sequenzen in allen Eukaryonten sehr ähnlich sind. Die Histone sind direkt mit der DNA assoziiert. Sie tragen zur strukturellen Organisation des Chromatins bei, außerdem neutralisieren ihre basischen Aminosäuren die sauren Phosphat-Gruppen und ermöglichen die dichte Packung der DNA im Zellkern. So wird es möglich, die 46 DNA-Moleküle des diploiden menschlichen Genoms ($5 \cdot 10^9$ Basenpaare mit einer Gesamtlänge von etwa 2 m) in einem Zellkern von nur 10 µm Durchmesser unterzubringen

Je zwei Histon-Moleküle der Typen **H2A, H2B, H3 und H4** bilden einen oktameren Komplex, um den 146 Basenpaare der DNA in etwa 1 3/4 Windungen gewikkelt sind. Solche Partikel mit einem Durchmesser von 7 nm bezeichnet man als **Nucleosomen**. An DNA, die mit den **Histon-Oktameren** nicht direkt in Kontakt steht (Linker-DNA), bindet ein weiteres Histon (**H1**). Es unterstützt die Ausbildung faserförmiger Überstrukturen mit Durchmessern von 30 nm, sogenannter **Solenoide**. Diese wiederum bilden **Schleifen** von etwa 200 nm Länge. Das Ende jeder Schleife ist an eine Gerüststruktur aus Proteinen gebunden, die man als **Kern-Gerüst** bezeichnet.

Die **Nicht-Histon-Proteine** sind sehr heterogen. Zu dieser Gruppe gehören *Strukturproteine*, sowie *Enzyme* und *Transkriptionsfaktoren* (s. S. 222).

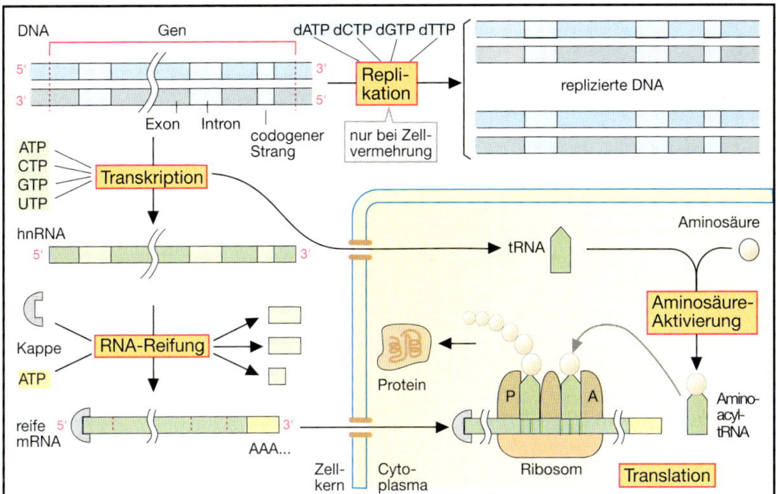


**A. Weitergabe und Expression der genetischen Informationen**

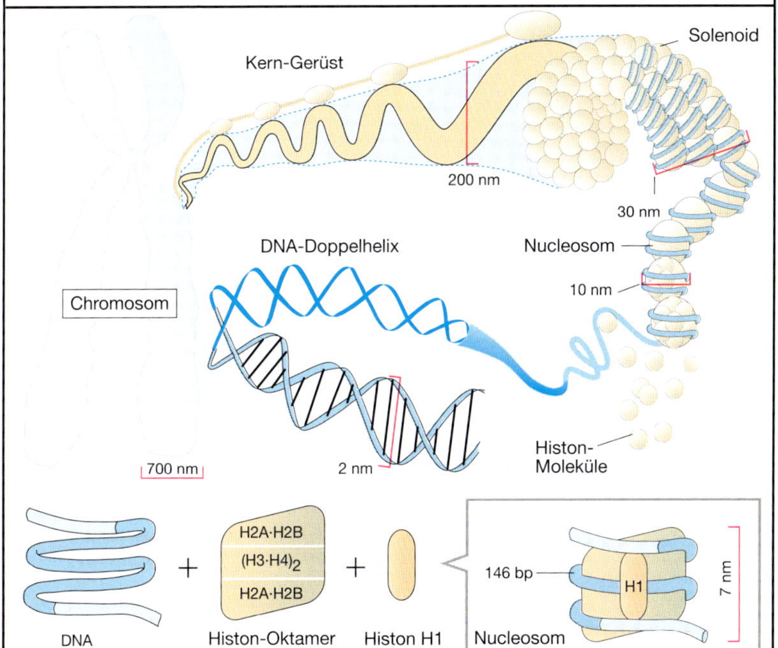


**B. Chromatin**

## Replikation

### A. Wirkungsweise von DNA-Polymerasen ○

Zur Weitergabe der genetischen Information bei der Zellvermehrung muß vor der Zellteilung eine Kopie des Genoms hergestellt werden. Die **Replikation** der DNA wird hauptsächlich durch *DNA-abhängige DNA-Polymerasen* katalysiert. Diese Enzyme benötigen eine einzelsträngige DNA, den sog. **Matrizen-Strang**. An dieser Vorlage synthetisieren sie einen komplementären zweiten Strang (s. S. 82), erzeugen also wieder eine vollständige DNA-Doppelhelix. Substrate der DNA-Polymerasen sind die vier Desoxynucleosid-triphosphate *dATP, dGTP, dCTP und dTTP*. Bei jedem Schritt wird durch spezifische Basenpaarung das zur jeweiligen Base des Matrizen-Strangs komplementäre Nucleotid gebunden. Dann greift die 3′-OH-Gruppe des zuletzt eingebauten Bausteins nucleophil den α-Phosphat-Rest des gebundenen Nucleotids an. Dadurch kommt es unter Austritt von Diphosphat zur Knüpfung einer neuen *Phosphorsäurediester-Bindung*. Nach Verschiebung des Enzyms zur nächsten Base auf der Matrizen-DNA wiederholen sich diese Schritte. Der beschriebene Mechanismus bringt mit sich, daß die Matrizen-DNA in 3′→5′-Richtung (s. S. 78) abgelesen wird.

Die meisten Zellen enthalten mehrere DNA-Polymerasen. Neben Enzymen, die die eigentliche Replikation katalysieren, gibt es Polymerasen, die an Reparatur-Prozessen (s. S. 230) beteiligt sind oder (bei Eukaryonten) die Replikation der mitochondrialen DNA (s. S. 198) besorgen.

### B. Replikation in *E. coli* ◑

Über die Replikation in Prokaryonten gibt es heute genaue Vorstellungen, während bei Eukaryonten viele Details noch unklar sind. Es steht aber fest, daß der Ablauf bei den meisten Zellen im Prinzip ähnlich ist. Wir zeigen ein vereinfachtes Schema für das Bakterium *Escherichia coli*.

Bei Bakterien beginnt die Replikation an einer bestimmten Stelle der ringförmigen DNA, dem **Replikationsursprung**, und setzt sich in beide Richtungen fort. Dadurch entstehen zwei auseinanderlaufende **Replikationsgabeln**, in denen beide Stränge gleichzeitig repliziert werden. Die Ausgangs-DNA (**1**) ist blau dargestellt, die neu gebildeten Stränge rot bzw. orange.

Jede Gabel (**2**) enthält mindestens zwei Moleküle *DNA-Polymerase III* und eine Reihe von Hilfsenzymen. Dazu gehören *DNA-Topoisomerasen*, die den stark aufgeknäuelten DNA-Doppelstrang auseinanderwinden, *Helicasen*, die ihn in zwei Einzelstränge trennen, und *einzelstrangbindende Proteine*. Da der Matrizen-Strang immer in 3′→5′-Richtung abgelesen wird, (s.o.) kann nur einer der beiden Einzelstränge kontinuierlich repliziert werden (dunkelblau / rot; **2**). Für den anderen Strang (hellblau) ist die Ableserichtung der Bewegungsrichtung der Gabel entgegengesetzt. An dieser Matrize wird der neue Strang zunächst in Einzelstükken synthetisiert, die man nach ihrem Entdecker **Okazaki-Fragmente** nennt (grün / orange). Jedes Fragment beginnt mit einer kurzen Starter-Sequenz (**Primer**) aus RNA (grün), die für die Funktion der DNA-Polymerase notwendig ist und durch eine spezielle *RNA-Polymerase (‚Primase‘*, nicht gezeigt) synthetisiert wird. Dieser Primer wird dann durch die *DNA-Polymerase III* um 1000–2000 Desoxynucleotid-Bausteine verlängert (orange). Dann bricht die Synthese dieses Fragments ab, und ein neues wird an einem mittlerweile gebildeten weiteren RNA-Primer begonnen. Die einzelnen Okazaki-Fragmente sind zunächst nicht miteinander verbunden und enthalten zudem noch RNA am 5′-Ende (**3**). In einiger Entfernung von der Replikationsgabel beginnt nun die *DNA-Polymerase I* die RNA-Primer durch DNA zu ersetzen. Die danach verbleibenden Lücken werden schließlich durch eine *DNA-Ligase* geschlossen. In den so gebildeten DNA-Doppelhelices wurde jeweils nur ein Strang neu synthetisiert, d. h. die Replikation ist **semikonservativ**.

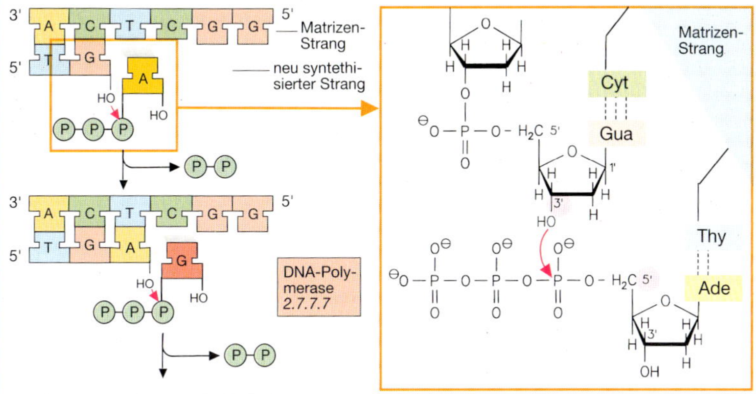


A. Wirkungsweise von DNA-Polymerasen

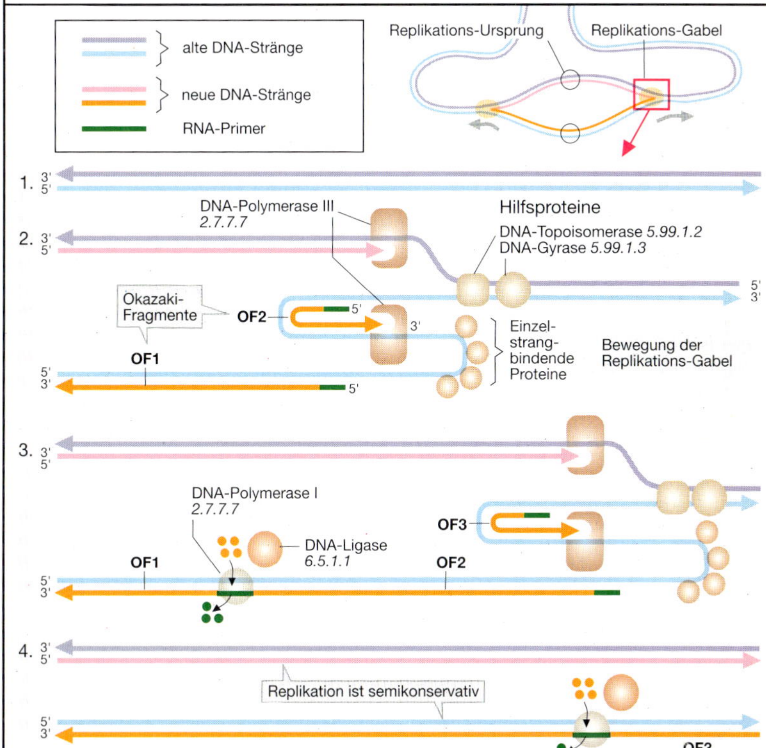


B. Replikation in *E. coli*

## Transkription

Um die in der DNA gespeicherte genetische Information wirksam werden zu lassen, muß sie in RNA umgeschrieben (*transkribiert*) werden. Die DNA dient dabei nur als Vorlage, d. h. sie wird durch die Transkription nicht verändert. Transkribierbare DNA-Abschnitte, die für ein definiertes Produkt codieren, nennt man **Gene**. Man schätzt, daß das Genom der Säugetiere 20 000 bis 50 000 Gene enthält, die insgesamt weniger als 10% der DNA ausmachen. Die Bedeutung der übrigen DNA-Abschnitte ist noch nicht klar.

### A. Transkription und RNA-Reifung: Überblick ◑

Die Transkription wird durch *DNA-abhängige RNA-Polymerasen* katalysiert. Sie arbeiten ähnlich wie die DNA-Polymerasen (s. S. 218), bauen aber Ribonucleotide und nicht Desoxyribonucleotide in den neu synthetisierten Strang ein. Eukaryotische Zellen enthalten mindestens drei RNA-Polymerasen. Die *RNA-Polymerase I* synthetisiert eine RNA mit einem Sedimentationskoeffizienten (s. S. 184) von 45 S, die als Vorstufe für drei ribosomale RNAs dient (s. S. 226). Produkte der *RNA-Polymerase II* sind hnRNAs, aus denen später mRNA entsteht, sowie Vorstufen von snRNAs (s. S. 222). Die *RNA Polymerase III* schließlich transkribiert Gene, die für tRNAs, die 5 S-rRNA und bestimmte snRNAs codieren. Aus diesen Vorstufen enstehen dann durch **RNA-Reifung** (s. S. 222) funktionsfähige RNA-Moleküle. Die Polymerasen II und III können durch *α-Amanitin*, ein Gift des Knollenblätterpilzes, gehemmt werden.

### B. Organisation des β-Globin-Gens ○

Die Organisation eukaryotischer Gene ist hier am Beispiel des Gens dargestellt, das für die β-Kette des Hämoglobins (146 Aminosäuren, s. S. 252) codiert. Es umfaßt knapp 2 000 Basenpaare (bp), von denen aber nur etwa 450 bp Sequenz-Information für das Protein tragen. Drei codierende Bereiche oder **Exons** (E1-E3, dunkelblau) werden von zwei nichtcodierenden Segmenten (**Introns**, I1 und I2) unterbrochen. Am 5′-Ende des Gens befindet sich die **Promotor-Region** (rosa), ein Abschnitt von etwa 200 bp, der der Regulation dient (s. S. 222). Die Transkription beginnt am 3′-Ende des Promotor-Bereichs und setzt sich fort, bis die sogenannte **Polyadenylierungs-Sequenz** überschritten ist (s.u.). Im Falle des β-Globin-Gens hat das so gebildete Primär-Transkript (**hnRNA**) eine Länge von etwa 1600 Basen. Während der RNA-Reifung werden die den Introns entsprechenden nichtcodierenden Sequenzen entfernt, außerdem werden beide Enden der hnRNA modifiziert. Die β-Globin-mRNA enthält noch etwa 40% der hnRNA und zusätzlich eine 3′-terminale Sequenz aus ungefähr 200 AMP-Resten.

### C. Verlauf der Transkription ◑

Wie in Abschnitt **A** erwähnt, bindet die RNA-Polymerase II am 3′-Ende der Promotor-Region. Wichtig für die Bindung ist die sogenannte **TATA-Box**, eine kurze A- und T-reiche Teilsequenz, die von Gen zu Gen etwas variiert. Eine typische Basenfolge (‚*Konsensus-Sequenz*‘) ist ··TATAAA··. Für die Wechselwirkung der Polymerase mit dieser Region sind mehrere Proteine, die sogenannten *basalen Transkriptions-Faktoren*, unbedingt notwendig. Zusätzliche Faktoren können den Vorgang fördern oder hemmen (Transkriptionskontrolle, s. S. 108). Nach der **Initiation** (**2**) wandert die RNA-Polymerase in 5′ → 3′-Richtung. In einem kurzen Abschnitt trennt das Enzym die DNA-Doppelhelix in Einzelstränge. Durch Basenpaarung mit dem **codogenen Strang** werden dort komplementäre Nucleosidtriphosphate gebunden und schrittweise mit der wachsenden RNA verknüpft (**3**). Schon kurz nach Beginn der **Elongation** wird das 5′-Ende des Transkripts durch eine ‚Kappe‘ (s. S. 222) geschützt. Nach Erreichen der Polyadenylierungs-Sequenz (typische Basenfolge: ··AATAAA··) wird das Transkript abgespalten (**4**). Wenig später beendet die Polymerase die Transkription und dissoziiert von der DNA ab.

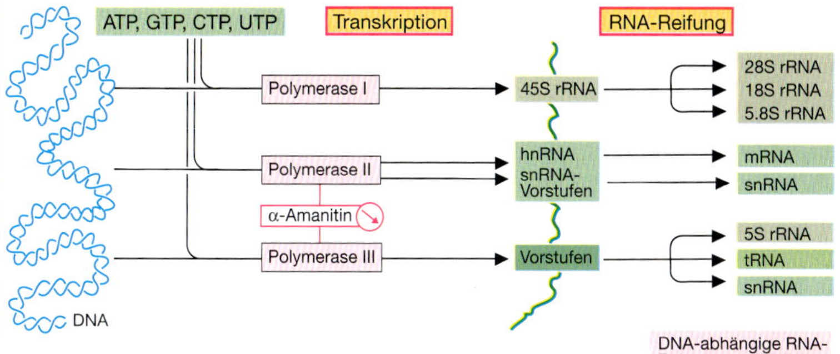


**A. Transkription und RNA-Reifung: Überblick** ◐

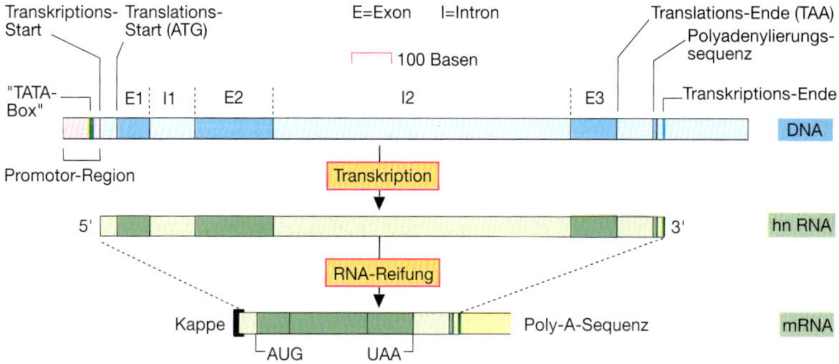


**B. Organisation der β-Globin-Gens** ○

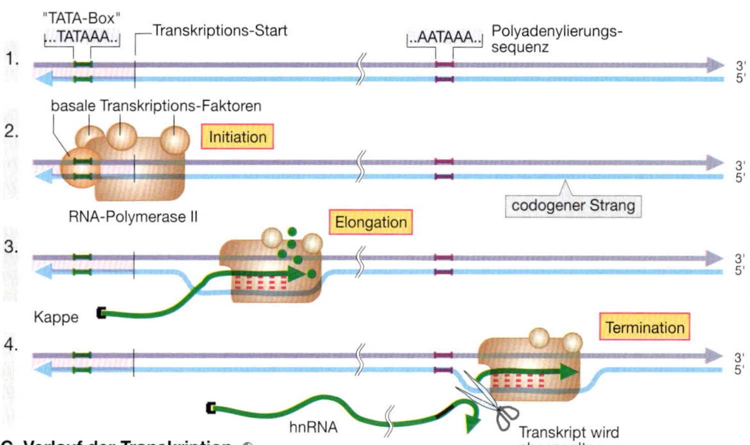


**C. Verlauf der Transkription** ◐

## RNA-Reifung

### A. Transkriptionskontrolle ○

Obwohl jede Zelle das komplette Genom enthält, nutzt sie nur einen kleinen Bruchteil der darin enthaltenen Information. Ständig transkribiert werden nur Gene, die für Struktur-Moleküle oder für Enzyme des Intermediär-Stoffwechsels codieren. Neben diesen *‚Haushalts-Genen‘* gibt es eine große Zahl weiterer Gene, die nur in manchen Zelltypen, in bestimmten Stoffwechsel-Situationen oder während der Differenzierung aktiv werden. Welche Gene transkribiert werden, und welche nicht, wird durch ein Regulations-System gesteuert, dessen Elemente erst in Umrissen bekannt sind.

Bei der Transkriptionskontrolle wirken zwei Arten von Strukturen zusammen. Die *Promotor-Region* (s. S. 220) der meisten Gene enthält mehrere kurze DNA-Abschnitte (**Kontrollelemente**), an die **Transkriptionsfaktoren** binden und so die Transkription steuern können.

Weil solche Kontrollelemente nur auf diejenigen Gene Einfluß haben, zu denen sie gehören, nennt man sie auch *cis-aktive Elemente*. Die Transkriptionsfaktoren sind Proteine und damit Produkte anderer, unabhängiger Gene. Man bezeichnet sie deshalb auch als *trans-aktive Faktoren*.

Die Transkription eines Gens kommt nur in Gang, wenn außer der RNA-Polymerase selbst weitere Proteine, die **basalen Transkriptionsfaktoren**, anwesend sind. Die wichtigsten dieser basalen Faktoren werden mit den Buchstaben A-H gekennzeichnet. Bei Eukaryonten bindet zunächst der Faktor TF-IID an die TATA-Box (s. S. 220). An diesen Komplex lagern sich dann andere basale Faktoren und die Polymerase an. Weitere, nicht-basale Transkriptionsfaktoren können die Initiation der Transkription beeinflussen, indem sie an benachbarte Kontrollelemente binden und durch Wechselwirkungen mit dem basalen Komplex diesen aktivieren oder hemmen. Aktivierende Faktoren sind z. B. die Komplexe von Steroidhormonen mit ihren Rezeptoren (s. S. 342).

### B. Spleißen ◑

Nach der Transkription werden die nichtkodierenden Sequenzen der hnRNA (Introns, s. S. 216) entfernt. Dieser Vorgang, das **Spleißen** der RNA, wird von RNA-Protein-Komplexen katalysiert, die man als *‚small nuclear ribonucleoprotein particles‘* (**snRNP**) bezeichnet. Die Introns auf der hnRNA haben an beiden Enden charakteristische Sequenzen (**a**). Beim Spleißen greift zunächst – unterstützt durch ein snRNP – die OH-Gruppe eines Adenosin-Restes im Intron die Phosphorsäurediester-Bindung am 5′-Ende des Intron-Bereichs an (**b**) und spaltet sie. Gleichzeitig wird eine neue Bindung innerhalb des Introns geknüpft, das dadurch eine *lassoartige Form* annimmt (**c**). Im zweiten Schritt greift die terminale OH-Gruppe des 5′-ständigen Exons die Bindung am 3′-Ende des Introns an. Dadurch werden die beiden Exons verknüpft, und das Intron wird freigesetzt (**d**).

An der Reaktion sind fünf verschiedene snRNPs (**U1, U2, U4, U5 und U6**) beteiligt. Jedes besteht aus mehreren Proteinen und je einem Molekül **snRNA** (s. S. 82). Während des Spleißens bilden sich Komplexe aus hnRNA und snRNPs, die **Spleißosomen**. Man nimmt an, daß die snRNAs im Spleißosom Basenpaarungen miteinander und mit der hnRNA eingehen und so die reagierenden Gruppen fixieren und orientieren. Die Katalyse selbst geht auf RNA-Anteile des Spleißosoms zurück. Katalytische RNAs dieser Art nennt man **‚Ribozyme‘**.

### C. 5′- und 3′-Modifizierung von mRNA ◑

Schon kurz nach Beginn der Transkription in Eukaryonten wird das 5′-Ende der wachsenden RNA durch eine Struktur blockiert, die man als **‚Kappe‘** (engl.: cap) bezeichnet. Bei mRNAs besteht sie aus einem 7-Methyl-GTP-Rest. Sie schützt die RNA vor Verdauung durch 5′-Exonucleasen. Nach Ende der Transkription wird zudem am 3′-Ende ein **Polyadenylat-‚Schwanz‘** aus etwa 200 AMP-Resten angefügt. Erst dann verläßt die reife mRNA den Zellkern.

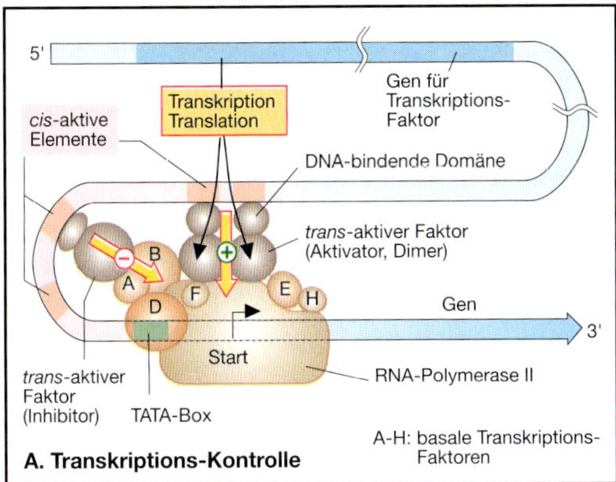


**A. Transkriptions-Kontrolle**

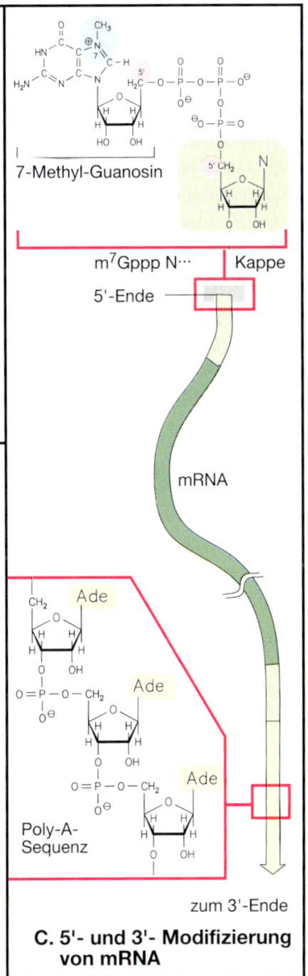


**C. 5'- und 3'- Modifizierung von mRNA**

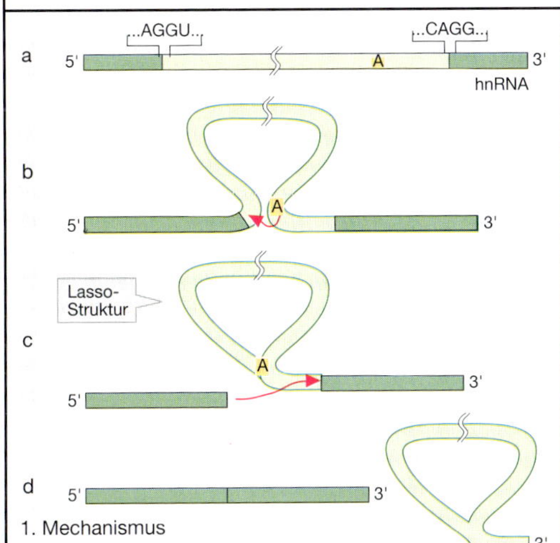


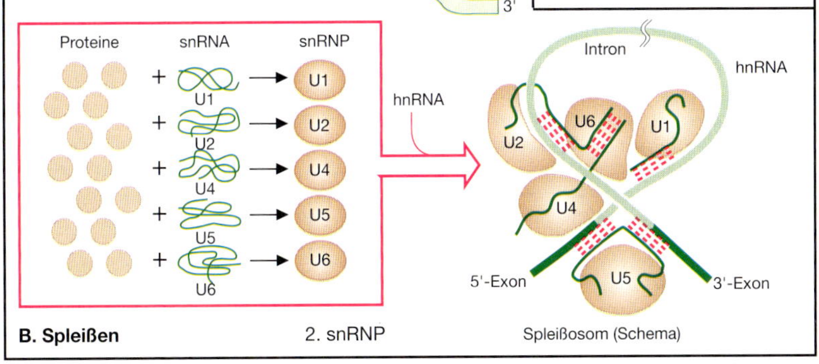


**B. Spleißen**

# Genetischer Code, Aminosäure-Aktivierung

## A. Der genetische Code ●

Ein großer Teil der in der DNA niedergelegten genetischen Information codiert für die Aminosäure-Sequenzen funktioneller Proteine. Bei der Expression dieser Proteine muß also ein ‚Text' aus der ‚Nucleinsäure-Sprache' in die ‚Protein-Sprache' übersetzt werden. Von daher stammt der Begriff **Translation** (engl.: Übersetzung) für die Protein-Biosynthese. Die für die Übersetzung geltenden Regeln nennt man den **genetischen Code**.

Da es 20 proteinogene Aminosäuren gibt, muß die Nucleinsäure-Sprache mindestens ebensoviele Wörter (**Codons**) enthalten. Im Nucleinsäure-Alphabet gibt es nur 4 Buchstaben (A, G, C und U bzw. T). Um daraus 20 verschiedene Wörter bilden zu können, muß jedes Wort eine Länge von wenigsten drei Buchstaben haben. Tatsächlich bestehen die Codons aus jeweils drei aufeinanderfolgenden Basen (**Tripletts**). In Abschnitt **1** ist der Standard-Code in ‚DNA-Sprache' (Sequenz der Tripletts auf dem nicht-codogenen Strang) als Kreisdiagramm dargestellt. Es wird von innen nach außen abgelesen. Abgesehen vom Austausch U gegen T sind die DNA-Codons mit denen auf der mRNA identisch. Als Ablesebeispiele sind in Abb. **2** kleine Ausschnitte der normalen und einer mutierten Form des β-Globin-Gens sowie die entsprechenden mRNA- und Protein-Sequenzen wiedergegeben.

Da der Code für 20 Aminosäuren $4^3$ = 64 Codons bereitstellt, gibt es für die meisten Aminosäuren mehrere synonyme Codons. Drei Tripletts codieren nicht für Aminosäuren, sondern signalisieren das Ende der Translation (**Stop-Codons**). Ein weiteres spezielles Codon, das **Start-Codon**, markiert den Beginn der Übersetzung. Der gezeigte Code gilt fast universell, nur in Mitochondrien (s. S. 198) und manchen Mikroorganismen gibt es Abweichungen vom Standardcode.

## B. Transfer-RNA ◑

Als Bindeglieder zwischen Nucleinsäure-Ebene und Protein-Ebene fungieren die **Transfer-RNAs (tRNAs)**, kleine RNA-Moleküle aus 70–90 Basen. Sie sind in der Lage, durch Basenpaarung (s. S. 82) bestimmte mRNA-Codons zu erkennen. Gleichzeitig tragen sie am 3′-Ende (Sequenz: ··CCA) diejenige Aminosäure, die nach dem genetischen Code dem betreffenden mRNA-Codon zugeordnet ist. Die eigentliche Übersetzung wird von Enzymen besorgt, die die tRNAs selektiv mit der ‚richtigen' Aminosäure beladen (**C**).

Die Basensequenz (**1**) und die Tertiärstruktur (**2**) der Phe-tRNA aus Hefe sind typisch für alle tRNAs. Das Molekül enthält einen hohen Anteil an ungewöhnlichen und abgewandelten Basen (dunkelgrün; Ψ: Pseudouridin, D : Dihydrouridin; T : Thymidin, sonst nur in DNA; Y : Wybutosin; *: Nucleotid mit methylierter Base). Zahlreiche Basenpaarungen, die z. T. vom üblichen Schema abweichen, stabilisieren die Konformation des Moleküls (s. S. 84).

## C. Aminosäure-Aktivierung ◑

Etwa 20 verschiedene *Aminosäure-tRNA-Ligasen* im Cytoplasma verknüpfen jeweils einen Typ von Aminosäure mit der oder den zugehörigen tRNAs. Diese **Aminosäure-Aktivierung** läuft in zwei Schritten ab: Zunächst wird die Aminosäure gebunden und reagiert mit ATP zu einem ‚energiereichen' gemischten Säureanhydrid. Von diesem übernimmt dann die terminale 3′-OH-Gruppe der tRNA den Aminoacyl-Rest. In der **Aminoacyl-tRNA** ist also die Carboxy-Gruppe der Aminosäure mit dem Ribose-Rest des terminalen Adenosins verestert.

Die Genauigkeit der Translation hängt in erster Linie von der Spezifität der Aminosäure-tRNA-Ligasen ab. Falsch eingebaute Aminosäure-Reste werden später vom Ribosom nicht erkannt. Ein ‚Korrekturlese-Mechanismus' im aktiven Zentrum der Ligase sorgt deshalb dafür, daß fälschlich eingebaute Aminoacyl-Reste sofort wieder abgespalten werde.

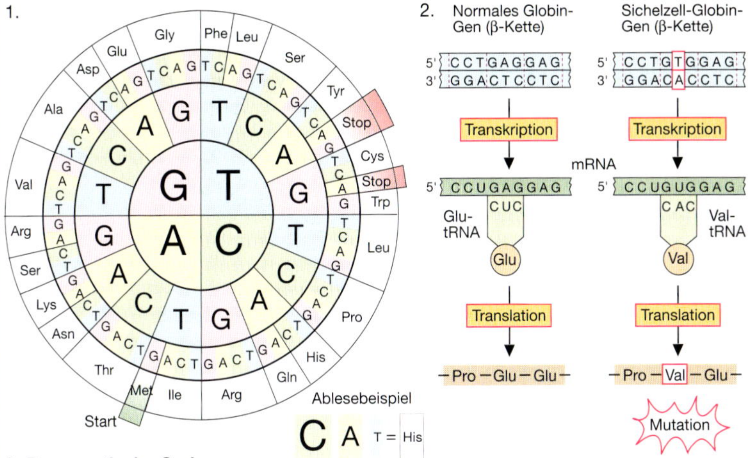


**A. Der genetische Code**

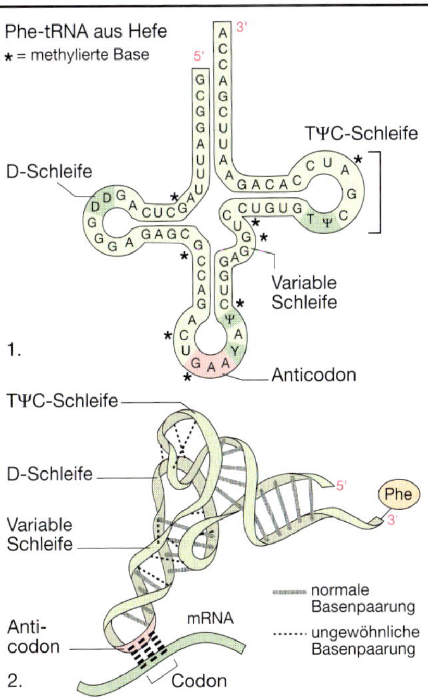


**B. Transfer-RNA (tRNA)**

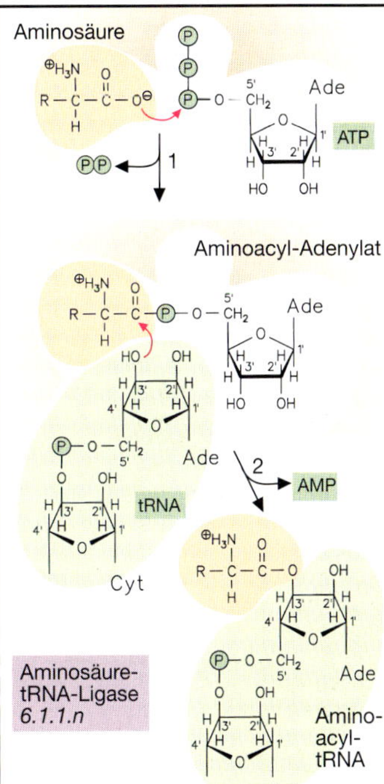


**C. Aminosäure-Aktivierung**

## Ribosomen, Initiation der Translation

### A. Aufbau eines eukaryontischen Ribosoms ●

Die Biosynthese der Proteine (**Translation**) läuft – ebenso wie die Aminosäure-Aktivierung (s. S. 224) – im Cytoplasma ab. Sie wird durch komplexe Nucleoprotein-Partikel, die **Ribosomen**, katalysiert. Ribosomen bestehen aus zwei unterschiedlich großen Untereinheiten, die aus **ribosomaler RNA (rRNA)** und vielen **Proteinen** zusammengesetzt sind. Es ist üblich, statt der Molmasse der Ribosomen und ihrer Komponenten die entsprechenden Sedimentationskoeffizienten (s. S. 184) anzugeben. So hat das eukaryotische Ribosom einen Sedimentationskoeffizienten von etwa 80 Svedberg (80 S), die Koeffizienten der Untereinheiten betragen 40 S und 60 S (S-Werte sind nicht additiv).

Die kleinere 40 S-Untereinheit besteht aus einem Molekül 18 S-rRNA und 30–40 Protein-Molekülen. Die größere 60 S-Untereinheit enthält 3 Arten von rRNA mit Sedimentationskoeffizienten von 5 S, 5.8 S und 28 S, sowie 40–50 Proteine. In Gegenwart von mRNA treten die Untereinheiten zum vollständigen Ribosom zusammen, dessen Masse etwa 650 mal so groß ist wie die des Hämoglobin-Moleküls. Mit Dimensionen von 20 · 25 nm sind Ribosomen im Elektronenmikroskop gut zu erkennen. Die Anordnung der einzelnen Komponenten im Ribosom ist noch nicht völlig geklärt. Man weiß aber, daß die fadenförmige mRNA einen Spalt durchzieht, der in der Nähe eines charakteristischen ‚Horns' der kleinen Untereinheit zwischen beiden Untereinheiten liegt. In der Nähe dieser Stelle binden auch die tRNAs. Zum Größenvergleich ist ein tRNA-Molekül eingezeichnet.

Die Ribosomen von Prokaryonten sind ähnlich aufgebaut, aber etwas kleiner (Sedimentationskoeffizienten: 70 S für das komplette Ribosom, 30 S und 50 S für die Untereinheiten). Die Ribosomen der Mitochondrien und Chloroplasten sind mit denen der Prokaryonten vergleichbar.

### B. Polysomen ◑

In Zellen, die intensive Protein-Synthese betreiben, findet man die Ribosomen häufig perlschnurartig aneinandergereiht als **Polysomen**. Diese Anordnung entsteht dadurch, daß mehrere Ribosomen gleichzeitig ein mRNA-Molekül translatieren können. Das Ribosom bindet zunächst am **Start-Codon** (AUG, s. S. 224) in der Nähe des 5'-Endes der mRNA (oben). Während der Translation wandert es dann in Richtung des 3'-Endes, bis es ein **Stop-Codon** (UAA, UAG oder UGA) erreicht. Dort wird die neusynthetisierte Peptidkette abgespalten, und das Ribosom zerfällt wieder in die beiden Untereinheiten.

### C. Initiation der Translation in *E. coli* ◑

Die Protein-Biosynthese in Prokaryonten verläuft im Prinzip ähnlich wie in Eukaryonten. Da der Ablauf in Prokaryonten aber einfacher und zudem besser untersucht ist, besprechen wir hier und auf der Folgeseite die Einzelheiten der Translation am Beispiel des Bakteriums *Escherichia coli*.

Die erste Phase der Translation, die **Initiation**, umfaßt mehrere Schritte. Zunächst binden zwei Proteine, die **Initiationsfaktoren IF-1** und **IF-3**, an die 30 S-Untereinheit (**1**). Ein weiterer Faktor, **IF-2**, bindet als Komplex mit GTP. Dies ermöglicht die Assoziation der Untereinheit mit der mRNA und die Bindung einer speziellen tRNA an das Start-Codon (**3**). In Prokaryonten trägt diese Starter-tRNA die substituierte Aminosäure ***N*-Formyl-Methionin** (fMet), in Eukaryonten trägt sie unsubstituiertes Methionin. Zuletzt bindet die 50 S-Untereinheit an den gebildeten Komplex (**4**). Während der Schritte 3 und 4 werden die Initiations-Faktoren wieder abgespalten und das an IF-2 gebundene GTP wird zu GDP und $P_i$ hydrolysiert. Der gebildete **70 S-Initiationskomplex** enthält fMet-$tRNA^{fMet}$ in einer tRNA-Bindungsstelle, die man als **Peptidyl-Stelle (P)** bezeichnet. Eine zweite Bindungsstelle, die **Akzeptor-Stelle (A)** ist in dieser Phase der Translation noch nicht besetzt.

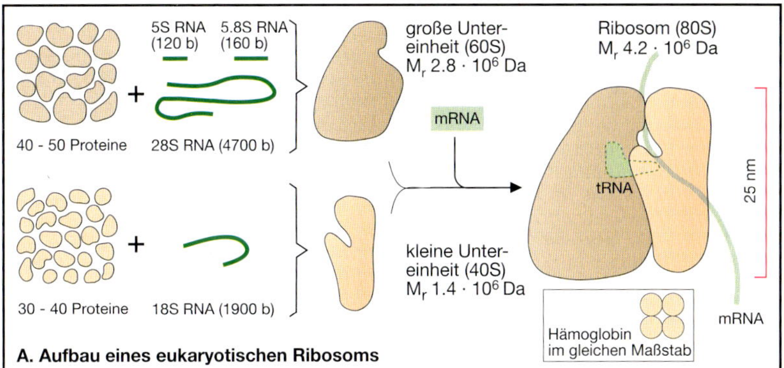


**A. Aufbau eines eukaryotischen Ribosoms**

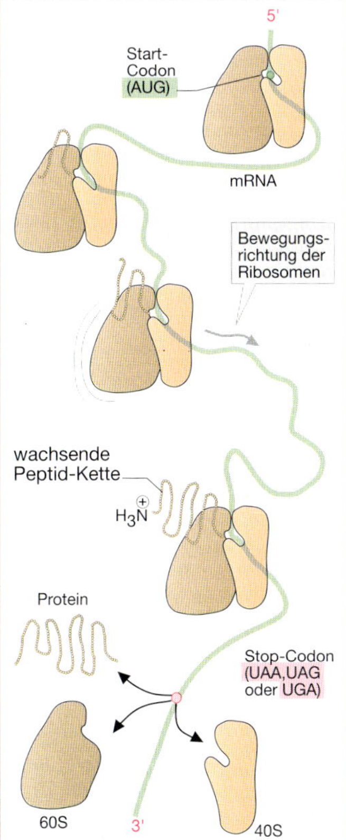


**B. Polysom**

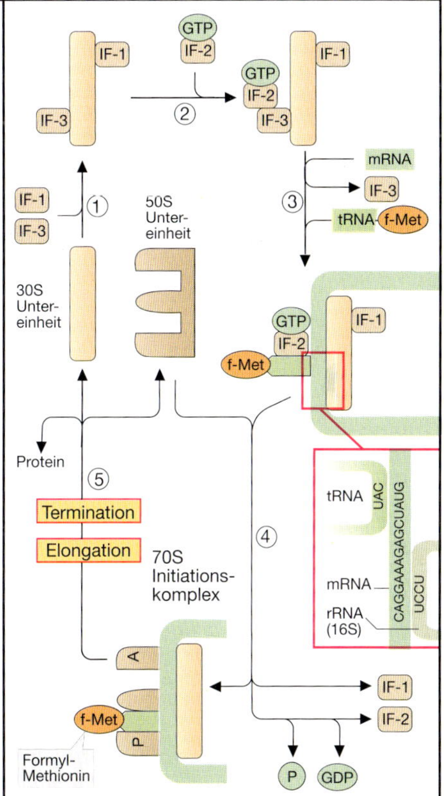


**C. Initiation der Translation in *E.coli***

# Elongation, Termination

## A. Elongation und Termination der Proteinsynthese ◑

Nach der Initiation der Translation (s. S. 226) wird die wachsende Peptidkette um weitere Aminosäure-Reste verlängert (**Elongation**), bis das Ribosom auf der mRNA ein Stop-Codon erreicht, und der Prozeß abbricht (**Termination**).

Die **Elongation** läßt sich in drei Phasen einteilen: Zunächst ist die *Peptidyl-Stelle (P)* des Ribosom von einer tRNA besetzt, die an ihrem 3′-Ende die gesamte bis dahin fertiggestellte Peptidkette trägt (oben links). Nun bindet eine zweite, mit der entsprechenden Aminosäure beladene tRNA (im gezeigten Beispiel Val-$tRNA^{Val}$) über ihr komplementäres Anticodon (s. S. 224) an das in der *Akzeptor-Stelle (A)* exponierte mRNA-Codon (hier GUG).

Die tRNA bindet als Komplex mit einem GTP-haltigen Protein, dem *Elongationsfaktor Tu* (EF-Tu) (**1a**). Erst nach Hydrolyse des gebundenen GTP zu GDP und Phosphat dissoziiert EF-Tu wieder ab (**1b**). Da vorher die Bindung der tRNA an die mRNA noch locker ist, wirkt die GTP-Hydrolyse als Verzögerungsfaktor, der eine ‚Überprüfung' zuläßt, ob die tRNA korrekt gebunden ist. Ein weiteres Protein, der Elongationsfaktor Ts (EF-Ts), katalysiert später den Austausch von GDP gegen GTP und regeneriert so den EF-Tu · GTP-Komplex.

Im nächsten Schritt (**2**) findet die eigentliche Synthese der Peptidbindung statt. Die ribosomale *Peptidyltransferase* katalysiert (ohne ATP-Verbrauch) die Übertragung der Peptidkette von der tRNA in der P-Stelle auf die Aminogruppe des Valin-Restes der Val-tRNA in der A-Stelle. Die freie tRNA in der P-Stelle dissoziiert nun ab (**3**), und ein weiterer GTP-haltiger Elongationsfaktor (EF-G · GTP) bindet an das Ribosom. Die Hydrolyse des GTP in diesem Faktor liefert die Energie für die **Translokation** des Ribosoms (**3**). Dabei wandert das Ribosom auf der mRNA um 3 Basen in Richtung des 3′-Endes. Die die Peptidkette tragende tRNA, die relativ zur mRNA stationär bleibt, gelangt so in die P-Stelle des Ribosoms, während in der A-Stelle das nächste mRNA-Codon erscheint (hier GAG). Damit ist das Ribosom bereit für den nächsten Elongationscyclus (**4**).

Erscheint in der A-Stelle ein Stop-Codon (UAA, UAG oder UGA), beginnt die **Termination** (**5**). Zu Stop-Codons gibt es keine komplementären tRNAs. Stattdessen binden zwei *Releasing-Faktoren*. Einer dieser Faktoren (RF-1) katalysiert die hydrolytische Spaltung der Ester-Bindung zwischen t-RNA und dem C-Terminus der Peptidkette und setzt so das Protein frei. Der GTP-haltige Faktor RF-3 liefert die Energie zur Dissoziation des Komplexes in die Komponenten (**6**).

Der Energiebedarf der Proteinsynthese ist hoch: Für jeden Aminosäure-Rest werden drei energiereiche Phosphorsäureanhydrid-Bindungen hydrolysiert: Die Aminosäure-Aktivierung verbraucht ein ATP (s. S. 224), während die Elongation pro Cyclus zwei GTP benötigt. Zusätzlich wird für die Initiation und Termination je ein GTP pro Kette aufgewendet.

## B. Wirkung von Antibiotika ○

Antibiotika sind Stoffe, die von Mikroorganismen gebildet werden und Wachstum oder Vermehrung anderer Mikroorganismen hemmen. Unter den Antibiotika, die zur Therapie von Infektionen eingesetzt werden, gibt es Substanzen, die die Transkription oder Translation bakterieller Krankheitserreger beeinflussen.

Zu den Transkriptions-Hemmern gehört z. B. das gegen Tuberkulose-Erreger wirksame **Rifampicin**, ein Hemmstoff der DNA-abhängigen RNA-Polymerase. **Actinomycin D** und **Daunomycin** binden an die DNA und stören so die Transkription. Das Aminoglycosid-Antibiotikum **Streptomycin** greift in alle Phasen der Translation ein. Die **Tetracycline** beeinträchtigen die Bindung der tRNA an die Ribosomen, während **Chloramphenicol** die Peptidyltransferase hemmt. **Puromycin** schließlich führt zu verfrühter Termination der Protein-Biosynthese.

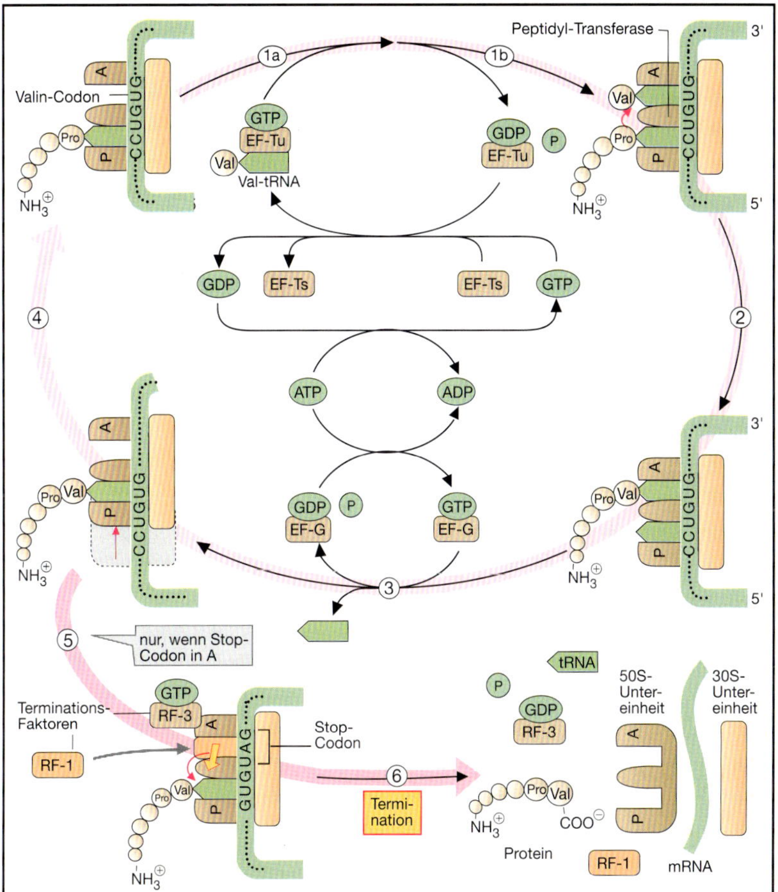


**A. Elongation und Termination der Protein-Biosynthese in *E. coli***

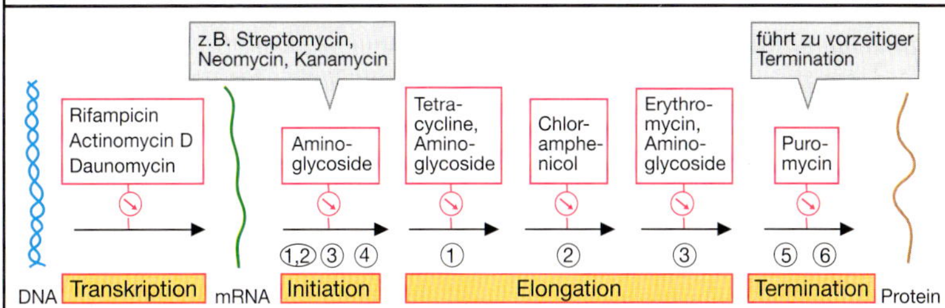


**B. Wirkung von Antibiotika**

## Mutation und Reparatur

Die Erbinformation ist in der Basensequenz der DNA niedergelegt. Deshalb wirken Veränderungen der DNA-Basen oder ihrer Sequenz erbgutverändernd (*mutagen*). Viele mutagene Substanzen schädigen zusätzlich auch die Wachstums-Kontrolle von Zellen, sie sind *cancerogen*. Gen-Veränderungen (**Mutationen**) sind einer der entscheidenden Faktoren der biologischen Evolution. Andererseits würde eine zu hohe Mutationshäufigkeit die Lebensfähigkeit von Einzel-Organismen oder Arten in Frage stellen. Deshalb besitzen die Zellen **Reparatur-Mechanismen**, die den größten Teil der durch Mutation entstandenen DNA-Veränderungen wieder beseitigen.

### A. Mutagene Agentien ◑

Mutationen können durch physikalische und chemische Einflüsse, aber auch durch zufällige Fehler bei der Replikation oder Rekombination der DNA entstehen.

Unter den physikalischen Mutagenen ist vor allem die **ionisierende Strahlung** zu nennen. Sie erzeugt in den Zellen *freie Radikale* (Moleküle mit ungepaarten Elektronen), die extrem reaktionsfähig sind und die DNA schädigen können. Auch kurzwelliges *ultraviolettes Licht* (UV) hat mutagene Wirkung, die sich vor allem gegen Zellen der Haut richtet. Die häufigste chemische Veränderung durch UV-Bestrahlung ist die Bildung von **Thymin-Dimeren**. Zwei benachbarte Thymin-Basen werden dabei kovalent miteinander vernetzt (**a**). Dies führt zu Fehlablesungen der DNA bei Replikation und Transkription.

Aus der großen Gruppe der **chemischen Mutagene** zeigen wir nur wenige Beispiele: *Salpetrige Säure* ($HNO_2$) und *Hydroxylamin* ($NH_2OH$) desaminieren Basen; sie wandeln z. B. Cytosin in Uracil und Adenin in Inosin um. *Alkylierende Verbindungen* tragen reaktionsfähige Gruppen, die mit DNA-Basen kovalente Verbindungen eingehen können. *Methyl-Nitrosamine* (**3**) setzen das reaktive Methyl-Kation ($CH_3^+$) frei, das OH- und $NH_2$-Gruppen in der DNA methyliert. Das bekannte Cancerogen *Benzo(a)pyren*, ein aromatischer Kohlenwasserstoff, wird erst im Organismus in die wirksame Form umgewandelt (**4**). Durch mehrfache Hydroxylierung eines der Ringe entsteht ein reaktives Epoxid, das z. B. mit mit der Amino-Gruppe von Guanin reagiert.

### B. Auswirkungen ◑

Salpetrige Säure führt zu **Punktmutationen** (**1**). Wird z. B. C in U umgewandelt, paart sich dieses bei der nächsten Replikation mit A statt mit G. Dadurch wird die Veränderung permanent. Mutationen, bei denen eine nicht durch 3 teilbare Zahl von Nucleotiden eingeschoben oder entfernt wird, führen zu Fehlablesungen ganzer DNA-Abschnitte, weil sich dadurch das Leseraster verschiebt (**Rasterschub-Mutation**, **2**). Vom eingeschobenen C an, wird die resultierende mRNA bei der Translation anders interpretiert, so daß sich eine völlig neue Protein-Sequenz ergibt.

### C. Reparatur-Mechanismen ○

Ein wichtiger Mechanismus zur Beseitigung von DNA-Schäden ist die **Excisionsreparatur** (**1**). Eine *Nuclease* entfernt dabei einen ganzen Abschnitt zu beiden Seiten der Fehlstelle (**b**). Anhand der Sequenz des Gegenstrangs wird er durch eine *DNA-Polymerase* wieder ersetzt (**d**). Die *DNA Ligase* schließt dann die Lücken wieder (**e**). Thymin-Dimere können durch **Photo-Reaktivierung** entfernt werden (**2**). Eine *Photo-Lyase* bindet an den Defekt (b) und spaltet das Dimere bei Belichtung wieder in zwei Einzelbasen (**c**). Ein dritter Mechanismus ist die **Rekombinationsreparatur** (**3**, vereinfacht dargestellt). Dabei wird der Defekt bei der Replikation ausgespart (**b**). Die Lücke wird durch Verschiebung des entsprechenden Segments aus dem korrekt replizierten Strang geschlossen (**c**). Die dadurch neu entstandene Lücke wird durch Polymerase und Ligase aufgefüllt. Schließlich wird der ursprüngliche Defekt wie in **1** durch Excision beseitigt (nicht gezeigt).

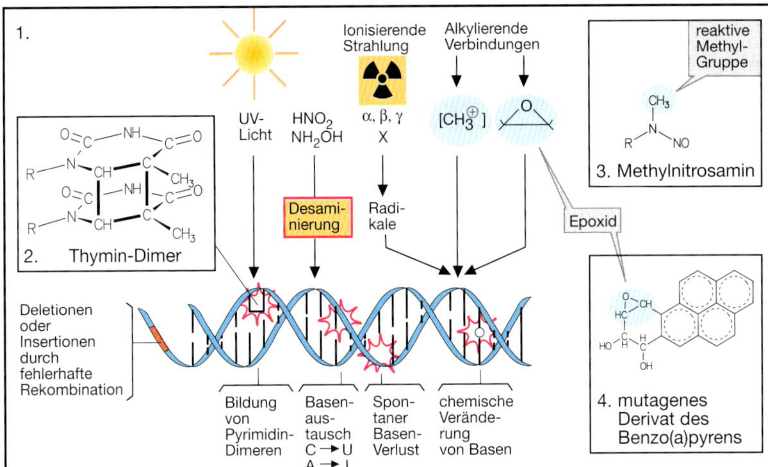


**A. Mutagene Agentien**

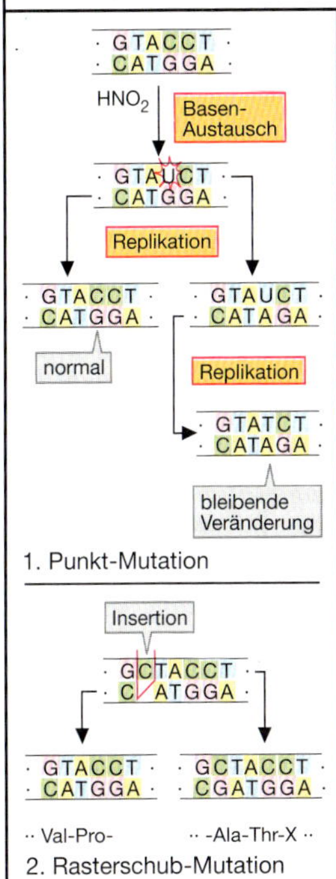


**B. Auswirkungen**

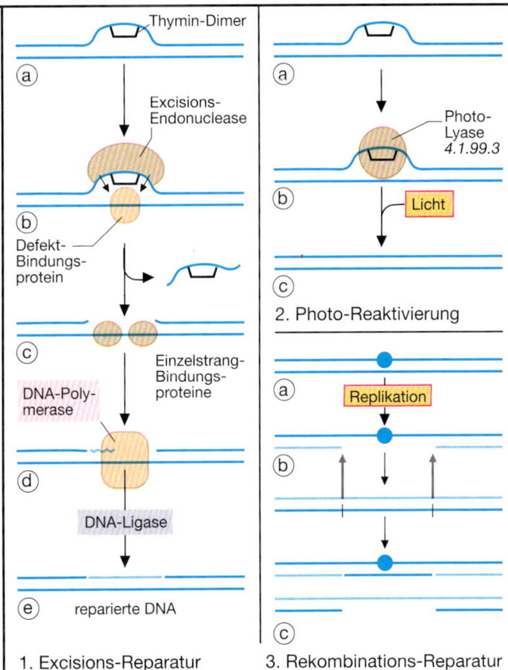


**C. Reparatur-Mechanismen**

## Gentechnik: DNA-Klonierung

Der Aufschwung der molekularen Genetik seit 1970 beruht wesentlich auf der Entwicklung und Verfeinerung von Methoden zur Analyse und Manipulation von DNA. Die sogenannte **‚Gentechnik‘** hat praktische Bedeutung auf vielen Gebieten: Sie stellt z. B. neue Methoden zur Diagnose und Therapie von Krankheiten bereit, und auch die gezielte Veränderung bestimmter Eigenschaften von Organismen ist heute möglich. Da bei solchen Anwendungen biologische Risiken nicht auszuschließen sind, ist beim Umgang mit der Gentechnik verantwortungsbewußtes Handeln in besonderem Maße geboten. Wir geben hier und auf den folgenden Seiten einen kurzen Überblick über wichtige Verfahren zur Genmanipulation.

### A. Restriktions-Endonucleasen ○

Bei den meisten gentechnischen Verfahren müssen definierte DNA-Fragmente isoliert und mit anderen DNA-Abschnitten neu kombiniert werden. Man benützt dazu Enzyme, die auch in der Zelle DNA schneiden und wieder zusammenfügen. Besonders wichtig sind die *Restriktions-Endonucleasen*, eine Gruppe bakterieller Enzyme, die DNA-Doppelstränge sequenzspezifisch spalten. Die zahlreichen bekannten Restriktions-Enzyme werden mit Abkürzungen benannt, die auf den Ursprungsorganismus hinweisen. Wir betrachten hier als Beispiel *Eco*RI, eine Nuclease, die aus dem Bakterium *Escherichia coli* isoliert wurde. Wie viele andere Restriktions-Endonucleasen spaltet *Eco*RI die DNA an einem *Palindrom*, d. h. einem kurzen DNA-Abschnitt, in dem Strang und Gegenstrang (jeweils in 5′→3′-Richtung gelesen) dieselbe Sequenz haben, in diesem Fall 5′-GAATTC-3′. *Eco*RI, ein Homodimer, spaltet die Phosphorsäurediester-Bindungen beider Stränge zwischen G und A. Dadurch entstehen komplementäre *überhängende Enden* (AATT), die durch Basenpaarung zusammengehalten werden. Man kann sie jedoch leicht trennen, z. B. durch Erwärmen. Kühlt man die Fragmente ab, hybridisieren die überhängenden Enden wieder in der richtigen Anordnung. Durch eine *DNA-Ligase* kann man dann die Spaltstellen schließen.

### B. Klonierung von DNA ○

Die meisten DNA-Abschnitte, z. B. Gene, kommen in der Zelle nur in sehr geringen Mengen vor. Um mit ihnen experimentell arbeiten zu können, muß man zunächst viele identische Kopien **(‚Klone‘)** herstellen. Das klassische Verfahrung zur Klonierung von DNA im Laboratorium nutzt die Fähigkeit von Bakterien, kurze ringförmige DNA-Abschnitte, sogenannte **Plasmide**, aufzunehmen und zu vermehren. Der zu klonierende Abschnitt wird zunächst durch *Restriktions-Endonucleasen* (s.o.) aus der Ursprungs-DNA herausgeschnitten (der Einfachheit halber zeigen wir hier eine Spaltung nur durch *Eco*RI; in der Praxis verwendet man meist zwei verschiedene Enzyme). Als Vehikel (‚*Vektor*‘) benötigt man ein Plasmid, das nur *eine Eco*RI-Spaltstelle enthält. Die Plasmid-Ringe werden durch *Eco*RI-Spaltung geöffnet und mit den isolierten DNA-Fragmenten gemischt. Da Fragment und Vektor dieselben überhängenden Enden haben, wird ein Teil der Moleküle so hybridisieren, daß das Fragment in die Vektor-DNA integriert wird. Schließt man nun durch *DNA-Ligase* die Spaltstellen wieder, ensteht ein neukombiniertes *(‚rekombinantes‘)* Plasmid. Durch Vorbehandlung einer großen Zahl von Wirtszellen kann man erreichen, daß einige von ihnen das Plasmid aufnehmen (man nennt diesen Vorgang **Transformation**) und es bei ihrer Vermehrung zusammen mit ihrem eigenen Genom replizieren. Um sicherzustellen, daß sich nur diejenigen Wirtsbakterien vermehren, die das Plasmid enthalten, verwendet man Plasmide, die dem Wirt *Resistenz* gegen ein bestimmtes Antibiotikum verleihen. Inkubiert man die Bakterien in Gegenwart dieses Antibiotikums, vermehren sich nur plasmidhaltige Zellen. Aus diesen isoliert man dann das Plasmid und erhält nach *Eco*RI-Spaltung den klonierten DNA-Abschnitt in zahlreichen Kopien.

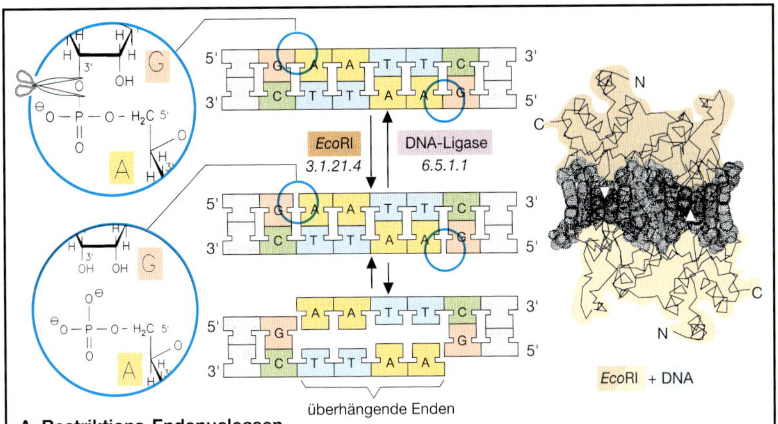


**A. Restriktions-Endonucleasen**

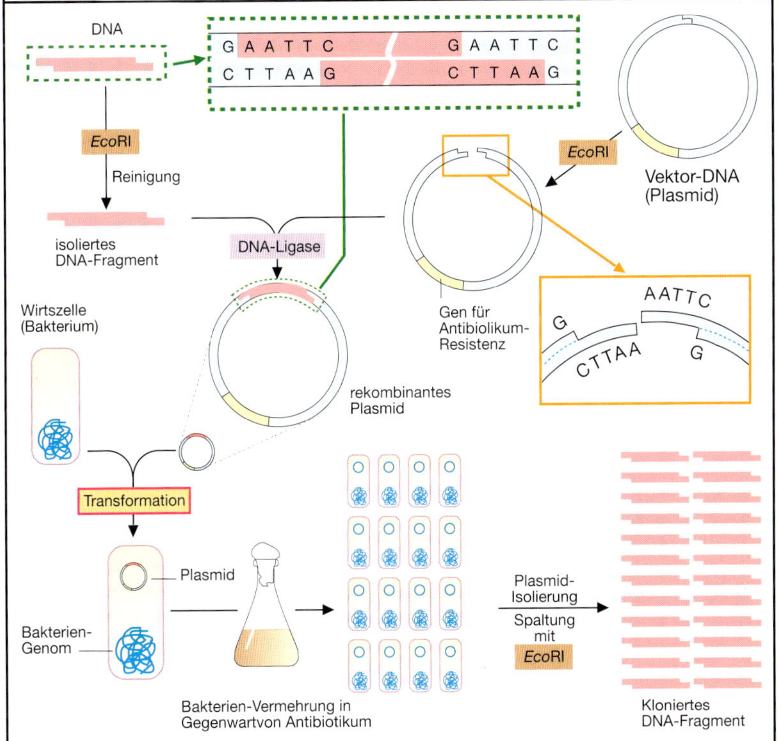


**B. Klonierung von DNA**

## Gentechnik: DNA-Sequenzierung

### A. Gen-Bibliotheken ○

In der Gentechnik ist es häufig erforderlich, einen noch nicht im Einzelnen bekannten DNA-Abschnitt zu isolieren, beispielsweise, um seine Nucleotid-Sequenz zu bestimmen.

Dazu kann man auf sogenannte **Gen-Bibliotheken** zurückgreifen. Eine Gen-Bibliothek besteht aus einer großen Zahl von Vektor-DNA-Molekülen, die unterschiedliche Fragmente von Fremd-DNA enthalten. Man kann z. B. alle in einer Zelle vorhandenen mRNA-Moleküle in DNA umschreiben und dann diese DNA-Fragmente (man nennt sie copy-DNA oder **cDNA**) in zufälliger Weise in Vektor-Moleküle einführen. Eine Bibliothek genomischer DNA wird angelegt, indem man die Gesamt-DNA einer Zelle durch Restriktions-Endonucleasen (s. S. 232) in Bruchstücke zerlegt und diese dann in Vektor-DNA einbaut. Als Vektoren für Gen-Bibliotheken eignen sich *Bakteriophagen* (kurz: Phagen). Phagen sind Viren, die nur Bakterien befallen und von diesen vermehrt werden (s. S. 358).

Man beginnt damit, daß man einen kleinen Teil der Bibliothek ($10^5$ bis $10^6$ Phagen) stark verdünnt und, mit Wirtsbakterien gemischt, auf Nährböden ausstreicht. Die Bakterien wachsen und bilden eine zusammenhängende, trübe Schicht von Zellen. Bakterien, die von Phagen befallen wurden, wachsen weniger schnell. Deshalb bildet sich in ihrer Umgebung eine runde, klarere Zone, ein sogenannter *Plaque*. Die Zellen im Plaque enthalten ausschließlich die Nachkommen eines einzelnen Phagen aus der ursprünglichen Bibliothek. Man stellt nun einen Abdruck der Platte auf einer Kunststoff-Folie her und erhitzt diese. Dadurch haftet die Phagen-DNA an der Folie. Inkubiert man sie nun mit einem DNA-Fragment, das mit dem gesuchten DNA-Abschnitt hybridisiert (einer *Gen-Sonde*), bindet die Sonde an diejenigen Stellen des Abdrucks, an denen die gewünschte DNA haftet. Die Bindung der Gen-Sonde kann man nachweisen, wenn man sie zuvor radioaktiv oder anderweitig markiert hat. Dann vermehrt man Phagen aus den positiven Plaques der ursprünglichen Platte. Durch Restriktions-Spaltung erhält man schließlich größere Mengen der DNA.

### B. Sequenzieren von DNA ○

Die Nucleotid-Sequenz von DNA bestimmt man heute meist nach der **Kettenabbruch-Methode**. Zunächst kloniert man das DNA-Fragment (**a**) in die DNA des Phagen M13, aus der man aufgrund bestimmter Eigenschaften leicht den codogenen Einzelstrang isolieren kann. Diesen hybridisiert man mit einem als *Primer* bezeichneten kurzen DNA-Fragment, das am 3'-Ende des eingefügten DNA-Abschnitts bindet (**b**). Ausgehend von einem solchen Hybrid kann man nun den fehlenden zweiten Strang im Reagenzglas ergänzen, indem man Desoxynucleosid-triphosphate (dNTP, also dGTP, dATP, dTTP und dCTP) und *DNA-Polymerase* zusetzt (**c**). Der Kunstgriff besteht darin, daß man außer den dNTP auch Didesoxynucleosid-triphosphate (ddNTP) in kleinen Mengen hinzufügt. Einbau eines ddNTP führt zum *Abbruch der Zweitstrang-Synthese*. Dies kann immer dann geschehen, wenn das entsprechende dNTP eingebaut werden müßte. In der Tafel ist dies am Beispiel von ddGTP im Detail gezeigt. In diesem Fall entstehen Fragmente, die jeweils den Primer sowie 3, 6, 8, 13 oder 14 zusätzliche Nucleotide enthalten. Man führt *vier getrennte Reaktionen* mit jeweils einem der ddNTP durch (**c**), trägt die Produkte nebeneinander auf ein Trägermaterial auf, und trennt die Fragmente durch *Elektrophorese* (**d**, s. S. 246), wo sie entsprechend ihrer Länge wandern. Nach *Sichtbarmachen* (**e**) liest man die Reihenfolge der Fragmente in den einzelnen Spuren von unten nach oben ab (**f**) und erhält direkt die Nucleotid-Sequenz. Ein Ausschnitt aus einem tatsächlichen Sequenzmuster ist im Bildteil 2 gezeigt. In günstigen Fällen kann man so in *einem* Experiment die Sequenz von Hunderten von Nucleotiden bestimmen.

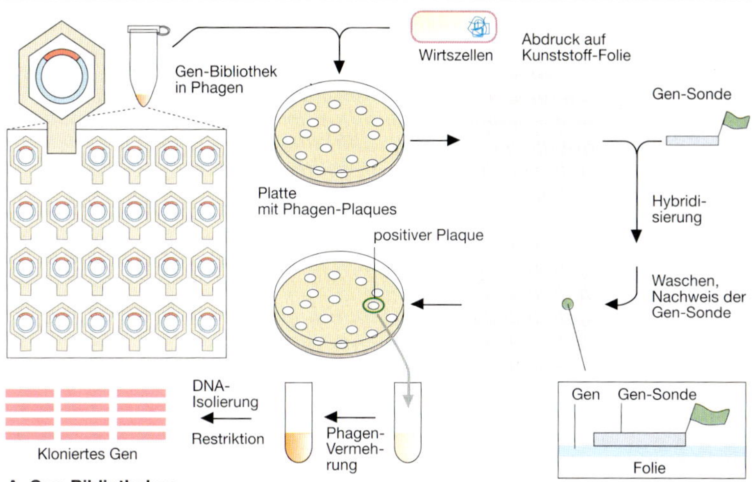


**A. Gen-Bibliotheken**

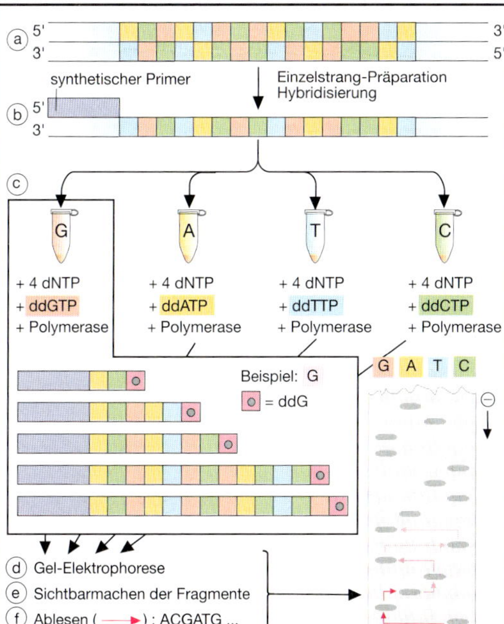


1. Methode

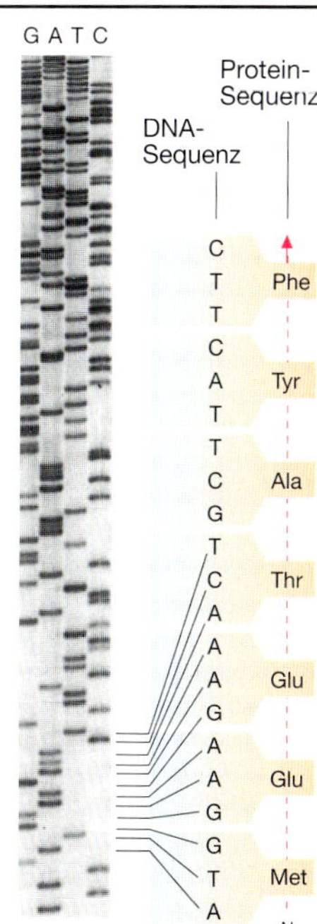


2. Sequenz-Muster

**B. Sequenzieren von DNA**

## Gentechnik: PCR, RFLP

Hier zeigen wir Anwendungen der Gentechnik, die insbesondere für die Medizin von Bedeutung sind.

### A. Polymerase-Kettenreaktion ○

Die Polymerase-Kettenreaktion (**PCR**) erlaubt es, beliebige DNA-Abschnitte ohne Verwendung von Restriktionsenzymen, Vektoren und Wirtszellen (s. S. 232) zu vermehren (zu **amplifizieren**). Man benötigt dazu lediglich zwei Oligonucleotide (*Primer*), die mit jeweils einem der Stränge auf beiden Seiten des zu amplifizierenden DNA-Abschnitts hybridisieren, ausreichende Mengen der vier Desoxynucleosid-triphosphate und eine spezielle, *wärmebeständige DNA-Polymerase*.

Zunächst wird der Doppelstrang durch Erhitzen in Einzelstränge zerlegt (**a**). Dann läßt man etwas abkühlen, um die Hybridisierung der Primer zu ermöglichen (**b**). Von diesen ausgehend werden nun in beide Richtungen komplementäre DNA-Stränge neu synthetisiert (**c**). Dieser Cyclus (Cyclus 1) wird mit derselben Reaktionsmischung *20–30 mal wiederholt* (Cyclus 2 und folgende). Schon nach dem 3. Cyclus bilden sich Doppelstränge, deren Länge dem Abstand der Primer entspricht. Ihr Anteil erhöht sich mit jedem Cyclus auf etwa das Doppelte, bis schließlich fast alle der neu synthetisierten Abschnitte die richtige Länge haben. Das cyclische Erhitzen und Abkühlen übernehmen computergesteuerte Thermostaten.

### B. Analyse von RFLP ○

Wie auf S. 232 besprochen, spalten Restriktions-Endonucleasen DNA an ganz bestimmten, meist palindromischen Sequenzen. Wird durch Mutation (s. S. 230) eine Base in einer solchen Erkennungssequenz verändert, spaltet das betreffende Restriktionsenzym an dieser Stelle nicht mehr. Umgekehrt können durch Mutationen neue Restriktionsstellen entstehen. Entsprechende DNA-Abschnitte aus zwei verschiedenen, genetisch nicht ganz identischen Individuen ergeben also häufig Restriktionsfragmente unterschiedlicher Länge. Diesen Effekt nennt man *Längen-Polymorphismus von Restriktionsfragmenten* (engl.: resctriction fragment length polymorphism, **RFLP**).

In Bildteil **1** ist gezeigt, wie man einen RFLP nachweist. Zunächst *amplifiziert* man durch PCR (**A**) DNA-Abschnitte, die das gewünschten Fragment (rot) enthalten und spaltet sie mit einem *Restriktionsenzym*. Dann trennt man die Bruchstücke durch *Gel-Elektrophorese* auf und macht die interessierenden Fragmente mit einer spezifischen *Gen-Sonde* (s. S. 234) sichtbar. In 2. ist eine **Anwendung aus der Gerichtsmedizin** gezeigt. Das Restriktionsmuster einer Gewebsprobe vom Tatort eines Verbrechens stimmte eindeutig mit dem DNA-Muster des Verdächtigen 2, dagegen nicht mit dem des Verdächtigen 1 überein. Für einen solchen *‚genetischen Fingerabdruck‘* genügen kleinste Mengen von DNA-haltigem Material. Eine zweite wichtige Anwendung der RFLP-Analyse ist die Identifizierung von Gen-Mutationen, die zu erblichen Erkrankungen führen.

### C. Überexpression von Proteinen ○

Zur Therapie bestimmter Krankheiten benötigt man Proteine, z. B. Proteo-Hormone, die im tierischen Organismus in so geringen Mengen vorkommen, daß ihre Isolierung nur schwer möglich ist. Ein solches Protein kann man durch *Überexpression* in Bakterien oder eukaryotischen Zellen gewinnen. Dazu isoliert man das entsprechende *Gen* aus DNA und fügt es in ein **Expressions-Plasmid** ein. Das Plasmid muß außer dem Gen selbst weitere DNA-Abschnitte enthalten, die seine Replikation durch die Wirtszelle und die Transkription des Gens ermöglichen. Nach *Transformation* und *Vermehrung* geeigneter Wirtszellen löst man durch *Induktion* gezielt eine effiziente *Transkription* des Gens aus. Durch *Translation* der gebildeten mRNA entsteht dann das gewünschte Protein in großen Mengen.

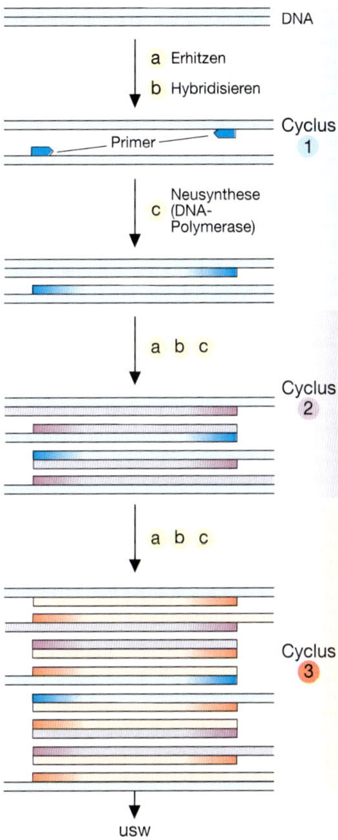


**A. Polymerase-Kettenreaktion (PCR)**

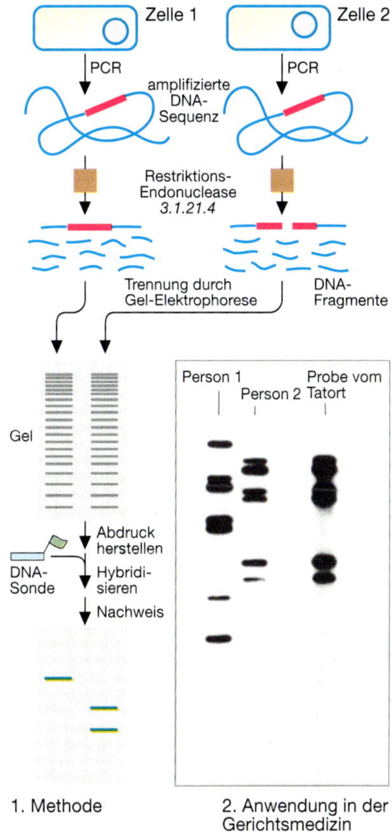


**B. Analyse von RFLP**

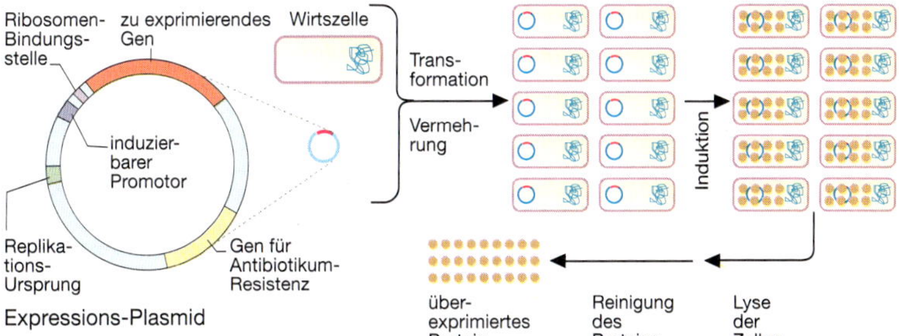


**C. Überexpression von Proteinen**

## Verdauung

Die meisten Bestandteile der Nahrung (s. S. 320) sind für den Organismus nicht direkt verwertbar. Erst nach ihrem Abbau zu kleineren Molekülen ist der Körper in der Lage, die lebensnotwendigen Nahrungsbestandteile aufzunehmen. Unter **Verdauung** versteht man die mechanische und enzymatische Zerlegung der Nahrungsstoffe und die Resorption der Spaltprodukte.

### A. Hydrolyse und Resorption von Nahrungsbestandteilen ●

Nach der mechanischen Zerkleinerung der Nahrung durch Kauen beginnt der enzymatische Abbauprozeß durch Vermischen des Speisebreis mit *Verdauungsenzymen,* die in den verschiedenen Verdauungssäften enthalten sind und auch auf der Oberfläche des Darmepithels vorkommen (s. S. 240). Fast alle Verdauungsenzyme sind *Hydrolasen* (Enzym-Klasse 3); sie katalysieren die Spaltung zusammengesetzter Verbindungen unter Aufnahme von Wasser.

**Proteine** werden durch die *Salzsäure* des Magens denaturiert (s. S. 242), was sie für *Endopeptidasen* des Magensaftes und des Pankreas-Sekrets leichter angreifbar macht. Die von den Enzymen freigesetzten Peptide werden durch *Exopeptidasen,* die im Darm vorkommen, weiter zu **Aminosäuren** gespalten. Diese werden von der Darmmucosa meist im Cotransport mit $Na^+$-Ionen (sekundäraktiver Transport) resorbiert. Für die einzelnen Gruppen von Aminosäuren gibt es jeweils getrennte Transportsysteme.

**Kohlenhydrate** der Nahrung, wie Stärke und Glycogen, werden durch verschiedene *Glycosidasen* des Pankreas stufenweise zu Oligosacchariden, dann durch Glycosidasen des Darms zu **Monosacchariden** gespalten. Auch Glucose und Galactose werden in die Zellen des Darmepithels aktiv im Cotransport mit $Na^+$-Ionen aufgenommen. Außerdem existieren für alle Monosaccharide in der Darmwand passive Transportsysteme.

**Nucleinsäuren** werden durch die *Nucleasen* des Pankreas und des Dünndarms in ihre Bausteine zerlegt. Es entstehen die **Nucleobasen** (Purin- und Pyrimidin-Derivate), **Pentosen** (Ribose und Desoxyribose), **Phosphat** und **Nucleoside** (Base-Pentose). Diese Spaltprodukte werden von der Darmwand im Bereich des *Jejunums* resorbiert.

**Lipide** stellen für die Verdauung ein besonderes Problem dar, weil sie nicht in Wasser löslich sind. Ihre Verdauung beginnt mit der Emulgierung durch *Gallensalze* und *Phospholipide* der Galle (s. S. 240). An der Wasser/Lipid-Grenzfläche dieser Micellen können dann *Lipasen* aus dem Pankreassekret in Gegenwart des Hilfsproteins *Co-Lipase* mit der Hydrolyse beginnen. Die wichtigsten Spaltprodukte der Lipide sind **Fettsäuren, 2-Monoacylglycerole, Glycerol, Cholesterol** und **Phosphat**. Nach der Resorption in die Epithelzellen werden aus Fettsäuren, Glycerol und 2-Monoacylglycerolen wieder Fette resynthetisiert und an das Lymphsystem abgegeben (s. S. 242). Leichter verdaulich sind die Lipide der Milch, die bereits als Emulsion vorliegen und bei der Spaltung kurzkettige Fettsäuren liefern.

**Anorganische Bestandteile** wie Wasser und Salze und die **Vitamine** werden vom Darm unmittelbar resorbiert.

**Hochmolekulare, unverdauliche Nahrungsbestandteile**, z. B. die faserigen Bestandteile der pflanzlichen Zellwand (vor allem Cellulose und Lignin) passieren den Darm unverändert. Sie tragen als *Ballast-Stoffe* durch Wasserbindung und Förderung der Darm-Peristaltik positiv zur Verdauung bei, bevor sie mit den Faeces wieder ausgeschieden werden.

Die von den Epithelzellen der Darmwand im Bereich von *Jejunum* und *Ileum* resorbierten Nahrungsbestandteile und Spaltprodukte werden über das **Portal-Gefäß** der Leber zugeführt. Eine Ausnahme machen die Fette, das Cholesterol und die fettlöslichen Vitamine (s. S. 324). Sie werden von den Epithelzellen an das **Lymphsystem** abgegeben und gelangen über den *Ductus thoracicus* in das Blut, in dem sie in Form von *Chylomikronen* transportiert werden (s. S. 248).

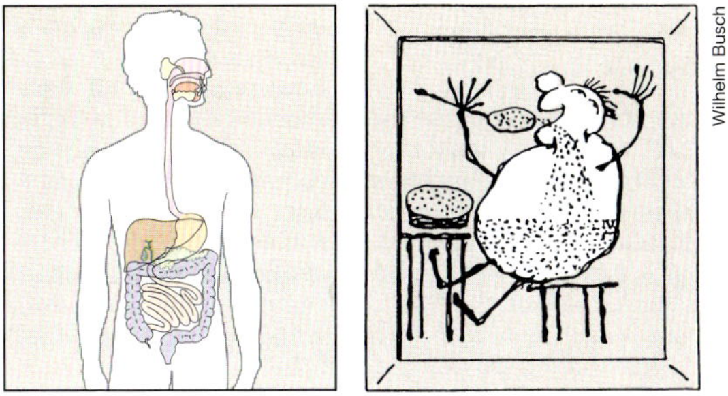


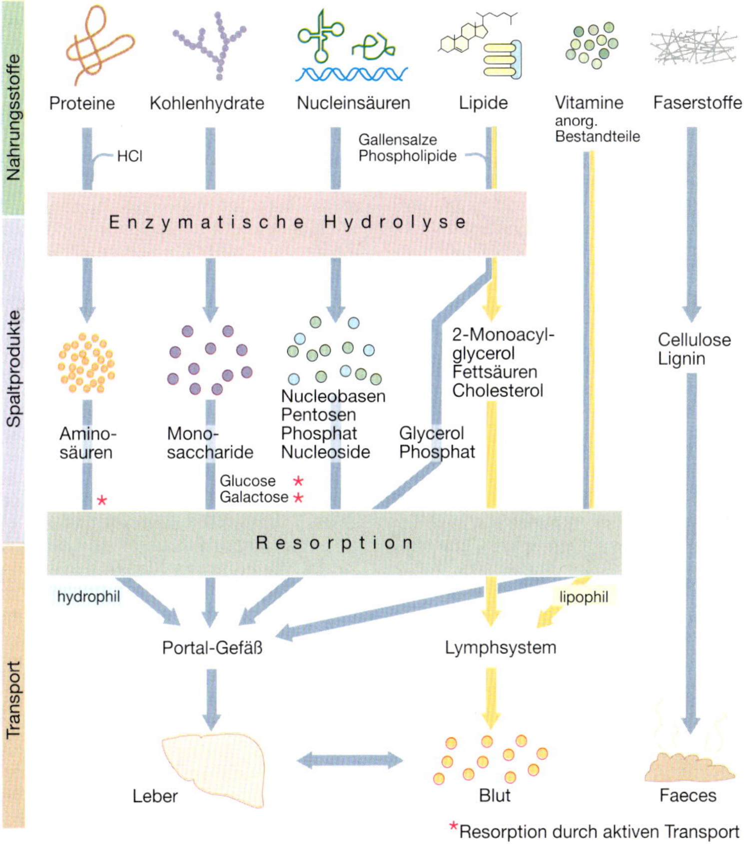


**A. Hydrolyse und Resorption von Nahrungsbestandteilen**

## Verdauungssäfte

### A. Verdauungssäfte ◑

**Speichel**. Speicheldrüsen sezernieren ein Sekret, das neben Wasser und anorganischen Salzen insbesondere *Glycoproteine* (Mucine) als Gleitmittel, *Antikörper* und *Enzyme* enthält. Das Enzym *α-Amylase* sorgt in geringem Umfang für die Hydrolyse von Stärke und Glycogen.

**Magensaft**. Im Magen wird der Nahrungsbrei mit Magensaft durchmischt. Magensaft ist stark sauer, er enthält *Salzsäure* (s. S. 242), *Mucine, anorganische Salze* und die Vorstufen verschiedener Enzyme, sogenannte *Proenzyme* (‚Zymogene'). Die wichtigsten Verdauungsenzyme des Magens sind die *Pepsine* (mehrere Enzyme etwas unterschiedlicher Spezifität), die zu den *Endopeptidasen* zählen. Sie werden durch den niedrigen pH autokatalytisch aktiviert (s. S. 242). Außerdem sezerniert der Magen ein Glycoprotein, das als *‚intrinsischer Faktor'* bezeichnet wird, weil es das Vitamin $B_{12}$ (den ‚extrinsischen Faktor') bindet und vor dem Abbau schützt.

Im Magen setzt eine intensive enzymatische Verdauung vorwiegend der Proteine ein, die zwischen 1 und 3 Stunden dauert. Dann wird der saure Mageninhalt schubweise in das *Duodenum* (Zwölffingerdarm) entleert, wo er mit dem alkalischen Pankreas-Sekret und der Blasen-Galle durchmischt wird.

**Pankreas-Sekret.** Das Pankreas (Bauchspeicheldrüse) bildet in seinen Acinus-Zellen ein wäßriges Sekret, dessen alkalische, auf $\mathbf{HCO_3^-}$ beruhende Pufferstärke ausreicht, die Salzsäure des Magens zu neutralisieren. Im Pankreas-Sekret sind viele *Enzyme* enthalten, die die Hydrolyse hochmolekularer Nahrungsbestandteile katalysieren (s. S. 238). Alle diese Enzyme sind *Hydrolasen* mit pH-Optima im neutralen oder schwach alkalischen Bereich. Sie werden als Proenzyme gebildet und ausgeschüttet.

*Trypsin, Chymoptrypsin* und *Elastase* sind Endopeptidasen, d. h. sie spalten Peptidbindungen im Molekülinneren. Trypsin hydrolysiert Peptidbindungen der basischen Aminosäuren Arg und Lys; Chymotrypsin ist für die Peptidbindungen der unpolaren Aminosäuren Tyr, Trp, Phe und Leu spezifisch, und Elastase spaltet vorwiegend neben den aliphatischen Aminosäuren Gly, Ala, Val und Ile; dabei liegt die Angriffstelle jeweils auf der *Carboxy-Seite* der angegebenen Aminosäuren. Kleinere Peptide werden von **Carboxypeptidasen** angegriffen, die als Exopeptidasen einzelne Aminosäuren vom C-terminalen Ende der Peptide abspalten (s. S. 146).

Die *α-Amylase* des Pankreas greift als *Endoglycosidase* die polymeren Kohlenhydrate Stärke und Glycogen an und setzt aus ihnen Maltose, Maltotriose und eine Mischung anderer Oligosaccharide frei.

Verschiedene pankreatische Enzyme hydrolyrieren Lipide, darunter die *Lipase* mit dem Hilfsprotein *Co-Lipase,* die *Phospholipase* $A_2$ und die *Cholesterol-Esterase.* Diese Enzyme wirken in Zusammenarbeit mit den Gallensalzen (s.u.).

Mehrere Hydrolasen, insbesondere die Ribonuclease (*RNase*) und die Desoxyribonuclease (*DNase*) bauen die in der Nahrung enthaltenen Nucleinsäuren ab.

**Blasen-Galle.** Die Leber bildet ein dünnflüssiges Sekret, das nach dem Entzug von Wasser in der Gallenblase als Blasen-Galle in das Duodenum ausgeschüttet wird. Ihre wichtigsten Bestandteile sind außer Wasser und anorganischen Salzen die *Gallensalze*, *Phospholipide*, *Gallenfarbstoffe* und *Cholesterol*. Gallensalze (s. S. 284) ermöglichen zusammen mit den Phospholipiden das *Emulgieren* der nicht wasserlöslichen Nahrungslipide. Sie aktivieren dadurch die Lipasen (s. S. 244). Ohne Blasen-Galle werden die Fette und fettlöslichen Vitamine nicht oder nur unvollständig resorbiert (‚Fettstuhl').

**Dünndarm-Sekret** Aus den Drüsen des Dünndarms (Lieberkühnsche und Brunnersche Drüsen) werden weitere Verdauungsenzyme in den Darm sezerniert. Zusammen mit Membran-Enzymen auf der Oberfläche des Darmepithels sorgen sie für eine vollständige Hydrolyse der vorgespaltenen Nahrungsbestandteile.

↓ Endoenzym
-← Exoenzym

Bestandteile | Funktion oder Substrat

**Speichel**
Tagesmenge 1.0-1.5 l
pH 7

| Bestandteile | Funktion oder Substrat |
|---|---|
| Wasser | befeuchtet Nahrung |
| Salze | |
| Mucine | machen Nahrung gleitfähig |
| Antikörper | binden Bakterien |
| α-Amylase (*3.2.1.1*) | spalten Stärke ↓ |
| Lysozym (*3.2.1.17*) | greift Bakterienwand an ↓ |

**Magensaft**
Tagesmenge 2-3 l
pH 1

| Bestandteile | Funktion oder Substrat |
|---|---|
| Wasser | |
| Salze | |
| HCl | denaturiert Proteine, tötet Bakterien |
| Mucine | schützen Magenwand |
| Pepsine (*3.4.23.1-3*) | spalten Proteine ↓ |
| Chymosin (*3.4.23.4*) | fällt Casein aus ↓ |
| Triacylglycerol-Lipase (*3.1.1.3*) | spaltet Fette |
| intrinsischer Faktor | bindet Vitamin $B_{12}$ |

**Blasen-Galle**
Tagesmenge 0.6 l
pH 6.9.-7.7

| Bestandteile | Funktion oder Substrat |
|---|---|
| Wasser | |
| $HCO_3^{\ominus}$ | neutralisiert Magensäure |
| Gallensalze | fördern Lipid-Verdauung |
| Phospholipide | fördern Lipid-Verdauung |
| Gallenfarbstoffe | Ausscheidungsprodukte |
| Cholesterol | Ausscheidungsprodukt |

**Pankreas-Sekret**
Tagesmenge 0.7-2.5 l
pH 7.7 (7.5-8.8)

| Bestandteile | Funktion oder Substrat |
|---|---|
| Wasser | |
| $HCO_3^{\ominus}$ | neutralisiert Magensäure |
| Trypsin (*3.4.21.4*) | Proteine ↓ |
| Chymotrypsin (*3.4.21.1*) | Proteine ↓ |
| Elastase (*3.4.21.36*) | Proteine ↓ |
| Carboxypeptidasen (*3.4.n.n*) | Peptide -← |
| α-Amylase (*3.2.1.1*) | Stärke und Glycogen ↓ |
| Lipase (*3.1.1.3*) | Fette |
| Co-Lipase | Cofaktor für Lipase |
| Phospholipase $A_2$ (*3.1.1.4*) | Phospholipide |
| Cholesterol-Esterase (*3.1.1.13*) | Cholesterol-Ester |
| Ribonuclease (*3.1.27.5*) | RNA |
| Desoxyribonuclease (*3.1.21.1*) | DNA |

**Dünndarm-Sekret**
Tagesmenge ?
pH 6.5-7.8

| Bestandteile | Funktion oder Substrat |
|---|---|
| Aminopeptidasen (*3.4.11.n*) | Peptide -← |
| Dipeptidasen (*3.4.13.n*) | Dipeptide |
| α-Glucosidase (*3.2.1.20*) | Oligosaccharide ↓ |
| Oligo-1,6-glucosidase (*3.2.1.10*) | Oligosaccharide ↓ |
| β-Galactosidase (*3.2.1.23*) | Lactose |
| Sucrose-α-Glucosidase (*3.2.1.48*) | Saccharose |
| α, α-Trehalase (*3.2.1.28*) | Trehalose |
| alkalische Phosphatase (*3.1.3.1*) | Phosphorsäureester |
| Polynucleotidasen (*3.1.3.n*) | Nucleinsäuren, Nucleotide ↓ |
| Nucleosidasen (*3.2.2.n*) | Nucleoside -← |
| Phospholipasen (*3.1.n.n*) | Phospholipide |

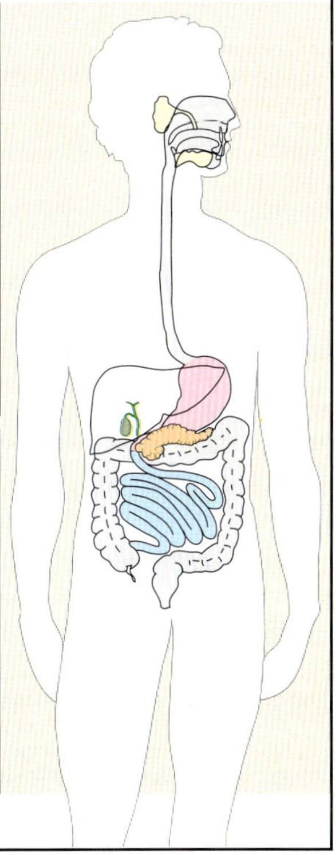

**A. Verdauungssäfte**

## Verdauungsprozesse

### A. Salzsäure-Bildung ◑

Die **Salzsäure** des Magensaftes aktiviert die Pepsine, dient der Abtötung von Mikroorganismen und denaturiert Nahrungsproteine, die dann von Proteinasen besser angegriffen werden können. Die Salzsäure wird von den *Belegzellen* der Magendrüsen sezerniert. Diese Zellen nehmen $\mathbf{CO_2}$ aus dem Plasma auf, hydratisieren es mit Hilfe der *Carbonat-Dehydratase* (Carboanhydrase) zu Kohlensäure ($\mathbf{H_2CO_3}$), welche in Hydrogencarbonat ($\mathbf{HCO_3^-}$) und $\mathbf{H^+}$ dissoziiert. Das $H^+$ wird aktiv im Austausch gegen $K^+$-Ionen in das Magenlumen sezerniert, das $HCO_3^-$ dagegen wird an das Blut-Plasma abgegeben. Durch den aktiven Transport wird im Magenlumen eine $H^+$-Konzentration erzeugt, die 1 Million mal höher ist als in den Belegzellen.

Die Chlorid-Ionen ($\mathbf{Cl^-}$) entstammen ebenfalls dem Plasma. Sie werden von den Belegzellen gegen $HCO_3^-$ ausgetauscht. Ob sie den Protonen in das Magenlumen passiv folgen oder aktiv sezerniert werden, ist noch nicht völlig geklärt.

### B. Fett-Verdauung und -Resorption ◑

Fette und andere Lipide sind nicht wasserlöslich. Erst mit Hilfe der **Gallensalze** und **Phospholipide** aus der Galle werden sie so stark emulgiert, daß sie von *Lipasen* aus dem Pankreas angegriffen werden können. Fett (Triacylglycerol) wird durch Pankreas-Lipase vorzugsweise in Position 1 und 3 des Glycerols angegriffen, dabei werden zwei Fettsäure-Reste abgespalten, so daß **Fettsäuren** und **2-Monoacylglycerol** mengenmäßig die wichtigsten Produkte der Fett-Hydrolyse sind. Aber auch etwas **Glycerol** entsteht durch vollständige Hydrolyse.

Die Spaltprodukte gelangen durch passive Diffusion in die Epithelzellen des Darms. Dort werden die langkettigen Fettsäuren mit Coenzym A aktiviert und dann für eine *Resynthese von Triacylglycerol* wiederverwendet. Dieses wird an die Lymphgefäße abgegeben und unter Umgehung der Leber in den *Ductus thoracicus* ausgeschüttet.

Kurzkettige Fettsäuren mit weniger als 12 C-Atomen gehen direkt in das Blut über und gelangen über die Pfortader in die Leber. Auch das resorbierte Glycerol kann diesen Weg nehmen.

### Weitere Informationen

**Aktivierung von Verdauungsenzymen** (nicht gezeigt). Die Hydrolyse der Nahrungsproteine wird durch *Pepsine* des Magens eingeleitet. Dies sind mehrere Proteinasen etwas unterschiedlicher Spezifität, die als Zymogene in Form von **Pepsinogenen** in den *Hauptzellen* der Magendrüsen gebildet werden. Erst im Kontakt mit dem saurem Milieu des Mageninhalts gehen die Pepsinogene durch *autokatalytische Abspaltung* eines blockierenden Peptids in ihre aktive Form, die Pepsine, über.

Pepsine sind *Endopeptidasen* mit ungewöhnlich saurem pH-Optimum (pH 2). Sie spalten mit Hilfe von zwei Aspartat-Resten im aktiven Zentrum die Proteine bevorzugt neben den Aminosäuren Phe und Leu.

Es stellt sich die Frage, warum die Verdauungsenzyme nicht die Gewebe des Magen-Darm-Trakts angreifen? Dafür gibt es mehrere Erklärungen.

- Die Innenfläche von Magen und Darm wird durch die *Sekretion von Mucinen*, schleimartige Glycoproteine, geschützt.
- Einen wichtigen Beitrag leistet die verzögerte Aktivierung von Verdauungsenzymen. Sie werden als inaktive Enzym-Vorstufen, d. h. als *Proenzyme* (Zymogene), gebildet und erst im Lumen des Verdauungstraktes in aktive Hydrolasen umgewandelt.
- Ein weiterer Schutz ist in den *Enzyminhibitoren* zu sehen, die gleichzeitig mit den Zymogenen gebildet werden. So sorgt z. B. der *Trypsin-Inhibitor* im Pankreas-Sekret dafür, daß vorzeitig aktiviertes Trypsin vollständig inaktiviert wird.

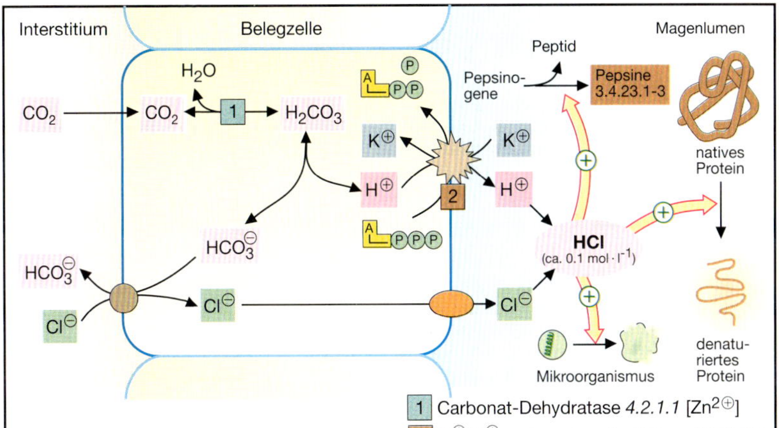


**A. Salzsäure-Bildung**

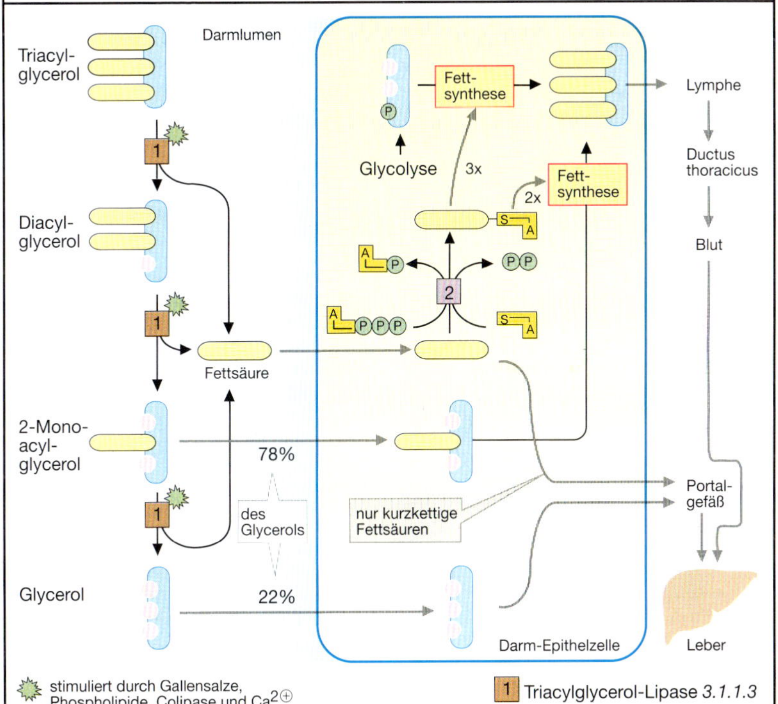


**B. Fett-Verdauung und Resorption**

## Bestandteile des Bluts

Das Blut eines Menschen macht etwa 8% seines Gewichts aus. Es besteht aus Zellen, Zellbruchstücken und aus einer wässrigen Lösung, dem **Plasma.** Der Anteil der zellulären Elemente am Gesamtvolumen, der *Hämatokrit*, beträgt etwa 45%.

### A. Aufgaben ●

Das Blut erfüllt im Körper verschiedene Aufgaben. Es ist Transportmittel, dient der Konstanthaltung des ‚inneren Milieus' des Körpers (Homöostase) und ist entscheidend an der Abwehr körperfremder Stoffe beteiligt.

**Transport:** Mit dem Blut werden die *Gase* Sauerstoff und Kohlendioxid transportiert. Das Blut befördert resorbierte *Nahrungsstoffe* vom Darm zur Leber und den anderen Organen, es stellt die Versorgung der Organe untereinander sicher, und es nimmt den Geweben die *Stoffwechsel-Endprodukte* wieder ab, um sie zur Ausscheidung zur Lunge, Leber und Niere zu transportieren. Das Blut besorgt auch die Verbreitung der *Hormone* im Organismus (s. S. 332).

**Homöostase**: Das Blut sorgt für einen ausgeglichenen *Wasserhaushalt* zwischen dem Blutgefäßsystem, den Zellen (Intrazellularraum) und dem Extrazellularbereich. Der *Säure-Basen-Haushalt* wird vom Blut im Zusammenwirken mit Lunge, Leber und Niere reguliert (s. S. 250). Auch die geregelte *Körpertemperatur* hängt vom kontrollierten Wärmetransport durch das Blut ab.

**Abwehr**: Gegen fremde Moleküle und Zellen, die in den Organismus eingedrungen sind, setzt sich der Organismus sowohl mit unspezifischen als auch mit spezifischen Mechanismen zur Wehr. Zu dem spezifischen Abwehrsystem gehören die Zellen des Immunsystems und die Antikörper (s. S. 258 ff.).

**Selbstschutz**: Um bei Gefäßverletzungen einen Blutverlust zu vermeiden, besitzt das Blut ein wirksames System zur Blutgerinnung und physiologischen Blutstillung (Hämostase, s. S. 256). Auch die Wiederauflösung von Blutgerinnseln (Fibrinolyse) wird vom Blut besorgt.

### B. Zelluläre Elemente ◑

Die festen Elemente des Blutes sind die *Erythrocyten* (rote Blutkörperchen), *Leukocyten* (weiße Blutkörperchen) und die *Thrombocyten* (Blutplättchen). Wegen ihrer großen Bedeutung werden biochemische Aspekte der **Erythrocyten** auf den S. 252 bis 256 gesondert behandelt.

Zu den **Leukocyten** gehören die verschiedenen Formen von *Granulocyten*, *Monocyten* und *Lymphocyten* (s. S. 258). Sie unterscheiden sich durch Gestalt, Funktion und Ort ihrer Entstehung.

**Thrombocyten** sind Zellbruchstücke, die sich im Knochenmark aus großen Vorläuferzellen, den *Megakaryocyten,* abschnüren. Ihre wichtigste Aufgabe ist die Förderung der Blutgerinnung.

### C. Plasma: Zusammensetzung ◑

Das Plasma ist eine wässrige Lösung von Elektrolyten, Nahrungsstoffen, Metaboliten, Proteinen, Vitaminen, Spurenelementen und Hormonen.

Die **Elektrolyt-Zusammensetzung** des Blutplasmas wird im klinisch-chemischen Labor häufig bestimmt. Im Vergleich zur Zusammensetzung des Cytoplasmas fällt im Blutplasma die relativ hohe Konzentration an Natrium-, Calcium und Chlorid-Ionen auf. Dagegen sind die Konzentrationen von Kalium-, Magnesium- und Phosphat-Ionen in den Zellen höher. Auch die Konzentration von Proteinen (Proteinat-Anionen) ist in den Zellen größer. Die Elektrolyt-Zusammensetzung des Plasmas ähnelt der des Meerwassers, was auf die Evolution aus Lebensformen im Meer zurückgeht.

Eine Liste besonders wichtiger **Metabolite** im Blutplasma ist rechts zusammengestellt. Über **Plasmaproteine** wird auf der Folgeseite berichtet.

Die flüssige Phase von geronnenem Blut wird als **Serum** bezeichnet. Es unterscheidet sich vom Plasma durch das Fehlen von Fibrinogen und anderen Proteinen, die bei der Gerinnung verbraucht werden (s. S. 256).

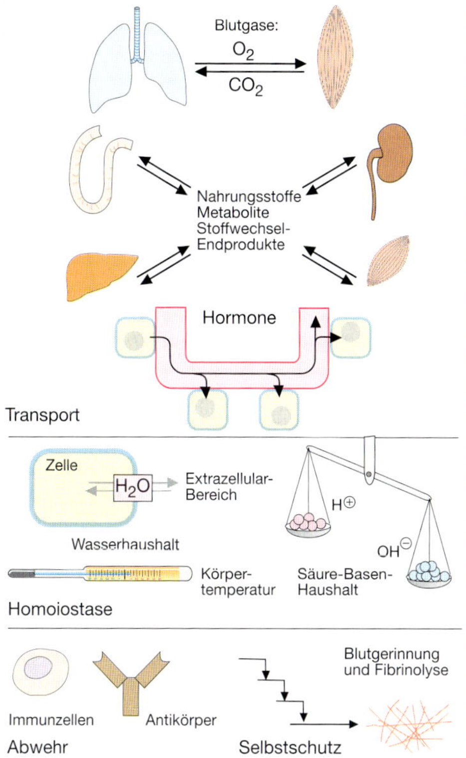


**A. Aufgaben des Blutes**

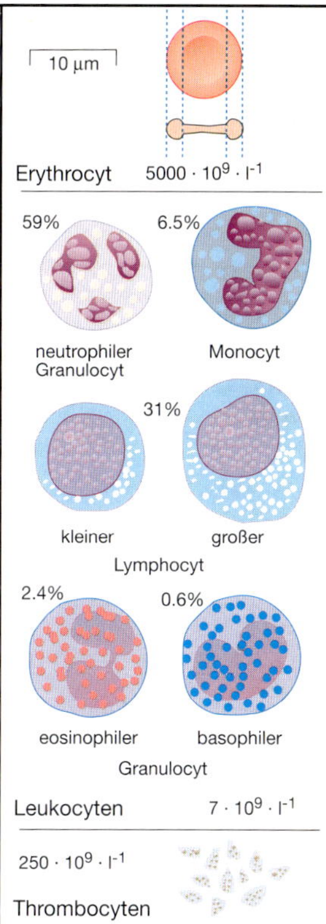


**B. Zelluläre Elemente**

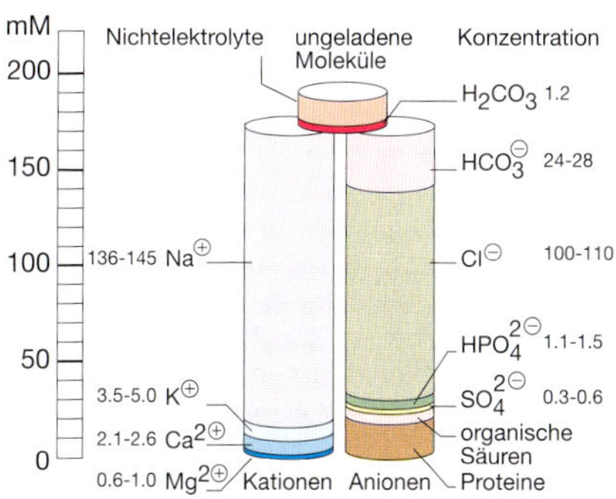


| Metabolite | Konzentration (mM) |
|---|---|
| Glucose | 3.6 - 6.1 |
| Lactat | 0.4 - 1.8 |
| Pyruvat | 0.07 - 0.11 |
| Harnstoff | 3.5 - 9.0 |
| Harnsäure | 0.18 - 0.54 |
| Kreatinin | 0.06 - 0.13 |
| Aminosäuren | 2.3 - 4. 0 |
| Ammoniak | 0.02 - 0.06 |
| Lipide (total) | $5.5 - 6.0\ g \cdot l^{-1}$ |
| Triacylglyceride | $1.0 - 1.3\ g \cdot l^{-1}$ |
| Cholesterol | $1.7 - 2.1\ g \cdot l^{-1}$ |

**C. Plasma: Zusammensetzung**

## Plasma-Proteine

Proteine bilden den größten Teil der nichtflüchtigen Bestandteile des Blutplasmas. Ihre Konzentration liegt zwischen 60 und 80 $g \cdot l^{-1}$. Damit machen sie etwa 4% aller Körperproteine aus.

### A. Plasmaproteine ◑

Im Plasma kommen fast 100 verschiedene Proteine vor. Nach ihrem Verhalten in der Träger-Elektrophorese (s.u.) kann man sie grob in fünf Gruppen einteilen, die **Albumine** und die **$\alpha_1$-, $\alpha_2$-, β- und γ-Globuline**. Die Einteilung in Albumine und Globuline wurde früher auf Grund ihrer Löslichkeit vorgenommen: Albumine sind in reinem Wasser löslich, Globuline lösen sich erst bei Anwesenheit von Salzen.

Mengenmäßig wichtigstes Protein des Plasmas ist das **Albumin**, das wesentlich zur Aufrechterhaltung des kolloidosmotischen Drucks des Blutes beiträgt. Es fungiert auch als Trägerprotein für lipophile Substanzen wie freie Fettsäuren, Bilirubin, einige Steroidhormone und Vitamine, sowie für Calcium-Ionen.

Mit zur Albumin-Fraktion gehört das Thransthyretin (Präalbumin), welches zusammen mit einem Thyroxin-bindenden Globulin und Albumin das Hormon Thyroxin und seine Metabolite (Iodthyronine) transportiert.

Die Tabelle nennt weitere wichtige **Globuline** des Blutplasmas, ihre Größe und Funktionen. Die Proteine sind am Transport von Lipiden (s. S. 248), sowie von Hormonen, Vitaminen und Metall-Ionen beteiligt, sie bilden wichtige Bestandteile des Gerinnunggssystems (s. S. 256) und stellen die Antikörper des Immunsystems (s. S. 260).

### B. Elektrophorese ◑

Proteine und andere elektrisch geladene Makromoleküle lassen sich durch Elektrophorese trennen. Bei diesem analytischen, seltener präparativen, Verfahren werden die Moleküle durch Wanderung in einem elektrischem Feld getrennt. Sie wandern aufgrund ihrer Netto-Ladung, die im Falle der Proteine von der Zahl der negativ und positiv geladenen Aminosäure-Reste und vom pH-Wert des Elektrophorese-Puffers abhängt. Bei physiologischen pH-Werten sind die meisten Proteine Anionen, d. h. die Zahl ihrer negativen Ladungen überwiegt. Die *Wanderungsgeschwindigkeit* wird von der Nettoladung, Molekülgröße und -form, sowie der angelegten Spannung bestimmt. Unter den vielen verschieden Elektrophorese-Verfahren ist die **Träger-Elektrophorese** auf Cellulose-Acetat-Folie besonders einfach. Mit ihrer Hilfe können die Serumproteine in die genannten fünf Fraktionen aufgetrennt werden. Sie lassen sich durch Anfärben mit Farbstoffen sichtbar machen und durch Densitometrie halbquantitativ bestimmen. Bei bestimmten Erkrankungen verschieben sich die Konzentrationen einzelner Proteine (sog. ‚*Dysproteinämien*').

Leistungsfähigere Elektrophorese-Verfahren benutzen als Träger Polyacrylamid-Gele (PAGE = **Poly-Acrylamid-Gel-Elektrophorese**) oder Agarose-Gele. Durch Modifikation der Elektrophorese-Bedingungen (z. B. durch ein Poren-Gradienten-Gel, einen pH-Gradienten, den Zusatz von Dergentien wie Natrium-Dodecyl-Sulfat oder die Gegenwart von Antikörpern) und der Nachweisverfahren sind sehr effiziente, spezifische Trennverfahren entwickelt worden, über die Bücher der biochemischen Laboratoriumspraxis informieren.

### Weitere Informationen ◑

Die meisten Plasmaproteine werden in den Zellen der Leber synthetisiert (Ausnahmen: Immunglobuline und Proteohormone). Fast alle sind Glycoproteine (Ausnahme: Albumin). Sie tragen Oligosaccharide in *N*- und *O*-Bindung an Aminosäureresten gebunden. Die Zahl von Sialinsäure-Molekülen auf der Proteinoberfläche bestimmt ihre Halbwertszeit (s. S. 280), welche meist mehrere Tage beträgt.

Plasmaproteine treten häufig in *Isoformen* auf, die sich durch den Austausch einzelner Aminosäuren unterscheiden (genetischer Polymorphismus).

| Gruppe | Protein | $M_r$ in kDa | Funktion |
|---|---|---|---|
| Albumine: | Transthyretin | 50-66 | Transport von Thyroxin und Triiodthyronin |
| | Albumin: 45 g/l, | 67 | Erhalt des osmotischen Drucks, Transport von Fettsäuren, Bilirubin, Gallensäuren, Steroidhormonen, Pharmaka sowie anorganischen Ionen |
| $\alpha_1$-Globuline: | Antitrypsin | 51 | Hemmung von Trypsin und anderen Proteasen |
| | Antichymotrypsin | 58-68 | Hemmung von Chymotrypsin |
| | Lipoprotein (HDL) | 200-400 | Transport von Lipiden |
| | Prothrombin | 72 | Gerinnungsfaktor II, Vorstufe von Thrombin (*3.4.21.5*) |
| | Transcortin | 51 | Transport von Cortisol, Corticosteron und Progesteron |
| | saures Glycoprotein | 44 | Transport von Progesteron |
| | Thyroxin-bindendes Globulin | 54 | Transport von Iodothyroninen |
| $\alpha_2$-Globuline: | Ceruloplasmin | 135 | Transport von Kupfer-Ionen |
| | Antithrombin III | 58 | Hemmung der Blutgerinnung |
| | Haptoglobin | 100 | Bindung von Hämoglobin |
| | Cholin-Esterase (*3.1.1.8*) | ca. 350 | Spaltung von Cholinestern |
| | Plasminogen | 90 | Vorstufe von Plasmin (*3.4.21.7*), Auflösung von Blutgerinnseln |
| | Macroglobulin | 725 | Bindung von Proteasen, Transport von Zink-Ionen |
| | Retinol-bindendes Protein | 21 | Transport von Vitamin A |
| | Vitamin D-bindendes Protein | 52 | Transport von Calciolen |
| $\beta$-Globuline: | Lipoprotein (LDL) | 2.000-4.500 | Transport von Lipiden |
| | Transferrin | 80 | Transport von Eisen-Ionen |
| | Fibrinogen | 340 | Gerinnungsfaktor I |
| | Geschlechthormon-bindendes Globulin | 65 | Transport von Testosteron und Estradiol |
| | Transcobalamin | 38 | Transport von Vitamin $B_{12}$ |
| | C-reaktives Protein | 110 | Aktivierung von Komplement |
| $\gamma$-Globuline: | IgG, | 150 | späte Antikörper |
| | IgA, | 162 | Mucosa-schützende Antikörper |
| | IgM, | 900 | frühe Antikörper |
| | IgD, | 172 | B-Lymphocyten-Rezeptoren |
| | IgE | 196 | Reagine |

**A. Plasmaproteine**

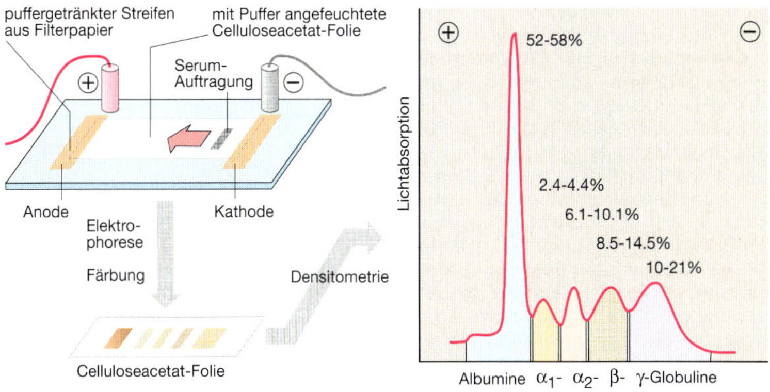


**B. Elektrophorese**

## Lipoproteine

Wir unterscheiden zwei Gruppen von **Lipoproteinen;** die einen Proteine tragen ein Lipid in *kovalenter* Bindung, die anderen sind mit Lipiden durch *nebenvalente* Bindungen verbunden. Kovalent gebundene Lipide stellen eine Art von Anker dar, mit dessen Hilfe die Proteine an Membranen geheftet werden (s. S. 212). Die Lipoproteine der zweiten Gruppe sind dagegen weniger definiert zusammengesetzt und als Aggregate von Proteinen mit Lipiden zu verstehen (**Lipoprotein-Komplexe**). Sie haben eine variable Größe und Zusammensetzung und kommen im Blutplasma vor, wo sie dem Transport von wasserunlöslichen Lipiden dienen.

### A. Zusammensetzung von Lipoprotein-Komplexen ◑

Im Prinzip stellen die Lipoprotein-Komplexe kugelförmige Komplexe von Molekülen dar. Sie bestehen aus einem Kern von *unpolaren Lipiden* (Triacylglycerole und Cholesterol-Acylester) und einer etwa 2 nm dicken Hülle aus *Apoprotein* und *amphiphilen Lipiden* (Phospholipide und Cholesterol). Diese Schicht ist nach außen polar und hält dadurch die Lipide im Plasma löslich. Je größer der Lipidkern ist, d. h. je höher der Anteil der Lipide ist, desto geringer ist auch die Dichte von Lipoprotein-Komplexen.

Man teilt die Lipoprotein-Komplexe in fünf Gruppen ein. Nach abnehmender Größe und zunehmender Dichte sind dies die **Chylomikronen** und **Chylomikronen-Reste**, **VLDL** (very low density lipoprotein), **IDL** (intermediate density lipoprotein) **LDL** (low density lipoprotein), und **HDL** (high density lipoprotein). Die Lipoprotein-Komplexe tragen charakteristische Apoproteine auf ihrer Außenseite, welche in der Hüllschicht ‚schwimmen' oder nur lose angelagert sind (hier am Beispiel des LDL dargestellt). Die Apoproteine sind für das Schicksal der Lipoproteine entscheidend: sie dienen als *Erkennungsmoleküle* für Membranrezeptoren (s.u.) und als essentielle Partner für Enzyme und Proteine, die am Lipid-Stoffwechsel und -Austausch beteiligt sind.

### B. Transport von Triacylglycerol und Cholesterol ◑

**Chylomikronen** besorgen den Transport der *Nahrungslipide* vom Darm zu den Geweben. Die Chylomikronen werden in der Darmmucosa gebildet und über das Lymphsystem dem Blut zugeführt. Im Muskel und im Fettgewebe verlieren sie schnell durch eine *Lipoprotein-Lipase*, die von ApoC-II aktiviert wird, den größten Teil ihrer Triacylglycerole. Sie gehen dadurch in **Chylomikronen-Reste** über, die schließlich von der Leber aufgenommen werden.

**VLDL**, **IDL** und **LDL** sind eng miteinander verwandt. Sie transportieren Triacylglycerole, Cholesterol und Phospholipide von der Leber zu den Geweben. VLDL wird in der Leber gebildet und geht durch Abgabe von Fettsäuren, ähnlich wie bei den Chylomikronen, in IDL und LDL über. Das entstandene LDL versorgt die Gewebe mit Cholesterol.

**HDL** führt dagegen das in den Geweben gebildete, überschüssige Cholesterol wieder zur Leber zurück. Während des Transports wird das Cholesterol durch Übertragung von Fettsäuren des Lecithins acyliert. Enzym ist die *Phosphatidylcholin-Sterol-Acyltransferase* ‚LCAT', *2.3.1.43*). Zwischen HDL und VLDL kommt es zu einem Austausch von Lipiden und Proteinen.

**Rezeptor-vermittelte Endocytose.** LDL wird von Zellen, die Cholesterol aufnehmen wollen, durch Bindung des ApoB-100 und ApoE an zellmembranständige Rezeptoren (‚LDL-Rezeptoren') festgehalten und als ganzer Komplex mittels **Endocytose** aufgenommen. Die Aufnahme findet in grubenförmigen Bereichen der Membran statt (sog. *‚coated pits'*), die auf der Innenseite mit dem Protein *Clathrin* dekoriert sind. Clathrin verhilft zu einer Einstülpung und Abschnürung der Vesikel (*‚coated vesicle'*). Anschließend dissoziiert das Clathrin ab und wird wiederverwendet. Das Vesikel verbindet sich dagegen mit Lysosomen und wird abgebaut (s. S. 210).

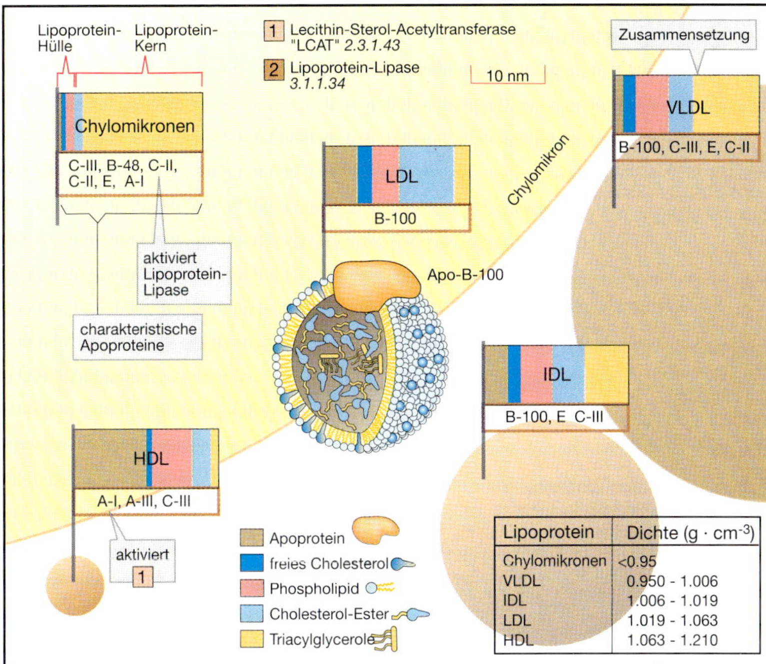


| Lipoprotein | Dichte (g · cm$^{-3}$) |
|---|---|
| Chylomikronen | <0.95 |
| VLDL | 0.950 - 1.006 |
| IDL | 1.006 - 1.019 |
| LDL | 1.019 - 1.063 |
| HDL | 1.063 - 1.210 |

**A. Zusammensetzung von Lipoprotein-Komplexen**

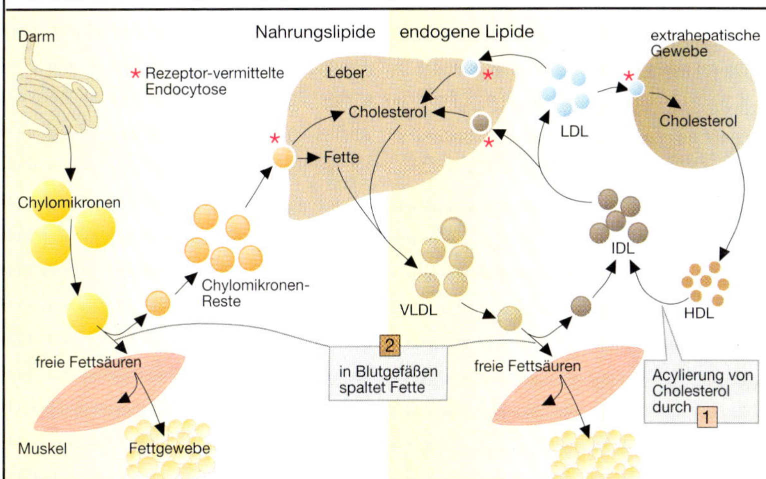


**B. Transport von Triacylglycerol und Cholesterol**

## pH-Wert des Plasmas

### A. Wasserstoff-Ionenkonzentration ●

Die $H^+$-Konzentration im Plasma und im Extrazellularraum liegt bei 40 nM. Dies entspricht einem **pH**-Wert von **7,40**. Der Organismus ist bemüht, diesen pH-Wert konstant zu halten, da große Verschiebungen der Protonen-Konzentration mit dem Leben nicht vereinbar sind.

Der Konstanthaltung des pH-Wertes dienen die **Puffer-Systeme** des Plasmas (**C**). Sie können kurzfristige Störungen des Säure-Basen-Haushalts abfangen. Langfristig ist eine ausgeglichene Bilanz des Protonen-Zuflusses und -Abflusses entscheidend. Wenn die Puffer-Systeme gestört sind oder der Säure-Basen-Haushalt unausgeglichen ist, z. B. bei Erkrankungen der Niere oder bei Störungen der Atmungsfrequenz durch *Hypo-* oder *Hyperventilation*, dann kommt es zu Verschiebungen des Plasma-pH-Wertes. Eine Erniedrigung von pH 7.40 um mehr als 0.03 Einheiten wird als **Acidose** bezeichnet, eine Erhöhung als **Alkalose.**

### B. Säure-Basen-Haushalt ◑

**Herkunft von Protonen** – Die Protonen entstammen weitgehend zwei Quellen: den freien Säuren in der Nahrung und den schwefelhaltigen Aminosäuren der Proteine. Die mit der Nahrung aufgenommenen *Säuren,* z. B. Citronensäure, geben im Darmtrakt (alkalischer pH) Protonen durch Dissoziation ab. Für die Protonenbilanz stärker ins Gewicht fallen die beim Proteinabbau freiwerdenden Aminosäuren **Methionin** und **Cystein**. Ihr Schwefel-Atom wird in der Leber zu Schwefelsäure oxidiert und liefert durch Dissoziation zu Sulfat Protonen.

Bei anaerober Glycolyse in Muskeln und Erythrozyten wird Glucose zu **Milchsäure** umgewandelt (s. S. 304), welche in das Blut abgegeben wird. Ihre Dissoziation zu Lactat liefert ebenfalls Protonen. Auch die Ketonkörper **Acetessigsäure** und **3-Hydroxybuttersäure** in der Leber (s. S. 278) sind Säuren, die beim pH des Plasmas ihre Protonen abgeben. Werden diese Säuren in großen Mengen gebildet (*Hunger, Diabetes mellitus*), belasten sie das Puffer-System des Plasmas und können zu einer pH-Erniedrigung führen (**‚metabolische' Acidose**). Unter normalen Bedingungen werden diese Säuren aber vollständig zu $CO_2$ und $H_2O$ verstoffwechselt, so daß sie insgesamt den Protonen-Haushalt nicht beeinflussen.

**Ausscheidung von Protonen** – Die **Niere** scheidet Protonen im Tausch gegen $Na^+$-Ionen aktiv aus (s. S. 294).

### C. Puffer-Systeme ◑

Das wichtigste Puffer-System des Plasmas ist der **Kohlendioxid-Bicarbonat-Puffer**. Er besteht aus **Kohlensäure,** einer schwachen Säure ($pK_1 = 6{,}1$), und ihrem einfach geladenen Anion **Hydrogencarbonat** (‚Bicarbonat'). Allerdings liegt die Kohlensäure weitgehend in Form ihres Anhydrids $CO_2$ vor. Die Einstellung des Gleichgewichtes zwischen beiden Formen wird durch das Enzym *Carbonat-Dehydratase* (‚Carboanhydrase') beschleunigt. $HCO_3^-$ und $CO_2$ liegen beim pH-Wert des Plasmas in einem Verhältnis von von 20 / 1 vor. Das im Blut physikalisch gelöste $CO_2$ steht mit dem $CO_2$ in der Gasphase der Lungenalveolen im Austausch, seine Konzentration bleibt praktisch konstant. Das $HCO_3^- / CO_2$-System ist deshalb ein besonders leistungsfähiges *offenes Puffer-System.* Durch beschleunigtes oder verlangsamtes Atmen wird die $CO_2$-Konzentration verändert, was zu einer pH-Verschiebung des Plasmas führt (*‚respiratorische' Acidose* bzw. *Alkalose*). Daher kann die *Lunge* den pH-Wert des Plasmas schnell und wirksam beeinflussen, sie ist aber nicht an der Protonen-Ausscheidung beteiligt!

Proteine des Blutes – insbesondere das **Hämoglobin** der Erythrozyten (s. S. 254) – tragen durch Protonen-Bindung ebenfalls zur Konstanthaltung des pH-Wertes bei. In geringem Umfang ist auch das **Phosphat** im Plasma an der Pufferung der Protonen-Konzentration beteiligt.

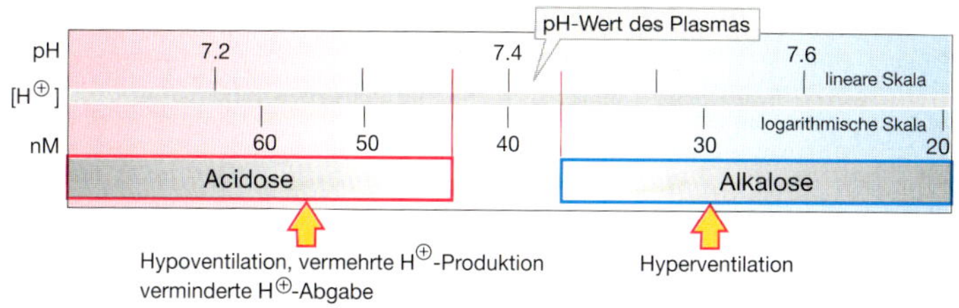


**A. Wasserstoff-Ionen-Konzentration des Plasmas**

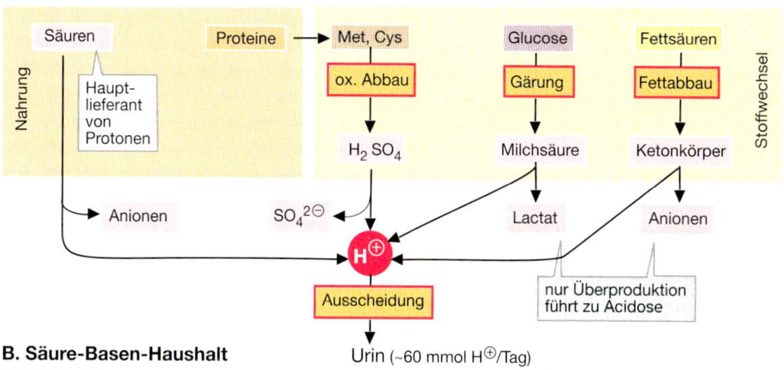


**B. Säure-Basen-Haushalt**

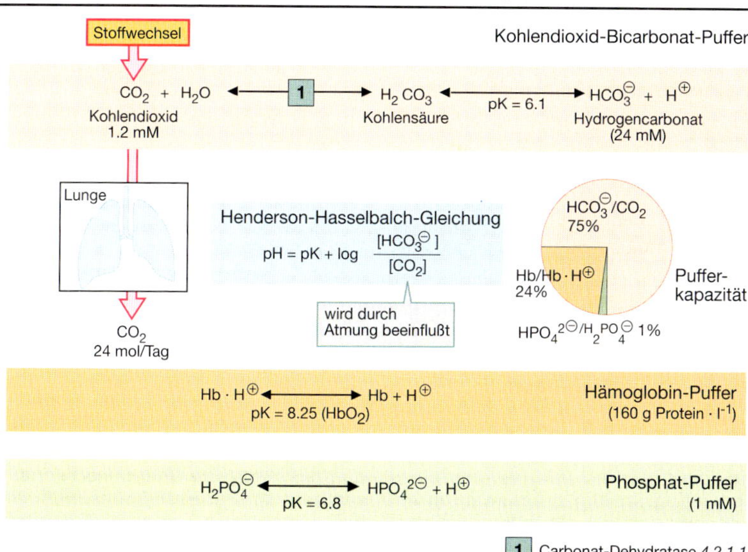


**C. Puffersysteme des Plasmas**

## Gastransport

Die wichtigste Aufgabe der Erythrocyten ist der *Transport von $O_2$ und $CO_2$* zwischen der Lunge und den Geweben. Bei beiden Transportprozessen spielt ein Protein der Erythrocyten, das **Hämoglobin**, die entscheidende Rolle.

### A. Löslichkeit von Sauerstoff ○

Die höheren Organismen benötigen ein Transportsystem für Sauerstoff ($O_2$), weil $O_2$ schlecht wasserlöslich ist. So lassen sich in 1 l Plasma nur etwa 3.2 ml $O_2$ lösen. Das im menschlichen Blut enthaltene Hämoglobin (etwa 160 g/l) bindet dagegen 220 ml $O_2$/l Blut , d. h. die 70fache Menge.

### B. Struktur des Hämoglobins ◑

Das Hämoglobin des Erwachsenen **(Hb A)** ist ein *Tetramer* aus zwei α- und zwei β-Ketten mit Massen von je etwa 16 kDa (**1**). **α- und β-Untereinheiten** unterscheiden sich in ihrer Sequenz, sind aber gleichartig gefaltet. Etwa 80% der Aminosäuren des Globins bilden α-Helices, die mit den Buchstaben A-H bezeichnet werden. Jede Untereinheit trägt eine **Häm-Gruppe** (Formel s. S. 179). $O_2$ bindet an die zentralen zweiwertigen *Eisenatome* der Häm-Gruppen. Bei der **$O_2$-Bindung** (Oxygenierung) ändert sich die Oxidationsstufe des Eisens normalerweise nicht. Das durch Oxidation des Eisens in kleinen Mengen gebildete dreiwertige *Methämoglobin* ist zum $O_2$-Transport nicht in der Lage. Vier der sechs Koordinationsstellen des Eisens werden von den N-Atomen der Pyrrol-Ringe besetzt, eine weitere von einem Histidin-Rest des Globins, mit der sechsten schließlich koordinieren Sauerstoff im Oxy-Hämoglobin bzw. $H_2O$ in der Desoxy-Form.

### C. Sättigungskurve ◑

Die transportierte $O_2$-Menge hängt von der Hb-Konzentration, aber auch von den $O_2$-Konzentrationen in den Kapillaren von Lunge und Geweben ab. Zur Veranschaulichung sind Diagramme nützlich, in denen der Bruchteil der mit $O_2$ besetzten Häm-Gruppen (die *Sättigung S* des Systems) gegen die $O_2$-Konzentration (meist als *Partialdruck $pO_2$* in mm Hg) aufgetragen ist. Die **Sättigungskurve** von Hb ist aufgrund allosterischer Effekte (s. S. 254) S-förmig *(sigmoidal)*. Man erkennt, daß normalerweise weniger als die Hälfte des in der Lunge gebundenen $O_2$ im Gewebe wieder abgegeben wird ($\Delta S < 0.5$). Da 1 l Blut etwa 10 mmol Häm-Gruppen enthält, ergibt sich die transportierte $O_2$-Menge durch Multiplikation von $\Delta S$ mit diesem Wert.

### D. Hämoglobin und $CO_2$-Transport ◑

Auch am **Transport von Kohlendioxid** ($CO_2$) von den Geweben zur Lunge ist Hb beteiligt. Etwa 90% des $CO_2$ werden nicht als solches transportiert, sondern zunächst in das weit besser lösliche **Hydrogencarbonat ($HCO_3^-$)** umgewandelt. In der Lunge muß daraus wieder $CO_2$ regeneriert werden, weil sich nur dieses abatmen läßt. Beide Prozesse – $HCO_3^-$-Bildung in den Geweben und $CO_2$-Freisetzung in der Lunge – sind mit der Desoxygenierung bzw. Oxygenierung von Hb gekoppelt. Desoxy-Hb ist nämlich eine deutlich stärkere Base als Oxy-Hb. Es bindet deshalb Protonen (etwa 0.7 $H^+$ pro Tetramer) und fördert dadurch in den Gewebskapillaren die Bildung von $HCO_3^-$ aus $CO_2$ (unten). Ebenfalls beteiligt ist die *Carbonat-Dehydratase* (‚Carboanhydrase'), ein Enzym, das in den Erythrocyten in hoher Konzentration vorkommt. Das gebildete $HCO_3^-$ wird zum größten Teil im Austausch gegen $Cl^-$ ins Plasma abgegeben und gelangt mit diesem zur Lunge. Dort verlaufen die beschriebenen Reaktionen in umgekehrter Richtung (oben): Desoxy-Hb wird oxygeniert und gibt dabei Protonen ab. Diese verschieben das $HCO_3^-/H_2CO_3$-Gleichgewicht und fördern so die $CO_2$-Abgabe. Ein kleiner Teil des $CO_2$ (etwa 5%) wird kovalent an Hb gebunden als *Carbamino-Hb* transportiert (nicht gezeigt). Man schätzt, daß die beschriebenen Mechanismen für 60% des $CO_2$-Transports verantwortlich sind.

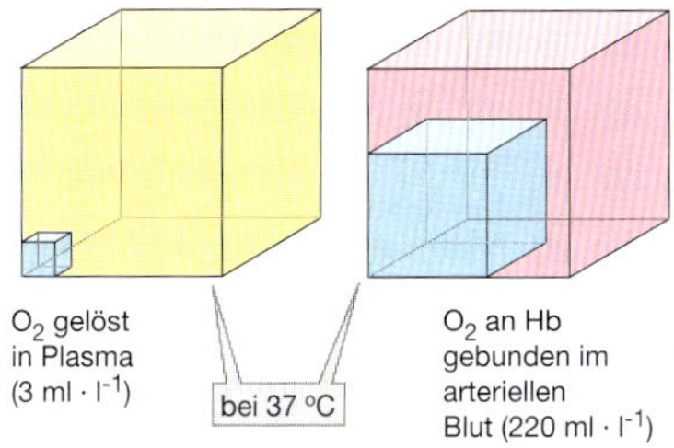


**A. Löslichkeit von Sauerstoff**

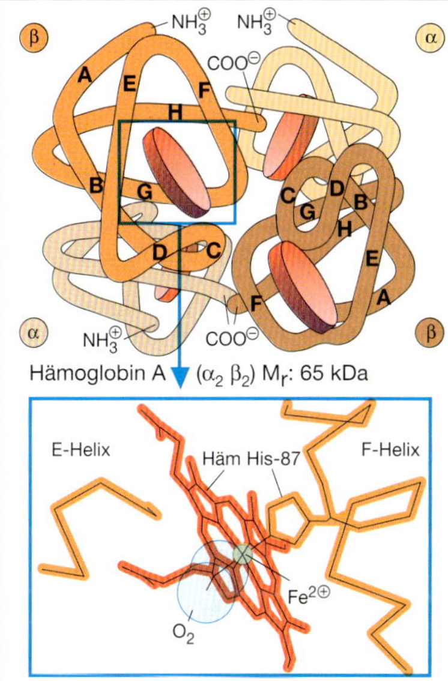


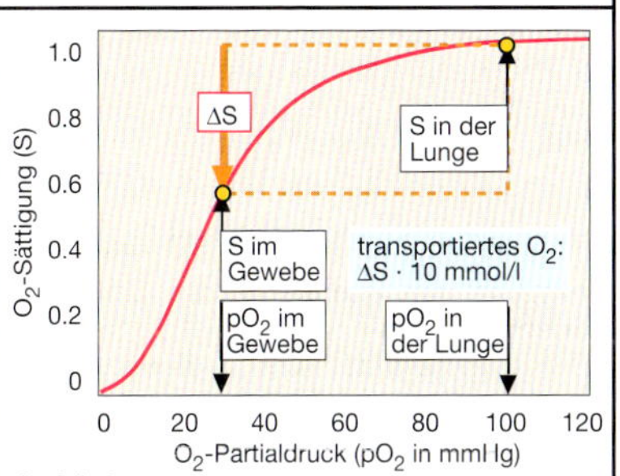


**C. Sättigungskurve**

**B. Struktur des Hämoglobins**

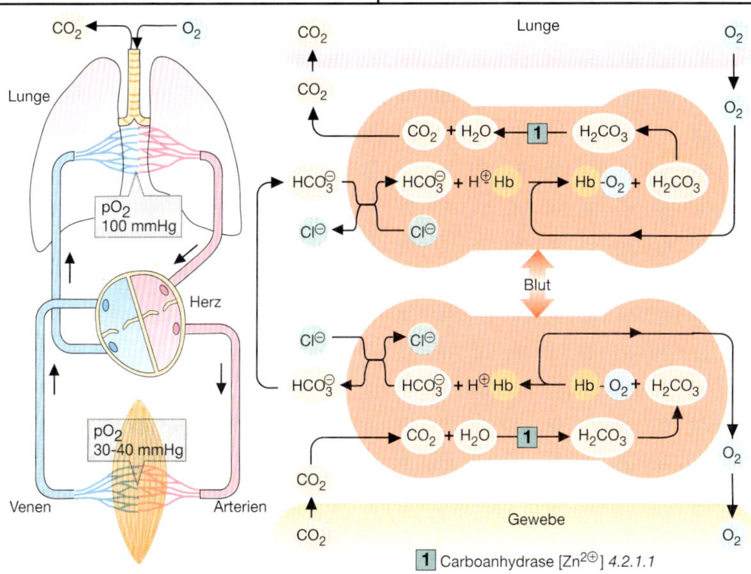


**D. Hämoglobin und $CO_2$-Transport**

# Hämoglobin, Erythrocyten-Stoffwechsel

## A. Hämoglobin: Allosterische Effekte ○

Hämoglobin war das erste Protein, an dem allosterische Effekte (s. S. 112) beobachtet wurden. Die molekularen Grundlagen des allosterischen Verhaltens des Hämoglobins wurden von *M. F. Perutz* durch Röntgen-Kristallographie aufgeklärt. In Abb. **A** sind sie in vereinfachter Form dargestellt: Wie die Aspartat-Carbamoyltransferase, kann auch Hb zwei Zustände einnehmen, die man als T- bzw. R-Form bezeichnet. Die **T-Form** (links) ist gespannt (engl. *t*ense) und besitzt eine viel *geringere $O_2$-Affinität* als die R-Form (rechts). Die Untereinheiten werden durch elektrostatische Wechselwirkungen zusammengehalten, die hier als Klammern dargestellt sind. Bindet $O_2$ an eine der Untereinheiten der T-Form, führt dies zu einer lokalen Konformationsänderung, die den Zusammenhalt zwischen den Untereinheiten schwächt. Mit zunehmendem $O_2$-Partialdruck gehen deshalb immer mehr Moleküle in die affinere **R-Form** über (engl. *r*elaxed). Aufgrund dieser *kooperativen Wechselwirkungen* zwischen den Untereinheiten steigt die $O_2$-Affinität des Hb mit der $O_2$-Konzentration stark an, d.h seine $O_2$-Sättigungskurve ist *sigmoidal*. Die Konzentrationen verschiedener **allosterische Effektoren** ($O_2$, $H^+$ und 2,3-Bisphosphoglycerat, **B**) beeinflussen das Gleichgewicht zwischen T und R-Form (gelbe Pfeile).

## B. Regulation des $O_2$-Transports ◑

Zu den allosterischen Effektoren des Hämoglobins gehören neben Sauerstoff selbst das $CO_2$, $H^+$-Ionen und ein nur im Erythrocyten gebildeter Metabolit, das **2,3-Bisphosphoglycerat (BPG)**. BPG wird aus einem Zwischenprodukt der Glycolyse (s. S. 136), dem 1,3-Bisphosphoglycerat gebildet und kann durch Abbau zu 2-Phosphoglycerat wieder in die Glycolyse eingeschleust werden (**1**). Es bindet ausschließlich an Desoxy-Hb (die T-Form) und vergrößert dadurch dessen Anteil am Gleichgewicht. Die Folge ist eine verstärkte $O_2$-Abgabe bei konstantem $pO_2$. Im Diagramm entspricht dies einer *Rechtsverschiebung* der Sättigungskurve (**2**). Gleichsinnig mit BPG wirken Protonen ($H^+$). Ihr Einfluß auf die Lage der Kurve wird als *Bohr-Effekt* bezeichnet und ist ebenfalls schon lange bekannt. Auch die Bindung von $CO_2$ fördert die Abgabe von Sauerstoff. Die Wirkungen von $CO_2$ und BPG sind *additiv*. In Gegenwart beider Effektoren gleicht die Sättigungskurve von isoliertem Hb der von Vollblut. Zum Vergleich ist die Kurve für Myoglobin (s. S. 304) dargestellt (Kurve 1). Sie ist nicht sigmoidal und wird durch die Effektoren BPG und $CO_2$ nicht beeinflußt.

## C. Erythrocyten-Stoffwechsel ○

Erythrocyten enthalten keine Mitochondrien oder andere Organellen, und auch ihr cytoplasmatischer Stoffwechsel ist stark reduziert. Unentbehrlich für ihre Funktion ist allerdings die Zufuhr von Glucose, die über die **Glycolyse** zu Lactat abgebaut wird. Das dabei gewonnene ATP dient vor allem der Energieversorgung der *$Na^+/K^+$-ATPase*, die das Ionen-Milieu im Erythrocyten aufrechterhält. Auch BPG enstammt dem Glucose-Abbau. Ein geringer Teil der Glucose wird über den **Hexose-monophosphat-Weg** verstoffwechselt. Das dabei gebildete NADPH ist wichtig für Prozesse, die den Erythrocyten vor oxidativer Schädigung schützen.

Sauerstoff und daraus gebildete Derivate können Hämoglobin in Methämoglobin überführen. Außerdem entstehen in Gegenwart von $O_2$ ständig sehr reaktive Peroxide, die ebenfalls beseitigt werden müssen. Dies geschieht enzymatisch mit Hilfe von **Glutathion (GSH)**. Dieses atypische Tripeptid (γ-Glu-Cys-Gly) trägt am Cystein eine *Thiol-Gruppe*, die bei der Reduktion von Methämoglobin und Peroxiden zum entsprechenden *Disulfid (GSSG)* oxidiert wird. Die Regeneration von GSH wird durch die *Glutathion-Reduktase* katalysiert, die dazu NADPH als Coenzym benötigt.

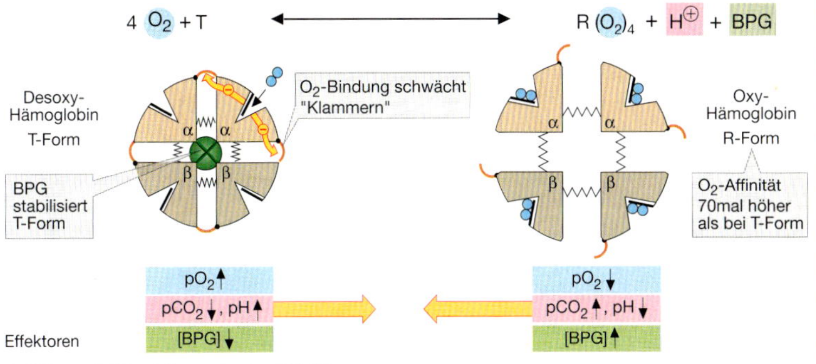


**A. Hämoglobin: Allosterische Effekte**

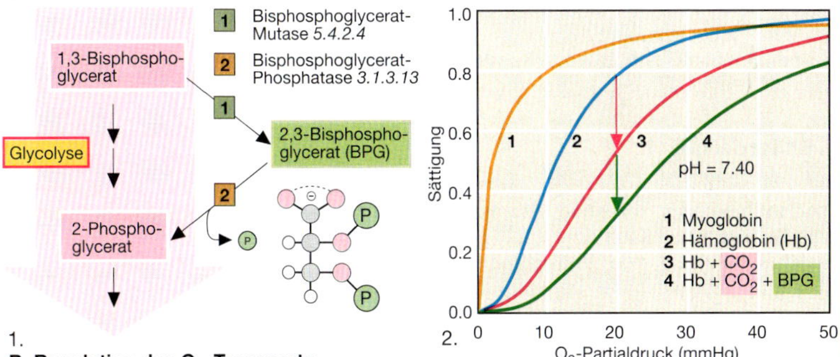


**B. Regulation des $O_2$-Transports**

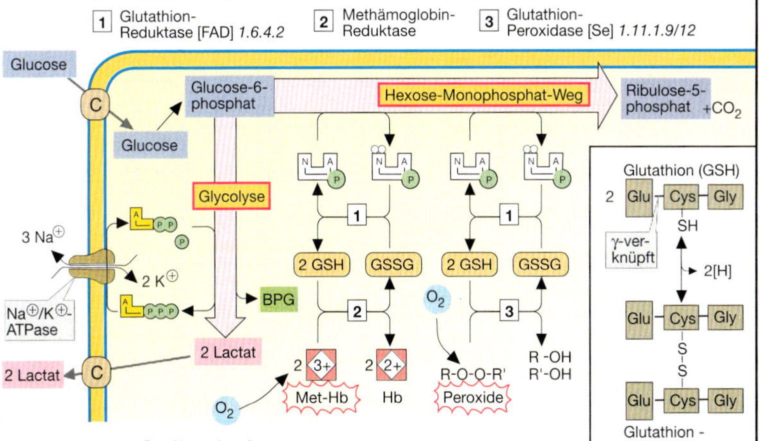


**C. Erythrocyten-Stoffwechsel**

## Hämostase

Nach einer Verletzung des Blutgefäßsystems sorgt die Hämostase für eine Minderung des Blutverlusts. An der Hämostase, d. h. der physiologischen Blutstillung und der Blutgerinnung, sind die *Thrombozyten* sowie verschiedene Komponenten des Blutplasmas und der Gefäßwände beteiligt. Wir konzentrieren uns hier nur auf die enzymatischen Reaktionen der **Blutgerinnung** sowie der Wiederauflösung der Blutgerinnsel, der **Fibrinolyse.**

Die Nomenklatur der Gerinnungsfaktoren ist etwas verwirrend. Sie tragen als Bezeichnung meist römische Ziffern mit dem Zusatz **a** für die jeweils aktivierte Form. Viele Faktoren sind Proteinasen. Wir stellen die *inaktiven Vorstufen* dieser Proteinasen als Kreise und die *aktiven Enzyme* als farbige Kreissegmente dar.

### A. Blutgerinnung ◑

Die Blutgerinnung ist die enzymatische Umwandlung des löslichen Plasmaproteins **Fibrinogen** (Faktor I; s. S. 62) in ein faseriges Netzwerk von unlöslichen Polymeren. Dazu spaltet das Enzym *Thrombin* (Faktor IIa) von den Fibrinogen-Molekülen kleine Peptide proteolytisch ab. Dadurch werden Bindungsstellen freigelegt, die die Fibrin-Moleküle zum unlöslichen **Fibrin-Polymer** aggregieren lassen. Eine anschließend einsetzende kovalente Vernetzung der Aminosäure-Seitenketten des Fibrins durch die *γ-Glutamyl-Transferase* (Faktor XIII) schafft Isopeptid-Bindungen und führt zu einem festen Molekülpfropfen (Thrombus).

Die Blutgerinnung kann auf zwei Wegen ausgelöst werden, durch eine Verletzung von Gewebe (*extravaskulärer Reaktionsweg*; rechts) oder durch Prozesse, die auf der Innenseite eines Blutgefässes beginnen (*intravaskulärer Reaktionsweg*; links). In beiden Fällen findet dann eine *Kaskade von Protein-Spaltungen* statt: aus inaktiven Enzymvorstufen (Zymogenen; Symbol: Kreis) werden durch die Spaltung aktive Serin-Proteinasen (Symbol: Kreissektor) freigesetzt, die ihrerseits andere Proteine angreifen. Beide Reaktionswege benötigen $Ca^{2+}$ und Phospholipde und münden schließlich in der Aktivierung von *Prothrombin* (Faktor II) zu *Thrombin* (IIa) durch den *Faktor Xa.*

Der **intravaskuläre Reaktionsweg** wird durch Collagen ausgelöst, das auf der Innenseite von Blutgefäßen normalerweise nicht vorkommt; es setzt eine Kontaktaktivierung von *Faktor XII* ein. Der **extravaskuläre Reaktionsweg** beginnt mit der Freisetzung des *Faktors III* aus verletzten Gewebezellen. Innerhalb von wenigen Sekunden führt dies im Bereich der Wunde zu einer Gerinnung.

### B. Kontrolle der Blutgerinnung ◑

Die Blutgerinnung befindet sich in einem ständigen Gleichgewicht zwischen Aktivierung und Hemmung. Für die Hemmung der Gerinnung sind im Plasma sehr wirksame Protease-Inhibitoren vorhanden. So sorgt z. B. das *Protein c* im Plasma für einen proteolytischen Abbau der Faktoren V und VIII. Da es von Thrombin aktiviert wird, existiert hier ein selbstabschaltender Mechanismus der Gerinnung.

Die Gerinnungsfaktoren II, VII, IX und X benötigen zu ihrer Wirksamkeit $Ca^{2+}$-Ionen, die sie über **γ-Carboxy-Glutamat-Reste** (Gla) binden. Die Synthese dieser Aminosäure durch Glutamat-Carboxylierung stellt eine Proteinmodifizierung dar, die von **Vitamin K** abhängig ist.

### C. Fibrinolyse ◑

Der Fibrin-Thrombus kann durch die Proteinase *Plasmin* wieder aufgelöst werden. Das Plasmin liegt als Vorstufe *Plasminogen* im Plasma vor und wird durch andere Proteinasen aus verschiedenen Geweben aktiviert, *Plasminogen-Aktivator* aus der Niere (Urokinase) und *Gewebe-Plasmin-Aktivator* (t-PA) aus dem Gefäßendothel. Ein $\alpha_2$-*Antiplasmin* im Plasma kontrolliert die Plasmin-Aktivität.

Urokinase, t-PA und Streptokinase (eine Proteinase aus Bakterien) werden zur Thromben-Auflösung nach Herzinfarkt pharmakologisch eingesetzt.

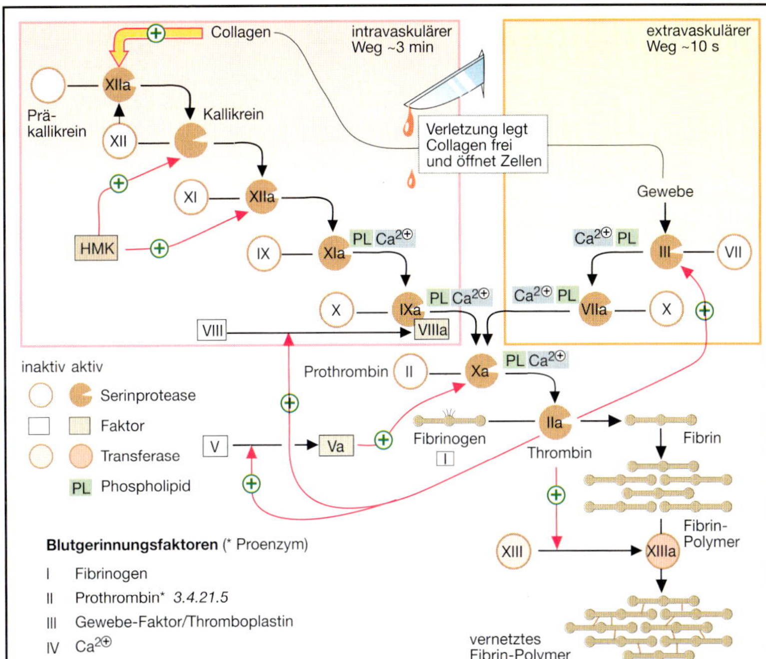


**Blutgerinnungsfaktoren** (* Proenzym)

| | |
|---|---|
| I | Fibrinogen |
| II | Prothrombin* *3.4.21.5* |
| III | Gewebe-Faktor/Thromboplastin |
| IV | $Ca^{2\oplus}$ |
| V | Proaccelerin |
| VI | Synonym für Va |
| VII | Proconvertin* *3.4.21.21* |
| VIII | Antihämophiler Faktor A |
| IX | Christmas-Faktor* *3.4.21.22* |
| X | Stuart-Prower-Faktor* *3.4.21.6* |
| XI | Plasma-Thromboplastin-Vorläufer* (PTA) *3.4.21.27* |
| XII | Hagemann-Faktor* *3.4.21.38* |
| XIII | Fibrin-stabilisierender Faktor* *2.3.2.13* |
| – | Präkallikrein* Plasma: *3.4.21.34*, Gewebe: *3.4.21.35* |
| – | hochmolekulares Kininogen (HMK) |
| – | Plättchen-Faktor 3 (Phospholipide; PL) |

**A. Blutgerinnung**

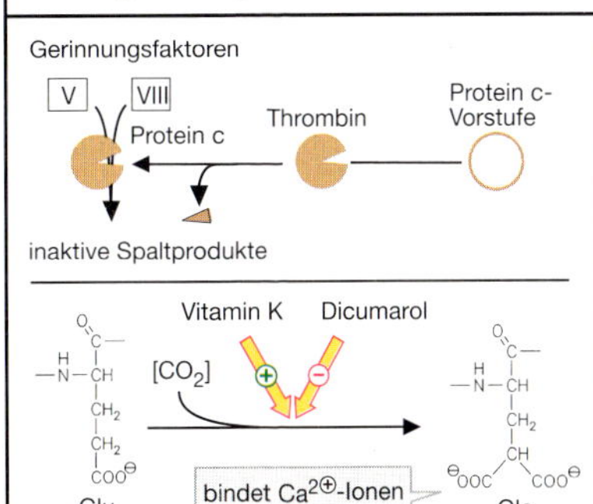


**B. Kontrolle der Blutgerinnung**

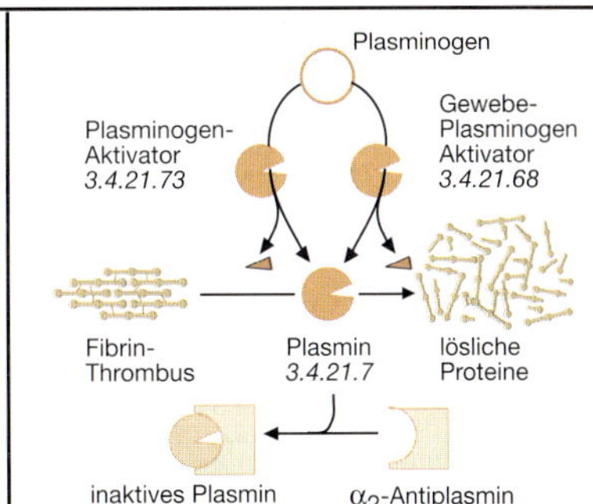


**C. Fibrinolyse**

## Immunantwort

Viren, Bakterien, Pilze und Parasiten, die in den Organismus von Wirbeltieren eingedrungen sind, können durch das **Immunsystem** erkannt und zerstört werden. Auch bestimmte körpereigene Zellen, z. B. Tumorzellen, werden als verändert erkannt und eliminiert. Das Immunsystem ist in der Lage, die Fremdkörper als Reize zu erfassen, auf sie mit einer spezifischen Antwort zu reagieren und das Ereignis in Erinnerung zu behalten.

Die Antwort auf eine fremde Substanz, das **Antigen**, wird von den Zellen des Immunsystems, den **Lymphocyten** (weiße Blutzellen; s. S. 244) hervorgebracht, von denen es unterschiedliche Arten gibt.

Für die *zelluläre Immunität* sind die **T-Lymphocyten** (T-Zellen) verantwortlich. Diese Immunzellen sind nach dem Thymus benannt, in dem sie entscheidende Schritte ihrer Differenzierung vollziehen. Die Aktivität der T-Zellen ist auf die Kontrolle von Virus-befallenen Körperzellen, sowie auf die Abwehr von Pilzen und Parasiten gerichtet. T-Zellen spielen auch bei der Abstoßung von fremdem Gewebe eine Rolle. Sie werden nach ihrer Funktion eingeteilt in **cytotoxische T-Zellen** (grün), **Helfer-T-Zellen** (blau) und **T-Suppressorzellen** (nicht gezeigt).

Die *humorale Immunität* geht auf die Aktivität der **B-Lymphocyten** (B-Zellen, hellbraun) zurück, welche im Unterschied zu den T-Zellen nicht im Thymus sondern im Knochenmark (engl. ‚bone') reifen. B-Zellen tragen **Antikörper** (s. S. 260) auf ihrer Zelloberfläche und können auch Antikörper ins Plasma sezernieren. Diese Antikörper sind in der Lage, Antigene spezifisch zu binden. Die Bindung an Antikörper hilft bei der Abwehr extrazellulär vorkommender Viren und von Bakterien, weil sie die Fremdkörper für die Abwehrsysteme markiert.

Das ‚Gedächtnis' des Immunsystems wird von sogenannten **‚Gedächtniszellen'** repräsentiert. Das sind besonders langlebige Zellen, die von jedem Typ der genannten Immunzellen angelegt werden können.

### A. Vereinfachtes Schema der Immunantwort ◑

Ein in den Organismus eingedrungenes Virus, das von einem **Makrophagen** durch Endozytose aufgenommen und teilweise im ER abgebaut wird (**1**), liefert Fragmente körperfremder Substanzen, die der Makrophage auf seiner Zelloberfläche exponiert (**2**). Diese Substanzen werden dort durch eine Gruppe besonderer Membranproteine ‚präsentiert' (**MHC-Proteine,** s. S. 266). Den Komplex aus MHC-Protein und Virusfragment können T-Zellen mit Hilfe spezifischer Rezeptoren erkennen und an ihn binden. Aus einer großen Zahl von T-Zellen finden sich aber nur wenige, deren Rezeptor paßt (**3**). Die Bindung führt zu einer Aktivierung der T-Zelle und ihrer selektiven Vermehrung (**4** *‚klonale Selektion'*). Dabei helfen verschiedene, hormonähnliche Signalproteine, die **Interleukine** (IL), die von den durch Bindung aktivierten Zellen des Immunsystems sezerniert werden. **IL-I** wird von den Makrophagen abgegeben (**5**). Zusätzlich stimulieren die T-Zellen ihre eigene klonale Vermehrung und die der Helferzellen durch Ausschüttung von **IL-II** (**6**).

Die durch klonale Selektion vermehrten und aktivierten T-Zellen übernehmen, je nach Typ, unterschiedliche Aufgaben. **Cytotoxische T-Zellen** (grün) sind in der Lage, körpereigene Zellen, die von Viren befallen sind und ein Virusfragement an ihrem MHC-Rezeptor tragen, als verändert zu erkennen und zu binden (**7**). Darauf geben sie ein Protein ab, das die Zellmembran perforiert und die Zelle tötet (**8**). So werden viele Zellen, die körperfremde Virusfragmente tragen, von den cytotoxischen T-Zellen eliminiert.

**Helfer-T-Zellen** (blau) dagegen binden an diejenigen **B-Zellen**, die das Virusfragment gebunden an MHC-Protein auf ihrer Oberfläche präsentieren (**9**). Dies führt zu einer klonalen Selektion einzelner B-Zellen und ihrer massiven Vermehrung. Von Interleukinen stimuliert (**10**) reifen die B-Zellen schließlich zu **Plasmazellen** (**11**) heran, die Antikörper synthetisieren und sezernieren (**12**).

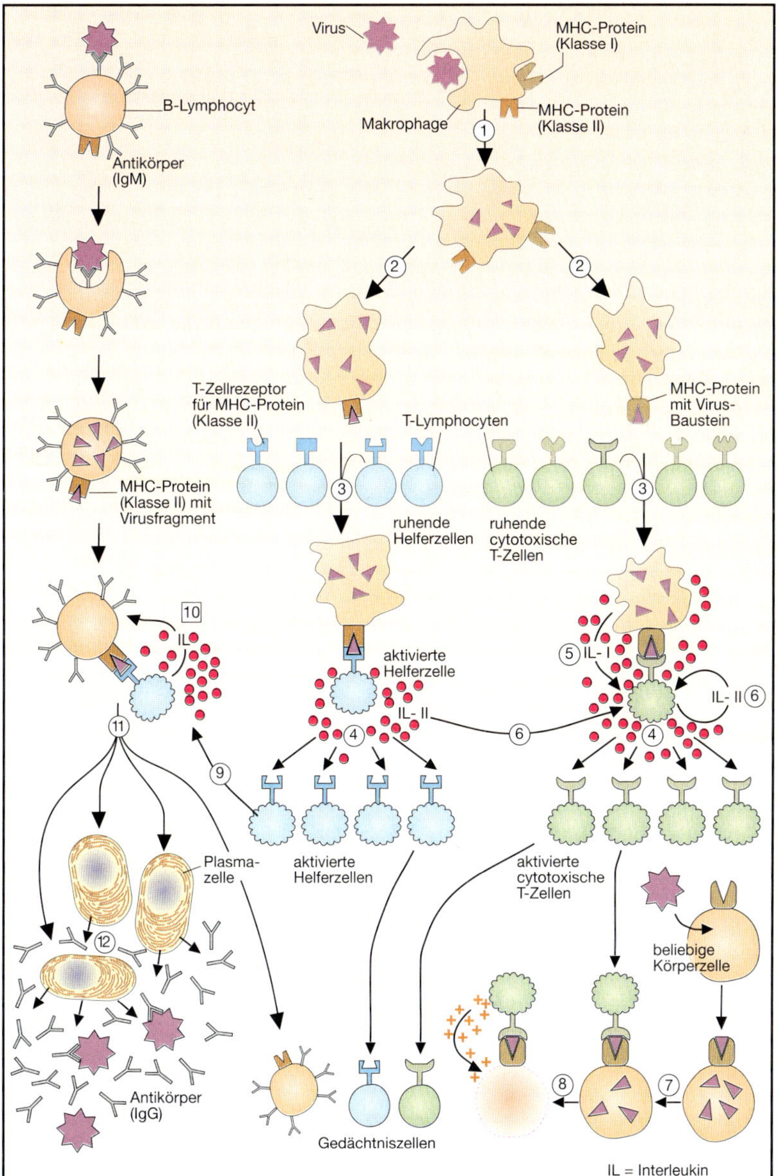


**A. Vereinfachtes Schema der Immunantwort**

## Antikörper-Vielfalt

### A. Domänenstruktur des Immunglobulins G ◑

Die im Blutplasma von Säugetieren vorkommenden Antikörper sind im einfachsten Fall Y-förmige, tetramere Glycoproteine (s. S. 263). Als ihr wichtigster Vertreter wird das Immunglobulin vom Typ G (IgG) gezeigt. Seine für alle Immunglobuline (Ig) typische Struktur besteht aus zwei identischen **leichten Ketten** (L; gelb) und zwei identischen **schweren Ketten** (H, ‚heavy'; orange). Die leichte Peptidkette setzt sich aus den zwei *globulären Domänen* **$C_L$** und **$V_L$** zusammen, die schwere Kette dagegen aus den vier globulären Domänen, **$V_H$**, **$C_H1$**, **$C_H2$** und **$C_H3$**. Dabei kennzeichnen die Buchstaben C und V jeweils die konstanten und die variablen Teile des Antikörpers. *Disulfid-Brücken* verbinden die beiden schweren Ketten untereinander, sowie die schweren mit den leichten Ketten. Auch innerhalb der Domänen finden sich Disulfidbrücken, die die Tertiärstruktur stabilisieren. Die Domänen haben jeweils eine Länge von etwa 110 Aminosäuren (AS) und sind untereinander homolog. Offenbar entstand die Antikörperstruktur durch Gen-Duplikation.

Antikörper lassen sich durch Proteinasen spalten. Durch *Papain* entstehen zwei identische **$F_{ab}$-Fragmente** (‚antigen-binding') und ein **$F_c$-Fragment** (‚crystallizable'). Die $F_{ab}$-Fragmente sind nach wie vor in der Lage, Antigene zu binden. Untersuchungen mit $F_c$-Fragmenten zeigen, daß dieser Teil der Ig anderen Funktionen als der Antigen-Bindung dient: der Bindung an Zelloberflächen, der Phagozytose, der Interaktion mit dem Komplement-System und einem Transport der Antikörper durch Zellen.

Vor allem in der *‚hinge'-Region,* die ähnlich wie ein Scharnier funktioniert, sind die Antikörper-Moleküle sehr beweglich.

### B. Klassen der Immunglobuline ◑

Die Immunglobuline des Menschen lassen sich in fünf Klassen einteilen. **IgA** (mit zwei Untergruppen), **IgD**, **IgE**, **IgG** (mit vier Untergruppen) und **IgM** unterscheiden sich durch ihre schweren Ketten (**H-Ketten**), welche mit den griechischen Buchstaben α, δ, ε, γ und μ gekennzeichnet werden, und durch die leichten Ketten (**L-Ketten**), von denen es nur zwei Arten gibt, die λ- und die κ-Kette. Man kann IgD, IgE und IgG als Dimere des Typs $(L\text{-}H)_2$ ansehen. IgM kommen in verschiedenen Formen vor. Sezernierte IgM bestehen aus fünf untereinander verbundenen Dimeren. IgA wird dagegen von einem, zwei oder drei Dimeren gebildet. Zusätzlich tragen IgM und IgA noch ein verknüpfendes (‚joining') **J-Protein**.

Die Ig aller fünf Klassen sind sekretorische Proteine. Sie werden von reifen B-Zellen (Plasmazellen) ins Blutplasma abgegeben. Frühe Varianten des IgM und IgD kommen auch als integrale Membranproteine auf B-Zellen vor (s. S. 266).

Die Antikörper haben unterschiedliche Aufgaben. **IgM** werden als erste Ig nach einem Kontakt mit fremdem Antigen gebildet. Ihre frühe Formen sitzen als Dimere auf der Oberfläche von B-Zellen (s. S. 266), die späteren Formen werden als Pentamere von Plasmazellen sezerniert. Ihre Wirkung richtet sich besonders gegen Mikroorganismen. **IgG** sind die mengenmäßig wichtigsten Ig. Sie finden sich im Blut und in der interstitiellen Flüssigkeit; auch können sie mit Hilfe von Rezeptoren die Plazenta passieren und werden deshalb von der Mutter auf den Foetus übertragen. **IgA** kommen vorwiegend im Intestinaltrakt und den Körpersekreten vor (Speichel, Schweiß, Tränen, Milch, respiratorische und intestinale Sekrete). Zum Transport in diese Sekrete sind sie mit einem besonderen Peptid verbunden. **IgE** finden sich nur in geringen Konzentrationen im Plasma von Gesunden. Ihr Spiegel ist bei allergischen Reaktionen und Infektionen mit Parasiten erhöht. Auch der Plasmaspiegel von **IgD**, deren Funktion noch weitgehend ungeklärt ist, liegt sehr niedrig.

⊗ sekretorische Komponente

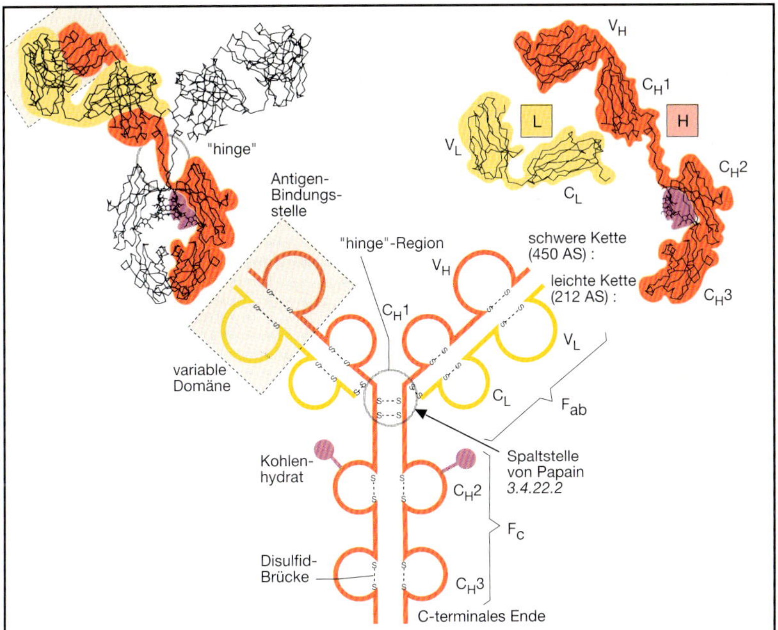


**A. Domänenstruktur des Immunglobulins G**

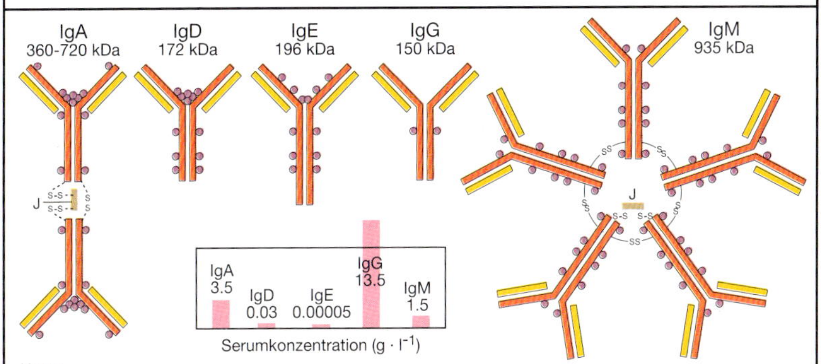


Kette:

| | IgA | IgD | IgE | IgG | IgM |
|---|---|---|---|---|---|
| H | $\alpha$ | $\delta$ | $\varepsilon$ | $\gamma$ | $\mu$ |
| L | $\kappa$ oder $\lambda$ | $\kappa$ oder $\lambda$ | $\kappa$ oder $\lambda$ | $\kappa$ oder $\lambda$ | $\kappa$ oder $\lambda$ |

Struktur:

| IgA | IgD | IgE | IgG | IgM |
|---|---|---|---|---|
| $(\alpha_2\,\kappa_2)_n J$ | $\delta_2\,\kappa_2$ | $\varepsilon_2\,\kappa_2$ | $\gamma_2\,\kappa_2$ | $(\mu_2\,\kappa_2)_5\,J$ |
| $(\alpha_2\,\lambda_2)_n J$ | $\delta_2\,\lambda_2$ | $\varepsilon_2\,\lambda_2$ | $\gamma_2\,\lambda_2$ | $(\mu_2\,\lambda_2)_5\,J$ |

n =1, 2 oder 3

**B. Klassen der Immunglobuline**

## Molekülmodelle: Hämoglobin und Immunglobulin G

Die Tafel zeigt zwei wichtige Blutproteine in räumlicher Darstellung: das **Hämoglobin** der Erythrozyten und einen löslichen **Antikörper** des Blut-Plasmas, das Immunglobulin G (s. S. 260). Die Modelle basieren auf Röntgen-Strukturanalysen von Proteinkristallen.

### A. Oxy- und Desoxy-Hämoglobin

Die Abbildung erlaubt einen Vergleich zwischen der **oxygenierten** (links) und der **desoxygenierten** (Sauerstoff-freien) Form des **Hämoglobins** (rechts). Das Hämoglobin des Erwachsenen (HbA) hat eine Molekülmasse von 64 kDa und besteht aus 4 Untereinheiten: zwei **α-Ketten** (grün und blaugrün) und zwei **β-Ketten** (hellblau und dunkelblau). Jede Kette trägt eine **Häm-Gruppe** (rot), die nichtkovalent an Histidin-Reste des Proteins (gelb) gebunden ist. In der Oxy-Form ist molekularer Sauerstoff ($O_2$) an die zentralen Eisenatome der Häm-Gruppen gebunden (in der Abbildung nicht sichtbar).

Schon auf den ersten Blick wird deutlich, daß Oxy- und Desoxy-Hämoglobin unterschiedliche Konformationen haben. Wie auf S. 254 besprochen, nimmt Desoxy-Hb die gespannte **T-Konformation** ein (engl.: ‚tense'). Die Bindung von ein oder zwei Sauerstoff-Molekülen an die T-Form induziert eine Konformationsänderung und läßt die entspannte **R-Konformation** (engl.: ‚relaxed') entstehen, die eine sehr viel höhere Sauerstoff-Affinität besitzt. Bei diesem Übergang verschieben sich die Untereinheiten relativ zueinander, während die Faltung der Ketten sich kaum verändert. Je nach $O_2$-Konzentration liegen die T- und R-Form in unterschiedlichem Verhältnis vor. Dies führt zu der besonderen, S-förmigen $O_2$-Sättigungskurve des Hämoglobins (s. S. 254).

### B. Immunglobulin G (IgG)

Immunglobuline (Ig) sind im Blutplasma zirkulierende, lösliche Formen der **Antikörper.** Dargestellt ist die Struktur des wichtigsten Immunglobulins vom Typ G (**IgG**) Das Y-förmige Molekül ist ein Tetramer aus zwei identischen schweren **H-Ketten** (rot bzw. orange dargestellt) und zwei identischen leichten **L-Ketten** (gelb). An beiden H-Ketten ist kovalent ein Oligosaccharid aus 9 Zucker-Resten gebunden (s. S. 40 und 72; violett dargestellt). Die Gesamtmasse des Moleküls beträgt etwa 150 kDa.

Im linken Bild ist ein vollständiges IgG-Moleküls wiedergegeben. Die beiden Arme des Y werden von den L-Ketten und Teilen der H-Kette gebildet. Da diese Teilstrukturen Antigen binden können, nennt man sie **$F_{ab}$-Fragmente** (‚antigen-binding'). Der untere, senkrechte Teil des Y besteht aus den C-terminalen Hälften der H-Ketten. Dieser Abschnitt wird als **$F_c$-Fragment** bezeichnet (vom Engl. ‚crystallizable'). $F_{ab}$- und $F_c$-Fragmente setzen sich aus je 4 unabhängig gefalteten Protein-Domänen zusammen und sind durch sehr flexible, ungeordnete Abschnitte verbunden. In dieser sogenannten **Hinge-Region** (engl. für Scharnier), die dem Molekül eine hohe Beweglichkeit verleiht, lassen sich die H-Ketten durch Proteasen leicht spalten.

Die Hinge-Region ist wegen ihrer Flexibilität in der Röntgen-Strukturanalyse nicht sichtbar. Mögliche Konfomationen der entsprechenden Peptid-Abschnitte wurden deshalb mit Hilfe eines Computerprogramms aus der Aminosäure-Sequenz berechnet *(Molecular Modelling)*. Eine der so erhaltene Hinge-Strukturen wurde dann in Computer mit experimentell ermittelten Kristall-Strukturen eines $F_{ab}$- und eines $F_c$-Fragments zur Gesamtstruktur vereinigt.

Die rechts dargestellte Struktur wurde experimentell bestimmt. Sie zeigt ein $F_{ab}$-Fragment (gelb/orange) im Komplex mit einem Antigen, dem Enzym *Lysozym* (EC *3.2.1.17*, grün). Die rot hervorgehobenen Aminosäure-Reste gehören zu den sogenannten **hypervariablen Abschnitten** der H- und der L-Kette (s. S. 264). Man erkennt, daß viele dieser Reste, die sich von Immunglobulin zu Immunglobulin stark unterscheiden, mit dem Antigen in direktem Kontakt stehen.

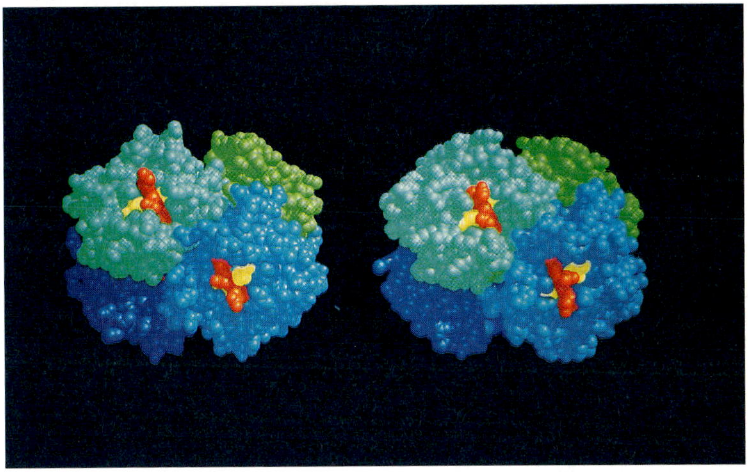

Oxy-Hb Desoxy-Hb

α-Ketten β-Ketten Häm-Gruppen Histidin-Reste

**A. Oxy- und Desoxy-Hämoglobin**

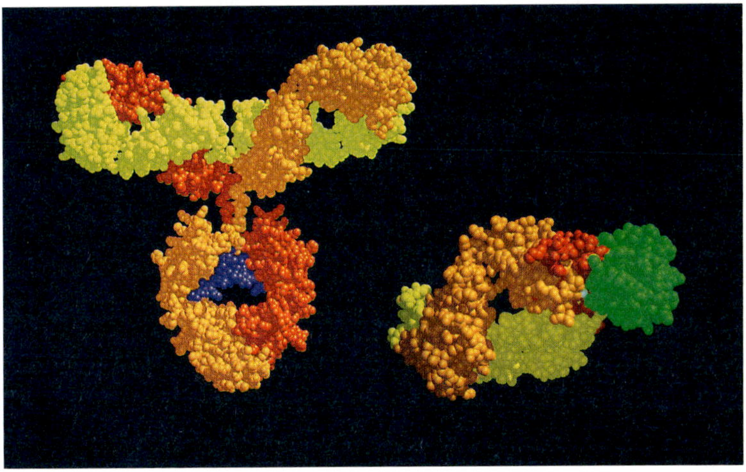

leichte Ketten schwere Ketten Oligosaccharide Antigen

**B. Immunglobulin G (IgG)**

## Biosynthese von Antikörpern

### A. Variabilität der Immunglobuline ◑

Immunglobuline (Ig) sind trotz ihrer gemeinsamen Grundstruktur außerordentlich vielfältig. Man schätzt, daß in jedem Menschen etwa $10^8$ verschiedene Antikörper-Varianten vorkommen. Die **Variabilität** der Ig betrifft sowohl ihre leichte als auch ihre schwere Kette. In der Abbildung sind die variablen Bereiche rot markiert.

Es gibt zwei verschiedene Arten von leichten L-Ketten (ϰ, λ) und fünf verschiedene Arten von schweren H-Ketten (α, ε, γ, μ) (s. S. 262). Diese Variation nennt man **isotypisch**. Bei der Biosynthese der Immunglobuline können Plasmazellen von einem Isotyp auf den anderen umschalten (‚gene switch'). Die **allotypische Variation** bezieht sich auf die allele Variabilität innerhalb einer Spezies, d. h. auf die genetisch fixierten Unterschiede von Individuum zu Individuum. Die **idiotypische Variation** kommt durch die Diversität am Bindungsort der Antigene zustande. Sie betrifft die *variablen Domänen* der leichten und der schweren Ketten. An bestimmten Stellen, den *hypervariablen Regionen*, ist die Vielfalt besonders groß.

### B. Ursachen der Antikörper-Vielfalt ◑

Die extrem große Variabilität der Antikörper wird durch drei verschiedene Prinzipien ermöglicht.

1. **Multiple Gene**: Zur Kodierung der variablen Protein-Domänen stehen verschiedene Gene zur Verfügung, von denen jeweils nur eines ausgewählt und exprimiert wird.

2. **Somatische Mutation**: Während der Differenzierung der B-Zellen zu Plasmazellen mutieren die kodierenden Gene. Aus den ‚primordialen' *Keimbahn-Genen* können so unterschiedliche *somatische Gene* in den einzelnen B-Zell-Klonen werden.

3. **Somatische Rekombination**: Die Gene sind in Segmente gegliedert, von denen es mehrere Versionen gibt. Durch unterschiedliche Kombination der Segmente während der Reifung der B-Zellen enstehen zufällig kombinierte Mosaike neuer Gene.

### C. Biosynthese einer leichten Kette ○

Wir betrachten die Grundzüge der Gen-Organisation und Bildung von Immunglobulinen am Beispiel der Biosynthese einer ϰ-Kette der Maus. Die Gensegmente für diese leichte Kette tragen die Bezeichnung L, V, J und C. Sie sind in der **Keimbahn-DNA** auf dem Chromosom 6 (Mensch: Chromosom 2) lokalisiert und durch Introns (s. S. 220) unterschiedlicher Länge voneinander getrennt.

Etwa 150 identische **L-Segmente** kodieren für das Signalpeptid (‚Leader-Sequenz', 17–20 AS) zur Sekretion des Produktes (s. S. 214). Benachbarte **V-Segmente,** von denen es 150 verschiedene gibt, kodieren für den größten Teil der variablen Domäne (95 der 108 AS). L- und V-Segmente kommen stets paarweise, sozusagen als Tandem vor. Von den **J-Segmenten** (engl.: ‚joining segments') gibt es dagegen nur max. fünf Varianten. Sie kodieren für ein Peptid aus 13 Aminosäuren, das den variablen mit dem konstanten Teil der ϰ-Kette verbindet. Für den konstanten Teil der leichten Kette (84 AS) kodiert ein einzelnes **C-Segment**.

Während der Differenzierung der B-Lymphozyten kommt es in jeder B-Zelle zu einer individuellen **V/J-Rekombination**. Eines der 150 L-V-Tandem-Segmente wird ausgewählt und mit einem der fünf J-Segemente verbunden. Dadurch entsteht das **somatische Gen**, das im Vergleich zum Gen der Keimbahn erheblich verkleinert ist. Durch Transkription dieses Gens wird die hnRNA für die ϰ-Kette gebildet, aus der durch Spleißen (s. S. 222) noch Introns und überzählige J-Segmente entfernt werden. Die fertige **mRNA** enthält schließlich die Segmente L-V-J-C und steht nach dem Transport ins Cytoplasma zur Translation zur Verfügung. Die weiteren Schritte der Ig-Biosynthese folgen den Regeln der Synthese membranständiger bzw. sekretorischer Proteine (s. S. 212).

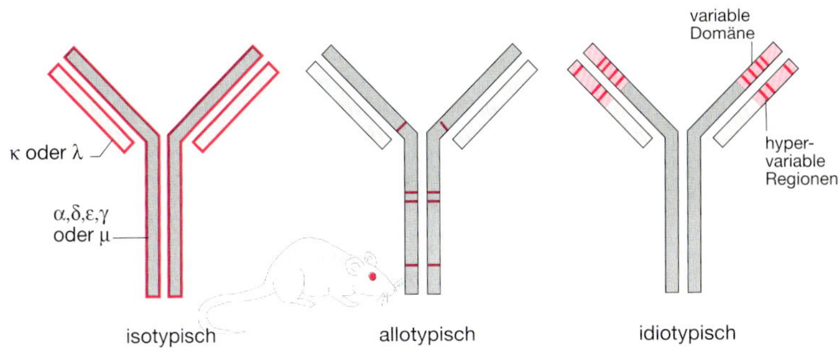


**A. Variabilität der Immunglobuline**

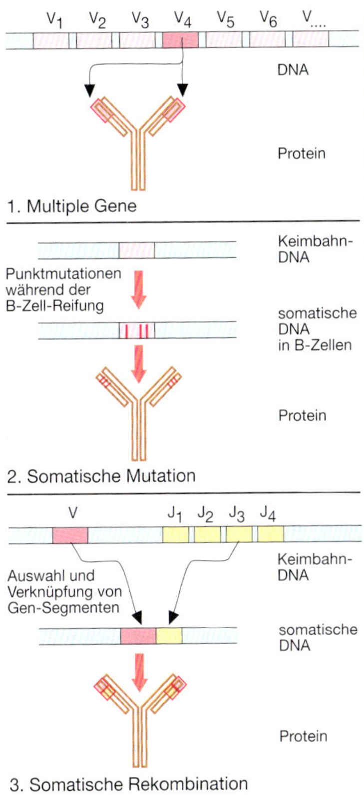


**B. Ursachen der Antikörper-Vielfalt**

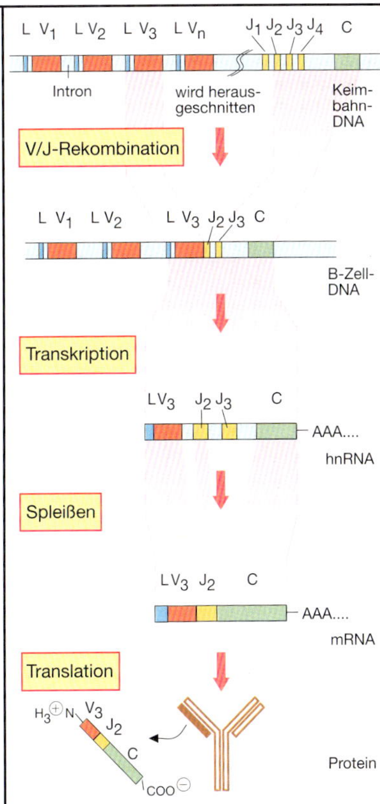


**C. Biosynthese einer leichten Kette**

## MHC-Proteine

### A. Proteine der Immunglobulin-Gen-Superfamilie ◑

Gemeinsame Funktion der Proteine dieser Familie, deren wichtigste Vertreter hier gezeigt werden, ist die *spezifische Erkennung* und Unterscheidung anderer Moleküle durch Bindung. Diese Bindung führt in bestimmten Fällen zu einer *Signaltransduktion* in die Zelle.

Die Proteine dieser Familie sind *homolog*, sie haben eine ähnliche Struktur. Domänen, wie sie bei den Immunglobulinen zu finden sind (blauer Kasten), kommen bei allen Mitgliedern dieser Proteinfamilie vor. Die konstanten Regionen sind braun bzw. grün, die variablen Regionen orange gekennzeichnet. Homologe Domänen sind in der gleichen Farbe dargestellt. Mit Ausnahme der sezernierten Formen der Immunglobuline IgA, IgD, IgE, IgG und IgM besitzen fast alle Proteine der Superfamilie Transmembran-Segmente an ihrem C-Terminus und sind daher *Membranproteine*. Disulfidbrücken finden sich an charakteristischen Positionen der Peptidketten und zwar sowohl intra- als auch intermolekular.

**T-Zell-Rezeptoren** kommen auf der Oberfläche von T-Zellen vor (s. S. 258). Es sind glycosylierte Heterodimere aus einer α- und einer β-Kette. Ihre konstanten und variablen Domänen zeigen große Verwandtschaft zu den Ig, im Gegensatz zu ihnen haben sie aber nur *eine* spezifische Bindungsstelle. Diese Bindungsstelle wird wie bei den Ig von mehreren Genabschnitten (Exons) kodiert und in somatischer Rekombination erzeugt (s. S. 264). Dadurch wird eine molekulare Vielfalt erreicht, die die Spezifität bei der Bindung sichert.

Rezeptoren der T-Zellen (unterer Bildabschnitt, blau) können an MHC-Proteine anderer Zellen binden. Das Beispiel zeigt die Bindung an eine B-Zelle, die ein körperfremdes Peptid präsentiert. Dadurch kommt es zu einer Aktivierung der T-Zellen.

Die **Immunglobuline** (Ig) wurden schon auf den vorigen Seiten besprochen. Das gezeigte **IgM** tritt zuerst auf der Oberfläche von B-Zellen auf und wird später von Plasmazellen sezerniert.

**MHC-Proteine** tragen ihren Namen nach dem *‚major histocompatibility complex'*, einem DNA-Abschnitt, der für diese Proteine codiert. Sie werden von allen Wirbeltierzellen exprimiert (s. S. 258). Es sind glycosylierte Membranproteine. MHC-Proteine, die beim Menschen als *HLA-Antigene* (‚human-leucocyte-associated antigens') bezeichnet werden, sind außerordentlich variabel. Ihr Polymorphismus ist so groß, daß es unwahrscheinlich ist, daß zwei Individuen den gleichen Satz an MHC-Proteinen tragen, wenn sie nicht eineiige Zwillinge sind.

Man unterscheidet zwei große Gruppen von MHC-Molekülen: **Klasse I-MHC-Proteine** kennzeichnen die Zelloberfläche fast aller kerntragender Körperzellen. Sie sind der Grund für die Abstoßung von Gewebe nach der Transplantation von einem auf ein anderes Individuum (daher auch die alte Bezeichnung ‚Transplantationsantigene'). Die Proteine bestehen aus nur einer α-Kette, an die ein kleineres, invariantes Protein, das $\beta_2$-*Mikroglobulin*, angelagert ist.

**Klasse II-MHC-Proteine** ähneln den Klasse I-MHC-Proteinen, bestehen aber aus zwei membrandurchspannenden Ketten, einer α- und einer β-Kette. Sie finden sich speziell auf den Zellen des Immunsystems und machen diese dadurch von den übrigen Körperzellen unterscheidbar.

### B. Struktur eines menschlichen Klasse I MHC-Proteins ○

Strukturanalysen haben gezeigt, daß zwischen der $\alpha_1$- und $\alpha_2$-Domäne eine Rinne liegt, in der Oligopeptide einer Länge von 10 bis 20 Aminosäuren gebunden werden können. Hier werden Fragmente von intrazellulär abgebauten Fremdproteinen den *T-Zell-Rezeptoren* präsentiert. Diese binden aber nur dann, wenn sowohl das fremde *Antigen* als auch das körpereigene Klasse I-MHC-Molekül und weitere, nicht gezeigte Hilfsmoleküle vorhanden sind.

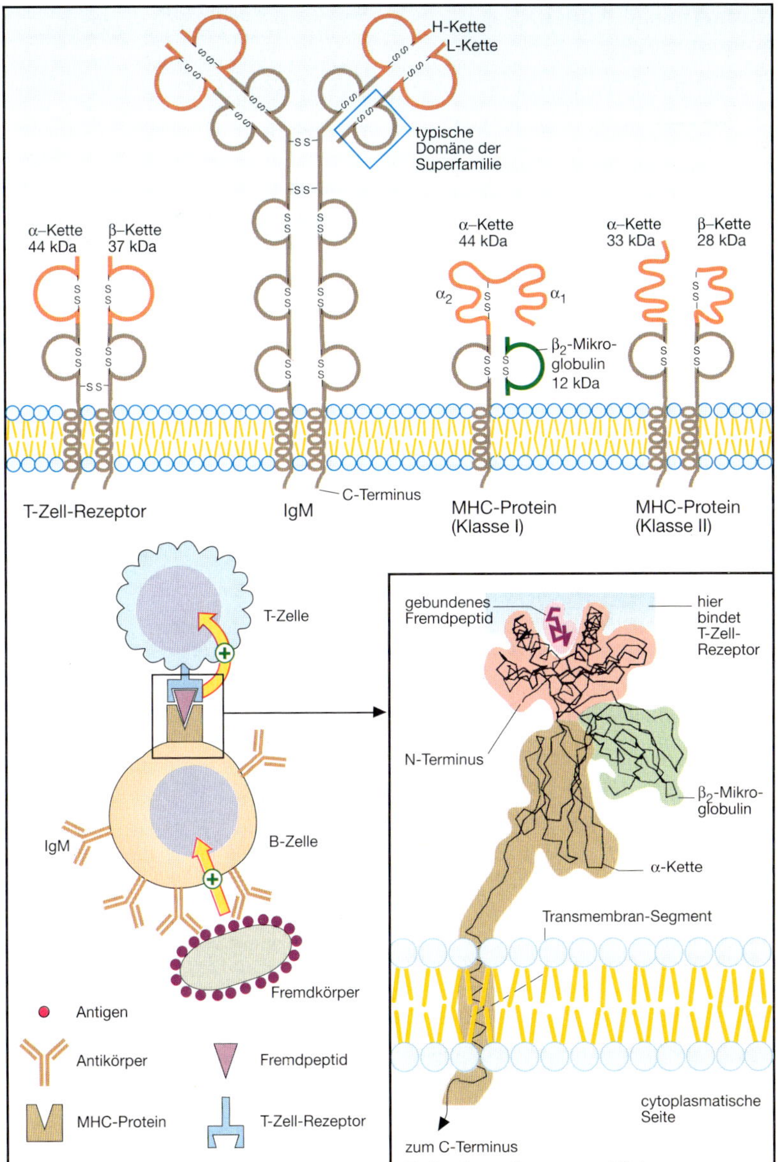


**A. Proteine der Immunglobulin-Gen-Superfamilie**

**B. Struktur eines menschlichen Klasse I MHC-Proteins (Typ HLA-A2)**

# Monoklonale Antikörper, Immunoassay

## A. Monoklonale Antikörper ○

Monoklonale Antikörper (MAK) werden von Immunzellen sezerniert, die von einer einzigen antikörperbildenden Zelle abstammen. Deshalb sind MAK jeweils nur gegen ein bestimmtes Epitop einer immunogenen Substanz gerichtet, die sog. *‚antigene Determinante‘*. Zur Gewinnung von MAK werden Lymphozyten aus der Milz einer immunisierten Maus isoliert (**1**) und mit Mäuse-Tumorzellen (**Myelomzellen**) fusioniert (**2**). Dies ist notwendig, weil die Lebensdauer von Antikörper-sezernierenden Lymphozyten in Kultur nur auf wenige Wochen begrenzt ist. Durch die Fusionierung mit einer Tumorzelle entstehen Zellhybride, sog. **Hybridome**, die potentiell unsterblich sind.

Die *Fusionierung* von Zellen (**2**) ist ein seltenes Ereignis, dessen Häufigkeit durch Zusatz von Polyethylenglycol (PEG) verbessert wird. Um nur die erfolgreich fusionierten Zellen zu gewinnen, wird für längere Zeit in einer **Primärkultur** mit HAT-Medium inkubiert (**3**), das Hypoxanthin, Aminopterin und Thymidin enthält. *Aminopterin*, ein Analoges der Dihydrofolsäure, blockiert kompetitiv die *Dihydrofolat-Reduktase* und damit die Biosynthese von dTMP (s. S. 174). Da diese essentiell für die DNA-Synthese ist, können Myelomzellen in Gegenwart von Aminopterin nicht überleben. Milzzellen sind zwar in der Lage, den Block durch Nutzung von Hypoxanthin und Thymidin zu umgehen, sie sterben aber auf Grund ihrer begrenzten Lebenszeit. Nur Hybridome überleben die Kultur in HAT-Medium, weil sie über die Unsterblichkeit der Myelomzellen und den metabolischen Seitenweg der Milzzellen verfügen.

Da von den fusionierten Zellen nur einige wenige auch Antikörper bilden, müssen die Hybridome durch **Klonierung** vereinzelt und vermehrt werden (**4**). Nach dem Testen der Klone auf gebildete Antikörper werden die positiven Kulturen ausgewählt und durch weitere Klonierung selektioniert (**5**). Das Ergebnis sind Hybridome, die *monoklonale Antikörper* bilden. Die Produktion der monoklonalen Antikörper erfolgt schließlich *in vitro* mit Hilfe eines Bioreaktors oder *in vivo* durch Erzeugung von Aszites-Flüssigkeit in einer Maus (**6**).

## B. Immunoassay ○

Immunoassays sind (semi-)quantitative Verfahren zur Bestimmung von Substanzen geringer Konzentration. Im Prinzip lassen sich mit Immunoassays alle Substanzen bestimmen, gegen die Antikörper erzeugt werden können.

Grundlage der Verfahren ist die *Antigen-Antikörper-‚Reaktion‘*, das heißt die spezifische Bindung eines zu bestimmenden Moleküls durch Antikörper (s. S. 262). Unter den vielen verschiedenen Verfahren, die entwickelt wurden, z. B. dem *Radioimmunoassay* (RIA), dem *Chemolumineszenz-Immunoassay* (CIA) usw., wird hier nur eine Variante eines **Enzym-Immunoassays** (EIA) vorgestellt. Die zu bestimmende Substanz, beispielsweise das Hormon Thyroxin in einer Serum-Probe, wird in eine Mikrotiterplatte pipettiert (**1**), an deren Wandung **Antikörper** gebunden sind, welche das Hormon spezifisch binden können. Gleichzeitig wird zu der Inkubation eine geringe Menge von Hormon gegeben, an das ein Enzym chemisch gekoppelt ist, der sogenannte **‚Tracer‘** (**1**). Tracer und zu bestimmendes Hormon konkurrieren um die wenigen Bindungsstellen der Antikörper. Nachdem sie gebunden haben (**2**), werden ungebundene Moleküle ausgewaschen. Durch Zugabe einer Substrat-Lösung für das Enzym (‚**Chromogen-Lösung**‘) wird dann eine Indikator-Reaktion ausgelöst (**3**), deren Produkte photometrisch bestimmt werden (**4**).

Es wird umso mehr Farbstoff gebildet, je mehr Enzym als Tracer an die Antikörper an der Gefäßwand binden kann. Je mehr nachzuweisende Substanz in der Probe vorhanden ist, desto *weniger* Tracer kann jedoch von den Antikörpern gebunden werden. Die quantitative Auswertung wird durch eine parallel laufende Eichung mit Standards möglich.

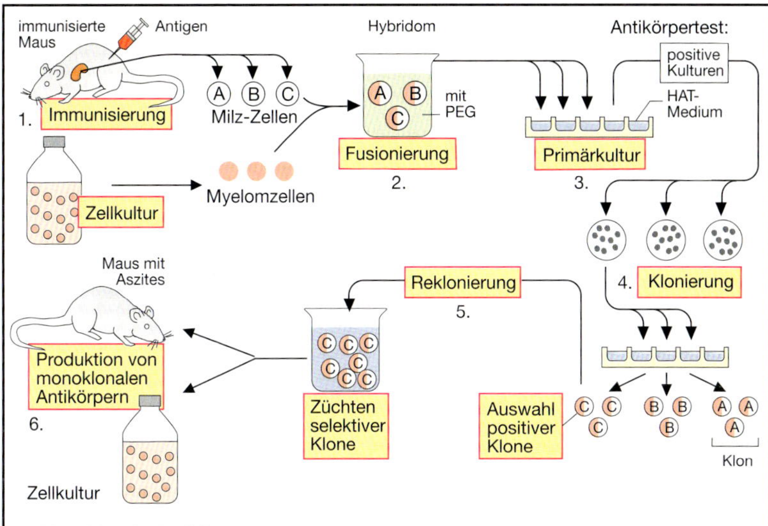


**A. Monoklonale Antikörper**

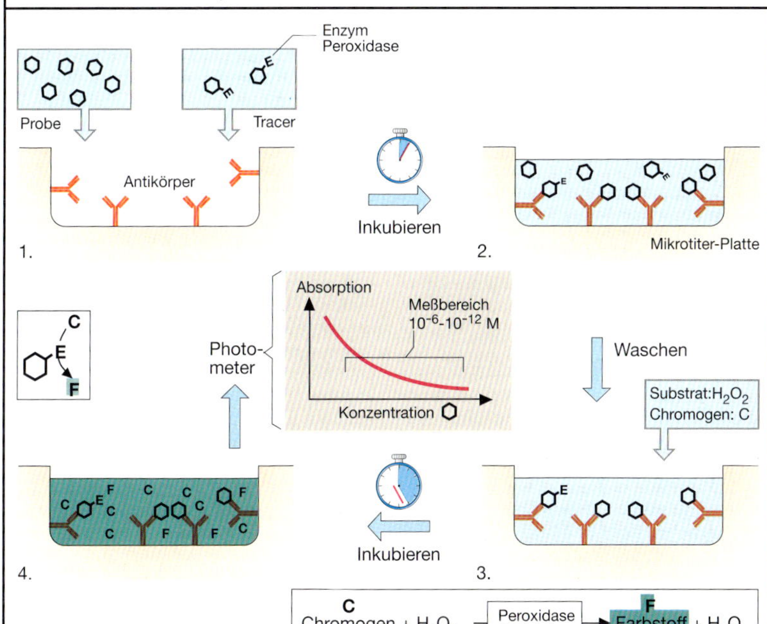


**B. Immunoassay**

## Leistungen der Leber

Die Leber wiegt etwa 1.5 kg und ist damit eines der größten Organe des menschlichen Organismus. Obwohl sie nur 2–3% der Körpermasse ausmacht, ist sie mit 25–30% am Sauerstoff-Verbrauch beteiligt.

### A. Schema eines Hepatocyten ◑

Die etwa 300 Milliarden Zellen der Leber, insbesondere die **Hepatocyten**, die etwa 80% ausmachen, sind zentraler Ort des *Intermediär-Stoffwechsels*. Hepatocyten stellen in der Biochemie so etwas wie den Prototyp einer Zelle dar (s. S. 180).

### B. Leistungen ●

Die wichtigsten Aufgaben der Leber sind

**1.** die **Aufnahme** von Nahrungsbestandteilen, die ihr vom Verdauungstrakt über das Portal-Gefäß zugeführt werden,

**2.** die Biosynthese von körpereigenen Verbindungen, ihre Speicherung, Umwandlung und Abbau zu ausscheidbaren Molekülen (**Stoffwechsel**),

**3.** die konstante **Versorgung** des Organismus mit energiereichen Metaboliten und Baustoffen,

**4.** die **Entgiftung** von toxischen Verbindungen durch Biotransformation,

**5.** die **Exkretion** von Stoffen mit der Galle, und (nicht gezeigt) die Bildung und der Abbau vieler Komponenten des Blutplasmas.

### C. Stoffwechsel ●

Die Leber greift in den Stoffwechsel praktisch aller Metabolit-Gruppen ein. Ihre Leistungen dienen in erster Linie dem Ziel, die Plasma-Konzentrationen dieser Stoffe konstant zu halten (*Homöostase*).

**Kohlenhydrat-Stoffwechsel**: Die Leber nimmt Glucose und andere Monosaccharide aus dem Plasma auf. Die Zucker werden in Glucose-6-phosphat bzw. andere Metabolite der Glycolyse umgewandelt (s. S. 276). Sie werden dann entweder als Reserve-Kohlenhydrat Glycogen gespeichert oder aber abgebaut. Dabei wird der größere Teil in Fettsäuren umgewandelt und nur ein geringer Teil zur ATP-Erzeugung genutzt. Bei starkem Abfall des Blutzucker-Spiegels kehrt sich der Glucose-Strom um, die Leber schüttet dann Glucose aus, statt sie aufzunehmen. Diese Glucose wird dem *Glycogen-Speicher* entnommen. Ist dieser erschöpft, kann Glucose auch mit Hilfe der *Gluconeogenese* aus Lactat, Glycerol oder den Kohlenstoff-Gerüsten der Aminosäuren aufgebaut werden.

**Lipid-Stoffwechsel**: Fettsäuren werden von der Leber aus Acetat-Einheiten aufgebaut (s. S. 162). Daraus können dann Fette und Phospholipide, gebildet werden, die als Komplexe mit Proteinen in Form von *Lipoproteinen* ans Blut abgegeben werden. Umgekehrt kann die Leber auch Fettsäuren dem Plasma entnehmen. Besonders wichtig ist die Fähigkeit der Leber, diese Fettsäuren in Ketonkörper umzuwandeln und diese wieder auszuschütten (s. S. 278).

Die Leber ist in der Lage, aus Acetat Cholesterol aufzubauen, das als Bestandteil von Plasma-Lipoproteinen anderen Organen zugeführt wird. Überschüssiges Cholesterol wird in Gallensäuren umgewandelt und mit der Galle ausgeschieden.

**Aminosäure- und Protein-Stoffwechsel**: Die Leber kontrolliert den Aminosäure-Spiegel des Plasmas. So baut sie überschüssige Aminosäuren ab, wobei der Stickstoff zu Harnstoff umgewandelt und zur Niere transportiert wird. Das Kohlenstoff-Gerüst der Aminosäuren gelangt in den Intermediär-Stoffwechsel und dient der Glucose-Synthese oder dem Energiegewinn. Außerdem werden viele Plasmaproteine und -peptide in der Leber gebildet und abgebaut (s. S. 246).

**Biotransformation**: Steroidhormone und Abbauprodukte des Blutfarbstoffes Hämoglobin werden von der Leber aufgenommen und durch Umwandlungsreaktionen inaktiviert und in stärker polare Metabolite überführt. Durch ähnliche Reaktionen werden auch Pharmaka, Ethanol und andere körperfremde Substanzen (Xenobiotika) metabolisiert und ausscheidungsfähig gemacht (s. S. 286).

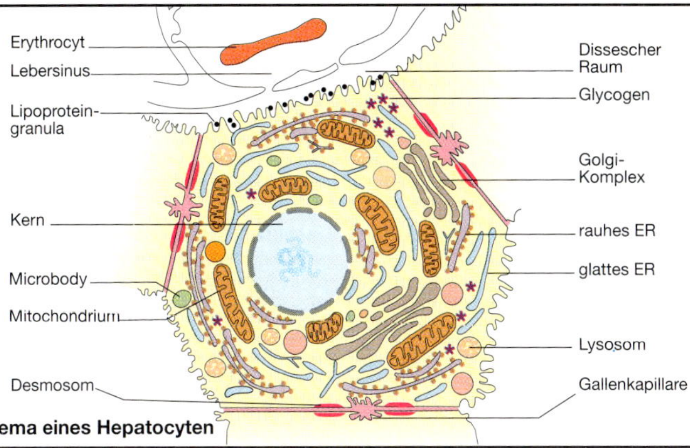


**A. Schema eines Hepatocyten**

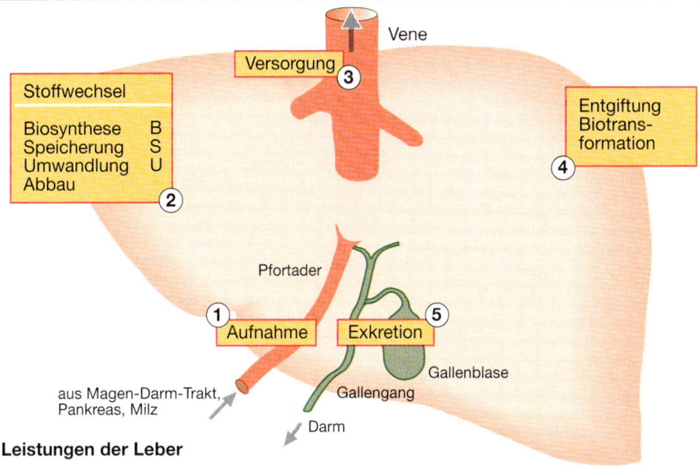


**B. Leistungen der Leber**

| Kohlenhydrat-Stoffwechsel | |
|---|---|
| Glucose | BSU |
| Galactose | U |
| Fructose | U |
| Mannose | U |
| Pentosen | BU |
| Lactat | U |
| Glycerol | BU |
| Glycogen | BSU |

| Lipid-Stoffwechsel | |
|---|---|
| Fettsäuren | BU |
| Fette | BU |
| Ketonkörper | B |
| Cholesterol | BEU |
| Gallensäuren | BE |
| Vitamine | SU |

| Aminosäure-Stoffwechsel | |
|---|---|
| Aminosäuren | BU |
| Harnstoff | B |

| Plasmaproteine | |
|---|---|
| Lipoproteine | BU |
| Albumin | BU |
| Gerinnungs-Faktoren | BU |
| Hormone | BU |
| Enzyme | BU |

| Biotransformation | |
|---|---|
| Steroidhormone | EU |
| Gallenfarbstoffe | EU |
| Ethanol | U |
| Pharmaka | EU |

| | |
|---|---|
| B | Biosynthese |
| E | Exkretion |
| S | Speicherung |
| U | Umwandlung und Abbau |

**C. Stoffwechsel der Leber**

## Stoffwechsel in der Resorptionsphase

Die Gewebe des Organismus haben einen ständigen Bedarf an ‚energiereichen' Metaboliten und Baustoffen. Diese Stoffe werden mit der Nahrung zugeführt, jedoch häufig unregelmäßig und in wechselnden Mengen. Hier wirkt die Leber zusammen mit einigen anderen Geweben als ausgleichendes *Puffer-* und *Speicherorgan*.

Wir unterscheiden eine **Resorptionsphase** und eine **Postresorptionsphase**, die bis zum Hungern und Fasten ausgedehnt werden kann. Die Umschaltung zwischen diesen beiden Phasen richtet sich nach dem Plasmaspiegel der energietragenden Metabolite und wird gemeinsam von Hormonen und dem Nervensystem bewirkt. Während der Resorptionsphase decken die Gewebe ihren Energiebedarf aus Glucose, in der Postresorptionsphase hauptsächlich aus Fettsäuren, Aminosäuren und Ketonkörpern (Ausnahme: Nervengewebe, s. S. 310).

### A. Resorptionsphase ◑

Mit der Nahrungsaufnahme beginnt die Resorptionsphase. Sie hält etwa 2 bis 4 Stunden an. Durch die Verdauung der Nahrung steigen die Plasmaspiegel von **Glucose**, **Aminosäuren** und **Neutralfetten** (Triacylglycerolen) vorübergehend an. Das Pankreas antwortet darauf mit einer veränderten Ausschüttung von Hormonen. *Insulin* wird vermehrt und *Glucagon* vermindert sezerniert. Die Erhöhung des Insulin / Glucagon-Quotienten und die Verfügbarkeit der Substrate lösen in den Geweben eine *anabole Phase* aus. Die Leber bildet aus den angebotenen Substraten vermehrt Glycogen und Fett, der Muskel Glycogen und Proteine und das Fettgewebe Fett. Diese Stoffe werden gespeichert und bilden zusammen die Energiereserven des Organismus. Unabhängig vom Insulin-Spiegel werden Herz und Nervengewebe gut mit Glucose versorgt.

### B. Leber-Stoffwechsel in der Resorptionsphase ◑

Das venöse Blut aus Darm und Pankreas gelangt mit dem Portalgefäß direkt zur Leber.

**Kohlenhydrat-Stoffwechsel:** Glucose und andere Zucker können die Zellmembran der Hepatocyten mit Hilfe von Carriern leicht passieren (keine Kontrolle durch Insulin). Intrazellulär wird die Glucose schnell zu Glucose-6-phosphat phosphoryliert (s. S. 136). Diesem stehen mehrere Reaktionswege offen. So wird vermehrt Glycogen gebildet (Insulin-Wirkung). Auch der *Hexose-monophosphat-Weg* (**1**) läuft schneller ab, das gebildete NADPH wird durch die Synthese von Fettsäuren verbraucht. Die *Glycolyse* (**2**) ist beschleunigt durch Aktivierung der Schlüssel-Enzyme Phosphofructokinase und Pyruvatkinase (Insulin / Glucagon-Wirkung). Acetyl-CoA wird durch *Fettsäure-Synthese* (**3**) verbraucht. Die *Gluconeogenese* (**4**) ist dagegen wegen der Drosselung von Pyruvat-Carboxylase und Fructose-1,6-bisphosphatase verlangsamt (s. S. 158).

**Fett-Stoffwechsel**: Die Leber ist der wichtigste Ort der *de novo*-Fettsäure-Synthese. Die Substrate für diese Synthese, Acetyl-CoA und NADPH, werden durch den starken Glucose-Abbau geliefert und zum Aufbau von Fettsäuren verwendet. Das vermehrte Angebot von Fettsäuren aus der lebereigenen Synthese und der Abbau von Blutlipiden führt zu einer verstärkten Synthese von Neutralfetten. Glycerol-3-phosphat, das für die Fett-Synthese benötigt wird, stammt aus der Glycolyse (nicht gezeigt). Die gebildeten Fette werden in *Lipoproteinen der Klasse VLDL* (s. S. 248) verpackt und an das Blut abgegeben. Ihre Hauptabnehmer sind das Fettgewebe und die Muskeln.

**Aminosäure-Stoffwechsel**: Das Angebot an Aminosäuren übersteigt während der Resorptionsphase den Verbrauch der Leber. Ein Teil der Aminosäuren wird deshalb abgebaut, d. h. desaminiert. Die Kohlenstoff-Gerüste werden, wenn sie aus glucogenen Aminosäuren stammen, in den Intermediär-Stoffwechsel eingeschleust (s. S. 150), andere zur Fett-Synthese verwandt. In begrenztem Umfang ist auch die Protein-Synthese der Leber erhöht.

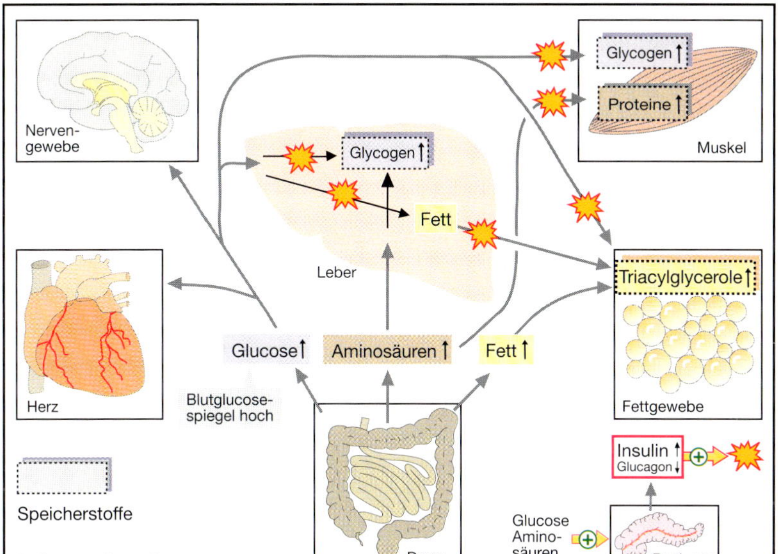


**A. Resorptionsphase**

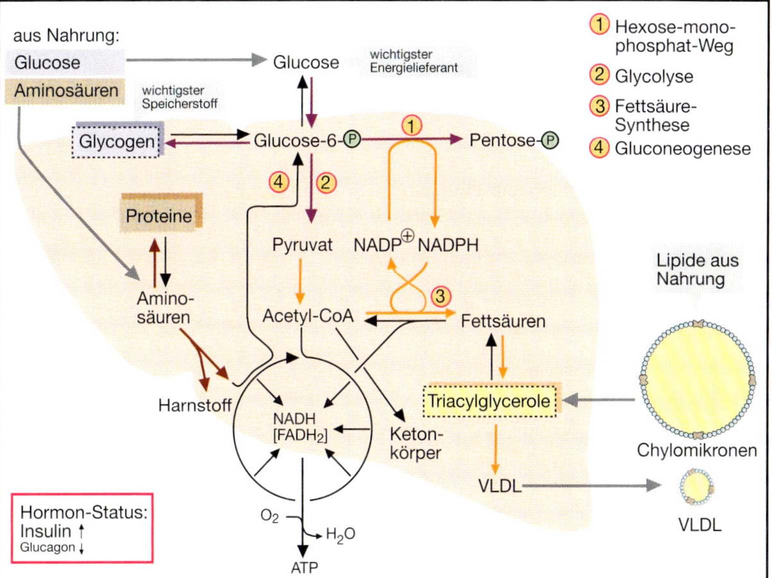


**B. Leber-Stoffwechsel in der Resorptionsphase**

## Stoffwechsel in der Postresorptionsphase

### A. Postresorptionsphase ◑

Bei Ausbleiben der Nahrungszufuhr setzt bald die **Postresorptionsphase** ein. Sie wird ausgelöst durch eine veränderte Sekretion von Hormonen des Pankreas: die A-Zellen schütten vermehrt *Glucagon* aus, und die B-Zellen, in denen *Insulin* gebildet wird, werden gehemmt. Der verringerte Insulin/Glucagon-Quotient im Plasma leitet eine Umschaltung des Intermediär-Stoffwechsels ein. Energieliefernde Substrate werden zwischen Leber, Fettgewebe, Muskel und Gehirn verschoben. Dies dient

- der Aufrechterhaltung eines ausreichenden Glucose-Spiegels zur Versorgung von Gehirn, Nebennierenmark und Erythrocyten, da diese Gewebe von einer ständigen Glucose-Zufuhr abhängig sind, und
- der Energieversorgung der übrigen Gewebe durch Mobilisierung von Fettsäuren aus dem Fettgewebe und der Bildung von Ketonkörpern in der Leber.

### B. Leber-Stoffwechsel in der Postresorptionsphase ◑

Als zentrales Stoffwechselorgan hält die Leber im Zusammenspiel mit dem Fettgewebe die Energieversorgung des Organismus während der Phase des Nahrungsmangels aufrecht.

**Kohlenhydrat-Stoffwechsel**: Bei Mangel an Energiezufuhr (z. B. nachts, bei Hunger und Fasten) mobilisiert die Leber zuerst ihre Glycogen-Reserven. Durch die *Glycogen-Phosphorylase* wird Glycogen über Glucose-1-phosphat zu Glucose-6-phosphat umgewandelt. Nach Abspaltung der Phosphat-Gruppe wird die Glucose ins Blut ausgeschüttet. Die Aktivierung der Phosphorylase wird durch einen niedrigen Insulin/Glucagon-Quotienten über cAMP ausgelöst (s. S. 158). Weil der Glycogen-Speicher der Leber nur etwa 150 g Glucose enthält, ist diese Reserve bei Nahrungsmangel bereits nach 6 bis 12 Stunden erschöpft. Da die Aufrechterhaltung des Glucose-Spiegels im Plasma aber zu den vitalen Funktionen des Organismus gehört (Gehirn!), muß zunehmend die *Gluconeogenese* (**1**) aktiviert werden. Sie ist bei längerem Fasten der wichtigste Glucose-Lieferant. Substrate der Gluconeogenese sind vorwiegend die Kohlenstoff-Gerüste von Aminosäuren und das Glycerol aus dem Fettabbau. Fettsäuren können dagegen *nicht* in Glucose umgewandelt werden, weil die aus ihnen durch β-*Oxidation* (**2**) gebildeten Acetyl-Reste beim Passieren des Citrat-Cyclus vollständig zu $CO_2$ abgebaut werden.

**Fett-Stoffwechsel**: Wichtigste Energiequelle der Leber während längerfristiger Hungerphasen sind Fettsäuren, die vom Fettgewebe durch Lipolyse bereitgestellt werden. Diese Fettsäuren werden in der Leber zu Acetyl-CoA abgebaut und großenteils zu *Ketonkörpern* umgewandelt (**3**). Es handelt sich dabei in erster Linie um 3-Hydroxybutyrat, daneben um etwas Acetacetat (s. S. 278). Der dritte Ketonkörper, Aceton, ist für die Energieversorgung nicht nutzbar. Mit den Ketonkörpern deckt die Leber den Energiebedarf peripherer Gewebe. Ihre Bildung in der Leber beginnt, wenn das Angebot an Acetyl-CoA dessen Abbaugeschwindigkeit im Citrat-Cyclus übersteigt (s. S. 142). Die Biosynthese der Ketonkörper nimmt während der ersten Fastentage zu und bleibt dann für Wochen konstant. Das Angebot von Ketonkörpern wird von allen Geweben (mit Ausnahme der Leber selbst) genutzt. Dies spart Glucose ein und vermindert die Notwendigkeit, lebensnotwendige Proteine zu Aminosäuren abzubauen, um deren Kohlenstoff-Gerüste in Glucose umzuwandeln.

**Energiespeicher des Körpers:** Ein normalgewichtiger Mensch besitzt erhebliche Energiereserven, die für viele Wochen reichen. Fette bilden die größte Reserve, die Speicher von Proteinen und Glycogen sind dagegen wesentlich kleiner. Allerdings stehen die Proteine, da sie Funktionsträger sind (als Enzyme, Carrier, Strukturbestandteile usw.), nur begrenzt für eine Energiegewinnung zur Verfügung. Sie werden deshalb während des Fastens und Hungerns erst spät zur Energieversorgung herangezogen.

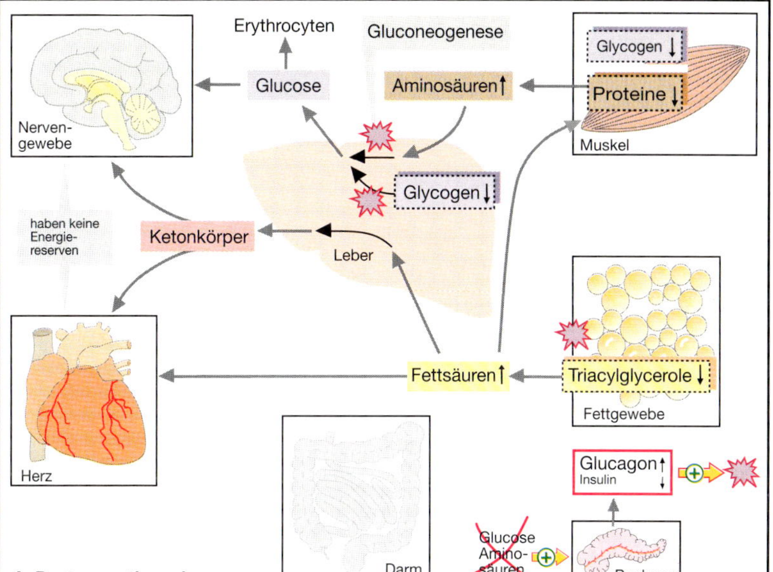


**A. Postresorptionsphase**

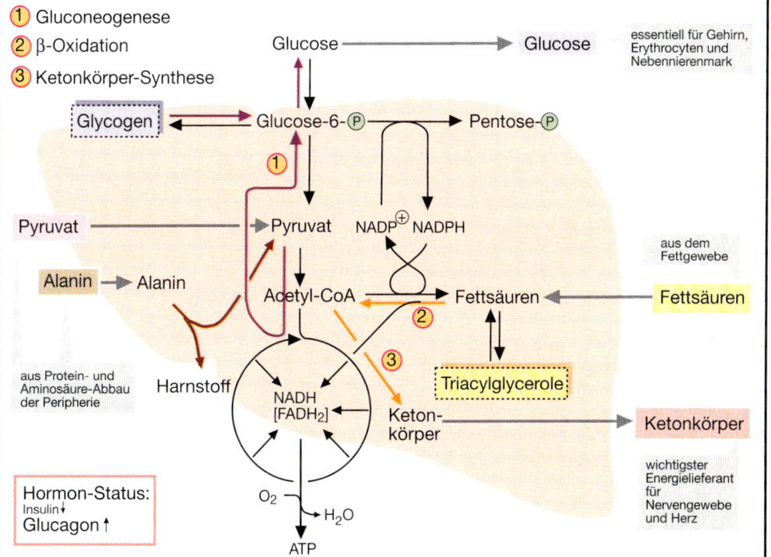


**B. Leber-Stoffwechsel in der Postresorptionsphase**

## Kohlenhydrat-Stoffwechsel

Glucose ist neben den Fettsäuren und den Ketonkörper der wichtigste Energielieferant des Organismus. Seine Konzentration im Blut, der *'Glucose-Spiegel'*, wird konstant bei 4–6 mM (0.8–1.0 $g \cdot l^{-1}$) gehalten. Der Organismus erreicht dies durch eine präzise Regulation Glucose-liefernder und -verbrauchender Prozesse, an denen die Leber vorrangig beteiligt ist.

Daneben ist die Leber auch in der Lage, Glucose durch Umwandlung aus anderen Zuckern (z. B. Fructose und Galactose) zu bilden oder aus Stoffwechselprodukten aufzubauen. Die Umwandlungen von Lactat zu Glucose im *Cori-Cyclus und von Alanin zu Glucose mit Hilfe des Alanin-Cyclus* spielen für einige Gewebe eine besondere Rolle.

### A. Cori- und Alanin-Cyclus ◑

Zellen, die nicht über Mitochondrien verfügen (z. B. Erythrocyten) oder Gewebe, deren Versorgung mit Sauerstoff den aktuellen Bedarf nicht deckt (Muskeln bei großer Leistung), gewinnen ATP durch Gärung (= **anaerobe Glycolyse**); sie wandeln Glucose in Lactat um. Dieses wird vom Blut zur Leber transportiert und dort durch **Gluconeogenese** unter ATP-Verbrauch wieder zu Glucose umgewandelt, die dann zum Verbraucher zurücktransportiert werden kann *(Cori-Cyclus)*.

Ein ähnlicher Kreislauf existiert auch für Pyruvat und Alanin. Der *Alanin-Cyclus* wird durch den Abbau von Proteinen gespeist. Die dabei anfallenden Aminosäuren werden durch *Transaminierung* in 2-Oxosäuren umgewandelt, die großenteils in den Citrat-Cyclus wandern (s. S. 150). Dabei werden ihre Amino-Gruppen auf Pyruvat übertragen, das in Alanin übergeht. Alanin wird ins Blut abgegeben und zur Leber transportiert. Der *Alanin-Cyclus* dient also gleichzeitig dem Transport von Glucose-Vorstufen und Stickstoff zur Leber. Dort wird der Stickstoff dann zu Harnstoff umgesetzt.

### B. Fructose- und Galactose-Stoffwechsel ◑

**Fructose** wird vor allem von der Leber durch Einschleusung in die Glycolyse verstoffwechselt (linke Bildhälfte): die *Ketohexokinase* phosphoryliert zu Fructose-1-phosphat [1]. Dieses wird durch eine besondere Aldolase zu Glyceron-3-phosphat (Dihydroxyaceton-phosphat) und Glyceral (Glycerinaldehyd) gespalten [2]. Glyceron-3-phosphat ist bereits Zwischenprodukt der Glycolyse (Mitte), und Glyceral wird durch die *Triokinase* zu Glyceral-3-phosphat phosporyliert [3].

In geringerem Umfang laufen auch die Reduktion zu Glycerol [4] und die Oxidation zu Glycerat ab, das durch Phosphorylierung in die Glycolyse eingeschleust werden kann (nicht gezeigt). Die Reduktion von Glycerol [4] verbraucht NADH. Aus diesem Grund beschleunigt Fructose den Ethanol-Abbau (s. S. 288).

Außerhalb der Leber wird Fructose durch Reduktion an C-2 zu Sorbitol und anschließende Dehydrierung an C-1 zu Glucose in den Zucker-Stoffwechsel eingeschleust (*Polyol-Weg*; nicht gezeigt).

**Galactose** wird ebenfalls in der Leber abgebaut (rechte Bildhälfte). Ihr Stoffwechsel beginnt – wie bei Zuckern üblich – mit einer Phosphorylierung zu Galactose-1-phosphat [5]. Der Anschluß an die Glycolyse wird durch C-4-Epimerisierung der Galactose zu Glucose auf dem Umweg über ihre C-1-Derivate mit Uridin-diphosphat (UDP) hergestellt [6] [7]. Auch die *Biosynthese* der Galactose nimmt diesen Reaktionsweg, der (bis auf Reaktion [**5**]) frei reversibel ist.

### Weitere Informationen ○

Die seltene erbliche (hereditäre) *Fructose-Intoleranz* wird von einem Mangel an *Fructose-bisphosphat-Aldolase* [2] verursacht. Nach Zufuhr von Fructose kommt es zu einem Anstau von Fructose-1-phosphat, welches Enzyme der Glycolyse hemmt.

Schwere Störungen des Glucose-Stoffwechsels treten bei hereditärer *Galactosämie* durch Anstau von Galactose-1-phosphat auf. Ursache ist ein Mangel an *Hexose-1-phosphat-Uridyl-Transferase* [6].

Galactitol → toxisch
(red. Galactose)

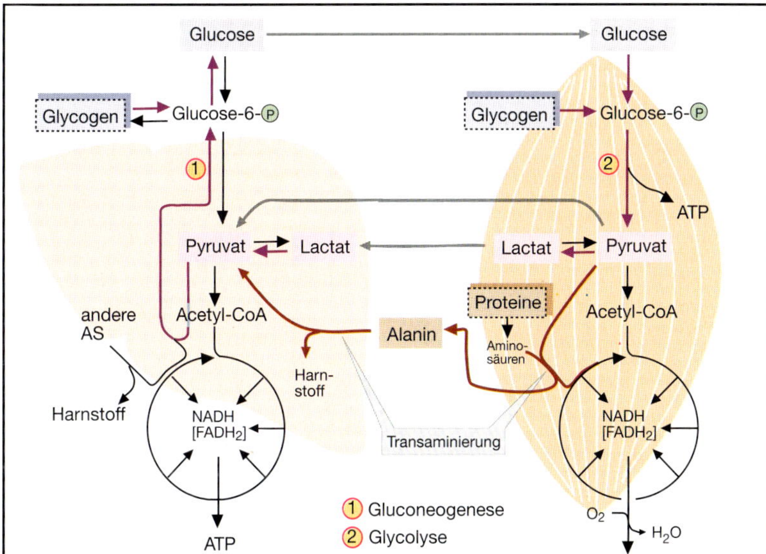


**A. Cori- und Alanin-Cyclus**

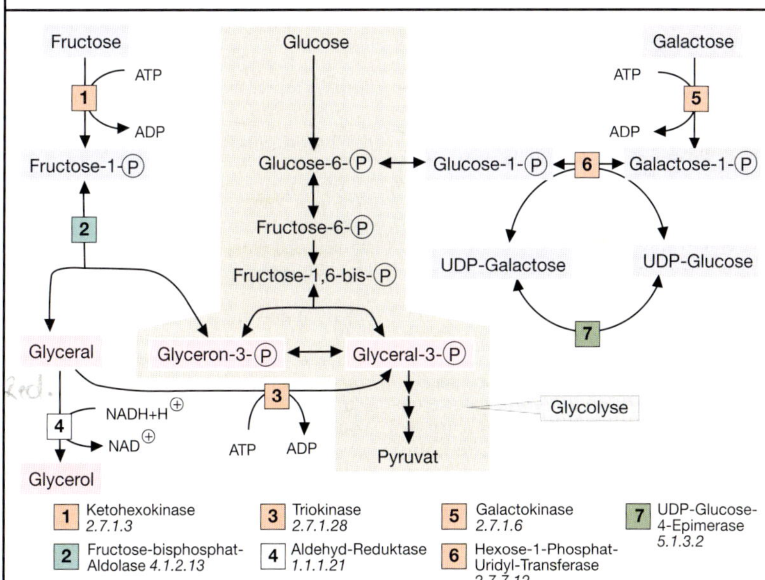


**B. Fructose- und Galactose-Stoffwechsel**

## Lipid-Stoffwechsel

Die Leber ist der wichtigste Ort für die Bildung von *Fettsäuren, Fetten, Ketonkörpern* und *Cholesterol.* Auch das Fettgewebe kann Fette synthetisieren, es dient aber eher zum Speichern von Lipiden.

Der Lipid-Stoffwechsel der Leber ist eng verknüpft mit dem der Kohlenhydrate und Aminosäuren. Im Zustand guter Versorgung mit Nahrungsstoffen, der *Resorptionsphase* (s. S. 272), wandelt die Leber Glucose über Acetyl-CoA in Fettsäuren um. Fettsäuren kann die Leber auch den Lipiden entnehmen, die ihr mit den *Chylomikronen* vom Darm geliefert werden. Die Fettsäuren aus beiden Quellen werden in Neutralfette und zu Phospholipiden umgewandelt. Durch Zusammenlagerung mit Apolipoproteinen werden daraus Lipoprotein-Komplexe (**VLDL**; s. S. 248). Sie werden an das Plasma abgegeben und dienen der Versorgung extrahepatischer Gewebe, vor allem des Fett- und Muskelgewebes.

In der *Postresorptionsphase* (s. S. 274), insbesondere bei Fasten und Hungern und *Diabetes mellitus*, wird der Lipid-Stoffwechsel umgestellt. Da keine Glucose und Lipide mehr mit der Nahrung angeliefert werden, greift der Organismus auf eigene Vorräte zurück. Das Fettgewebe setzt unter diesen Bedingungen Fettsäuren frei. Sie werden von der Leber aus dem Blut aufgenommen, oxidativ zu Acetyl-CoA abgebaut und schließlich in Ketonkörper umgewandelt.

### A. Biosynthese der Ketonkörper ◑

Bei hohen Konzentrationen von Acetyl-CoA in den Leber-Mitochondrien kondensieren zwei Moleküle zu **Acetacetyl-CoA** [1]. Die Übertragung einer weiteren Acetyl-Gruppe [2] führt zu 3-Hydroxy-3-methyl-glutaryl-CoA **(HMG-CoA),** das durch Abspaltung von Acetyl-CoA [3] in freies **Acetacetat** übergeht (*Lynen-Cyclus*). Acetacetat kann durch Reduktion in **3-Hydroxybutyrat** umgewandelt werden [4] oder durch nichtenzymatische Decarboxylierung [5] in **Aceton** übergehen. Etwas ungenau werden diese drei Verbindungen als ‚*Ketonkörper*' bezeichnet.

Die Ketonkörper werden von der Leber an das Blut abgegeben, in dem sie gut löslich sind. Die Blutspiegel der Ketonkörper steigen während der Hungerphase an. 3-Hydroxybutyrat und Acetacetat dienen dann neben den Fettsäuren als wesentliche Energieträger. Aceton ist dagegen ohne metabolische Bedeutung; es wird über die Lunge ausgeschieden. Das Nervengewebe kann nach 1–2wöchiger Hungerphase Ketonkörper zur Energieversorgung nutzen, allerdings ist es zur Aufrechterhaltung des Citrat-Cyclus auf eine Mindestmenge an Glucose angewiesen.

Übertrifft die Produktion der Ketonkörper in der Leber den Verbrauch außerhalb der Leber, dann kommt es zu einem Konzentrationsanstieg der Ketonkörper im Plasma (*Ketonämie*) und eventuell auch zu ihrer Ausscheidung mit dem Urin (*Ketosurie*). Beide Phänomene beobachtet man nach längerem Hungern und bei *Diabetes mellitus*. Durch das Auftreten von hohen Konzentrationen an Ketonkörpern, die Säuren sind ($pK_a$ etwa 4), wird der pH-Wert des Blutes verschoben (*Ketoacidose*). Ketosurie und Ketoacidose können schnell zu Elekrolyt-Verschiebungen und Bewußtlosigkeit führen und sind deshalb lebensbedrohend.

### B. Cholesterol-Stoffwechsel ◑

Cholesterol kann zwei Quellen entstammen, der Nahrung und der Eigensynthese im Körper. Eine bedeutende Menge Cholesterol wird von der Leber synthetisiert. Der Syntheseweg beginnt mit Acetyl-CoA (s. S. 168). Ein Teil dieses Cholesterols wird zur Bildung von Gallensäuren benötigt (s. S. 284), dient als Baustein für Zellmembranen (s. S. 202) oder wird als Ester mit Fettsäuren in Lipid-Tröpfchen auf Lager gelegt. Der Rest wird zusammen mit Triacylglycerolen in Form von Lipoprotein-Komplexen sehr niedriger Dichte (**VLDL**) ans Blut abgegeben und versorgt andere Gewebe. Die Leber trägt auch dadurch zum Cholesterol-Stoffwechsel bei, daß sie aus dem Blut die Lipoprotein-Komplexe, die Cholesterol und Cholesterol-Fettsäure-Ester enthalten (HDL, IDL, LDL; s. S. 248), aufnimmt und abbaut.

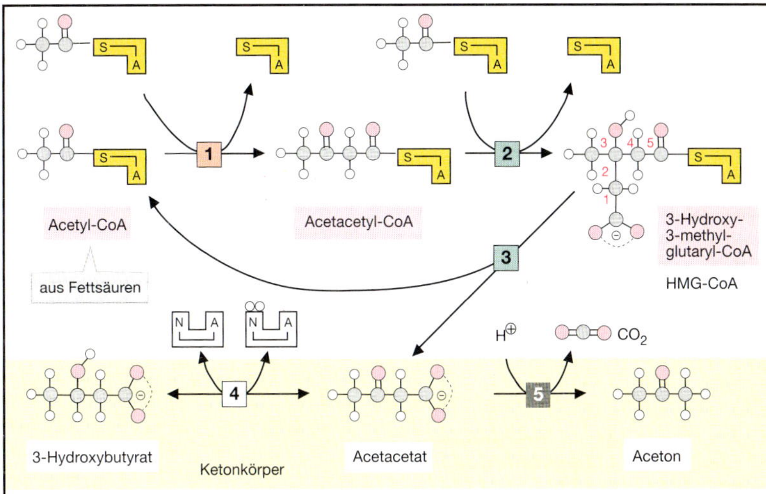


| | |
|---|---|
| 1 | Acetyl-CoA-*C*-Acyltransferase *2.3.1.16* |
| 2 | Hydroxymethylglutaryl-CoA-Synthase *4.1.3.5* |
| 3 | Hydroxymethylglutaryl-CoA-Lyase *4.1.3.4* |
| 4 | 3-Hydroxybutyrat-Dehydrogenase *1.1.1.30* |
| 5 | nichtenzymatische Reaktion |

**A. Biosynthese der Ketonkörper**

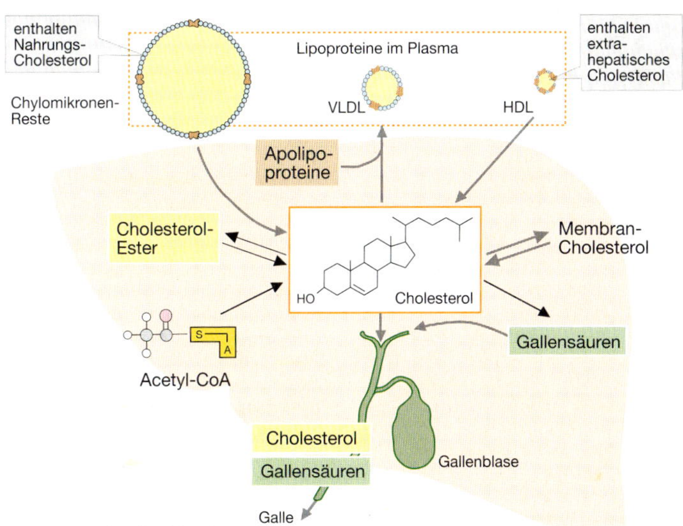


**B. Cholesterol-Stoffwechsel**

## Protein- und Aminosäure-Stoffwechsel

### A. Protein-Stoffwechsel der Leber ◑

Die Leber ist Ort eines intensiven Protein-Aufbaus und -Abbaus. Die von ihr gebildeten Proteine dienen den Hepatozyten selbst für Struktur und Grundstoffwechsel (**1**) und darüber hinaus den besonderen Aufgaben der Leber: als Enzyme zur Katalyse der spezifischen Reaktionen des Leberstoffwechsels, als Speicherproteine zur Versorgung des Organismus mit essentiellen Aminosäuren in der Postresorptionsphase und als Plasmaproteine (s. S. 246). Die Geschwindigkeit des Protein-Stoffwechsels der Leber wird von Substratangebot und Hormonen kontrolliert.

Die Leber ist der wichtigste Ort für die Synthese und den Abbau von **Plasmaproteinen**. Die Aminosäuren zur Synthese der Plasmaproteine werden dem Plasma entnommen oder aber in der Leber selbst gebildet (**2**). Der Syntheseprozeß läuft an den Ribosomen des rauhen endoplasmatischen Retikulums ab (**3**) und führt in mehreren Schritten über Proteinmodifizierung im Golgi-Apparat zu Glycoproteinen und Peptiden, die schließlich durch Exocytose ausgeschüttet werden (**4**). Die gebildeten Proteinmengen sind erheblich. So werden von der Leber eines erwachsenen Menschen am Tag etwa 12 g Albumin und 2 g Fibrinogen an das Plasma abgegeben.

Die Proteine des Plasmas, die fast alle *Glycoproteine* sind (Ausnahmen: Albumin und Präalbumin), altern unterschiedlich schnell. Ihre Halbwertszeit liegt in der Größenordnung von Tagen bis Wochen. Während des Alterns werden die Zuckerreste der Glycoproteine verändert. Die Plasmaproteine verlieren durch ein Enzym (*Neuraminidase* [1]), das in den Blutgefäß-Wänden sitzt, terminale *N*-Acetylneuraminsäure-Gruppen (NeuAc, Sialinsäure, **5**). Durch die Abspaltung werden Galactose-Einheiten bloßgelegt.

Auf der Oberfläche der Hepatocyten sind spezielle Galactose-Rezeptoren lokalisiert, die auf **Asialo-Glycoproteine** spezialisiert sind. Mit ihrer Hilfe ist die Leber in der Lage, die gealterten Plasmaproteine zu erkennen und zu binden. Durch Endocytose (**6**) wird der Komplex aus Galactose-Rezeptoren (als Trimere) und gebundenen Plasmaproteinen den Lysosomen zugeführt, wo die Plasmaproteine endgültig zu Aminosäuren abgebaut werden (**7**). Diese stehen der Leber zur Wiederverwendung zur Verfügung.

### B. Aminosäure-Stoffwechsel ◑

Die Verdauung der Nahrungproteine im Darm (**1**) führt zu **Aminosäuren**, die die Leber über die Portalgefäße erreichen. In einem energieabhängigen Prozess nimmt die Leber die Aminosäuren auf (**2**). Sie dienen ihr zur Bildung der benötigten **Proteine** und zum Aufbau von Protein-Reserven. Überschüssige **Aminosäuren** werden von der Leber abgebaut (**3**). Der Stickstoff der Aminosäuren und ihr Kohlenstoff-Gerüst haben dabei ein unterschiedliches Schicksal: der Stickstoff wird in **Harnstoff** überführt (**4**; s. S. 282), und das Kohlenstoff-Gerüst wird je nach Ursprungs-Aminosäure entweder in Glucose umgewandelt (**5**), mit der die Glycogen-Speicher aufgefüllt werden können, oder es wird zu **Acetyl-CoA** und **Acetacetyl-CoA** (ein Ketonkörper-Vorläufer, s. S. 278) umgesetzt (**6**). Die verschiedenen Metabolite dienen der ATP-Synthese und dem Aufbau von **Fettsäuren.** Entsprechend dem Schicksal des Kohlenstoff-Gerüstes unterscheiden wir *glucogene* (**5**) und *ketogene Aminosäuren* (**6**) (s. S. 150). In der Phase des Hungerns und Fastens ist die Fähigkeit der Leber, Aminosäuren in **Glucose** umzubauen, besonders wichtig. Mit dieser Glucose wird insbesondere die Funktionsfähigkeit des Nervensystems sichergestellt (s. S. 310).

Aminosäuren mit verzweigter Seitenkette (Val, Leu und Ile) werden nicht in der Leber sondern im *Muskel* abgebaut. Ihr Stickstoff wird mit Hilfe des *Alanin-Cyclus* (s. S. 276) zur Leber transportiert und dort in Harnstoff umgewandelt.

Verzweigtketten-Dehydrogenase

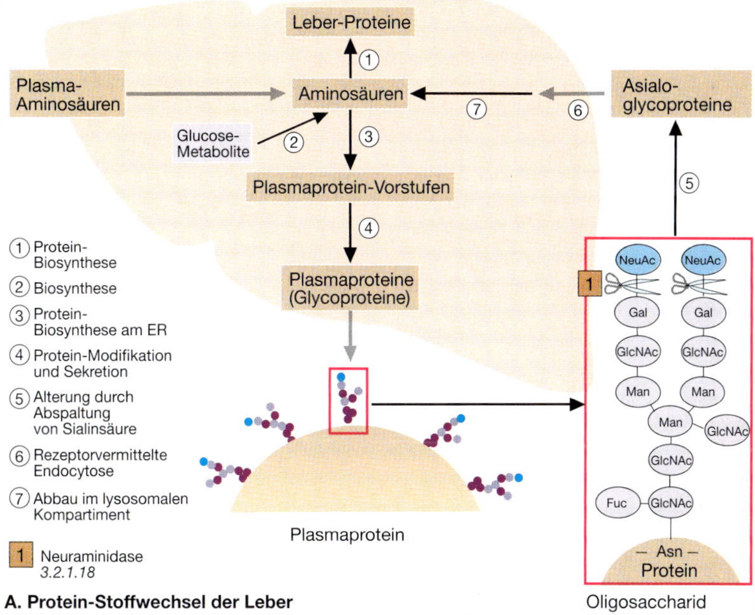


**A. Protein-Stoffwechsel der Leber**

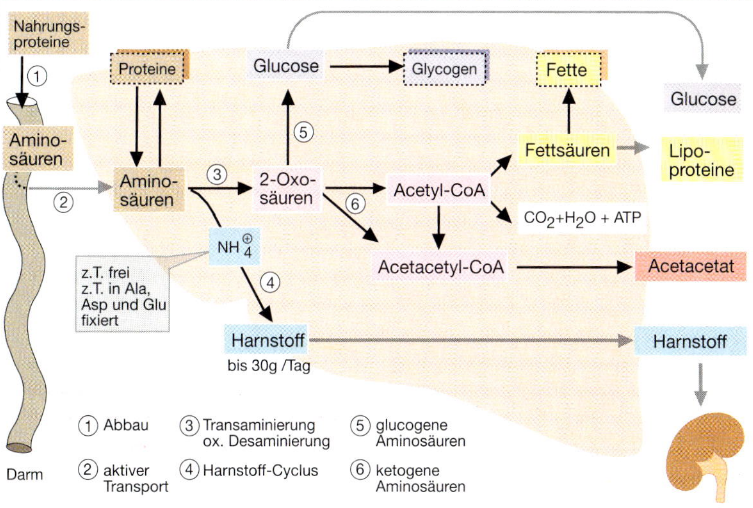


**B. Aminosäure-Stoffwechsel**

## Harnstoff-Cyclus

### N-Stoffwechsel der Leber ◑

Aminosäuren werden vorwiegend in der Leber abgebaut. Dabei wird direkt oder indirekt Ammoniak freigesetzt (s. S. 148). Der Abbau von Purinen und Pyrimiden liefert ebenfalls nennenswerte Mengen an Ammoniak (s. S. 152).

**Ammoniak** (oben links) – eine mittelstarke Base – ist ein Zellgift. In höheren Konzentrationen schädigt er besonders Nervenzellen. Ammoniak muß deshalb schnell inaktiviert und ausgeschieden werden. Beim Menschen geschieht dies in erster Linie durch Bildung von **Harnstoff** (Mitte links; siehe auch S. 294).

Die Inaktivierung und Ausscheidung von Ammoniak ist auf unterschiedliche Weise möglich. Aquatisch lebende Tiere können Ammoniak direkt ausscheiden, z. B. geben ihn Fische über die Kiemen ab (*ammonotelische Tiere*). Terrestrisch lebende Wirbeltiere, darunter der Mensch, scheiden nur wenig Ammoniak direkt mit dem Urin aus, statt dessen wird der größte Teil des Ammoniaks vor der Ausscheidung in Harnstoff umgewandelt (*ureotelische T.*). Vögel und Reptilien bilden dagegen *Harnsäure* (*uricotelische T.*), die zur Wassereinsparung überwiegend als Feststoff ausgeschieden wird.

### A. Harnstoffcyclus ◑

**Harnstoff** ist das Diamid der Kohlensäure. Er ist im Gegensatz zu Ammoniak *neutral* und *ungiftig*. Als ungeladenes, kleines Molekül kann er Membranen passieren. Deshalb und weil Harnstoff gut wasserlöslich ist, wird er leicht mit dem Blut abtransportiert und mit dem Urin ausgeschieden.

Harnstoff wird in einer cyclischen Reaktionsfolge in der Leber gebildet. Die beiden Stickstoff-Atome stammen aus **Ammoniak** und **Aspartat**, der Carbonyl-Teil aus **Hydrogencarbonat**. In einem ersten Reaktionsschritt [1] wird aus Hydrogencarbonat ($HCO_3^-$) und Ammoniak unter Verbrauch von 2 ATP **Carbamoylphosphat** gebildet, das wegen seiner Säureanhydrid-Bindung ein hohes Reaktionspotential besitzt. Der Carbamoyl-Rest wird im folgenden Reaktionsschritt [2] auf **Ornithin** übertragen, das dadurch in **Citrullin** übergeht. Die zweite Amino-Gruppe des Harnstoff-Moleküls wird durch Reaktion von **Aspartat** (unten rechts) mit Citrullin geliefert [3]. Für diese Reaktion ist erneut Energie in Form von ATP nötig, das dabei zu AMP und Diphosphat gespalten wird. Zur Sicherung der Reaktionslage wird Diphosphat, das zweite Produkt dieser Reaktion, dann vollständig hydrolysiert (nicht gezeigt). Die Abspaltung von Fumarat aus dem Argininosuccinat führt zu **Arginin** [4], aus dem durch Hydrolyse Isoharnstoff freigesetzt wird [5], der sich sofort in **Harnstoff** umlagert. Das übrigbleibende Ornithin steht erneut dem Harnstoff-Cyclus zur Verfügung.

**Fumarat**, welches im Harnstoff-Cyclus gebildet wird, kann durch zwei Teilschritte des Citrat-Cyclus [6, 7] über Malat in Oxalacetat überführt werden, das durch Transaminierung [9] weiter zu Aspartat umgewandelt wird. Dieses steht dem Cyclus ebenfalls wieder zur Verfügung.

Der Energieaufwand für die Biosynthese von Harnstoff ist hoch. Es werden insgesamt vier energiereiche Bindungen für die Synthese eines Harnstoff-Moleküls gespalten: zwei bei der Synthese von Carbamoylphosphat und zwei (!) bei der Bildung von Argininosuccinat ($ATP \rightarrow AMP + PP_i$, $PP_i \rightarrow P_i + P_i$).

Der Harnstoff-Cyclus läuft *ausschließlich in der Leber* ab. Er ist auf zwei Kompartimente aufgeteilt, die Mitochondrien und das Cytoplasma. Die Membranpassage der Intermediate Citrullin und Ornithin ist nur mit Hilfe von **Carriern** möglich (s. S. 196). Beide Aminosäuren kommen nicht in Proteinen vor.

Die Geschwindigkeit der Harnstoff-Bildung wird über die erste Reaktion des Cyclus [1] gesteuert. Nur in Gegenwart von ***N*-Acetyl-Glutamat** ist die *Carbamoylphosphat-Synthase* aktiv. Abhängig von der Stoffwechsellage (Arginin-Spiegel, Energie-Versorgung) schwankt die Konzentration dieses allosterischen Effektors stark.

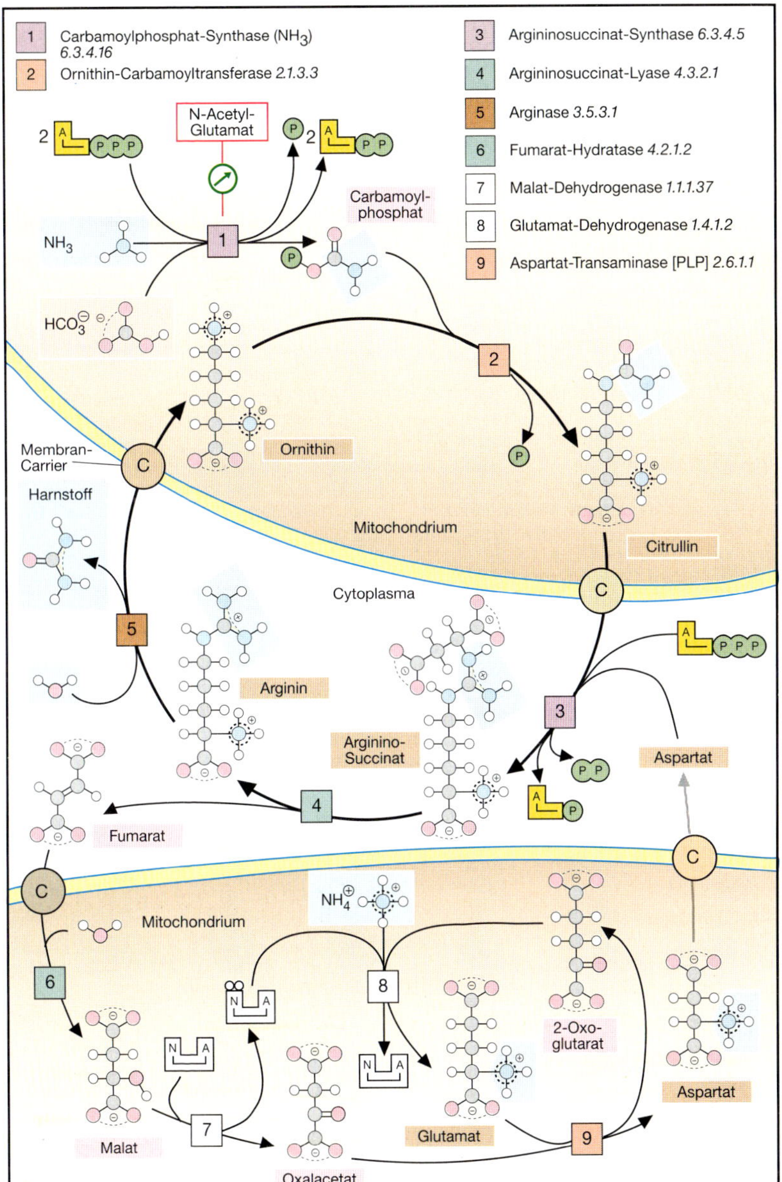


**A. Harnstoff-Cyclus**

## Gallensäure-Stoffwechsel

### A. Cholat

In der Leber werden aus Cholesterol Gallensäuren gebildet (s. S. 55). Das sind Steroide mit 24 C-Atomen, die ein bis drei α-ständige Hydroxy-Gruppen besitzen und eine Seitenkette tragen, an deren Ende eine Carboxylat-Gruppe steht. Die wichtigste Gallensäure des Menschen ist die **Cholsäure**. Sie liegt beim schwach alkalischen pH der Galle als Anion **Cholat** vor.

### B. Gallensäuren und Gallensalze ◑

Außer der Cholsäure wird noch eine zweite Gallensäure gebildet, die *Chenodesoxycholsäure*. Sie unterscheidet sich von der Cholsäure durch das Fehlen der Hydroxy-Gruppe an C-12. Beide Moleküle werden als **primäre Gallensäuren** bezeichnet. Sie sind quantitativ die wichtigsten Metabolite des Cholesterols.

Die beiden Gallensäuren *Desoxycholsäure* und *Lithocholsäure* werden dagegen als **sekundäre Gallensäuren** bezeichnet, weil sie erst durch Dehydroxylierung der primären Gallensäuren an C-7 im Darm erzeugt werden (siehe unten). Die Leber fügt den Gallensäuren noch eine Aminosäure (*Glycin* oder *Taurin*) in Peptidbindung an, bevor sie diese an die Galle abgibt. Diese konjugierten Gallensäuren werden **Gallensalze** genannt, sie sind stärkere Säuren als die Gallensäuren.

### C. Micelle ◑

Auf Grund der α-Stellung ihrer Hydroxy-Gruppen besitzen Gallensäuren und Gallensalze eine polare und eine unpolare Seite. Sie sind *amphipathisch* und haben Detergens-Wirkung (s. S. 22). Ihre Aufgabe ist es, Nahrungslipide während der Verdauung durch Micellen-Bildung in Lösung zu bringen. Das steigert die Wirksamkeit von Pankreas-Lipasen und fördert die Resorption von Lipiden (s. S. 242).

Das Bild zeigt, wie die Gallensäure-Moleküle mit ihrer unpolaren Seite auf einer Micelle schwimmen und sie dadurch wasserlöslich machen. Von oben lagert sich die *Lipase* an die Gallensäuren an und beginnt die Fette (Triacylglycerole) des Lipidtröpfchens zu spalten.

### D. Stoffwechsel der Gallensalze ◑

Gallensäuren werden ausschließlich in der Leber gebildet. Ihre Biosynthese (**1**) beginnt mit Cholesterol, in das spezifisch Hydroxy-Gruppen eingeführt werden. Die Doppelbindung des Cholesterols in Ring B (s. S. 53), wird reduziert, und seine Seitenkette um drei C-Atome verkürzt.

Der geschwindigkeitsbestimmende Schritt der Gallensäure-Bildung ist ihre Hydroxylierung in Position 7 durch eine *7α-Hydroxylase*. Cholsäure hemmt diese Reaktion (*Endproduktthemmung*); die Gallensäuren bestimmen damit die Geschwindigkeit des Cholesterol-Abbaus.

Vor dem Verlassen der Leber werden Gallensäuren mit den Aminosäuren **Glycin** oder **Taurin** konjugiert (**2**). Die Synthese der Peptidbindung geschieht nach Aktivierung der Gallensäuren mit CoA. Aus Cholsäure werden so *Glycocholsäure* und die *Taurocholsäure* gebildet. Die von der Leber sezernierte *Lebergalle* wird dann in der Gallenblase durch Wasserentzug eingedickt (*Blasengalle*; **3**).

Darmbakterien im Colon produzieren Enzyme, die die Gallensalze angreifen und verändern können (**4**). Die Peptidbindung der Gallensalze wird gespalten, und durch Dehydroxylierung an C-7 entstehen aus den primären Gallensäuren die sekundären Gallensäuren (**5**). Der größte Teil der Gallensäuren des Darms wird wieder resorbiert (**6**) und nach dem Transport zur Leber der Galle erneut zugeführt (*enterohepatischer Kreislauf*). Von den 15 bis 30 g Gallensalzen, die täglich mit der Galle abgegeben werden, tauchen deshalb nur etwa 0.5 g in den Faeces auf. Das entspricht etwa der täglichen Neusynthese von Cholesterol.

Bei ungünstiger Zusammensetzung der Galle können einzelne Komponenten auskristallisieren. Es entstehen *Gallensteine*, welche meist Cholesterol und Calciumsalze der Gallensalze, seltener auch Gallenfarbstoffe enthalten.

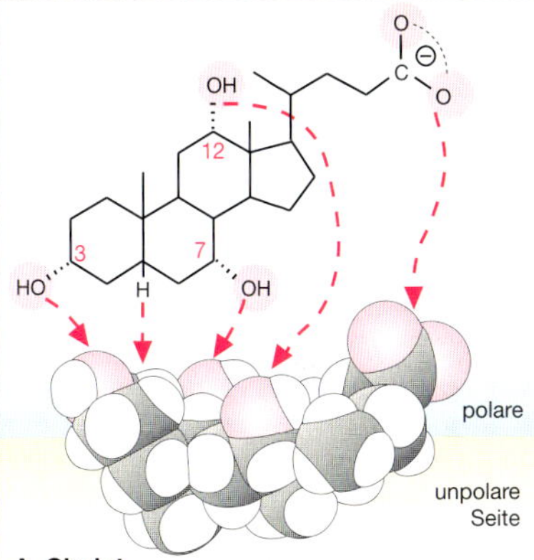


A. Cholat

| **Gallensäure** | Substituent an C-3 | C-7 | C-12 |
|---|---|---|---|
| Cholsäure | -OH | -OH | -OH |
| Chenodesoxycholsäure | -OH | -OH | -H |
| Desoxycholsäure | -OH | -H | -OH |
| Lithocholsäure | -OH | -H | -H |

**Gallensalze** = konjugierte Gallensäuren

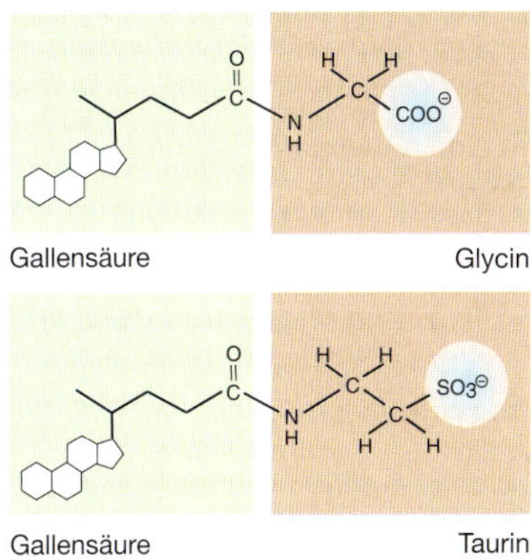


**B. Gallensäuren und Gallensalze**

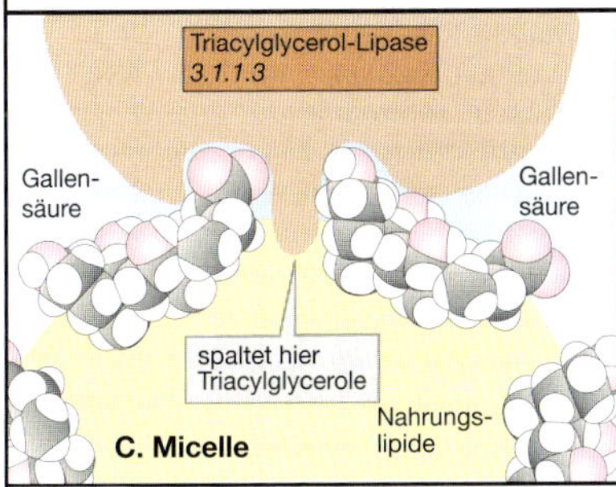


**C. Micelle**

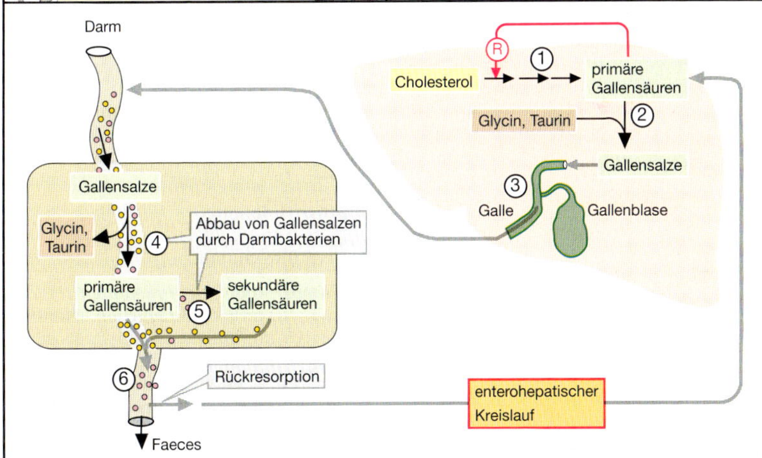


**D. Stoffwechsel der Gallensalze**

# Biotransformation und Entgiftung

## A. Biotransformation und Entgiftung ◑

Der tierische Organismus nimmt sowohl mit der Nahrung als auch durch den Kontakt mit der Umwelt über Haut und Lunge **Fremdstoffe** auf. Diese können natürlichen Ursprungs sein (= *Xenobiotika*) oder vom Menschen künstlich erzeugt sein. Viele dieser Stoffe sind – besonders in höheren Konzentrationen – für den Organismus giftig. Er verfügt aber über wirkungsvolle Mechanismen, die Fremdstoffe durch **Biotransformation** zu inaktivieren und auszuscheiden. Die Mechanismen der Biotransformation sind denen ähnlich, mit denen **körpereigene Substanzen** wie Gallenfarbstoffe und Steroidhormone inaktiviert und ausgeschieden werden. Die Biotransformation geschieht vorwiegend in der Leber.

**Phase I-Reaktionen** (Umwandlungsreaktionen) – Die Reaktionen des Typ I führen funktionelle Gruppen in unpolare Moleküle ein oder wandeln vorhandene funktionelle Gruppen der Fremdstoffe um. In der Regel hat dies eine Erhöhung der *Polarität* und eine Verringerung der *biologischen Aktivität* oder *Giftigkeit* zur Folge. Allerdings werden in bestimmten Fällen (einige Pharmaka, Carcinogene) die Fremdstoffe erst durch die Umwandlungsreaktionen wirksam.

Wichtige Biotransformations-Reaktionen der Phase I sind:

- *Oxidations-Reaktionen:* Hydroxylierungen, Epoxid-Bildung, Sulfoxid-Bildung, Dealkylierungen, Desaminierungen
- *Reduktions-Reaktionen:* Reduktion von Carbonyl-, Azo- oder Nitro-Verbindungen, Dehalogenierung
- *Methylierungen*
- *Desulfurierungen*

Die Reaktionen laufen im glatten endoplasmatischen Retikulum der Hepatocyten ab. Die Oxidationsreaktionen werden von **Cytochrom P-450**-Systemen katalysiert (s. S. 340). Allgemein haben die betreffenden Enzymsysteme eine breite Spezifität, sie akzeptieren meist viele verschiedene Substrate (Ausnahme: Steroid-Stoffwechsel). Diese Enzymsysteme werden von ihren Substraten induziert.

**Phase II-Reaktionen** (Konjugat-Bildung) – Reaktionen des Typs II koppeln die Substrate (Bilirubin, Metabolite der Xenobiotika, Pharmaka und Steroidhormone) an sehr polare, negativ geladene Moleküle. Die beteiligten Enzyme sind ausnahmslos Transferasen, ihre Produkte heißen **Konjugate**.

## B. Konjugat-Bildung ◑

Die Kopplung mit **Glucuronat** (GlcUA) als *O*- oder *N*-Glucuronid ist die häufigste Form der Konjugat-Bildung. Coenzym ist Uridindiphosphat-Glucuronat, das ‚aktive Glucuronat' (**1**).

Die Verknüpfung mit dem sehr polaren Glucuronat macht ein unpolares (hydrophobes) Molekül stärker polar. Das Beispiel (**2**) zeigt ein Konjugat von 2-Naphthol mit Glucuronat. Das 2-Naphthol, ein Fremdstoff im tierischen Organismus, wird durch die Konjugat-Bildung ausreichend wasserlöslich und dadurch ausscheidungsfähig.

Für die Konjugat-Bildung spielt auch die Biosynthese von Sulfat-Estern mit Hilfe von **Phosphoadenosin-phosphosulfat** (PAPS), dem *‚aktiven Sulfat'* (**3**) eine Rolle, außerdem auch die Amid-Bildung mit *Glycin* und *Glutamin.*

Die Konjugate werden von der Leber *biliär*, d. h. mit der Galle (bei Molmasse > 300), oder *renal* auf dem Weg über Blut und Nieren (bei Molmasse < 300) eliminiert.

### Weitere Informationen ○

**Entgiftung von Schwermetallen** – Zur Bindung und Entgiftung von Metallen, die der Organismus z.T. in Spuren benötigt (s. S. 322), besitzt die Leber *Metallothionin,* ein Cystein-reiches Protein mit hoher Affinität für zweiwertige Metall-Ionen wie $Cd^{2+}$, $Cu^{2+}$, $Hg^{2+}$ und $Zn^{2+}$. Diese Metallionen induzieren auch die Bildung von Metallothionin.

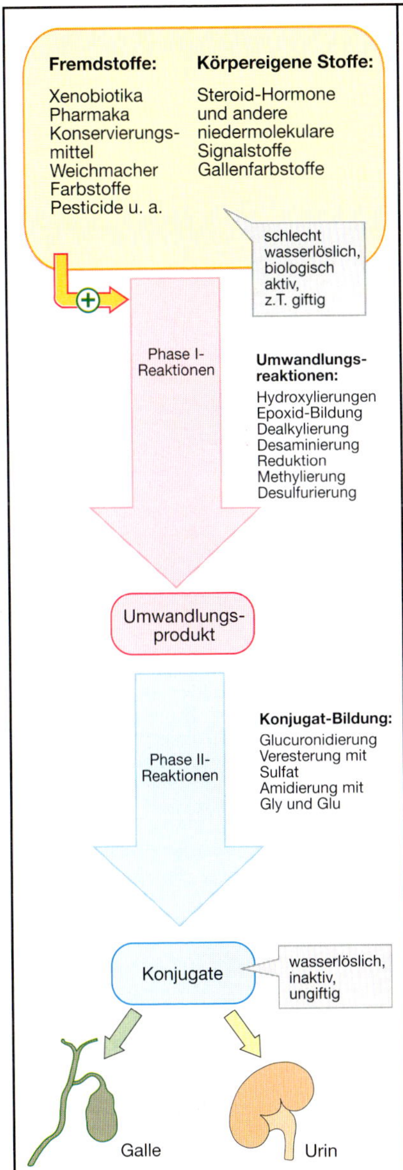


A. Biotransformation und Entgiftung

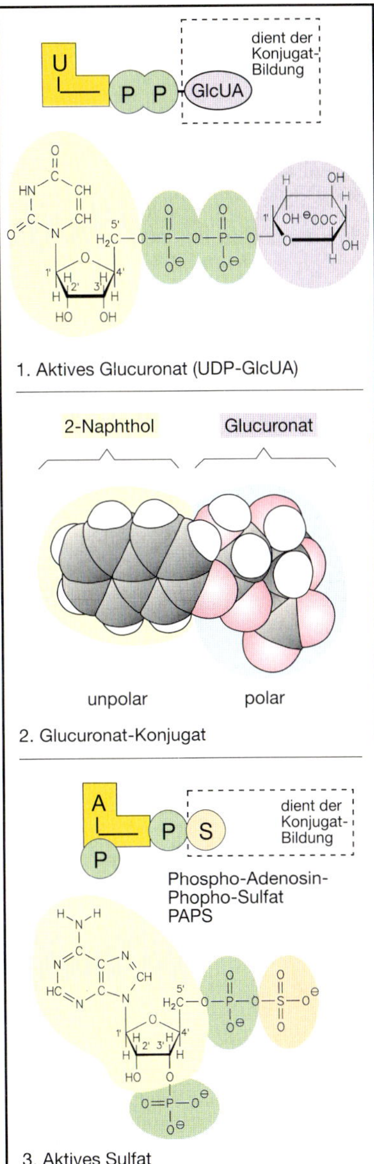


B. Konjugat-Bildung

## Ethanol-Stoffwechsel

### A. Ethanol-Spiegel im Blut ◑

**Ethanol** (EtOH, ‚Alkohol') kommt in Spuren in Früchten vor. Alkoholische Getränke enthalten Ethanol in größeren Konzentrationen. Ihr Ethanol-Gehalt wird üblicherweise als Volumenanteil in % angegeben. Für die Abschätzung der Alkoholaufnahme und des Blutspiegels ist eine Umrechnung in g Ethanol sinnvoll (Dichte: 0,79 $kg \cdot l^{-1}$). Eine Flasche Bier (0,5 l mit 4 Vol.%) enthält 20 ml = 16 g Ethanol, eine Flasche Wein (0,7 l mit 10 Vol.%) 70 ml = 55 g Ethanol.

Ethanol wird durch Diffusion schnell resorbiert. Der maximale Blutspiegel wird schon 60–90 min nach dem Trinken erreicht. Die *Geschwindigkeit der Resorption* hängt allerdings von verschiedenen Umständen ab. Ein leerer Magen, ein warmes Getränk (wie z. B. Grog), die Gegenwart von Zucker und Kohlensäure (z. B. im Champagner) fördern die Resorption von Ethanol, eine schwer verdauliche Mahlzeit vermindert sie. Im Organismus wird Ethanol sehr schnell verteilt. Muskulatur und Gehirn nehmen viel auf, Fettgewebe und Knochen dagegen wenig. Näherungsweise stehen dem Ethanol 70% des Körpers als Verteilungsraum zur Verfügung. Die schnelle und vollständige Resorption des Ethanols einer Flasche Bier (16 g) führt also bei einem 70 kg schweren Menschen (Verteilung in 70 kg x 70 / 100 = 49 kg) zu einem *Blutspiegel* von 16 g/ 49 kg = 0,33 Promille (7.2 mM). Die letale Ethanol-Konzentration liegt bei etwa 3.5 Promille (76 mM).

### B. Ethanol-Stoffwechsel ◑

Hauptabbauort des Ethanols ist die Leber. Dort wird Ethanol durch *Alkohol-Dehydrogenase* zu Ethanal (Acetaldehyd) dehydriert und weiter durch die *Aldehyd-Dehydrogenase* zu Acetat. Dieses wird mit Hilfe der *Acetat-CoA-Ligase* (Thiokinase) unter ATP-Verbrauch in Acetyl-CoA überführt, wodurch der Anschluß an den Intermediär-Stoffwechsel vollzogen ist. Neben der cytoplasmatischen Alkohol-Dehydrogenase tragen auch die *Katalase* (s. S. 198) und eine induzierbare, mikrosomale *Alkohol-Oxidase* zum Ethanol-Abbau bei.

Die Geschwindigkeit des Ethanol-Abbaus in der Leber wird durch die Aktivität der Alkohol-Dehydrogenase limitiert. Begrenzend ist die verfügbare Menge an $NAD^+$. Eine maximale Abbaugeschwindigkeit wird schon bei kleiner Ethanol-Konzentration erreicht. Daher sinkt der Ethanol-Spiegel mit konstanter Geschwindigkeit.

Der *Brennwert* von Ethanol beträgt 29,4 $kJ \cdot g^{-1}$ (7 $kcal \cdot g^{-1}$). Alkoholische Getränke können deshalb – besonders bei Alkoholikern – einen erheblichen Anteil der Energiezufuhr der Nahrung ausmachen.

Obwohl das Studium der Ethanol-Wirkungen sehr beliebt ist, kennen wir seinen Wirkungsmechanismus nur ungenügend. Die akute Wirkung des Ethanols ähnelt der von Narkotika. Sie läßt sich durch Effekte auf die Membransysteme von Neuronen erklären.

### C. Fettleber ◑

Erhöhter Ethanol-Konsum über Jahre hinweg führt zu Schäden der Leber. Die Grenzwerte liegen für einen gesunden Mann bei einer täglichen Ethanol-Zufuhr von etwa 60 g, für eine Frau bei etwa 50 g. Diese Werte werden stark von Körpergewicht, Gesundheitszustand und auch von Medikamenten beeinflußt.

In der Leber werden durch die Ethanol-bedingten hohen Spiegel an NADH und Acetyl-CoA der Citrat-Cyclus und die Ketogenese verlangsamt und die Synthese von Neutralfetten und Cholesterol angeregt. Eine erhöhte Speicherung der Lipide führt zur **Fettleber**. Diese Zunahme des Fettgehaltes der Leber (von weniger als 5% auf über 50% des Trockengewichtes) ist meist reversibel. Erst bei chronischem Alkoholismus kommt es durch Zelltod zu fibrotischen Veränderungen. Mit der **Lebercirrhose** erreicht die Leberschädigung schließlich ein irreversibles Stadium, das von einem progressiven Ausfall der Leberfunktion gekennzeichnet ist.

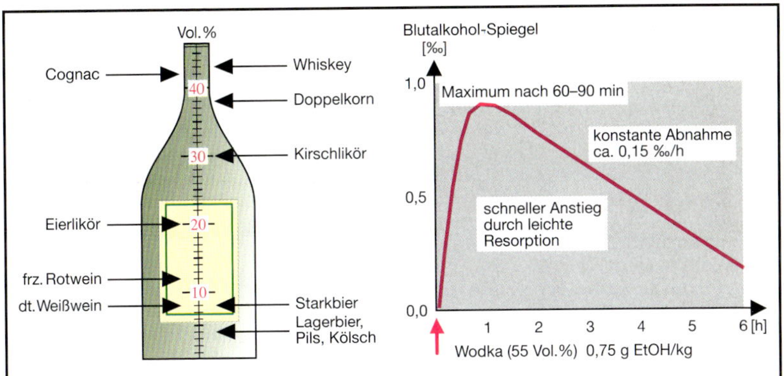


A. Ethanol-Spiegel

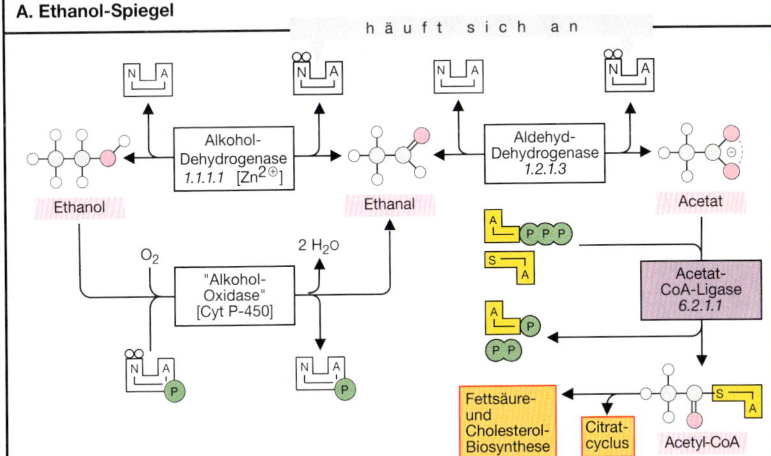


B. Ethanol-Stoffwechsel

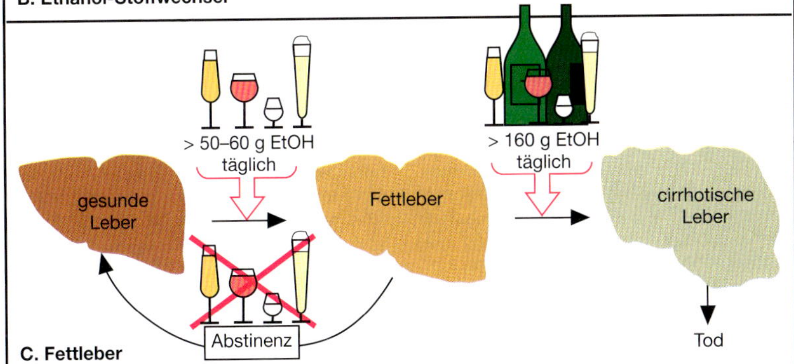


C. Fettleber

## Leistungen der Niere

### A. Aufgaben der Niere ●

Die Nieren sind außerordentlich gut durchblutete Organe, durch sie fließen täglich etwa 1500 l Blut. Daraus werden 150 l Primärharn filtriert. Durch Rückresorption von Wasser wird das Volumen des Primärharns stark reduziert, so daß nur eine tägliche Menge von etwa 0.5–2.0 l als **Endharn** ausgeschieden wird.

Die Hauptaufgabe der Niere ist die **Ausscheidung** von Wasser und von wasserlöslichen Substanzen (**1**; s. S. 292). Eng verbunden mit dieser Ausscheidungsfunktion der Niere ist ihre Aufgabe, den Elektrolyt- und Säure-Haushalt des Organismus zu regulieren (**Homöostase, 2**; s. S. 294 und 296). Ausscheidung und Homöostase stehen unter der Kontrolle von Hormonen; außerdem ist die Niere an der Bildung mehrerer **Hormone** beteiligt (**3**; s. S. 298). Schließlich übernimmt die Niere auch Aufgaben im **Intermediär-Stoffwechsel** (**4**), insbesondere beim Abbau von Aminosäuren und bei der Gluconeogenese (s. S. 296).

### B. Bildung des Harns ●

Funktionelle Einheit der Niere ist das **Nephron** (schematisch dargestellt), von dem es in der menschlichen Niere etwa eine Million Einheiten gibt. In den Nephronen verläuft die Bildung des Harns in drei Phasen:

**Ultrafiltration**: Im Glomerulus wird durch Ultrafiltration des Plasmas der *Primärharn* erzeugt, der *isotonisch* zum Plasma ist. Die Poren, durch die das Plasma dringt, haben einen effektiven, mittleren Durchmesser von 2.9 nm. Das erlaubt allen Plasma-Bestandteilen bis zu einer Masse (M) von etwa 5 kDa den ungehinderten Durchtritt. Mit steigender M werden die Moleküle zurückgehalten; aber erst Moleküle mit einer M > 65 kDa können nicht mehr in den Primärharn übertreten. Da Blutproteine generell eine M > 54 kDa haben (s. S. 246), finden sie sich im Urin nur in sehr geringen Mengen.

**Rückresorption**: Durch Entzug von Wasser wird der Primärharn im proximalen und distalen Tubulus stark konzentriert (auf etwa 1/100 des Ausgangsvolumens). Gleichzeitig werden auch andere niedermolekulare Bestandteile durch aktiven Transport (s. S. 296) wieder resorbiert, insbesondere **Glucose, Aminosäuren** und **anorganischen** und **organische Ionen**. Zur Rückgewinnung der Aminosäuren gibt es mehrere, gruppenspezifische Transportsysteme, für die genetische Erkrankungen bekannt sind (z. B. *Cystinurie, Glycinurie* und *Hartnup-Erkrankung*).

**Sekretion**: Manche ausscheidungspflichtigen Stoffe werden in den Nierenkanälchen durch *aktiven Transport* wieder in den Urin abgegeben. Zu diesen Stoffen zählen Wasserstoff- und Kalium-Ionen, Harnsäure und Kreatinin, aber auch Pharmaka, wie z. B. das Penicillin.

### Weitere Informationen ◑

Die Harnkonzentrierung und die selektiven Transportprozesse sind energieaufwändige Prozesse. Deshalb ist der Energiebedarf der Niere sehr hoch. Das benötigte ATP wird durch oxidativen Stoffwechsel von Glucose, Lactat, Pyruvat, Fettsäuren, Glycerol, Citrat und Aminosäuren gewonnen, die aus dem Blut aufgenommen werden. Neben der Leber ist auch die Niere zur *Gluconeogenese* fähig. Substrate dafür sind vorrangig die Kohlenstoff-Gerüste von Aminosäuren, deren Stickstoff als Ammoniak zum Abpuffern des Urins benutzt wird (s. S. 294). Enzyme des *Aminosäure-Stoffwechsels* (Aminosäure-Oxidasen, Amin-Oxidasen, Glutaminase) kommen in hohen Aktivitäten in der Niere vor.

Der Umfang der Ausscheidung einer Substanz durch die Niere läßt sich durch Bestimmung der renalen *Clearance* ermitteln. Sie ist dasjenige Plasma-Volumen, das pro Zeiteinheit von einer Substanz befreit wird. *Inulin,* ein Polyfructosan mit M von ca. 6 kDa, das weder aktiv ausgeschieden noch resorbiert wird, hat eine Clearance von 120 ml/min. Die Clearance von renal sezernierten, d. h. aktiv ausgeschiedenen Substanzen, ist größer, von aktiv resorbierten Substanzen dagegen geringer.

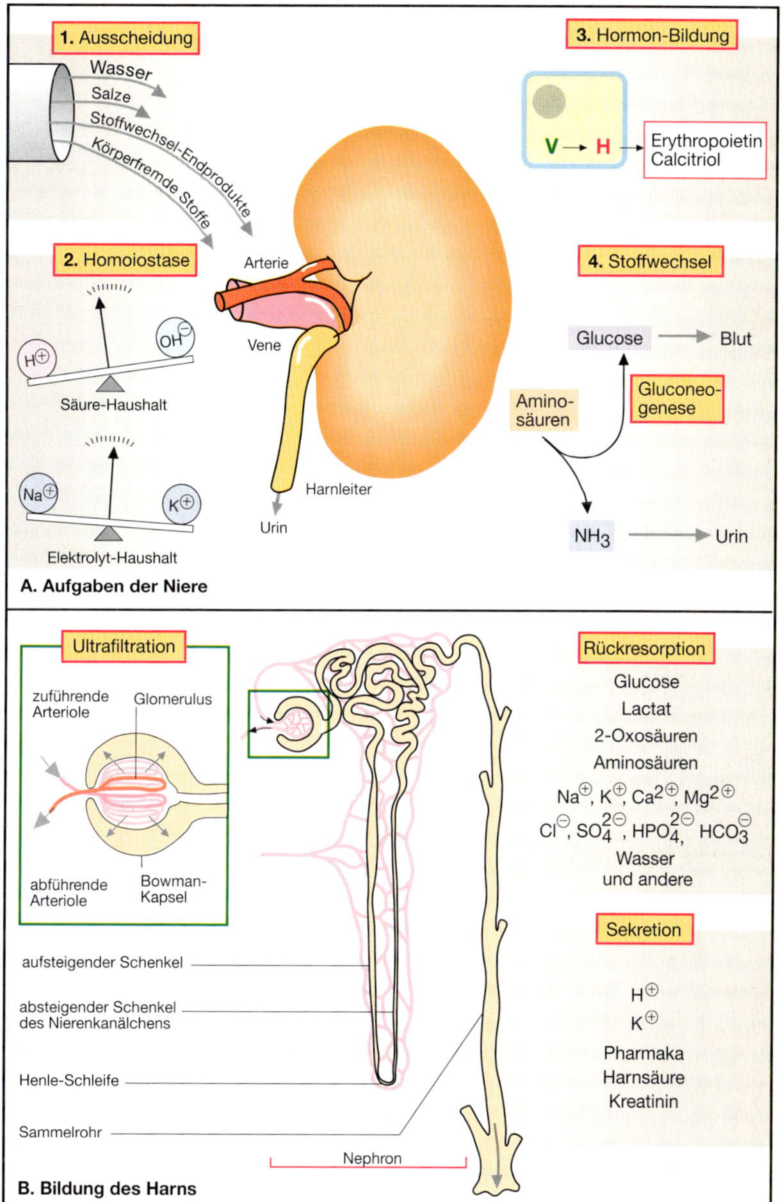


**A. Aufgaben der Niere**

**B. Bildung des Harns**

# Urin

## A. Harn ●

Mit dem Urin werden Wasser und wasserlösliche Verbindungen ausgeschieden. Menge und Zusammensetzung des Urins schwanken stark und hängen von der Nahrungsaufnahme, dem Körpergewicht, dem Alter, dem Geschlecht und Lebensbedingungen wie Temperatur, Luftfeuchtigkeit, körperlicher Aktivität und Gesundheitszustand ab. Da die Urin-Ausscheidung einen ausgeprägten Tag-Nacht-Rhythmus zeigt, werden die Menge des Harns und seine Zusammensetzung meist auf 24 Stunden bezogen.

Der erwachsene Mensch produziert täglich 0.5–2.0 l Urin, der zu etwa 95% aus Wasser besteht. Der Urin hat einen sauren pH-Wert (etwa 5.8). Allerdings wird der pH-Wert des Urins stark von der Stoffwechsel-Lage beeinflußt. Nach dem Genuß großer Mengen pflanzlicher Nahrung kann er auf über 7 ansteigen.

## B. Organische Bestandteile ◑

Im Vordergrund der Ausscheidung organischer Bestandteile stehen Stickstoff-haltige Verbindungen. **Harnstoff**, der in der Leber synthetisiert wird (s. S. 282), ist die Ausscheidungsform des Stickstoffes aus den Proteinen und Aminosäuren. Seine Konzentration spiegelt den Protein-Stoffwechsel direkt wider; 70 g Protein führen zur Bildung von etwa 30 g Harnstoff. **Harnsäure** ist das Endprodukt des Purin-Stoffwechsels (s. S. 152). **Kreatinin**, das sich durch Cyclisierung spontan und irreversibel aus **Kreatin** bildet, entstammt dem Muskel-Stoffwechsel (s. S. 304). Da die täglich ausgeschüttete Kreatinin-Menge eines Individuums konstant ist – sie ist direkt proportional zur Muskelmasse –, kann Kreatinin als quantitative Bezugsgröße für andere Harnbestandteile benutzt werden. Die Menge an frei ausgeschiedenen **Aminosäuren** hängt stark von der Ernährung und der Leistungsfähigkeit der Leber ab. Auch Aminosäure-Derivate tauchen im Urin auf (Beispiel: **Hippurat**). Abgewandelte Aminosäuren, die in speziellen Proteinen vorkommen, z. B. *Hydroxyprolin* in Collagen oder *3-Methylhistidin* in Actin und Myosin, können als Indikatoren des Abbaus dieser Proteine dienen.

Konjugate mit Schwefelsäure, Glucuronsäure, Glycin und anderen polaren Verbindungen, die durch Biotransformation in der Leber gebildet werden (s. S. 286), sind weitere Bestandteile des Urins. Die Metabolite vieler Hormone (Catecholamine, Steroide, Serotonin) tauchen ebenfalls im Urin auf und können Aufschluß über die Hormon-Produktion geben. Auch ein Proteohormon, das *Choriongonadotropin* (hCG; M ca. 36 kDa), das bei Eintreten einer Schwangerschaft gebildet wird und ins Blut gelangt, erscheint wegen seiner geringen Größe im Urin. Es ist Grundlage eines immunologischen *Schwangerschafts-Nachweises*.

Die gelbe Farbe des Urins wird von *Urochromen* verursacht, Verwandten der Gallenfarbstoffe, die beim Abbau von Hämoglobin entstehen (s. S. 178). Durch Oxidation der Urochrome kann der Urin beim Stehen nachdunkeln.

## C. Anorganische Bestandteile ◑

Im Urin finden sich die Kationen $Na^+$, $K^+$, $Ca^{2+}$, $Mg^{2+}$, und $NH_4^+$, sowie die Anionen $Cl^-$, $SO_4^{2-}$ und $HPO_4^{2-}$, außerdem Spuren weiterer Ionen. (Calcium und Magnesium kommen aber in noch größeren Mengen im Kot vor.) Die Menge der anorganischen Bestandteile wird entscheidend von der Zusammensetzung der Nahrung bestimmt. Bei *Acidosen* kann die Ausscheidung von Ammoniak stark ansteigen (s. S. 294). Die Ausscheidung vieler Ionen unterliegt der Steuerung durch Hormone (s. S. 298).

## Weitere Informationen

Verschiebungen in den Konzentrationen der *physiologischen Bestandteile* des Urins und das Auftauchen von *pathologischen Harnbestandteilen* können zur Diagnose von Krankheiten dienen. Als Beispiel sei hier nur genannt: Glucose und Ketonkörper bei *Diabetes mellitus*.

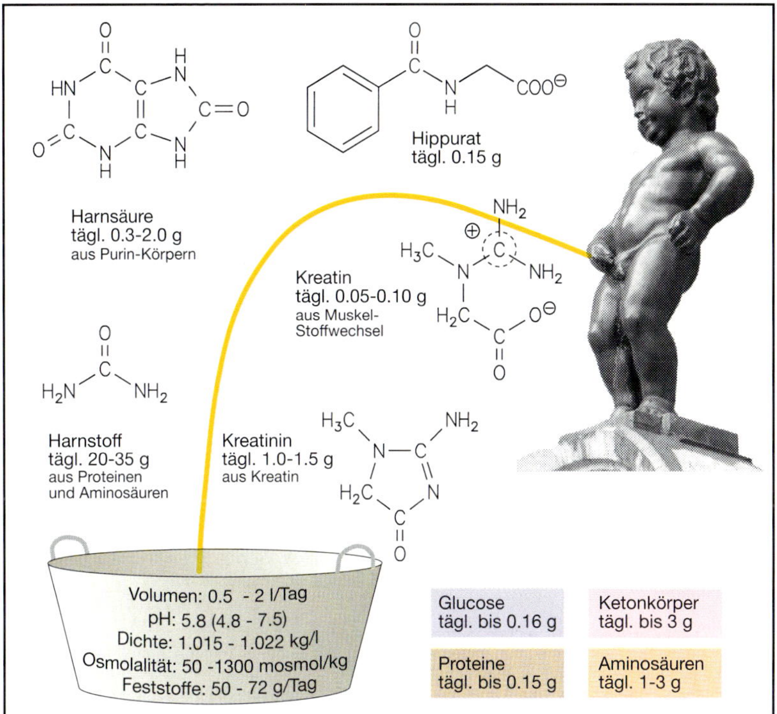


**A. Harn** **B. Organische Bestandteile**

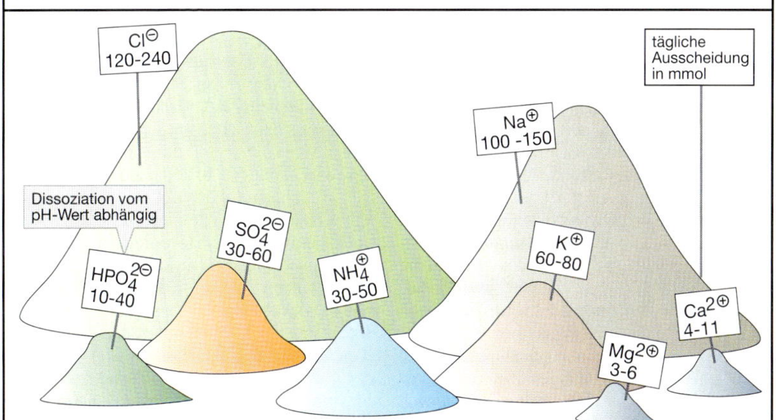


**C. Anorganische Bestandteile**

## Protonen- und Ammoniak-Ausscheidung

Niere und Lunge sind in besonderem Maße an der Konstanthaltung des pH-Wertes der Extrazellular-Flüssigkeit beteiligt (s. S. 250). Die Niere trägt dazu durch aktive Ausscheidung von Protonen bei.

### A. Protonen-Sekretion der Niere ◑

Die Tubulus-Zellen der Niere sind in der Lage, Wasserstoff-Ionen (‚Protonen') gegen ein Konzentrationsgefälle aus dem Blut in den Urin zu transportieren, obwohl dort die $H^+$-Konzentration bis zu tausendmal höher ist. Dazu wird Kohlendioxid (**$CO_2$**) aus dem Blut aufgenommen und mit Hilfe der *Carbonat-Dehydratase* [1] (‚Carboanhydrase') zusammen mit ebenfalls aus dem Blut stammendem Wasser zu Kohlensäure (**$H_2CO_3$**) hydratisiert. Die Kohlensäure dissoziiert zu Hydrogencarbonat (Bicarbonat, **$HCO_3^-$**) und einem Proton. Während das Proton mit Hilfe eines ATP-getriebenen, membranständigen Transportsystems [2] in den Urin abgegeben wird, gelangt das Hydrogencarbonat zurück in das Blut. Zur Wahrung der Elektroneutralität in der Tubuluszelle werden gleichzeitig **$Na^+$-Ionen** aus dem Urin in das Blut zurücktransportiert. Der Prozeß dient also der aktiven Ausscheidung von Protonen im Tausch gegen Natrium-Ionen. Dadurch greift die Niere auch in das $CO_2/HCO_3^-$-Pfuffergleichgewicht des Plasmas ein (s. S. 250).

Täglich werden mit dem Urin etwa 60 mmol Protonen ausgeschieden. Puffer im Urin fangen allerdings einen großen Teil der Protonen ab, so daß der pH des Urins nur schwach sauer ist (bis etwa pH 4.8). Ein wichtiges Puffer-System des Urins stellt das *Phosphat* ($HPO_4^{2-}/H_2PO_4^-$) dar. Auch *Ammoniak* trägt durch Protonen-Bindung zu einer Abpufferung des pH-Werts bei. Während Phosphat, abhängig von der Ernährung, ziemlich konstant ausgeschieden wird, kann sich die Ausscheidung von Ammoniak in weiten Grenzen den Bedürfnissen anpassen (s. u.).

### B. Ammoniak-Ausscheidung ◑

Die Plasmakonzentration von Ammoniak ist wegen der Entgiftungstätigkeit der Leber (Harnstoff-Cyclus, s. S. 282) sehr gering. Die Niere gewinnt den benötigten Ammoniak deshalb aus **Glutamin**, der wichtigsten Aminosäure im Plasma (Spiegel 0.5–0.7 mM). Glutamin, das aus Muskel, Gehirn und Leber stammt, ist die Transportform für Ammoniak im Blut. Die Niere nimmt das Glutamin auf und setzt den Ammoniak durch Hydrolyse der Amidbindung frei [4]. Aus dem gebildeten **Glutamat** kann ein weiteres Molekül Ammoniak durch oxidative Desaminierung zu **2-Oxoglutarat** gewonnen werden (s. S. 148). Diese Reaktion wird durch die *Glutamat-Dehydrogenase* [5] katalysiert, die sowohl $NAD^+$ als auch $NADP^+$ als Coenzym verwenden kann. Mit dem 2-Oxoglutarat ist der Anschluß an den Citrat-Cyclus hergestellt. Auch einige andere Aminosäuren, vor allem Alanin, aber auch Serin, Glycin und Aspartat, können Ammoniak liefern.

Da Ammoniak ungeladen ist, kann er durch die Membran in den Urin diffundieren. Dort bindet er Protonen des sauren Urins und geht in Ammonium-Ionen über. In dieser Form kann er nicht mehr durch die Tubulusmembran zurück. Ein saurer Urin fördert deshalb die Ammoniak-Ausscheidung, die täglich 30–50 mmol beträgt.

Die Ausscheidung von Ammoniak kann in bestimmten Stoffwechselsituationen völlig eingeschränkt oder stark erhöht sein. Entscheidend ist die Lage des Plasma-pH-Wertes, der normalerweise bei pH 7.4 liegt (s. S. 250). Kommt es zu einer Verschiebung des pH Wertes zum Sauren (*Acidose*), werden verstärkt Protonen und Ammoniak ausgeschieden. Dies wird durch eine Induktion der *Glutaminase* erreicht, deren Aktivität deshalb bei Acidosen erhöht ist. Das ist z. B. bei Säurebelastung des Organismus durch Bildung von Ketonkörpern bei Hunger oder *Diabetes* der Fall. Bei einer Verschiebung des Plasma-pH zum Alkalischen (*Alkalose*) ist die renale Ammoniak-Ausscheidung dagegen eingeschränkt.

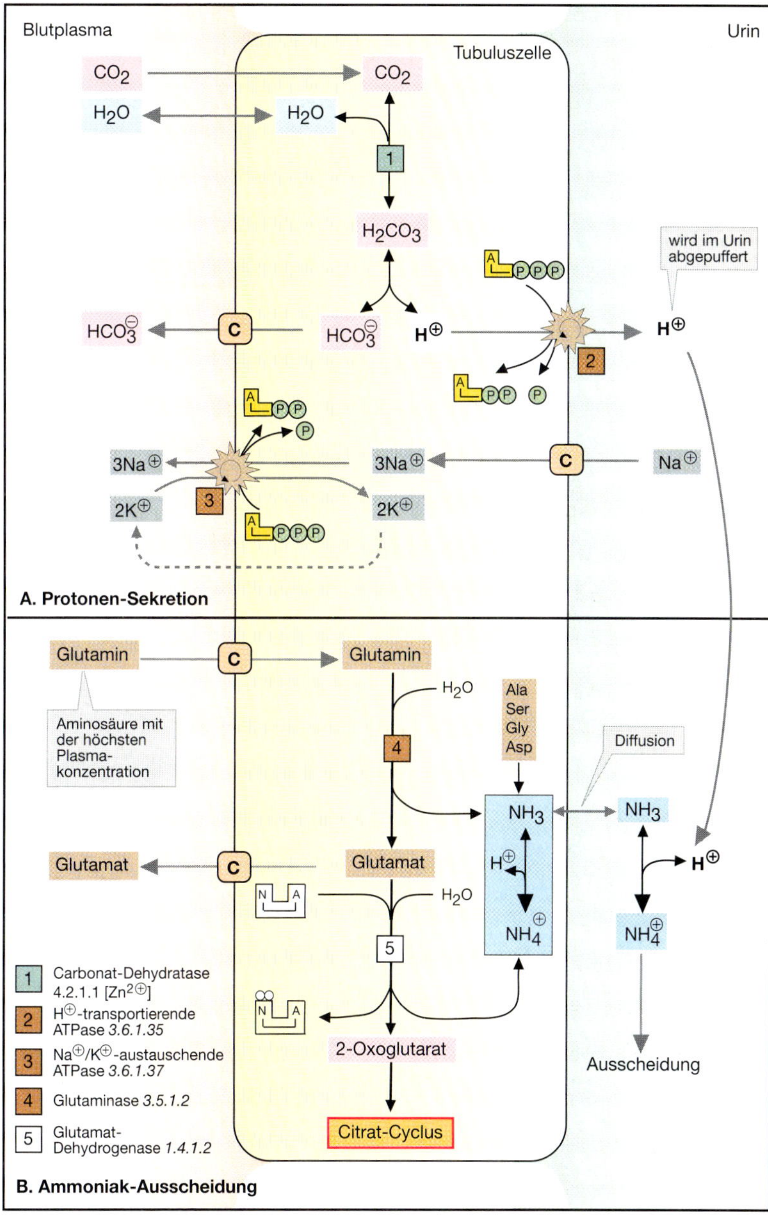
Blutplasma
Tubuluszelle
Urin
$CO_2$
$CO_2$
$H_2O$
$H_2O$
1
$H_2CO_3$
$HCO_3^-$
C
$HCO_3^-$
$H^+$
2
$H^+$
wird im Urin abgepuffert
A PPP
A PP P
A PP P
A PPP
$3Na^+$
3
$2K^+$
$3Na^+$
$2K^+$
C
$Na^+$
A. Protonen-Sekretion
Glutamin
C
Glutamin
Aminosäure mit der höchsten Plasma-konzentration
$H_2O$
4
Ala Ser Gly Asp
Diffusion
$NH_3$
$NH_3$
$H^+$
$NH_4^+$
$H^+$
$NH_4^+$
Glutamat
C
Glutamat
N A
$H_2O$
5
N A
2-Oxoglutarat
Citrat-Cyclus
Ausscheidung
1 Carbonat-Dehydratase 4.2.1.1 [$Zn^{2+}$]
2 $H^+$-transportierende ATPase 3.6.1.35
3 $Na^+/K^+$-austauschende ATPase 3.6.1.37
4 Glutaminase 3.5.1.2
5 Glutamat-Dehydrogenase 1.4.1.2
B. Ammoniak-Ausscheidung

# Elektrolyt-Ausscheidung

## A. Elektrolyt- und Wasserausscheidung ◑

Elektrolyte und andere niedermolekulare Plasma-Bestandteile gelangen durch Ultrafiltration in den *Primärharn* (rechts). Aus diesem werden sie größtenteils durch energie-abhängige Resorption wieder zurückgewonnen. Nur Wasser, Chlorid-Ionen und Harnstoff werden passiv transportiert. Der Grad der Resorption entscheidet über die absolute Menge, die schließlich in den Endharn gelangt und mit dem Urin ausgeschieden wird. Die gezeigte Darstellung läßt die *Zonierung* der Transportprozesse in der Niere unberücksichtigt (siehe dazu die Lehrbücher der Physiologie).

**Calcium-** und **Phosphat-Ionen** werden fast vollständig aus dem Primärharn rückresorbiert, wozu Energie in Form von ATP benötigt wird. Der Grad der Resorption von Calcium-Ionen ist besser als 99%, für Phosphat beträgt er 80–90%. Der Grad der Resorption dieser beiden Elektrolyte wird durch die drei Hormone Parathyrin, Calcitonin und Calcitriol gesteuert.

Das Peptidhormon **Parathyrin**, das aus der Nebenschilddrüse stammt, stimuliert die Calcium-Resorption und hemmt gleichzeitig die von Phosphat. Das führt im Zusammenspiel mit den Wirkungen des Hormons in Knochen und Darm zu einer Anhebung des Plasmaspiegels von Calcium und einer Senkung des Spiegels von Phosphat.

**Calcitonin**, ein Peptidhormon aus den C-Zellen der Schilddrüse, hemmt die Resorption von Calcium und Phosphat. Daraus resultiert eine Senkung des Plasma-Spiegels beider Ionen. In bezug auf das Calcium ist das Calcitonin der Gegenspieler des Parathyrins.

Das Steroidhormon **Calcitriol**, das in der Niere gebildet wird (s. S. 298), wirkt stimulierend auf die Resorption sowohl von Calcium als auch von Phosphat.

**Natrium-Ionen:** Die Rückresorption von $Na^+$ aus dem Primärharn ist eine wichtige Leistung der Niere. Sie ist sehr effektiv, über 97% werden resorbiert. Das Steroidhormon **Aldosteron** (s. S. 55) steigert diesen Prozeß, das **atriale natriuretische Peptid (ANP)**, das aus dem Vorhof des Herzens stammt, vermindert ihn. Die beiden Hormone greifen wahrscheinlich an der *$Na^+/K^+$-ATPase* an, die in den Nierenzellen des distalen Tubulus und des Sammelrohrs der Plasma-Seite zugewandt ist. Die ATPase pumpt das aus dem Primärharn stammende $Na^+$ im Tausch gegen $K^+$ in das Plasma zurück (s. S. 294).

**Wasser:** Die Rückresorption von Wasser ist ein *passiver Prozeß*, bei dem das Wasser den osmotisch wirksamen Teilchen, vor allem dem $Na^+$, folgt. Das Wasser kann die Nierenzellen nur in Gegenwart des Peptidhormons **Vasopressin** (antidiuretisches Hormon, ADH) passieren, das aus der Neurohypophyse stammt. **ANP** wirkt hemmend auf die Rückresorption, d. h. es fördert die Wasser-Ausscheidung.

## B. Gluconeogenese und Glucose-Rückgewinnung ◑

Neben der Leber ist die Niere das einzige Organ, das Glucose erzeugt, um damit andere Gewebe des Organismus zu versorgen (*Gluconeogenese*; s. S. 154). Substrat für die Gluconeogenese ist vorrangig das **Glutamin**. Daneben können auch **andere Aminosäuren**, sowie die Metabolite **Lactat**, **Glycerol** und **Fructose** verwendet werden. Sie entstammen alle dem Plasma. Wie in der Leber wird die Gluconeogenese durch **Cortisol** (s. S. 55) stimuliert. Da die Niere gleichzeitig ein großer Glucose-Verbraucher ist, bleibt ihre Glucose-Bilanz jedoch meist ausgeglichen.

Unabhängig von der Gluconeogenese verläuft die Reabsorption von **Glucose** aus dem Primärharn. Sie ist zwar auch energieabhängig, wird aber von einem $Na^+$-Gradienten angetrieben und läuft als Cotransport ab ($Na^+$-Konzentration im Primärharn hoch, im Intracellular-Bereich niedrig; *‚sekundär-aktiver Transport‘*). In ähnlicher Weise werden auch die **Aminosäuren** und die **Ketonkörper** rückresorbiert.

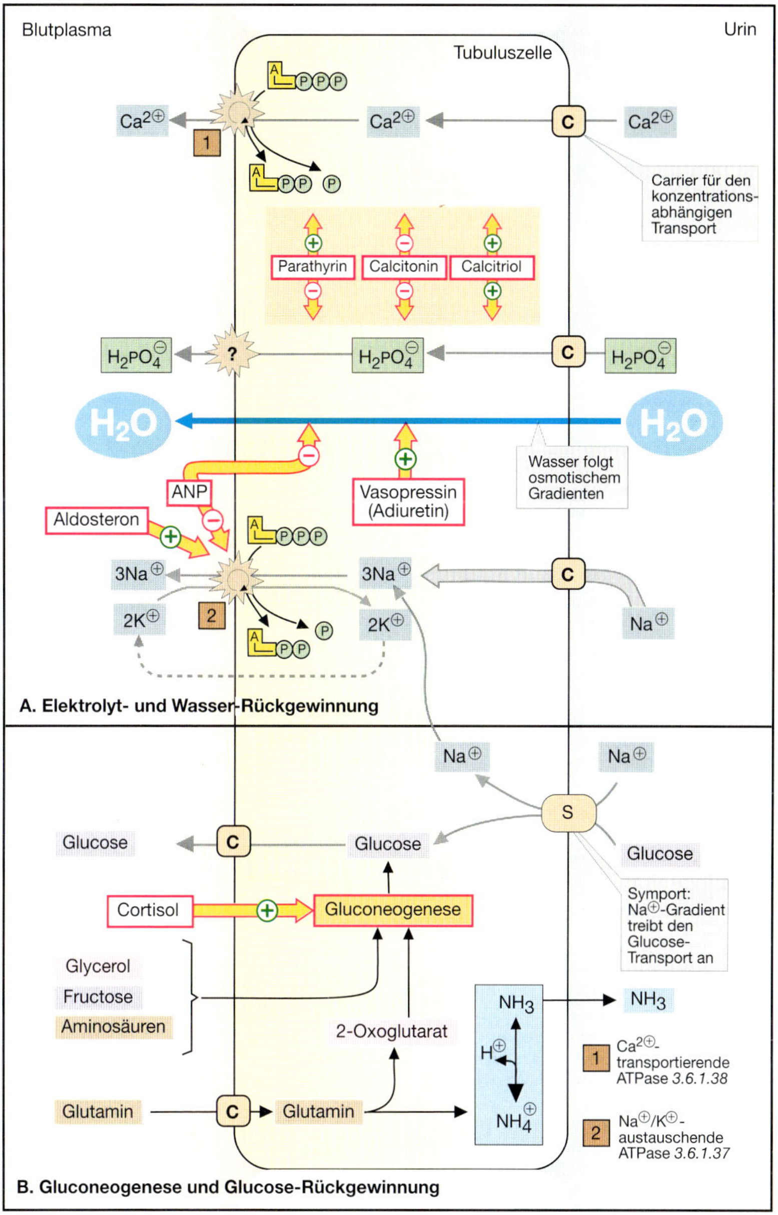
Blutplasma
Urin
Tubuluszelle
Ca2⊕
Ca2⊕
Ca2⊕
1
C
Carrier für den konzentrationsabhängigen Transport
Parathyrin
Calcitonin
Calcitriol
H2PO4⊖
?
H2PO4⊖
H2PO4⊖
H2O
H2O
Wasser folgt osmotischem Gradienten
ANP
Vasopressin (Adiuretin)
Aldosteron
3Na⊕
3Na⊕
2K⊕
2K⊕
2
Na⊕
A. Elektrolyt- und Wasser-Rückgewinnung
Na⊕
Na⊕
S
Glucose
Glucose
Glucose
Symport: Na⊕-Gradient treibt den Glucose-Transport an
Cortisol
Gluconeogenese
Glycerol
Fructose
Aminosäuren
NH3
NH3
H⊕
NH4⊕
2-Oxoglutarat
Glutamin
Glutamin
1 Ca2⊕-transportierende ATPase 3.6.1.38
2 Na⊕/K⊕-austauschende ATPase 3.6.1.37
B. Gluconeogenese und Glucose-Rückgewinnung

# Hormone

## A. Hormone der Niere ◑

Neben den Ausscheidungs- und Stoffwechselfunktionen hat die Niere auch wichtige endokrine Aufgaben. Sie produziert die Hormone **Erythropoietin** und **Calcitriol** und ist an der Entstehung des Hormons Angiotensin durch Ausschütten des Enzyms *Renin* entscheidend beteiligt.

**Calcitriol** (1α,25-Dihydroxycholecalciferol) ist ein steroidverwandtes Hormon zur Calcium-Homöostase. Es wird in der Niere aus Calcidiol durch Hydroxylierung an C-1 gebildet. Die Aktivität der Hydroxylase (*Calcidiol-1-Monooxygenase* [1]) wird durch das Hormon *Parathyrin* kontrolliert.

**Erythropoietin** ist ein Polypeptid-Hormon, das hauptsächlich von der Niere, daneben auch von der Leber, gebildet wird. Es kontrolliert zusammen mit anderen Faktoren, den sog. ‚*Colony stimulating factors*' (CSF), die Differenzierung von Knochenmark-Stammzellen. Durch Hypoxie ($pO_2$ ↓) wird die Ausschüttung von Erythropoietin stimuliert. Innerhalb von Stunden sorgt es dann im Knochenmark für eine Umwandlung von Erythrozyten-Vorläuferzellen zu Erythrozyten, deren Blut-Konzentration sich dadurch erhöht. Nierenschäden führen zu einer verringerten Ausschüttung von Erythropoietin, was eine *Anämie* zur Folge hat. Solche renal verursachten Anämien können mit gentechnologisch erzeugtem Erythropoietin erfolgreich behandelt werden.

## B. Renin-Angiotensin-System ◑

*Renin* ist eine Aspartat-Proteinase [2]. Das Enzym wird von der Niere als Vorstufe (Prorenin) gebildet, zu Renin gespalten und in das Blut ausgeschüttet. Renin greift dort **Angiotensinogen** an, ein Plasma-Glycoprotein aus der Gruppe der $\alpha_2$-Globuline (s. S. 246), das von der Leber synthetisiert wird. Das abgespaltene Decapeptid heißt **Angiotensin I**. Es wird durch eine *Peptidyl-Dipeptidase* A ([3] angiotensin converting enzyme, ACE), welche in den Membranen der Blutgefäße besonders der Lunge zu finden ist, in **Angiotensin II** umgewandelt. Dieses Octapeptid ist als Hormon und Neurotransmitter wirksam. Sein Abbau geschieht sehr schnell durch weitere Peptid-spaltende Enzyme (sog. Angiotensinasen [4]), die sich in vielen Geweben finden. Die Halblebenszeit von Angiotensin II im Plasma beträgt nur 1 Minute.

Maßgeblich für den Plasmaspiegel von Angiotensin II ist die Geschwindigkeit der Ausschüttung von Renin aus der Niere. Bildungsort des Renins sind die juxtaglomerulären Zellen, die auf Natrium- und Blutdruckabfall Renin ausschütten.

**Wirkungen des Angiotensin II** – Angiotensin II wirkt über membranständige Rezeptoren auf Nieren, Hirnstamm, Hypophyse, Nebennierenrinde (NNR), Gefäßwände und Herz. In der Niere wird die *Retention von $Na^+$ und Wasser* gefördert. Am Hirnstamm und in den Endigungen des sympathischen Nervensystems kommt es unter der Wirkung von Angiotensin II (Neurotransmitter-Wirkung) zu einer Tonus-Erhöhung. Es wird *Durstgefühl* ausgelöst. In der Hypophyse werden die Ausschüttung von Adiuretin (Vasopressin) und Corticotropin (ACTH) stimuliert. In der Nebennierenrinde (NNR) wird die *Biosynthese und Freisetzung von Aldosteron* stimuliert, welches in den Nieren die Natrium- und Wasser-Retention fördert. Durch Auslösen einer *Vasokonstriktion* wird in den Blutgefäßen eine Blutdruckerhöhung erzeugt. Alle Wirkungen des Angiotensin II führen also direkt oder indirekt zu einer *Blutdruck-Erhöhung*, sowie einer *Natrium- und Wasser-Retention.*

In dieses Hormonsystem kann an verschiedenen Stellen durch *Inhibitoren* eingegriffen werden:
- mit Substrat-Analogen des Angiotensinogens, die das Renin hemmen;
- mit Substrat-Analogen des Angiotensin I, die das Enzym ACE [3] kompetitiv hemmen. Allerdings spaltet ACE auch andere Signalpeptide des Plasmas wie das Bradykinin;
- durch Blockieren der Angiotensin-Rezeptoren mit Peptidhormon-Antagonisten.

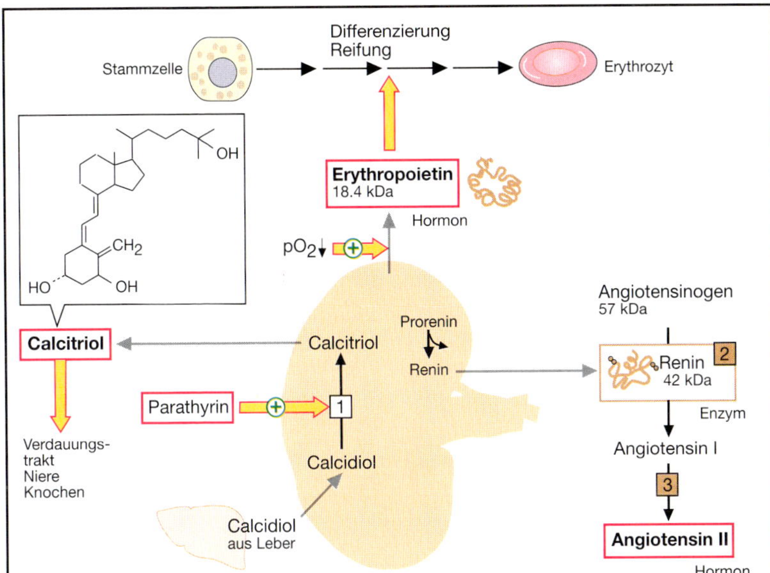


A. Hormone der Niere

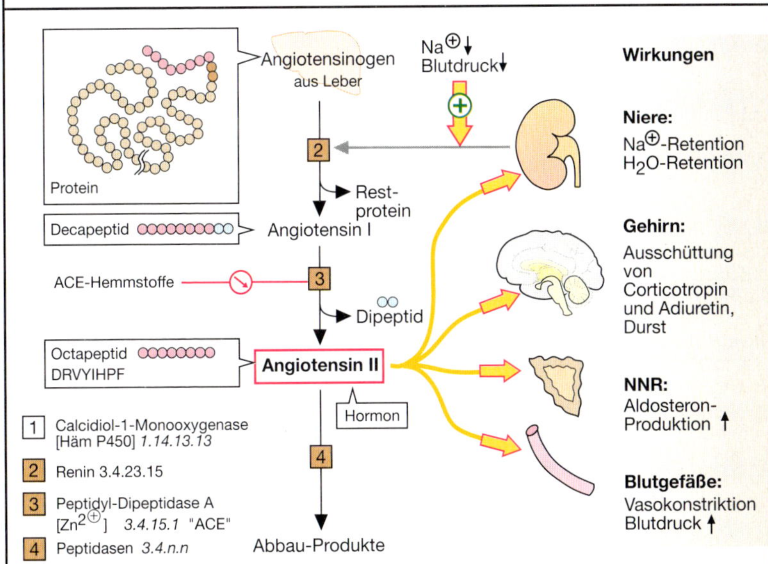


B. Renin-Angiotensin-System

# Muskelkontraktion

## A. Organisation des Skelettmuskels ●

Die quergestreifte Muskulatur besteht aus parallelen Bündeln von **Muskelfasern**. Jede Faser ist eine einzige große, mehrkernige Zelle. Darin finden sich 1 bis 2 µm dicke **Myofibrillen**, die sich über die ganze Länge der Muskelfaser erstrecken. Für den Skelettmuskel ist die *Querstreifung* der Muskelfasern charakteristisch. Sie wird durch die regelmäßige Anordnung von Molekülen unterschiedlicher Dichte verursacht (siehe Lehrbücher der Physiologie).

In der H-Zone befinden sich parallel gelagerte dicke Filamente, die aus **Myosin** bestehen. In der A-Bande dagegen findet man parallele dünne Filamente aus **F-Actin** (s. S. 188). In den besonders dunklen, äußeren Abschnitten der A-Banden sind dünne und dicke Filamente überlagert. Die Z-Streifen werden von der Verankerung der dünnen Filamente verursacht.

**Myosin** ist das mengenmäßig wichtigste Protein (ca. 65%) der Myofibrillen. Es ist ein Hexamer, das aus zwei identischen schweren Peptidketten (2 × 223 kDa) und vier leichten Ketten (etwa 20 kDa) zusammengesetzt ist und als Monomer die Gestalt eines Golfschlägers hat (rechts unten). Jede der beiden schweren Ketten beginnt (am $NH_2$-Ende) mit einem globulären Kopf, der sich in einem 150 nm langen Schwanz fortsetzt, in dem sich die beiden Ketten umeinander winden. Die vier kleinen Untereinheiten sind im Kopfbereich angelagert. Das Myosin liegt als ein Bündel von vielen hundert, gestaffelt angeordneten Molekülen als *‚dickes Myosin-Filament‘* vor. Sein Kopfteil wirkt als *ATPase* (*3.6.1.32*, $Ca^{2+}$), deren Aktivität durch die kleinen Untereinheiten moduliert wird.

**Actin** (42 kDa) ist die wichtigste Komponente des *‚dünnen Filaments‘*, es macht ca. 20–25% der Muskelproteine aus. **F-Actin** ist auch ein wichtiger Baustein des Cytoskeletts (s. S. 188). Dieses fadenförmige Polymer steht mit seinem Monomer, dem **G-Actin** im Gleichgewicht.

Zu den Protein-Komponenten des Muskels gehören Tropomyosin und Troponin. **Tropomyosin** (64 kDa) lagert sich als stabförmiges Dimer an das F-Actin an und verbindet etwa sieben Actin-Einheiten miteinander. Am Ende des Tropomyosins ist das **Troponin** (78 kDa) gebunden, ein Heterotrimer. Neben diesen Proteinen gibt es noch eine Reihe anderer muskeltypischer Proteine, die in geringerer Konzentration vorkommen, darunter α- und β-*Actinin*, *Desmin* und *Vimentin*.

## B. Mechanismus der Muskelkontraktion ●

Das *Modell der gleitenden Filamente* erklärt den Mechanismus der Muskelkontraktion. Danach schieben sich dünne und dicke Filamente ineinander. Die Muskelkontraktion kommt durch folgenden Reaktionscyclus zustande:

(**1**) Im Ausgangszustand ist Myosin mit seinem Kopf an Actin gebunden. Durch Bindung von ATP löst sich der Myosin-Kopf vom Actin.

(**2**) Der Myosin-Kopf hydrolysiert das ATP zu ADP und $P_i$, hält die beiden Reaktionsprodukte aber gebunden. Die ATP-Spaltung führt zu einer allosterischen Verspannung des Myosin-Kopfes.

(**3**) Nun bildet der Myosin-Kopf eine neue Brücke zu einem benachbarten Actin-Molekül aus.

(**4**) Das Actin sorgt für eine Freisetzung des $P_i$ und kurz darauf auch des ADP. Dadurch wird die allosterische Spannung des Myosin-Kopfes in eine Konformationsänderung umgesetzt, die wie ein Ruderschlag wirkt. Solange ATP vorhanden ist, kann der Zyklus von Neuem beginnen, so daß das dicke Filament stetig an dem dünnen Filament in Richtung der Z-Scheibe entlangwandert. Jeder einzelne Ruderschlag der etwa 500 Köpfe eines dicken Filaments bringt eine Kontraktion von etwa 10 nm und wiederholt sich bei starker Kontraktion des Muskels etwa 5mal pro Sekunde.

Biochemisch gesehen sorgt also die ATP-Spaltung für eine cyclische Interaktion von Actin und Myosin und verursacht dadurch einen gerichteten Transport von Strukturmolekülen.

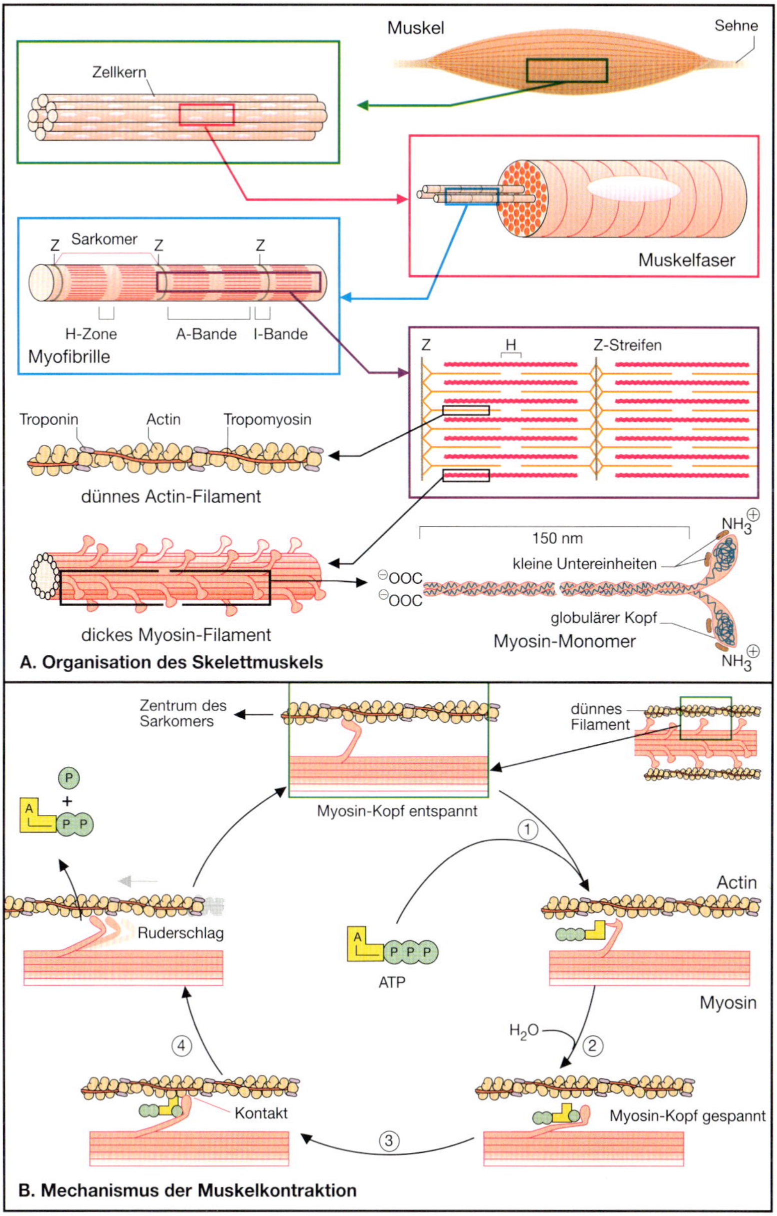


**A. Organisation des Skelettmuskels**



**B. Mechanismus der Muskelkontraktion**

## Kontrolle der Muskelkontraktion

### A. Elektromechanische Kopplung ◑

Die Kontraktion der Muskeln wird durch Motoneurone gesteuert, welche an der **motorischen Endplatte** den Neurotransmitter **Acetylcholin** ausschütten (s. S. 314). Dieser Signalstoff diffundiert durch den schmalen synaptischen Spalt, bindet an die *Acetylcholin-Rezeptoren* der Zellmembran der Muskelzelle und öffnet diese Ionen-Kanäle, so daß ein depolarisierender, synaptischer Strom fließen kann, der in einer Alles-oder-Nichts-Weise ein **Endplattenpotential** auf der Plasmamembran auslöst (rote Kurve; s. S. 312 und 314). Das Aktionspotential wandert von der Endplatte nach allen Seiten weg und erregt die Muskelfaser vollständig. Mit einer Verzögerung von einigen Millisekunden antwortet darauf der kontraktile Mechanismus durch Verkürzen des Muskels (schwarze Kurve).

### B. Sarkoplasmatisches Retikulum ○

Das Aktionspotential wird in der Muskelzelle in einen vorübergehenden Anstieg des Plasmaspiegels von $Ca^{2+}$-Ionen übersetzt. Die Konzentration von $Ca^{2+}$ in der ruhenden Muskelfaser ist sehr niedrig, sie liegt unter $10^{-7}$ M. Dagegen enthält das **sarkoplasmatische Retikulum** (SR) Calcium-Ionen in einer Konzentration von etwa $10^{-3}$ M. Das SR ist eine verzweigte Organelle, die einzelne Myofibrillen wie ein Netzstrumpf umgibt (oberer Bildteil; Beispiel einer ventrikulären Herzmuskelzelle). Seine hohe Calcium-Konzentration wird durch *$Ca^{2+}$-transportierende ATPasen* aufrechterhalten. Im SR wird ein besonderes Protein gefunden, das **Calsequestrin** (55 kDa), das an seine sauren Aminosäure-Reste viele $Ca^{2+}$-Ionen pro Molekül binden kann.

Die Übertragung des Aktionspotentials auf das SR wird durch **transversale Tubuli** ermöglicht, die zum Extrazellular-Bereich offen sind und eine enge Verbindung zum SR schaffen. Die Potentialänderung der Plasmamembran löst mit Hilfe eines spannungsempfindlichen Proteins, das vorläufig als ‚**SR-Fuß**' bezeichnet wird, eine Öffnung von **$Ca^{2+}$-Kanälen** im SR aus. Calcium-Ionen treten dann aus dem SR aus und erhöhen die $Ca^{2+}$-Konzentration im Cytoplasma der Muskelzellen auf über $10^{-7}$ M. Dies veranlaßt die Myofibrillen zur Kontraktion.

### C. Regulation durch Calcium-Ionen ◑

Im entspannten Skelettmuskel blockiert der Komplex aus **Troponin** (Untereinheiten = T, C, I) und **Tropomyosin** den Zugang der Myosin-Köpfchen zum Actin. Der schnelle Anstieg der cytoplasmatischen Calcium-Konzentration durch Öffnung der Calcium-Kanäle des SR führt zu einer Bindung von $Ca^{2+}$ an die **C-Untereinheit des Troponins**, die dem Calmodulin (s. S. 348) sehr ähnlich ist. Sie löst eine Konformationsänderung des Troponins aus, so daß der ganze Komplex aus Troponin und Tropomyosin etwas verrutscht und eine **Bindungsstelle für Myosin** (rot) freigibt. Damit wird der Kontraktionscyclus in Gang gesetzt (s. S. 300).

Durch die ATP-getriebenen Calcium-Pumpen des SR wird die $Ca^{2+}$-Konzentration im Cytoplasma schnell wieder erniedrigt, das Troponin verliert das gebundene $Ca^{2+}$ und kehrt in den Ausgangszustand zurück, in dem die Bindungsstelle für Myosin am Actin blockiert ist: der Muskel erschlafft.

Bei der **Auslösung der Kontraktion** von quergestreifter Muskulatur laufen folgende Prozesse ab: Die Muskelzelle wird depolarisiert; die Depolarisierung wird an $Ca^{2+}$-Kanäle im SR signalisiert; die Ionenkanäle für $Ca^{2+}$ öffnen; der $Ca^{2+}$-Spiegel steigt; das $Ca^{2+}$ bindet an Troponin C; eine Konformationsänderung von Troponin verschiebt Tropomyosin; Myosin-Köpfchen binden an Actin; der Actin-Myosin-Cyclus läuft ab; die Muskelfaser verkürzt sich.

Bei der **Beendigung der Kontraktion** laufen folgende Vorgänge ab: Der $Ca^{2+}$-Spiegel sinkt durch Rücktransport ins SR; Troponin C verliert $Ca^{2+}$; Tropomyosin kehrt an seinen Platz am Actin zurück und blockiert den Actin-Myosin-Cyclus; der Muskel erschlafft.

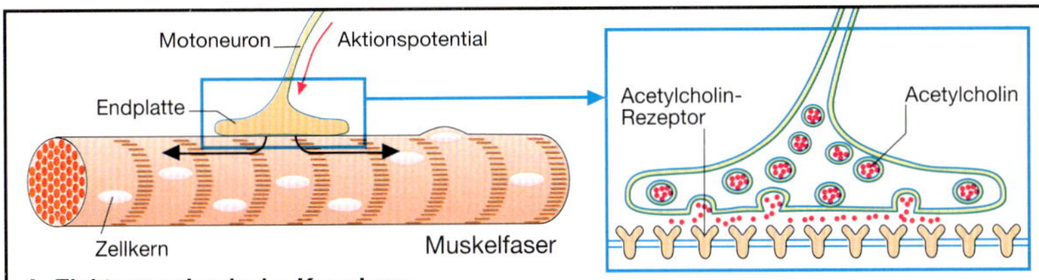


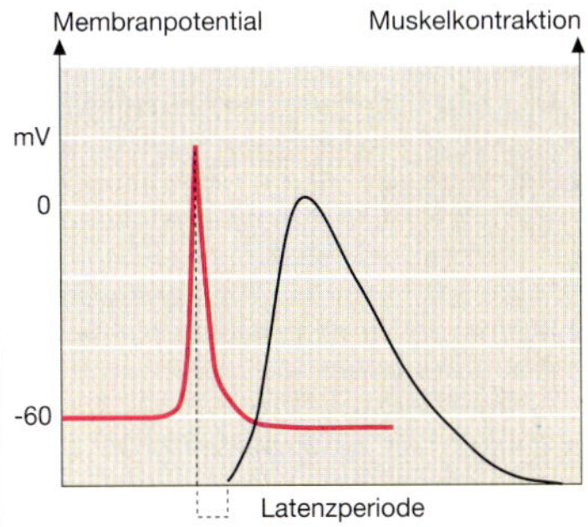


**A. Elektromechanische Kopplung**

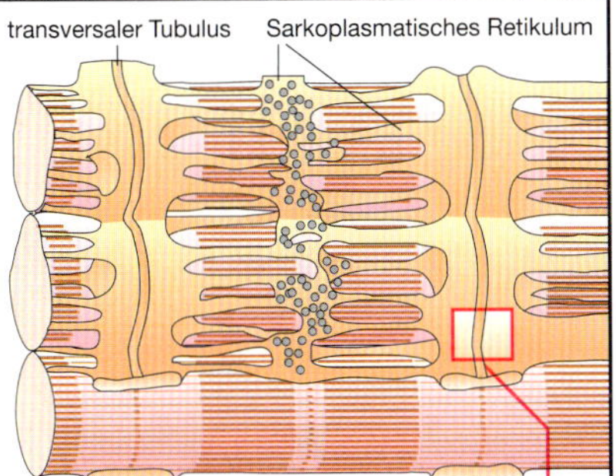


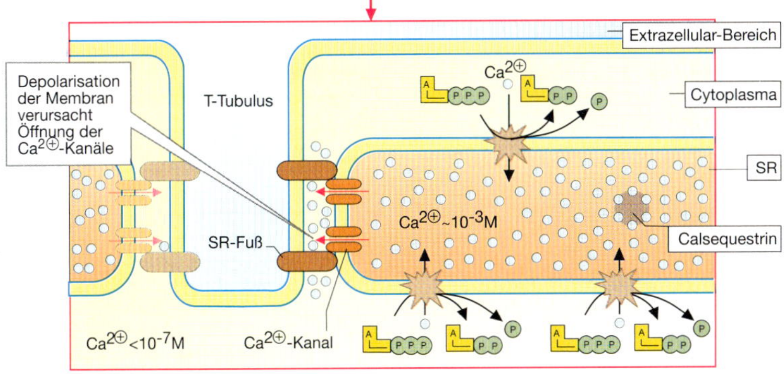


**B. Sarkoplasmatisches Retikulum (SR)**

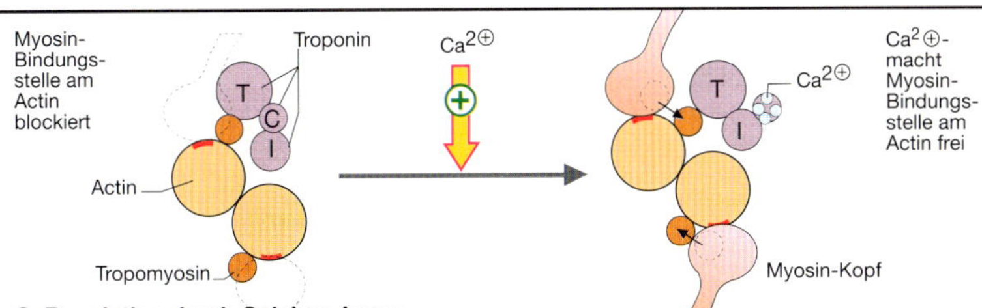


**C. Regulation durch Calcium-Ionen**

## Muskel-Stoffwechsel

### A. Energie-Stoffwechsel ◑

Arbeitsleistung durch Kontraktion ist die wichtigste Aufgabe der Muskeln. Sie ist mit einem Verbrauch von ATP verbunden, für dessen Synthese die Muskeln verschiedene Brennstoffe nutzen können: Glucose, Fettsäuren und Ketonkörper. Bei geringer Belastung werden diese Stoffe *vollständig* zu $CO_2$ und $H_2O$ abgebaut, wozu $O_2$ benötigt wird. Bei Muskelarbeit steigt der Sauerstoff-Verbrauch des Skelettmuskels deshalb stark an.

Durch Kontraktionen wird die in Muskeln vorhandene Menge an ATP in weniger als 1 s aufgebraucht. Es gibt daher leistungsfähige Stoffwechselwege, die ATP nachliefern können:

Schnell wird ATP mit Hilfe der *Kreatin-Kinase* aus **Kreatin-Phosphat** nachgeliefert, aber dieser Vorrat reicht nur für wenige Sekunden. Kreatin-Phosphat bildet einen muskeltypischen Energiespeicher. Der Phosphat-Rest ist dabei am N der Guanido-Gruppe des **Kreatins** energiereich gebunden.

Wichtigste Energie-Reserve des Muskels ist das **Glycogen** (s. S. 156), das im ruhenden Muskel synthetisiert wird und bis zu 2% seiner Masse ausmachen kann. Glycogen wird Glucose durch Phosphorolyse mobilisiert und zur ATP-Bildung genutzt. Das geschieht im Skelettmuskel entweder mit Hilfe der anaeroben Glycolyse oder durch oxidative Phosphorylierung.

Auch durch Umwandlung des anfallenden ADPs in ATP und AMP mit Hilfe der *Adenylatkinase* (Myokinase) kann der ATP-Spiegel kurzfristig erhöht werden. Das entstandene **AMP** wird weiter in **IMP** umgewandelt und so aus dem Gleichgewicht entfernt.

Unter diesen verschiedenen Möglichkeiten der ATP-Erzeugung ist die **oxidative Phosphorylierung** (s. S. 130) der effizienteste Weg. Mit ihrer Hilfe deckt der ständig arbeitende Herzmuskel seinen ATP-Bedarf. Deshalb ist er auf eine ausreichende Sauerstoff-Zufuhr unbedingt angewiesen (*Herzinfarkt* als Folge der Unterbrechung der Sauerstoff-Zufuhr).

Zur besseren Sauerstoffversorgung besitzen langsam kontrahierende Skelettmuskeln **Myoglobin** (Mb). Dieses, dem Hämoglobin verwandte Protein dient als $O_2$-Speicher. Schnell kontrahierende Skelettmuskel, die das rote Myoglobin nicht besitzen und deshalb weiß aussehen, dekken bei Arbeitsleistung ihren hohen ATP-Bedarf bevorzugt aus der **anaeroben Glycolyse**. Zwar sind diese Muskeln zu schnellen Kontraktionen fähig, sie können ihre Leistung aber wegen der begrenzten ATP-Ausbeute der Glycolyse nur kurze Zeit erbringen. Dann erschöpft sich durch einen pH-Abfall der Zelle die Muskel-Leistung. Das mit der anaeroben Glycolyse anfallende Lactat wird an das Blut abgegeben und zur Leber transportiert, wo es teilweise wieder zu Glucose aufgebaut wird (*Cori-Cyclus*; s. S. 276).

Der Glycogen-Abbau des Muskels steht unter hormonaler Kontrolle (s. S. 110). **Adrenalin** aktiviert ihn, indem es über cAMP die Phophorylase-Kinase aktiviert. Der Anstieg der **$Ca^{2+}$**-Konzentration während der Muskelkontraktionen führt zu einer Aktivierung der Glycogen-Phosphorylase.

### B. Protein- und Aminosäure-Stoffwechsel ◑

Der Skelettmuskel ist am Aminosäure-Stoffwechsel aktiv beteiligt. Er ist der wichtigste Ort für den Abbau der verzweigtkettigen Aminosäuren (Val, Leu, Ile), aber auch andere Aminosäuren werden abgebaut. **Alanin** und **Glutamin** werden vom Muskel neu synthetisiert und ans Blut abgegeben. Sie transportieren den beim Aminosäure-Abbau anfallenden Stickstoff zur Leber (*Alanin-Cyclus*; s. S. 276) und zur Niere (s. S. 294).

In Phasen langen Hungerns dienen **Muskel-Proteine** dem Organismus als Energie-Reserve. Sie werden dann zu Aminosäuren abgebaut und diese zur Leber transportiert (s. S. 150). Die Proteine Actin und Myosin enthalten methyliertes Histidin, das nicht weiter umgesetzt werden kann. Das Auftauchen von 3-Methylhistidin im Urin ist daher ein Maß für den Muskel-Abbau.

① Adenylat-Desaminase
(siehe Purin-Abbau)

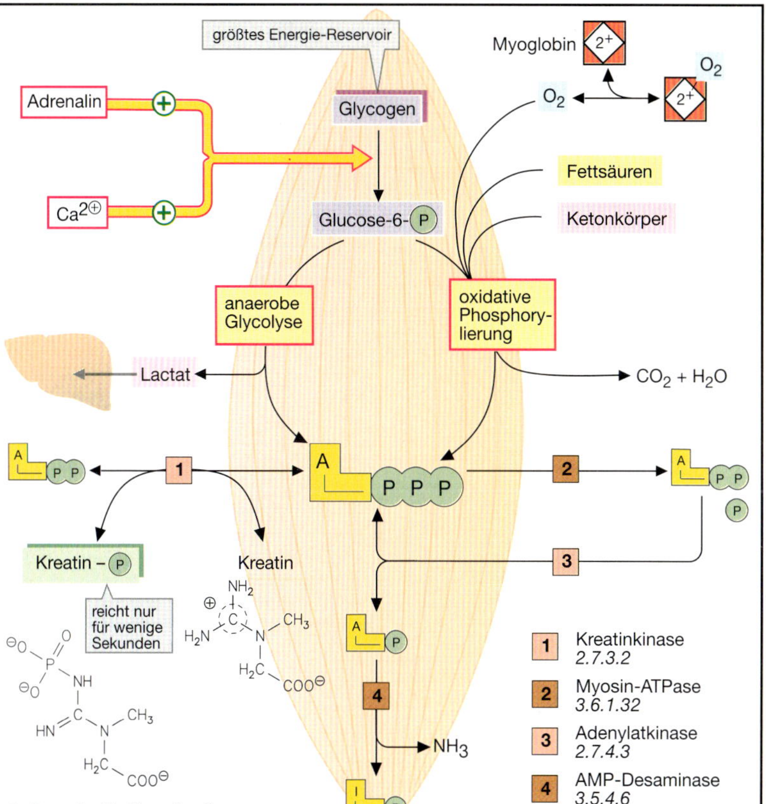


**A. Energie-Stoffwechsel**

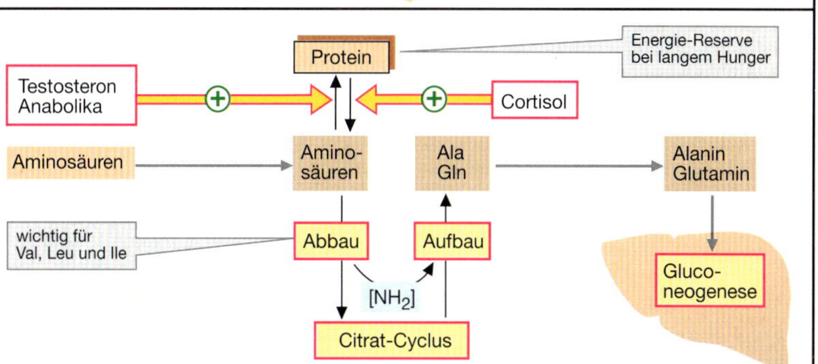


**B. Protein- und Aminosäure-Stoffwechsel**

## Collagene

Unter den tierischen Proteinen stehen die Collagene mit 25% mengenmäßig an erster Stelle. Collagene bilden unlösliche Fasern, die als extracelluläre Strukturproteine überall im Organismus in der Matrix und im Bindegewebe vorkommen.

### A. Struktur der Collagene ◑

Das typische fibrilläre Collagen besteht aus einer rechtsgängigen **Tripel-Helix**, deren drei Polypeptid-Stränge (‚α-Ketten') die charakteristische Sequenz **-Gly-X-Y-** in vielfacher Wiederholung enthalten (s. S. 68). Jede dritte Aminosäure ist ein *Glycin.* In der Position X und Y findet man häufig die Aminosäure *Prolin* (**Pro**), die Position Y wird oft von *4-Hydroxyprolin* (**4Hyp**) eingenommen, und auch *3-Hydroxyprolin* (**3Hyp**) und *5-Hydroxylysin* (**5Hyl**) kommen vor. Diese hydroxylierten Aminosäuren sind typisch für Collagene. Sie werden erst nach der Protein-Biosynthese durch Hydroxylierung der Aminosäuren im Peptid-Verband erzeugt (s.u.).

Man kennt mindestens 12 Varianten des Collagens. Sie unterscheiden sich durch die Kombination verschiedener Typen von α-Ketten (α1–α3 mit weiteren Subtypen). Das gezeigte Collagen vom Typ I hat z. B. die Zusammensetzung $[\alpha 1(I)]_2\alpha 2(I)$ und eine Masse von etwa 285 kDa. Es ist ein sehr langes, faserförmiges Molekül.

Die Collagene neigen zur Selbstorganisation in größeren Strukturen. Viele bilden **zylindrische Fibrillen** (Durchmesser 20–500 nm) mit einem typischen, sich alle 64–67 nm wiederholenden, gestaffelten Bandenmuster. An den Enden sind die Collagen-Moleküle durch Quervernetzung über Lysin-Seitenketten fest untereinander verbunden. Die Zahl der Vernetzungen nimmt mit dem Alter zu.

### B. Biosynthese ◑

Das am rER gebildete Collagen-Vorläufermolekül (*Prä-Pro-Peptid)* unterliegt einer umfangreichen *posttranslationalen Modifizierung* in ER und Golgi-Apparat (s. S. 208). Durch die Abspaltung des Signalpeptids (**1**) entsteht **Procollagen,** das noch an beiden Enden längere **Propeptide** trägt. In dieser Phase (d. h. im Peptidverband) werden Prolin- und in geringerem Umfang Lysin-Reste des Procollagens hydroxyliert (**2**). Dann wird das Procollagen an mehreren Hydroxylysin-Resten glycosyliert (**3**). Durch Oxidation von Cystein-Gruppen der Propeptide werden intra- und intermolekulare Disulfid-Brücken geschaffen (**4**), was die korrekte Zusammenlagerung der Peptidstränge zu einer Tripelhelix garantiert (**5**). Erst wenn diese Schritte korrekt abgelaufen sind, wird das Procollagen in den Extracellularbereich transportiert. Dort werden nun die N- und C-terminalen Propeptide durch Proteolyse abgetrennt (**6**), was zu der gestaffelten Zusammenlagerung der Collagen-Moleküle zu Fibrillen führt (**7**). Schließlich werden einige ε-Amino-Gruppen von Lysyl-Resten oxidativ in Aldehyd-Gruppen umgewandelt (**8**). Durch Kondensationsreaktionen bilden sich dann intra- und intermolekulare Vernetzungen (**9**). Damit hat das Collagen seine endgültige, polymere Struktur erreicht, die durch *Zugfestigkeit* und *Proteinase-Resistenz* gekennzeichnet ist.

Die **biologische Rolle** der Collagene ist vielfältig (s. S. 308). Ihre Bedeutung wird durch die vielen *erblichen Gendefekte* unterstrichen, die durch Mutationen der Collagene selbst oder der an ihrer Biosynthese beteiligten Enzyme verursacht werden können. Von diesen Erkrankungen können der Knochenbau, die Gelenke, die Sehnen, die Haut, die Augen, die Blutgefäße, die Haare und das allgemeine Körperwachstum betroffen sein.

Die Hydroxylierung der Prolin- und Lysin-Reste im Procollagen wird von *Dioxygenasen* katalysiert, die Eisen in ihrem aktiven Zentrum tragen. Zum Funktionserhalt dieser Enzyme ist **Ascorbat** (Vitamin C; s. S. 328) notwendig. Symptome der Vitamin-Mangelkrankheit *Scorbut* (Zahnausfall, Blutungen, Hautschäden) lassen sich durch eine gestörte Biosynthese von Collagenen erklären.

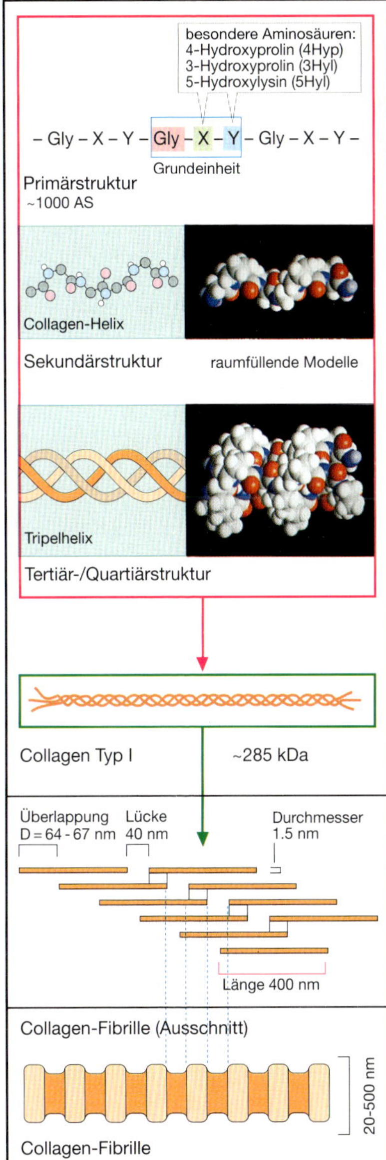


**A. Struktur der Collagene**

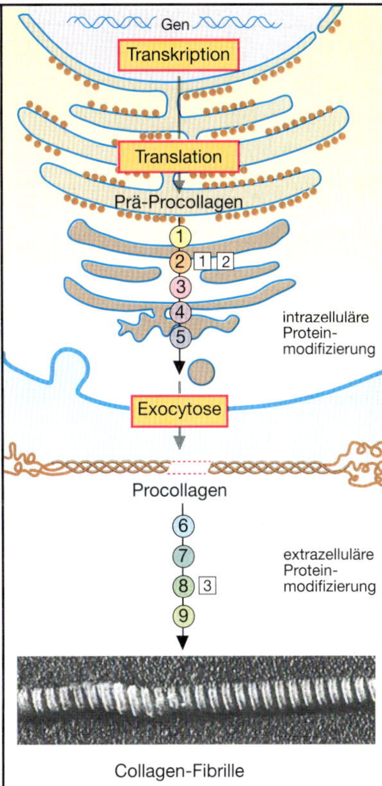


1. Abspaltung des Präpeptids
2. Hydroxylierung von Pro und Lys-Resten
3. Glycosylierung von 5Hyl und Asn
4. Oxidation von Cys in Propeptiden
5. Zusammenlagerung zu Tripelhelix
6. Abspaltung der Propeptide
7. gestaffelte Anlagerung zu Fibrillen
8. Oxidation von Lys und 5Hyl zu Aldehyden
9. Vernetzung zu Supramolekülen

[1] Procollagen-Prolin-4-Dioxygenase *1.14.11.2* [Ascorbat, Fe]

[2] Procollagen-Lysin-5-Dioxygenase *1.14.11.4* [Ascorbat, Fe]

[3] Protein-Lysin-6-Oxidase *1.4.3.13* [Cu]

**B. Biosynthese**

## Bestandteile der extrazellulären Matrix

### A. Extrazelluläre Matrix ◑

Zwischen den tierischen Zellen liegt eine komplex zusammengesetzte Interzellularsubstanz, die sog. **extrazelluläre Matrix**. Bei vielen Geweben, z. B. beim Muskel oder der Leber, bildet sie nur einen schmalen Spalt zwischen den Zellen, in anderen Geweben füllt sie dagegen einen breiteren Raum. Beim *Bindegewebe, Knorpel* und *Knochen* ist die extrazelluläre Matrix besonders ausgeprägt und der eigentliche Funktionsträger des Gewebes. Die Abbildung zeigt sehr schematisch die drei Kategorien von Komponenten der extrazellulären Matrix: die reißfesten **Collagene**, vernetzende **Ankerproteine** und die raumfüllenden **Proteoglycane**.

Die extrazelluläre Matrix hat ganz verschiedene Aufgaben: sie stellt die mechanische Verbindung zwischen den Zellen her, sie bildet Strukturen mit besonderen mechanischen Eigenschaften wie Knochen, Knorpel, Sehnen und Gelenke, sie bildet Filtereinrichtungen (wie z. B. in der Niere), sie trennt Zellen und Gewebe voneinander (z. B. zum Gleiten der Gelenke und zum Wandern der Zellen), und sie stellt Leitbahnen dar, an denen sich wandernde Zellen orientieren (wichtig für die Embryonal-Entwicklung). Entsprechend vielfältig ist die chemische Zusammensetzung ihrer Komponenten.

**Collagene** (s. S. 306), von denen es mindestens 12 Varianten gibt, bilden Fasern, Fibrillen, Netze und Bänder. Ihre charakteristischen Eigenschaften sind *Zugfestigkeit* und *Flexibilität.*

**Ankerproteine** stellen die Verbindung zwischen den verschiedenen Bestandteilen der extrazellulären Matrix her. Wichtige Vertreter sind das **Laminin**, das **Fibronectin** und das **Elastin**. Diese multifunktionellen Proteine sind durch ihre Fähigkeit gekennzeichnet, gleichzeitig mehrere andere Matrixkomponenten zu binden. Mit Hilfe der Ankerproteine werden die Zellen über Zelloberflächen-Rezeptoren an die intrazelluläre Matrix fixiert.

**Proteoglycane** bilden raumfüllende Strukturen. Sie binden auf Grund ihrer Polarität und negativen Ladungen viele Wasser-Moleküle und Kationen.

### B. Fibronectine ○

Als typische Vertreter der Ankerproteine sind Fibronectine gezeigt. Es sind fadenförmige Dimere aus ähnlichen Peptid-Ketten (Größe 250 kDa), die über Disulfid-Brücken miteinander verknüpft sind. Die Proteine sind in verschiedene **Domänen** gegliedert, über die sie an Rezeptoren der Zelloberfläche, an Collagene, an Fibrin und an verschiedene Proteoglycane binden können. Damit haben sie die Eigenschaft eines molekularen ‚Klebstoffs'.

Fibronectine sind modular aufgebaut. Sie setzen sich aus wenigen Typen von **Peptidmodulen** zusammen, die sich vielfach wiederholen. Jedes der über 50 Module wird von einem Exon im Gen des Fibronectins kodiert. Von dem RNA-Transkript des Fibronectin-Gens können durch *alternatives Spleißen* Fibronectine unterschiedlicher Zusammensetzung gebildet werden. Das Modul, das die Anheftung an Zellen bewirkt, enthält die charakteristische Aminosäuresequenz *-Arg-Gly-Asp-Ser-*. Durch diese Reste bindet es an Zelloberflächen-Rezeptoren (‚*Integrine*').

### C. Proteoglycane ◑

Proteoglycane sind extrem große Molekül-Komplexe (bis über $2 \cdot 10^6$ Da) aus Kohlenhydraten (95%) und Proteinen (5%). Ihre flaschenbürstenartige Struktur bekommen sie durch eine Achse aus **Hyaluronat**, einem Polysaccharid (s. S. 40). An dieses fadenförmige Molekül lagern sich Proteine, von denen viele ihrerseits wieder lange Polysaccharid-Ketten tragen. Weil diese Polysaccharide acetylierte Amino-Gruppen enthalten, werden sie auch als **Glycosaminoglycane** bezeichnet.

Grundstruktur der Glycosaminoglycane sind verschiedene **Disaccharid-Einheiten**, die meist aus einer Uronsäure und einem Aminozucker bestehen. Sie bilden die Grundsubstanz der extrazellulären Matrix.

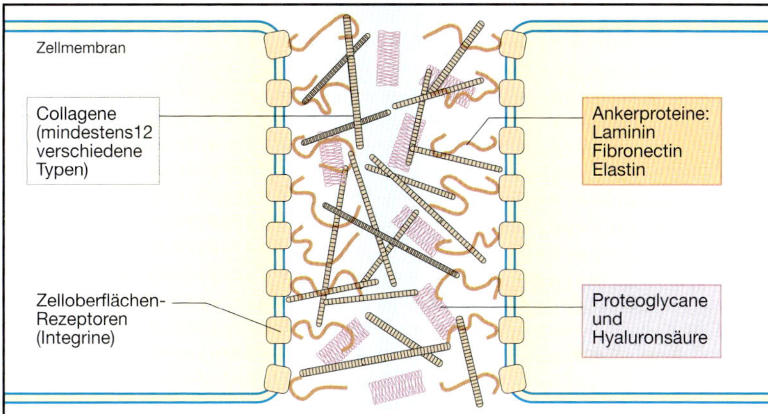


**A. Extrazelluläre Matrix**

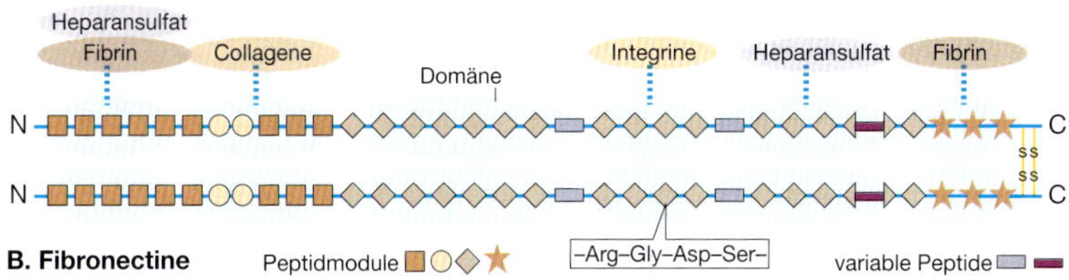


**B. Fibronectine**

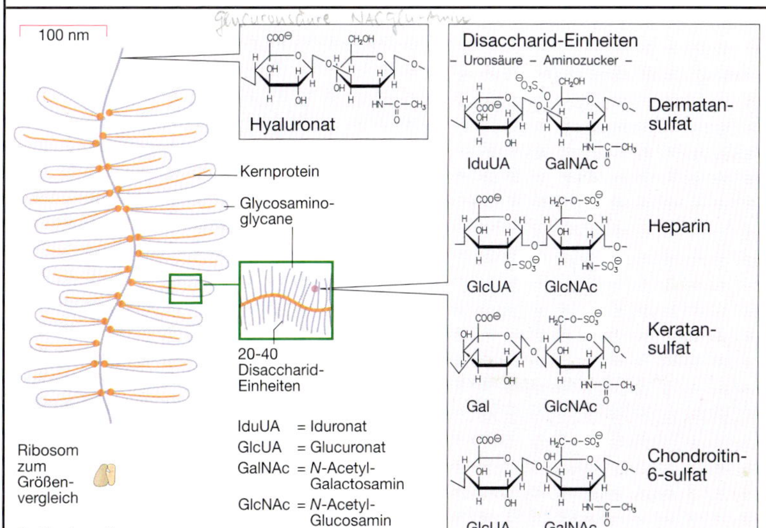


**C. Proteoglycane**

# Nervengewebe

## A. Aufbau von Nervenzellen ●

Nervenzellen (Neurone) haben einen charakteristischen Aufbau. Von ihrem **Zellkörper** (Soma) gehen verästelte Fortsätze aus, die Dendriten und Axone. Über die **Dendriten** können Neurone Erregungen empfangen, mit den **Axonen** können sie diese weiterleiten. Die Axone sind häufig von *Schwannschen Zellen* umgeben, die sie mit einer myelinhaltigen Markscheide ummanteln, was die Axone elektrisch hervorragend isoliert.

Die Erregungsübertragung findet an den **Synapsen** statt, die Verknüpfungsstellen zwischen einzelnen Neuronen, sowie zwischen Neuronen und Muskelzellen bilden. In den Synapsen sind *Neurotransmitter* (s. S. 316) gespeichert. Diese chemischen Signalsubstanzen können ausgeschüttet werden, um Nachbarneurone oder Muskelzellen zu erregen.

In der Zusammensetzung der Nervenzellen fällt der hohe Anteil an Lipiden auf, die etwa 50% der Trockensubstanz ausmachen. Das Spektrum der Phospho-, Glyco- und Spingolipide ist breit (s. S. 202).

## B. Energiestoffwechsel des Gehirns ◑

Das Gehirn ist sehr gut durchblutet und hat einen intensiven Energiestoffwechsel. Obwohl es nur etwa 2% der Körpermasse ausmacht, verbraucht es im Ruhezustand etwa 20% des umgesetzten Sauerstoffs und ca. 60% der Glucose, die über Glycolyse und Citrat-Cyclus vollständig zu $CO_2$ und $H_2O$ oxidiert wird.

**Glucose** ist der einzige Energie-Lieferant des Gehirns, sie muß daher ständig zur Verfügung stehen. Nur bei ausgedehntem Hungern stellt sich das Gehirn auf die zusätzliche Verwertung von **Ketonkörpern** ein (s. S. 278). Der Glycogen-Vorrat in den Nervenzellen des Gehirns ist äußerst gering. Fettsäuren, die im Plasma an Albumin gebunden transportiert werden, können wegen der *Blut-Hirn-Schranke* die Nervenzellen des Gehirns nicht erreichen und werden deshalb zur Energieerzeugung nicht genutzt. Auch Aminosäuren können nicht zur ATP-Gewinnung herangezogen werden, da den Neuronen die Fähigkeit zur Gluconeogenese fehlt.

Ein Abfall des Glucose-Spiegels im Blut, z. B. bei einer Überdosierung von Insulin bei Diabetikern, ist wegen der Abhängigkeit des Gehirns von Glucose lebensbedrohend.

Wichtigste energieverbrauchende Reaktion in den Nervenzellen ist die Spaltung von ATP durch die *$Na^+/K^+$-transportierende ATPase* der Zellmembran ([1], s. S. 206). Dieser aktive $Na^+/K^+$-Transport kompensiert die ständig ablaufenden Transportprozesse der Ionen durch Ionenkanäle. Daneben verbrauchen natürlich auch viele andere Prozesse ATP.

## C. Aminosäure-Stoffwechsel des Gehirns ◑

Das Gehirn zeigt einen aktiven Stoffwechsel von Aminosäuren. Ihre intrazelluläre Konzentrationen liegen im Vergleich zur Leber besonders hoch. Ausgeprägt sind die hohen Spiegel von **Glutamat** (ca. 5–10 mM) und **Aspartat** (2–3 mM). Sie werden durch Transaminierung aus den Intermediaten des Citrat-Cyclus, 2-Oxoglutarat und Oxalacetat, gebildet (s. S. 148).

In vielen Regionen des Gehirns wird durch Decarboxylierung von Glutamat **γ-Aminobutyrat** (**GABA**, 4-Aminobutyrat), gebildet. Die Biosynthese und der Abbau dieser neuronenspezifischen Aminosäure lassen sich als Nebenweg des Citrat-Cyclus formulieren (**'GABA-Shunt'**), bei dem im Gegensatz zum Citrat-Cyclus auf die Bildung von GTP verzichtet wird. Der GABA-Shunt ist typisch für das Gehirn und hat in anderen Geweben nur geringe Bedeutung.

Einige Aminosäuren, darunter *Glycin, Aspartat, Glutamat* und *GABA*, dienen den Neuronen als **Transmitter-Substanzen,** die in den Synapsen gespeichert und bei Erregung ausgeschüttet werden (s. S. 316). Mit ihnen wird das elektrische Verhalten benachbarter Neurone durch Auslösung oder Hemmung eines Aktionspotentials kontrolliert.

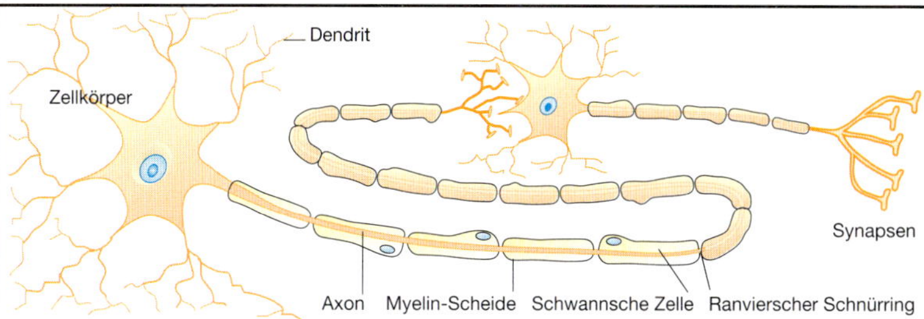


**A. Aufbau von Nervenzellen**

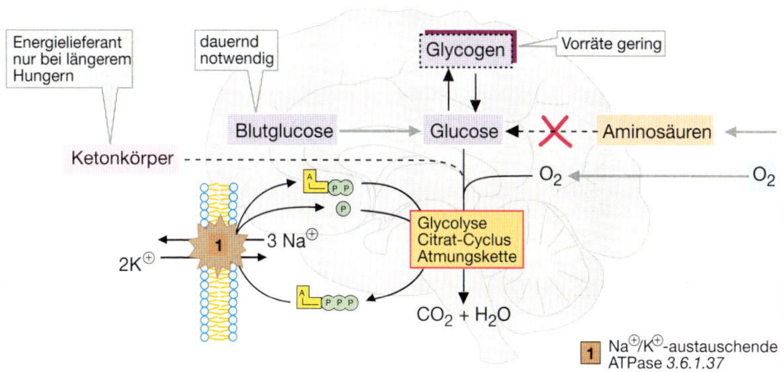


**B. Energiestoffwechsel des Gehirns**

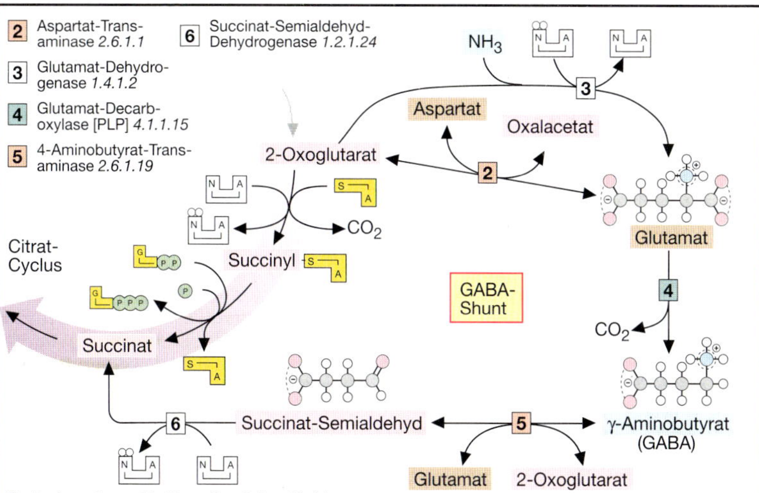


**C. Aminosäure-Stoffwechsel des Gehirns**

## Ruhepotential, Aktionspotential

### A. Ruhepotential ◑

Membranen sind für ionisierte Verbindungen undurchlässig, das gilt auch für die Plasmamembran. Dort sind *$Na^+$/$K^+$-ATPasen* lokalisiert, die ständig $Na^+$ im Tausch gegen $K^+$ aus der Zelle herauspumpen (s. S. 206). Die Konzentrationen von $Na^+$- und $K^+$-Ionen sind deshalb im Cytoplasma und dem Extrazellularraum sehr ungleich (s. Tabelle). Da drei $Na^+$- gegen zwei $K^+$-Ionen ausgetauscht werden, ist der Transport *elektrogen,* d. h. er trägt zu einer negativen Aufladung des Zellinneren gegen den Außenraum bei.

**Elektrochemisches Potential.** Entscheidende Voraussetzung für die Entstehung dieses elektrischen Ungleichgewichtes an der Membran (Membranpotential $\Delta\psi$; s. S. 116) sind *spezifische Ionenkanäle*. Ionen, die durch sie transportiert werden, folgen den Konzentrationsunterschieden und dem Membranpotential.

**Membran-Permeabilität**. Da im Ruhezustand der Nervenzellen einige $K^+$-Kanäle geöffnet sind, strömt ständig etwas $K^+$ in den Extrazellularbereich. Beim Verlassen der Zellen nehmen die $K^+$-Ionen positive Ladungen mit und erzeugen dadurch ein negatives **Ruhepotential** von etwa -60 mV. An den *Permeabilitätskoeffizienten* (s. Tabelle) läßt sich ablesen, daß die Kanäle für $Na^+$ und $Cl^-$ meist geschlossen sind. Phosphat-Ionen und organische Anionen, z. B. Proteine, können die Membran ebenfalls nicht passieren. Mit Hilfe der **Nernstschen Gleichung** kann man errechnen, daß das Membranpotential der Nervenzellen in erster Linie von $K^+$-Ionen bestimmt wird, da sie im Ruhezustand den weitaus größten Beitrag zur Membran-Leitfähigkeit liefern.

**Ionenkanäle**. Die Membran der Nervenzellen enthält Kanäle für $Na^+$, $K^+$, $Cl^-$ und $Ca^{2+}$-Ionen. Diese Kanäle sind meist geschlossen, nur kurzfristig können sie öffnen und Ionen hindurchlassen. Man teilt sie ein in Kanäle, die vom Membranpotential gesteuert werden (‚*voltage gated*'), und in Kanäle, die von Liganden gesteuert werden (‚*ligand gated*'). Die Kanäle sind integrale Membran-Proteine, die aus mehreren Untereinheiten bestehen und allosterisch kontrolliert sind. Sie werden zwischen verschiedenen Konformationszuständen (offen, geschlossen, etc.) hin und her geschaltet – die einen vom Membranpotential, die anderen von ihren Liganden, den *Neurotransmittern* und *Neuromodulatoren* (s. S. 316).

### B. Aktionspotential ◑

Durch einen chemischen (oder seltener elektrischen) Reiz wird in Nervenzellen ein **Aktionspotential** ausgelöst. Es besteht aus einem kurzfristigen Anstieg des Membran-Potentials von –60 mV auf etwa +30 mV. Innerhalb von etwa 1 ms kehrt das Membranpotential dann auf seinen Ausgangswert zurück. Der Vorgang beginnt mit dem Öffnen von $Na^+$-Kanälen. Dadurch können $Na^+$-Ionen (positive Ladungen!) in die Zelle einströmen und das *Membranpotential lokal umkehren* (**2**). Die $Na^+$-Kanäle schließen sofort wieder, der Einstrom von positiven Ladungen hält deshalb nur sehr kurz an (**3**). Wegen des Anstiegs des Membranpotentials öffnen auch spannungsabhängige $K^+$-Kanäle (**2**). Sie lassen $K^+$-Ionen in der umgekehrten Richtung fließen, so daß das Membranpotential schnell wieder negativ wird (**3**) und sogar kurzfristig das **Ruhepotential** des Neurons unterschreitet (**4**). Auch die $K^+$-Kanäle schließen nach wenigen ms. Dann ist die Nervenzelle von neuem erregbar.

Insgesamt gelangt bei einem **Aktionspotential** nur ein sehr kleiner Teil der ungleich verteilten $Na^+$ und $K^+$-Ionen durch die Membran, so daß sich der Vorgang vielfach wiederholen kann, wenn die Nervenzelle erneut gereizt wird.

Die Weiterleitung des Aktionspotentials auf der Oberfläche der Nervenzelle beruht darauf, daß das lokal angestiegene Membranpotential benachbarte, spannungsabhängige Ionen-Kanäle zum Öffnen veranlaßt, wodurch sich die Membran-Erregung als *Depolarisationswelle* über die ganze Zelle ausbreitet.

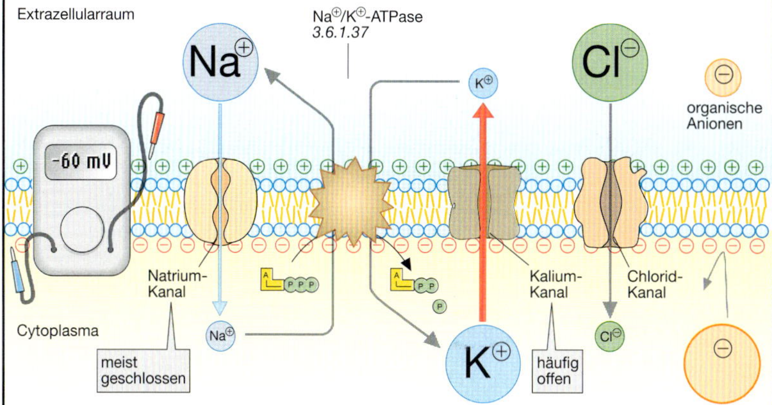


| Ion | Konzentrationen Cytoplasma (mM) | Extrazellularbereich (mM) | Permeabilitätskoeffizient ($cm \cdot s^{-1} \cdot 10^9$) |
|---|---|---|---|
| $K^\oplus$ | 139 | 4 | 500 |
| $Na^\oplus$ | 12 | 145 | 5 |
| $Cl^\ominus$ | 4 | 116 | 10 |
| organ.⊖ Anionen | 138 | 34 | 0 |

Gaskonstante — absolute Temperatur

Potential-Differenz

$$\Delta\Psi = \frac{R \cdot T}{F \cdot z} \ln \frac{c_a}{c_i}$$

Konzentrationen außen und innen

Faraday-Konstante — Ladung des Ions

z.B. für $K^\oplus$:

$$\Delta\Psi_{K^\oplus} = \frac{0.059}{1} \cdot \log \frac{4}{139} \approx -91 \text{ mV}$$

Nernstsche Gleichung

**A. Ruhepotential**

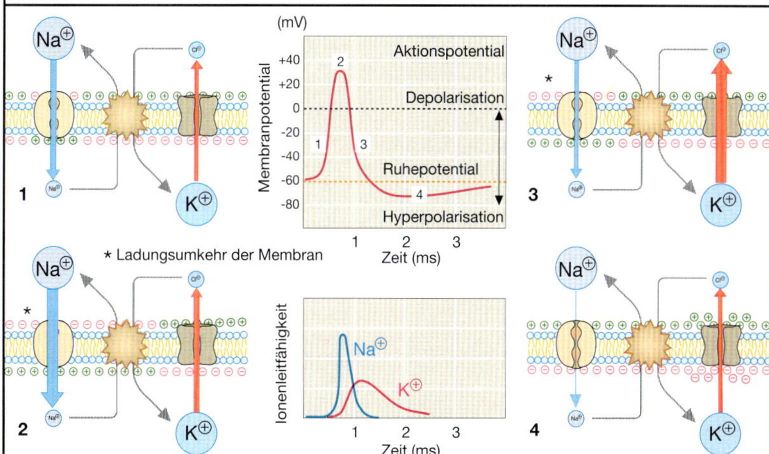


**B. Aktionspotential**

# Synapsen

## A. Cholinerge Synapse ◑

Die Übertragung von Signalen zwischen Neuronen und von Neuronen zu Muskelzellen geschieht an den Synapsen mit Hilfe von Signalsubstanzen (*Transmittern*). In Synapsen liegen die Zellen sehr eng beieinander, die **präsynaptische Membran** ist von der **postsynaptischen Membran** nur durch einen schmalen Spalt getrennt. In diesen **synaptischen Spalt** werden die Transmitter durch *Exocytose* ausgeschüttet. Sie diffundieren zu den **Rezeptoren** der postsynaptischen Membran, binden an diese und übermitteln dadurch das Signal an die Nachbarzelle. Die Rezeptoren sind entweder a) *ligandengesteuerte Ionenkanäle* (s. S. 312), die sich öffnen, oder b) Membran-Proteine, die über G-Proteine (s. S. 346) Ionenkanäle steuern.

Die hier dargestellte cholinerge Synapse, die ein Motoneuron mit einer Muskelzelle verbindet, enthält den Neurotransmitter **Acetylcholin.**

Bei der *Signalübertragung* laufen im einzelnen folgende Schritte ab: Ein **Aktionspotential** erreicht die präsynaptische Membran (**1**). Dadurch werden **spannungsgesteuerte $Ca^{2+}$-Kanäle** geöffnet (**2**). $Ca^{2+}$-Ionen dringen aus dem Extrazellularbereich ein, und ihr Spiegel steigt in den Synapsen schlagartig an. Die Ca-Ionen lösen einen Exocytose-Vorgang aus, bei dem viele **synaptische Vesikel** ihren Inhalt (Acetylcholin) in den synaptischen Spalt ausschütten (**3**). Acetylcholin-Moleküle diffundieren durch den synaptischen Spalt, binden an die postsynaptischen Rezeptoren und aktivieren sie (**4**). Die Rezeptoren des Acetylcholins sind ligandengesteuerte Ionenkanäle, die sich für $Na^+$ und $K^+$ öffnen. Der Einstrom von $Na^+$-Ionen erhöht das Ruhepotential der postsynaptischen Nerven- oder Muskelzelle soweit, daß sich *spannungsabhängige $Na^+$-Kanäle* öffnen und ein Aktionspotential ausgelöst wird (**5** s. S. 312).

a) nicotinische Rezeptoren
b) muscarinische "

## B. Nicotinischer Acetylcholin-Rezeptor ○

Der durch Nicotin stimulierbare Rezeptor für Acetylcholin ist ein pentameres Membranprotein ($\alpha_2\beta\delta\gamma$, 250 – 270 kDa), das als ligandengesteuerter Ionenkanal für $Na^+$ und $K^+$ fungiert. Der Proteinkomplex besitzt an der extrazellulären Seite seiner beiden α-Untereinheiten je eine **Bindungsstelle für Acetylcholin**. Bei Liganden-Bindung öffnet sich eine trichterförmige Struktur im Zentrum des Rezeptors, die von den fünf Protein-Untereinheiten gebildet wird. $Na^+$-Ionen (und $K^+$-Ionen) können dann durch den Rezeptor treten. Das Öffnen und Schließen des Ionen-Kanals stellt man sich als allosterische Verschiebung von ladungstragenden Peptidketten im Inneren des Moleküls vor.

An den Rezeptor können verschiedene Pharmaka binden. Nicotin wirkt als *Agonist* wie Acetylcholin. Atropin wirkt dagegen als *Antagonist*, weil es Acetylcholin von seinem Rezeptor verdrängt, ohne die allosterische Umlagerung und Öffnung des Ionenkanals auszulösen.

## C. Stoffwechsel des Acetylcholins ◑

**Acetylcholin**, der Essigsäureester des Cholins, wird im Cytoplasma des Axons aus Acetyl-CoA und Cholin gebildet [1]. Der Neurotransmitter wird in **synaptischen Vesikeln** gespeichert, von denen jedes etwa 1000 bis 10 000 Acetylcholin-Moleküle aufnimmt. Nach der **Ausschüttung** diffundiert das Acetylcholin in den synaptischen Spalt. Soweit es nicht von Rezeptor gebunden wird, wird das Acetylcholin von einer *Acetylcholin-Esterase* [2] gespalten. Dieses Enzym hat eine extrem hohe Wechselzahl, die die sofortige Entfernung der Signalsubstanz garantiert. Die Spaltprodukte **Cholin** und **Acetat** werden von dem präsynaptischen Neuron wieder aktiv aufgenommen und erneut für die Acetylcholin-Synthese verwandt [3].

Substanzen, die den Serin-Rest im aktiven Zentrum der Acetylcholinesterase [2] blockieren, verlängern die Wirkung von Acetylcholin und wirken als *Nervengifte*. Das Pfeilgift *Curare* blockiert kompetitiv die Acetylcholin-Bindungsstelle am Rezeptor.

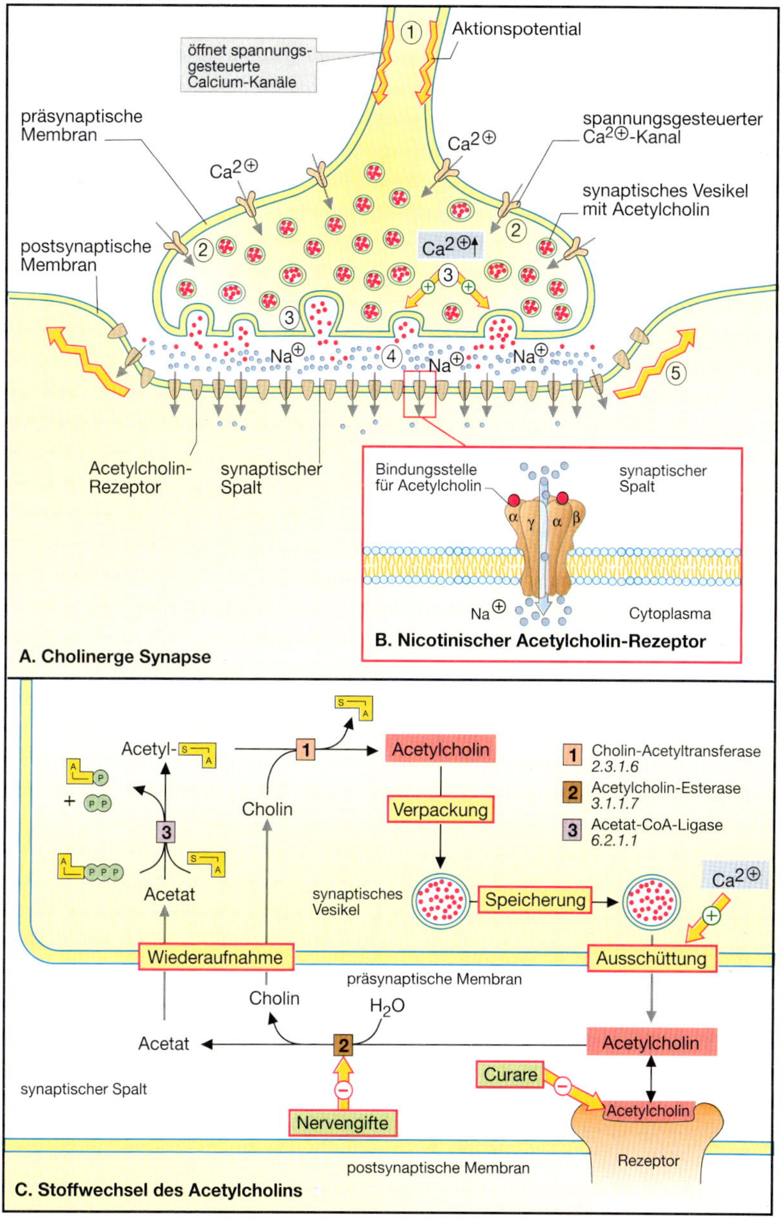

öffnet spannungs-gesteuerte Calcium-Kanäle
1
Aktionspotential
präsynaptische Membran
Ca2⊕
spannungsgesteuerter Ca2⊕-Kanal
synaptisches Vesikel mit Acetylcholin
postsynaptische Membran
2
Ca2⊕↑
3
Na⊕
4
5
Acetylcholin-Rezeptor
synaptischer Spalt
Bindungsstelle für Acetylcholin
synaptischer Spalt
α γ α β
Na⊕
Cytoplasma
B. Nicotinischer Acetylcholin-Rezeptor
A. Cholinerge Synapse
Acetyl-
1
Acetylcholin
Cholin
Verpackung
3
Acetat
synaptisches Vesikel
Speicherung
Ca2⊕
Wiederaufnahme
Ausschüttung
präsynaptische Membran
Cholin
$H_2O$
Acetat
2
Acetylcholin
Curare
synaptischer Spalt
Nervengifte
Acetylcholin
Rezeptor
postsynaptische Membran
1 Cholin-Acetyltransferase 2.3.1.6
2 Acetylcholin-Esterase 3.1.1.7
3 Acetat-CoA-Ligase 6.2.1.1
C. Stoffwechsel des Acetylcholins

# Neurotransmitter

## A. Neurotransmitter und Neurohormone ●

Nervenzellen können den Organismus durch Abgabe von chemischen Substanzen steuern. Dabei unterscheidet man zwei Gruppen von Neurosekreten: **Neurotransmitter** werden in den synaptischen Spalt ausgeschüttet, um Nachbarzellen zu beeinflussen, sie haben eine geringe Reichweite und eine kurze Lebensdauer. **Neurohormone** werden dagegen an das Blut abgegeben, sie zeigen eine größere Reichweite und haben eine längere Lebensdauer. Der Übergang zwischen beiden Gruppen ist aber fließend, manche Neurotransmittern wirken gleichzeitig auch als Neurohormone.

Signalsubstanzen, die als **Neurotransmitter** (oder *Neuromodulatoren*) klassifiziert werden, müssen eine Reihe von Kriterien erfüllen: Es sind Produkte von Neuronen, sie werden in Synapsen gespeichert, sie werden auf einen Reiz hin in den synaptischen Spalt ausgeschüttet, sie binden an spezifische Rezeptoren der postsynaptischen Membran eines anderen Neurons oder einer Muskelzelle und beeinflussen deren Aktivität durch Steuerung von Ionen-Strömen.

## B. Chemische Struktur ◑

Chemisch gesehen lassen sich die Neurotransmitter in wenige Gruppen einteilen. **Acetylcholin,** ist der bekannteste Neurotransmitter (s. S. 314). Einige **Aminosäuren** gehören ebenfalls zu den Neurotransmittern. **Biogene Amine** entstehen durch einfache Decarboxylierung von Aminosäuren (s. S. 150). Die **Purin-Derivate** mit Neurotransmitter-Funktion enthalten Adenin. **Peptide und Proteine** bilden unter den Neurosekreten die größte Gruppe. Kleine Peptide tragen am N-terminalen Ende häufig einen Glutaminsäure-Rest, der zu Pyroglutaminsäure (5-Oxoprolin; Ein-Buchstaben-Code: <G) cyclisiert ist. Am C-terminalen Ende steht bei kleinen Peptiden häufig statt der freien Carboxy-Gruppe eine Amido-Gruppe (Symbol: $-NH_2$). Dadurch sind die Neuropeptide besser vor einem unspezifischen Abbau durch Peptidasen geschützt. Neben kleinen Neuropeptiden gibt es auch große Neuroproteine.

**Wirkungsmechanismus**: Neurotransmitter und -modulatoren binden an Rezeptoren der postsynaptischen Membran der Nachbarzelle. Für viele dieser Signalsubstanzen gibt es mehrere Typen von Rezeptoren, die unterschiedliche Signalwege auslösen. In einigen Fällen sind die Rezeptoren *ligandengesteuerte Ionenkanäle*, z. B. die nikotinischen Rezeptoren für Acetylcholin, GABA und Glycin. Meistens aber steuern die Rezeptoren von Neurotransmittern Ionenkanäle nur indirekt über *G-Proteine* (s. S. 346).

Die meisten Neurotransmitter und Neuromodulatoren fördern die *Öffnung* von Ionenkanälen, nur wenige eine Schließung. Je nachdem, um welchen Kanal-Typ es sich handelt, wird dadurch das Membranpotential der postsynaptischen Zelle verändert. Eine Erniedrigung, z. B. durch Öffnen von $Na^+$-Kanälen, führt zu einer Stimulierung von postsynaptischen Aktionspotentialen. Eine Erhöhung, z. B. durch Öffnung von $Cl^-$-Kanälen, führt dagegen zu einer Hemmung.

## C. Biosynthese der Catecholamine ◑

Catecholamine sind *biogene Amine*. Diesen Molekülen gemeinsam ist die Dihydroxyphenyl-Gruppe (engl.: ‚catechol'). Ihre Biosynthese beginnt mit der Aminosäure **Tyrosin**. Eine Hydroxylierung [1] führt zu **Dopa** (3,4-Dihydroxyphenylalanin), die darauf folgende Decarboxylierung [2] zu **Dopamin**, das durch eine weitere Hydroxylierung [3] in **Noradrenalin** (Norepinephrin) umgewandelt wird. Der Wasserstoffdonator dieser Reaktion ist *Ascorbinsäure* (s. S. 328). Schließlich entsteht durch Methylierung [5] **Adrenalin** (Epinephrin). Dopamin, Noradrenalin und Adrenalin werden von Neuronen als Neurotransmitter benutzt. Adrenalin und Noradrenalin fungieren auch als Hormone.

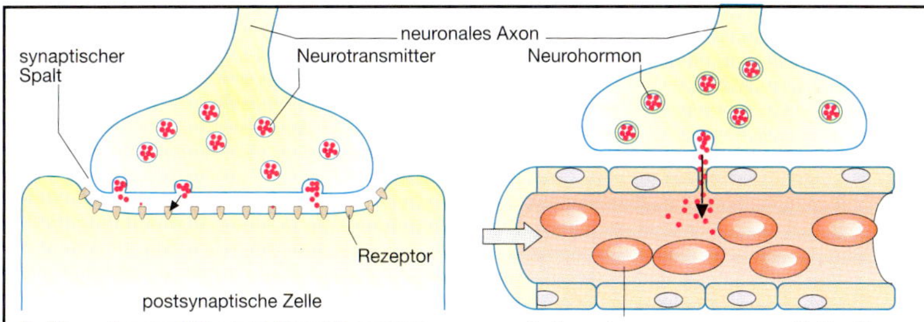


**A. Neurotransmitter und Neurohormone**

Acetylcholin

Aminosäuren: Glutamat, Glycin, Aspartat

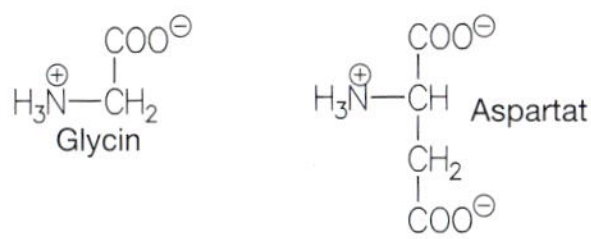


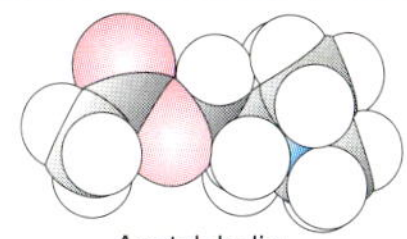


biogene Amine: γ-Aminobutyrat (GABA), Dopa, Dopamin, Noradrenalin, Adrenalin, Serotonin, Histamin

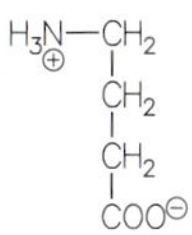


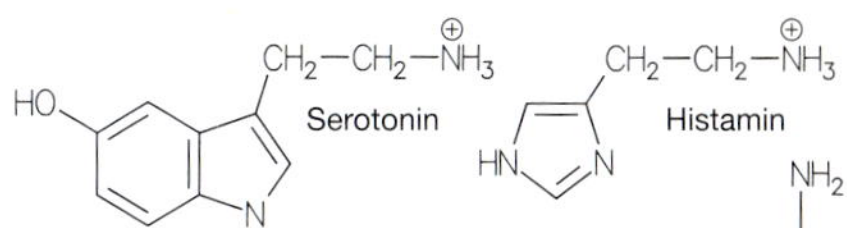


Purin-Derivate: ATP, ADP, AMP, Adenosin

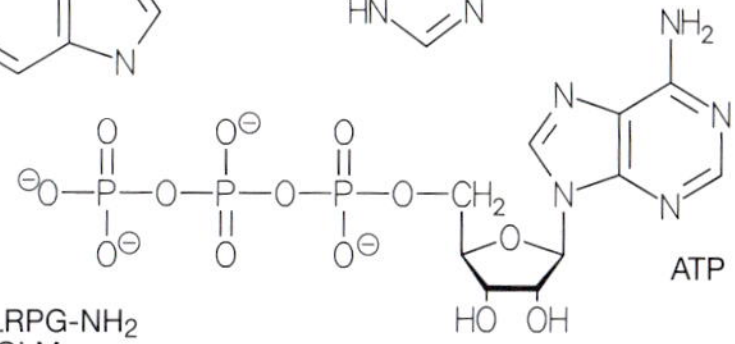


Peptide:

| | |
|---|---|
| Thyroliberin (TRH) | <GHP-$NH_2$ |
| Gonadoliberin (GnRH) | <GHWSYGLRPG-$NH_2$ |
| Substanz P | RPKPQQFFGLM |
| Somatostatin | AGCKNFFWKTFTSC |
| Angiotensin II | DRVYIHPF |
| Cholecystokinin (CCK-4) | WMDF-$NH_2$ |
| Met- und Leu-Enkephalin | YGGFM und YGGFL |
| β-Endorphin | YGGFMTSEKSQTPLVTLFKNAITKNAYKKGE |
| und viele andere | |

**B. Chemische Struktur**

1 Tyrosin-3-Monooxygenase [$Fe^{2+}$,THB] *1.14.16.2*

2 aromatische L-Aminosäure-Decarboxylase (Dopa-Decarboxylase) [PLP] *4.1.1.28*

3 Dopamin-β-Monooxygenase [Cu] *1.14.17.1*

4 Phenylethanolamin-*N*-Methyltransferase *2.1.1.28*

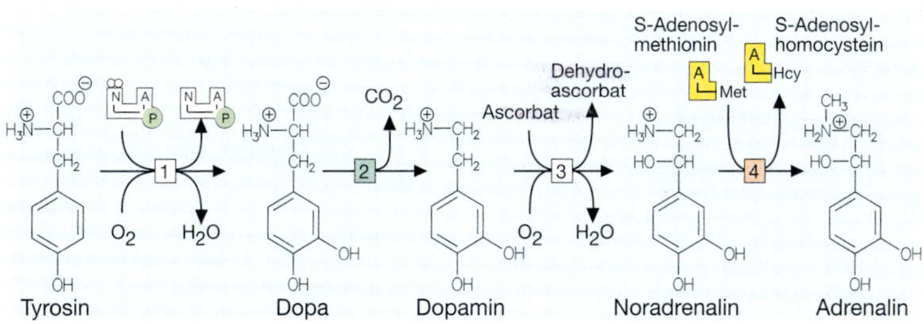


**C. Biosynthese der Catecholamine**

## Sehen

In der Netzhaut des Menschen kommen zwei Arten von Photorezeptor-Zellen vor, *Stäbchen* und *Zapfen*. Die Stäbchen sind empfindlich für schwaches Licht, die Zapfen besorgen das Farbensehen bei höheren Lichtintensitäten.

### A. Photorezeptor ◑

Der gezeigte Photorezeptor, ein Stäbchen, ist stark gegliedert. Membranscheiben in dem Außensegment tragen das **Rhodopsin,** ein membrandurchspannendes Protein, das mit seinen 7 α-Helices charakteristisch für eine Gruppe signalübertragender Rezeptor-Moleküle ist (s. S. 316). Das Rhodopsin ist ein lichtempfindliches Chromoprotein. Sein Proteinanteil **Opsin** trägt über die ε-Amino-Gruppe eines Lysin-Restes gebunden **11-*cis*-Retinal**. Die Lichtabsorption des Rhodopsins liegt im sichtbaren Bereich mit einem Maximum bei 500 nm.

Durch die Energie eines absorbierten Photons wird eine Isomerisierung des 11-*cis*-Retinals zu all-*trans*-Retinal ausgelöst. Dieser *photochemische Prozeß* verändert die Geometrie des Retinals und führt innerhalb sehr kurzer Zeit (10 ms) zu einer allosterischen Umwandlung des Rhodopsins in seine aktive Form. **Rhodopsin*,** kann benachbarte G-Proteine stimulieren. (Ein * kennzeichnet hier jeweils die aktive Form der Moleküle). Als Folge der nun einsetzenden *Signalkaskade* wird die Stäbchen-Zelle veranlaßt, weniger Neurotransmitter an ihrer Synapse auszuschütten, so daß die angeschlossenen bipolaren Neurone ein *verändertes Signal* an das Gehirn weiterleiten und damit Licht melden.

### B. Signalkaskade ○

Das G-Protein der Stäbchen heißt **Transducin.** Die Bindung an das vom Licht aktivierte Rhodopsin* veranlaßt das Transducin zu einem Austausch von gebundenem GDT gegen GTP. Dadurch entsteht die aktive Form, **Transducin***, das in eine α*- und eine βγ-Untereinheit zerfällt (s. S. 346). Die **α-Unterheit*** leitet das Signal weiter, indem sie eine *cGMP-Phosphodiesterase* [1] durch Bindung von inhibitorischem Protein aktiviert.

In unbelichteten Stäbchen-Zellen liegt das cyclisches Nucleotid **cGMP** in relativ hoher Konzentration vor (70 µM). Dieser *Second messenger* (s. S. 348) wird von einer *Guanylat-Cyclase* ständig gebildet und von der erwähnten Phosphodiesterase wieder abgebaut. Eine durch die Belichtung des Rhodopsins ausgelöste Aktivierung der Phosphodiesterase senkt innerhalb von Millisekunden den cGMP-Spiegel.

Nach kurzer Zeit inaktiviert sich die α-Untereinheit des Transducins durch enzymatische Hydrolyse des gebundenen GTPs zu GDP selbst. Sie kehrt dann durch Assoziation mit der βγ-Untereinheit in den Ausgangszustand zurück. Das Rhodopsin* zerfällt in Opsin und all-*trans*-Retinal. Wenn dieses von einem Enzym [3] zu 11-*cis*-Retinal isomerisiert wird, können sich beide Komponenten wieder zu Rhodopsin verbinden, womit der Ausgangszustand erreicht ist.

Im **Dunkelzustand** (links unten), ist der cGMP-Spiegel der Stäbchen durch die Aktivität der Guanylat-Cyclase hoch. Dadurch werden cGMP-gesteuerte Kationen-Kanalproteine der Plasmamembran offen gehalten und lassen *Natrium-* und *Calcium-Ionen* in die Zelle hinein. Unter diesen Bedingungen schütten die Stäbchen regelmäßig Aminosäure-Neurotransmitter an ihrer Synapse aus.

Bei **Belichtung** (rechts, unten) wird der cGMP-Spiegel durch die *Phosphodiesterase** gesenkt, was zu einer Schließung der Ionenkanäle führt. Da ständig Natrium- und Calcium-Ionen aus der Zelle herausgepumpt werden, fällt ihre Ionen-Konzentration schnell. Das führt zu einer *Hyperpolarisation* der Zellen und unterbricht die Neurotransmitter-Ausschüttung. Die abgefallene Calcium-Konzentration sorgt für eine Aktivierung der Guanylat-Cyclase, wodurch der cGMP-Spiegel nach kurzer Zeit soweit angestiegen ist, daß sich die Ionenkanäle wieder öffnen.

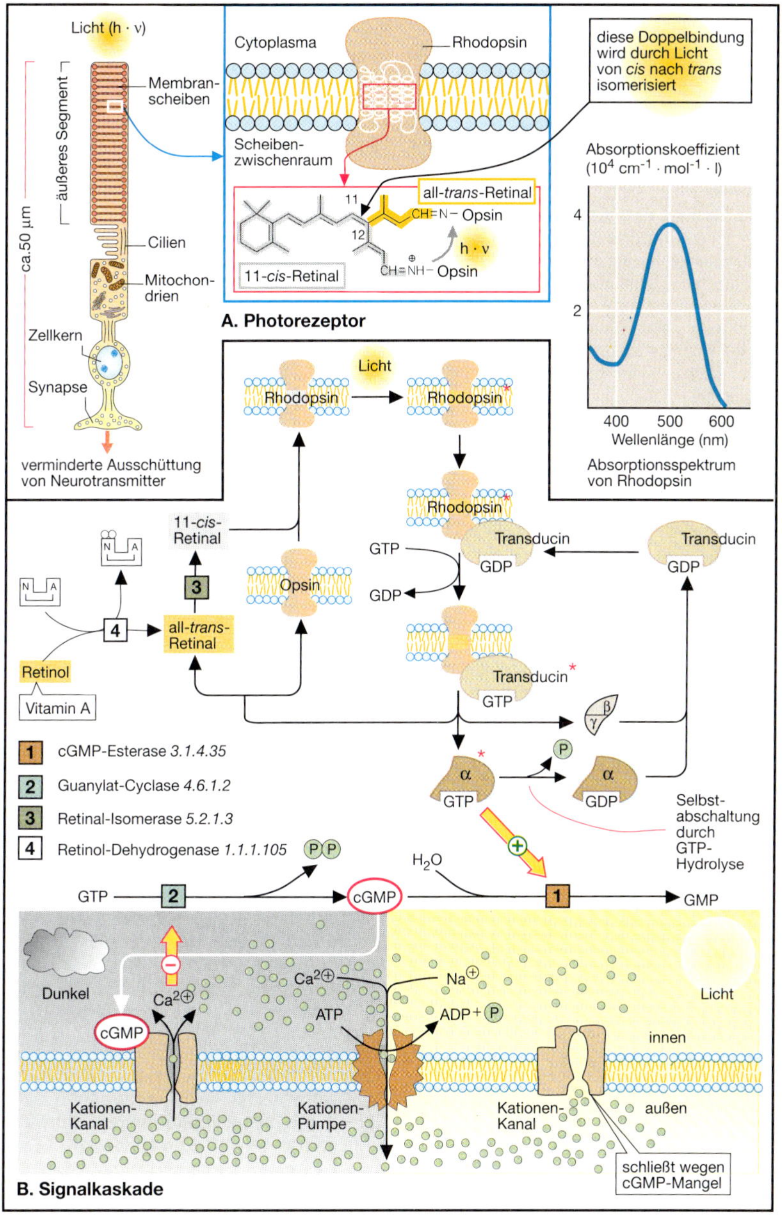
Licht (h · ν)
Membran-
scheiben
äußeres Segment
ca.50 µm
Cilien
Mitochon-
drien
Zellkern
Synapse
verminderte Ausschüttung
von Neurotransmitter
Cytoplasma
Rhodopsin
Scheiben-
zwischenraum
11
12
all-*trans*-Retinal
CH=N− Opsin
h · ν
CH=NH− Opsin
11-*cis*-Retinal
diese Doppelbindung
wird durch Licht
von *cis* nach *trans*
isomerisiert
Absorptionskoeffizient
($10^4$ $cm^{-1}$ · $mol^{-1}$ · l)
4
2
400
500
600
Wellenlänge (nm)
Absorptionsspektrum
von Rhodopsin
A. Photorezeptor
Licht
Rhodopsin
Rhodopsin*
Rhodopsin*
Transducin
GDP
GTP
GDP
Transducin
GDP
Opsin
11-*cis*-
Retinal
3
all-*trans*-
Retinal
4
N A
N A
Retinol
Vitamin A
Transducin*
GTP
β
γ
α*
GTP
P
α
GDP
Selbst-
abschaltung
durch
GTP-
Hydrolyse
1 cGMP-Esterase *3.1.4.35*
2 Guanylat-Cyclase *4.6.1.2*
3 Retinal-Isomerase *5.2.1.3*
4 Retinol-Dehydrogenase *1.1.1.105*
P P
GTP
2
cGMP
$H_2O$
1
GMP
Dunkel
Ca2⊕
cGMP
Ca2⊕
Na⊕
ATP
ADP + P
Licht
innen
Kationen-
Kanal
Kationen-
Pumpe
Kationen-
Kanal
außen
schließt wegen
cGMP-Mangel
B. Signalkaskade

## Nahrungsstoffe

Eine ausgewogene menschliche Ernährung muß viele einzelne Komponenten enthalten. Dazu gehören **Proteine, Kohlenhydrate, Fette, Mineralstoffe**, zu denen auch das **Wasser** gezählt werden kann, und **Vitamine.** Je nach Ernährungsweise kommen diese Stoffe in sehr unterschiedlichen Mengen und Anteilen vor. Da einige Nahrungskomponenten *lebensnotwendig* sind, müssen sie dem Menschen regelmäßig mit der Nahrung zugeführt werden. Empfehlungen für die tägliche Mindestzufuhr von Nahrungsstoffen haben die WHO (World Health Organisation) und eine Reihe von nationalen Experten-Kommitees abgegeben.

### A. Energiebedarf ●

Der Energiebedarf des Menschen richtet sich nach Alter, Geschlecht, Gewicht, allgemeiner Verfassung und insbesondere auch nach der körperlichen Aktivität. Dabei wird empfohlen, daß etwa die Hälfte der Energie in Form von Kohlenhydraten zugeführt wird, maximal nur ein Drittel in Form von Fetten und der Rest als Protein.

Häufig wird übersehen, daß auch *alkoholische Getränke* einen erheblichen Anteil an der täglichen Energiezufuhr bilden können. Ethanol hat einen ‚Brennwert' von etwa 30 $kJ \cdot g^{-1}$ (s. S. 288).

### B. Nahrungsstoffe ●

**Proteine** liefern dem Organismus Aminosäuren, die für die körpereigene Proteinbiosynthese verwendet werden. Überschüssige Aminosäuren werden unter Energiegewinn abgebaut. Dabei liefern die *glucogenen Aminosäuren* Kohlenhydrat und die *ketogenen Aminosäuren* Ketonkörper (s. S. 150).

Der tägliche *Mindestbedarf* von Proteinen liegt bei 37 g für Männer und bei 29 g für Frauen, die empfohlenen Mengen sind aber etwa doppelt so hoch. Der Bedarf von schwangeren und stillenden Frauen ist noch höher. Bei den Zahlenangaben spielt die *Qualität* des Proteins eine Rolle. Proteine, in denen einige essentielle Aminosäuren fehlen nicht oder nur in geringer Menge vorkommen, gelten als niederwertig. Von ihnen wird entsprechend mehr benötigt. So enthalten die Proteine der Hülsenfrüchte nur wenig Methionin, und Weizen- und Maisproteine sind arm an Lysin. Im Gegensatz zu den pflanzlichen Proteinen sind tierische Proteine meist hochwertig (Ausnahmen: Collagene, Gelatine).

Proteine sind lebensnotwendige Nahrungsbestandteile, da sie die **essentiellen Aminosäuren** liefern, die der Mensch nicht selbst aufbauen kann *(s. Tabelle)*. Einige Aminosäuren, darunter Cystein und Histidin, werden zwar nicht als essentiell angesehen, fördern aber das Wachstum. Manche Aminosäuren können sich gegenseitig in der Nahrung vertreten. So kann der Mensch z. B. das eigentlich essentielle Tyrosin durch Hydroxylierung aus Phenylalanin bilden und Cystein aus Methionin.

**Kohlenhydrate** dienen als allgemeine *Energiequelle*. In der Nahrung kommen sie als *Monosaccharide* im Honig und in Früchten, als *Disaccharide* in Milch und in allen mit Haushaltszucker (Saccharose) gesüßten Nahrungsmitteln vor. *Polysaccharide* finden sich in pflanzlichen (Stärke) und tierischen Produkten (Glycogen). Die Kohlenhydrate machen einen wesentlichen Anteil der Energiezufuhr aus, sind aber nicht essentiell.

**Fette** sind in erster Linie wichtige *Energieträger* der Nahrung. Ihr relativer Energiegehalt ist etwa doppelt so hoch wie der der Proteine und Kohlenhydrate. Essentiell sind sie als Träger der Vitamine und als Lieferanten *mehrfach ungesättigter Fettsäuren*, die für die Biosynthese von Eicosanoiden benötigt werden (s. S. 350).

**Mineralstoffe** sind eine sehr heterogene Gruppe von essentiellen Nahrungsbestandteilen. Meist wird zwischen **Makromineralien** und **Mikromineralien** unterschieden (s. S. 322).

**Vitamine** sind ebenfalls lebensnotwendige Nahrungskomponenten. Der tierische Organismus braucht sie nur in sehr kleinen Mengen, um aus ihnen Coenzyme aufzubauen (s. S. 324 und 328).

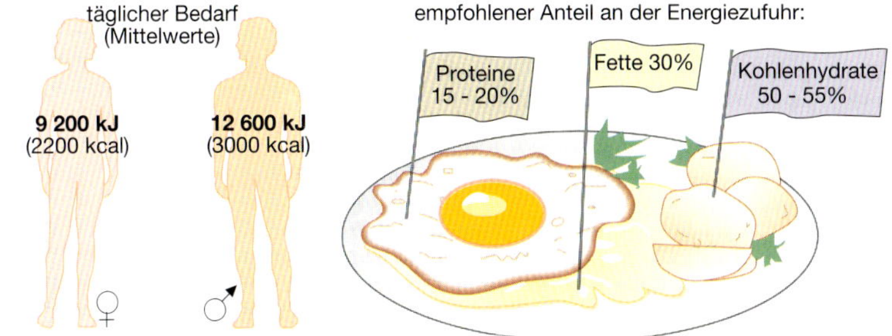


**A. Energiebedarf**

| | Menge im Körper (kg) | Energiegehalt kJ · $g^{-1}$ (kcal · $g^{-1}$) | täglicher Bedarf (g) a | b | c | allgemeine Funktion im Stoffwechsel | essentielle Bestandteile |
|---|---|---|---|---|---|---|---|
| Proteine | 10 | 17 (4.1) | ♂ 37<br>♀ 29 | 55<br>45 | 92<br>75 | Lieferant von Aminosäuren<br>Energiequelle | essentielle Aminosäuren:<br>Val (14)<br>Leu (16)<br>Ile (12)<br>Lys (12)<br>Phe (16)<br>Trp (3)<br>Met (10)<br>Thr (8)<br>(tägl. Bedarf in mg pro kg Körpergewicht)<br>Cys und His sind förderlich |
| Kohlenhydrate | 1 | 17 (4.1) | 0 | 390 | 240-310 | allgemeine Energiequelle (Glucose)<br>Energiereserve (Glycogen)<br>Ballaststoff (Cellulose)<br>Stützsubstanz (Knochen, Knorpel, Schleim) | kein essentieller Nahrungsbestandteil |
| Fette | 10-15 | 39 (9.3) | 10 | 80 | 130 | allgemeine Energiequelle<br>wichtigste Energiereserve<br>Lösungsmittel für Vitamine<br>Lieferant von essentiellen Fettsäuren | mehrfach ungesättigte Fettsäuren:<br>Linolsäure<br>Linolensäure<br>Arachidonsäure<br>(zusammen 10g täglich) |
| Wasser | 35-40 | 0 | 2500 | - | - | Lösungsmittel<br>Zellbaustein<br>Dielektrikum<br>Reaktionspartner<br>Wärmeregulator | |
| Mineralstoffe | 3 | 0 | | | | Baustoffe, Elektrolyte<br>Cofaktoren von Enzymen | Makromineralien<br>Mikromineralien<br>(Spurenelemente) |
| Vitamine | - | - | | | | häufig Bausteine von Coenzymen | fettlösliche Vitamine<br>wasserlösliche Vitamine |

a: täglicher Mindestbedarf b: empfohlene tägliche Zufuhr c: tatsächliche tägliche Zufuhr in Industriestaaten

**B. Nahrungsstoffe**

## Mineralstoffe

### A. Mineralstoffe ◑

**Wasser** ist unter den lebensnotwendigen anorganischen Bestandteilen der Nahrung mengenmäßig der wichtigste. Der Organismus eines Erwachsenen hat einen Tagesbedarf von etwa 2.4 l Wasser, der durch Getränke, das Wasser in festen Speisen und das *Oxidationswasser* der Atmungskette (s. S. 130) gedeckt wird. Die besondere Rolle des Wassers für Lebensprozesse wird an anderer Stelle (s. S. 20) ausführlich behandelt.

Die übrigen lebensnotwendigen Elemente werden meist in **Makroelemente** (Tagesbedarf > 100 mg) und **Mikroelemente** (Tagesbedarf < 100 mg) eingeteilt. Zu den Makroelementen zählen Natrium (Na), Kalium (K), Calcium (Ca), Magnesium (Mg), Chlor (Cl), Phosphor (P), Schwefel (S) und Iod (I). Zu den essentiellen Mikroelementen, die nur in Spuren benötigt werden, gehören Eisen (Fe), Zink (Zn), Mangan (Mn), Kupfer (Cu), Cobalt (Co), Chrom (Cr), Selen (Se) und Molybdän (Mo). Fluor (F) ist zwar nicht lebensnotwendig, eine tägliche Zufuhr fördert aber die Gesundheit von Knochen und Zähnen.

In der Tabelle wird in der linken Spalte der durchschnittliche Gehalt an Mineralstoff einer erwachsenen, etwa 65 kg schweren Person angegeben. Die Angabe des **Tagesbedarfs** in der dritten Spalte gilt ebenfalls für einen Erwachsenen und nennt den *durchschnittlichen* Bedarf. Da der Körper viele Mineralstoffe speichern kann, werden Abweichungen von der täglichen Ration über einen gewissen Zeitraum ausgeglichen. Gespeichert wird z. B. Wasser im gesamten Organismus, Calcium in Form von Apatit im Knochen, Iod als Thyreoglobulin in der Schilddrüse, Eisen als Ferritin und Hämosiderin in Knochenmark, Milz und Leber, und viele andere Spurenelemente in der Leber.

In vielen Fällen wird der Stoffwechsel von Mineralstoffen durch *Hormone* kontrolliert, z. B. die Aufnahme von $H_2O$, $Ca^{2+}$, $PO_4^{3-}$, die Speicherung von $Fe^{2+}$, $I^-$ und die Abgabe von $H_2O$, $Na^+$, $K^+$, $Ca^{2+}$, $PO_4^{3-}$.

Kinder, schwangere und stillende Frauen sowie Kranke haben meist einen relativ größeren Mineralstoff-Bedarf als Männer.

Die Resorption der benötigten Mineralstoffe aus der Nahrung ist häufig vom Mineralstoff-Bedarf und in einigen Fällen auch von der Zusammensetzung der Nahrung abhängig. Ein Beispiel für den Nahrungseinfluß ist das Calcium. Seine Resorption wird durch Lactat und Citrat gefördert, dagegen hemmen Phosphate, Oxalsäure und Phytol in der Nahrung durch Komplexbildung und Entstehen unlöslicher Salze die Aufnahme von $Ca^{2+}$.

Ein *Mangel an Mineralstoffen* ist nicht selten und kann recht unterschiedliche Ursachen haben: einseitige Ernährung, Resorptionsstörungen, Krankheiten. Ein *Calcium-Mangel* kann in der Schwangerschaft, bei Rachitis und Osteoporose auftreten. Ein *Chlorid-Mangel* wird bei starken $Cl^-$-Verlusten durch Erbrechen beobachtet. Wegen des geringen Vorkommens von Iod in der Nahrung in vielen Gegenden Mitteleuropas ist der *Iodid-Mangel* verbreitet und führt zu Kropf. Ein *Magnesium-Mangel* kann durch Verdauungsstörungen verursacht sein oder durch einseitige Ernährung bei Alkoholismus. Ein Mangel an Spurenelementen drückt sich häufig in Störungen des Blutbilds, d. h. in Anämien aus.

In der rechten Spalte sind einige Funktionen der Mineralstoffe genannt. Es fällt auf, daß die **Makroelemente** fast alle im Organismus als Baustoffe und Elektrolyte fungieren. An der Signaltransduktion sind Jod (durch Einbau in Jodthyronine) und Calcium als *Second messenger* beteiligt. Die **Spurenelemente** sind meist Cofaktoren von Proteinen und besonders Enzymen. Mengenmäßig besonders bedeutend sind die Eisenproteine Hämoglobin, Myoglobin und Cytochrome, sowie mehr als 300 verschiedene Zinkproteine.

Ob auch Vanadium, Nickel, Zinn, Bor und Silicium zu den essentiellen Spurenelementen gehören, ist umstritten.

| Mineral-stoffe | Gehalt* (g) | Hauptquelle | Tagesbedarf (g) | Funktionen/Vorkommmen |
|---|---|---|---|---|
| Wasser | 35 000-40 000 | Getränke<br>Wasser in fester Nahrung<br>Oxidationswasser 300g | 1200<br>900 | Lösungsmittel, Zellbaustein, Dielektrikum, Kühlmittel, Transportmittel, Reaktionspartner |
| Makroelemente (Tagesbedarf >100 mg) | | | | |
| **Na** | 100 | Kochsalz | 1.1-3.3 | Osmoregulation, Membranpotential, Mineralstoffwechsel |
| **K** | 150 | Gemüse, Früchte, Getreide | 1.9-5.6 | Membranpotential, Mineralstoffwechsel |
| **Ca** | 1 300 | Milch, Milchprodukte | 0.8 | Knochenbau, Blutgerinnung, Signalstoff |
| **Mg** | 20 | grüne Gemüse | 0.35 | Knochenbau, Cofaktor für Enzyme |
| **Cl** | 100 | Kochsalz | 1.7-5.1 | Mineralstoffwechsel |
| **P** | 650 | Fleisch, Milch, Getreide, Gemüse | 0.8 | Knochenbau, Energie-Stoffwechsel, Nucleinsäure-Stoffwechsel |
| **S** | 200 | S-haltige Aminosäuren (Cys und Met) | 0.2 | Lipid- und KH-Stoffwechsel, Konjugatbildung |
| Mikroelemente (Spurenelemente) | | | (mg) | |
| **Fe** | 4-5 | Fleisch, Leber, Eier, Gemüse, Kartoffeln, Getreide | 10 | Hämoglobin, Myoglobin, Cytochrome, Fe/S-Komplexe |
| **Zn** | 2-3 | Fleisch, Leber, Getreide | 15 | Zink-Enzyme |
| **Mn** | 0.02 | in der Nahrung weit verbreitet | 2-5 | Enzyme |
| **Cu** | 0.1-0.2 | Fleisch, Gemüse, Früchte, Fisch | 2-3 | Oxidasen |
| **Co** | <0.01 | Fleisch | Spuren | Vitamin $B_{12}$ |
| **Cr** | <0.01 | | 0.05-0.2 | unklar |
| **Mo** | 0.02 | Getreide, Nüsse, Hülsenfrüchte | 0.15-0.5 | Redox-Enzyme |
| **Se** | | Gemüse, Fleisch | 0.05-0.2 | Selen-Enzyme |
| **I** | 0.03 | Meeresfisch, iodiertes Speisesalz, Trinkwasser | 0.15 | Thyroxin |
| Bedarf nicht gesichert | | | | Metalle / Nichtmetalle |
| **F** | | Trinkwasser (z.T. fluoriert), Tee, Milch | 0.0015-0.004 | Knochen, Zahnschmelz |

**A. Mineralstoffe**

* Gehalt im Körper einer erwachsenen 65 kg schweren Person

## Fettlösliche Vitamine

Vitamine sind lebensnotwendige organische Verbindungen, die der tierische Organismus nicht selbst aufbauen kann, obwohl er sie in kleinsten Mengen für seinen Stoffwechsel benötigt. Sie sind meist Vorstufen von **Coenzymen**, in wenigen Fällen auch von Signalstoffen. Der Bedarf an Vitaminen ist Art-abhängig und wird von Alter, Geschlecht und physiologischen Bedingungen wie Schwangerschaft, Stillen, körperlicher Belastung und Ernährung beeinflußt.

### A. Vitaminzufuhr ●

Bei gesunder Ernährungsweise ist der tägliche Vitaminbedarf gedeckt. Dagegen führen eine Unterernährung (Nahrungsmangel), eine Fehlernährung (z. B. bei einseitiger Kost älterer Menschen, Mangelernährung bei Alkoholikern, Fertigkost) oder auch Resorptionsstörungen zu einer Unterversorgung mit Vitaminen, aus denen eine **Hypovitaminose**, in Extremfällen auch eine Avitaminose, resultiert. Auch eine medikamentöse Behandlung, bei der die Darmflora abstirbt, kann wegen des Ausbleibens der bakteriellen Vitaminsynthese zu Mangel an Vitaminen (K, $B_{12}$, H) führen.

Da nur wenige Vitamine gespeichert werden können (A, D, E, $B_{12}$), stellen sich bei Vitaminmangel bald **Mangelkrankheiten** ein, die häufig die Haut, die Blutzellen und das Nervensystem betreffen.

Vitaminmangel kann durch Verbesserung der Ernährung und durch Gabe von Vitaminen in Medikamentform ursächlich behandelt werden. Überdosierung von Vitaminen führt nur bei den Vitaminen A und D zu **Hypervitaminosen** mit Vergiftungserscheinungen. Im Normalfall wird ein Überschuß an Vitamin schnell wieder mit dem Urin ausgeschieden.

### B. Fettlösliche Vitamine: ◑

Die Vitamine werden nach ihrer Löslichkeit in fettlösliche und wasserlösliche Vitamine eingeteilt. Fettlöslich sind die Vitamine A, D, E und K. Chemisch gesehen gehören sie zu den Isoprenoiden (s. S. 50).

**Vitamin A** ist das **Retinol**, die Muttersubstanz der ‚Retinoide' Retinal und Retinsäure. Sie können aus dem Provitamin *β-Carotin* durch Spaltung gebildet werden. Die Retinoide kommen in tierischer Nahrung vor, das ß-Carotin in vielen Früchten und Gemüsen (Karotten!). **Retinal** ist der Farbstoff des Sehpigments Rhodopsin (s. S. 318). **Retinsäure** fungiert als ein wichtiger Wachstumsfaktor. Vitaminmangel äußert sich in *Nachtblindheit, Augenschäden* und *Wachstumsstörungen.*

**Vitamin D** ist das **Calciol**. Es wird durch Hydroxylierung in Leber und Niere in das Hormon Calcitriol (‚1α,25-Dihydroxy-Vitamin D') umgewandelt (s. S. 298). Calcitriol steuert zusammen mit zwei weiteren Hormonen (Parathyrin, Calcitonin) den Calcium-Stoffwechsel. Calciol kann durch eine photochemische Reaktion in der Haut aus 7-Dehydrocholesterol gebildet werden. Nur wenn die Haut nicht genügend UV-Licht bekommt und wenn das Vitamin in der Nahrung fehlt, kommt es zu Mangelerscheinungen, die sich als *Rachitis* bei Kindern und als *Osteomalazie* bei Erwachsenen manifestieren. In beiden Fällen ist die Mineralisation der Knochen gestört.

**Vitamin E** besteht aus **Tocopherol** und verwandten Verbindungen, die alle einen Chroman-Ring enthalten. Diese Verbindungen, die ausschließlich in Pflanzen vorkommen, besonders in Weizenkeimen, bilden einen wirksamen Oxidationsschutz für ungesättigte Lipide.

Als **Vitamin K** bezeichnet man das **Phyllochinon** und ähnliche Substanzen mit abgewandelter Seitenkette. Vitaminmangel tritt selten auf, da das Vitamin von den Bakterien der Darmflora gebildet wird. Vitamin K nimmt an der Carboxylierung der Glutamat-Reste von Plasmaproteinen teil, die wichtig für die Blutgerinnung sind (s. S. 256). Mit Antagonisten des Vitamin K (z. B. Cumarin-Derivaten) kann man die Blutgerinnung verlangsamen, was zur Thrombose-Behandlung therapeutisch genutzt wird.

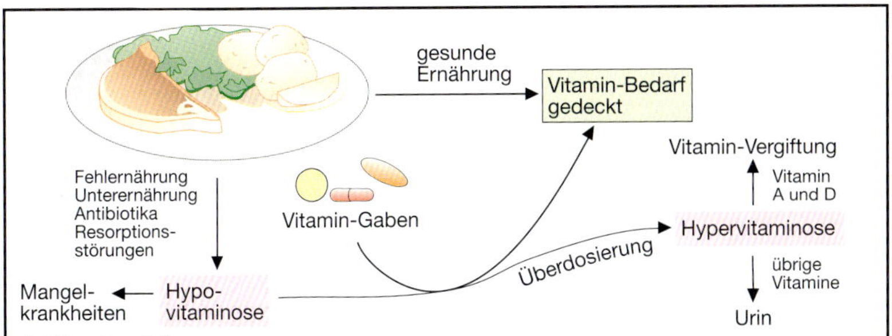


**A. Vitaminzufuhr**

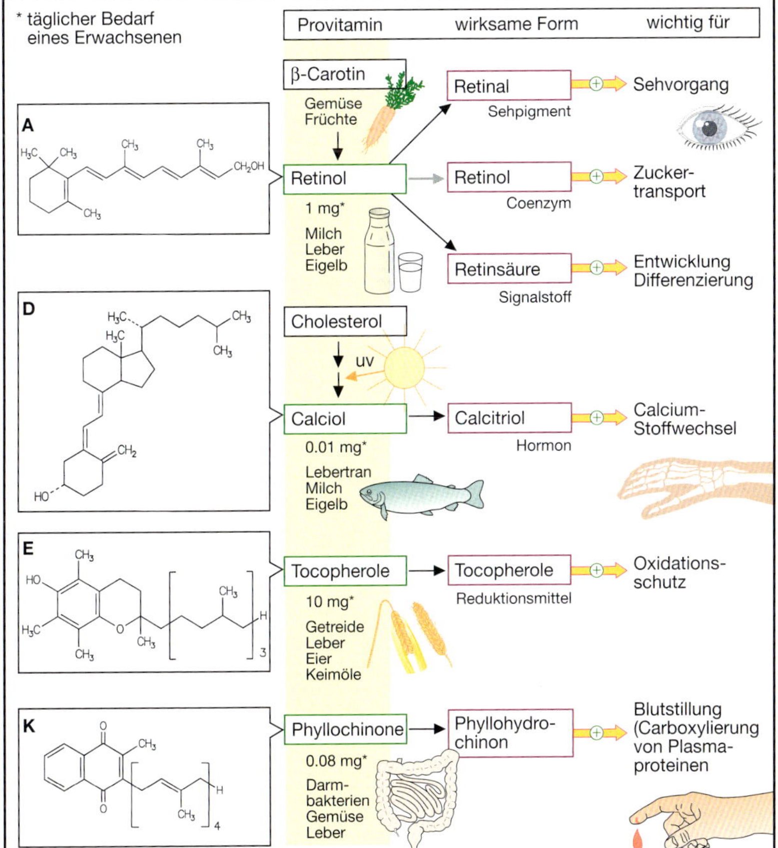


**C. Fettlösliche Vitamine**

## Wasserlösliche Vitamine

### A. Wasserlösliche Vitamine I ◑

**Vitamin $B_1$**, das **Thiamin**, besteht aus zwei Ringsystemen, einem *Pyrimidin-Ring* (aromatischer Sechsring mit zwei N) und einem *Thiazol-Ring* (aromatischer Fünfring mit N und S), die durch eine Methylen-Gruppe verbunden sind. Die aktive Form des Vitamin $B_1$ ist das **Thiamin-diphosphat** (TPP), das als Coenzym bei der Übertragung von Hydroxylalkyl-Resten (aktiven Aldehyd-Gruppen) mitwirkt, z. B. bei der oxidativen Decarboxylierung von 2-Oxosäuren (s. S. 124) und bei Transketolase-Reaktionen im Hexosemonophosphat-Weg (s. S. 138). Ein Mangel an Vitamin $B_1$ führt zu *Beriberi,* deren Symptome neurologische Störungen, Herzinsuffizienz und Muskelatrophie sind.

**Vitamin $B_2$** ist eigentlich ein Komplex aus mehreren Vitaminen: Riboflavin, Folat, Nicotinat und Pantothenat.

**Riboflavin** dient im Stoffwechsel als Baustein der *prosthetischen Gruppen* Flavin-Mononucleotid (**FMN**) und Flavin-Adenin-Dinucleotid (**FAD**). FMN und FAD sind kovalent gebundene Bestandteile verschiedener Oxidoreduktasen und dienen der Wasserstoff-Übertragung. Eine spezifische Vitaminmangel-Krankheit ist nicht bekannt.

**Folat**, das Anion der Folsäure, setzt sich aus drei Teilen zusammen, einem *Pteridin-Derivat*, dem *4-Aminobenzoat* und einem oder mehreren *Glutaminsäure*-Resten. Es dient nach Reduktion zu Tetrahydrofolat als Coenzym des $C_1$-Stoffwechsels (s. S. 371). Ein Folat-Mangel, der relativ häufig ist, führt anfangs zu Veränderungen des Blutbildes mit vermehrtem Auftreten abnormer Vorstufen von Megalozyten (*megaloblastäre Anämie*), da die Nucleinsäure-Biosynthese gestört ist, später zu allgemeinen Schäden, weil auch die Phospholipid-Synthese und der Aminosäure-Stoffwechsel betroffen sind.

Im Gegensatz zu den Tieren können Mikroorganismen Folat aus seinen Komponenten aufbauen. Das Wachstum von Mikroorgasnismen läßt sich deshalb durch Gabe von *Sulfonamiden* hemmen, weil diese den Einbau von 4-Aminobenzoat in Folat kompetitiv hemmen. Da Folat im tierischen Organismus nicht synthetisiert wird, haben Sulfonamide auf deren Stoffwechsel keine Wirkung.

**Nicotinat** und **Nicotinamid** (im Englischen gemeinsam als ‚Niacin' bezeichnet), werden für die Biosynthese der beiden Coenzyme Nicotinamid-Adenin-Dinucleotid (**$NAD^+$**) und Nicotinamid-Adenin-Dinucleotid-Phosphat (**$NADP^+$**) benötigt, deren zentrale Rolle als Überträger von Hydrid-Ionen (Reduktionsäquivalenten) beim Stoffwechsel behandelt wird (s. S. 100). Der tierische Organismus kann, wenn auch mit schlechter Ausbeute, Tryptophan in Nicotinat umwandeln. Ein Vitaminmangel tritt deshalb nur dann auf, wenn in der Nahrung gleichzeitig Nicotinat/Nicotinamid und Tryptophan fehlen. Er manifestiert sich in Hautschäden (*Pellagra*), Verdauungsstörungen und Depressionen.

**Pantothenat** ist ein Säureamid aus *β-Alanin* und *2,4-Dihydroxy-3,3-dimethylbutyrat* (Pantoinat). Das Vitamin wird für die Biosynthese von **Coenzym A** benötigt, das am Stoffwechsel vieler Carbonsäuren beteiligt ist (s. S. 102). Auch das Acyl-Carrier-Protein (ACP) enthält Pantothenat als Bestandteil seiner prosthetischen Gruppe (s. S. 164). Wegen der weiten Verbreitung des Pantothenats in der Nahrung sind Mangelkrankheiten selten.

#### Weitere Informationen

Warum beim Menschen und vielen Tieren ein Bedarf an Vitaminen besteht, läßt sich nicht mit Sicherheit sagen. Vermutlich sind in Tieren durch Mutation einige der zu Coenzymen führenden Biosyntheseschritte ausgefallen, die in Mikroorganismen und Pflanzen noch intakt sind. Da die Zwischenprodukte der Coenzym-Biosynthese bei natürlicher Ernährung aber als Vitamine in ausreichender Menge zur Verfügung stehen, hat sich der Ausfall der endogenen Biosynthese nicht ungünstig ausgewirkt.

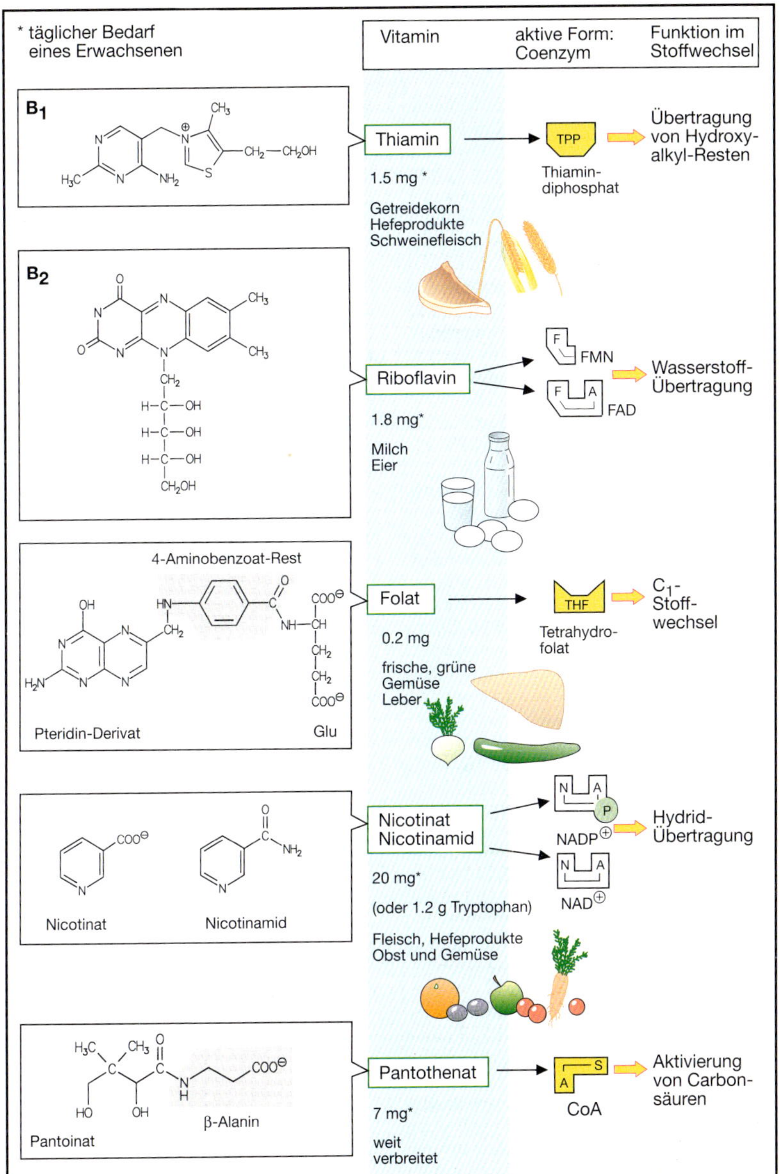


**A. Wasserlösliche Vitamine I**

## Wasserlösliche Vitamine

### A. Wasserlösliche Vitamine II ◑

**Vitamin $B_6$** besteht aus einer Gruppe von drei substituierten Pyridinen, dem **Pyridoxal**, dem **Pyridoxol** und dem **Pyridoxamin.** Gezeigt ist die Formel des Pyridoxals, das an C-4 eine Aldehydgruppe (–CHO) trägt; Pyridoxol ist der entsprechende Alkohol ($-CH_2OH$), Pyridoxamin das Amin ($-CH_2NH_2$). Die aktive Form des Vitamin $B_6$, das **Pyridoxalphosphat**, ist das wichtigste Coenzym des Aminosäure-Stoffwechsels (s. S. 148). Auch *Glycogen-Phosphorylase,* das Enzym des Glycogen-Abbaus, enthält Pyridoxalphosphat. Ein Vitaminmangel ist selten.

**Vitamin $B_{12}$**, das **Cobalamin**, ist ein kompliziertes Ringsystem (*Corrin*) mit Kobalt als zentralem Atom. Das Vitamin wird ausschließlich von Mikroorganismen synthetisiert. Es kommt besonders in der Leber vor, auch in Fleisch, Eiern und Milch, dagegen nicht in Pflanzenprodukten (Achtung Vegetarier!). Das Vitamin wird nur resorbiert, wenn die Magenschleimhaut den sog. *intrinsischen Faktor* sezerniert, ein Glycoprotein, welches das Cobalamin (= extrinsischer Faktor) bindet und dadurch vor dem Abbau schützt. Auch im Blut ist das Vitamin an ein besonderes Protein, das *Transcobalamin,* gebunden. Die Leber kann Vitamin $B_{12}$ speichern.

Derivate des Cobalamins sind im Stoffwechsel an Umlagerungsreaktionen beteiligt. Sie fungieren z. B. als Coenzym der Umwandlung von Methylmalonyl-CoA zu Succinyl-CoA und der Bildung von Methionin aus Homocystein. Auch bei der Reduktion von Ribonucleotiden zu Desoxyribonucleotiden wirken Cobalamin-Derivate mit.

Ein Vitaminmangel oder eine Resorptionsstörung beruht meist auf dem Fehlen des intrinsischen Faktors. Er führt zu *perniciöser Anämie.*

**Vitamin C** ist die **L-Ascorbinsäure** (chemisch: 2-Oxogulonolacton). Die beiden Hydroxy-Gruppen haben sauren Charakter. Durch Abgabe eines Protons geht die Ascorbinsäure in ihr Anion **Ascorbat** über. Nur Menschen, Affen und Meerschweinchen benötigen dieses Vitamin, weil ihnen das Enzym *L-Gulonolacton-Oxidase* (*1.1.3.8*) fehlt, das den letzten Schritt der Umwandlung von Glucose in Ascorbat katalysiert.

Vitamin C kommt besonders in frischen Früchten und Gemüsen vor; vielen Erfrischungsgetränken und Nahrungsmitteln wird synthetische Ascorbinsäure zugesetzt. Kochen zerstört das Vitamin langsam. Im Körper dient Ascorbinsäure als Reduktionsmittel bei verschiedenen Reaktionen (meistens Hydroxylierungen). Betroffen sind die *Collagen-Synthese,* der *Tyrosin-Abbau,* die *Catecholamin Synthese* und die *Gallensäure-Biosynthese.* Der Tagesbedarf an Ascorbinsäure liegt bei 60 mg und ist damit für ein Vitamin vergleichsweise hoch. Ein Mangel an Vitamin C tritt nicht selten auf, er manifestiert sich nach einigen Monaten als *Scorbut* in Bindegewebsschäden, Blutungen und Zahnausfall.

**Vitamin H**, das **Biotin**, kommt in Leber, Eigelb und anderen Nahrungsmitteln vor; auch wird es von der Darmflora gebildet. Über eine Lysin-Seitenkette ist Biotin im Organismus kavalent mit Enzymen verknüpft, die Carboxylierungsreaktionen katalysieren, z. B. mit der Pyruvat-Carboxylase (*6.4.1.1*). Zur Übertragung der Carboxy-Gruppe wird $CO_2$ unter ATP-Verbrauch von einem der beiden N-Atome des Biotins übernommen und von dort an den Akzeptor weitergereicht.

Biotin wird mit hoher Affinität und Spezifität von *Avidin* gebunden ($K_D$ = $10^{-15}$ M), einem Protein, das in Hühnereiweiß vorkommt. Da Kochen das Avidin denaturiert, führt nur der Genuß von rohem Hühnereiweiß zu Vitaminmangel.

⑧ Desoxyadenosylcobalamin
⑨ Methylcobalamin

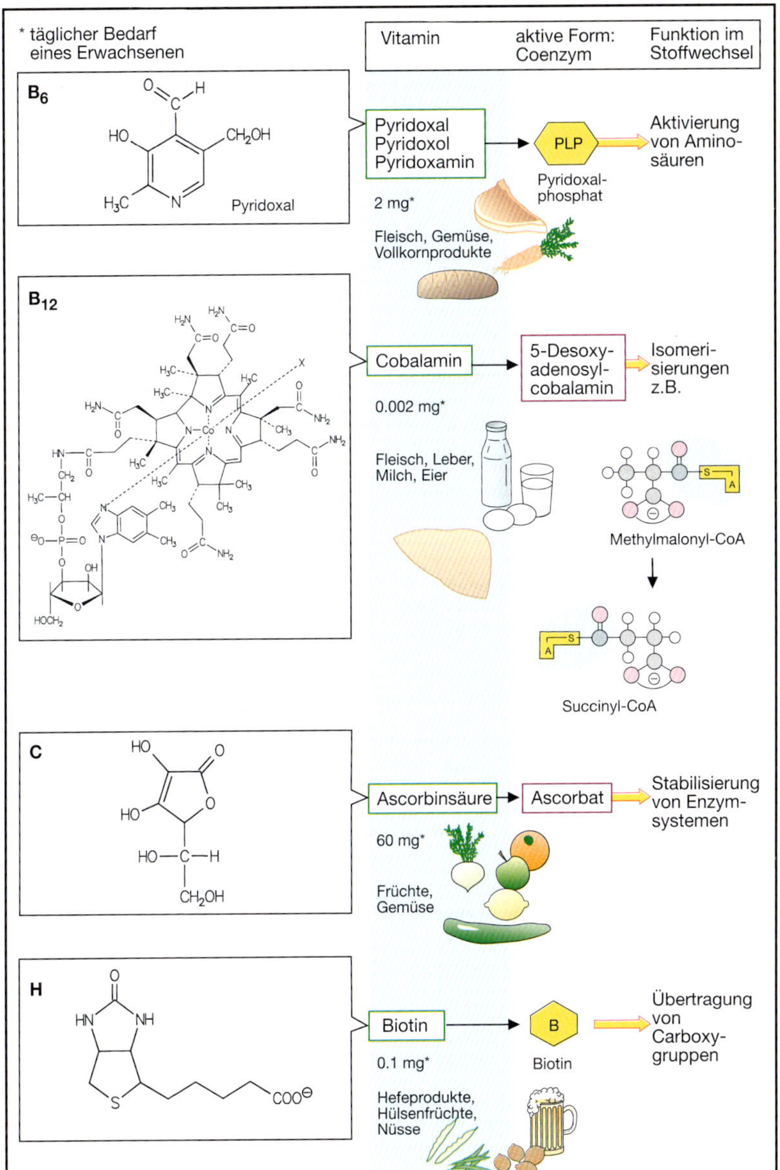


**A. Wasserlösliche Vitamine II**

# Hormone

Hormone sind *chemische Signalstoffe*. Sie werden in spezialisierten Zellen gebildet, die häufig zu *endokrinen Drüsen* zusammengefaßt sind. Die Hormone werden ins Blut ausgeschüttet und von diesem zu den Erfolgsorganen transportiert. Dort üben Hormone bestimmte physiologische und biochemische Regulationsfunktionen aus.

### A. Hormonales Regulationssystem ●

Jedes Hormon kann als Mittelpunkt eines hormonalen Regulationssystems betrachtet werden, das aus verschiedenen Gliedern besteht. Spezialisierte **Drüsenzellen** synthetisieren das Hormon aus Vorstufen, können es in vielen Fällen speichern und schütten es bei Bedarf in die **Blutbahn** aus. Der Transport des Hormons geschieht häufig in reversibler Bindung an Plasmaproteine (**Hormoncarrier**). Durch chemische Umwandlung, die oft in der Leber geschieht, wird das Hormon inaktiviert, in einigen Fällen auch aktiviert. Schließlich werden das Hormon und seine **Metabolite** durch das Exkretionssystem – meistens die Niere – ausgeschieden. Alle genannten Prozesse beeinflussen die *Hormonkonzentration* und tragen zur Kontrolle des Signals bei.

Im Erfolgsorgan empfangen **Zielzellen** das hormonale Signal. Sie besitzen **Hormonrezeptoren**, die das Hormon binden. Dadurch wird die Information an die Zelle weitergegeben und eine **Antwort** ausgelöst.

### B. Prinzipien hormonaler Signaltransduktion in Zielzellen ◑

Die Botschaft der Hormone wird nach zwei verschiedenen Prinzipien an die Zielzellen vermittelt. *Lipophile Hormone* dringen in die Zelle ein und wirken im Zellkern, *hydrophile Hormone* wirken an der Zellmembran.

**Lipophile Hormone**, zu denen die Steroidhormone und das Thyroxin gehören, durchdringen die Zellmembran und binden innerhalb ihrer Zielzellen an einen spezifischen **Rezeptor.** Der Komplex aus Hormon und Rezeptor beeinflußt dann im Zellkern die **Transkription** bestimmter Gene *(Transkriptionskontrolle)*. Die vermehrte (oder verminderte) Synthese von mRNA führt zu einer veränderten Konzentration von Proteinen, welche die Zellantwort auslösen (s. S. 222).

Hormone, die sich von Aminosäuren ableiten, sowie alle Peptid und Proteohormone bilden die Gruppe der **hydrophilen Hormone**. Sie binden an der Außenseite der Zielzelle an spezifische Rezeptoren, die in der Zellmembran fixiert sind. Die Bindung des Hormons löst auf der Innenseite der Zellmembran die Bildung von sog. **Second messengern** (‚zweiten Botenstoffen') aus. Über weitere Reaktionen steuern diese dann die Antwort der Zielzelle auf das Hormon (s. S. 348).

### Weitere Informationen ◑

Die Grenzen zwischen den eigentlichen *Hormonen* und anderen Signalstoffen wie den *Mediatoren, Neurotransmittern* und *Wachstumsfaktoren* sind fließend. In vielen Fällen haben diese Substanzgruppen Prinzipien der Biosynthese, des Stoffwechsels und des Wirkungsmechanismus gemeinsam.

Neben den klassischen Hormonen kennt man auch **Gewebshormone** (Parahormone), die nur in unmittelbarer Nachbarschaft der Drüsenzelle wirken. Sie erreichen ihre Zielzellen nicht über die Blutbahn, sondern durch direkte Diffusion über den Extrazellärraum. Gewebshormone finden sich besonders im Magen-Darmtrakt, wo sie Verdauungsfunktionen steuern (s. S. 238).

Als **Mediatoren** werden Signalsubstanzen bezeichnet, die nicht aus spezialisierten Drüsenzellen stammen, sondern von vielen Zelltypen gebildet werden. Sie üben nach Ausschüttung hormonähnliche Wirkung auf ihre nächste Umgebung aus. *Histamin* und die *Prostaglandine* sind wichtige Beispiele für Mediatoren.

**Neurohormone** und **Neurotransmitter** sind Signalsubstanzen, die von Nervenzellen produziert und ausgeschüttet werden (s. S. 316).

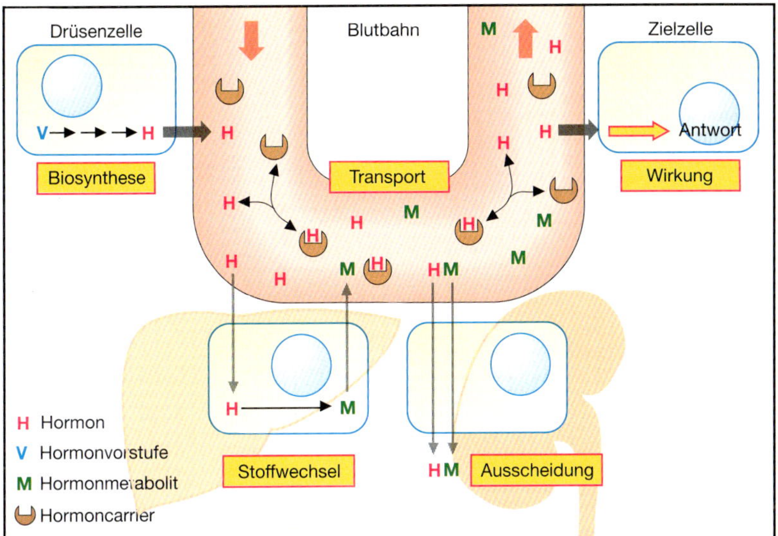


**A. Hormonales Regulationssystem**

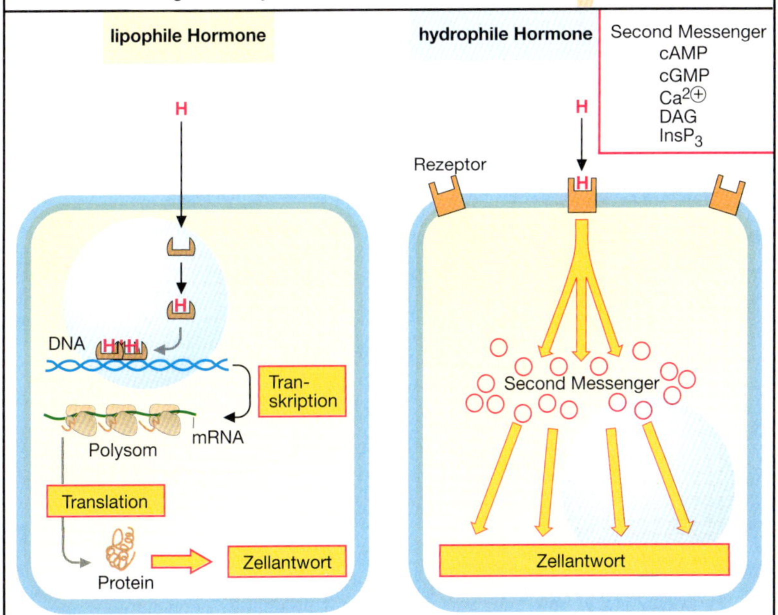


**B. Prinzipien hormonaler Signaltransduktion in Zielzellen**

## Plasmaspiegel und Hormon-Hierarchie

### A. Endokrine, parakrine und autokrine Hormonwirkung ◑

Hormone übertragen ein Signal durch Wanderung vom Ort ihrer Bildung zum Ort ihrer Wirkung. Der Transport verläuft meist über das Blut. In diesem Fall spricht man von einer **endokrinen Wirkung** (**1**, Beispiel: Insulin). Dagegen zeigen lokal wirkende *Gewebshormone*, deren Zielzellen sich in unmittelbarer Nachbarschaft der Drüsenzelle befinden, eine **parakrine Wirkung** (**2**, Beispiel: Hormone des Gastrointestinaltraktes). Wenn Signalstoffe auf die Bildungszelle selbst zurückwirken, spricht man von einem **autokrinen Wirkungsprinzip** (**3**, Beispiel: Prostaglandine). Insulin, das in den B-Zellen des Pankreas gebildet wird, wirkt sowohl endokrin als auch parakrin. Diese doppelte Rolle zeigen viele Hormone. Als endokrin wirkendes Hormon steuert Insulin den Glucose- und Fettstoffwechsel. Über einen parakrinen Mechanismus hemmt es die Bildung und Ausschüttung von Glucagon aus den benachbarten A-Zellen des Pankreas.

### B. Dynamik des Plasmaspiegels ◑

Als Signalstoffe zirkulieren Hormone im Blut nur in sehr kleinen Konzentrationen (zwischen $10^{-7}$ und $10^{-12}$ M). Diese Konzentrationen zeigen erhebliche Schwankungen. Meist ändert sich die Hormon-Konzentration **periodisch** in Cyclen oder Rhythmen, die von der Tages-, Monats-, Jahreszeit oder vom Brunstcyclus abhängen können. (Das Beispiel zeigt die *circadiane Rhythmik des Cortisols*.) Viele Hormone werden stoßweise und unregelmäßig in das Blut ausgeschüttet. Dann ändert sich die Hormon-Konzentration **episodisch** oder **pulsatil**. Die Konzentration einer weiteren Gruppe von Hormonen ist dagegen **ereignisgesteuert**. Mit ihrer Ausschüttung aus den Hormondrüsen reagiert der Organismus auf veränderte äußere oder innere Bedingungen.

Hormon-Konzentrationen sind genau geregelt. Dies geschieht durch eine Kontrolle von Hormon-Biosynthese und -Ausschüttung. Die Geschwindigkeit dieser Prozesse wird entweder durch einfache Regelkreise oder durch hierarchisch gegliederte Systeme bestimmt.

### C. Regelkreis ◑

Die Biosynthese und Ausschüttung von Insulin aus den B-Zellen des Pankreas wird durch einen hohen Glucose-Spiegel (> 5 mM) im Blut stimuliert. Das ausgeschüttete Insulin veranlaßt dann z. B. die Zellen von Muskel- und Fettgewebe, Glucose vermehrt aufzunehmen und zu verbrauchen. Dadurch fällt der Glucose-Spiegel wieder auf seinen Normalwert (5 mM) und eine weitere Ausschüttung von Insulin unterbleibt (s. S. 160).

### D. Hormon-Hierarchie ◑

Hormonsysteme sind häufig miteinander verknüpft. Sie bilden in einigen Fällen eine Hierarchie. Besonders wichtig ist die *Hypophysen-Hypothalamus-Achse*, die vom Zentralnervensystem (ZNS) kontrolliert wird. Auf die stimulierenden oder hemmenden Reize des ZNS reagieren Nervenzellen im Hypothalamus durch Ausschüttung von aktivierenden oder hemmenden Faktoren, die man als **Liberine** und **Statine** bezeichnet. Diese Neurohormone erreichen über kurze Blutbahnen die Adenohypophyse und stimulieren (als Liberine) oder hemmen (als Statine) dort die Biosynthese und Ausschüttung von Tropinen. **Tropine** wiederum stimulieren peripher gelegene Drüsen zur Biosynthese von glandulären Hormonen. Das **glanduläre Hormon** wirkt schließlich auf seine Zielzellen im Organismus. Außerdem wirkt es auf die übergeordneten Hormonsysteme zurück. Durch diese, meist negative, Rückkopplung wird die Konzentration der übergeordneten Hormone beeinflußt.

Verschiedene wichtige Hormone sind Glieder einer solchen Achse, z. B. das Thyroxin, Cortisol, Estradiol, Progesteron und Testosteron.

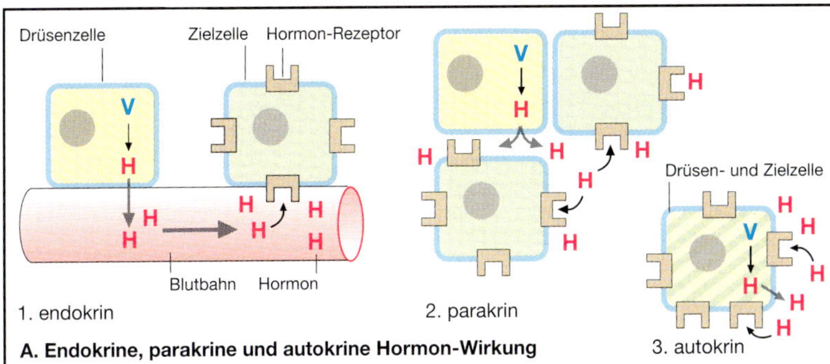


**A. Endokrine, parakrine und autokrine Hormon-Wirkung**

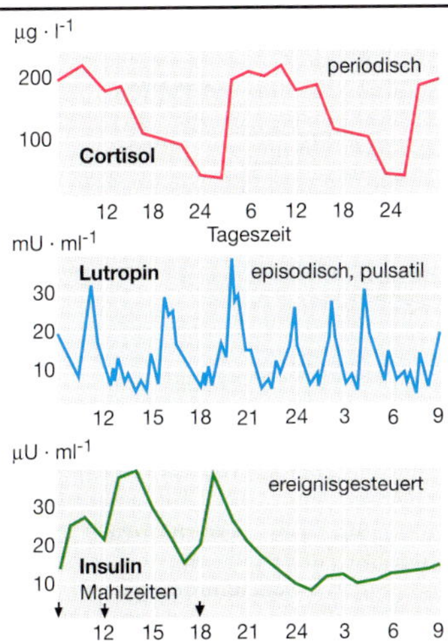


**B. Dynamik des Plasmaspiegels**

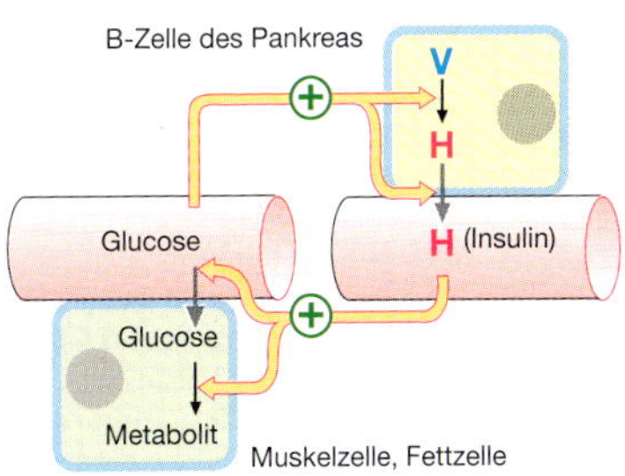


**C. Regelkreis**

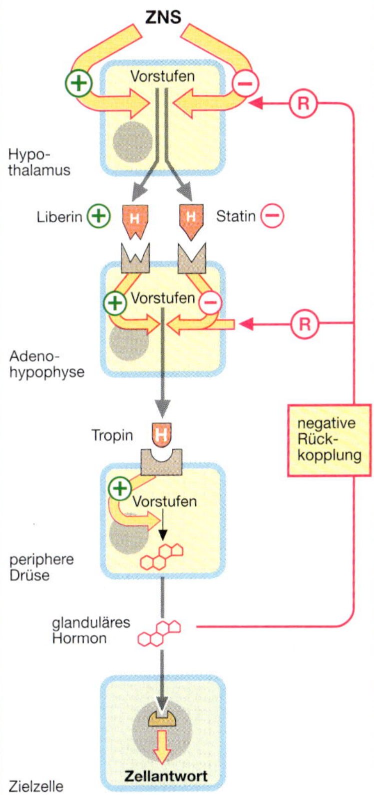


**D. Hormon-Hierarchie**

# Lipophile Hormone

Es gibt außerordentlich viele Hormone und hormonähnliche Substanzen – allein im Menschen sind es mehr als 100. Wegen ihrer prinzipiell verschiedenen Wirkungsmechanismen ist eine Einteilung der Hormone unter biochemischen Aspekten in hydrophile und lipophile Moleküle sinnvoll (s. S. 330). Zu den lipophilen Signalstoffen, die wir auf dieser Seite behandeln, gehören die Steroidhormone, die Retinsäure, die Eicosanoide und das Thyroxin.

## A. Steroidhormone ◑

Alle **Steroidhormone** werden aus *Cholesterol* gebildet. Sie enthalten dessen Grundkörper, das *Gonan* (s. S. 53) und häufig noch ein Stück der Seitenkette des Cholesterols. An verschiedenen Positionen des Gonans tragen die Steroidhormone Oxo- (O=) und Hydroxy-(HO-) Gruppen. Als Steroidhormone der Wirbeltiere sind **Progesteron**, **Cortisol**, **Aldosteron**, **Testosteron** und **Estradiol** zu nennen (Formeln s. S. 55). Auch das **Calcitriol** (Cholecalciferol, D-Hormon) wird heute zu dieser Gruppe gezählt, obwohl sein Grundkörper modifiziert ist (Ring B ist geöffnet). Das wichtigste Steroidhormon der Wirbellosen ist das **Ecdyson**.

Als typischer Vertreter der Steroidhormone ist das **Testosteron** gezeigt. An der Seitenansicht in *Kugel-Stab-Darstellung* wird deutlich, daß die Steroidhormone flache Moleküle sind, aus denen die beiden sogenannten *‚angulären‘ Methyl-Gruppen* an C-10 und C-13 senkrecht herausragen. In der üblichen Darstellungsweise (Draufsicht) zeigt die Methyl-Gruppe an C-10 auf den Betrachter, sie wird dann als *β-ständig* bezeichnet (s. S. 52).

In der *Van der Waals-Darstellung* erkennt man, daß das Testosteron sehr kompakt ist und nur an den Enden (links und rechts) polare Gruppen trägt, eine Oxo-Gruppe und eine Hydroxy-Gruppe. Der Gesamtcharakter des Moleküls ist weitgehend lipophil (= hydrophob).

## B. Retinsäure ◑

**Retinoat**, das Anion der Retinsäure (Vitamin A-Säure), ist ein Wachstumsfaktor. Es ist eng verwandt mit den anderen Vitamin A-Derivaten, dem *Retinol* (Vitamin A-Akohol) und dem *Retinal* (Vitamin A-Aldehyd). Letzteres ist als Pigment am Sehvorgang beteiligt (s. S. 318). Wie das Cholesterol und seine Abkömmlinge entsteht auch das Retinoat aus Isopren-Bausteinen (s. S. 168).

## C. Eicosanoide ◑

Die Eicosanoide leiten sich von **Arachidonsäure** ab, einer Fettsäure mit 20 Kohlenstoff-Atomen und vier isolierten Doppelbindungen. Die Eicosanoide sind sowohl zellinterne *Second messenger* als auch *Mediatoren*, die parakrin auf Nachbarzellen wirken. Die wichtigsten Vertreter der Eicosanoide sind Arachidonsäure, Prostaglandine, Thromboxane, Prostacycline, Hydroperoxy-Fettsäuren und Leukotriene (s. S. 350).

## D. Iodthyronine ◑

Unter den Signalstoffen, die aus Aminosäuren gebildet werden, hat **Thyroxin** ($T_4$) als einziges Hormon lipophilen Charakter. Es leitet sich vom *Tyrosin* ab und trägt noch eine zusätzliche Phenol-Gruppe in Ether-Bindung. Charakteristisch sind die vier Jod-Atome, die an den Phenol-Ringen in den Positionen 3, 5, 3′ und 5′ stehen.

## Gemeinsamkeiten der lipophilen Hormone (nicht gezeigt) ◑

Lipophile Hormone sind relativ kleine Moleküle mit Molmassen zwischen 300 und 800. Ihre Löslichkeit in wäßrigen Medien ist gering. Sie werden nicht gespeichert (Ausnahme Thyroxin) sondern sofort nach ihrer Synthese ausgeschüttet. Beim Transport im Blut sind sie an spezifische Proteine (Carrier) gebunden. Mit Ausnahme der Eicosanoide wirken die lipophilen Hormone nach einem gemeinsamen Prinzip über intrazelluläre Rezeptoren auf die Transkription (s. S. 342).

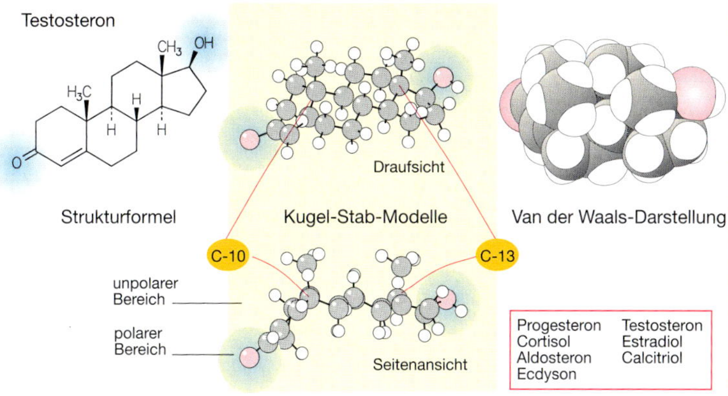


| | |
|---|---|
| Progesteron | Testosteron |
| Cortisol | Estradiol |
| Aldosteron | Calcitriol |
| Ecdyson | |

**A. Steroidhormone**

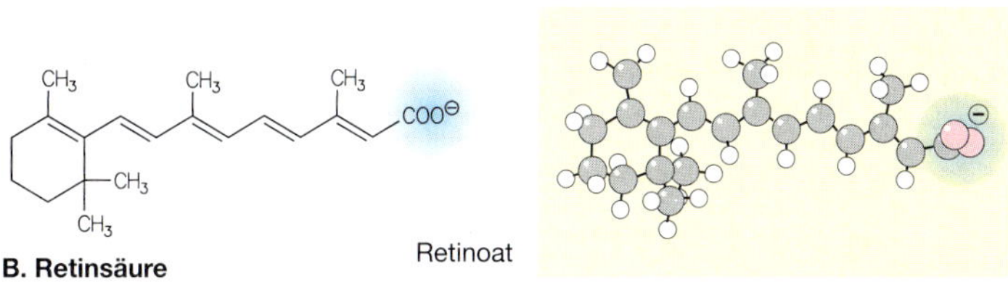


**B. Retinsäure**

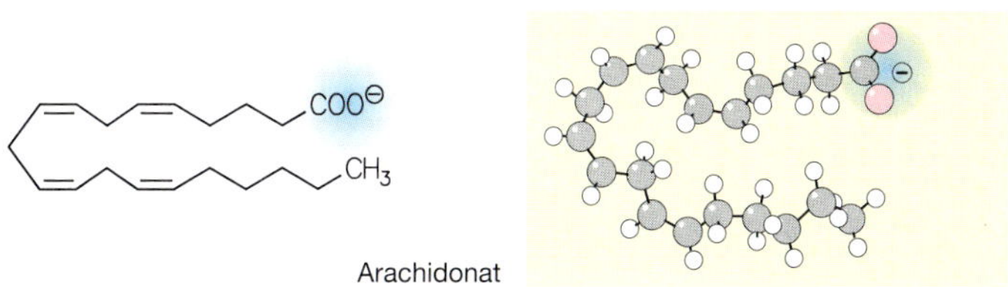


| | |
|---|---|
| Arachidonsäure | Hydroperoxy- |
| Prostaglandine | Fettsäuren |
| Thromboxane | Leukotriene |
| Prostacycline | |

**C. Eicosanoide**

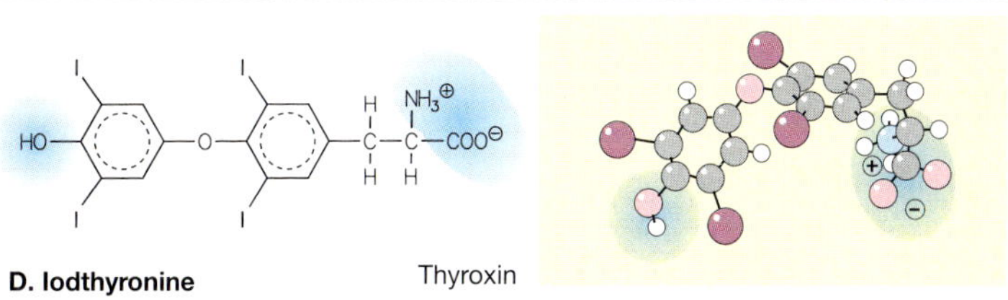


**D. Iodthyronine**

lipophile Signalstoffe

## Hydrophile Hormone

Die hydrophilen Hormone und hormonähnlichen Stoffe leiten sich meist von Aminosäuren ab oder sind als Peptide und Proteine aus Aminosäuren zusammengesetzt.

### A. Aminosäure-Derivate ◑

Zu nennen sind in dieser Gruppe das **Histamin**, das **Serotin**, das **Melatonin** und die **Catecholamine**. Chemisch lassen sie sich als *biogene Amine* verstehen, die durch Decarboxylierung aus Aminosäuren gebildet werden (s. S. 150). So entsteht das Histamin, ein wichtiger *Mediator,* durch Decarboxylierung von Histidin. Bei der Bildung von Serotonin aus Tryptophan muß nach der Decarboxylierung noch eine Hydroxy-Gruppe in Position 5 des Indols eingeführt werden. Eine weitere Acetylierung und Methylierung des Serotonins führt zum Melatonin.

**Catecholamine** sind Abkömmlinge des Tyrosins. Zu ihnen zählen Dopa, Dopamin, Noradrenalin und **Adrenalin** (s. S. 316).

### B. Peptide und Proteine ◑

Diese zahlenmäßig größte Gruppe von Signalstoffen entsteht nach den Prinzipien der Protein-Biosynthese (s. S. 216). Das kleinste Peptidhormon, Thyroliberin, ist ein Tripeptid mit einer relativen Molmasse von 362. Die größten Hormone erreichen Molmassen von über 20000 (z. B. Thyrotropin: ca. 28.3 kDa) und zeigen alle Eigenschaften von Proteinen.

**Thyroliberin** besteht aus den drei Aminosäuren Glutaminsäure, Histidin und Prolin. Seine terminalen Aminosäuren sind in charakteristischer Weise modifiziert, die N-terminale Glutaminsäure ist zu Pyroglutaminsäure (Glp), einem cyclischen Säureamid, umgewandelt, und das C-terminale Prolin zu einem Amid. Diese Veränderungen, die sich auch bei anderen, kleinen Signalpeptiden finden, schützen gegen den Angriff von Exopeptidasen.

Der Übergang von den Peptid- zu den Proteohormonen ist fließend. Meist wird eine Grenze bei einer relativen Molmasse von etwa 10000 gezogen. Nach diesen Kriterien ist das **Insulin** (ca. 6 kDa) noch als Peptidhormon anzusehen. Da es aber leicht zu Oligomeren assoziiert – in Gegenwart von Zink-Ionen bevorzugt zu einem hexameren Komplex –, wird es mit Recht auch als Proteohormon eingestuft. Seine Struktur wird auf S. 74–77 ausführlich behandelt.

Einige Proteohormone, z. B. das **Thyrotropin**, das *Lutropin* und das *Follitropin,* sind aus mehreren großen Protein-Untereinheiten zusammengesetzt. Außerdem tragen diese drei Hormone noch größere Kohlenhydrat-Gruppen (daher der Name ‚Glycoprotein-Hormone'), die für ihre schnelle Entfernung aus dem Zirkulationssystem wichtig sind.

### Weitere Informationen ◑

Die Aminosäure-Derivate sind relativ kleine Moleküle ($M_r$ ca. 100 bis 250). Im Vergleich dazu sind die Peptid- und Proteohormone wesentlich größer und zeigen eine große Vielfalt. Die hydrophilen Hormone werden meist in beträchtlichen Mengen in Drüsenzellen gespeichert und kontrolliert ausgeschüttet. Im Blut benötigen sie keinen Carrier (Ausnahmen: Ocytocin, Vasopressin, Somatomedine, Calcitonin). Auf ihre Zielzellen wirken sie durch Bindung an Rezeptoren auf der Zellmembran (s. S. 346).

Seitdem die *Primärstruktur* zahlreicher Peptidhormone bekannt ist, wird deutlich, daß viele dieser Hormone miteinander verwandt sind. Sie lassen sich zu Familien gruppieren, die *Sequenzhomologien* zeigen. Homologe Hormone sind während der Evolution aus gemeinsamen Vorläufern entstanden.

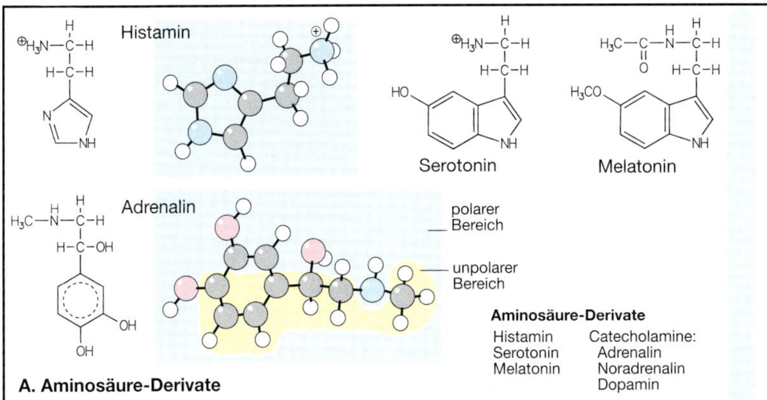


**A. Aminosäure-Derivate**

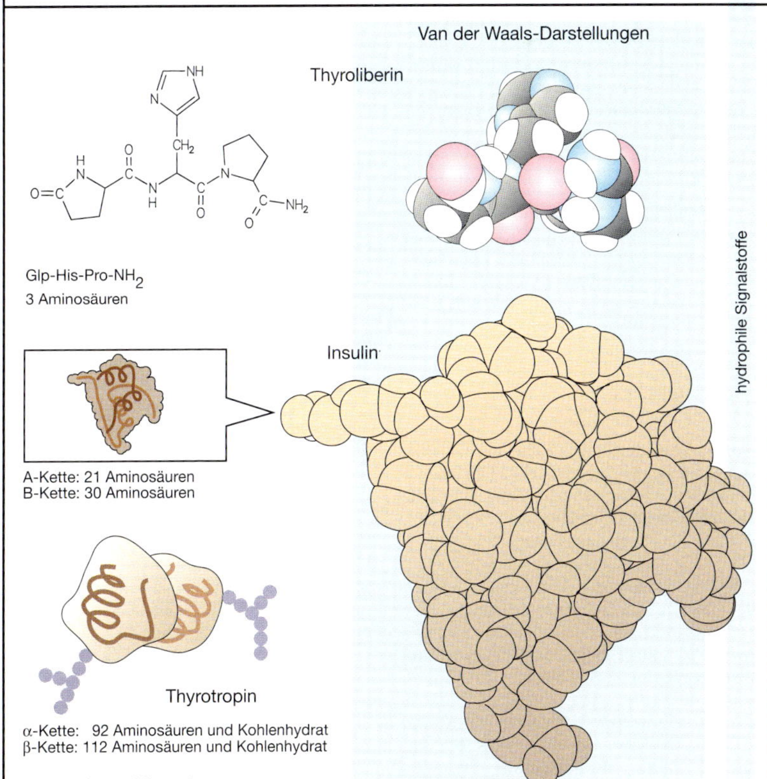


**B. Peptide und Proteine**

## Biosynthese von Steroidhormonen

### A. Biosynthese ◑

Die Biosynthese der Steroidhormone der Wirbeltiere beginnt beim **Cholesterol**. Sein Kohlenstoffskelett besteht aus 27 Atomen und bildet 4 Ringe, von denen der vierte eine längere Seitenkette trägt. Sowohl die Benennung der Ringe als auch die Numerierung der Kohlenstoffe des Cholesterols sind genau festgelegt (s. S. 52).

Das zur Biosynthese der Steroidhormone benötigte Cholesterol entstammt verschiedenen Quellen. Es wird entweder mit Lipoproteinen des Typs LDL (s. S. 248) in die hormonsynthetisierende Drüsenzellen aufgenommen oder von diesen aus Acetyl-CoA selbst synthetisiert (s. S. 168). Überschüssiges Cholesterol wird in Lipidtröpfchen als Fettsäure-Ester gespeichert. Durch Hydrolyse kann das Cholesterol aus dieser Reserve schnell wieder mobilisiert werden.

**Teilreaktionen.** Die Biosynthese der Steroidhormone wird durch sehr spezifische Enzymsysteme katalysiert. Die Reaktionen lassen sich einteilen in

* *Hydroxylierungen*: **a**, **f**, **g**, **h**, **i**, **k**, **l**, **p**
* *Dehydrierungen*: **b**, **d**, **m**
* *Isomerisierung*: **c**
* *Hydrierung*: **o**
* *Spaltungen*: **a**, **e**, **n**
* *Aromatiserung*: **q**

Die Abbildungen zeigen am Beispiel der drei Steroide Cholesterol (**1**), Progesteron (**2**) und Androstendion (Zwischenprodukt der Testosteron-Biosynthese, **3**), wo die Enzyme jeweils angreifen.

**Biosyntheseweg.** Die Aufeinanderfolge mehrerer Enzymreaktionen führt vom Cholesterol zu den einzelnen Hormonen. Das sei am Beispiel der **Progesteron-Synthese** erklärt (**A**). Seine Biosynthese beginnt mit einer Abspaltung der Seitenkette des Cholesterols zwischen C-20 und C-22 (**a**). Das Steroid mit verkürzter Seitenkette heißt **Pregnenolon**. Es wird durch anschließende Dehydrierung der Hydroxy-Gruppe an C-3 (**b**) und Verlagerung der Doppelbindung von C-5 nach C-4 (**c**) in Progesteron umgewandelt.

Das Biosynthese-Schema gruppiert die Steroidhormone nach der Anzahl ihrer Kohlenstoff-Atome. **Cholesterol** und **Calcitriol** sind *27-C-Steroide* ($C_{27}$). Wegen der Abspaltung der Seitenkette (6 C-Atome), sind **Progesteron**, **Cortisol** und **Aldosteron** *21-C-Steroide* ($C_{21}$). Bei seiner Synthese verliert **Testosteron** die Seitenkette ganz. Es ist daher ein *19-C-Steroid* ($C_{19}$). Die Aromatisierung des Estradiols bedingt den Verlust einer angulären Methylgruppe. **Estradiol** ist deshalb ein *18-C-Steroid* ($C_{18}$).

Das **Calcitriol** erfährt im Verlaufe seiner Biosynthese eine photochemische Aufspaltung des Ringes B. Es besitzt die typische Steroidstruktur nicht mehr und wird deshalb als *Secosteroid* bezeichnet. In seinem biochemischen Verhalten ist es jedoch ein typisches Steroidhormon.

### B. Inaktivierung von Steroidhormonen ◑

Die enzymatische Inaktivierung der Steroidhormone geschieht überwiegend in der Leber. Dort werden die Steroide reduziert oder hydroxyliert und dann in Konjugate überführt (s. S. 286). Die **Reduktionsreaktionen** greifen an Oxogruppen und der Doppelbindung in Ring A an. Die **Konjugat-Bildung** in der Leber besteht aus Veresterung mit *Schwefelsäure* oder Glycosylierung mit *Glucuronsäure* und führt zu Produkten, die gut wasserlöslich sind.

Durch die Kombination mehrerer Inaktivierungsreaktionen entstehen viele verschiedene Steroidmetabolite, die ihre Hormonaktivität weitgehend verloren haben. Es ist interessant, daß Säugetiere nicht zu einem Abbau des Steroid-Grundgerüstes in der Lage sind.

Schließlich werden die Steroide mit dem *Urin,* z.T. auch mit der *Galle,* ausgeschieden. Steroide im Urin können zur Untersuchung des Hormonstoffwechsels herangezogen werden.

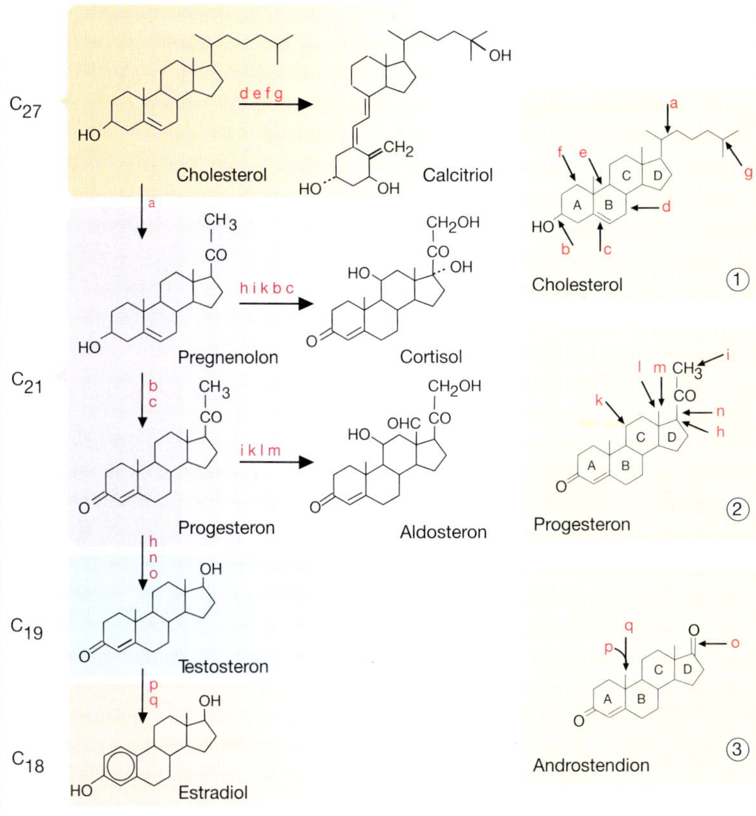


**A. Biosynthese von Steroidhormonen**

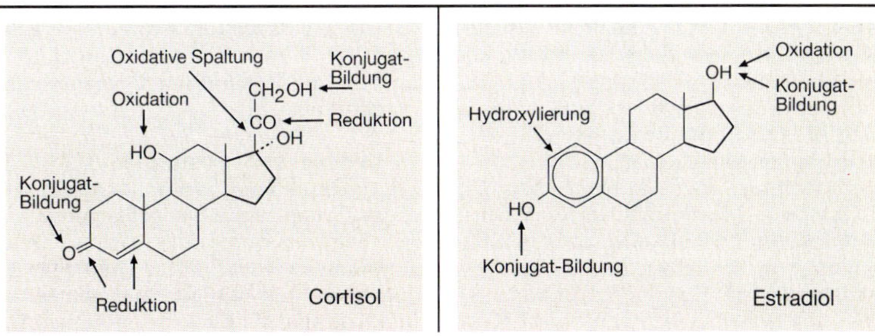


**B: Inaktivierung von Steroidhormonen**

## Enzyme des Steroidstoffwechsels

Der Stoffwechsel der Steroide läßt sich auf wenige Reaktionstypen zurückführen, darunter Hydroxylierungen, Reduktions- und Oxidationsreaktionen, sowie Konjugat-Bildungen.

### A. Hydroxylierungen ◑

Steroide und andere lipophile Substanzen (z. B. Eicosanoide, Pharmaka und Xenobiotika) können durch *Monooxygenasen* hydroxyliert werden (s. S. 286). Diese Enzymsysteme sind in der Lage, Sauerstoff-Moleküle zu spalten: Ein Sauerstoff-Atom wird auf das Substrat übertragen, während das andere zu Wasser reduziert wird (oben).

Viele dieser Monooxygenasen tragen als prosthetische Gruppe ein Häm, das **Cytochrom P-450**. Dieses Häm ist vom Typ b, sein zentrales Eisen-Atom kann reversibel oxidiert oder reduziert werden. Reduktionsmittel ist dabei das NADPH + $H^+$; die Elektronen werden über ein **Flavoprotein** an das Cytochrom weitergeleitet.

Die Reaktion hat folgenden Verlauf (im Uhrzeigersinn): Zunächst wird das Substrat (R-H, hier ein Steroid) gebunden. Dann wird durch Elektronenübertragung das $Fe^{3+}$ im Häm zu $Fe^{2+}$ reduziert. Der Bindung von $\mathbf{O_2}$ folgt eine weitere Reduktion durch Übertragungen eines Elektrons $e^-$. Dadurch geht der gebundene Sauerstoff in ein Sauerstoff-Dianion $O_2^{2-}$ über (nicht gezeigt). Dieses kann jetzt zwei $H^+$-Ionen aufnehmen und wird dadurch zu Wasser und einem Häm-gebundenen *Oxen-Radikal* gespalten, das eine R-H-Bindung des Substrates löst und eine phenolische OH-Gruppe bildet. Damit ist das Substrat hydroxyliert und dissoziiert ab, so daß der Reaktionscyclus wieder beginnen kann.

Cytochrom P-450-Systeme kommen als integrale Membranproteine in Mitochondrien und im endoplasmatischen Retikulum vor. Sie bilden dort *Elektronen-Transportketten*. Das mitochondriale System unterscheidet sich von dem ER-System dadurch, daß an der Kette noch zusätzlich *Adrenodoxin* beteiligt ist.

Die Spezifität der Monooxygenasen ist unterschiedlich. Enzymsysteme, die mit Pharmaka reagieren, haben meist eine geringe Spezifität. Dagegen zeigen steroidhydroxylierende Systeme eine hohe Substrat- und Wirkungsspezifität. Andere Monooxygenasen können, statt zu hydroxylieren, C–C, N–C oder O–C-Bindungen spalten. Sie tragen deshalb auch die Bezeichnung *‚gemischtfunktionelle Oxidasen‘* (s. S. 286).

Cytochrom-Systeme werden durch Kohlenmonoxid (CO) gehemmt. Der Komplex aus CO und reduziertem Cytochrom P-450 absorbiert Licht mit einem Maximum bei 450 nm (daher der Name).

### B. Oxidationen und Reduktionen ◑

Hydroxy-Gruppen (HO-) und Oxo-Gruppen (O=) an Steroiden können durch verschiedene *Oxidoreduktasen* ineinander umgewandelt werden. Cosubstrate dieser Enzyme sind $NAD(P)^+$ bzw. NAD(P)H + $H^+$. Häufig sind die Reaktionen reversibel. Ein anderer Typ von Oxidoreduktasen katalysiert die reversible Reduktion von Doppelbindungen zwischen C-Atomen.

Die Bezeichnungen der Enzyme sind etwas verwirrend. *Dehydrogenasen* übertragen Reduktionsäquivalente (s. S. 100) zwischen Substraten und Coenzymen. Wirken sie vorwiegend reduzierend, bezeichnet man sie auch als *Reduktasen*. Die *Oxidasen* übertragen Elektronen vom Substrat auf molekularen Sauerstoff. Dagegen führen *Oxygenasen* Sauerstoff in ein Substrat ein, und zwar *Monooxygenasen* nur *ein* Sauerstoff-Atom, *Dioxygenasen* beide. Das $\Delta$ im Enzymnamen kennzeichnet die Position der Doppelbindung (in der Abb. C-5).

**Bildung von Konjugaten** (nicht gezeigt). Durch *Transferasen* können die Hydroxy-Gruppen der Steroidhormone z. B. mit Schwefelsäure oder Glucuronsäure verknüpft werden. Diese Konjugat-Bildung dient, mit wenigen Ausnahmen, der Inaktivierung der Steroide und findet vorwiegend in der Leber statt (s. S. 286).

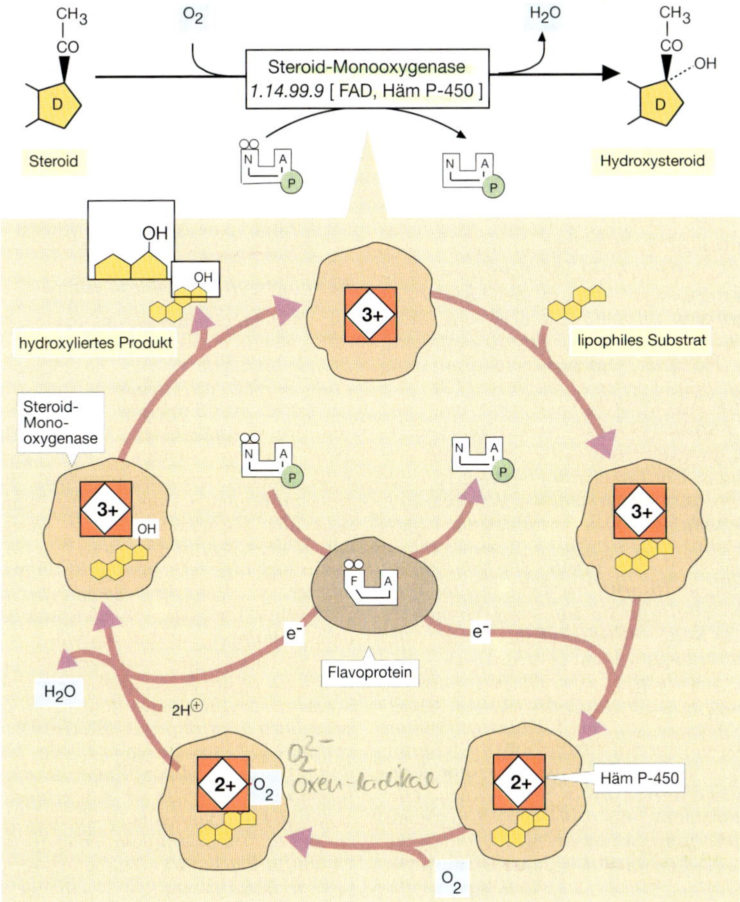


**A. Hydroxylierungen**

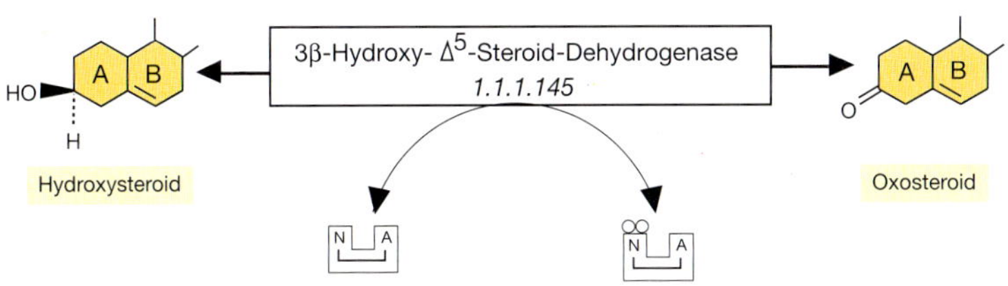


**B. Oxidationen und Reduktionen**

## Wirkungsmechanismus lipophiler Signalstoffe

### A. Wirkungsmechanismus ◑

Zu den lipophilen Signalstoffen gehören die Steroidhormone, das Thyroxin und die Retinsäure (s. S. 334). Der Wirkort dieser Stoffe liegt im *Zellkern* der Zielzellen.

Im Blut sind lipophile Hormone größtenteils an *Carrier* gebunden. Nur freies Hormon kann Zellmembranen durch freie oder erleichterte Diffusion durchdringen. Wie die Hormone dann in den Zellkern gelangen, ist nicht klar. Meist binden sie erst dort an ihre Rezeptoren.

**Hormonrezeptoren** kommen nur in geringer Zahl in den Zielzellen vor ($10^3 - 10^4$ Moleküle pro Zelle) und zeigen eine hohe *Affinität* ($K_D = 10^{-8} - 10^{-10}$ M) und *Spezifität* für ihren Hormon-Liganden. Man vermutet, daß die *Hormonbindung* zu einer *allosterischen Veränderung* des Rezeptor-Proteins führt, die verschiedene Folgen haben kann: Vom Rezeptor dissoziiert ein Protein aus der Familie der *Hitzeschock-Proteine* (**hsp-90**) ab, der Rezeptor kann phosphoryliert werden, seine Affinität für spezifische Nucleotid-Sequenzen der DNA nimmt zu und er dimerisiert.

Entscheidend für die Hormon-Wirkung ist die *Bindung des Hormon-Rezeptor-Dimers* an den DNA-Doppelstrang. Der Komplex bindet an kurze Nucleotid-Sequenzen, die als **hormone response elements** (HRE) bezeichnet werden. Dies sind punktsymmetrische DNA-Segmente (Palindrome, s. S. 232), die als Verstärker-(Enhancer-)Elemente die Transkription kontrollieren. In der Abbildung ist das HRE für Glucocorticoide gezeigt. (‚n' steht für ein beliebiges Nucleotid). Die HRE der anderen Hormone weisen Sequenzunterschiede auf, die für die Spezifität der Hormon-Wirkung wichtig sind. Jeder Hormonrezeptor erkennt nur sein HRE. Da ein HRE je nach Zelltyp verschiedene Gene kontrollieren kann, wird auch verständlich, warum ein und dasselbe Hormon in verschiedenen Geweben unterschiedliche Antworten auslöst.

Die Bindung eines Hormon-Rezeptor-Dimers an den Enhancer-Abschnitt führt zu einer Verstärkung der Transkription benachbarter Gene. Die Transkriptions-Aktivierung verläuft über eine Veränderung der Nucleosomen-Struktur oder über eine direkte Wechselwirkung mit dem *Transkriptions-Komplex*, der aus der RNA-Polymerase II und verschiedenen Proteinfaktoren besteht (s. S. 222). So führt die Hormon-Wirkung schließlich zu einem veränderten Spiegel an mRNA für Schlüsselproteine des Zellgeschehens.

### B. Rezeptoren lipophiler Hormone ○

Die Rezeptoren der lipophilen Signalstoffe ähneln einander, sie gehören einer *Protein-Superfamilie* an. Die Rezeptor-Proteine sind aus **Domänen** verschiedener Länge und Funktion aufgebaut: Es gibt eine *regulatorische Domäne*, eine *DNA-Bindungs-Domäne*, eine kurze *Kern-Lokalisierungs-Domäne* und eine *Hormon-Bindungs-Domäne*. Die Homologie der Rezeptoren ist im Bereich der DNA-Bindungs-Domäne besonders groß. Hier besitzen Hormon-Rezeptoren mehrere Cystein-reiche Sequenzen, die Zink-Ionen koordinativ binden und deshalb ‚**Zinkfinger**' genannt werden.

Zur Familie der *Zinkfinger-Proteine* zählen neben den Rezeptoren der Steroidhormone, des Thyroxins und der Retinsäure auch das virale und zelluläre Oncoprotein *erb*-A, der Rezeptor für das Umweltgift Dioxin und eine Reihe von *Transkriptionsfaktoren*, für die man keinen Signalstoff-Liganden kennt.

Durch Chemosynthese können Verbindungen erzeugt werden, die trotz struktureller Abweichung von Hormonen an deren Rezeptor binden. Wenn die Bindung des synthetischen Liganden eine Hormon-Wirkung auslöst, bezeichnet man die Verbindung als *Hormon-Agonisten*. So enthalten z. B. Kontrazeptiva häufig Estrogen- und Progesteron-Agonisten. Von *Hormon-Antagonisten* spricht man, wenn der Ligand zwar an den Rezeptor bindet, aber keine Hormon-Wirkung auslöst. Dadurch blockiert der Antagonist die Wirkung von endogenem Hormon.

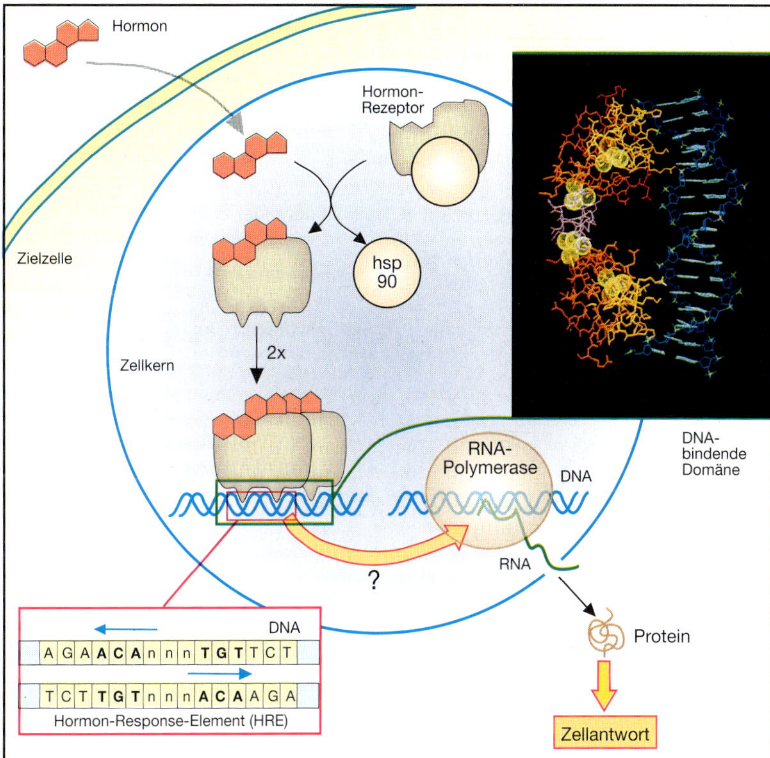


**A. Wirkungsmechanismus lipophiler Hormone**

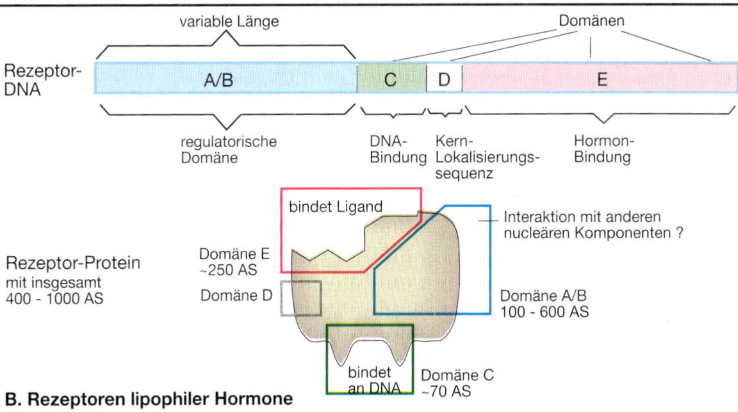


**B. Rezeptoren lipophiler Hormone**

## Stoffwechsel der Peptid- und Proteohormone

### A. Biosynthese ◑

Peptid- und Proteohormone stellen primäre Gen-Produkte dar. Ihre Information wird durch Transkription (s. S. 220) von der **DNA** abgelesen, und der entstehende hnRNA-Strang wird durch Spleißen von Intron-Sequenzen befreit (**1**). Die gebildete **mRNA** codiert für ein Peptid, das meist wesentlich größer ist als das eigentliche Hormon. Sie enthält hintereinander die Information für ein **Signalpeptid**, ein **Propeptid** und das eigentliche **Hormon**. Die Translation der mRNA findet an Ribosomen nach den Regeln der Proteinbiosynthese (s. S. 226) statt (**2**). Zuerst wird die Sequenz des Signalpeptids synthetisiert. Sie sorgt dafür, daß sich die Ribosomen am rauhen endoplasmatischen Retikulum (rER) anlagern und das wachsende Peptid in das Lumen des rER lenken (**3**). Das Syntheseprodukt ist eine große Vorstufe des Hormons, das **Prohormon**. Durch limitierte Proteolyse und durch weitere *Proteinmodifizierungen* (z. B. Glycosylierung und Phosphorylierung) reift das Hormon heran (**4**) und wird in Vesikeln gespeichert. Aus diesen wird es bei Bedarf durch *Exocytose* ausgeschüttet.

Die Biosynthese der Peptid- und Proteohormone und ihre Sekretion stehen unter der Kontrolle übergeordneter Regelsysteme (s. S. 332). An der Steuerung ist Calcium als *Second messenger* beteiligt; sein Anstieg führt zu einer Stimulierung von Synthese und Sekretion.

Die Analyse der Hormon-Gene zeigt in einigen Fällen, daß mehrere, völlig verschiedene Peptide und Proteine gemeinsam codiert sind. Ein solches, besonders gut untersuchtes Gen ist das des **Pro-Opio-Melano-Cortins** (**POMC**). Es trägt nicht nur die Nucleotid-Sequenz für das Hormon *Corticotropin* (ACTH = Adrenocorticotropes Hormon), sondern ineinander verschachtelt auch die Information für die Peptide α-, β- und γ-*Melanotropin* (MSH), β- und γ-*Lipotropin* (LPH), sowie β-*Endorphin* und *Met-Enkephalin* (s. S. 316), welches aus β-Endorphin entstehen kann. Das Prohormon ist ein sog. *Polyprotein*. Die Entscheidung, welches Peptid daraus gebildet und dann ausgeschüttet wird, fällt erst nach der Synthese des großen Prä-Pro-Peptids. Wichtigstes Sekretionsprodukt des POMC-Gens in der Hypophyse ist das Hormon *Corticotropin* (ACTH). Die Rolle der andern Peptide ist weniger klar.

### B. Abbau und Inaktivierung ◑

Der Abbau der Peptidhormone beginnt häufig schon im Blut oder an den Wänden des Gefäßsystems. Einige Peptide, die Disulfid-Brücken enthalten (z. B. das Insulin), können durch reduktive Spaltung der Cystin-Struktur inaktiviert werden (**1**). Die Peptide und Proteine können auch durch Proteinasen gespalten werden, und zwar vom Ende her durch Exopeptidasen (**2**) oder in der Mitte durch Endopeptidasen (**3**). Die *Proteolyse* führt zu einer Vielzahl von Hormon-Bruchstücken, von denen manche noch biologisch aktiv sind. Einige Peptid- und Proteohormone werden durch Bindung an ihren Membranrezeptor (s. S. 346) und anschließende Endocytose des Hormon-Rezeptor-Komplexes aus dem Zirkulationssystem entfernt (**4**). Ihr Abbau geschieht dann in den Lysosomen. Alle Abbaureaktionen führen letztendlich zu Aminosäuren, die dem Stoffwechsel wieder zur Verfügung stehen.

### Weitere Informationen ◑

Die *Halblebenszeit* der Hormone im Zirkulationssystem ist für lipophile und hydrophile Hormone unterschiedlich groß. Lipophile Hormone sind erheblich langlebiger (Stunden bis Tage) als hydrophile Hormone (Minuten bis Stunden). Die Halblebenszeit hängt von der Aktivität der Abbausysteme ab. Eine *Induktion der Abbausysteme* durch Pharmaka oder aber eine Schädigung der beteiligten Gewebe führen über eine veränderte Abbaugeschwindigkeit zu Veränderungen des Hormon-Spiegels.

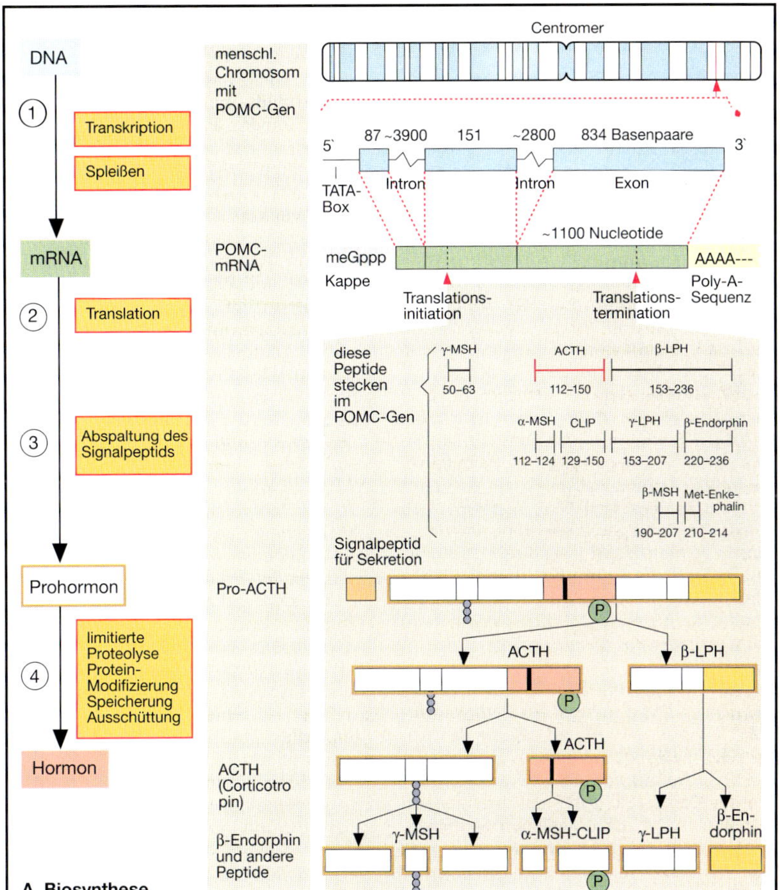


**A. Biosynthese**

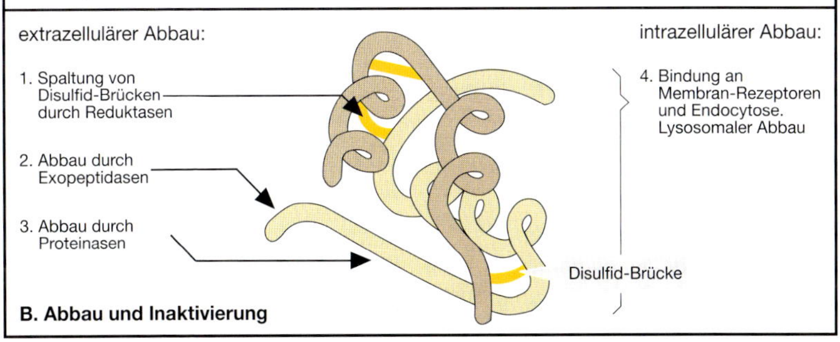


**B. Abbau und Inaktivierung**

## Wirkungsmechanismus hydrophiler Hormone

### A. Wirkungsmechanismus ◑

Hydrophile Signalstoffe (s. S. 336) sind nicht ohne weiteres in der Lage, die lipophile Zellmembran zu durchdringen. Ihr Signal wird von *membranständigen Rezeptoren* ins Zellinnere vermittelt (**‚Signaltransduktion‘**). Die Rezeptoren sind integrale Membranproteine, die den Signalstoff außen binden und durch Änderung ihrer Raumstruktur auf der Innenseite der Membran ein neues, zweites Signal auslösen. Dabei können drei Arten von Rezeptoren unterschieden werden:

**(1) Rezeptortyp I** besitzt die Aktivität eines Enzyms. In vielen Fällen ist es eine *Tyrosin-Kinase*, die durch Bindung des Signalstoffes aktiviert wird und Tyrosin-Reste von Proteinen phosporyliert. In erster Linie phosphoryliert der Rezeptor sich selbst. An diese phosphorylierten Tyrosin-Reste binden dann spezifisch Proteine, die dadurch als Enzyme aktiviert werden und das Signal ans Zellinnere weitergeben. Die Rezeptoren für *Insulin* und *Wachstumsfaktoren* sind solche Tyrosin-Kinasen.

**(2) Rezeptortyp II** stellt einen *Ionenkanal* dar. Die Bindung des Signalstoffes führt zu einer schnellen Öffnung des Kanals für bestimmte Ionen, z. B. $Na^+$, $K^+$, oder $Cl^-$. Auf die veränderte Ionenkonzentration reagiert die Zelle mit ihrer spezifischen Antwort. Einen solchen Mechanismus nutzen *Neurotransmitter* wie z. B. *Acetylcholin* (nikotinischer Rezeptor: $Na^+$- und $K^+$-Kanal) und *GABA* (A-Rezeptor: $Cl^-$-Kanal).

**(3) Rezeptortyp III** überträgt sein Signal mit Hilfe einer Familie von Guanin-Nucleotid-bindenden Proteinen, sogenannten *G-Proteinen*. Diesen Weg der Signaltransduktion durch die Membran benutzen sehr viele hydrophile Signalstoffe.

### B. Signaltransduktion durch G-Proteine ◑

G-Proteine sind Heterotrimere, sie bestehen aus den drei verschiedenen Komponenten α, β und γ. Die α-Untereinheit ist in der Lage, die Nucleotide GTP oder GDP (nicht gezeigt) zu binden. Im Ruhezustand trägt das G-Protein ein GDP. Wenn der Membranrezeptor seinen Signalstoff bindet, ändert sich seine Konformation so, daß ein G-Protein binden kann. Die Wechselwirkung zwischen Rezeptor und G-Protein verursacht einen Austausch von GDP gegen GTP, wodurch das G-Protein aktiviert wird. Es trennt sich vom Rezeptor und zerfällt in die α-Einheit und das βγ-Dimer. Die GTP-tragende α-Einheit kann, bevor sie durch langsame Hydrolyse des GTP zu GDP in den Ausgangszustand zurückkehrt, je nach Typ des G-Proteins vier verschiedene Wirkungen haben, die alle zur Bildung von *Second messengern* führen.

**(1)** Die α-Einheit aktiviert eine membranständige *Adenylat-Cyclase*, welche ATP in **cAMP** (3',5'- cyclo-AMP) umwandelt. Als Folge steigt der intrazelluläre cAMP-Spiegel an (s. S. 109). Bei einigen G-Proteinen wird auch eine *Hemmung* der Adenylat-Cyclase beobachtet.

**(2)** Die α-Einheit stimuliert eine *cGMP-spezifische Phosphodiesterase*. Durch dieses Enzym wird cGMP beschleunigt hydrolysiert, so daß seine Konzentration absinkt (s. S. 318).

**(3)** Die α-Einheit bindet an einen *Ionenkanal*, z. B. für $K^+$- oder $Ca^{2+}$-Ionen, der sich dadurch öffnet.

**(4)** Die α-Einheit aktiviert eine *Phospholipase*, die Membranlipide hydrolysiert. Besonders wichtig ist die *Phospholipase C*, deren Substrat **$PInsP_2$** (Phosphatidyl-Inositol-bisphosphat, s. S. 166) zu **$InsP_3$** (Inositol-1,4,5-trisphosphat) und **DAG** (Diacylglycerol) gespalten wird. Es entstehen zwei Reaktionsprodukte mit Second messenger-Funktion, $InsP_3$ und DAG. Das hydrophile $InsP_3$ wandert zum endoplasmatischen Retikulum (ER) und bewirkt dort die Freisetzung von $Ca^{2+}$ aus seinen Speichern. Das lipophile DAG verbleibt dagegen in der Membran und aktiviert eine *Proteinkinase C*, die in Gegenwart von $Ca^{2+}$-Ionen Serin- und Threonin-Reste von Proteinen phosphoryliert und dadurch deren Funktionszustand ändert.

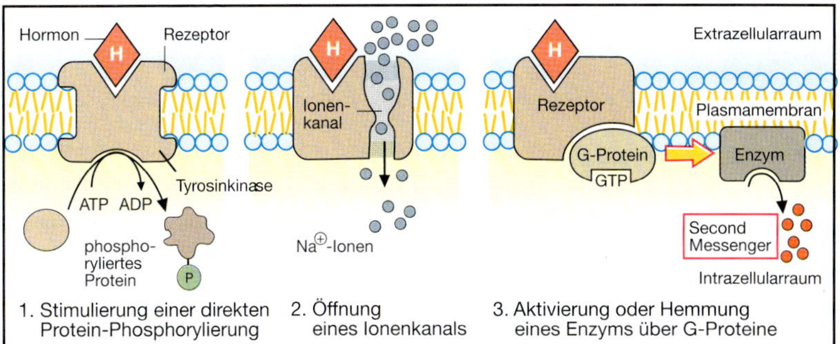


**A. Wirkungsmechanismen hydrophiler Hormone**

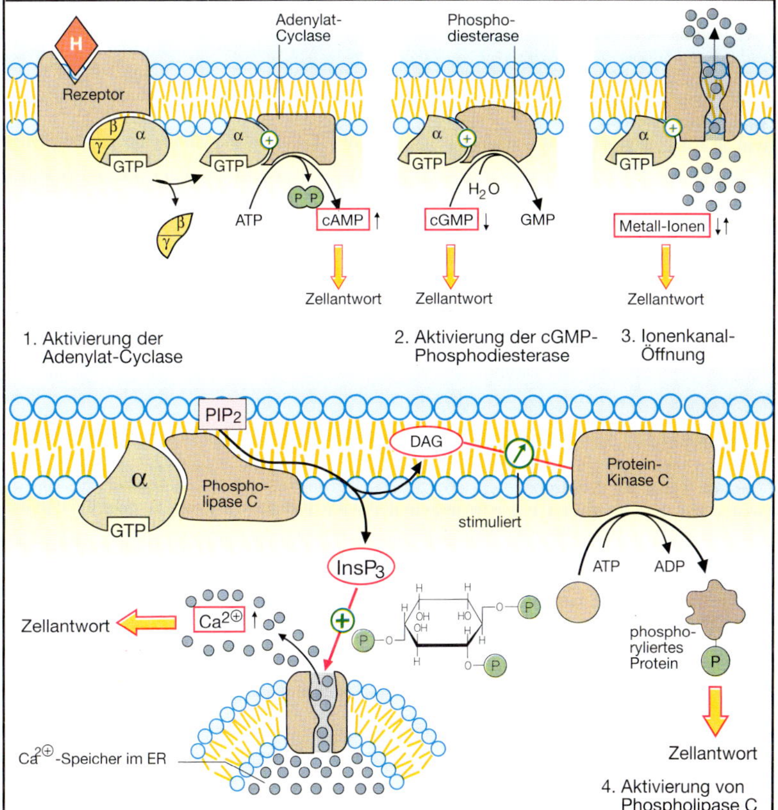


**B. Signaltransduktion durch G-Proteine**

# Second Messenger

### A. Stoffwechsel und Wirkungsmechanismus von cAMP ◑

**Stoffwechsel**: Das Nucleotid **cAMP** (3',5'-cyclo-Adenosin-monophosphat) ist ein wichtiger **Second messenger**. cAMP wird durch die *Adenylat-Cyclase* gebildet, die ATP unter Abspaltung von Diphosphat zu cAMP cyclisiert. Diese Reaktion ist praktisch irreversibel, weil das gebildete Diphosphat durch Hydrolyse entfernt wird. Der Abbau von cAMP wird durch eine *Phosphodiesterase* katalysiert, die durch methylierte Xanthine wie z. B. *Coffein* gehemmt werden kann.

Die Aktivität der Adenylat-Cyclase wird durch *G-Proteine* kontrolliert (s. S. 346). Die meisten G-Proteine stimulieren die Adenylat-Cyclase und erhöhen dadurch den cAMP-Spiegel (Typ $G_s$), andere hemmen sie (Typ $G_i$). Einige Hormone, deren Wirkung von cAMP vermittelt wird, sind in der Tabelle aufgeführt.

**Wirkung**: cAMP ist ein allosterischer Effektor der *Protein-Kinase A*. Im inaktiven Zustand ist dieses Enzym ein Tetramer, dessen katalytische Untereinheiten (C) durch zwei regulatorische Einheiten (R) blockiert sind. Wenn cAMP an die regulatorischen Einheiten bindet, dissoziiert das Tetramer in die Untereinheiten. Dadurch werden die katalytischen Untereinheiten aktiv und phosphorylieren Serin-Reste anderer Proteine. Dies schaltet den Funktionszustand der Proteine um, sie werden entweder aktiviert (z. B. die Phosphorylase-Kinase) oder inaktiviert (z. B. die Glycogen-Synthase, s. S. 110).

Die **Abschaltung** der Second-messenger-Wirkung geschieht auf mehreren Ebenen: Das am Rezeptor gebundene Hormon wird entfernt, das G-Protein kehrt durch Hydrolyse des gebundenen GTP zu GDP in seine Ruheform zurück und cAMP wird durch die Phosphodiesterase abgebaut. Der Abfall des cAMP-Spiegels führt dann schnell zu einer Rückkehr der Protein-Kinase A in ihren inaktiven, tetrameren Ausgangszustand.

### B. Wirkungsmechanismus von $Ca^{2+}$ ◑

Die Konzentration von **$Ca^{2+}$-Ionen** im Cytoplasma ist sehr gering (etwa 0.1 µM) und wird durch ATP-abhängige Calcium-Pumpen ständig niedrig gehalten. Ein plötzlicher Anstieg des Calcium-Spiegels durch Öffnung von Calcium-Kanälen, die sich in der Plasma-Membran oder in der Membran von Calcium-Speichern innerhalb der Zelle befinden, kann durch Signalstoffe ausgelöst werden. Für diese Hormone ist $Ca^{2+}$ der Second messenger.

Viele Calcium-Wirkungen werden durch **Calmodulin** vermittelt. Calmodulin ist ein kleines Protein (17 kDa), das in praktisch allen tierischen Zellen vorkommt. Seine Raumstruktur (rechts) zeigt zwei kompakte Domänen, die durch eine $\alpha$-Helix starr miteinander verbunden sind. Die 148 Aminosäuren des Calmodulins sind in der Abbildung als Kugeln dargestellt. An den vier blau markierten Stellen kann Calmodulin $Ca^{2+}$-Ionen binden. Dadurch wird es zu einem aktiven *Regulator,* der mit anderen Proteinen, besonders Enzymen, in Wechselwirkung tritt. So steuern $Ca^{2+}$-Ionen über Calmodulin z. B. die Aktivität von Protein-Kinasen und Ionen-Pumpen, den Glycogen-Abbau und die Muskel-Kontraktion.

Als **Second messenger** sind bisher *cAMP, cGMP, DAG* (Diacylglycerol), $InsP_3$ (Inositol-trisphosphat), $Ca^{2+}$ und *Arachidonat* bekannt. Sie zeigen einige gemeinsame Eigenschaften:

- Die Second messenger entstehen in *kaskadenartigen Reaktionen.*
- Ihr Spiegel wird von extrazellulären Signalen streng kontrolliert: *Hormonen, Neurotransmittern, Mediatoren, Wachstumsfaktoren, Geruchsstoffen* und *Licht.*
- Die Bildung von Second messengern dient der *Signalverstärkung.* So kann die Bindung eines Hormonmoleküls an einen Rezeptor mehr als 10 G-Proteine aktivieren, und diese wiederum können 10 bis 100 mal soviel Second messenger erzeugen.
- Wirken mehrere Signale über den gleichen Second messenger, ist eine *Integration* von Signalwirkungen möglich.

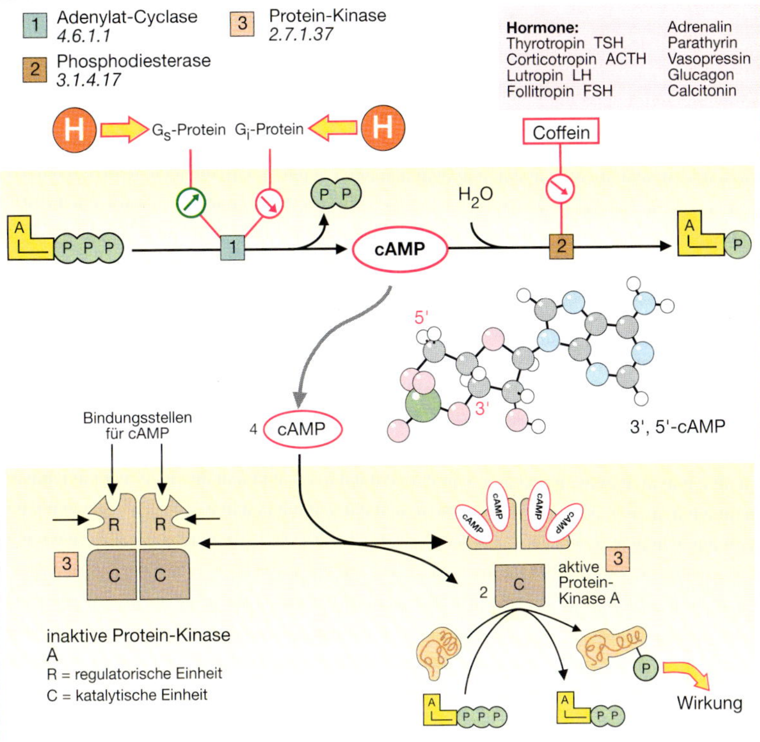


**A. Stoffwechsel und Wirkungsmechanismus von cAMP**

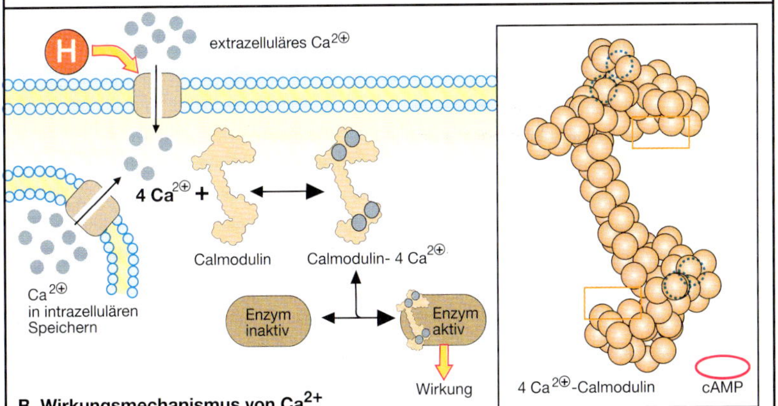


**B. Wirkungsmechanismus von $Ca^{2+}$**

# Eicosanoide

*Mediatoren* sind weit verbreitete Signalstoffe, die nicht wie Hormone in spezialisierten Drüsenzellen gebildet werden, sondern in vielen Zellarten entstehen können. Wichtige Mediatoren sind das **Histamin** und die **Eicosanoide**. Exemplarisch werden hier die Eicosanoide besprochen.

## A. Eicosanoide ○

Eicosanoide stellen eine große Gruppe von Mediatoren ganz unterschiedlicher Wirkung dar. Biogenetisch leiten sie sich von der mehrfach ungesättigten Fettsäure **Arachidonsäure** (20:4) ab (s. S. 45), welche im tierischen Organismus aus essentiellen, mehrfach ungesättigten Fettsäuren entsteht und in die Phospholipide der Plasmamembran eingebaut wird.

Die Bildung der Eicosanoide beginnt in der Plasmamembran mit der Freisetzung von Arachidonat aus Phospholipiden durch die *Phospholipase* $A_2$ [1]. Die Aktivität dieses Enzyms ist streng kontrolliert. Es wird von Hormonen und anderen Reizen über *G-Proteine* aktiviert. Das freigesetzte Arachidonat ist selbst schon Signalstoff. Noch größere Bedeutung haben aber seine verschiedenen Metabolite, die **Prostaglandine**, **Prostacycline**, **Thromboxane** und **Leukotriene**.

Zu diesen Eicosanoiden führen zwei verschiedene Wege, die jeweils von Lipoxygenasen [2] oder der Prostaglandin-Synthese [3] eingeleitet werden. Durch die Reaktion von *Lipoxygenasen* [2] werden **Hydroperoxy-** und **Hydroxy-Fettsäuren** gebildet, aus denen durch Wasserabspaltung und verschiedene Übertragungsreaktionen die **Leukotriene** entstehen.

Die *Prostaglandin-Synthase* [3] katalysiert eine Cyclooxygenase- und eine Endoperoxidase-Reaktion. Weitere Schritte führen zu den **Prostaglandinen, Prostacyclinen** und **Thromboxanen.** Der Ringschluß des Arachidonats, der wegen der vier *cis*-Doppelbindungen möglich ist, geschieht durch Angriff von Sauerstoff und führt über ein Endoperoxid. Die Strukturformeln nur weniger Eicosanoide sind gezeigt.

Eicosanoide wirken über Membranrezeptoren als ‚lokale Hormone' in der unmittelbaren Umgebung ihrer Entstehung und zwar auf die Bildungszelle selbst (*autokrine Wirkung*) als auch auf die Nachbarzellen (*parakrine Wirkung*). Ihr schneller Abbau innerhalb von Sekunden bis Minuten geschieht durch Reduktion von Doppelbindungen und Dehydrierung von Hydroxy-Gruppen. Dadurch wird ihre Reichweite wirksam begrenzt.

Die **biologische Wirkung** der Eicosanoide ist sehr vielfältig. Sie dienen als *Second messenger* einiger hydrophiler Hormone (Thyrotropin, Corticotropin?), sie kontrollieren die Kontraktion der glatten Muskulatur (Blutdruck, Bronchien, Uterus), sie greifen in die Ausschüttung von Zellprodukten ein (Hormone, HCl, Mucoide), sie beeinflussen den Knochen-Stoffwechsel, das autonome Nervensystem, das Immunsystem, die Zellwanderung und -aggregation (Leukocyten, Thrombocyten), und sie sind wirkungsvolle Schmerzsignale für Nociceptoren. Ihre Wirkung wird z. T. durch cAMP und cGMP vermittelt.

## Weitere Informationen ○

Physiologische Bedeutung hat die Wirkung von **Corticosteroiden** auf den Stoffwechsel der Eicosanoide. Sie induzieren das Protein *Lipocortin,* welches die Phospholipase $A_2$ hemmt. Dadurch wird die Bildung aller Eicosanoide vermindert. So läßt sich die entzündungshemmende Wirkung der Corticosteroide erklären.

**Acetylsalicylat** und verwandte Antipyretika dagegen sind spezifische *Hemmstoffe* der Cyclooxygenase. Sie inaktivieren das Enzym durch kovalente Acetylierung im aktiven Zentrum. Damit wird ihre schmerzmindernde und antirheumatische Wirkung verständlich. Im Magen können sie die Biosynthese von Prostaglandinen verhindern, welche dort durch Stimulierung der Mucoid-Ausschüttung die Schleimhaut vor Selbstverdauung schützen. Das Medikament kann deshalb auch zu Magenbeschwerden führen.

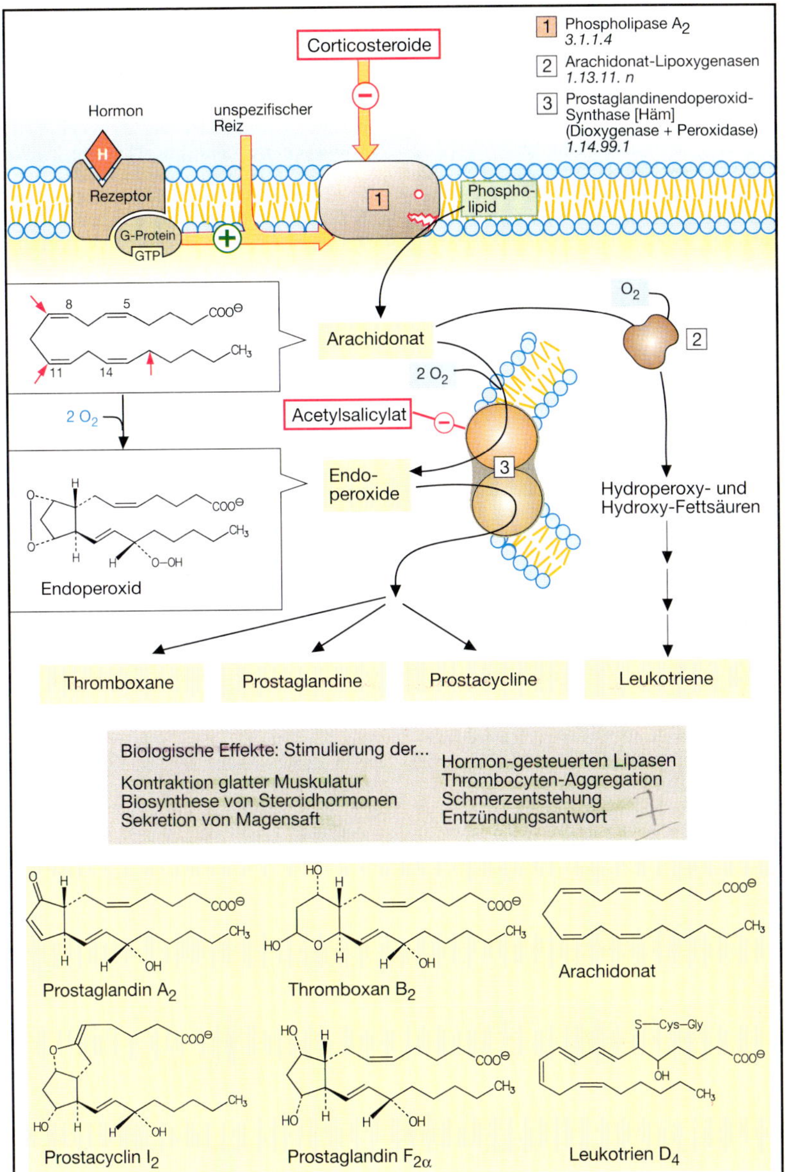


**A. Eicosanoide**

# Zell-Cyclus

## A. Zell-Cyclus ●

Die Fähigkeit, sich zu teilen, ist ein Charakteristikum proliferierender Zellen. Sie durchlaufen einen Teilungscyclus (Zell-Cyclus), der bei Säugetierzellen eine Länge von etwa 10 bis 24 Stunden hat (im gezeigten Beispiel 16 h). Der Zell-Cyclus wird gewöhnlich in vier verschiedene Phasen eingeteilt, die nacheinander durchlaufen werden. Besonders auffällig und gut untersucht ist die eigentliche Zellteilung (**M-Phase**, siehe Lehrbücher der Biologie). Während der **S-Phase** wird die DNA repliziert (**S**ynthese von DNA, s. S. 218). M- und S-Phase werden durch zwei Zeitabschnitte getrennt, die als **$G_1$-** und **$G_2$-Phase** (von ‚**g**ap' = Lücke) bezeichnet werden. In der $G_1$-Phase, deren Dauer variieren kann, wächst die Zelle durch Synthese von RNA, Proteinen und anderen Zellbestandteilen. Zellen, die sich nicht teilen, weil sie ausdifferenziert sind, verlassen die $G_1$-Phase und gehen in die sog. **$G_0$-Phase** über, in der sie auf Dauer verbleiben. Allerdings können in der $G_0$-Phase ruhende Zellen durch bestimmte Mitose-auslösende Signale (z. B. Wachstumsfaktoren, Tumorviren) auch wieder in die $G_1$-Phase zurückkehren und nach Überschreiten eines **Restriktionspunktes** (‚point of no return') in eine neue S-Phase eintreten.

Zusammen werden die $G_1$-, $G_0$-, S- und $G_2$-Phase auch als **Interphase** bezeichnet, die sich mit der kurzen M-Phase im Zell-Cyclus abwechselt.

## B. Kontrolle des Zell-Cyclus ○

Der Zell-Cyclus wird durch *Interkonversion* von Proteinen kontrolliert (s. S. 106), die entweder phosphoryliert oder dephosphoryliert vorliegen. Die Schlüsselrolle für den Übergang der $G_2$-Phase in die M-Phase hat eine spezifische *Serin/Threonin-Proteinkinase*, die als **MPF** (‚maturation promoting factor') bezeichnet wird. Dieses Enzym phosphoryliert verschiedene, an der Mitose beteiligte Proteine, z. B. Bestandteile des Chromatins wie das *Histon H1*, Komponenten des Cytoskeletts wie das *Lamin* der Kernmembran, Transkriptionsfaktoren, Proteine der Mitosespindel und einige Enzyme. Durch diese Phosphorylierungen wird die **Mitose** ausgelöst. Ist sie abgeschlossen, wird auch die Phosphorylierung durch MPF beendet. Dies geschieht dadurch, daß die regulatorische Komponente des MPF, das Cyclin (s. u.), abgebaut wird. Protein-Phosphatasen gewinnen dann erneut die Oberhand und dephosphorylieren die an der Mitose beteiligten Proteine. Dadurch kehrt die Zelle in die *Interphase* zurück.

Das **MPF** ist ein heterodimeres Enzym, es besteht aus einer katalytischen Untereinheit (**CDK** = ‚cyclin dependent kinase' oder ‚$p34^{cdc2}$'; 34 kDa) und einer regulatorischen Untereinheit (**Cyclin**). Erst nach der Anlagerung eines Cyclins wird die CDK als MPF aktiv. Zusätzlich wird die Aktivität dieser Proteinkinase durch Phosphorylierung/Dephosphorylierung kontrolliert (die Darstellung vereinfacht diesen Aspekt stark).

In Wirbeltieren gibt es unterschiedliche *Cycline* und mehrere Cyclin-abhängige Kinasen (CDK). Sie lassen sich unterschiedlich kombinieren und steuern dadurch nicht nur den hier gezeigten Eintritt in die M-Phase, sondern auch den Beginn der Transkription in der $G_1$-Phase, das Überschreiten des $G_1$-Restriktionspunktes, den Beginn der DNA-Replikation in der S-Phase und andere kritische Übergänge (nicht gezeigt).

In Froscheiern wird die Steuerung des Eintritts der Zelle in die M-Phase (sog. $G_2$/M-Übergang) dadurch erreicht, daß die Konzentration an Cyclin oszilliert (oberer Bildteil). Cyclin B wird während der Interphase kontinuierlich synthetisiert, bis es eine maximale Konzentration in der M-Phase erreicht, welche die Phosphorylierungskaskade durch MPF in Gang setzt. Am Ende der M-Phase wird das Cyclin durch proteolytische Enzyme, die von MPF selbst aktiviert werden, rasch abgebaut. In anderen Zellsystemen wird die Aktivität des MPF durch den Grad seiner Phosphorylierung gesteuert.

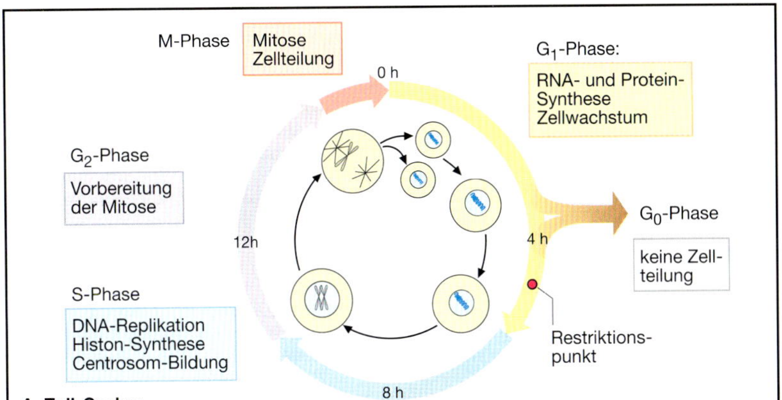


**A. Zell-Cyclus**

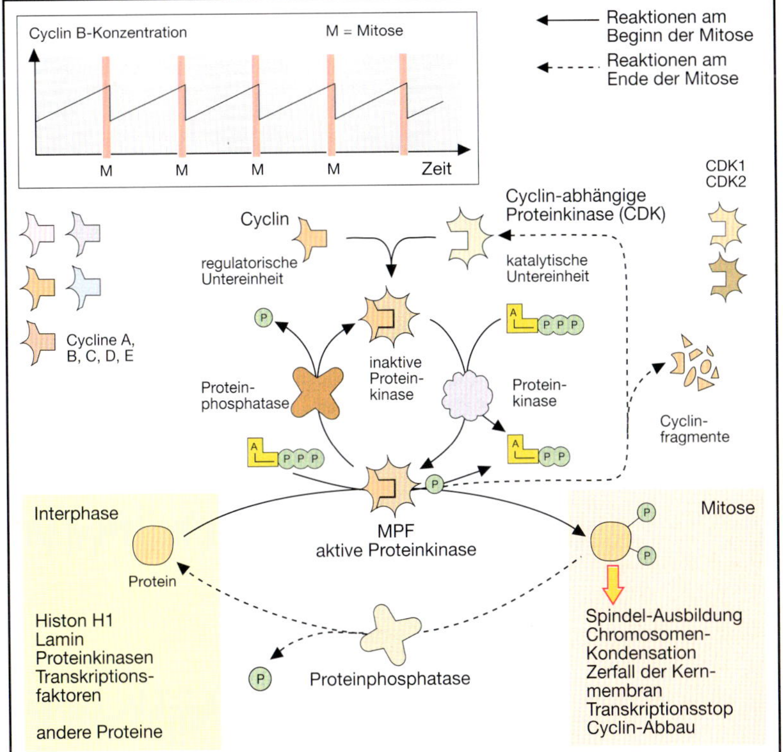


**B. Kontrolle des Zell-Cyclus**

## Entwicklung und Morphogenese

Die Fruchtfliege (*Drosophila melanogaster*) ist für die Entwicklungsbiologie ein wichtiger Modellorganismus geworden.

### A. Entwicklung der Fruchtfliege ○

Der Lebens-Cyclus einer Fruchtfliege dauert etwa 10 Tage. Er beginnt am Tag 0 mit dem Legen des befruchteten Eis. Die *Embryonalentwicklung* (**1**) dauert einen Tag, dann schlüpft aus dem Ei eine kleine Larve. Insgesamt macht die Fruchtfliege drei Larvenstadien durch, in denen sie durch Aufnahme von Nahrung stark wächst (**2, 3**). Es schließt sich ein Puppenstadium (**4**) an, in dem die *Metamorphose* zur erwachsenen Fliege (Imago) abläuft (**5**).

Die **Embryonalentwicklung** (**1**, links oben) beginnt mit einer mehrfachen Kernteilung, ohne daß sich dabei die Zellkerne durch Zellwände abgrenzen (*syncytiales Blastoderm*). Die Kerne wandern an den Rand der Eizelle (**1a**) und grenzen sich schließlich durch Zellwände voneinander ab (**1b**; *celluläres Blastoderm*). Jetzt beginnt die Ausbildung mehrer Zellschichten (Gastrulation), aus denen sich durch Interaktion der Zellen die Gewebe des Organismus bilden (**1c**).

Die **Imaginalentwicklung** (**4/5**) findet während der Puppenphase statt. In der Puppe werden die larvalen Gewebe zurückgebildet und Gewebe der erwachsenen Fliege wie z. B. die Antennen, Augen, Flügel und Genitalien, wachsen aus *Imaginalscheiben* (farbig markiert) heran. Diese sind kleine, paarige Gruppen embryonaler Zellen, die in den Larven ruhen und zu Beginn der Puppenphase durch 20-Hydroxyecdyson aktiviert werden, um durch Zellteilung und Differenzierung die imaginalen Gewebe zu bilden.

### B. Rolle der Entwicklungskontroll-Gene ◑

Wie entsteht aus einer einzigen Zelle, der Eizelle, ein strukturierter Organismus? Die Fruchtfliege hilft uns, diese Frage zu beantworten.

Die embryonale Entwicklung der Fruchtfliege wird von einem hierarchischem System von drei Klassen von Genen dominiert, den maternalen *Ei-Polaritätsgenen*, den *Segmentierungsgenen* und den *homöotischen Genen*. Ihre koordinierte Expression erzeugt ein räumliches und zeitliches **Muster,** das den einzelnen Zellen ihre Position, den Zeitpunkt ihrer Aktivität und ihre Eigenart vorschreibt.

**Maternale Gene** sind bereits im mütterlichen Organismus aktiv. Ihre Genprodukte werden im Ei deponiert und bestimmen z. B. die räumlichen Achsen des Embryos wie die anterio/posteriore und die dorso/ventrale Achse. Das Beispiel zeigt die mRNA des maternalen Gens *bicoid*. Diese mRNA wird am anterioren Pol der Eizelle eingelagert und mit Beginn der Embryogenese zu einem Protein translatiert, welches vom Ort seiner Synthese wegdiffundiert und dadurch einen Gradienten erzeugt. Die Genprodukte der anderen maternalen Gene zeigen z. T. ebenfalls eine spezifische Verteilung. Ihre Produkte sind u. a. DNA-bindende Proteine, die als *Transkriptionsfaktoren* die Expression anderer Entwicklungskontrollgene fördern oder blockieren können.

Die **Segmentierungsgene** interpretieren die von den maternalen Genen vorgegebene Positionsinformation und kontrollieren mit ihren Gen-Produkten die Bildung der Segmente, aus denen die Insekten bestehen. Die Segmentierungsgene, die noch in mehrere Gruppen unterteilt werden (*Gap-Gene*, *Paar-Regel-Gene*, *Segment-Polaritätsgene*), bilden ein koordiniertes System, das den Embryo fortschreitend in kleinere Abschnitte aufteilt. Das Beispiel zeigt eine streifenartige Verteilung des Proteins, das von dem Paar-Regel-Gen *even-skipped* kodiert wird.

**Homöotische Gene** stehen ihrerseits unter der Kontrolle der Segmentierungsgene. Sie bestimmen durch Interaktion miteinander die Segmentidentität. Ihre Produkte legen fest, welche Gene in den Zellen aktiviert werden, um sie durch Differenzierung zu einem definierten Segment werden zu lassen, z. B. zu einem bestimmten Kopf-, Thorax- oder Abdominalsegment.

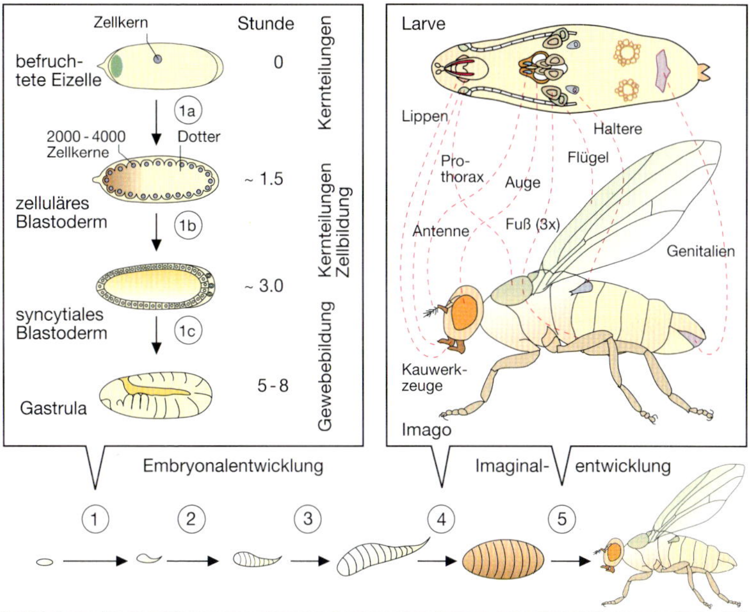


| Ei | Larve 1. Stadium | Larve 2. Stadium | Larve 3. Stadium | Puppe | Imago |
|---|---|---|---|---|---|
| Embryonal-entwicklung: Gewebe- und Organ-bildung | Wachstum | | | Metamorphose: Abbau und Aufbau von Gewebe | Reproduktion |
| Tag 0 | 1 | | 5 | 9 | |

**A. Entwicklung der Fruchtfliege**

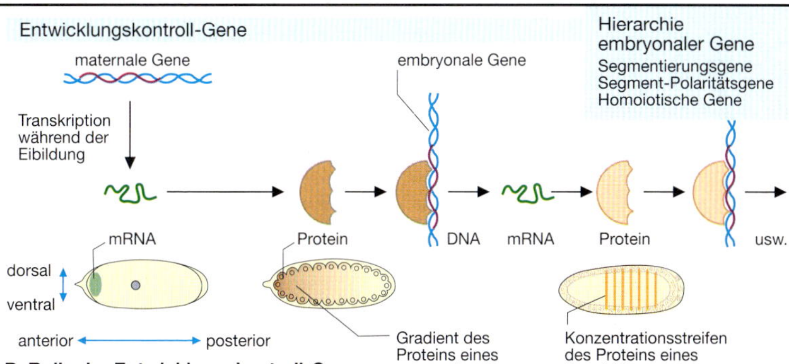


**B. Rolle der Entwicklungskontroll-Gene**

## Oncogene

### A. Proto-Oncogene: Biologische Rolle ◑

**Oncogene** sind genetische Elemente, die Tumore auslösen können. Sie wurden zuerst in tumorverursachenden Viren gefunden (*virale Oncogene*). *Zelluläre Oncogene*, sog. **Proto-Oncogene,** sind die zellulären Homologe der viralen Oncogene. Ihre Genprodukte, die Oncoproteine, sind an der Kontrolle normaler Wachstums- und Differenzierungsprozesse beteiligt, insbesondere steuern sie die *Zellproliferation* (s. S. 352). Dabei wird ihre Wirkung durch **Tumor-Suppressor-Gene** (*Anti-Oncogene*) kontrolliert.

Durch Mutation, Deletion oder Überexpression gewinnen die Proto-Oncogene die Eigenschaften von **Oncogenen**, d. h. sie können Tumore auslösen, besonders wenn gleichzeitig auch die Kontrolle durch die Tumor-Suppressor-Gene gestört ist.

### B. Oncogen-Produkte: Biochemische Funktionen ◑

Allen Oncogenen gemeinsam ist, daß sie für Proteine codieren, die an *Signaltransduktionsprozessen* teilnehmen.

(1) **Liganden** als Produkte der Proto-Oncogene kommen außerhalb der Zellen vor. Sie zeigen Homologie zu *Wachstumsfaktoren*.

(2) **Membran-Rezeptoren**, die von Protooncogenen codiert werden, ähneln den Rezeptoren vom Typ I (s. S. 346), welche Wachstumsfaktoren und Hormone binden können. Diese Rezeptoren tragen auf ihrer Innenseite als katalytischen Teil eine Proteinkinase oder Guanylat-Cyclase.

(3) **GTP-bindende Proteine** kommen in normalen Zellen sowohl im Membranbereich als auch intrazellulär vor. Die *membranständigen G-Proteine* vermitteln die Wirkung von Membran-Rezeptoren extrazellulärer Signale (Rezeptor-Typ III mit sieben Transmembran-Helices; s. S. 346) auf Effektor-Systeme in der Zellmembran. *Intrazelluläre G-Proteine* sind an der Kontrolle von Proteinsynthese und Proteintransport (s. S. 212) beteiligt. Die G-Proteine spalten das gebundene GTP langsam zu GDP und gehen dadurch in einen inaktiven Zustand über. Die Proteinprodukte des Protooncogens *ras* und einiger verwandter Oncogene sind mit diesen GTP-bindenden Proteinen verwandt.

(4) **Nucleäre Hormon-Rezeptoren** vermitteln die Wirkung von lipophilen Signalen (Steroidhormone, Thyroxin, Retinoat) durch Steuerung der Transkription spezifischer Gene (s. S. 342). Einige Proto-Oncoproteine gehören in diese Superfamilie der ligandengesteuerten Transkriptionsfaktoren.

(5) **Nucleäre Tumor-Suppressoren** unterdrücken in ausdifferenzierten Zellen die Rückkehr in den Zellteilungs-Cyclus. Die sie codierenden Gene werden wegen dieser Funktion auch als *Anti-Oncogene* bezeichnet.

(6) **DNA-bindende Proteine** im Zellkern haben vielfältige Aufgaben. Einige Oncoproteine zeigen Verwandtschaft zu den *Transkriptionsfaktoren*.

(7) ***Proteinkinasen*** nehmen eine zentrale Aufgabe bei der intrazellulären Signalvermittlung wahr. Sie bewirken durch spezifische Phosphorylierung von Proteinen eine bleibende Veränderung der biologischen Aktivität, die erst durch die Wirkung von *Protein-Phosphatasen* wieder rückgängig gemacht wird. Das Zusammenspiel von Proteinphosphorylierung durch Proteinkinasen und Dephosphorylierung durch Protein-Phosphatasen (*Interkonversion*; s. S. 106) dient der Regulation vieler wichtiger Zellprozesse. Eine größere Zahl von Proto-Oncogen-Produkten gehört zu den Proteinkinasen.

Man kann die sehr große Familie der Proteinkinasen nach verschiedenen Kriterien einteilen, nach der Art ihrer Aktivierung oder nach ihrem Substrat. *Proteinkinasen A* werden durch cAMP aktiviert, *Proteinkinasen G* von cGMP, *Proteinkinasen C* durch Diacylglycerol (DAG), *$Ca^{2+}$/Calmodulin-abhängige Kinasen* von $Ca^{2+}$ (s. S. 348). Die Einteilung nach den Substraten orientiert sich daran, welche Aminosäure-Reste phosphoryliert werden. Es gibt *Tyrosin-spezifische Kinasen* und *Serin/Threonin-spezifische Kinasen*.

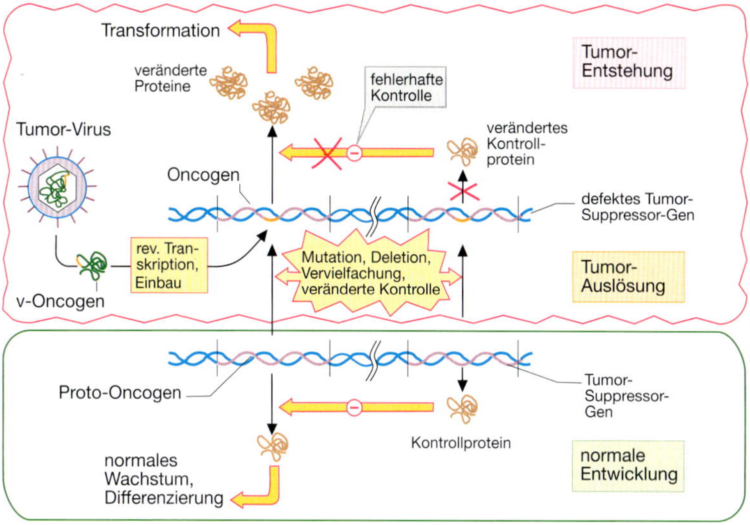


A. Proto-Oncogene: Biologische Rolle

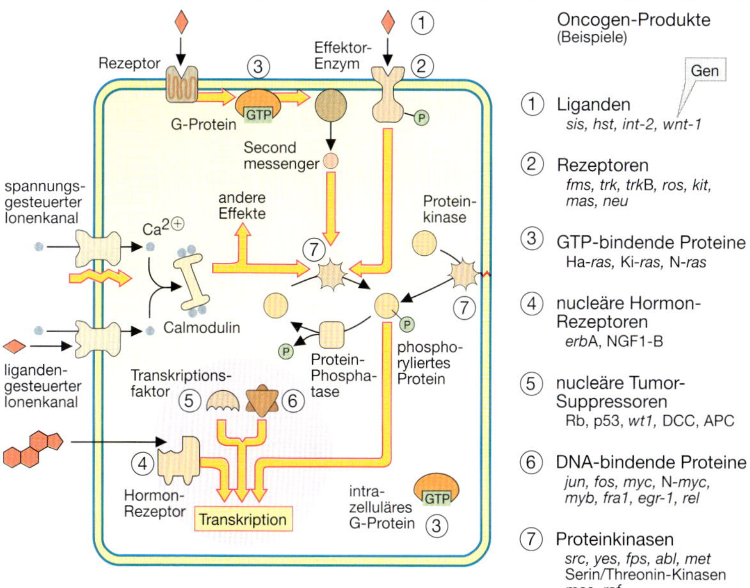


B. Oncogen-Produkte: Biochemische Funktionen

## Viren

Viren sind *parasitische Nucleoprotein-Komplexe*. Im einfachsten Fall bestehen sie aus einem Nucleinsäure-Molekül (RNA oder DNA, niemals beides) und einer Hülle aus Protein. Da die Viren *keinen eigenen Stoffwechsel* besitzen und sich nur mit Hilfe anderer Zellen vermehren können, betrachtet man sie nicht als eigenständige Organismen. Viren, die bei ihrer Vermehrung die Wirtszelle schädigen, sind *Krankheitserreger* (Pathogene).

### A. Viren: Beispiele ○

Aus der großen Zahl der Viren (Singular: *das* Virus) greifen wir nur einige Beispiele heraus; alle sind im gleichen Maßstab dargestellt. Viren, die sich nur in Bakterien vermehren, nennt man **Bakteriophagen** (‚Phagen'). Ein einfach aufgebauter Phage ist **M13** (**1a**). Er enthält ein einzelsträngiges DNA-Molekül (ssDNA) aus etwa 7000 Nucleotiden, das von einer zylindrischen Struktur aus 2700 helical angeordneten Protein-Monomeren umhüllt wird. Die Hülle eines Virus bezeichnet man auch als *Capsid*, die Gesamtstruktur als *Nucleocapsid*. In der Gentechnologie dient der Phage M13 als Vektor für Fremd-DNA (s. S. 234).

Der **Phage T4** (**1**), eines der größten Viren, ist komplexer aufgebaut. Er enthält in seinem ‚Kopf' etwa 170 000 bp doppelsträngige DNA (dsDNA).

Das pflanzenpathogene **Tabakmosaik-Virus** (**2**) ist ähnlich aufgebaut wie der Phage M13, enthält aber einzelsträngige RNA (ssRNA) statt DNA. Auch das **Polio-Virus** (**2**), der Erreger der *Poliomyelitis* (‚Kinderlähmung') enthält ssRNA. Beim **Influenza-Virus** (**2**), dem Erreger der Virus-Grippe, ist das Nucleocapsid zusätzlich von einer *Hülle* umgeben, die sich von der Plasmamembran der Wirtszelle ableitet (**C**). Die Hülle trägt Membranproteine, die am Infektionsvorgang beteiligt sind.

### B. Capsid des Rhino-Virus

Rhino-Viren lösen beim Menschen die sogenannten ‚Erkältungskrankeiten' aus. Das Capsid des Rhinovirus (**a**) hat die Gestalt eines **Eikosaeders**, eines Körpers aus 20 gleichseitigen Dreiecken. Seine Oberfläche wird von drei Proteinen gebildet, die in Form von Pentameren und Hexameren angeordnet sind (**b**).

### C. Lebenscyclus des HI-Virus ◑

Das **Human Immunodeficiency Virus (HIV)** ist der Erreger der Immunschwäche-Krankheit **AIDS** (Acquired Immunodeficiency Syndrome). Sein Aufbau ähnelt dem des Influenza-Virus (**A**).

Das Genom des HIV besteht aus ssRNA (2 identische Stränge von je 9.2 kb). Es ist von einem zweischichtigen Capsid und einer proteinhaltigen Hüllmembran umgeben. Das HIV infiziert bevorzugt T-Helferzellen (s. S. 258) und kann so langfristig zum Versagen des Immunsystems führen.

Bei der Infektion (**1**) verschmilzt die Membran des Virus mit der Plasmamembran der Zielzelle, und der Kern des Nucleocapsids gelangt ins Cytoplasma (**2**). Dort wird die virale RNA zunächst in ein RNA / DNA-Hybrid (**3**) und dann in eine dsDNA umgeschrieben (**4**). Diese Reaktionen werden durch die *Reverse Transkriptase* katalysiert, ein Enzym, das vom Virus stammt. Die dsDNA wird ins Genom der Wirtszelle integriert (**5**) und kann dort lange inaktiv bleiben. Kommt es zur Virus-Vermehrung, wird zunächst der dem Virus-Genom entsprechende DNA-Abschnitt durch die Enzyme der Wirtszelle transkribiert (**6**). Dabei entstehen nicht nur die virale ssRNA, sondern auch mRNAs für die Vorstufen der Virus-Proteine (**7**). Diese werden in die Plasmamembran integriert (**8, 9**) und dort proteolytisch modifiziert (**10**). Mit der Abschnürung neuer Viren (**11**) ist der Cyclus beendet.

Die Gruppe der RNA-Viren, zu der das HIV gehört, bezeichnet man als **Retroviren**, weil zu Beginn ihres Lebenscyclus DNA aus RNA entsteht, ein Vorgang, der die übliche Richtung der Transkription (DNA → RNA) umkehrt.

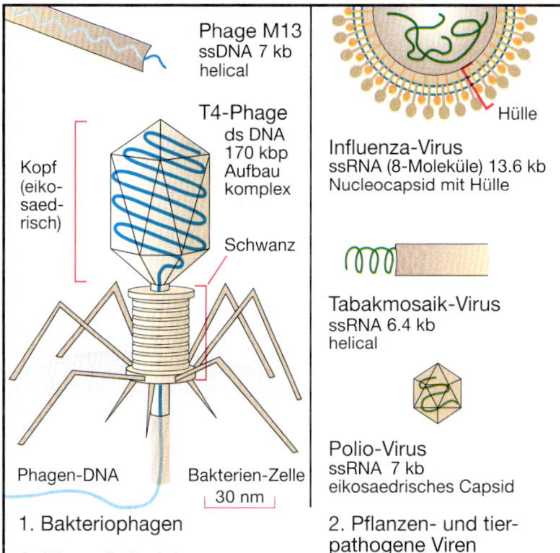


**A. Viren: Beispiele**

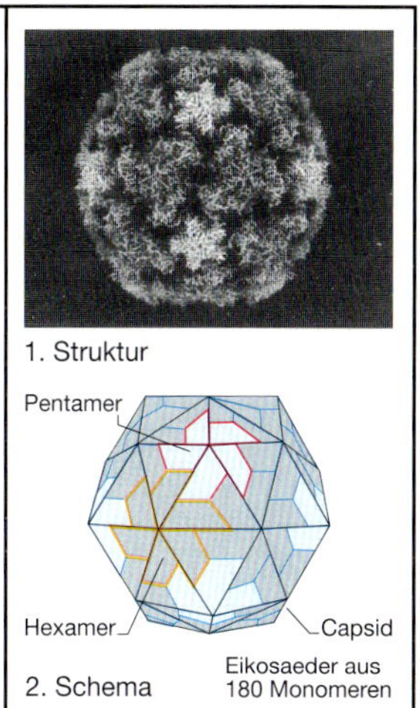


**B. Capsid des Rhino-Virus**

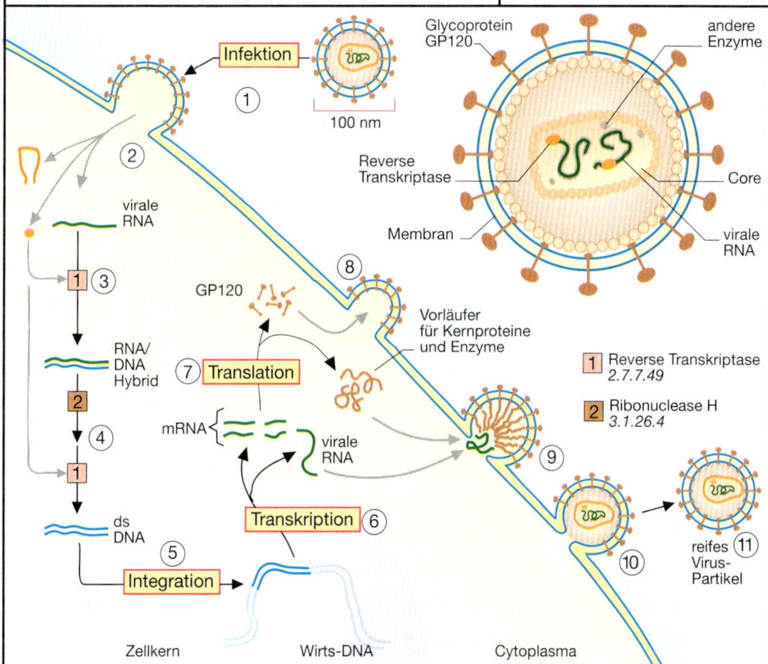


**C. Lebenscyclus des Human Immunodeficiency Virus (HIV)**

## Tumore

### A. Teilungsverhalten von Zellen ●

Die Zellen des Körpers stehen normalerweise unter einer strikten ‚sozialen' Kontrolle: sie teilen sich nur so lange, bis sie Kontakt zu Nachbarzellen haben, dann stellen sie ihre Zellteilung durch *Kontaktinhibition* ein. Ausnahmen von dieser Regel bilden embryonale Zellen, das intestinale Epithel (Ersatz der Zellen des Darmepithels), Zellen des Knochenmarks (Bildung von Blutzellen) und **Tumorzellen**. Die *unkontrollierte Zellproliferation* ist ein wichtiges Merkmal von Tumoren.

Das Bild zeigt das Teilungsverhalten von Zellen, die in Nährmedium kultiviert werden. Während normale Zellen sich *in vitro* nur solange teilen, bis sie Kontakt zur Nachbarzelle haben – insgesamt nur etwa 20- bis 60mal –, teilen sich Tumorzellen beliebig oft und unterliegen nicht der Kontaktinhibition.

### B. Transformation ◑

Der Übergang einer normalen Zelle in eine Tumorzelle wird als **Transformation** bezeichnet.

Medizinisch wird zwischen *benignen* (gutartigen) und *malignen* (bösartigen) *Tumoren* unterschieden. Benigne Tumore enthalten langsam wachsende, noch differenzierte Zellen. Maligne Tumoren zeigen dagegen schnelles, infiltrierendes Wachstum und neigen zur Bildung von *Metastasen* (Tochtergeschwulsten). Nach dem Ursprungsgewebe, aus dem sie sich entwickelt haben, werden etwa 100 verschiedene Tumorarten unterschieden. Zusammen sind sie für mehr als 20% aller Todesfälle in Europa und Nordamerika verantwortlich.

Normale Zellen zeigen alle Merkmale von ausdifferenzierten, für eine bestimmte Funktion spezialisierten Zellen. Sie sind teilungsgehemmt und befinden sich im allgemeinen in der $G_0$-Phase des Zell-Cyclus (s. S. 352). Ihre äußere Form ist vielgestaltig. Sie wird von einem stark strukturierten Cytoskelett bestimmt.

Dagegen sind Tumorzellen häufig dedifferenziert, sie haben damit wieder Eigenschaften embryonaler Zellen angenommen und teilen sich ungehemmt. Ihre Zelloberfläche ist verändert, was sich besonders in Störung der Kontaktinhibition durch Nachbarzellen äußert. Das Cytoskelett von Tumorzellen ist umgebaut und häufig reduziert, was ihnen eine eher runde Zellform gibt. Die Zellkerne von Tumorzellen können in Form, Zahl und Größe atypisch sein.

Für den Nachweis bestimmter Tumorzellen haben **Tumormarker** klinische Bedeutung. Dies sind Proteine, die von Tumorzellen gebildet (Gruppe 1) oder von ihnen in anderen Zellen induziert werden (Gruppe 2). Zu den Tumormarkern der Gruppe 1 zählen *tumor-assoziierte Antigene*, sezernierte Hormone und Enzyme. Die Tabelle nennt dazu Beispiele.

Der Übergang aus dem normalen in den transformierten Zustand ist ein mehrstufiger Prozeß.

(**1**) **Tumor-Initiation**. Praktisch jeder Tumor beginnt mit der Schädigung der DNA einer einzelnen Zelle. Dieser genetische Defekt kann durch *Carcinogene*, d. h. tumorauslösende Chemikalien (z. B. Bestandteile im Teer des Tabaks) verursacht werden, durch physikalische Prozesse (z. B. UV-Licht, Röntgenstrahlung, s. S. 230) oder durch Tumorviren (s. S. 358). Es ist wahrscheinlich, daß nicht wenige der ca. $10^{14}$ Zellen eines Menschen im Laufe des Lebens solche DNA-Schädigungen erleiden. Für die Tumor-Initiation sind nur die Defekte von **Proto-Oncogenen** (s. S. 356) relevant; sie sind der entscheidende Grund für eine *Transformation.* Aber auch der Verlust eines **Anti-Oncogens** (Tumor-Suppressor-Gen, s. S. 356) kann zur Tumor-Initiation beitragen.

(**2**) **Tumor-Promotion** stellt die bevorzugte Vermehrung einer durch Tumor-Initiation geschädigten Zelle dar. Sie ist ein sehr langsam ablaufender Prozeß, der viele Jahre dauern kann. Als Modellsubstanzen für Tumor-Promotoren werden *Phorbolester* (künstliche Aktivatoren der Proteinkinase C; s. S. 347) angesehen.

(**3**) **Tumor-Progression** leitet durch Vermehrung, Invasion und Metastasierung zu einem malignen Tumor über.

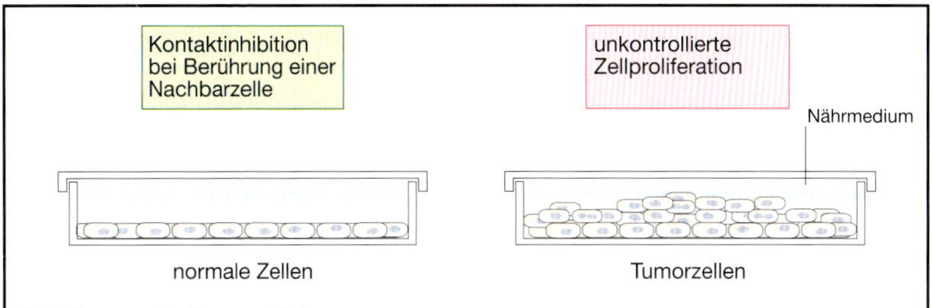


**A. Teilungsverhalten von Zellen**

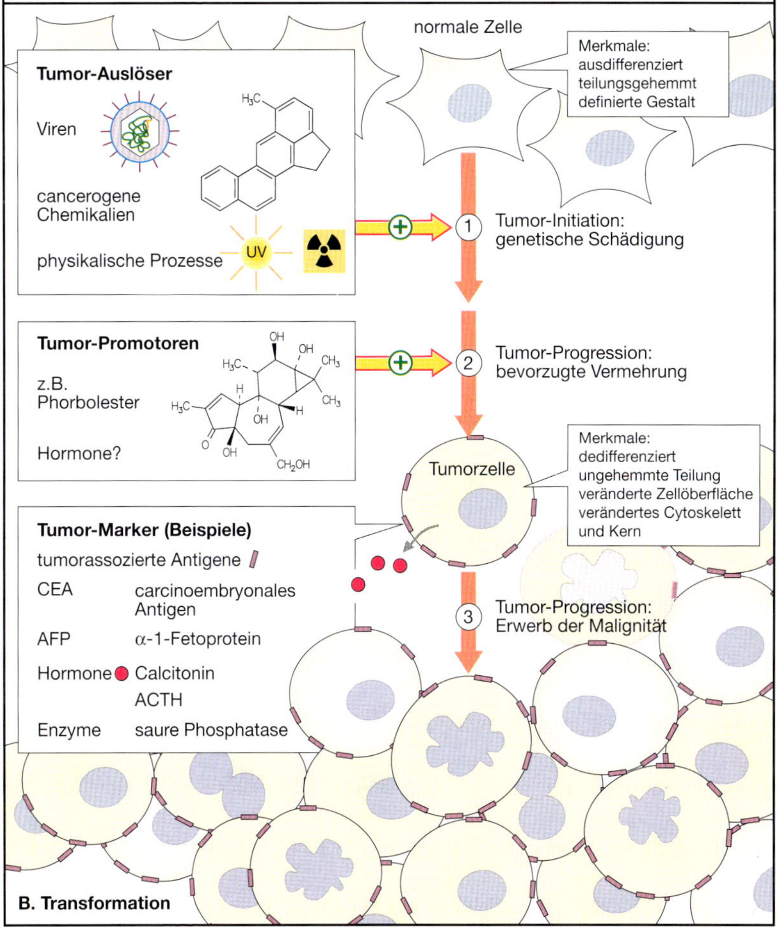


**B. Transformation**

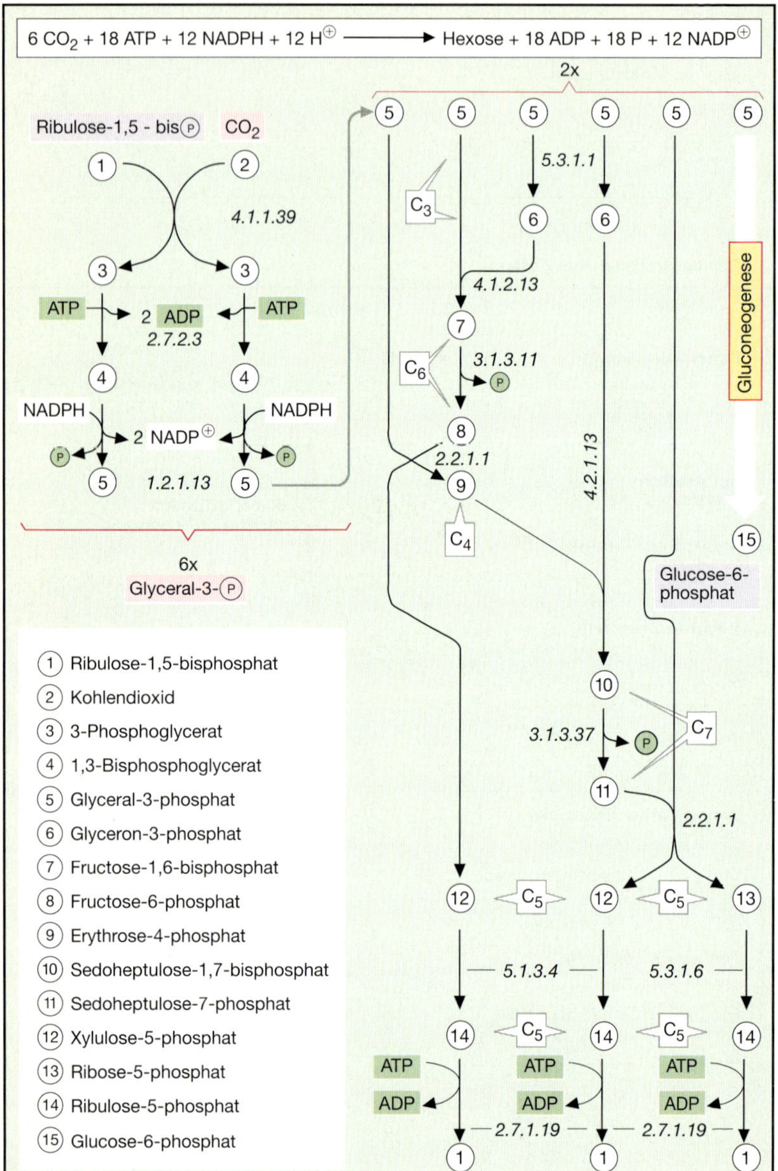


**A. Photosynthese (Pflanzen, Chloroplasten)**

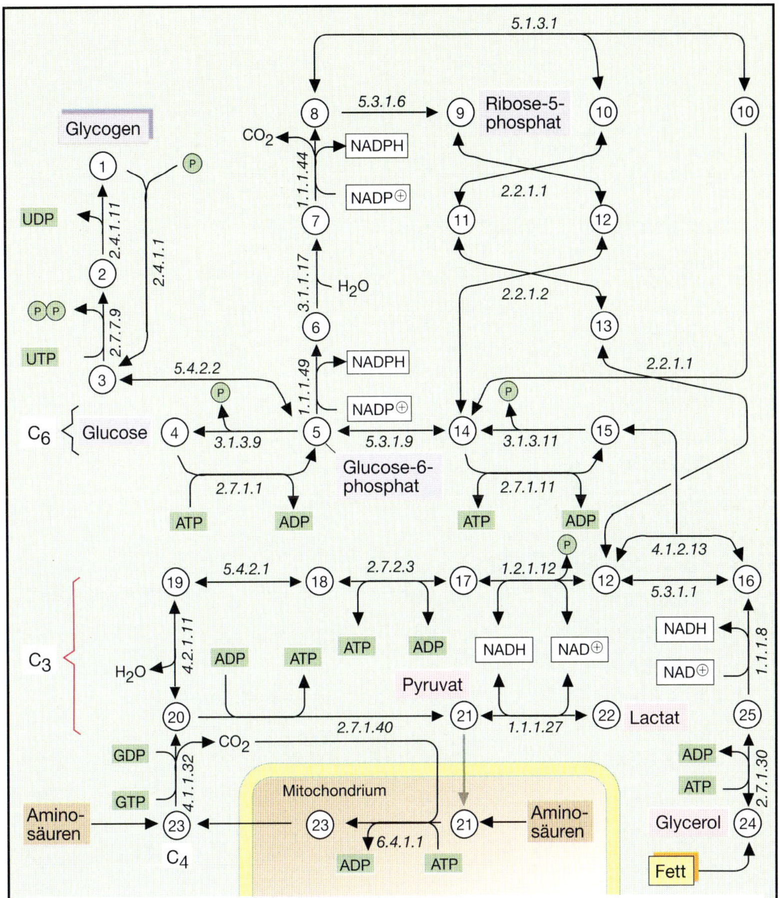


(1) Glycogen
(2) UDP-Glucose
(3) Glucose-1-phosphat
(4) Glucose
(5) Glucose-6-phosphat
(6) Gluconolacton-6-phosphat
(7) Gluconat-6-phosphat
(8) Ribulose-5-phosphat
(9) Ribose-5-phosphat
(10) Xylulose-5-phosphat
(11) Sedoheptulose-7-phosphat
(12) Glyceral-3-phosphat
(13) Erythrose-4-phosphat
(14) Fructose-6-phosphat
(15) Fructose-1,6-bisphosphat
(16) Glyceron-3-phosphat
(17) 1,3-Bisphosphoglycerat
(18) 3-Phosphoglycerat
(19) 2-Phosphoglycerat
(20) Phosphoenolpyruvat
(21) Pyruvat (22) Lactat
(23) Oxalacetat
(24) Glycerol
(25) Glycerol-3-phosphat

**A. Kohlenhydrat-Stoffwechsel**

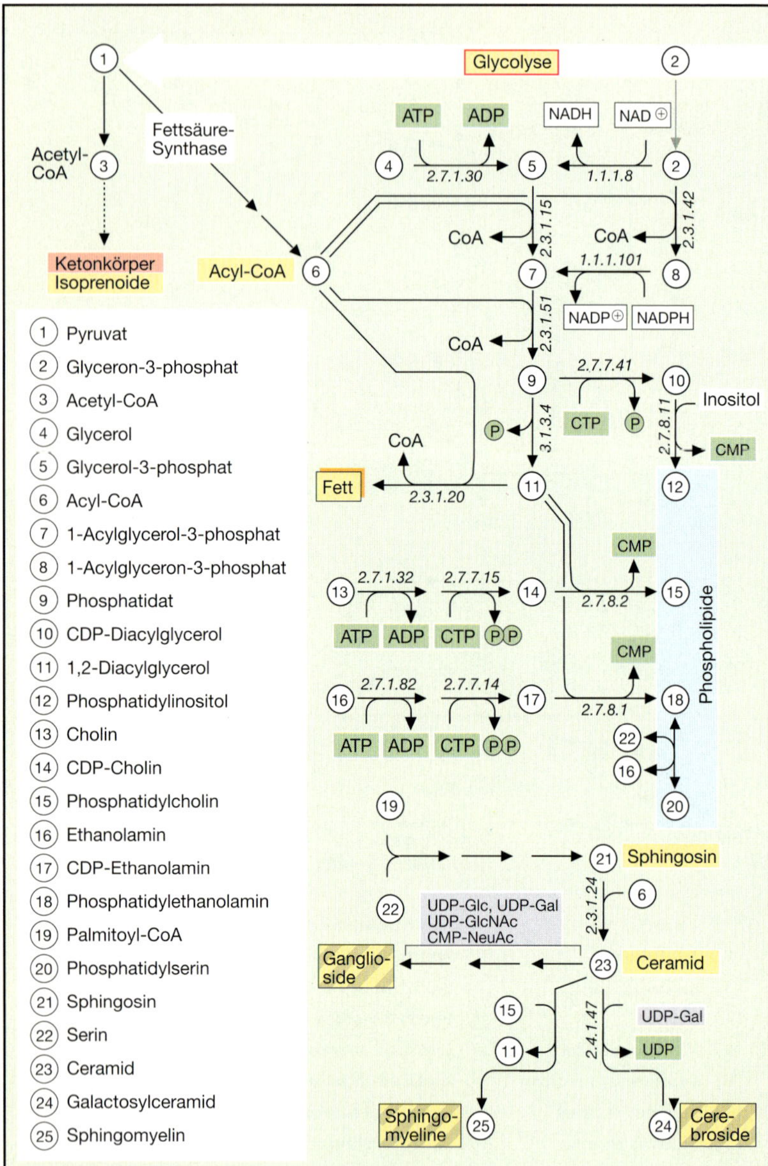


**A. Biosynthese von Fett und Membran-Lipiden**

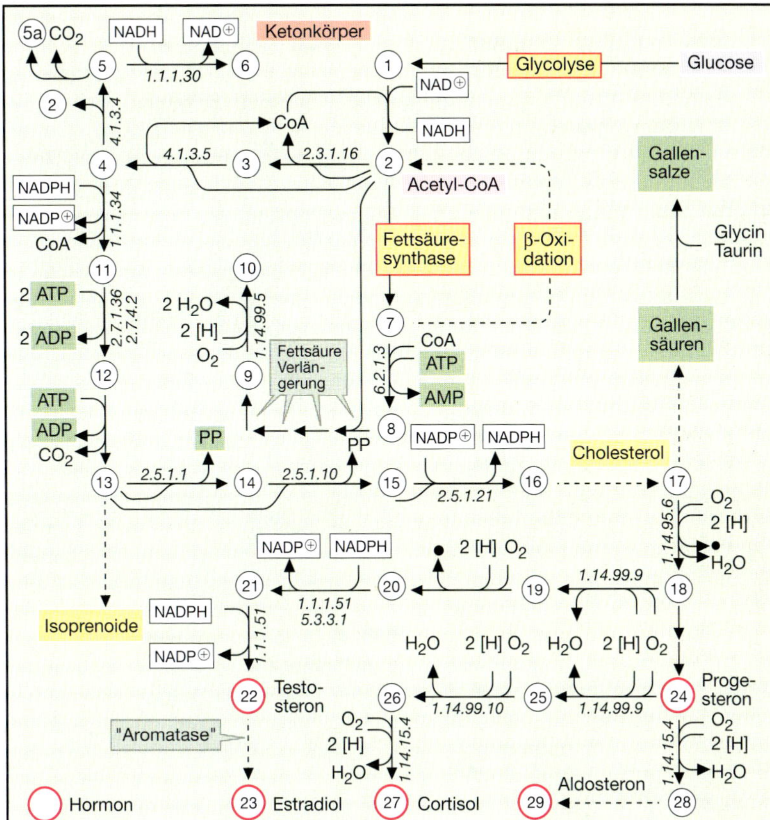


1 Pyruvat
2 Acetyl-CoA
3 Acetacetyl-CoA
4 3-Hydroxy-3-methyl-glutaryl-CoA
5 Acetacetat
5a Aceton
6 3-Hydroxybutyrat
7 Palmitat
8 Palmityl-CoA
9 Stearyl-CoA
10 Oleyl-CoA
11 Mevalonat
12 Mevalonat-5-diphosphat
13 Isopentenyl-diphosphat
14 Geranyl-diphosphat
15 Farnesyl-diphosphat
16 Squalen
17 Cholesterol
18 Pregnenolon
19 17-OH-Pregnenolon
20 Dehydro-epiandrosteron
21 Androsten-3,17-dion
22 Testosteron
23 Estradiol
24 Progesteron
25 17-OH-Progesteron
26 11-Desoxycortisol
27 Cortisol
28 11-Desoxycorticosteron
29 Aldosteron

**A. Synthese der Ketonkörper und Steroide**

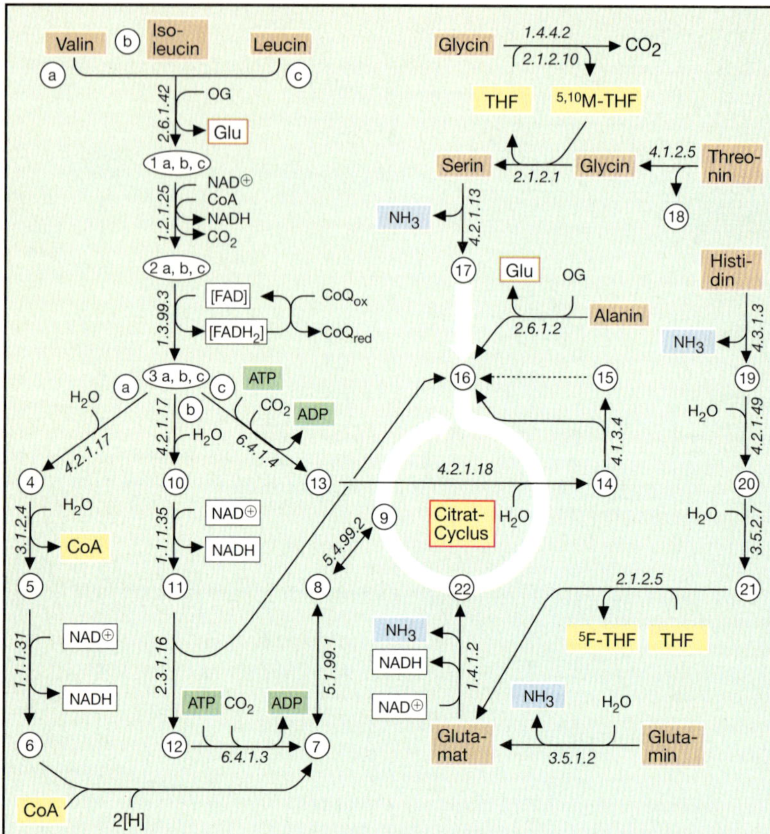


- (1a) 2-Oxoisovalerat
- (1b) 2-Oxo-3-methylvalerat
- (1c) 2-Oxoisocapronat
- (2a) Isobutyryl-CoA
- (2b) 2-Methylbutyryl-CoA
- (2c) Isovaleryl-CoA
- (3a) Methylacrylyl-CoA
- (3b) Tiglyl-CoA
- (3c) 3-Methylcrotonyl-CoA
- (4) 3-Hydroxyisobutyryl-CoA
- (5) 3-Hydroxyisobutyrat
- (6) Methylmalonyl-semialdehyd
- (7) (S)-Methylmalonyl-CoA
- (8) (R)-Methylmalonyl-CoA
- (9) Succinyl-CoA
- (10) 2-Methyl-3-hydroxybutyryl-CoA
- (11) 2-Methylacetacetyl-CoA
- (12) Propionyl-CoA
- (13) 3-Methylglutaconyl-CoA
- (14) 3-Hydroxy-3-methylglutaryl-CoA
- (15) Acetacetat
- (16) Acetyl-CoA
- (17) Pyruvat
- (18) Acetaldehyd
- (19) Urocanat
- (20) Imidazolon-5-propionat
- (21) N-Formiminoglutamat
- (22) 2-Oxoglutarat

**A. Aminosäure-Abbau I**

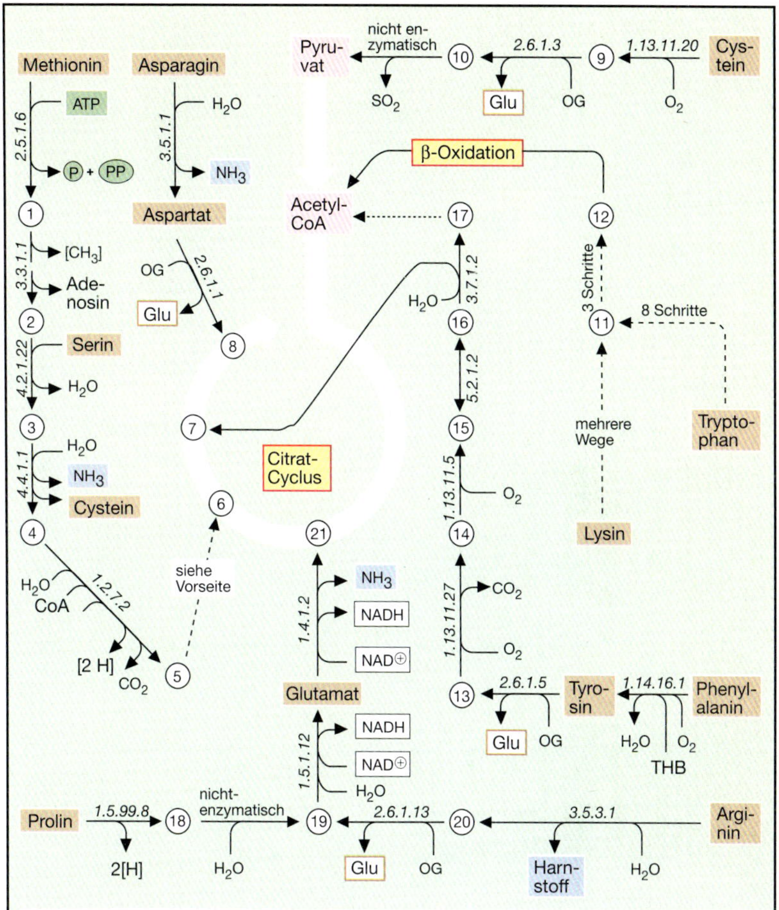


(1) S-Adenosyl-Methionin
(2) Homocystein
(3) Cystathionin
(4) 2-Oxobutyrat
(5) Propionyl-CoA
(6) Succinyl-CoA
(7) Fumarat
(8) Oxalacetat
(9) Cysteinsulfinat
(10) 3-Sulfinylpyruvat
(11) 2-Oxoadipat
(12) Crotonyl-CoA
(13) 4-Hydroxyphenylpyruvat
(14) Homogentisat
(15) 4-Maleylacetacetat
(16) 4-Fumarylacetat
(17) Acetacetat
(18) Glutamat-4-semialdehyd
(19) $\Delta^1$-Pyrrolin-5-carboxylat
(20) Ornithin
(21) 2-Oxoglutarat

**A. Aminosäure-Abbau II**

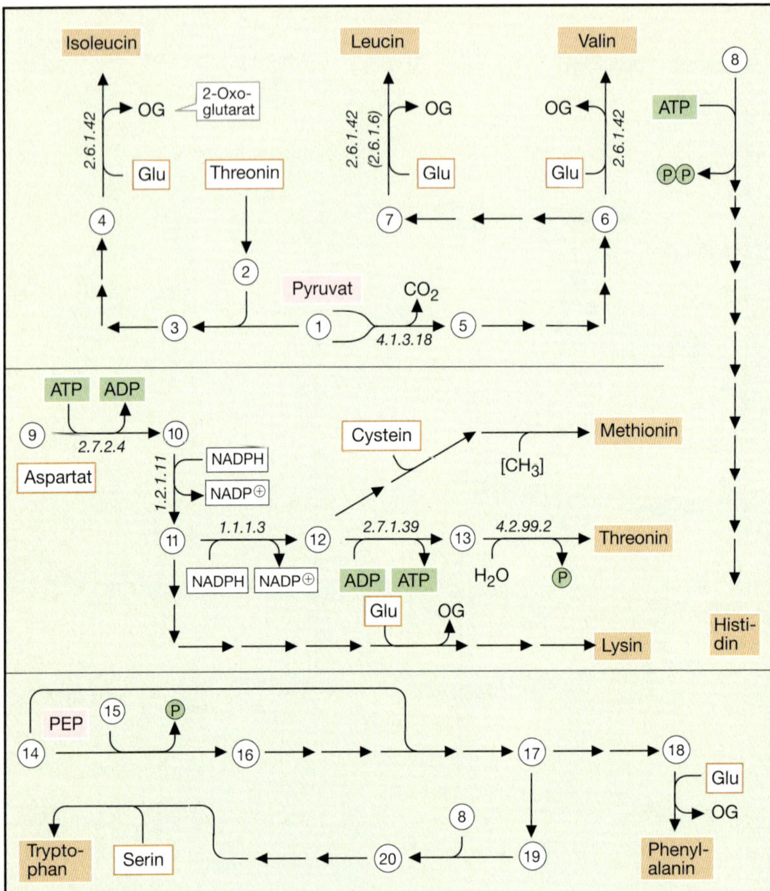


1 Pyruvat
2 2-Oxobutyrat
3 2-Aceto-2-hydroxybutyrat
4 2-Oxo-4-methylvaleriat
5 2-Acetolactat
6 2-Oxoisovaleriat
7 2-Oxoisocaproat
8 Phosphoribosyl-diphosphat
9 Aspartat
10 Aspartyl-4-phosphat
11 Aspartat-4-semialdehyd
12 Homoserin
13 Phosphohomoserin
14 Phosphoenolpyruvat
15 Erythrose-4-phosphat
16 2-Oxo-3-desoxy-arabinoheptulosonat-7-phosphat
17 Chorismat
18 Phenylpyruvat
19 Anthranilat
20 N-(Phosphoribosyl)-anthranilat

**A. Biosynthese der essentiellen Aminosäuren**

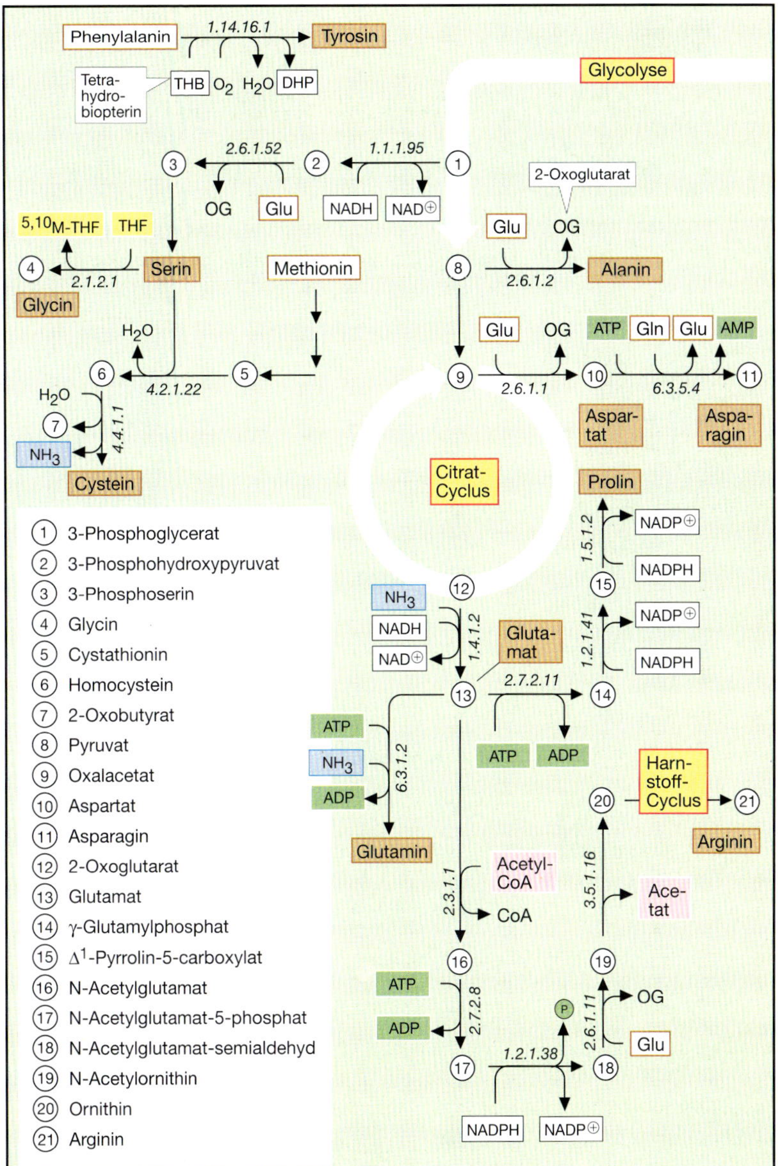


**A. Biosynthese nicht-essentieller Aminosäuren**

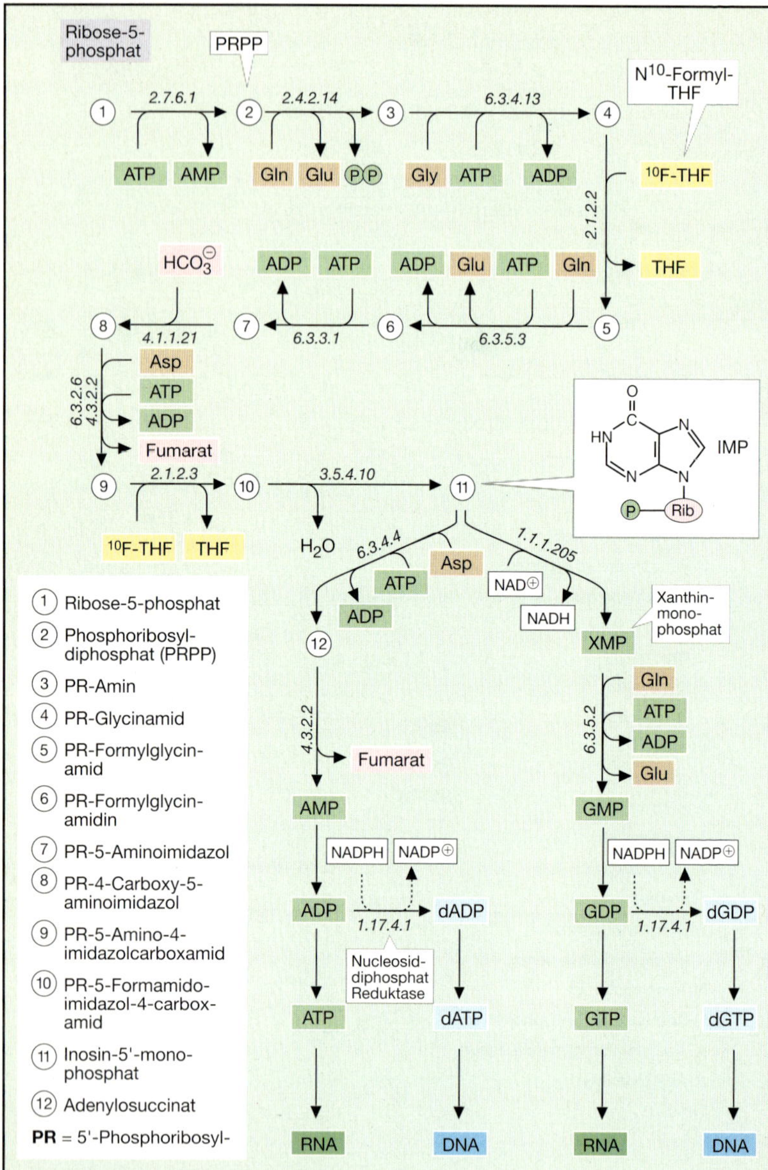


**A. Biosynthese der Purin-Nucleotide**

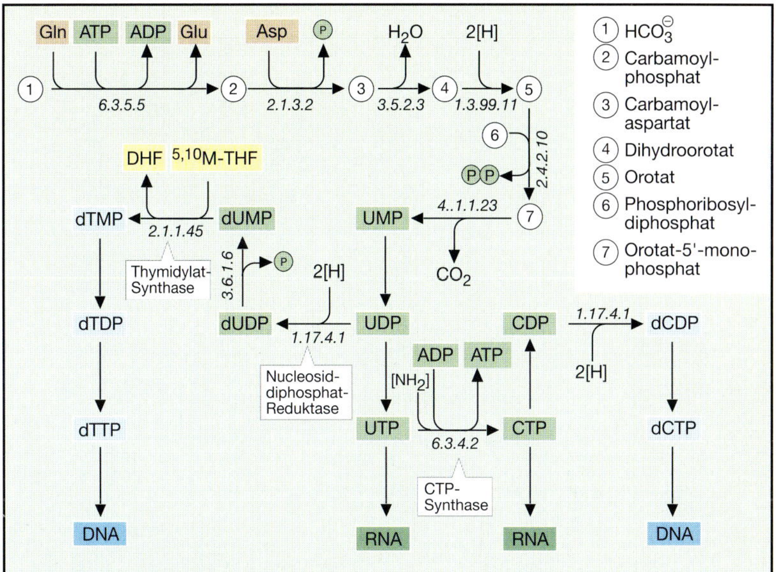


**A. Biosynthese der Pyrimidin-Nucleotide**

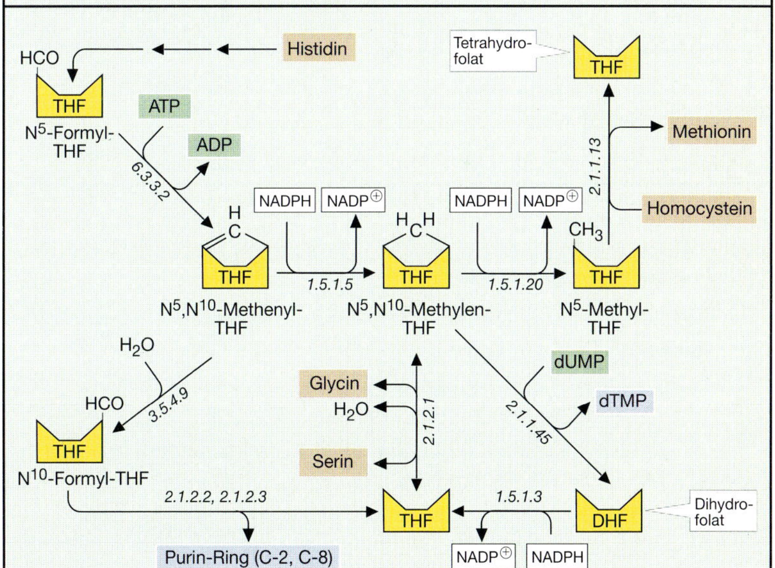


**B. $C_1$-Stoffwechsel**

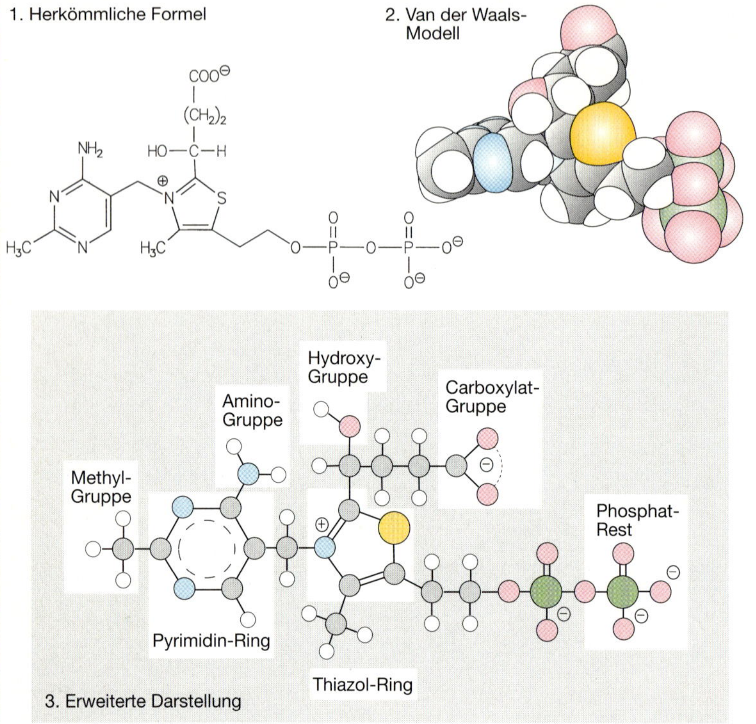


**A. Moleküldarstellung am Beispiel des Hydroxyalkyl-Thiamindiphosphats**

| | Symbol | Z | rel. Atommasse | kov. Radius (pm) |
|---|---|---|---|---|
| Wasserstoff | H | 1 | 1.008 | 37 |
| Kohlenstoff | C | 6 | 12.011 | 77 |
| Stickstoff | N | 7 | 14.007 | 70 |
| Sauerstoff | O | 8 | 15.999 | 66 |
| Phosphor | P | 15 | 30.974 | 110 |
| Schwefel | S | 16 | 32.060 | 104 |
| Metall | Me | – | – | – |

**B. Wichtige Elemente**

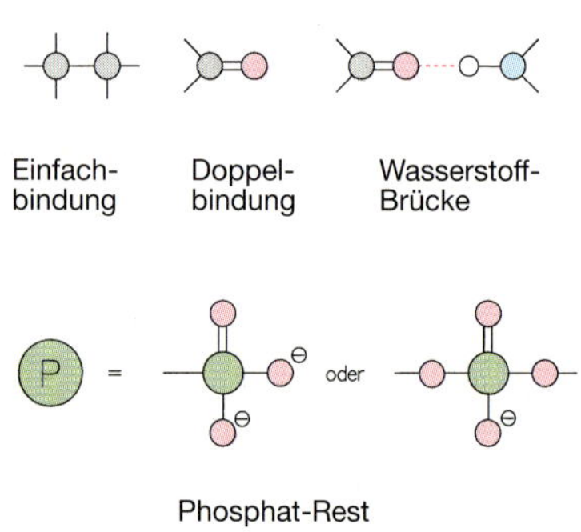


**C. Bindungen**

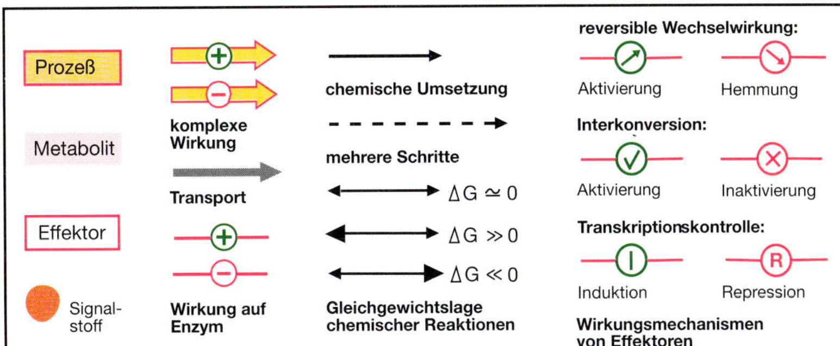


**E. Prozesse und Reaktionen**

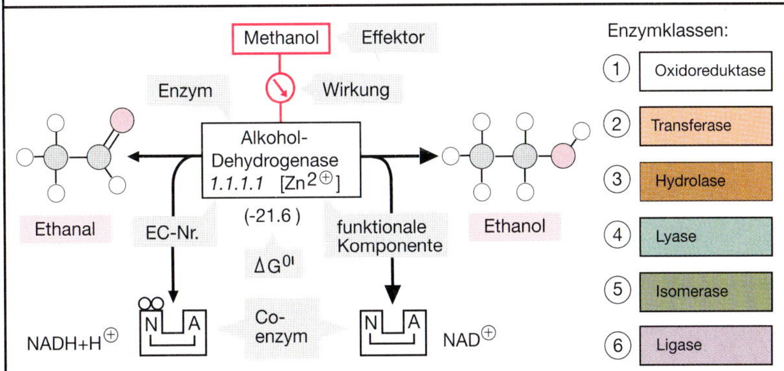


**D. Darstellung enzymkatalysierter Reaktionen**

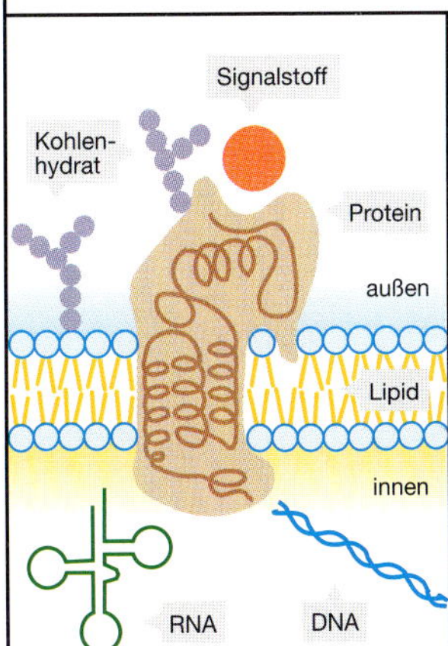


**F. Biomoleküle**

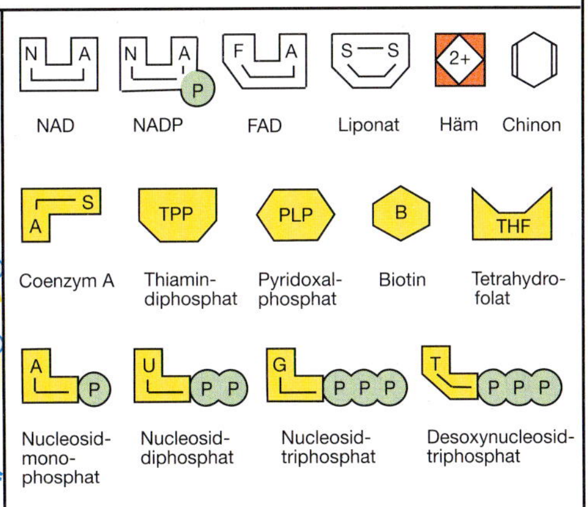


**G. Coenzyme und Nucleotide**

# Kommentierte Enzymliste

Von mehr als 2000 bekannten Enzymen enthält die Liste nur diejenigen, die in diesem Buch erwähnt werden. Die Benennung der Enzyme folgt der „Enzyme Nomenclature 1992“. Prosthetische Gruppen sind in eckigen Klammern angegeben. Zusätze in runden Klammern gehören zum Enzymnamen. Gebräuchliche Trivialnamen oder Abkürzungen sind in Anführungszeichen gesetzt.

**Klasse *1*: Oxidoreduktasen**
**Unterklasse *1.n*: Welcher Elektronen-*Donor* ?**
**Unter-Unterklasse *1.n.n*: Welcher Elektronen-*Akzeptor* ?**

***1.1* -C-OH als Donor**

| | |
|---|---|
| ***1.1.1*** | $NAD(P)^+$ als Akzeptor |
| *1.1.1.1* | Alkohol-Dehydrogenase [$Zn^{2+}$] |
| *1.1.1.3* | Homoserin-Dehydrogenase |
| *1.1.1.8* | Glycerol-3-phosphat-Dehydrogenase ($NAD^+$) |
| *1.1.1.21* | Aldehyd-Reduktase |
| *1.1.1.27* | Lactat-Dehydrogenase |
| *1.1.1.30* | 3-Hydroxybutyrat-Dehydrogenase |
| *1.1.1.31* | 3-Hydroxyisobutyrat-Dehydrogenase |
| *1.1.1.34* | Hydroxymethylglutaryl-CoA-Reduktase ($NADP^+$) |
| *1.1.1.35* | 3-Hydroxyacyl-CoA-Dehydrogenase |
| *1.1.1.37* | Malat-Dehydrogenase |
| *1.1.1.40* | Malat-Dehydrogenase (Oxalacetat decarboxylierend) ($NADP^+$) |
| *1.1.1.41* | Isocitrat-Dehydrogenase ($NAD^+$) |
| *1.1.1.42* | Isocitrat-Dehydrogenase ($NADP^+$) |
| *1.1.1.44* | Phosphogluconat-Dehydrogenase (decarboxylierend) |
| *1.1.1.49* | Glucose-6-phosphat-1-Dehydrogenase |
| *1.1.1.51* | 3(17)ß-Hydroxysteroid-Dehydrogenase |
| *1.1.1.95* | Phosphoglycerat-Dehydrogenase |
| *1.1.1.101* | Acylglyceron-phosphat-Reduktase |
| *1.1.1.105* | Retinol-Dehydrogenase |
| *1.1.1.145* | 3ß-Hydroxy-$\Delta^5$-steroid-Dehydrogenase |
| *1.1.1.205* | IMP-Dehydrogenase |
| | |
| ***1.1.3*** | **Sauerstoff als Akzeptor** |
| *1.1.3.4* | Glucose-Oxidase [FAD] |
| *1.1.3.8* | L-Gulonolacton-Oxidase |
| *1.1.3.22* | Xanthin-Oxidase [Fe,Mo,FAD] |

***1.2* Aldehyd- oder Keto-Gruppe als Donor**

| | |
|---|---|
| ***1.2.1*** | **$NAD(P)^+$ als Akzeptor** |
| *1.2.1.3* | Aldehyd-Dehydrogenase ($NAD^+$) |
| *1.2.1.11* | Aspartatsemialdehyd-Dehydrogenase |
| *1.2.1.12* | Glyceral-3-phosphat-Dehydrogenase (phosphorylierend) |
| *1.2.1.13* | Glyceral-3-phosphat-Dehydrogenase ($NADP^+$) |
| *1.2.1.24* | Succinatsemialdehyd-Dehydrogenase |
| *1.2.1.25* | 2-Oxoisovalerat-Dehydrogenase (acylierend) |
| *1.2.1.38* | *N*-Acetyl-γ-glutamylphosphat-Reduktase |
| *1.2.1.41* | Glutamylphosphat-Reduktase |

**_1.2.4_ Disulfid als Akzeptor**

*1.2.4.1* Pyruvat-Dehydrogenase (Liponamid) [TPP]
*1.2.4.2* Oxoglutarat-Dehydrogenase (Liponamid) [TPP]

**_1.2.7_ Fe/S-Protein als Akzeptor**

*1.2.7.2* 2-Oxobutyrat-Synthase

### *1.3* CH-CH- als Donor

*1.3.1.10* Enoyl-[ACP]-Reduktase (NADPH)
*1.3.1.24* Biliverdin-Reduktase
*1.3.5.1* Succinat-Dehydrogenase (Ubichinon) [FAD, $Fe_nS_n$]
*1.3.99.3* Acyl-CoA-Dehydrogenase [FAD]
*1.3.99.11* Dihydroorotat-Dehydrogenase [Fe]

### *1.4* -CH-$NH_2$ als Donor

*1.4.1.2* Glutamat-Dehydrogenase
*1.4.3.2/3* L(D)-Aminosäure-Oxidase
*1.4.3.4* Amin-Oxidase [FAD]
*1.4.3.13* Protein-Lysin-6-Oxidase [Cu]
*1.4.4.2* Glycin-Dehydrogenase (decarboxylierend) [PLP]

### *1.5* -CH-NH- als Donor

*1.5.1.2* Pyrrolin-5-carboxylat-Reduktase
*1.5.1.3* Dihydrofolat-Reduktase
*1.5.1.5* Methylentetrahydrofolat-Dehydrogenase ($NADP^+$)
*1.5.1.12* 1-Pyrrolin-5-carboxylat-Dehydrogenase
*1.5.1.20* Methylentetrahydrofolat-Reduktase (NADPH) [FAD]
*1.5.99.8* Prolin-Dehydrogenase [FAD]

### *1.6* NAD(P)H als Donor

*1.6.4.2* Glutathion-Reduktase (NADPH) [FAD]
*1.6.4.5* Thioredoxin-Reduktase (NADPH) [FAD]
*1.6.5.3* NADH-Dehydrogenase (Ubichinon) [FAD, $Fe_2S_2$, $Fe_4S_4$]

### *1.7* andere N-haltige Gruppe als Donor

*1.7.3.3* Urat-Oxidase

### *1.8* S-haltige Gruppe als Donor

*1.8.1.4* Dihydroliponamid-Dehydrogenase [FAD]

### *1.9* Häm-Gruppe als Donor

*1.9.3.1* Cytochrom c-Oxidase [Cu, Häm]

### *1.10* Diphenol als Donor

*1.10.2.2* Ubichinol-Cytochrom c-Reduktase [Häm, $Fe_2S_2$]

### *1.11* Peroxid als Akzeptor (Peroxidasen)

*1.11.1.6* Katalase [Häm]
*1.11.1.7* Peroxidase [Häm]
*1.11.1.9* Glutathion-Peroxidase [Se]
*1.11.1.12* Lipidhydroperoxid-Glutathion-Peroxidase [Se]

### *1.13* Ein Donor, Sauerstoff wird in Donor eingebaut (Oxygenasen)

***1.13.11*** **Beide O-Atome eingebaut (Dioxygenasen)**
*1.13.11.5* Homogentisat-1,2-Dioxygenase [Fe]
*1.13.11.12* Arachidonat-Lipoxygenase
*1.13.11.20* Cystein-Dioxygenase [Fe]
*1.13.11.27* 4-Hydroxyphenylpyruvat-Dioxygenase [Ascorbat]

### *1.14* Zwei Donoren, Sauerstoff wird in Donor(en) eingebaut

*1.14.11.2* Procollagen-Prolin-4-Dioxygenase [Fe, Ascorbat]
*1.14.11.4* Procollagen-Lysin-4-Dioxygenase [Fe, Ascorbat]
*1.14.13.13* Calcidiol-1-Monooxygenase [Häm P-450]
*1.14.15.4* Steroid-11ß-Monooxygenase [Häm P-450]
*1.14.15.6* Cholesterol-Monooxygenase (Seitenketten spaltend) [Häm]
*1.14.16.1* Phenylalanin-4-Monooxygenase [Fe, THB]
*1.14.16.2* Tyrosin-3-Monooxygenase [Fe, THB]
*1.14.17.1* Dopamin-ß-Monooxygenase [Cu]
*1.14.99.1* Prostanglandin-Endoperoxid-Synthase
*1.14.99.3* Häm-Oxygenase (decyclisierend) [Häm]
*1.14.99.5* Stearoyl-CoA-Desaturase [Häm]
*1.14.99.9* Steroid-17α-Monooxygenase [Häm P-450)
*1.14.99.10* Steroid-21-Monooxygenase [Häm P-450]

### *1.17* -$CH_2$- als Donor

*1.17.4.1* Ribonucleosid-diphosphat-Reduktase [Fe]

### *1.18* Reduziertes Ferredoxin als Donor

*1.18.1.2* Ferredoxin-$NADP^+$-Reduktase [FAD]
*1.18.6.1* Nitrogenase [Fe, Mo, $Fe_4S_4$]

## Klasse *2*: Transferasen
## Unterklasse *2.n*: *Was* wird übertragen ?

### *2.1* $C_1$-Gruppen werden übertragen

***2.1.1*** **Methyl-Transferasen**
*2.1.1.13* 5-Methyltetrahydrofolat-Homocystein-*S*-Methyltransferase
*2.1.1.28* Phenylethanolamin-*N*-Methyltransferase
*2.1.1.45* Thymidylat-Synthase

***2.1.2*** **Formyl-Transferasen**
*2.1.2.1* Glycin-Hydroxymethyltransferase [PLP]
*2.1.2.2* Phosphoribosylglycinamid-Formyltransferase

*2.1.2.3* Phosphoribosylaminoimidazolcarboxamid-Formyltransferase
*2.1.2.5* Glutamat-Formiminotransferase [PLP]
*2.1.2.10* Aminomethyl-Transferase

***2.1.3*** **Carbamoyl-Transferasen**
*2.1.3.2* Aspartat-Carbamoyltransferase [$Zn^{2+}$]
*2.1.3.3* Ornithin-Carbamoyltransferase

### *2.2* Aldehyd- oder Keton-Gruppen werden übertragen

*2.2.1.1* Transketolase [TPP]
*2.2.1.2* Transaldolase

### *2.3* Acyl-Gruppen werden übertragen

***2.3.1*** **Acyltransferasen (Acyl-CoA als Donor)**
*2.3.1.1* Aminosäure-*N*-Acetyltransferase
*2.3.1.6* Cholin-*O*-Acetyltransferase
*2.3.1.12* Dihydroliponamid-Acetyltransferase [Liponamid]
*2.3.1.15* Glycerol-3-phosphat-*O*-Acyltransferase
*2.3.1.16* Acetyl-CoA-*C*-Acyltransferase
*2.3.1.20* Diacylgylcerol-*O*-Acyltransferase
*2.3.1.21* Carnitin-*O*-Palmitoyltransferase
*2.3.1.22* Acylglycerol-*O*-Palmitoyltransferase
*2.3.1.24* Sphingosin-*N*-Acyltransferase
*2.3.1.37* 5-Aminolaevulinat-Synthase [PLP]
*2.3.1.38* [ACP]-*S*-Acetyltransferase
*2.3.1.39* [ACP]-*S*-Malonyltransferase
*2.3.1.41* 3-Oxoacyl-[ACP]-Synthase
*2.3.1.42* Glyceron-phosphat-*O*-Acyltransferase
*2.3.1.43* Phosphatidylcholin-Sterol-Acyltransferase, ‚LCAT‘
*2.3.1.51* Acylgylcerol-3-phosphat-*O*-Acyltransferase
*2.3.1.61* Dihydroliponamid-Succinyltransferase [Liponamid]
*2.3.1.85* Fettsäure-Synthase

***2.3.2*** **Aminoacyltransferasen**
*2.3.2.12* Peptidyltransferase
*2.3.2.13* Protein-Glutamin-γ-Glutamyltransferase

### *2.4* Glycosyl-Gruppen werden übertragen

***2.4.1*** **Hexose-Reste werden übertragen**
*2.4.1.1* Glycogen(Stärke)-Phosphorylase
*2.4.1.11* Glycogen(Stärke)-Synthase
*2.4.1.17* Glucuronyl-Transferase
*2.4.1.18* 1,4-α-Glucan verzweigendes Enzym
*2.4.1.25* 4α-Glucanotransferase
*2.4.1.47* *N*-Acylsphingosin-Galactosyltransferase
*2.4.1.119* Protein-Glycotransferase

***2.4.2*** **Pentose-Reste werden übertragen**
*2.4.2.7* Adenin-Phosphoribosyltransferase
*2.4.2.8* Hypoxanthin-Phosphoribosyltransferase

*2.4.2.10* Orotat-Phosphoribosyltransferase
*2.4.2.14* Amidophosphoribosyltransferase

**2.5 Alkyl- oder Aryl-Gruppen werden übertragen**

*2.5.1.1* Dimethylallyl-Transferase
*2.5.1.6* Methionin-Adenosyltransferase
*2.5.1.10* Geranyl-Transferase
*2.5.1.21* Farnesyl-diphosphat-Farnesyltransferase

**2.6 Stickstoffhaltige Gruppen werden übertragen**

**2.6.1 Transaminasen**
*2.6.1.1* Aspartat-Transaminase [PLP] – ‚GOT'
*2.6.1.2* Alanin-Transaminase [PLP] – ‚GPT'
*2.6.1.3* Cystein-Transaminase [PLP]
*2.6.1.5* Tyrosin-Transaminase [PLP]
*2.6.1.6* Leucin-Transaminase [PLP]
*2.6.1.11* Acetylornithin-Transaminase [PLP]
*2.6.1.13* Ornithin-Transaminase [PLP]
*2.6.1.19* 4-Aminobutyrat-Transaminase [PLP]
*2.6.1.42* Verzeigtketten-Aminosäure-Transaminase [PLP]
*2.6.1.52* Phosphoserin-Transaminase [PLP]

**2.7 Phosphorhaltige Gruppen werden übertragen**

**2.7.1 -CH-OH als Akzeptor**
*2.7.1.1* Hexokinase
*2.7.1.3* Ketohexokinase
*2.7.1.6* Galactokinase
*2.7.1.11* 6-Phosphofructokinase
*2.7.1.19* Phosphoribulokinase
*2.7.1.28* Triokinase
*2.7.1.30* Glycerol-Kinase
*2.7.1.32* Cholin-Kinase
*2.7.1.36* Mevalonat-Kinase
*2.7.1.37* Protein-Kinase
*2.7.1.38* Phosphorylase-Kinase
*2.7.1.39* Homoserin-Kinase
*2.7.1.40* Pyruvat-Kinase
*2.7.1.67* Phosphatidylinositol-Kinase
*2.7.1.68* Phosphatidylinositol-4-phosphat-Kinase
*2.7.1.82* Ethanolamin-Kinase
*2.7.1.99* Pyruvat-Dehydrogenase-Kinase
*2.7.1.105* 6-Phosphofructo-2-kinase
*2.7.1.112* Tyrosinkinase

**2.7.2 -COOH als Akzeptor**
*2.7.2.3* Phosphoglycerat-Kinase
*2.7.2.4* Aspartat-Kinase
*2.7.2.8* Acetylglutamat-Kinase
*2.7.2.11* Glutamat-5-Kinase

***2.7.3*** **N-haltige Gruppe als Akzeptor**
*2.7.3.2* Kreatin-Kinase

***2.7.4*** **Phosphat-Gruppe als Akzeptor**
*2.7.4.2* Phosphomevalonat-Kinase
*2.7.4.3* Adenylat-Kinase

***2.7.6*** **Diphosphat wird übertragen**
*2.7.6.1* Ribose-phosphat-Pyrophosphokinase

***2.7.7*** **ein Nucleotid wird übertragen**
*2.7.7.6* DNA-abhängige RNA-Polymerase
*2.7.7.7* DNA-abhängige DNA-Polymerase
*2.7.7.9* UTP-Glucose-1-phosphat-Uridyltransferase
*2.7.7.12* Hexose-1-phosphat-Uridyltransferase
*2.7.7.14* Ethanolamin-phosphat-Cytidyltransferase
*2.7.7.15* Cholin-phosphat-Cytidyltransferase
*2.7.7.41* Phosphatidat-Cytidyltransferase
*2.7.7.49* RNA-abhängige DNA-Polymerase – ‚Reverse Transkriptase‘

***2.7.8*** **sonstige substituierte Phosphate werden übertragen**
*2.7.8.1* Ethanolamin-Phosphotransferase
*2.7.8.2* Diacylglycerol-Cholinphosphotransferase
*2.7.8.11* CDP-Diacylglycerol-Inositol-Phosphatidyltransferase
*2.7.8.16* 1-Alkyl-2-acetylglycerol-Cholinphosphotransferase
*2.7.8.17* *N*-Acetylglucosamin-Phosphotransferase

## Klasse *3*: Hydrolasen
## Unter-Klasse *3.n*: *Was* wird hydrolysiert?

### *3.1* Ester-Bindungen werden hydrolysiert (Esterasen)

***3.1.1*** **Carbonsäure-Ester werden hydrolysiert**
*3.1.1.3* Triacylglycerol-Lipase
*3.1.1.4* Phospholipase $A_2$
*3.1.1.7* Acetylcholin-Esterase
*3.1.1.8* Cholin-Esterase
*3.1.1.13* Cholesterol-Esterase
*3.1.1.17* Gluconolactonase
*3.1.1.34* Lipoprotein-Lipase

***3.1.2*** **Thioester werden hydrolysiert**
*3.1.2.4* 3-Hydroxyisobutyryl-CoA-Hydrolase
*3.1.2.14* Acyl-[ACP]-Hydrolase

***3.1.3*** **Phosphorsäure-Monoester werden hydrolysiert (Phosphatasen)**
*3.1.3.1* alkalische Phosphatase [$Zn^{2+}$]
*3.1.3.2* saure Phosphatase [$Zn^{2+}$]
*3.1.3.4* Phosphatidat-Phosphatase
*3.1.3.9* Glucose-6-phosphatase
*3.1.3.11* Fructose-bisphosphatase
*3.1.3.13* Bisphosphoglycerat-Phosphatase

*3.1.3.16* Protein-Phosphatase
*3.1.3.37* Sedoheptulose-bisphosphatase
*3.1.3.43* Pyruvat-Dehydrogenase-Phosphatase
*3.1.3.46* Fructose-2,6-bisphosphat-2-Phosphatase

***3.1.4*** **Phosphorsäure-Diester werden hydrolysiert (Phosphodiesterasen)**
*3.1.4.1* Phosphodiesterase
*3.1.4.3* Phospholipase C
*3.1.4.17* 3',5'-cNMP-Phosphodiesterase
*3.1.4.35* cGMP-Phosphodiesterase
*3.1.4.45* *N*-Acetylglucosamin-Phosphoglycosidase

***3.1.21*** **DNA wird hydrolysiert**
*3.1.21.1* Desoxyribonuclease I
*3.1.21.4* ortsspezifische Desoxyribonuclease (Typ II) ‚Restriktions-Endonuclease'

***3.1.26/27*** **RNA wird hydrolysiert**
*3.1.26.4* Ribonuclease H
*3.1.27.5* Pankreas-Ribonuclease

## *3.2* glycosidische Bindungen werden hydrolysiert (Glycosidasen)

***3.2.1*** **O-Glycoside werden hydrolysiert**
*3.2.1.1* α-Amylase
*3.2.1.10* Oligo-1,6-Glucosidase
*3.2.1.17* Lysozym
*3.2.1.18* Neuraminidase
*3.2.1.20* α-Glucosidase
*3.2.1.23* ß-Galactosidase
*3.2.1.24* α-Mannosidase
*3.2.1.28* α,α-Trehalase
*3.2.1.30* *N*-Acetyl-ß-Glucosaminidase
*3.2.1.33* Amylo-1,6-Glucosidase
*3.2.1.48* Saccharose-α-Glucosidase

## *3.3* Ether-Bindungen werden hydrolysiert

*3.3.1.1* Adenosylhomocysteinase

## *3.4* Peptid-Bindungen werden hydrolysiert (Peptidasen)

***3.4.11*** **Aminopeptidasen (N-terminale Exopeptidasen)**
*3.4.11.1* Leucin-Aminopeptidase [$Zn^{2+}$]
*3.4.11.n* andere Aminopeptidasen [$Zn^{2+}$]

***3.4.13*** **Dipeptidasen (wirken nur auf Dipeptide)**

*3.4.13.n* Dipeptidase [$Zn^{2+}$]

***3.4.15*** **Peptidyl-Dipeptidasen (spalten C-terminal Dipeptide ab)**
*3.4.15.1* Peptidyl-Dipeptidase A [$Zn^{2+}$]

| | |
|---|---|
| ***3.4.17*** | **Carboxypeptidasen (C-terminale Exopeptidasen)** |
| *3.4.17.1* | Carboxypeptidase A [$Zn^{2+}$] |
| *3.4.17.2* | Carboxypeptidase B [$Zn^{2+}$] |
| *3.4.17.8* | Muramoyl-Pentapeptid-Carboxypeptidase |
| ***3.4.21*** | **Serin-Proteinasen (Endopeptidasen)** |
| *3.4.21.1* | Chymotrypsin |
| *3.4.21.4* | Trypsin |
| *3.4.21.5* | Thrombin |
| *3.4.21.6* | Gerinnungsfaktor Xa |
| *3.4.21.7* | Plasmin |
| *3.4.21.21* | Gerinnungsfaktor VIIa |
| *3.4.21.22* | Gerinnungsfaktor IXa |
| *3.4.21.27* | Gerinnungsfaktor XIa |
| *3.4.21.34* | Plasma-Kallikrein |
| *3.4.21.35* | Gewebs-Kallikrein |
| *3.4.21.36* | Elastase |
| *3.4.21.38* | Gerinnungsfaktor XIIa |
| *3.4.21.68* | Gewebs-Plasminogen-Aktivator |
| *3.4.21.73* | u-Plasminogen-Aktivator |
| ***3.4.22*** | **Cystein-Proteinasen (Endopeptidasen)** |
| *3.4.22.2* | Papain |
| ***3.4.23*** | **Aspartat-Proteinasen (Endopeptidasen)** |
| *3.4.23.1* | Pepsin A |
| *3.4.23.2* | Pepsin B |
| *3.4.23.3* | Gastricsin |
| *3.4.23.4* | Chymosin |
| *3.4.23.15* | Renin |
| ***3.4.99*** | **sonstige Peptidasen** |
| *3.4.99.36* | Signalpeptidase |

### *3.5* andere Amidbindungen werden hydrolysiert (Amidasen)

| | |
|---|---|
| *3.5.1.1* | Asparaginase |
| *3.5.1.2* | Glutaminase |
| *3.5.1.16* | Acetylornithin-Deacetylase [$Zn^{2+}$] |
| *3.5.2.3* | Dihydroorotase |
| *3.5.2.7* | Imidazolonpropionase |
| *3.5.3.1* | Arginase |
| *3.5.4.6* | AMP-Desaminase |
| *3.5.4.9* | Methylentetrahydrofolat-Cyclohydrolase |
| *3.5.4.10* | IMP-Cyclohydrolase |

### *3.6* Anhydrid-Bindungen werden hydrolysiert

| | |
|---|---|
| *3.6.1.6* | Nucleosid-Diphosphatase |
| *3.6.1.32* | Myosin-ATPase |
| *3.6.1.34* | $H^+$-transportierende ATP-Synthase |
| *3.6.1.35* | $H^+$-transportierende ATPase |
| *3.6.1.36* | $H^+/K^+$-austauschende ATPase |

*3.6.1.37* $Na^+/K^+$-austauschende ATPase
*3.6.1.38* $Ca^{2+}$-transportierende ATPase

**3.7 C-C-Bindungen werden hydrolysiert**
*3.7.1.2* Fumarylacetacetase

**Klasse *4*: Lyasen**
**Unter-Klasse *4.n*: *Welche Bindung* wird gebildet oder gelöst?**

**4.1 C-C-Bindungen werden gebildet oder gelöst**

***4.1.1*** **Carboxy-Lyasen (Decarboxylasen, Carboxylasen)**
*4.1.1.1* Pyruvat-Decarboxylase [TPP]
*4.1.1.15* Glutamat-Decarboxylase [PLP]
*4.1.1.21* Phosphoribosylaminoimidazol-Carboxylase
*4.1.1.23* Orotidin-5-phosphat-Decarboxylase
*4.1.1.28* aromatische L-Aminosäure-Decarboxylase [PLP]
*4.1.1.32* Phosphoenolpyruvat-Carboxykinase (GTP)
*4.1.1.39* Ribulose-bisphosphat-Carboxylase [Cu]

***4.1.2*** **wirken auf Aldehyde**
*4.1.2.5* Threonin-Aldolase [PLP]
*4.1.3.4* Hydroxymethylglutaryl-CoA-Lyase
*4.1.3.5* Hydroxymethylglutaryl-CoA-Synthase
*4.1.3.7* Citrat-Synthase
*4.1.3.8* ATP-Citrat-Lyase
*4.1.2.13* Fructose-bisphosphat-Aldolase
*4.1.3.18* Acetolactat-Synthase [TPP, Flavin]

***4.1.99*** **Sonstige C-C-Lyasen**
*4.1.99.3* Desoxyribodipyrimidin-Photolyase [FAD]

**4.2 C-O-Bindungen werden gebildet oder gelöst**

***4.2.1*** **Hydro-Lyasen (Hydratasen)**
*4.2.1.1* Carbonat-Dehydratase [$Zn^{2+}$] – ‚Carboanhydrase'
*4.2.1.2* Fumarat-Hydratase – ‚Fumarase'
*4.2.1.3* Aconitat-Hydratase [$Fe_4S_4$] – ‚Aconitase'
*4.2.1.11* Phosphopyruvat-Hydratase – ‚Enolase'
*4.2.1.13* Serin-Dehydratase [PLP]
*4.2.1.17* Enoyl-CoA-Hydratase
*4.2.1.18* Methylglutaconyl-CoA-Hydratase
*4.2.1.22* Cystathionin-ß-Synthase [PLP]
*4.2.1.24* Porphobilinogen-Synthase
*4.2.1.49* Urocanat-Hydratase
*4.2.1.61* 3-Hydroxypalmitoyl-[ACP]-Dehydratase
*4.2.1.75* Uroporphyrinogen III-Synthase

***4.2.99*** **Sonstige C-O-Lyasen**
*4.2.99.2* Threonin-Synthase [PLP]

### *4.3* C-N-Bindungen werden gebildet oder gelöst

***4.3.1*** **Ammoniak-Lyasen**
*4.3.1.3* Histidin-Ammoniak-Lyase
*4.3.1.8* Hydroxymethylbilan-Synthase

***4.3.2*** **Amidin-Lyasen**
*4.3.2.1* Argininosuccinat-Lyase
*4.3.2.2* Adenylosuccinat-Lyase

### *4.4* C-S-Bindungen werden gebildet oder gelöst

*4.4.1.1* Cystathionin-γ-Lyase [PLP]

### *4.6* P-O-Bindungen werden gebildet oder gelöst

*4.6.1.1* Adenylat-Cyclase
*4.6.1.2* Guanylat-Cyclase

***4.99*** **sonstige Lyasen**
*4.99.1.1* Ferrochelatase

## Klasse *5*: Isomerasen
**Unter-Klasse *5.n*:** *Welche Art von Isomerisierung* **findet statt?**

### *5.1* Racemisierung oder Epimerisierung

*5.1.3.1* Ribulose-phosphat-3-Epimerase
*5.1.3.2* UDP-Glucose-4-Epimerase
*5.1.3.4* L-Ribulosephosphat-4-Epimerase
*5.1.3.6* Ribose-5-phosphat-Isomerase
*5.1.99.1* Methylmalonyl-CoA-Epimerase

### *5.2 cis-trans*-Isomerisierung

*5.2.1.2* Maleylacetacetat-Isomerase
*5.2.1.3* Retinal-Isomerase

### *5.3* Intramolekulare Elektronenverschiebung

*5.3.1.1* Triosephosphat-Isomerase
*5.3.1.6* Ribose-5-phosphat-Isomerase
*5.3.1.9* Glucose-6-phosphat-Isomerase
*5.3.3.1* Steroid-Δ-Isomerase

### *5.4* Intramolekularer Gruppen-Transfer (Mutasen)

*5.4.2.1* Phosphoglycerat-Mutase
*5.4.2.2* Phosphoglucomutase
*5.4.2.4* Bisphosphoglycerat-Mutase
*5.4.99.2* Methylmalonyl-CoA-Mutase [Coenzym $B_{12}$]

### *5.99* sonstige Isomerisierungen

*5.99.1.2* DNA-Topoisomerase
*5.99.1.3* DNA-Topoisomerase (ATP hydrolysierend) – ‚Gyrase‘

## Klasse *6*: Ligasen
**Unter-Klasse *6.n*:** *Welche Art von Bindung* **wird gebildet?**

### *6.1* eine C-O-Bindung wird gebildet

*6.1.1.n* (Aminosäure)-tRNA-Ligase

### *6.2* eine C-S-Bindung wird gebildet

*6.2.1.1* Acetat-CoA-Ligase
*6.2.1.3* Fettsäure-CoA-Ligase
*6.2.1.4* Succinat-CoA-Ligase (GDP-bildend) – ‚Thiokinase‘

### *6.3* eine C-N-Bindung wird gebildet

*6.3.1.2* Glutamin-Synthetase (Glutamat-$NH_3$-Ligase)
*6.3.2.6* Phosphoribosylaminoimidazol-succinocarboxamid-Synthase
*6.3.3.1* Phosphoribosylformylglycinamidin-Cycloligase
*6.3.3.2* 5-Formyltetrahydrofolat-Cycloligase
*6.3.4.2* CTP-Synthase
*6.3.4.4* Adenylosuccinat-Synthase
*6.3.4.5* Argininosuccinat-Synthase
*6.3.4.13* Phosphoribosylamin-Glycin-Ligase
*6.3.4.16* Carbamoyl-phosphat-Synthase (Ammoniak)
*6.3.5.2* GMP-Synthase (Glutamin hydrolysierend)
*6.3.5.3* Phosphoribosylformylglycinamidin-Synthase
*6.3.5.4* Asparagin-Synthase (Glutamin hydrolysierend)
*6.3.5.5* Carbamoylphosphat-Synthase (Glutamin hydrolysierend)

### *6.4* eine C-C-Bindung wird gebildet

*6.4.1.1* Pyruvat-Carboxylase [Biotin, $Mn^{2+}$]
*6.4.1.2* Acetyl-CoA-Carboxylase [Biotin]
*6.4.1.3* Propionyl-CoA-Carboxylase [Biotin]
*6.4.1.4* Methylcrotonyl-CoA-Carboxylase [Biotin]

### *6.5* eine P-O-Bindung wird gebildet

*6.5.1.1* DNA-Ligase (ATP)

# Abkürzungen

Abkürzungen für Monosaccharide: S. 35
Aminosäuren: S. 59
Basen, Nucleoside: S. 78

| | |
|---|---|
| ACE | Angiotensin converting enzyme = Peptidyl-Dipeptidase A |
| ACP | Acyl-Carrier-Protein |
| ACTH | Adrenocorticotropes Hormon = Corticotropin |
| ADH | Antidiuretisches Hormon = Adiuretin = Vasopressin |
| ANP | Atriales Natriuretisches Peptid |
| AS | Aminosäure |
| b | Basen |
| bp | Basenpaare |
| BPG | 2,3-Bisphosphoglycerat |
| cAMP | 3',5'-cyclo-AMP |
| CDK | Cyclin-abhängige Proteinkinase im Zellzyklus |
| cGMP | 3',5'-cyclo-GMP |
| CoA | Coenzym A |
| gER | glattes (‚smooth') Endoplasmatisches Retikulum |
| DAG | Diacylglycerol |
| DC | Dünnschicht-Chromatographie |
| DH | Dehydrogenase |
| DNA | Desoxyribonucleinsäure |
| EA | Ethanolamin |
| FAD | Flavin-Adenin-Dinucleotid |
| Fd | Ferredoxin |
| fMet | Formyl-Methionin |
| FMN | Flavin-Mononucleotid |
| Fp | Flavoprotein (mit FAD oder FMN) |
| ER | Endoplasmatisches Retikulum |
| FFA | freie Fettsäure (‚free fatty acid') |
| FS | Fettsäure |
| GABA | $\gamma$-Aminobutyrat ($\gamma$-amino butyric acid) |
| HLA | human leucocyte-associated antigen |
| HDL | high density lipoprotein |
| HMG-CoA | 3-Hydroxy-3-methyl-glutaryl-CoA |
| HMW | Hexose-Monophosphat-Weg |
| hnRNA | hochmolekulare, nucleäre Ribonucleinsäure |
| IF | Intermediärfilamente |
| Ig | Immunglobulin |
| IL | Interleukin |
| $InsP_3$ | Inositol-1,4,5-trisphosphat |
| LDH | Lactat-Dehydrogenase |
| MAK | monoklonaler Antikörper |
| MAP-Kinase | Mitogen-aktivierte Proteinkinase |
| MHC | Haupthistokompatibilitätskomplex (‚major histocompatibility complex') |
| MPF | Proteinkinase im Zellcyclus (‚maturation promoting factor') |
| mRNA | Messenger-Ribonucleinsäure |

| | |
|---|---|
| N | Nucleotid mit beliebiger Base |
| $NAD^+$ | Nicotinamid-Adenin-Dinucleotid |
| $NADP^+$ | Nicotinamid-Adenin-Dinucleotid-Phosphat |
| NeuAc | *N*-Acetyl-Neuraminsäure, Sialinsäure |
| NNR | Nebennieren-Rinde |
| NP | normale Phase (von Kieselgel) |
| ODH | 2-Oxoglutarat-Dehydrogenase |
| PAGE | Poly-Acrylamid-Gel-Elektrophorese |
| Pan | Pantethein |
| PCR | Polymerase-Kettenreaktion |
| PDH | Pyruvat-Dehydrogenase |
| pH | pH-Wert |
| PEG | Polyethylenglycol |
| PLP | Pyridoxalphosphat |
| PS | Photosystem |
| rER | rauhes Endoplasmatisches Retikulum |
| RES | retikuloendotheliales System |
| RFLP | Restriktionsfragment-Längenpolymorphismus |
| RNA | Ribonucleinsäure |
| rRNA | ribosomale Ribonucleinsäure |
| RP | umgekehrte (‚reversed') Phase (von Kieselgel) |
| SDS | Natrium(‚sodium')-Dodecyl-Sulfat |
| sn | stereospezifische Numerierung |
| snRNA | kleine, nucleäre Ribonucleinsäure |
| SR | Sarkoplasmatisches Retikulum |
| THB | Tetrahydrobiopterin |
| THF | Tetrahydrofolsäure |
| TPP | Thiamindiphosphat |
| tRNA | Transfer-Ribonucleinsäure |
| UE | Untereinheit(en) |
| VLDL | very light density lipoprotein |

# Größen und Einheiten

## Einheiten

| Größe | Einheit | Abkürzung |
|---|---|---|
| Frequenz | Herz | Hz |
| Länge | Meter | m |
| Lichtstärke | Candela | cd |
| Masse | Kilogramm | kg |
| Stromstärke | Ampere | A |
| Stoffmenge | Mol | mol |
| Temperatur | Kelvin | K |
| Volumen | Liter | l |
| Wellenlänge | Nanometer | nm |
| Zeit | Sekunde | s |

## Vielfache und Bruchteile

| Faktor | Vorsilbe | Abkürzung |
|---|---|---|
| $10^{+12}$ | Tera- | T |
| $10^{+9}$ | Giga- | G |
| $10^{+6}$ | Mega- | M |
| $10^{+3}$ | Kilo- | k |
| $10^{-3}$ | Milli- | m |
| $10^{-6}$ | Mikro- | µ |
| $10^{-9}$ | Nano- | n |
| $10^{-12}$ | Pico- | p |
| $10^{-15}$ | Femto- | f |

## Abgeleitete Größen

| Größe | Einheit | | | alte Einheiten<br>Bemerkungen |
|---|---|---|---|---|
| Kraft | Newton | N | $(kg \cdot m \cdot s^{-2})$ | |
| Druck | Pascal | Pa | $(N \cdot m^{-2})$ | 1 bar = 100 kPa<br>1 mmHg = 133,3 Pa |
| Energie<br>Arbeit<br>Wärmemenge | Joule | J | $(N \cdot m)$ | 1 cal = 4,187 J |
| Leistung | Watt | W | $(J \cdot s^{-1})$ | |
| Elektrische Ladung | Coulomb | C | $(A \cdot s)$ | |
| Elektrische Spannung | Volt | V | $(W \cdot A^{-1})$ | |
| Radioaktiver Zerfall | Becquerel | Bq | $(s^{-1})$ | 1 Curie (Ci) = $3{,}7 \cdot 10^{10}$ Bq |
| Molmasse | | $(g \cdot mol^{-1})$ | | |
| Relative Molmasse | | $M_r$ | (dimensionslos) | |
| Molekülmasse | Dalton | Da | (1 Da = $1{,}6605 \cdot 10^{-24}$ g) | |
| Stoffmengen-konzentration | Molarität | M | $(mol \cdot l^{-1})$ | |
| Katalytische Aktivität | Katal | kat | $(mol \cdot s^{-1})$ | |
| | Enzym-Einheit | U | $(\mu mol \cdot min^{-1})$ | 1 U = $1{,}667 \cdot 10^{-8}$ kat |
| Spezifische Aktivität | | | $(kat \cdot kg^{-1})$<br>$(U \cdot mg^{-1})$ | (Aktivität bezogen auf die Menge an Enzymprotein) |
| Sedimentations-koeffizient | Svedberg | S | $(10^{-13}$ s) | |
| Relative Schwerebe-schleunigung | | *g* | | (Vielfaches der Erdbe-schleunigung) |

# Weiterführende und ergänzende Literatur

## Lehrbücher

* Übersetzung einer engl. oder amerik. Ausgabe


Alberts, B., Lewis, R., Watson, R.* (Jaenicke, L., Hrsg.) „Molekularbiologie der Zelle" Verlag Chemie, Weinheim, 2. Auflage, 1990

Buddecke, E. „Grundriß der Biochemie" Verlag Walter de Gruyter, Berlin, 8. Auflage, 1988

Karlson, P., Doenecke, D. und Koolman, J. „Kurzes Lehrbuch der Biochemie" Georg-Thieme-Verlag, Stuttgart, 14. Auflage, 1994

Löffler, G. und Petrides, P. E. „Physiologische Chemie" Springer-Verlag, Berlin, 4. Auflage, 1988

Murray, R. K., Granner, D. K., Mayes, P. A., Rodwell, V. W. „Harpers Biochemistry" (amerikan. Ausgabe) Prentice Hall, International, London, 22nd edition 1990

Rawn, J. D. „Biochemistry" (amerikan. Ausgabe) Neil Patterson Publishers, Burlington, 1989

Stryer, L.* „Biochemie" Spektrum der Wissenschaft Verlagsgesellschaft, Heidelberg, 1990

Voet, D. und Voet, J. G.* (Maelicke, A. und Müller-Esterl, W., Herausgeber) „Biochemie" VCH Verlagsgesellschaft, Weinheim, 1992


## Weiterführende Literatur, Nachschlagewerke


Bränden, C. und Tooze, J. „Introduction to Protein Structure" Garland Publishing Inc, New York, 1991

Evans, W. H. und Graham, J. M. „Struktur und Funktion biologischer Membranen" Georg-Thieme-Verlag, Stuttgart, New York, 1991

Lenter, C. (Ed.) „Geigy Scientific Tables Vol. 1–5" CIBA-GEIGY Ltd, Basel, 1981

Roitt, I. M., Brostoff, J., und Male, D. K. „Kurzes Lehrbuch der Immunologie" Georg-Thieme-Verlag, Stuttgart, New York, 1991

Webb, E. C. (Ed.) „Enzyme Nomenclature 1992", published for IUBMB, Academic Press, San Diego, 1992


## Periodica

(Zeitschriften und regelmäßig erscheinende Bücher)


Annual Review of Biochemistry, Annual Reviews Inc., Palo Alto USA, *wichtigste Sammlung von biochemischen Übersichtsartikeln*

Current Biology, Current Opinion in Cell Biology, Current Opinion in Structural Biology und verwandte Zeitschriften dieser Serie, Current Biology Ltd. London, *Kurze aktuelle Reviews*

Trends in Biochemical Sciences, Elsevier Trends Journals, Cambridge, Great Britain, *Die Biochemiker-Zeitschrift, offizielle Publikation der International Union of Biochemistry and Molecular Biology*

## Quellenangaben

Einzelne grafische Elemente der folgenden Tafeln basieren mit freundlicher Genehmigung der Autoren bzw. Verlage auf Vorlagen der genannten Quellen:

| Seite | Abb. | Quelle |
|---|---|---|
| 185 | A | Beckman Instruments, München, Bulletin Nr. DS-555 A, Seite 6, Abb. 6 |
| 187 | B | Goodsell, D. S. (1991) Trends in Biochem. Sci. (1991) 16. 203–206, Fig. 1 a und b |
| 189 | A | Stryer, L. (1988) Biochemistry, Freeman und Co., New York, p. 927, Fig. 36-13 |
| 191 | D | Stryer, L. (1988) Biochemistry, Freeman and Co., New York, p. 945. Fig. 36-47<br>Alberts, B. et al. (1989) Garland Publ. New York and London, p. 663, Fig. 11–73 B und p. 634, Fig. 11-36 |
| 199 | A | Darnell, J. et al. (1990) Molecular Cell Biology, 2nd ed., Freeman and Co., New York, p. 689, Fig. 18-7 |
| 237 | B | The NEB Transcript, New England Biolabs, Beverly, MA, USA |
| 249 | A, B | Voet, D. and Voet J. G. (1990) Biochemistry, John Wiley and Sons, New York p. 305, Fig. 11–45 und p. 306, Fig. 11-47 |
| 259 | A | Voet, D. and Voet J. G. (1990) Biochemistry, John Wiley and Sons, New York p. 1097, Fig. 34-13 |
| 267 | A | Voet, D. and Voet J. G. (1990) Biochemistry, John Wiley and Sons, New York p. 1112, Fig. 34-33 |
| 301 | B | Voet, D. and Voet J. G. (1990) Biochemistry, John Wiley and Sons, New York p. 1126, Fig. 34-55 |
| 309 | B | Darnell, J. et al. (1990) Molecular Cell Biology, 2nd ed., Freeman and Co., New York, p. 923, Fig. 23-26 |
| 355 | A | Darnell, J. et al. (1990) Molecular Cell Biology, 2nd ed., Freeman and Co., New York, p. 418, Fig. 11–24 b |
| 359 | B | Grant, R. A. et al. (1992) Current Biology, 2, p. 87 |

# Sachverzeichnis

Seitenangaben in Fettdruck weisen auf eine Molekülstrukur oder die Definition des Begriffes hin, ein * auf die Stoffwechselkartei

## A

**B**

## C

## D

## E

**F**

**H**

## I

**M**

## N

**Q**



**R**

## T

**W**



**X**



**Z**

Notizen

Notizen

Notizen

# Notizen